AF230030

GIDE et J. BAUDRY, éditeurs, 5, rue des Petits-Augustins

DESCRIPTION DES FOSSILES

DE LA

FORMATION NUMMULITIQUE

DE L'INDE

PRÉCÉDÉE D'UN

ESSAI D'UNE MONOGRAPHIE DES NUMMULITES

PAR MM.

A. D'ARCHIAC & JULES HAIME

Un volume in-quarto accompagné de 18 Planches

La première partie du tome III de l'*Histoire des progrès de la géologie* a été consacrée par M. d'Archiac à la description d'un ensemble de couches qui, dans une grande partie de l'Europe, de l'Asie et du nord de l'Afrique, est caractérisé par une immense quantité de débris organiques, désignés généralement sous le nom de *Nummulites*. Leur forme plus ou moins lenticulaire les a souvent fait confondre avec d'autres corps provenant d'animaux très-différents, et cette méprise a donné lieu à de fréquentes erreurs, lorsqu'on a voulu se servir de ces fossiles pour déterminer l'âge des couches qui les renferment.

Mais il ne suffisait pas aux besoins de la géologie de séparer nettement des corps d'origine différente, la difficulté de distinguer entre elles les espèces de Nummulites, soit à cause de leur ressemblance générale, soit à cause du manque de bons caractères apparents pour les séparer, était encore un motif pour favoriser les opinions les plus opposées quant à l'âge des couches où elles se trouvent, car on arguait de leur analogie ou de leur dissemblance, suivant que l'exigeait la discussion. Il était donc nécessaire de considérer d'abord les Nummulites en elles-mêmes, indépendamment de toute hypothèse sur leur ancienneté, de chercher à en distinguer les espèces par des caractères faciles à saisir, de comparer les travaux dont elles avaient été l'objet depuis plus d'un siècle, pour établir une synonymie générale en faisant disparaître les doubles emplois sans nombre qu'une étude superficielle avait accumulés, enfin, après avoir comparé beaucoup d'échantillons de chaque espèce et constaté leur répartition dans toute la zone asiatico-méditerranéenne, il fallait s'assurer si cette distribution s'accordait avec les caractères stratigraphiques des dépôts, de manière à ce que ces derniers pussent être regardés désormais comme un horizon géologique et paléontologique constant et bien déterminé.

Dans l'ouvrage dont on vient de parler, M. d'Archiac s'est efforcé de résoudre cette dernière question, et il a de plus rassemblé les éléments nécessaires à une monographie des Nummulites, en présentant une sorte de prodrome des espèces de ce genre. Ce prodrome, résultat d'assez longues recherches et de comparaisons très-multipliées, n'est cependant utile qu'aux personnes déjà familiarisées avec cette étude et serait fort insuffisant pour la géologie pratique; aussi a-t-on pensé qu'un travail plus développé, accompagné de planches représentant toutes les espèces et les principales variétés de Nummulites définitivement admises, faciliterait les recherches des géologues, les aiderait à sortir de l'embarras où ils se trouvent faute d'un guide, et compléterait ainsi l'histoire de la formation nummulitique.

L'*Essai d'une monographie des Nummulites* se composera d'un coup d'œil général sur les travaux dont elles ont été l'objet, de considérations sur leurs caractères essentiels, puis de la description des espèces. Cette description comprendra pour chacune l'exposition méthodique de ses caractères zoologiques extérieurs et intérieurs les plus apparents et les plus faciles à saisir, l'examen microscopique de sa structure organique, et enfin la citation de toutes les localités où elle est jusqu'à présent connue d'une manière certaine. Cette répartition géographique de chaque espèce sera d'autant plus complète, que les matériaux communiqués aux auteurs sont plus nombreux et proviennent de tous les points de la zone nummulitique.

L'une des régions les plus intéressantes de cette zone, par sa grande extension, par la richesse de sa faune, par la belle conservation de ses fossiles et par leur analogie remarquable avec ceux de l'Europe occidentale, quoiqu'ils en soient à une distance presque égale au tiers de la circonférence de la terre, est celle qui, des pentes de l'Himalaya, descend au sud-ouest des deux côtés de l'Indus jusqu'à l'embouchure de ce fleuve. Cette vaste contrée nummulitique de l'Inde occidentale, qu'ont explorée particulièrement le capitaine Vicary et quelques autres voyageurs anglais, a fourni de précieux matériaux, que le conseil de la Société géologique de Londres a bien voulu mettre à la disposition de M. d'Archiac. Un premier examen de cette collection lui a permis de mentionner déjà la plupart des espèces dans son *Tableau de la faune nummulitique*, et ces éléments, réunis à ceux qu'il a reçus depuis, constitueront un travail descriptif spécial accompagné de planches.

La collaboration de M. Jules Haime, pour l'étude microscopique des Nummulites et pour la détermination de polypiers et des échinodermes de l'Inde, ne peut qu'ajouter au mérite de l'ouvrage que nous annonçons et contribuer à le recommander auprès des zoologistes aussi bien que des géologues.

Cet ouvrage, qui forme ainsi le complément nécessaire de la *première partie du tome III de l'Histoire des progrès de la géologie*, sera publié en deux livraisons format in-4°.

La *première livraison* comprendra la monographie des Nummulites avec la description des polypiers et des échinodermes de l'Inde, et la *seconde* traitera des Mollusques.

Chaque livraison contiendra 9 planches.

Prix de chaque livraison, pour les Souscripteurs avant le 1ᵉʳ mai 1852... 10 fr.

APRÈS CETTE ÉPOQUE, LE PRIX EN SERA PORTÉ A 15 FR.

On souscrit sans rien payer d'avance, mais on est prié d'envoyer le plus tôt possible la lettre de souscription à MM. GIDE et BAUDRY.

La publication ne sera commencée qu'après un nombre suffisant d'adhésions.

IMPRIMÉ PAR J. CLAYE ET Cᵉ, RUE SAINT-BENOIT, 7.

PARIS.

5 *rue des Petits-Augustins.*

MM. GIDE ET J. BAUDRY

LIBRAIRES-ÉDITEURS.

MESSIEURS,

Je m'engage à souscrire à   exemplaire de l'ouvrage de MM. D'ARCHIAC et HAIME, intitulé : DESCRIPTION DE LA **FORMATION NUMMULITIQUE** DE L'INDE, PRÉCÉDÉE D'UN ESSAI D'UNE MONOGRAPHIE DES NUMMULITES; 1 volume in-4°, accompagné de 18 planches, du prix de 20 francs.

Ce   185

SIGNATURE :

Répéter le nom.

L'adresse.

DESCRIPTION

ANIMAUX FOSSILES

DE L'INDE

— PARIS —
IMPRIMÉ PAR J. CLAYE ET Cⁱᵉ
RUE SAINT-BENOIT, 7

DESCRIPTION

DES

ANIMAUX FOSSILES

DU GROUPE NUMMULITIQUE

DE L'INDE

PRÉCÉDÉE

D'UN RÉSUMÉ GÉOLOGIQUE

ET

D'UNE MONOGRAPHIE DES NUMMULITES

PAR

LE VICOMTE D'ARCHIAC ET JULES HAIME

PARIS

GIDE ET J. BAUDRY, LIBRAIRES-ÉDITEURS

5, RUE BONAPARTE

1853

AVANT-PROPOS

La première partie du tome III de l'*Histoire des progrès de la Géologie* a été consacrée par l'un de nous à la description de cet ensemble de couches appartenant à la formation tertiaire inférieure [1] et que caractérise, dans une grande partie de l'Europe, de l'Asie et du nord de l'Afrique, une immense quantité de débris organiques désignés généralement sous le nom de *Nummulites*. Une des régions les plus intéressantes de cette zone, par l'espace qu'elle occupe, la richesse de sa faune, la belle conservation de ses fossiles et leur analogie remarquable avec ceux de l'Europe occidentale, quoiqu'ils en soient à une distance presque égale au tiers de la circonférence de la terre, est celle qui, des pentes occidentales de l'Himalaya, s'étend au S.-O. jusqu'à l'embouchure de l'Indus, pour se prolonger vers l'E., au delà du méridien de Calcutta. Cette vaste contrée nummulitique de l'Inde, qu'ont explorée dans ces dernières années MM. Vicary, R. Strachey, A. Fleming, Thomson et Hooker, a fourni les précieux matériaux que le conseil de la Société géologique de Londres a bien voulu nous confier. Un premier examen de cette collection avait déjà permis de

1. Nous avons substitué le mot *groupe* à celui de *formation* employé précédemment par l'un de nous, parce que, dans l'état actuel de la science et conformément à la terminologie adoptée, l'expression de *formation nummulitique* d'abord ne peut plus être restreinte aux dépôts circum-méditerranéens, et ensuite n'est plus synonyme de celle de *formation tertiaire inférieure*. Cette dernière doit avoir un sens beaucoup plus large, puisqu'elle comprend à la fois des dépôts tertiaires antérieurs à l'apparition des Nummulites et d'autres plus récents, lesquels pouvant être aussi caractérisés par des faunes propres, permettront toujours de regarder comme distinct le véritable horizon des Nummulites qui les sépare. Le groupe nummulitique n'est plus ainsi qu'un membre de la formation tertiaire inférieure, et l'on verra ci-après (p. 77-79) comment il se trouve composé dans le bassin de la Seine et les pays voisins.

mentionner beaucoup d'espèces dans le *Tableau de la faune nummulitique*, et ces éléments, joints à ceux qui nous ont été envoyés depuis, forment le sujet du travail que nous présentons aujourd'hui, travail que nous avons essayé de compléter en le faisant précéder d'un exposé sommaire de la formation tertiaire inférieure de l'Inde.

Une étude spéciale des Nummulites, considérées en elles-mêmes ou zoologiquement, nous avait aussi paru nécessitée par l'importance géologique de ces corps, et l'un de nous avait rassemblé des matériaux destinés à servir de base à une sorte de prodrome des espèces de ce genre. Ce prodrome inséré dans le tableau précité, quoique résultant d'assez longues recherches, n'était cependant qu'une esquisse fort incomplète de la *Monographie* dont nous nous sommes occupés depuis et que nous plaçons en tête de cet ouvrage.

La *Description des animaux fossiles du groupe nummulitique de l'Inde* et cette *Monographie* sont donc, à proprement parler, le complément de la première partie du tome III de l'*Histoire des progrès de la Géologie*, complément dans lequel les nouveaux faits que nous avons introduits ont permis de mieux préciser quelques-unes des déductions générales émises précédemment. Celui de nous qui n'avait point pris part au travail que nous venons de rappeler, s'est principalement occupé, dans la publication actuelle, de l'examen microscopique du test des Nummulites, des considérations physiologiques qui s'y rattachent, puis il a décrit les polypiers, les échinodermes et les crustacés de l'Inde.

Paris, avril 1853 [1].

[1]. La liste des souscripteurs, ne devant être close qu'au 1er mai prochain, sera publiée avec la seconde livraison.

TABLE DES MATIÈRES

DE LA MONOGRAPHIE DES NUMMULITES

1. Nous avons omis de mentionner, p. 21, l'ouvrage de Don A. J. Cavanilles (*Observaciones sobre la historia nat. del reyno de Valencia*, 2 vol. in-4°, Madrid, 1797) où l'auteur signale les Nummulites du royaume de Valence, sous le nom de *Piedras nummularias ;* l'espèce figurée p. 296, fig. *a, b,* représente la *N. granulosa.* Il en a été de même de l'*Introduccion a la histor. y a la geogr. fis. de Espana* (1re éd., 1775 ; 2e éd. 1789) p. 81, où l'auteur, D. Guillermo Bowles, désigne les Nummulites des environs d'Alicante sous les noms de *Numularias* ou *Porpita* que les gens du pays appellent *Moneda de las bruxas,* monnaie de Sorcières. Ces citations jointes à celles des ouvrages de M. Buvignier et de M. Koutorga, également omises à leur place (p. 54), portent à 204 le nombre des travaux que nous avons consultés, et à 132 celui des auteurs qui se sont occupés plus ou moins spécialement des Nummulites.

MONOGRAPHIE

DES NUMMULITES

INTRODUCTION

Comme on l'a remarqué depuis longtemps[1], l'importance que les corps
organisés fossiles prennent dans la formation et la composition des roches
sédimentaires, est en quelque sorte inverse de celle qui est assignée dans
la série zoologique aux animaux qui les ont produits. Les polypiers, les
bryozoaires, les foraminifères ou rhizopodes et les mollusques testacés
ont concouru plus efficacement à augmenter ces dépôts que les vertébrés,
qui n'y entrent presque pour rien. De même, les cryptogames et les
phanérogames monocotylédones ont plus contribué que les végétaux
dicotylédones à la formation des amas charbonneux enfouis dans les
couches de la terre. Si l'on observe en outre que les agents physiques et
chimiques les moins énergiques en apparence, concourent surtout à la
préparation et à l'accumulation des matières sédimentaires exclusivement
minérales, tandis que les manifestations les plus puissantes des forces
mécaniques de l'intérieur du globe ne sont en réalité que des accidents,
interrompant momentanément l'ordre général des phénomènes et n'ayant
guère d'influence sur l'accroissement de ces mêmes dépôts qu'ils ont
seulement dérangés, on en conclura que la nature semble avoir choisi,
dans les trois règnes, précisément les moyens les plus faibles, les plus
simples et les plus lents pour modifier incessamment la surface de la terre.
Confiante dans le temps qui ne peut lui manquer, elle laisse à l'incalculable série des siècles le soin de transformer cette surface par des actions
dont les effets sont insensibles, lorsqu'on ne prend pour les mesurer que

1. De Lamarck, *Histoire des animaux sans vertèbres*, vol. VII, p. 611

1

le court espace de la vie humaine, que l'existence d'une nation, que ces chronomètres, en un mot, dont l'entière révolution ne répond pas à une seconde des âges géologiques.

Parmi les animaux inférieurs dont les restes fossiles sont le plus répandus, on doit compter les foraminifères ou rhizopodes ; et parmi ceux-ci, les corps que nous désignons avec la plupart des naturalistes sous le nom de *Nummulites*, méritent une attention particulière. De tout temps, ils semblent avoir provoqué les recherches et les spéculations des observateurs. Leur abondance prodigieuse dans des couches fort étendues qu'ils constituent presque à eux seuls, leur forme générale extérieure particulière et assez constante, les détails de leur organisation interne qui n'offrent que des rapports très-incomplets avec les coquilles dont on les avait d'abord rapprochés, tandis que leur origine énigmatique favorisait les croyances les plus bizarres, sont des circonstances qui leur donnaient déjà un véritable intérêt au point de vue zoologique ; mais cet intérêt s'est de beaucoup accru lorsqu'on reconnut le rôle que les Nummulites avaient joué à un moment donné de l'histoire du globe, et la diversité des opinions sur l'âge des dépôts qu'elles caractérisent vint y contribuer également.

La série des hypothèses que l'on a faites sur les Nummulites, depuis les temps les plus reculés jusqu'à nos jours, les considérations singulières, les rapports faux ou vrais, enfin les études sérieuses auxquelles elles ont donné lieu, forment un tableau varié et assez compliqué, que nous présenterons en suivant un ordre chronologique et qui sera suivi des *caractères généraux des Nummulites*, de leur *classification*, de leur *mode de conservation et d'altération*, de leur *distribution stratigraphique* et de *leur répartition géographique*. Ces divers sujets composeront la *première partie* de cette monographie ; la *seconde* sera consacrée à la *description des espèces*, et terminée par une *Table alphabétique de toutes les espèces réelles ou nominales*.

Une condition essentielle pour éviter les écueils contre lesquels ont souvent échoué nos prédécesseurs, était de rassembler une assez grande quantité d'échantillons de chaque espèce et provenant de localités différentes, afin d'arriver à bien caractériser chacune d'elles et à bien limiter le genre lui-même ; aussi n'avons-nous rien négligé pour nous entourer d'éléments propres à éclaircir les questions de détail relatives à ces espèces.

Les matériaux qui nous ont servi proviennent presque tous de sources authentiques. Les uns nous ont été confiés avec une extrême obligeance par les administrateurs ou les professeurs de divers établissements publics, d'autres par les possesseurs de collections particulières, enfin le plus grand nombre par les voyageurs qui les avaient recueillis. Quelques auteurs, qui avant nous s'étaient occupés de ce sujet, nous ont également mis à même d'apprécier leurs déterminations spécifiques en nous envoyant les échantillons qui avaient servi à leurs descriptions. Il n'est pas inutile de faire remarquer ici que la cause principale des erreurs que l'on commettait chaque jour, provenait de ce que l'on assignait aux Nummulites que l'on avait sous les yeux des noms d'espèces dont on ne connaissait pas bien les types. Aussi le service que ces savants nous ont rendu est-il une des meilleures garanties que nous puissions offrir contre les méprises où nous aurions pu tomber nous-mêmes. Nous indiquerons sommairement ce que nous devons à ces diverses sources et nous saisirons cette occasion de témoigner notre profonde gratitude aux personnes qui nous ont si vivement et si directement encouragés, en nous permettant de rendre ce travail moins incomplet qu'il ne l'eût été sans leur bienveillant concours. Le lecteur y trouvera de plus une sorte de garantie pour l'exactitude des citations de localités et de gisements dont nous avons fait suivre la description de chaque espèce.

La riche collection du Muséum d'histoire naturelle de Paris a été mise à notre disposition par M. Valenciennes, et parmi les nombreux échantillons de Nummulites qu'elle renferme, ceux qu'ont recueillis M. Lefèvre en Égypte et M. L. Rousseau en Crimée, nous ont présenté de fort belles séries. Dans la collection de géologie du même établissement, M. Cordier nous a également permis d'étudier les échantillons rapportés de la Turquie d'Europe par M. A. Viquesnel, de l'Asie occidentale et du nord de la Perse par Hommaire de Hell, de l'île de Candie par M. V. Raulin, ainsi que ceux de diverses localités des Alpes ou d'autres pays. Dans la collection de l'École des Mines qui doit tant au zèle éclairé de l'administration actuelle, si bien secondée par M. E. Bayle pour la paléontologie, nous avons pu examiner les échantillons rapportés de l'Algérie par M. H. Fournel, et du royaume de Maroc par M. Coquand. M. de Chancourtois nous a communiqué, avec les preuves à l'appui, les principaux résultats de son voyage sur les deux versants du Taurus, dans les vallées supérieures de l'Euphrate et du Tigre. Nous avons trouvé dans la collection de la Société géologique de France plusieurs séries qui nous ont été fort utiles pour lever les doutes que nous avions longtemps entretenus sur la détermination de certaines espèces.

M. A. Sismonda, directeur du musée royal minéralogique de Turin, et M. L. Bellardi, attaché au même établissement, nous ont envoyé toutes les

Nummulites que possédait ce musée, et nous y avons trouvé de grandes ressources, particulièrement pour les espèces d'Égypte et pour celles du versant sud-est des Alpes. Dans le musée de Berne, fruit des savantes recherches de M. le professeur Studer, nous avons examiné en détail les nombreux échantillons qui se rattachent à notre sujet. Par les soins de sir R. I. Murchison et de MM. S. P. Pratt et J. Morris, nous avons reçu tout ce qu'avaient recueilli M. Vicary, M. A. Fleming, M. R. Strachey et M. le docteur Hooker, soit dans le Sinde, soit dans la partie nord de la chaîne de Solyman et la montagne de Sel dans le Pendjab, soit sur le versant sud-ouest de l'Himalaya, dans le centre même de cette dernière chaîne et dans sa partie orientale.

Les collections particulières qui nous ont été ouvertes avec une extrême bienveillance, et dans lesquelles nous avons puisé sans réserve, sont celles de notre si regrettable et vénéré confrère Defrance, de M. Deshayes où nous avons observé les échantillons trouvés par Tallavignes dans les Corbières et ceux rapportés de Morée par Boblaye, puis celles de M. Alex. Rouault, de M. Hébert, de M. Alc. d'Orbigny, de M. Nyst, d'Anvers, de M. Favre, de Genève, qui nous avait envoyé une série complète de Nummulites des Alpes, de M. Ooster de la même ville et de M. Fischer, de Berne. Nous devons à M. Perez, de Nice, de nombreux échantillons des environs de cette ville, à M. Bianconi, de Bologne, ceux des Apennins du Bolonais et des Abruzzes, à M. G. Michelotti, de Turin, la connaissance des types qu'il a décrits, et nous avons la même obligation à M. Alex. Leymerie, à M. L. Rütimeyer et à MM. P. Savi et G. Meneghini.

Parmi les voyageurs, outre ceux que nous venons de citer en parlant des collections publiques ou particulières, nous remercierons particulièrement, en suivant un ordre géographique, sir Ch. Lyell pour les échantillons qu'il a recueillis récemment dans une multitude de localités du sud de l'Angleterre, de la Belgique et du nord de la France, puis M. Ed. de Verneuil qui, en poursuivant depuis plusieurs années ses recherches dans les diverses parties de l'Espagne, pour en dresser la carte géologique, a rapporté des Asturies, de la province de Santander, de l'Aragon, de la Catalogne, et des environs de Malaga, des suites de Nummulites du plus grand intérêt. M. S. P. Pratt, à qui nous en devons aussi du versant sud des Pyrénées, nous en a communiqué du bassin de l'Adour, lesquelles jointes à celles que nous devons à MM. Dufrénoy, Thorent, Delbos, Alex. Rouault et Leymerie, provenant de ce dernier bassin, peuvent faire penser qu'il est un des mieux explorés sous ce rapport. Pour celui de l'Aude, pour les Corbières, l'Ariége, la Haute-Garonne et les Hautes-Pyrénées, nos échantillons fort nombreux sont principalement dus aux recherches de Tallavignes et de MM. de Boissy et Leymerie.

M. S. P. Pratt et M. Bertrand Geslin nous ont remis des échantillons des environs de Nice et de Savone, et le second de ces savants, ainsi que M. Ch. Lory, nous en a communiqué des environs de Gap, puis du Véronais, du Vicentin, de la Bavière, etc. M. de Verneuil nous en a aussi rapporté de cette dernière partie des Alpes, mais c'est surtout à sir R. Murchison, dont les travaux ont si puissamment contribué à éclaircir notre sujet, au point de vue géologique, que nous sommes redevables du plus grand nombre de Nummulites que nous avons examinées, et provenant, soit des deux versants des Alpes, soit des parties méridionales de l'Italie (mont Gargano), soit de la chaîne des Carpathes.

Si nous continuons à nous avancer vers l'E., nous aurons encore à signaler les collections faites en Crimée par M. de Verneuil, et pour la Turquie d'Europe, outre celles de Hommaire de Hell et de M. Viquesnel, les nombreux échantillons dus aux recherches récentes de M. Pierre de Tchihatcheff. C'est principalement pour l'Asie Mineure que les longues et persévérantes études de ce dernier savant nous ont été précieuses, car si, depuis Strabon jusqu'à nos jours, les Nummulites ont été citées dans ce pays, nous n'avions encore aucune donnée certaine sur leur gisement ni sur leurs caractères spécifiques.

Ces matériaux recueillis ainsi sur les deux rives du Bosphore et en Crimée nous ont permis d'apprécier le développement et l'extrême variété des Nummulites sur les limites de l'Europe et de l'Asie, comme les recherches de M. Gaillardot dans le haut Liban et de M. Abich en Arménie nous ont mis à même de relier les observations des géologues que nous avons déjà cités. Enfin M. Caillaud nous a confié une très-belle suite de Nummulites recueillies par lui dans le nord de l'Afrique, depuis la presqu'île du Sinaï jusque dans le désert de la Libye, et de plus, il nous a fait connaître, sur la côte occidentale de France, un îlot où des roches qui en renferment avaient échappé à tous les géologues qui l'avaient précédé.

Nous ne fermerons pas cette longue liste des obligations que nous avons contractées, sans mentionner d'une manière particulière MM. les bibliothécaires du Muséum d'histoire naturelle de Paris, qui ont mis à nous aider dans nos recherches bibliographiques un empressement que leur profonde érudition nous a rendu infiniment utile.

PREMIÈRE PARTIE.

§ I. — HISTOIRE DES TRAVAUX SUR LES NUMMULITES.

L'histoire des recherches et des opinions dont les Nummulites ont été l'objet, a déjà été présentée avec plus ou moins de détails par plusieurs naturalistes, depuis Scheuchzer, G. W. Knorr, Guettard, Schröter, de Saussure, Burtin, Bruguière, Fortis et Parkinson, jusqu'à MM. Deshayes, G. Michelotti, Joly et Leymerie et Rütimeyer ; aussi aurions-nous pu, à quelques égards, nous dispenser d'y revenir, si, d'une part, on n'eût été en droit de regarder cette omission comme une lacune dans un travail de la nature du nôtre, et si, de l'autre, ces divers essais eussent été suffisamment complets. Mais, outre que sous ce dernier rapport ils laissent tous plus ou moins à désirer, ils se répètent fréquemment les uns les autres, et ne tiennent compte que des idées systématiques fausses qu'il fallait combattre, sans insister assez sur les bonnes observations faites indépendamment de toute hypothèse ; ce sont souvent des critiques stériles, quelquefois injustes, détruisant mais n'édifiant rien, ou substituant seulement une erreur à une autre.

Nous avons vérifié les citations, et tâché de remonter aux sources sur lesquelles nous avions quelque renseignement, mais nous devons dire qu'un certain nombre d'ouvrages des XVIIe et XVIIIe siècles, particulièrement de l'Allemagne et de l'Italie, n'ont pu être consultés directement, parce que, devenus très-rares, ils manquent dans nos bibliothèques. Nous ne tenons compte aussi que des publications où les Nummulites sont mentionnées d'une manière spéciale, décrites ou figurées, les autres dans lesquelles elles sont simplement indiquées, ayant été déjà signalées ailleurs [1].

Dans la longue histoire des Nummulites dont nous allons exposer les phases, et qui n'a guère d'analogue en paléontologie que celles des Bélemnites et des Ammonites, on verra que le vaste champ des hypothèses a été plusieurs fois parcouru en tous sens, tandis que celui bien plus restreint de l'observation directe ne l'a été pour ainsi dire que par exception. La série des travaux sur les Nummulites, peut se diviser en *cinq époques*. La *première*, qui est en quelque sorte celle de la fable, commence

---

1. *Histoire des progrès de la géologie*, vol. III, 1re partie.

avec les écrivains de l'antiquité, et, interrompue pendant le moyen âge, elle reprend, à partir du milieu du XVI⁣e siècle, pour s'étendre jusqu'après le milieu du XVIII⁣e, lorsque Guettard, avec autant de réserve que la plupart de ses devanciers en avaient mis peu, fit voir ce que les Nummulites *n'étaient pas;* la *seconde*, qui comprend les années de 1770 à 1804, est sans doute plus scientifique que la première, mais les auteurs n'y sont guère moins éloignés de la vérité; elle s'arrête aux premières publications de Lamarck, qui contribuèrent si puissamment à débrouiller le chaos des animaux inférieurs. La *troisième* commence avec ces mêmes publications pour se terminer en 1825, alors qu'un travail général vint réunir et classer dans un même ensemble cette multitude de petits corps dont les relations ou les affinités naturelles n'avaient pas encore été bien saisies; la *quatrième* embrasse le laps de dix années qui s'est écoulé entre cette nouvelle classification et des recherches anatomiques très-délicates, lesquelles, dirigées sur un certain nombre d'animaux microscopiques ou sub-microscopiques, dévoilèrent leur véritable organisation, déterminèrent leur place dans la série animale, et permirent d'entrevoir, par une induction logique, ce que *pouvaient être* les Nummulites. La publication de ces recherches en 1835 marque le commencement de la *cinquième* époque, celle dans laquelle nous sommes.

PREMIÈRE ÉPOQUE.

ÉCRIVAINS DE L'ANTIQUITÉ.

On a avancé[1] qu'Hérodote avait parlé des Nummulites, dans ses observations sur l'Égypte, mais il dit seulement en décrivant ce pays[2] « qu'on trouve des coquillages « sur les montagnes qui bordent la vallée du Nil, et que la salure y effleurit les « pierres au point de décomposer celles qu'on avait employées à la construction des « pyramides; » rien dans le texte n'indique qu'il ait voulu désigner particulièrement les corps dont nous nous occupons[3].

On a cru aussi[4] que la pierre appelée *Daphnia* par Pline, était une Nummulite, mais la phrase du grand naturaliste latin ne donnant aucune explication sur ce qu'était cette pierre, il est difficile de lui attribuer ce sens avec certitude; elle dit seulement que le *Daphnia* ressemble à une feuille de laurier que Zoroastre prétendait être utile contre l'épilepsie[5]. Dans la traduction du *Zend avesta*, par Anquetil Duperron, nous n'avons rien trouvé qui fît allusion à cette opinion, laquelle a d'ailleurs été réfutée par Guettard[6].

1. G. Michelotti, *Saggio storico*, etc., p. 1.

2. Liv. XII, p. 10. Traduction de Larcher, 1786.

3. Fortis avait aussi interprété dans ce dernier sens la phrase de l'historien grec (*Mém. pour servir à l'hist. nat. de l'Italie*, vol. II, p. 17).

4. Agricola, *De natura fossilium*, p. 301. — Conrad Gesner, *De omni rerum fossilium*, p. 120. — Scheuchzer, *Specimen lithographiæ Helveticæ*, p. 31.—Sage, *Journ. de phys.*, vol. LX, p. 222.—Parkinson, *Organic Remains*, vol. III, p. 148.

5. *Historia mundi*, liv. XXVI, vol. XX, p. 403. Ed. d'Ajasson de Gransagne. Paris, 1833.

6. *Mém. sur les sc. et les arts*, vol. II, p. 185.

On peut supposer que, préoccupés de la forme des coupes de Nummulites auxquelles on donnait les noms de *Salicites* ou feuilles de saule, de *lapis frumentarius*, etc., les naturalistes de la renaissance auront cru y reconnaître le *Daphnia* de Pline. Ce dernier dit ailleurs en parlant des pyramides d'Égypte[1] qu'elles sont environnées de sables à gros grains, pareils à des lentilles, comme dans la plus grande partie de l'Afrique (*Arena latè pura circùm, lentis similitudine, qualis in majori parte Africæ*), phrase qui a été rapportée par tous les auteurs.

Mais si les écrivains précédents ne se sont exprimés que d'une manière très-vague sur les Nummulites, il n'en est pas de même de Strabon, dont la description ne laisse aucune incertitude. « Nous ne croyons pas devoir passer sous silence, dit-il[2], une chose « singulière que nous vîmes aux pyramides : ce sont des monceaux de petits éclats « de pierre, élevés en avant de ces monuments. On y trouve des parcelles qui, pour la « forme et la grandeur, ressemblent à des lentilles; on dirait même quelquefois des « grains à moitié déballés. On prétend que ce sont les restes pétrifiés de la nourri- « ture des travailleurs, et cela est peu vraisemblable, car nous avons aussi chez nous[3] « une colline qui se prolonge au milieu d'une plaine, et qui est remplie de petites « pierres de tuf semblables à des lentilles. Les cailloux de mer et de rivière sont « presque aussi embarrassants (à expliquer), cependant le mouvement des eaux peut « jusqu'à un certain point rendre compte de leur existence, mais pour les autres, « l'explication est plus difficile. »

Après une glose du texte du géographe grec, le traducteur cite l'opinion de Guettard et ajoute : « Greave[4] avait suspecté ici la véracité de Strabon; mais ce que dit notre « auteur est confirmé par le témoignage de Niebuhr[5] : *on y trouve, dit ce voyageur,* « *de petites pétrifications en forme de lentilles, qui semblent être de la même espèce que* « *les petites hélices dont j'ai recueilli plusieurs à Buchir*, et par celui d'un autre voya- « geur, Clarke[6], qui s'exprime ainsi : *Une autre variété de pierres lenticulaires plus* « *compactes se trouve en masses détachées à la base des pyramides, exactement telles que* « *les a décrites Strabon; elles paraissent être entièrement des dépouilles pétrifiées de* « *quelque animal maintenant inconnu. La forme de ces pétrifications est lenticulaire. La* « *description que Strabon fait de cette substance correspond d'une manière si frappante* « *avec l'aspect qu'elle présente de nos jours, qu'elle est une preuve évidente qu'il a* « *réellement été sur les lieux.* »

1. *Loc. cit*, p. 167.

2. *Géographie*, vol. V, p. 397. Éd. in-4º de du Theil. Paris, 1819. — Cette citation, déjà faite par Guettard, a été reproduite en entier par MM. Joly et Leymerie (*vide posteà*).

3. Strabon était d'Amasis (Amassya) dans la province de Pont, localité d'où M. P. de Tchihatcheff a rapporté en effet dans ces dernières années une belle série de Nummulites.

4. *Pyramido gr*. etc., p. 119. Londres, 1646.

5. Vol. I, p. 161.

6. *Travels*, vol. III, p. 131.

DE 1558 A 1770.

Pendant cette longue nuit du moyen âge qui couvrit d'un voile épais les sciences d'observation, nous ne trouvons aucune mention des Nummulites, mais à peine l'obscurité commence-t-elle à se dissiper, aux premières lueurs de la renaissance, que nous voyons G. Agricola [1] rappeler le *Daphnia* de Pline, et Conrad Gesner [2], dans sa description des fossiles du cabinet de Kentman, signaler les Nummulites qu'il range parmi les cornes d'Ammon, en les désignant par la diagnose : *Cochleæ polythalamiæ centro utrinque prominente, gyris unitis intra testam latentibus.* On remarquera que C. Gesner, en rapportant ce qu'avait dit Agricola, cite seulement les Nummulites des environs de Paris qui furent ainsi les premières connues en Europe, puisque les anciens n'avaient parlé que de celles de l'Égypte et de l'Asie Mineure [3]. Nous les trouvons ensuite indiquées par Aldrovande [4] comme des jeux et des caprices bizarres de la nature, et par Ferrante Imperato [5] sous les noms de *frumentarium vel frumentum* ou de *pietra frumentale o naturalmente scolpita in figura di frumento e semi de legumi.* Le jésuite Anast. Kircher [6], ne considérant aussi que des coupes transverses de ces corps, les compare à des feuilles de saule (*salicis serrata, folium salicis,* en allemand *kümmstein, kümmischstein, kümmelstein*), ou à des graines de *cumini pratensis,* de *carvi,* etc. Dans les figures qu'il donne (I *b* et 1 *c*) qui sont des coupes perpendiculaires, il reconnaît néanmoins les caractères d'une spire, et il rapproche ces échantillons des cornes d'Ammon. Clusius [7], sous le nom de *numismali lapides Transylvaniæ,* rappelle la croyance populaire des Transylvaniens, qui les regardaient comme des pièces d'or converties en pierres par le roi Ladislas pour empêcher ses soldats de s'arrêter au moment où les Tartares fuyaient devant lui.

Jusqu'alors il ne paraît pas qu'on se fût bien rendu compte des rapports qui existent entre la coupe perpendiculaire et la coupe transverse des Nummulites, ce qui donnait lieu à des opinions très-différentes suivant que l'on considérait l'une ou l'autre. Des corps pierreux, plats, en forme de rondelles, avec deux cercles concentriques tracés par des hachures grossières, rencontrés en Laponie près de Tornea, et figurés par J. Scheffer [8], ont été pris pour des Nummulites par beaucoup de naturalistes, qui

1. Georgii Agricolæ, etc. *de natura fossilium*, p. 301, in-4°. Basileæ, 1558.

2. *De omni rerum fossilium genere gemmis*, etc., in-8°. Zurich, 1565, ou mieux *Conradi Gesneri de rerum fossilium lapidum et gemmarum*, etc., p. 159-167. Tiguri, 1565.

3. Loc. cit. p. 129 (verso) *De figuris lapidum.* « *Ad Lutetias Parisiorum saxum nuper divisum coronæ laureæ speciem reddidit Agricola.* »

4. *Musæum metallicum*, liv. IV, p. 486, 843 et 863. 1640.

5. *Historia naturale*, liv. 24, p. 579, et liv. 28, p. 664. Venise, Naples, 1672.

6. *Mundus subterraneus*, p. 29. Amsterd., 1665-1678.

7. *Nomenclator Pannonicus.*

8. Joannis Schefferi *argentoratensis, Lapponia*, etc., p. 368-371, fig. B, in-4°. Francfort, 1673. *Histoire de la Laponie, sa description*, etc., traduct. franç., p. 345-349, fig. B. 1678.

ont dit et répété que des coquilles de ce genre se trouvaient dans ce pays ; mais le texte de l'auteur ne suffit pas plus que le mauvais dessin dont nous venons de parler, pour justifier une assertion qu'aucune observation n'a vérifiée depuis près de deux cents ans, et qui n'a aucune probabilité d'après la distribution connue des Nummulites.

Vers la fin du XVIIe siècle, Scheuchzer [1] commença à s'occuper des *Phyllitæ salicitæ seu itetitæ vel salices* ainsi qu'il appelait alors les Nummulites trouvées à l'état de cailloux dans les petites rivières des environs de Zurich, puis il donna un travail plus complet dans lequel, après avoir discuté ce qu'en avaient dit les anciens, il décrivit avec exactitude, sous le titre de *Lentes lapideæ striatæ, utrinque convexæ, vitreis figurâ similes, in massâ lapideâ vario sub schemate conspicuæ* [2], des Nummulites des cantons de Schwytz, d'Uri et de Lucerne. Lorsqu'on a détaché ces corps de la pierre qui les enveloppe « on voit, dit-il, qu'ils ont la forme d'une lentille biconvexe, c'est-à-dire « composée de deux segments de sphère, et tout à fait semblable à une lentille de « verre, avec cette exception, pourtant, que la surface de celle-ci est lisse, extrême- « ment polie, et sa masse tout à fait diaphane, tandis que les lentilles de pierre présen- « tent, sur l'une et l'autre de leurs faces convexes, des stries qui s'étendent du centre « à la circonférence, tantôt en ligne droite (fig. 43), tantôt et le plus souvent en « formant des lignes obliques et recourbées en arc (fig. 44). Or, il est bon de faire « observer que nos lentilles de pierre ne sont pas solides, et qu'elles ne consistent pas « en une seule masse unique et uniforme. Elles se composent de 3, 4, 5, 6, 7, 8 ou d'un « plus grand nombre d'enveloppes toutes striées, toutes se recouvrant les unes les « autres, et dont plusieurs se voient distinctement dans certains cas, ainsi que le montre « la fig. 45. Dans la fig. 42 où nous avons représenté ces lentilles divisées en deux « moitiés par une section perpendiculaire (transverse), on voit que les stries parallèles « ne sont autre chose que les vestiges des enveloppes elles-mêmes. Remarquez encore « que ces enveloppes sont reliées entre elles par de petites lignes transversales, de « sorte que leur ensemble constitue une trame ou une espèce de réseau formé d'ovales « parallèles et de filaments qui s'étendent à la périphérie (fig. 46, 47, 48). Là ne finit « pas encore cette curieuse anatomie. Si on les divise horizontalement (perpendicu- « lairement), nos lentilles de pierre offrent deux lentilles planconvexes résultant d'une « seule lentille biconvexe. Sur la face plane de chacune d'elles on aperçoit des « canaux spiraux, roulés sur eux-mêmes, à la manière des serpents, et marqués de « petites stries qui traversent ces tours, également minces, de manière à former un « nouveau genre de cornes d'Ammon dans lequel on distingue jusqu'à sept, huit « et même neuf tours de spire [3]. »

« Bien des années se sont écoulées depuis Scheuchzer jusqu'à nous, ajoutent « MM. Joly et Leymerie, à qui nous empruntons la traduction fort exacte de ce pas-

---

1. *Miscellanea cur., sive Ephemerid. medico-physic. german. De dentritis. (Acad. Cæsar. Leop. natur. cur. Decuria* III, p. 63, fig. 1. 1697-98).

2. *Specimen lithographiæ Helveticæ curiosæ*, etc., p. 30-35, fig. 42-48. In-8°. Tiguri, 1702.

3. Traduc. de MM. Joly et Leymerie. *Mém. sur les Nummulites*, p. 10.

« sage, bien des auteurs après lui se sont occupés de la structure des Nummulites,
« mais dans ce long intervalle, aucun d'eux n'a découvert une particularité nouvelle,
« aucun d'eux n'a décrit plus exactement ce fossile toujours problématique. » Il y
a plus, c'est que certains caractères importants, clairement indiqués par le naturaliste suisse, ont été méconnus ou négligés jusque dans ces derniers temps par la
plupart des auteurs qui ont voulu déterminer des espèces.

Scheuchzer [1] eut plusieurs fois occasion de revenir sur ce sujet, mais ce qu'il en
a dit et les figures qu'il a données prouvent qu'il ne connaissait guère que deux ou trois
espèces au plus, celles que nous désignerons sous les noms de N. Ramondi et perforata.
Pendant un voyage qu'il fit en France, il lut, dans une séance de l'Académie des
Sciences dont il était membre correspondant, une dissertation latine sur les pierres
figurées, dissertation où il insiste particulièrement sur les caractères des Numismales,
tels que nous venons de les rappeler, et où il compare celles qu'il avait observées en
grande quantité aux environs de Noyon, avec celles de la Suisse [2]. C. N. Lang ou
Langy [3], de Lucerne, décrit et figure des Nummulites et des Orbitoïdes de diverses
parties de la Suisse, sous les noms composés de salicites helveticus niger, foliolis candidis, lapis frumentarius helveticus niger, semina melonum, cuminicum, cochlitulis albis,
lapis frumentarius helveticus cinereus, semina anisi fœniculi. Comme Scheuchzer, il les
rapproche des cornes d'Ammon, mais il attribue leur origine aux forces plastiques
de la nature qui jouaient à cette époque un grand rôle dans l'explication qu'on donnait de la présence des corps organisés dans les roches.

Lancisi, dans l'ouvrage posthume de Mercati [4], avance que les monnaies de pierre,
nummi lapidei, sont des parties de différents échinites marins et principalement de
leur écusson ou corps madréporiforme. G. A. Volkmann [5] suit les idées de Scheuchzer
pour les Nummulites de Landshut, et J. H. Zannichelli [6] signale celles des montagnes de
Baniolo et de Zoppica dans le Véronais. F. E. Bruckmann [7], dans son Essai sur la

<hr>

1. *Itinera per Helvetiæ alpinas regiones, seu Itinera alpina*, vol. 1, p. 7, 28, 200 et 478, pl. IV, fig. 4-5.
Lugd. Batav., 1723. Il cite les *Lentes* ou *frumentali lapidæ* (*N. perforata*) aux environs de Zurich et les
rapproche des cornes d'Ammon, renvoyant toujours le lecteur à la page 30 du *Specimen lithographiæ Helveticæ.* — Les fig. 45-48 de la pl. VIII (*Beschreib. d. natur. Beschich. d. Schweiz.*, p. 102. Zurich, 1706)
représentent probablement la *N. perforata* jeune et adulte. — *Meteorologia et oryctographia helvet.*, p. 326,
fig. 158. Zurich, 1718. — Catalogue des fossiles, etc. (*Philos. transact.*, 1705, p. 2043), etc., etc.

2. *Histoire de l'Acad. roy. des Sciences pour l'année* 1710, p. 20. 1712. — C'est dans l'article suivant
(p. 22) que Fontenelle, rendant compte de l'*Herbarium diluvianum*, que venait de publier Jean Scheuchzer,
frère du précédent, écrivit cette pensée si souvent reproduite dans ces derniers temps et attribuée à divers
auteurs, entre autres à Knorr et à G. Cuvier : « Voilà, dit le secrétaire de l'Académie, de nouvelles *espèces*
« *de médailles* dont les dates sont et sans comparaison plus anciennes, et plus importantes et plus sûres que
« celles de toutes les médailles grecques et romaines. »

3. *Historia lapidum figuratorum Helvetiæ*, p. 69, pl. XVIII. Venet., 1708.

4. *Metallotheca vaticana.* Roma, 1717-1719.

5. *Silesia subterranea*, part. II. p. 331, pl. II, fig. 5. 1720.

6. *Epistol. de litograph. duor. mont. Veronensium.* Venet., 1721.

7. *Specimen phys. sistens hist. nat. lapidis numismalis Transylvaniæ*, in-4°. Wolfenbüttel, 1727. —

pierre numismale de Transylvanie, fait une revue des hypothèses émises par ses prédécesseurs, et finit par la considérer comme une coquille bivalve. Breyn [1] la rapproche des Nautiles, mais Denys Dodart [2] en décrivant les pierres lenticulaires de Vauciennes, près de Villers-Cotterets, s'abstient de toute hypothèse sur leur origine.

J. Plançus ou Bianchi [3], par ses recherches sur les coquilles microscopiques des sables modernes de Rimini, dut mettre sur la voie de l'origine des corps fossiles qui avaient tant de rapport avec elles. Pour lui beaucoup d'entre elles étaient des opercules et les autres de véritables coquilles qu'il appela *Ammonites*. Bourguet, dans son *Traité des pétrifications* [4], comme dans ses *Lettres philosophiques* [5], a donné des dessins de Nummulites qui ne sont pas reconnaissables. Après avoir signalé les *pierres lenticulaires* ou *numismales* des environs de Soissons, de la Suisse, de l'Italie, et rappelé celles d'Égypte, d'après Strabon, il regarde ces corps comme étant des opercules d'Ammonites, et qui n'auraient pu servir à loger un animal. Il s'efforce de justifier son opinion, et, comme les auteurs de son temps, voulant se renfermer dans le texte littéral de la Genèse, il dit (p. 19) : « Ajoutez à cela la longue « vie des coquillages, et seize siècles depuis la création jusqu'au déluge, et vous « trouverez assez de quoi fournir à cette quantité immense de toutes sortes de reliques « de la mer qui occupe aujourd'hui presque toute la superficie de la partie solide de « notre globe, en sorte qu'on serait tenté de croire que l'Océan n'a fait simplement « que changer de place. »

G. Spada [6], après avoir parlé des polypiers, distingue onze espèces de *Lapis nummularius*, suivant leurs couleurs et d'autres caractères insignifiants, puis il critique ses prédécesseurs d'avoir pris pour des graines ou des feuilles les corps qu'il regarde d'abord comme des opercules de gastéropodes, ensuite comme des bivalves, et enfin comme des coquilles polythalames. Gualtieri [7] donne quelques mauvais dessins de Nummulites et d'autres foraminifères qu'il range avec les cornes d'Ammon, et Barrère, dans ses *Observations sur l'origine et la formation des pierres figurees* [8], a représenté des Nummulites de Girone (Catalogne), qu'il croit des opercules de coquilles univalves.

C'est à tort que Linné a été accusé d'avoir changé souvent d'opinion sur la nature des Nummulites. Suivant de Saussure, il en aurait fait d'abord des madrépores

Suppl., *Epist. itinerar.* cent. xi, *épist.* 8.— *Animadversiones ad Bourguet*, etc. (*Comm. Norimb.*, 1739, hebd. 20, p. 153).

1. *Dissertatio de polythalamiis*, vol. IV. Danzig, 1730.

2. Hist. de l'Académie r. des Sciences, vol. l, p. 306. 1733.

3. *De conchis minus notis*, in-4°, pl. i, fig. 2, *c, d, f.* Venise, 1739; 2e éd. Rome, 1760.

4. Pl. l, fig. 321-325. Paris, 1742.

5. *Lettres philosophiques sur la formation des sels et des cristaux.* Amst., 1729, p. 12, fig. 1, 2, 3.

6. *Corporum lapidifactorum agri Veronensis, Catalogues*, p. 46-49. Verona, 1744.

7. *Index testarum conchylium*, etc., pl. lxv-lxx, fol. Florence, 1742.

8. In-8°. Paris, 1746, p. 13, pl. ii.

(*madrepora simplex orbicularis stella convexa*[1]) puis une Méduse (*Helmintholithus zoophiti medusæ*[2]), et après avoir décrit la *Medusa lagerstromiana* comme étant l'animal de la Lenticulaire[3], il aurait regardé enfin[4] les Nummulites comme des Porpites, et les aurait placées parmi les madrépores pétrifiés (*Helmintholithus madreporæ deperditæ*). En réalité, le grand naturaliste suédois n'a point connu les Nummulites, c'est J. L. Odhelio qui a figuré le cartilage d'une Méduse dont il a rapproché les Porpites, et la *Medusa porpita* du *Systema naturæ* (édit. de Gmelin, p. 3153) habite les mers de l'Inde.

Le nom de Porpite ou *Button stone* aurait été employé la première fois par Plot[5], mais ce naturaliste anglais désignait évidemment ainsi un polypier (*Anabacia complanata*) et non une Nummulite. Knorr parle de Luidius[6] comme ayant longtemps hésité sur la place qu'il devait assigner aux Nummulites qu'il finit par regarder comme des corps marins voisins des échinites, mais nous n'avons point trouvé ce passage dans l'auteur anglais ; il cite également l'ouvrage de Lesser[7] que nous n'avons pu consulter.

S. Maffei[8] et G. B. Passerini[9] ont mentionné les Nummulites du Véronais ; Stobœus[10], en désignant ses *Porpitæ nummulares* ou *Fungitæ minimi pediculo destituti*, paraît, comme Bromell[11], n'avoir eu en vue que des Orbitolites de la craie de Scanie, placées naturellement parmi les polypiers. D'Argenville[12] répète ce qu'a dit Langy du *Lapis frumentarius*, en donne quelques figures peu reconnaissables, et le rapporte encore à des graines. Guettard[13] prélude à son travail général, dont nous parlerons tout à l'heure, en traitant des *Pierres frumentaires* des cantons de Schwytz, d'Unterwald, d'Uri, du couvent de la montagne des Anges et du versant septentrional du Pilate. C. Allioni[14] ne parle des Nummulites que pour faire remarquer

<hr>

1. *Dissertatio de coralliis balticis habitus*, in-8°. Juin, 1745. — Amæn. Acad., vol. I, p. 194, fig. v. C'est le *Palæocyclus porpita*, Milne Edw. et J. Haime.

2. *Descript. du cabinet du comte de Tessin* (*Mus. Tessini*, p. 96). 1753.

3. *Amæn. Acad.*, vol. IV, p. 255, fig. 7. 1754.

4. *Systema naturæ.* 1768.

5. *Histoire naturelle de la province d'Oxford*, p. 139, pl. VIII, fig. 9. 1677.

6. Edv. Luidii, *Lithophylacii britannici Ichnographia. Éd. altera. Axonii*, 1760. — Le *Bufonites orbiculatus rugosus* (p. 70, pl. XVI, n° 1382) paraît être un osselet de poisson des sables crétacés de Farringdon, et le *Numulus luteus vulgaris* (p. 90, n° 1763) relégué parmi les *Fossilia incertæ classis* est un corps provenant du Gloucestershire, probablement de la formation jurassique, et sans autre rapport avec les Nummulites, que sa forme orbiculaire.

7. *Lithotheologia*, p. 540-543.

8. *Dissertatio sopra li petrificati corpi marini dei monti Veronese*, in-4°. Verone, 1747.

9. *Dissertatio de petrefactis agri Veronensis*, in-12. Venet., 1753.

10. *Dissertatio epist. ad W. Grothaus, de nummulo Brattenburgensi.* 1732.— *Opera petrefactorum.* 1752. — *Opusculis*, p. 6. L'auteur rappelle les *Numismales lapides* de Bruckmann ou pierres de Saint-Boniface, de Transylvanie, citées aussi par Cl. Teichmeiri. (*Élém. philos. natur. experim.*, p. 193.)

11. *De Nummulo Brattenburgico* (*Act. litt. Suec.*, vol. II, p. 50).

12. *Hist. nat. éclaircie*, etc. Oryctologie, in-4°, p. 233, pl. VIII, fig. 10. 1755.

13. *Hist. de l'Acad. des Sciences*, 1752, p. 339.

14. *Oryctogr. Pedemontanæ specimen*, etc., p. 58. Paris, 1757.

leur absence en Piémont. J. Gesner[1] constate qu'elles forment des couches puissantes dans le Soissonnais, la Suisse et le Véronais, puis il en donne des dessins[2] sous les noms d'*Hélicites*, de *Nummularius lapis* ou de *Phacites*, les comparant aux Nautiles et faisant néanmoins apercevoir leurs caractères différentiels. G. W. Knorr[3] a écrit assez longuement sur l'histoire des *Hélicites*, et en a publié de mauvaises figures, représentant toutes des Nummulites des environs de Vérone. J. E. Walch[4] n'a guère plus contribué à nous les faire connaître, tout en les plaçant près des Ammonites et des Nautiles. Cependant il avait remarqué que dans les diverses espèces le nombre des tours de la spire n'est pas en rapport avec le diamètre de la coquille, que la surface a des caractères fort différents dans chacune d'elles, et que le sens suivant lequel la coquille est coupée donne lieu à des apparences diverses qui en avaient fait faire des corps distincts. C'est la ressemblance de la coupe transverse avec une feuille de laurier qui lui aurait fait donner par Pline le nom de *Daphnia*, comme les premiers naturalistes de la renaissance la désignèrent sous celui de feuille de Saule ou *Salicites*. Fabio Colonna[5] et J. J. d'Annone[6] ont aussi jeté peu de lumière sur ce sujet, de même que le père Torrubia[7] qui prenait les Hélicites pour des œufs de poissons. Capeller[8], dans son histoire du mont Pilate, renvoie presque toujours le lecteur aux ouvrages de Scheuchzer et de Langy pour les Nummulites qu'il mentionne, et Davila[9] a été cité à tort comme s'étant occupé de ces corps. Bertrand[10], après avoir rappelé les diverses opinions émises par les auteurs, conclut que plusieurs d'entre elles peuvent être vraies si on les attribue aux diverses Nummulites qui auraient ainsi des origines différentes. Il indique en outre le moyen de les ouvrir en les chauffant d'abord, puis les jetant dans l'eau froide. Valmont de Bomare[11] reproduit également ce qu'ont dit ses prédécesseurs, que ces corps peuvent être des coquilles chambrées ou sortes de Nautiles.

1. *Dissertatio phys. de petrificatorum, differ. et varia origine*, p. 12 et 31. Tiguri, 1756.

2. *Tractatus physicus de petrificatis*, in-8°, p. 50. 1758.

3. *Samml. der Merkwürd. der natur. und Alterth. des Erdbodens*, vol. I, p. 61-66. Nürnb., 1755.

4. *Das Steinreich system. entworfen*, p. 97, pl. VIII, fig. 3. Halle, 1762. — *Die naturgesch. der Verstein. z. Erläut. der Knorrischen Samml.* vol. I, p. 61, pl. A VIII, fig. 5-18. Nürnb., 1768. — *Recueil de monuments des catastrophes que le globe de la terre a essuyées*, in-folio, vol. II, p. 51. Nuremb., 1778.

5. *De corporibus marinis lapidescentibus*, in-4°. 1759.

6. *Acta Helvetica*, vol. IV, p. 275 *bis*, 287. 1760.

7. *Aparato a la historia de España*.

8. *Pilati montis historia*, p. 183. Basileæ, 1767.

9. *Catalogue systématique et raisonné des curiosités de la nature*, vol. III, p. 44. 1767. Dans ce chapitre sur les Porpites, ou mieux sur les Cyclolites, l'auteur cite l'ouvrage de Barrère.

10. *Dictionnaire universel des fossiles propres et des fossiles accidentels*, art. *Numismale*, p. 402, in-8°. 1763.

11. *Dictionnaire raisonné universel d'Histoire naturelle*, nouv. éd. 1768, vol. IV, p. 592-594. — Éd. in-4°. 1775, vol. IV, p. 834-837.

DEUXIÈME ÉPOQUE, DE 1770 A 1804.

Sur la partie de la science qui nous occupe, comme sur toutes celles qui ont fait l'objet de ses longues et consciencieuses études, Guettard ne nous paraît pas avoir été jugé avec impartialité par beaucoup de ceux qui ont suivi les routes qu'il avait tracées. Esprit investigateur et judicieux, ennemi des suppositions gratuites, des hypothèses hasardées, et s'en tenant sévèrement aux faits, il émettait rarement une opinion absolue, parce qu'il savait combien les assertions tranchées sont facilement détruites. C'est sans doute à ce manque d'*idées avancées*, comme on dirait aujourd'hui, à cette sage et philosophique réserve, que l'on doit attribuer le peu de popularité de son nom et la froideur avec laquelle il semble avoir été apprécié par les personnes que séduisent davantage les grandes vues, les aperçus nouveaux et brillants relevés encore par l'éclat du style.

Dans son *huitième mémoire sur les pierres lenticulaires ou numismales*[1], Guettard rapporte tout ce que nous avons déjà dit du *Daphnia* de Pline, du passage de Strabon qu'il reproduit, des opinions de Clusius, de Scheuchzer, de Langy et de Bourguet. Il fait remarquer que les pierres lenticulaires, qu'il désigne avec J. Gesner sous le nom d'*Hélicites*, ne peuvent être des cornes d'Ammon, puisqu'elles ne présentent point de partie que l'on puisse regarder comme la bouche, qu'elles sont *entièrement fermées* et qu'elles n'ont pas de siphon. Malgré la netteté et la justesse de ces observations, nous verrons que la plupart des naturalistes n'en ont pas moins persisté, pendant plus de soixante ans, à placer les Nummulites parmi les céphalopodes, près des Ammonites et des Nautiles, tant la plus simple vérité a peine à se faire jour quand elle a contre elle l'esprit de système.

On ne pourrait rien ajouter aujourd'hui à la manière dont Guettard réfute les idées de Langy sur les figures plastiques, de Bourguet sur les opercules d'Ammonites, de Gesner sur leurs prétendus rapports avec les Nautiles, de Bertrand qui, on vient de le voir, pensait que les diverses opinions émises jusqu'alors pouvaient s'appliquer aux diverses Nummulites. Pour leur attribuer plusieurs origines, dit notre critique, il faudrait qu'elles différassent bien plus les unes des autres qu'elles ne diffèrent en réalité. Mais en voulant prouver ensuite que les distinctions admises par Bourguet, pour reconnaître trois espèces de Nummulites, ne sont fondées que sur des variations individuelles, qu'il n'y a qu'une seule espèce de pierre lenticulaire ou numismale (p. 208), laquelle (p. 212) renfermerait trois variétés principales, les autres dépendant seulement de la couleur et de la matière qui les a pénétrées, l'auteur passe, sans s'en apercevoir, d'une idée juste à une conclusion qui ne l'est pas, car il connaissait alors les espèces les plus dissemblables du genre.

Plus loin (p. 210). Guettard critique injustement Valmont de Bomare de n'avoir

---

[1]. *Mémoires sur différentes parties des sciences et des arts*, vol. II, p. 185. 1770.

rien conclu des travaux antérieurs; en effet, il n'y avait alors pour un historien aucune opinion positive à en déduire, et Guettard lui-même, comme on le lui a reproché sans plus de raison, termine ses considérations par une phrase qui reproduit absolument la pensée de l'auteur du *Dictionnaire raisonné*. Il signale aussi la confusion faite par Valmont de Bomare, entre les Porpites (*Fungia*, *Cyclolites*,) et les pierres Numismales, et il ne serait pas éloigné de ranger ces dernières près des polypiers; de sorte que, dès 1770, elles auraient occupé à peu près la place où elles sont aujourd'hui. On reconnaît d'ailleurs que par le mot Porpite il entend désigner les Orbitoïdes. Il paraît regarder l'*Orbitolites complanata* du calcaire grossier de Paris comme un opercule de Gastéropode. Il rejette l'opinion faussement attribuée à Linné, que les pierres lenticulaires seraient des opercules de coraux, celle de Lancisi, que ce seraient des parties d'échinites marins, et il montre combien sont différents les écussons des échinodermes. Après avoir rappelé que Wallerius réunissait les pierres lenticulaires aux Porpites, et combattu ce rapprochement, il ajoute (p. 215) dans un sens un peu différent de ce qu'il avait dit plus haut : « Je ne pense « pas qu'on puisse regarder la pierre lenticulaire comme une espèce de Porpite, « et par conséquent comme appartenant à la classe des coraux; » puis il convient ne pas savoir à quelle classe de corps il faut rapporter les Hélicites. « Le grand nombre « de dénominations qu'on a faites, dit-il (p. 221), pour désigner les pierres len- « ticulaires, n'a pour cause que les erreurs, les fausses idées que l'on a eues de « cette pierre, que les mauvaises comparaisons qu'on en a faites avec des semences, « des feuilles, des pièces de monnaie, que des accidents provenant des terres et des « pierres où ces fossiles se trouvaient. Pour moi, après avoir examiné beaucoup de « ces pierres, j'ai cru devoir les regarder comme des variétés de la même espèce, « n'y en ayant encore que celle-là de connue. »

Les Hélicites dont Guettard [1] a donné de bonnes figures et l'indication des gisements, sont très-reconnaissables; aussi ont-elles été citées comme types par les auteurs qui, plus tard, en ont formé des espèces. Il a également représenté plusieurs Operculines.

Nous trouvons quelques renseignements sur les Nummulites dans les observations de Fortis sur les îles de Cherso et d'Oroso [2], dans les ouvrages de S. Gruner [3], et dans celui de I. von Born [4], qui, sous le nom d'*Helmintholithus*, a caractérisé brièvement diverses espèces de Hongrie, de Transylvanie, d'Autriche, de Suisse, de Vénétie et des environs de Paris. J. H. Andrea [5] paraît les avoir mentionnées dans diverses parties de la Suisse, et Niebuhr [6] nous apprend que les Arabes les dési-

1. *Mémoires sur différentes parties des sciences et des arts*, vol. III, p. 431, pl. xiii. 1770.
2. *Saggio di osservazioni*, etc. Venet., 1771.
3. *Naturgesch. Helvetiens in der alten Welt.*, p. 56. Bern, 1773. -- *Beiträge*, 3e partie, p. 114.
4. *Index fossilium*, p. 28. 1775. La figure indiquée pl. ii est la *Cyclolites hemispherica*.
5. *Briefe aus der Schwyz*, in-4°. 1776.
6 *Voyage en Arabie et dans d'autres pays voisins*, trad. de l'allemand, vol. I, p. 161. 1776.

gnent sous le nom de *Fadda-abu-el-Haun* ou Monnaie de Sphinx; tandis que Forskal[1] les nomme *Testacea fossilia Kahirensia*. Fortis, en décrivant la vallée vulcano-marine de Ronca[2], donne une figure de l'espèce dominante de cette localité et se range à l'opinion faussement attribuée à Linné, qui rapporte les Nummulites à des restes de Méduses. Dans son Voyage en Dalmatie[3], le même auteur signale ces corps au cap Marian, dans le district de Spalatro. L'Hélicite représentée par Guettard[4], comme provenant des Cases de Fondant (probablement le mont Faudon), au-dessus d'Ancelle (Hautes-Alpes), n'est pas reconnaissable.

D. A. Soldani[5], dans son ouvrage si remarquable par la patience dont il y a fait preuve et les observations scrupuleuses qu'il y a consignées, regarde les corps appelés depuis *foraminifères* comme des coquilles occupées jadis par des animaux marins fort petits, des espèces de Nautiles et d'Ammonites presque invisibles; partout il rapproche les Nummulites et les Lenticulites de ces derniers. N'ayant pas assigné de noms particuliers à cette multitude de formes qu'il décrit et représente avec tant de soin, son travail n'a pas autant contribué aux progrès de la science qu'on aurait pu s'y attendre. L'auteur a donné en outre des détails (p. 79) sur les pétrifications lenticulaires de Casentino, et la pierre de cette localité, qu'il nomme *lumachelle lenticulaire*, pourrait être, dit-il, appelée avec plus de raison *lumachelle nautilique* ou *ammonitique*, car les coquilles qui apparaissent à la première vue comme des lentilles sont des Ammonites, ou pour la plupart des Nautiles striés ou non.

De Saussure[6], qui a jeté un coup d'œil rétrospectif sur les travaux de quelques-uns de ses prédécesseurs, ne dit pas un mot de ceux de Guettard, et repousse l'assimilation si souvent faite des pierres lenticulaires avec les Nautiles et les Ammonites. Il fait remarquer que la concavité des cloisons est inverse de celle qu'on observe dans toutes les coquilles de céphalopodes, que ces corps ont la propriété de se fendre en deux parties égales et symétriques, soit naturellement, soit en les soumettant à une chaleur élevée, propriété que ne possèdent pas non plus les coquilles des céphalopodes, et qui avait engagé Spada à en faire des bivalves. L'hypothèse que le célèbre naturaliste suisse essaie de substituer à celles de ses devanciers n'est d'ailleurs pas mieux fondée, et nous n'en parlerons qu'à cause de son étrangeté.

En plaçant ces corps parmi les vers ou polypes marins, de Saussure suppose que l'habitant constructeur de la Numismale vivait dans la dernière loge, à l'extrémité supérieure du canal spiral, que cet animal se propageait en poussant par sa partie supérieure un nouvel animal produisant à son tour une nouvelle loge, que pendant

1. *Descriptiones animalium in itinere orientali*, in-4°.
2. *Della valle vulcanico-marina di Ronca*, in-4°, p. 58, pl. i, fig. 4. Venise, 1778.
3. Vol. II, p. 46. Berne, 1778.
4. *Mém. sur la minér. du Dauphiné*, vol. II, p. 831, pl. iv. 1779.
5. *Saggio orittografico overo osservazioni sopra le terre nautiliche e ammonitiche della Toscana*, in-4°. Sienne, 1780.
6. *Voyage dans les Alpes*, vol. I, chap. 18, pl. iii, fig. 2, éd. Neuchat., 1779. — *Ib.*, éd. 1786, vol. I, p. 337, pl. iii, fig. 2.

ce temps, l'ancien animal périssait, que sa cellule se fermait par une cloison servant de fond à la loge du nouveau-né, et qu'ainsi se formait successivement une série de loges appliquées les unes contre les autres et disposées en spirale. Il croyait par conséquent que la spire ou la dernière loge était toujours ouverte. On peut s'étonner qu'un savant aussi sobre d'hypothèses que l'auteur du *Voyage dans les Alpes* se soit laissé entraîner à une supposition aussi gratuite, après avoir remarqué l'immense quantité de Nummulites des environs de Saint-Gobain, où, dit-il, les allées du jardin de la manufacture de glaces sont sablées uniquement avec ces Nummulaires. L'examen de quelques échantillons ramassés à ses pieds lui eût prouvé que la coquille est fermée, et eût détruit toutes ses suppositions. Il a d'ailleurs très-bien distingué de ces coquilles l'Orbitolite de la perte du Rhône.

Peu après, J. Schneider[1] donne quelques détails sur les Nummulites des montagnes de l'Entlibuch en Suisse, et J.-E. Schröter[2] publie un travail bibliographique complet sur les mêmes coquilles, en résumant toutes les opinions émises avant lui, et en faisant preuve de beaucoup de sagacité dans les jugements qu'il porte. Vers le même temps, Burtin, dans son *Oryctographie* de Bruxelles[3], figure les *Hélicites* ou *Lenticulaires* du Brabant, en les plaçant après les Nautiles dont il les différencie très-bien. Il présente, en outre, un résumé historique des ouvrages qu'il connaissait, et où elles sont mentionnées. De l'autre côté de la Manche, Boys et Walker[4], sans s'être occupés particulièrement des Nummulites, auraient cependant pu, si leur ouvrage eût été plus répandu, contribuer à mettre sur la voie de leurs vrais caractères, en traitant des coquilles microscopiques récentes.

Dans des considérations historiques beaucoup moins raisonnées et moins développées que celles de Guettard et de Schröter, Bruguière[5] attribue à J. Gesner, de Zurich (1758), au lieu de Conrad Gesner (1565), le faux rapprochement des Nummulites avec les Nautiles et les Ammonites, puis, sans tenir compte de la réfutation qui en a été faite avec tant de raison par Guettard, il adopte cette manière de voir par la considération de la spire intérieure chambrée et celle de la prétendue ouverture placée sur le bord. « Les raisons qui m'engagent à adopter ce sentiment, ajoute-t-il, sont « d'une telle force, et l'analogie qui se trouve entre ces trois genres de coquilles est « si manifeste, que je ne pense pas qu'on puisse conserver le moindre doute sur leur « nature une fois qu'on en connaîtra les détails. » Il admet néanmoins ensuite que les pierres lenticulaires, auxquelles il donne le nom de *Camérines*, diffèrent des coquilles de céphalopodes ordinaires par l'absence du siphon, les cloisons, dit-il, étant entières; mais il ne voit dans ce caractère qu'une différence générique.

Bruguière nous paraît être le premier qui ait cherché à se rendre compte de la

<hr>

1. *Beschreib. der Berge des Entlebuchs*, 3 heft., p. 16-23. Luzern, 1784.
2. *Vollstandt. Einleit. in die Kennt. der Steine und Versteinerungen*, vol. IV, p. 366, pl. VIII, fig. 1. 1784.
3. In-folio, p. 103, pl. XXII, fig. A, B, C. 1784.
4. *Testacea minuta rariora littoris Sandvicensis*. London, 1784.
5. *Encyclop. méthodique*, vol. VI (Mollusques), vol. III, p. 396. 1789.

facilité avec laquelle les Nummulites se divisent en deux parties égales et symétriques, surtout après qu'elles ont été fortement chauffées. Cette division si facile résulte de la disposition même de la lame du test; ce sont, en effet, les parties les plus faibles, celles qui offrent le moins de résistance, qui doivent céder les premières. Les deux faces de la lentille étant composées de lames en contact immédiat ou très-rapprochées, tandis que, sur le pourtour, ces mêmes lames sont toujours séparées par un canal plus ou moins large qui en diminue la résistance, la pierre doit nécessairement céder au choc ou se diviser dans le sens de ce même canal ou de la spire, et par conséquent en deux parties égales, par suite de la disposition symétrique des lames de part et d'autre. Si ce raisonnement explique jusqu'à un certain point pourquoi la coquille se brise perpendiculairement plutôt que dans tout autre sens, nous verrons qu'il y a une cause plus efficace encore, que Bruguière ne pouvait soupçonner et qui seule était susceptible d'occasionner cette netteté si remarquable et si constante dans la cassure symétrique des Nummulites.

Bruguière suppose que la dernière loge ne contenait que la plus petite partie du corps de l'animal de ses Camérines, qu'elle servait d'attache au ligament qui l'unissait à la coquille, et qu'un prolongement charnu, analogue à celui de l'animal des Porcelaines, s'étendant sur les deux faces du disque jusqu'à son axe, formait les lames par sa sécrétion, à mesure que l'animal, en se développant dans toutes ses parties, était obligé de déplacer celle qui était fixée dans la dernière loge. En cherchant à justifier cette hypothèse, il blâme assez vivement Guettard d'avoir avancé que les Camérines étaient entièrement fermées; il lui reproche de n'avoir pas observé les faits assez attentivement, et de s'être prononcé sur des choses qu'il connaissait mal. Or il résulte précisément des faits que les coquilles que Bruguière croyait ouvertes ne le sont pas, et qu'elles n'ont aucun rapport avec celles des vrais céphalopodes, opinion qu'avait encore soutenue Guettard. Nous reviendrons, dans la synonymie des espèces, sur les *Camerina lævigata, striata, tuberculata* et *nummularia*, que Bruguière a nommées, caractérisées, et dont il a indiqué les gisements. Quant aux figures données dans l'*Encyclopédie méthodique* [1], il n'est guère possible de savoir ce qu'elles représentent.

G. Targioni Tozzetti [2] ne savait pas d'abord à quelle classe de corps il devait rapporter les pierres lenticulaires : était-ce aux végétaux ou bien aux animaux? Quelques-unes, ajoute-t-il, sont indubitablement de très-petits Nautiles; mais dans le plus grand nombre on ne reconnaît pas de disposition qui ait permis à un animal de se loger. Aussi finit-il par les regarder comme des zoophytes, en faisant un genre pour les coquilles bien conservées et fermées, et un autre pour celles qui paraissaient être ouvertes. Dans une lettre de Strange, insérée dans le même ouvrage, les pierres lenticulaires de Casciana (*pietra miglia*, pierre de millet) sont assimilées à de petits échinites, et éloignées des Nautiles et des Ammonites. Targioni pensait que quelques-unes des espèces qui abondent dans la colline de Parlascio (Toscane) avaient leurs ana-

1. Pl. cccclxxi, fig. 1, *a, b,* 2, *a, b.*
2. *Relazioni d'alcuni viaggi fatti in diverse parte della Toscana,* 2ᵉ éd., vol. 1, p. 277, et vol. IV. 1792.

logues vivants. C'est probablement vers le même temps que fut publié l'Essai minéralogique de Fichtel sur le Siebenbürgen [1].

Dans le *Tableau élémentaire d'histoire naturelle des animaux* [2], G. Cuvier, adoptant le nom de Camérines, les place à la fin des Mollusques céphalopodes, après les Orthocératites, et tout en convenant que ce n'est que sur de simples conjectures. Blumenbach [3] a publié quelques observations peu importantes sur les *Phacites*, désignation empruntée à J. Gesner, comme celle d'*Hélicites;* mais les figures qu'il donne de quatre espèces, dont une du Brabant, deux de Suisse et une d'Égypte, sont très-reconnaissables. Faujas de Saint-Fond [4], n'avait qu'imparfaitement étudié la structure des Nummulites et leurs différences d'avec les Orbitolites, et il est porté à n'y voir que des polypiers libres, pierreux, semblables à des Madrépores ; aussi quoiqu'il décrive sous le nom de Numismale le fossile le plus répandu dans la craie supérieure de Maestricht, il convient que, par ses caractères, ce corps devrait rentrer dans les Orbitolites de Lamarck. Quant à la Numismale qu'il nomme *lenticulaire* c'est le *Lycophris lenticularis* de Montfort, autre espèce d'Orbitolite. M. Héricart de Thury [5] a publié quelques remarques sur les Nummulites, et en particulier sur celles du département d'Oise, pour lesquelles il a adopté les noms de Bruguière.

A. Fortis [6] a proposé de substituer le mot *Discolithe* à ceux d'*Hélicite*, de *Camérine*, etc. Mais quoique cet auteur se soit beaucoup occupé de ces corps, et qu'il ait assez sévèrement critiqué ses prédécesseurs, il est évident que lui-même a mal compris les Nummulites comme genre, et que les espèces qu'il a voulu établir n'ont pas été mieux limitées ni caractérisées. « Le mot *Hélicite*, dit-il [7], ne peut convenir aux « espèces qui, au lieu d'être composées d'une double bandelette tournée spiralement « autour du même axe, le sont de bandelettes séparées et concentriques, ou de « cercles inscrits les uns autour des autres, si le petit corps est tout à fait plat. » Ainsi, sous le nom de *Discolithes*, il confond les *Orbitolites* et les *Hélicites*.

Dans sa revue des opinions émises par les naturalistes qui l'ont précédé, il y a plusieurs critiques fondées, telles que la prétendue assertion qu'Hérodote avait parlé des Nummulites d'Égypte, les rapprochements zoologiques faits par les auteurs du xviie et du xviiie siècle, l'ouverture supposée qui avait servi à de Saussure et à Bruguière, pour établir leurs petits systèmes organogéniques, etc. Fortis ajoute (p. 44) qu'il

---

1. *Beiträge mineralogische von Siebenbürgen.* — 2. In-8°, p. 383. 1798.

3. *Abbild. naturhist. Gegenst.* Göttingen, 1796-99 ; n° 40, heft 4, pl. xl, fig. 1, 2, 3. — *Herausgegeben von* J. F. Blumenbach. 1810.

4. *Hist. nat. de la montagne de St-Pierre près Maestricht*, in-4°, p. 183, pl. xxxiv, fig. 1-4. Paris, 1799.

5. *Extrait d'un Mémoire adressé au préfet de l'Oise sur les Camérines. (Journal du département de l'Oise*, 8 fructidor an viii, p. 83, 1 pl.) — C'est aux recherches que M. Graves a eu l'extrême obligeance de faire à notre prière que nous devons d'avoir pu consulter ce Mémoire devenu très-rare.

6. Lettre sur quelques espèces nouvelles de *Discolithes (Journ. de phys.*, vol. LII, p. 106. 1801.) — Les fig. 1-6 de la pl. ii ne représentent pas une Nummulite, mais l'*Orbitolites complanata* et un accident ou une monstruosité. Les fig. 11, 12 du marbre fig. 7 ne sont pas assez caractérisées, et les fig. 8, 9, 10 ne ressemblent à rien.

7. *Mém. pour servir à l'hist. nat. de l'Italie*, vol. II, p. 12. 1802.

n'y a aucune apparence du siphon qui constitue le caractère essentiel des Nautiles et des cornes d'Ammon, d'où il conclut « que non-seulement les *Discolithes* ne pouvaient pas « servir d'habitation à un animal du genre des Nautiles, mais encore qu'une semblable « conformation ne pouvait jamais avoir été habitée par un animal quelconque, puisque « ç'aurait été une prison sans issue et sans aucun moyen de subsistance. »

Il admet, dans sa caractéristique générale (p. 88), que la spire n'est pas ouverte à l'extrémité du dernier tour, et que les cloisons ne sont pas perforées. Il constate l'existence du réseau de la surface des lames par l'entrecroisement de ce que nous nommons les *filets cloisonnaires,* puis celle des pores remplis ou *rayons,* qui sont d'une teinte plus claire que le reste du test et qui résistent mieux à l'altération. Il réunit l'*Orbitolites complanata* et d'autres corps voisins à ses Discolithes, et rapproche, mieux que ne l'ont fait ses successeurs, certaines variétés de forme qui, en réalité, appartiennent à la même espèce. Comme il fallait néanmoins substituer une hypothèse à celles qu'il avait combattues, Fortis (p. 119) fait de ses Discolithes des osselets pierreux d'une espèce de mollusque « encore peu connue, quoique multipliée à l'infini, pour « fournir d'aliment à des essaims de poissons de passage ». Il admet la constitution gélatineuse de l'animal, idée très-voisine de celle qu'on adopte aujourd'hui ; mais la manière dont il conçoit l'organisation de cet animal nous semble très-peu claire. Il suppose ensuite que c'est de la destruction incalculable faite de ces petits êtres par des milliers de harengs, de sardines, de maquereaux et d'autres poissons voyageurs, qu'auraient résulté les couches presque entièrement composées de Discolithes. Ce qu'il rapporte, d'après le récit d'un navigateur, qu'il y a des *Discolithes* vivantes dans les mers des Indes, paraît s'appliquer à des Orbitolites ou à quelque Fongie.

Les nombreuses figures que Fortis a données dans les quatre planches qui accompagnent son ouvrage, sont généralement mauvaises, et représentent sous le même nom générique des Nummulites, des Orbitolites ou des Orbitoïdes et des Alvéolines. Dans le texte explicatif qui s'y rapporte non-seulement on retrouve la même confusion, mais encore on reconnaît que des espèces différentes ont été comprises sous la même phrase caractéristique, l'auteur n'ayant assigné aucun nom spécifique à ses Discolithes. En résumé, le travail considérable de Fortis, fait avec des matériaux assez nombreux, a peu contribué à avancer la science. Nous reviendrons, en traitant des espèces, sur celles que nous croyons avoir reconnues dans ses planches. Les localités, indiquées avec assez d'exactitude, sont la meilleure partie de son texte.

De son côté, G.-A. Deluc [1] considérait les pierres numismales comme analogues à l'os des Seiches, et il s'est attaché à démontrer avec soin l'analogie de structure de ces deux corps ; les pierres lenticulaires auraient été la partie solide interne d'un mollusque ou bien l'os d'un poisson mou ou gélatineux [2]. Il fait remarquer avec rai-

---

1. Cette phrase est fort obscure, et il est difficile de croire que l'auteur ait pris le mot *poisson* dans le sens propre.

2. *Mémoire sur la Lenticulaire des rochers de la perte du Rhône, sur la Lenticulaire numismale et sur la Bélemnite* (*Journ. de phys.*, vol. XLVIII, p. 319. 1802.)

son[1] que de Saussure attribuait à un ver marin l'animal de la Numismale, parce qu'il prenait la spire que montre la coupe perpendiculaire pour un canal ou siphon isolé, tandis que ce n'est en réalité que la partie élargie de l'intervalle des tours successifs de la lame enroulée. Deluc a bien constaté aussi la présence du réseau et des filets cloisonnaires, ainsi que leurs rapports avec les cloisons du pourtour ; seulement il fait partir les filets du centre du disque, au lieu de les y faire converger du bord ou de la base des cloisons. Il reconnaît aussi les irrégularités, bifurcations ou dédoublements de la spire, ou mieux de la lame. La spirale, dit-il (p. 175), se divise en deux branches qui donnent naissance à deux spirales distinctes. Enfin il fait connaître, dans ce second mémoire, des Numismales provenant des montagnes de Lahour, dans le pays de Silhet, au nord du Bengale ou à l'est du Gange. Cette circonstance, qui a été vérifiée depuis, a suggéré à l'auteur une remarque importante, après qu'il eut comparé ces Nummulaires avec certaines espèces des environs de Bayonne et du Véronais et reconnu leur identité : « C'est un fait bien intéressant, dit-il, en géologie, qu'un « même fossile se trouve à d'aussi grandes distances et sous des latitudes si diffé- « rentes [2]. » Avant Deluc, on n'avait guère considéré les Nummulites géologiquement ou par rapport aux couches qui les renferment; le savant génevois a posé en quelque sorte le premier jalon dans cette voie non encore parcourue, et qui a tant contribué depuis à donner à ces corps une importance qu'on ne soupçonnait pas.

Après la publication de l'ouvrage de Fortis , Deluc[3] critiqua avec raison le nom de *Discolithe*, son impropriété et la faute plus grave de l'avoir appliqué à des corps d'origine et de structure tout à fait différentes. Il s'est défendu ensuite d'avoir adopté l'opinion de Targioni Tozzetti, sans en faire mention, comme le lui reprochait Fortis. Deluc n'admettait pas que les tours de la spire et les cloisons fussent naturellement reproduits en relief à la surface de certaines Nummulites ; il attribuait cette disposition à un effet de l'usure ; aussi est-ce à tort qu'il blâme à ce sujet Fortis qui avait bien constaté la réalité de ce caractère. A part l'idée zoologique et quelques erreurs de détail , les observations de Deluc sont supérieures à la plupart des précédentes.

L. A. G. Bosc[4], adoptant le nom de *Camérine*, place ces corps parmi les céphalopodes, entre les Ammonites et les Turrilites, et il reproduit les noms et la synonymie des quatre espèces établies par Bruguière. L. Fichtel et J. P. C. Moll[5] ont décrit et bien représenté, sous le nom générique de *Nautilus,* plusieurs espèces de Nummulites de l'Autriche et de la Hongrie, et y ont réuni d'autres foraminifères vivants ou fossiles très-différents.

1. *Deuxième mém.* (*Journ. de phys.*, vol. LIV, p. 173, pl. i, fig. 1-12. 1802.)

2. *Journ. de phys.*, vol. XLVIII, p. 225. 1802. — *Ibid*, vol. LVI, p. 325-337. 1803. — Par une erreur de géographie, MM. Joly et Leymerie (*Mém. sur les Nummulites*, p. 53, *nota*) ont placé cette localité dans le *royaume de Lahore*, à plus de 300 lieues à l'ouest-nord-ouest.

3. *Journ. de phys.*, vol. XLVIII, p. 225. 1802. — *Ibid.*, vol. LVI, p. 325, 337. 1803.

4. *Hist. nat. des coquilles*, vol. V, p. 181, pl. xlii, fig. 5-7 (*mala*) suites à Buffon. Éd. de Déterville, an x.

5. *Testacea microscopica*, in-4°. Vienne, 1803.

TROISIÈME ÉPOQUE, DE 1804 A 1825.

Si, jusqu'à présent, nous avons vu les Nummulites imparfaitement caractérisées, mal limitées comme genre et associées avec les corps les plus différents, à plus forte raison en était-il de même des espèces, quoique beaucoup d'entre elles fussent connues et figurées plus ou moins exactement. Il fallait un coup d'œil profond pour obtenir ces deux résultats à la fois, et malgré le peu de matériaux qu'il paraît avoir eus à sa disposition, la sagacité de Lamarck lui fit nettement séparer tout d'abord les coquilles dont nous nous occupons, des Alvéolines, des Porpites, des Cyclolites, des os de Seiches, etc. Dans le *Système des animaux sans vertèbres*[1], le genre *Nummulites*, proposé pour la première fois, est le 89e des mollusques céphalés, et se trouve placé entre les Planulites et la Spirule. Malgré cette dénomination générique adoptée par de Lamarck, on lui voit donner à l'animal supposé le constructeur de la coquille, le nom assez singulier de *Camérinier*, faisant sans doute allusion au nom de Camérine proposé par Bruguière, puis adopté par Cuvier et Bosc.

Plus tard de Lamarck isole complétement les genres *Lenticulites* et *Nummulites*[2]. Il en décrit brièvement les espèces, avec une précision telle qu'elles ne peuvent être méconnues, et que ce sont encore aujourd'hui les mieux caractérisées ; seulement les caractères de l'organisation intérieure ayant été négligés, il en est résulté quelques doubles emplois.

De Lamarck crut devoir distinguer d'abord, sous le nom de *Lenticulites*, les coquilles dont les cloisons de chaque tour se prolongent des deux côtés, au-dessus des tours intérieurs jusque vers le milieu du disque, et dont le dernier tour, faisant une saillie assez considérable sur le précédent, laisse voir la dernière loge et son ouverture. Cette division, imitée de Targioni Tozzetti, résulte d'une connaissance incomplète de ces corps, et en particulier des *Lenticulites planulata* et *variolaria* que décrit de Lamarck, la troisième espèce, la *L. rotulata*, appartenant à un autre genre. Si le célèbre auteur de la *Philosophie zoologique* eût examiné un plus grand nombre d'individus, il eût reconnu qu'avec l'âge, la coquille se fermait complétement aussi, et que les cloisons qui se prolongent de part et d'autre du bord sont un caractère commun à d'autres Nummulites dont les tours sont également très-rapprochés dans le jeune âge.

Le genre *Nummulites* (p. 237) dégagé de tous les corps plus ou moins plats ou lenticulaires qu'on y avait introduits ne comprend plus alors que les Numismales, Hélicites ou Camérines. La coquille, dont de Lamarck adopte les relations déjà si anciennement proposées avec les céphalopodes siphonifères était, suivant lui, complétement enfermée dans la partie postérieure de l'animal. Une portion de l'extrémité postérieure de celui-ci était contenue dans la dernière loge de la spirale et y était adhérente. Mais

1. In-8°, an x.
2. *Ann. du Mus. d'Hist. nat.*, vol. V, p. 196. 1804. — *Ib.*, vol. VIII, pl. LXII, fig. 10. 1806.

il est difficile de concevoir cette disposition dès qu'on suppose la coquille complétement fermée. C'est d'ailleurs une contradiction dans laquelle sont tombés, jusque
dans ces derniers temps, la plupart des naturalistes qui ont traité ce sujet. De Lamarck
décrit ensuite les *Nummulites lævigata, globularia, scabra* et *complanata*, lesquelles, à
l'exception de la seconde qui n'est qu'une modification de la première, sont encore
aujourd'hui connues sous les mêmes noms.

F. G. Sage[1] profita peu des indications précédentes, car nous le voyons confondre
encore les Orbitolites avec les Numismales (phacolites, lentilles pétrifiées, liards ou
monnaies de saint Pierre, pierres de Laon, etc.). Il dit, comme Fortis, que celles
qui ont été divisées suivant leur largeur, présentent dix à douze cercles concentriques
cloisonnés, ou des spirales également cloisonnées. Après avoir décrit exactement la
coupe perpendiculaire d'une Numismale montrant une loge centrale, il en conclut
que ces corps sont des polypiers ou madrépores d'une espèce particulière. Il croit que
c'est le *Daphnia* de Pline, et il en indique en Laponie; mais on a vu (*antè*, p. 10) l'origine de cette dernière méprise.

Dans le même temps, F. de Roissy[2], après avoir critiqué Fortis, qui réunissait,
comme on l'a dit, des corps munis d'un canal spiral cloisonné avec d'autres dont les
courbes sont des cercles concentriques, adopta la classification de Lamarck, en
éloignant les Orbitolites des Nummulites, mais, à d'autres égards, il n'en est pas moins
tombé dans l'erreur du naturaliste vicentin, car les corps qu'il désigne sous les
noms de *N. plana, mamilla, convexo-plana* et *radiata*, n'ont pas de spire cloisonnée
à l'intérieur; confondus longtemps avec les véritables Orbitolites, ils en ont été séparés depuis peu sous le nom d'Orbitoïdes.

Frappé d'ailleurs des différences profondes qui éloignent les Nummulites des Nautiles et des Spirules, de Roissy dit que ces disques cloisonnés étaient complétement
enfermés dans la chair de l'animal sans y adhérer par aucun point. Par leur organisation et leur mode d'accroissement, ils auraient les plus grands rapports avec l'os
de la Seiche, ainsi que l'a pensé Deluc. Cependant il n'adopte cette dernière opinion
qu'avec doute, le type vivant des Nummulites n'ayant pas encore été observé. Parmi
les espèces auxquelles de Roissy a assigné des noms, nous n'avons pu conserver que
la *N. spira;* la *N. depressa* étant le *Nautilus gyzehensis* de Forskal, et les autres n'appartenant pas au genre. La publication de l'*Histoire des mollusques* ayant d'ailleurs été
faite en même temps que celle des mémoires de Lamarck, l'auteur n'avait pu pro-
fiter de ces derniers pour modifier ses opinions.

Dans sa *Zoologie analytique*[3], M. C. Duméril, adoptant l'idée que c'est un animal
voisin des Porpites qui a produit les pierres appelées Nummulites, range celles-ci
parmi les Médusaires, et Denys de Montfort, dans sa *Conchyliologie systématique*[4],

1. *Observations propres à faire connaître dans quelle classe on doit ranger les Numismales.* (*Journ.
de phys.*, vol. LX, p. 222. 1805.)

2. *Hist. nat. générale et particulière des mollusques*, vol. V, p. 49. 1805. (Buffon de Sonnini.)

3. In-8°, p. 306. 1806.

4. 2 vol. in-8°. Paris, 1808.

décrit et figure, sous le nom de *Rotalites radiatus*, les *Nummulites lævigata*, *scabra* et d'autres espèces; sous celui d'*Egeon perforatus*, une espèce comprise dans le *Nautilus lenticularis* de Fichtel et Moll, et sous celui de *Nummulites denarius* la véritable *N. lævigata*. De plus, il place dans le voisinage les Orbitolites, puis son *Discolites concentricus* et le genre Lycophre qui en font partie. En 1809, de Lamarck[1] classe les Lenticulites et les Nummulites parmi les céphalopodes lenticulacés, et, plus tard[2], considérant que la Spirule enveloppe les trois quarts de sa coquille, et croyant que le Nautile entourait un tiers de la sienne, il pensa que la Nummulite devait avoir été complétement enveloppée par son animal.

Parkinson[3] a présenté un bon aperçu des principaux ouvrages sur les Nummulites et a donné des figures bien faites de plusieurs espèces. Il a observé attentivement les filets cloisonnaires, le réseau et les rayons ou canaux en rapport avec les ponctuations de la surface. Ce qui prouve qu'il était bien pénétré des caractères qu'il fallait leur assigner, c'est ce qu'il dit (p. 152) que les différences spécifiques de ces corps doivent être principalement cherchées dans celles que présentent leur surface et leur structure intérieure.

Schlotheim[4] a mentionné, sous le nom de Lenticulites, plusieurs espèces de Nummulites, soit d'Europe soit d'Égypte. Plus tard, G. Cuvier[5], continuant à employer le nom de *Camérines*, place ces corps après les Ammonites, à la fin des céphalopodes, et considère comme des sous-genres les Sidérolites, les Rénulites, les Mélonies et d'autres coquilles très-éloignées des Nummulites. De Férussac[6] a réuni les Nummulites aux Sidérolites, aux Orbiculines et aux Mélonies dans la huitième famille des céphalopodes décapodes, à laquelle il donne le nom de *Camérines*, puis les Lenticulines aux Nautiles, dans la septième famille, celle des *Nautiles*. A. F. Schweigger[7] met les Nummulites parmi les Céphalopodes, après les Ammonites. Il divise le genre en *testa sphæroidea* et *testa lentoidea*, mais il comprend les *Gyrogonites* ou graines de *Chara* dans la première subdivision. Schlotheim[8] a publié une liste de Nummulites sous le nom générique de *Lenticulites*. La plupart sont des espèces connues de l'ouest de l'Europe, d'autres sont d'Égypte, et nous avons essayé d'en débrouiller la synonymie en traitant des espèces.

Dans l'*Histoire des animaux sans vertèbres*[9], de Lamarck a conservé ses deux genres *Lenticulites* et *Nummulites*, mais le premier est rangé dans la famille des radiolées, entre les Rotalies et les Placentules; le second dans celle des nautilacées, entre les Vorti-

---

1. *Philosophie zoologique*, 1809. — 2ᵉ éd., vol. I, p. 343. 1830.
2. *Extrait du Cours*, 1811.
3. *Organic remains of a former World*, vol. III, p. 148, pl. x, fig. 13-14, 15-19, 21-27. 1811.
4. *Beiträge z. natur. d. Verstein.*, etc. (*Taschenbuch für die Gesammte Miner.*, 1813, p. 3.)
5. *Règne animal*, 1818. — 2ᵉ éd., 1828. — Éd. avec planches, p. 34, pl. xiv, fig. 3.
6. *Tableaux systém. des animaux mollusques*, in-4°. 1819.
7. *Handbuch der Naturgesch.*, etc., in-8°, p. 753, Leipsick. 1820.
8. *Die petrefactenkunde*, etc., in-8°, p. 89. 1820.
9. Vol. VII, p. 648 et 627. 1822.

ciales et les Nautiles. Malgré la place assignée à ces coquilles, il dit positivement que les cloisons ne sont point perforées. C'était, suivant sa dernière manière de voir, des céphalopodes à test multiloculaire, dont les coquilles auraient été complétement enchâssées dans la partie postérieure de l'animal. On a vu quels étaient les caractères factices qui lui avaient fait admettre deux genres au lieu d'un, et aucun changement n'a été apporté à cet égard dans la seconde édition de son grand ouvrage[1]. M. Deshayes a reproduit cette classification dans le tableau systématique des mollusques placé en tête du second volume de la *Description des coquilles fossiles des environs de Paris*[2].

Defrance[3], à qui l'on doit beaucoup pour la distinction des espèces, reconnaît qu'il est difficile d'établir une séparation réelle entre les Lenticulites et les Nummulites. On est porté à croire, dit-il, que c'étaient des coquilles intérieures ou recouvertes, du moins en partie, comme la coquille de la Spirule. Il décrit les *Lenticulites planulata* et *variolaria* de Lamarck, et quant à sa *L. complanata*, on sait que c'est une Operculine. Il trace ensuite un historique succinct des *Nummulites*[4], et regarde leurs cloisons comme non perforées. Il n'en connaît pas dans la formation crétacée, ni à plus forte raison dans les dépôts plus anciens, et fait remarquer qu'il n'en a jamais vu de moules dans les roches. Il est extrêmement rare, en effet, que le test des Nummulites ait disparu, et nous n'avons pas d'exemple, lorsque cela a eu lieu, que le vide ait été rempli postérieurement de manière à ce qu'il en résulte un moule.

En général, les espèces de Defrance sont bien caractérisées et bien définies, et le soin qu'il a pris d'indiquer exactement leurs gisements donne à son travail un intérêt particulier. On peut remarquer cependant quelques doubles emplois dans les noms d'espèces déjà connues, telles que les *N. spissa* et *moneta*, qui correspondent, l'une à l'*Egeon perforatus* de Montfort, l'autre à la *N. spira* de Roissy. Il est très-regrettable que ces diverses espèces n'aient pas été figurées, car il en est résulté que les noms de Defrance sont à peine entrés dans la science, que la plupart des auteurs venus après lui n'en ont tenu aucun compte, et que, croyant faire connaître de nouvelles espèces, ils n'ont fait en réalité que multiplier les noms. Dans ses études paléontologiques, ce naturaliste judicieux comprenait toute l'importance des gisements, et son *Tableau des corps organisés fossiles*[5] en est la preuve. On y voit de plus que les six espèces de Lenticulites qu'il connaissait sont rangées parmi les céphalopodes sphérulés, et que les Nummulites, dont il estimait alors à 20 le nombre des espèces, étaient réunies aux céphalopodes nautilacés.

Quoique Alexandre Brongniart[6] ne se soit pas occupé spécialement des Nummulites, son nom ne peut être omis dans l'histoire de ces corps, car non seulement il déter-

---

1. Vol. XI, p. 294 et 304. 1815.

2. In-4°. 1824.

3. *Dictionn. des sc. nat*, vol. XXV, p. 152. 1822.

4. *Ibid*, vol. XXXV, p. 222, 1825.

5. In-8°, p. 118. 1824.

6. *Descript. géologique des environs de Paris*. — *Mém. sur les terrains de sédiments supérieurs du Vicentin*, in-4°. Paris, 1823. — *Tableau des terrains qui composent l'écorce du globe*.

mina avec précision l'horizon occupé par plusieurs espèces dans le bassin de la Seine, mais la hardiesse, on pourrait presque dire l'audace, avec laquelle il assigna l'âge et les vrais rapports des couches nummulitiques des deux versants des Alpes restera dans la science comme un témoignage éclatant de sa profonde sagacité.

De Blainville [1] a formé la famille des *nummulacés*, la troisième de son ordre des cellulacés, avec les genres Nummulite, Hélicite, Sidéroline, etc. Ici, les Hélicites sont un double emploi, les espèces qu'il y réunit étant une véritable Nummulite (*N. perforata*) et le *Nautilus radiatus* (Ficht. et Moll), coquille vivante, comme d'autres qu'il range à tort parmi les vraies Nummulites. Elles sont amincies sur le bord, sans traces de spire au dehors et sans ouverture. Le genre Lenticuline placé dans la famille des nautilacés n'est pas mieux circonscrit. L'auteur supposait que ces corps pierreux étaient posés verticalement dans la partie dorsale du mollusque. Latreille [2] réunit, dans la tribu très-hétérogène des *milléporites* appartenant à l'ordre des céphalopodes décapodes, les Rotalites, l'Égeone, les Sidérolites, les Nummulites, le Lycophre, les Discolites, etc., et de Haan [3] divise ses *asiphonoidea* en *microscopica* et *contabulata*. Les Lenticulines et les Rotalies rentrent dans la première division, les Nummulites dans la seconde, où il distingue alors les *sphærulæ* (Milliolites, Mélonies, Gyrogonites), les *nummulitæa* ne comprenant que les Nummulites, les *sepiariæ*, dans lesquelles les cloisons sont disposées différemment, et les *Loligo*.

QUATRIÈME ÉPOQUE. DE 1825 A 1835.

Ainsi, au moment où nous sommes arrivés, vers le premier quart du XIXe siècle, la plupart des auteurs s'accordaient pour classer les Nummulites et les corps voisins avec les mollusques céphalopodes. Par la multitude des hypothèses auxquelles nous avons vu qu'elles avaient donné lieu, on avait en quelque sorte parcouru le champ des impossibilités; après mille détours, les zoologistes les plus éminents se trouvaient ramenés précisément au point d'où était parti Conrad Gesner, deux cent soixante ans auparavant. Plus de deux siècles et demi de discussions, de recherches, d'observations continues n'avaient donc rien appris sur l'origine et les vrais rapports des Nummulites. Mais quoique la science ne parût pas avoir marché, on pouvait pressentir que les nombreux documents rassemblés pendant ce laps de temps, non-seulement sur les Nummulites et les formes voisines, mais encore sur une multitude de coquilles fort petites ou microscopiques, souvent figurées, assez mal décrites, dont le classement était complétement à faire, que ces documents, disons-nous, ne tarderaient pas à être utilisés et coordonnés de manière à former un ensemble de corps liés par certains caractères communs. On conçoit qu'il devait être plus facile

1. *Manuel de malacologie et de conchyliologie*, in-8°, p. 372 et 389. 1825. Les fig. 2, pl. IV, et 4, pl. VI, ne s'accordent pas avec le texte.

2. *Familles naturelles du règne animal*, in-8°.

3. *Monographia Ammoniteorum et Goniatiteorum specimen*, p. 20, in-8°. Lugduni Batav., 1825.

ensuite d'en trouver la place dans la série zoologique que si l'on continuait à prendre isolément chacune de ces formes, et c'est la solution de la première partie du problème qui marque le commencement de notre quatrième époque.

Au mois de novembre 1825, M. Alc. d'Orbigny présente à l'Académie des Sciences un *Tableau méthodique de la classe des céphalopodes*[1], tableau dans lequel il divise ces animaux en trois ordres : les *cryptodibranches*, les *siphonifères* et les *foraminifères*. Ce dernier comprend « les coquilles polythalames, sans loges ouvertes, ou dont la der- « nière cloison qui termine la coquille est même convexe, et qui sont dépourvues de « siphon, n'ayant pour le remplacer qu'une ou plusieurs petites ouvertures donnant « communication aux loges entre elles, » c'est-à-dire tous ces petits corps que Plancus, Soldani, Schröter, Boys et Walker, Fichtel et Moll, Montfort, Defrance, de Blainville et d'autres naturalistes avaient déjà signalés et auxquels M. d'Orbigny en ajoute un grand nombre d'après ses propres recherches.

Les Nummulites qui appartiennent à ce troisième ordre sont rangées dans la troisième famille, celle des hélicostègues, caractérisée par des loges assemblées sur un ou deux axes distincts, mais formant une volute spirale, régulière, turriculée ou discoïdale. Placées entre les Nonionines et les Sidérolines, les Nummulites forment le 25ᵉ genre désigné sous le nom *Nummulina*, d'après la conviction de l'auteur qu'il en existait de vivantes, ce qui n'a pas encore été démontré. Le genre est établi sur « une ouverture située contre l'avant-dernier tour de la spire, masquée dans l'âge « adulte. Coquille discoïdale, dépourvue d'appendice. » M. d'Orbigny y propose deux sous-genres : le premier, auquel il réserve le nom de *Nummuline*, comprend les Lenticulites et les Nummulites de Lamarck, les Nummulites et les Hélicites de Blainville, les Nummulies, Lycophre, Rotalie et Égeone de Montfort. Dans ces coquilles, les tours de spire sont embarrassants à tous les âges. Le second sous-genre est celui des *Assilines* dont ces mêmes tours sont apparents à un certain âge. Dans le premier sous-genre, huit espèces seulement sont citées, desquelles on en doit retrancher deux, et il n'y en a point de vivantes, tandis que sur les cinq Assilines, deux vivraient encore. L'auteur se borne à ce petit nombre de citations, « l'histoire des Nummulites, ajoute-t-il, étant trop embrouillée pour qu'on puisse donner une liste complète des espèces. »

Vers le même temps, M. Deshayes[2] était aussi frappé de l'analogie des Lenticulites avec les Nummulites, et proposait de les réunir. Il admettait également des espèces vivantes parmi ces dernières, ce qui lui fit employer le nom de *Nummulina*. L'exposé historique du sujet[3] est le mieux fait de ceux que nous avons lus, et peut, quoique sous une forme très-concise, tenir lieu de tous ceux qui l'ont précédé. L'auteur adopte la classification de M. Alc. d'Orbigny et la réunion des genres qu'il a proposés, en exceptant toutefois le *Lycophrys*, qui est un corps entièrement diffé-

1. *Ann. des sc. d'hist. nat.*, janv. 1826.
2. *Dict. class. d'hist. nat.*, vol. IX, p. 277. 1826.
3. *Ibid.*

rent. Quoique les six espèces de Nummulites brièvement décrites par A. Risso [1] et provenant des environs de Nice nous soient très-probablement connues, il nous a été impossible de rapporter ses noms aux échantillons de ce pays que nous avons examinés, et, par conséquent, d'en tenir compte dans la synonymie.

M. Caillaud [2] a signalé l'abondance des Nummulites en Égypte sur la ligne du Fayoum à la petite oasis, puis dans la direction de Syouah, et nous avons pu reconnaître l'exactitude des dessins qu'il en a donnés. En décrivant les fossiles du Kressenberg près de Braunstein en Bavière, de Munster [3] a mentionné huit espèces de Nummulites, parmi lesquelles il y a des espèces connues dont la présence dans cette localité est peut-être douteuse, d'autres qui sont indiquées comme nouvelles, mais qu'il est difficile de reconnaître faute de description suffisante et de figures, enfin deux qui sont certainement des Orbitoïdes. M. Sander Rang, dans son *Manuel de l'histoire naturelle des mollusques* [4] a reproduit textuellement la classification de M. Alc. d'Orbigny.

En donnant la caractéristique du genre *Nummularia*, J. Sowerby [5] a parfaitement saisi deux points importants de la structure de ces corps, savoir : les rayons ou canaux droits qui, partant des tours internes de la lame, se dirigent vers les deux surfaces externes pour s'y terminer quelquefois par des protubérances ou granulations, seulement ces rayons ne sont point parallèles comme il le dit, puis la fente ou l'ouverture placée entre la base de chaque cloison et le bord du tour précédent sur lequel elle s'appuie. C'est la première fois que l'existence de cette ouverture, qui justifie la place assignée aux Nummulites parmi les foraminifères, a été signalée d'une manière précise et représentée exactement [6], car dans la phrase de M. Alc. d'Orbigny, le mot *ouverture* pourrait très-bien être appliqué à la dernière loge et non à la perforation des cloisons. Cette observation du savant paléontologiste anglais n'en est pas moins passée inaperçue, et nous la verrons, vingt ans après, reproduite comme toute nouvelle. L'auteur fait remarquer aussi que le bord diversement recourbé des cloisons se prolonge entre les lames vers les deux sommets du disque ou les extrémités de son petit axe. Il croit d'ailleurs que ces coquilles sont des céphalopodes chambrés, entièrement enveloppés par l'animal, comme toutes les petites coquilles microscopiques qui n'ont pas de siphon, et dont les cloisons sont convexes. Elles devraient, suivant lui, former un groupe voisin mais distinct des Nautiles, Bélemnites, etc. Enfin il pense que les Nummulites ont des représentants dans les mers actuelles.

C. T. Menke [7] a placé les Nummulites dans son troisième ordre des *trematophora*, à la fin des céphalopodes. Cet ordre correspond aux *asiphonoïdea* de Haan. et aux

1. *Hist. nat. des principales productions de l'Europe méridionale*, vol. IV, p. 23. 1826.

2. *Voyage à Méroë, au fleuve Blanc*, etc., vol. IV, p. 267, atlas, vol. II, pl. LXV, fig. 3, 4, 5. 1827.

3. *Teutschland geogn. geol. dargestellt*, etc. *Eine Zeitsch. von Ch. Keferstein*, p. 102. 1828.

4. In-18, p. 109. Paris, 1829.

5. *The mineral Conchology*, vol. VI, p. 73, pl. DXXXVIII, fig. 1, 2, 3. 1829.

6. *When the Shell is partially filled with spar, the fissure at the inner edge of the septum* (pl. DXXXVIII, fragment grossi sous la fig. 1) *is not easily distinguishable* (p. 75).

7. *Synopsis methodica molluscorum generum omnium*, in-8°, p. 7. 1830.

foraminifères de M. Alc. d'Orbigny. M. Eichwald[1] a décrit, sous le nom de *Lenticulina indigena*, une petite coquille foraminée de Bilka en Wolhynie, qui paraît être plutôt une Polystomelle ou un genre voisin. M. Hœninghaus[2] a donné une liste de Nummulites dans laquelle on trouve réunies des Orbitolites tertiaires, des Orbitolites crétacées, une Operculine et quelques Nummulites connues auxquelles il a assigné de nouveaux noms, sorte de travail propre à faire rétrograder la science si, dès son apparition, il n'eût été condamné au plus profond oubli. M. N. Boubée[3] a décrit également, mais sans en donner de figures, sous les noms de *N. millecaput*, *papyracea*, *crassa*, *lenticularis* et *planospira* des Nummulites du bassin de l'Adour qu'il croyait nouvelles, mais qui étant déjà connues et représentées depuis longtemps sous d'autres noms ne peuvent figurer que dans la synonymie de ces espèces.

Les articles *Lenticuline* ou *Lenticulite* et *Nummularia*, rédigés par M. Deshayes dans l'*Encyclopédie méthodique*[4], sont empreints du caractère sérieux et réservé que ce savant donne à tous ses écrits; on y trouve une très-bonne revue critique des travaux antérieurs. Il pense que la place des Nummulites n'est pas encore fixée, et il adopte le nom de *foraminifère* comme très-convenable pour tous les petits corps qu'on y a rangés. Après avoir discuté la valeur de quelques-unes des familles proposées par M. Alc. d'Orbigny, il suit à peu de choses près sa classification comme il l'avait déjà fait dans le *Dictionnaire classique d'histoire naturelle*. Il croit aussi qu'il y a des espèces vivantes, et ne donne pas l'énumération des fossiles faute de matériaux suffisants. M. Deshayes suppose ailleurs[5] que ces corps étaient contenus, comme l'os des Seiches, dans le sac dorsal de l'animal auquel il n'était pas nécessaire qu'ils fussent attachés aussi solidement que des coquilles extérieures, ou en partie externes. « Les Nummu- « lites, ajoute-t-il en terminant, ne peuvent plus servir comme autrefois à caracté- « riser les calcaires grossiers; on les a observées dans la craie; elles sont dans le Jura « en immense quantité; on les voit également dans les terrains secondaires des Pyré- « nées, etc. » C'est sans doute à de faux renseignements qu'il faut attribuer ces asser- tions dans un ouvrage qui ne devait contenir que des faits incontestables, car, depuis lors, l'auteur s'est constamment prononcé sur le véritable et presque unique horizon géologique des Nummulites, et il a insisté à plusieurs reprises pour qu'on rapportât au terrain tertiaire inférieur les couches des Alpes et des Pyrénées qu'elles caracté- risent particulièrement. Le même zoologiste a publié aussi une figure d'une espèce assez commune aux environs de Gap et sur quelques autres points du ver- sant occidental des Alpes[6]. La *Nummulites Mantelli* décrite par M. Morton[7] comme

1. *Zoologia specialis*, vol. II, p. 33, pl. XI, fig. 16. Vilna, 1830.
2. *Neu. Jahrb. für Miner.*, de Leonhard et Bronn, 1831, p. 134.
3. *Bulletin de nouveaux gisements de France*, 1re liv. 1831. — *Bull. de la Soc. géol. de France*, vol. II p. 44. 1832.
4. Vol. II, p. 330. 1830. — *Ib.*, vol. III, p. 627.
5. *Descript. des coq. caract. des terrains*, in-8°, p. 348, pl. III, fig. 11-12. 1831.
6. In *Histoire, topographie, etc. des Hautes-Alpes*, par Ladoucette, pl. XIII. 1834.
7. *Synopsis of the organic Remains of the cretaceous group*, in-8°. Philadelphie, 1834.

provenant de la craie d'Alabama s'est trouvée, après un plus sérieux examen, être une Orbitoïde appartenant aux couches tertiaires inférieures de ce pays [1].

CINQUIÈME ÉPOQUE.

Les recherches de M. F. Dujardin sur les prétendus céphalopodes microscopiques [2] ont eu pour résultat de démontrer que les corps organisés, désignés d'abord par M. Alc. d'Orbigny sous le nom de *foraminifères*, et que lui nomme *rhizopodes*, n'étaient pas des Mollusques et encore moins des mollusques céphalopodes, mais qu'on devait les considérer comme des animaux d'un ordre beaucoup moins élevé dans la série zoologique.

Parmi les animaux qu'il a observés vivants et placés dans un verre rempli d'eau de mer, ceux des Millioles et des genres voisins ont montré des filaments de substance vivante, glutineuse et diaphane, qui s'allongent et coulent comme du verre fondu ou de la gomme, puis qui, après s'être fixés à la paroi du vase, se contractent pour faire avancer l'animal. Ils se soudent ensuite entre eux et semblent se fondre dans la masse commune. Si l'on casse ou si l'on dissout le test calcaire dans un acide étendu, on ne voit aucune trace d'organe ou de viscère à l'intérieur; ce n'est qu'une masse glutineuse, diaphane, entremêlée de granules souvent colorés. D'autres, comme les Gromies, qui vivent dans les eaux douces ou marines, ont un test ou une coque à une seule loge, souvent membraneuse ou cornée. Leur organisation est d'ailleurs la même, et par leur ouverture unique, comme par celle des Millioles, on ne voit sortir que des expansions glutineuses, filiformes, qui s'étalent sur la paroi du vase semblables à des racines déliées, et servent comme de pieds pour la reptation. Ces derniers rhizopodes, qui ne méritent pas le nom de foraminifères ni de polythalames, se lient intimement aux Difflugies et aux Arcelles placées dans les infusoires, et qui ne diffèrent eux-mêmes des Amibes que par l'existence du test. « On a donc une série « continue, depuis les Amibes, qui sont en quelque sorte le dernier degré de l'ani- « malité, jusqu'aux Cristellaires, que leur coquille régulière avait fait supposer aussi « richement organisées que les mollusques céphalopodes [3]. »

Si l'on considère combien les Polystomelles et les Cristellaires sont voisines des Nummulites, on en conclura, par une induction qui semble assez justifiée, que celles-ci ont dû être formées par des animaux fort analogues aussi. Cependant M. Deshayes a fait remarquer que les Nummulites étant parfaitement fermées, il devait y avoir dans leur organisation une différence en rapport avec cette circonstance. Nous verrons quelles sont les recherches qui ont été tentées par d'autres zoologistes pour résoudre cette difficulté, car M. Dujardin ne paraît pas s'en être

---

1. *Quarterly Journ. geol. Soc. of London*, vol. IV, p. 42. 1847. — *Ibid.*, vol. VI, p. 38. 1849. — D'Archiac, *Histoire des progrès de la Géologie*, vol. II, p. 1039. 1849.

2. *Ann. des sc. nat.*, 2e sér., vol. III, p. 312. 1835.

3. F. Dujardin, art. *Rhizopodes*, *Dict. univ. d'hist nat.*, vol. XI, p. 115. 1848.

préoccupé, et son article *Nummuline* [1], qui est très-succinct, n'ajoute rien à ce qu'ont dit ses devanciers. Bien plus, nous le voyons, après avoir décrit et caractérisé les genres Milliolite, Cristellaire et Vorticelle, comme appartenant à la famille des rhizopodes [2], ajouter « qu'un nombre considérable de fossiles proviennent probablement « de vrais rhizopodes et de ce nombre serait même la Sidérolite de la craie de Maes- « tricht, *mais je ne considère pas comme devant appartenir à cette famille les Nummulites* « *ni les Oryzaires, les Nodozaires,* etc. » En effet, dans l'article *Nummuline* [3] déjà cité, le même zoologiste fait suivre ce nom des abréviations *moll.? foramin.?* qui indique-raient un doute sur la place de ces corps parmi les mollusques et leur classification actuelle parmi ceux des foraminifères de M. d'Orbigny, que l'auteur ne range pas avec les rhizopodes. Mais ce qui implique une contradiction évidente, ce sont les articles *Operculina* [4], *Oryzaire* [5], *Nonionina* [6], *Rotalina* [7] et *Siderolina* [8], où ces genres sont classés tantôt avec les rhizopodes regardés comme synonymes de foraminifères, tantôt avec les foraminifères seulement, ou bien enfin suivis de l'abréviation *moll.?* Nulle part M. Dujardin ne fait allusion au classement des Nummulites, déduit de ses propres recherches.

M. W. Buckland [9], en admettant encore parmi les céphalopodes les coquilles po-lythalames foraminifères et en particulier les Nummulites, a comparé l'abondance de ces dernières dans les mers tertiaires à celle que nous montrent les Béroés et les Clios dans certaines parties des mers actuelles. M. C.-T. Catullo a déterminé cinq espèces de Nummulites, dont plusieurs seraient nouvelles, et qui avaient été trouvées par Da Rio [10] dans le pépérino de Teolo (monts Euganéens); mais n'en ayant publié ni figure ni description, il est probable que ce sont des doubles emplois de celles que nous connaissons dans le nord de l'Italie. L'un de nous, en rappelant quelques espèces déjà signalées dans le bassin de l'Adour, a décrit la *N. biaritzensis* [11], et M. H. Galeotti [12] a donné les figures d'espèces déjà connues dans le Brabant méridional. G. Pusch [13] a men-tionné et fait aussi représenter des Nummulites des Carpathes, sous des noms qui ne peuvent leur être conservés, car ce sont ou des espèces différentes dont nous avons dû rétablir la synonymie, ou des corps appartenant à d'autres genres. Sir Ch. Lyell [14] a

1. *Ibid.*, vol. VIII, p. 684. 1846.
2. *Histoire naturelle des zoophytes; infusoires.* (Suites à Buffon), p. 258-259, in-8°. 1841.
3. *Dictionn. univ. d'hist. nat*, vol. VIII, p. 684. 1846.
4. *Ib.*, vol. IX, p. 120. 1847.
5. *Ib., ib.*, p. 231.
6. *Ib.*, vol. VIII, p. 670. 1846.
7. *Ib.*, vol. XI, p. 225, 1848.
8. *Ib.*, p. 598.
9. *Geology and Mineralogy, considered,* etc., vol. I, p. 384, pl. XLIV. 1836.
10. *Orittologia Euganea*, p. 85, in-4°. Padoue, 1836.
11. D'Archiac, *Mém. de la Soc. géol. de France*, vol. II, p. 491. 1837.
12. *Mém. sur la constit. géol. du Brabant méridional*, p. 444, pl. III, fig. 12. 1837.
13. *Polens Palæontologie*, in-4°, p. 463, pl. XII, fig. 16-19. 1837.
14. *Éléments de Géologie* (traduct. franç.), p. 599. 1839.

donné une figure, sans nom ni description, précisément d'une de ces espèces mal déterminées par Pusch et qu'il avait rencontrée dans le bassin de l'Adour. En critiquant le mot Nummulite comme peu grammatical, M. C.-T. Catullo [1] s'est attaché à justifier celui de Discolithe, proposé par son compatriote Fortis. Dans une note antérieure [2], le même naturaliste ayant recherché et réuni diverses citations de Nummulites, sans s'être préalablement assuré si ces citations étaient exactes, quant aux gisements de ces corps et quant à leur nature même, en a déduit quelques conclusions nécessairement fausses, qu'il a reproduites plus tard [3], mais qu'il est inutile de rappeler.

On possédait encore très-peu de renseignements sur les Nummulites des parties de l'Europe qui confinent à l'Asie, et M. Deshayes [4], en faisant connaître celles que M. de Verneuil avait rapportées de la Crimée, est le premier qui ait essayé d'appliquer à la classification de ces corps les résultats des recherches de M. Dujardin. Cependant, croyant encore les cloisons complétement fermées, et par conséquent les loges sans communications entre elles, il en conclut que l'animal ne pouvait pas être divisé en segments, ni offrir les renflements et les rétrécissements successifs des véritables rhizopodes, enfin que les disques pierreux étaient probablement contenus dans l'intérieur de l'animal. L'auteur décrivit et fit représenter les *N. irregularis, distans, polygyratus, rotularius* et *placentula*, qui plus tard éprouvèrent quelques changements. L'une d'elles est surtout remarquable par le peu de constance des caractères de sa spire et par les fréquents dédoublements de la lame spirale. Dans sa *Lethæa geognostica* [5], M. Bronn place encore les foraminifères, et par conséquent les Nummulites, immédiatement après les céphalopodes, et indique les gisements de plusieurs des plus connues, auxquelles il réunit, dans une synonymie très-compliquée, des espèces que nous regardons comme tout à fait distinctes, et même des genres différents. Il n'admet pas d'ailleurs le genre Lenticulite pour la *N. planulata*, mais il le conserve pour la *N. variolaria*. Enfin M. Bronn désigne encore, sous le nom de *Nummulina*, les Orbitolites de la craie de Maestricht figurées par Faujas.

M. Ehrenberg [6], dans un mémoire sur la formation des roches crétacées par des animaux microscopiques, a été amené à parler des Nummulites, qu'il compare encore aux pièces cartilagineuses des Porpites ou à la crête des Vélelles; mais l'observation, même la plus superficielle, suffit pour détruire ce rapprochement. En outre, le savant micrographe de Berlin fournit des preuves contre ses propres idées, lorsqu'il regarde comme de vraies coquilles extérieures les Lenticulines

1. *Osservazioni geognostico-zoolog.*, etc. (*Nuovi saggi dell' Accad. I. R di Padova*, vol. V, 8 mai 1838.)
2. *Giornale scient. di Padova*, 1828.
3. *Osservazioni geogn.-zool. sopra due scritti*, etc., in-4°. Padoue, 1840.
4. *Mém. de la Soc. géol. de France*, vol. III, p. 66, pl. v, vi. 1838.
5. In-8°, p. 710 et 1135. 1838, atlas, pl. xlii, fig 25, 26. La fig. 22, pl. xxvii, est le *Lycophrys lenticularis* et non une Nummulite.
6. *Anwandung der bisherigen Beobachtungen auf die Systematik der Polythalamien* (*Abhandl. der Königl. Akad. d. Wissenschaf. zu Berlin*, 1838, p. 107).

ou Lenticulites de Lamarck, lesquelles ne peuvent même pas constituer un genre; car ce ne sont que de jeunes Nummulites ou des Nummulites devenues incomplètes par accident. Il les range dans la cinquième famille, celle des Rotalines, de la classe des bryozoaires, et cite comme une espèce vivante la *L. nitidula.*

M. Ehrenberg, en établissant pour le *Nautilus orbiculus* de Forskal qu'il regarde comme l'*Assilina nitida* d'Orb., le genre *Sorites*, croit à tort que toutes les Assilines se rapprochent de ce corps, tandis qu'elles ont au contraire les caractères essentiels qu'il assigne lui-même aux Nummulites, savoir des cloisons perforées, disposées dans une spirale fermée. Si M. Alc. d'Orbigny s'est trompé quant aux caractères de son *Assilina nitida* vivante, on peut affirmer qu'il n'en est pas de même pour les espèces fossiles. Ainsi, en résumé, non-seulement les Lenticulines fossiles que M. Ehrenberg persiste à éloigner des Nummulites, parce qu'il les regarde comme des coquilles toujours ouvertes, se ferment avec l'âge, mais encore les Assilines, telles que ce sous-genre a été établi, viennent s'y réunir par les mêmes motifs et n'ont aucun rapport avec le *Nautilus* ou *Sorites orbiculus*. Si nous sommes d'accord avec le savant zoologiste prussien, sur les caractères essentiels des Nummulites, nous en différons en ce que nous reconnaissons ces caractères dans des corps où il ne les admet pas, faute sans doute d'avoir pu comparer des matériaux suffisants. En excluant les Nummulites des coquilles polythalames pour en faire des restes d'acalèphes et en y laissant les Lenticulines, il rompt, suivant nous, non-seulement les rapports qui lient les espèces d'un même genre, mais encore les individus d'une même espèce. Sans doute, M. Ehrenberg (p. 111) a eu raison de regarder l'ancien genre Nummulite comme fort hétérogène; mais il avait été bien circonscrit depuis, et il retomberait certainement dans la confusion d'où il est à peine sorti, si l'on adoptait sans critique les vues de ce zoologiste.

Ces déductions n'ôtent rien d'ailleurs au mérite des observations délicates de M. Ehrenberg sur les animaux vivants; mais on doit aussi se mettre en garde contre les applications qu'il a plusieurs fois faites de la paléonthologie microscopique à l'âge des couches : c'est ainsi que, sur de fausses indications géologiques, on l'a vu placer dans la formation crétacée les dépôts les plus évidemment tertiaires, et même de la période tertiaire supérieure, et tirer cette conclusion au moins prématurée, que des espèces crétacées vivaient encore dans les mers actuelles. C'est également à tort, qu'il rapporte à la craie les calcaires à Nummulites des environs du Caire, où il cite (p. 93) quatre espèces : *Nummulites placentula* (*Nautilus*, id., et *N. major*, Forsk.); *N. gyzehensis* (*Naut.*, id., Forsk.) *N. seminulum*, nov. sp. et *cellulosus*, id., dont il ne donne ni figure ni description.

En traitant des foraminifères des côtes de l'île de Cuba, M. Alc. d'Orbigny[1] reprit sa classification et plaça les Nummulines dans la famille des *nautiloidæ*, entre les Nonionines et les Operculines. Il continua à y rapporter le genre Lycophre qui, comme

---

1. *Hist. phys. polit. et nat. de l'île de Cuba*, par Ramon de la Sagra. *Foraminifères*, in-8°, p. 47. 1839.

on l'a vu, en avait été retranché avec raison par Defrance et M. Deshayes; et il termine la phrase caractéristique du genre en indiquant *une ouverture transversale linéaire contre le retour de la spire, souvent masquée dans l'âge adulte*, précisément celle qu'avait remarquée et si bien représentée J. Sowerby. « Tout en ayant le « même mode d'enroulement et la *même ouverture* que les Nonionines, ajoute M. d'Or- « bigny, les Nummulites paraissent être des corps plutôt internes qu'extérieurs, « comme les autres foraminifères, ce qu'indiquent les aspérités ou l'encroûtement « supérieur. Néanmoins, ayant comparé les espèces vivantes aux autres genres de « foraminifères, nous n'avons trouvé aucun caractère qui puisse en appuyer la « séparation. » Il résulte de ce passage, d'abord que l'auteur croyait les Nummu- lites des coquilles *ouvertes*, comme les Nonionines, ce qui n'est pas; la fente de la cloison contre le retour de la spire des Nummulites ne pouvant s'appeler une ouver- ture, puisqu'elle disparaît avec l'âge, ce que l'on n'observe pas dans les Nonionines; et ensuite, qu'il avait étudié des Nummulites récentes dont il ne fait cependant aucune mention particulière. M. d'Orbigny dit plus loin que l'on connaît un grand nombre d'espèces de Nummulites *dans la craie*. « C'est même, continue-t-il, avec une roche entièrement pétrie de ces coquilles qu'est bâtie la plus grande des pyramides d'Égypte, etc. » Il admet à titre de sous-genre les Sidérolines, dont il ne connaît que deux espèces de la craie supérieure de Maestricht, et les Assilines dont il compte cinq espèces. De ces cinq, trois sont fossiles et des *terrains crayeux*, et deux vivantes, dont une de la mer Rouge et l'autre de la mer du Sud. Seraient-ce ces deux Assilines auxquelles l'auteur fait allusion plus haut, en parlant de Nummulites récentes? C'est ce que nous ne déciderons pas, n'ayant vu ni les unes ni les autres, pas plus que nous n'avons vu de Nummulites ni d'Assilines au-dessous du terrain tertiaire.

La *Nummulina sunguantlœ*, décrite par M. H. Galeotti[1] comme provenant aussi de la craie du Mexique, est une Cristellaire; et des trois espèces de *Nummularia* de la province de Cutch, décrites et figurées par M. J. de C. Sowerby[2] : l'une, la *N. acuta*, est la *N. scabra*, Lam., et les deux autres, les *N. obtusa* et *exponens*, avaient été depuis longtemps signalées et représentées par Deluc. M. L. Rousseau, dans la *Description des principaux fossiles de la Crimée*[3], a mentionné et fait figurer de nouveau plusieurs Nummulites de ce pays.

M. G. Michelotti[4], après avoir restitué à Conrad Gesner la priorité du faux rap- port des Nummulites avec les Nautiles et les Ammonites, a jeté un coup d'œil rapide sur quelques-uns des ouvrages qui en ont traité. Il a porté sur ces derniers des juge- ments presque toujours empreints d'un excellent esprit, mais peut-être pourrait-on

----

1. *Bull. de la Soc. géol. de France*, vol. X, p. 35, fig. 6, pl. i. 1839.

2. *Transact. geol soc. of London*, 2ᵉ sér., vol. V, 2ᵉ part. 1840. Explication des pl. XXIV et LXI; pl. XXIV, fig. 13, 14, pl. LXI, fig. 14.

3. *Voyage dans la Russie méridionale*, vol. II, p. 781, atlas, pl. II, fig. 4, 5. 1840.

4. *Saggio storico, dei rizopodi caratteristici dei terreni sopra cretacei*, in-4°. Modène, 1844.

regretter que le titre de son mémoire ne soit pas suffisamment justifié dans les
applications géologiques, et qu'ensuite l'auteur n'ait pas soumis à un examen assez
attentif plusieurs des corps qu'il range parmi les Nummulites, et qui ne sont en réalité
que des Orbitoïdes, comme nous le dirons plus loin. M. Michelotti, qui depuis a repris
ces mêmes fossiles [1], fait remarquer que l'on trouve assez souvent des Nummulites
dans les couches tertiaires moyennes du Piémont, mais qu'elles n'y forment pas de
bancs Si l'on fait abstraction des Orbitoïdes et du gisement de Dego, qui n'est peut-
être pas encore bien déterminé, il semble, au contraire, qu'elles y sont rares.

M. F.-H. Scortegagna [2] a critiqué la manière dont M. Alc. d'Orbigny avait compris
le genre Nummulite, en traitant des foraminifères de l'île de Cuba, et, comme il n'admet
pas la perforation des cloisons dans les grandes espèces fossiles, les caractères assignés
au genre par M. d'Orbigny, d'après des espèces prétendues vivantes, ne leur con-
viendraient pas. Des observations de M. Porro [3] sur cette note en ont provoqué une
nouvelle de la part de M. Scortegagna [4].

M. Alc. d'Orbigny, adoptant complétement, en 1844, les vues de M. F. Dujardin,
a, dans son article *Foraminifères* [5], reproduit ensuite textuellement en tête de son
ouvrage sur les *Foraminifères fossiles du bassin de Vienne* [6], défini comme il suit tous
les animaux qui constituent maintenant pour lui, non plus un ordre placé avec les
céphalopodes à la tête de la classe des mollusques, mais bien une classe particulière indépendante, reléguée par ses caractères dans l'embranchement des animaux
rayonnés de Cuvier, entre les échinodermes et les polypiers.

« Les foraminifères sont des animaux microscopiques, non agrégés, à existence
« individuelle, toujours distincte, composés d'un corps (masse vivante de consistance
« glutineuse) entier et alors arrondi, ou divisé en segments placés sur une ligne simple
« ou alterne, enroulés en spirale, ou pelotonnés autour d'un axe. Ce corps est dans
« toutes ses parties recouvert d'une enveloppe testacée, rarement cartilagineuse,
« modelée sur les segments, et en suivant toutes les modifications de forme et d'en-
« roulement. De l'extrémité du dernier segment sortent, soit par une ou plusieurs
« ouvertures de la coquille, soit par de nombreux pores de son pourtour, des fila-
« ments contractiles, incolores, très-allongés, plus ou moins grêles, divisés et
« ramifiés, servant à la reptation et pouvant encroûter extérieurement le test
« enveloppant. »

Les *Nummulina* forment parmi les hélicostègues de M. d'Orbigny, le sixième genre de
la famille des nautiloïdes, et sont caractérisées comme il suit [7] : « Coquille libre, équi-

---

1. *Descript. des foss. des terrains miocènes de l'Italie septentrionale*, in-4°, p. 15, pl. i. Leyde, 1847.

2. *Nota sopra le Nummoliti*, etc., section de zoologie du congrès de Padoue, 16 sept. 1842.

3. *Obbiezioni a la nota del dottore Scortegagna sopra le Nummoliti.* (*Ann. delle scienz. del regno lomb. venet. Bim.* V, 1842). — in-4°. Vicence, 1843.

4. *Atti della riun. dei scienz. ital. in Padova*, 1842.

5. *Dict. univ. d'hist. nat.*, vol. V, p. 662. 1844.

6. In-4°, p. 1. 1846.

7. *Foraminifères fossiles du bassin tertiaire de Vienne*, p. 113.

« latérale, orbiculaire ou discoïdale, épaisse, encroûtée, sans appendice à son pour-
« tour, formée d'une spire embrassante à tours très-rapprochés et nombreux ; le
« dernier, toujours marqué dans le jeune âge, est souvent impossible à retrouver dans
« l'âge adulte. Loges petites, courtes, rapprochées, très-nombreuses, la dernière
« faisant saillie dans le jeune âge, mais peu distincte dans les vieux individus, percée
« d'une ouverture transversale, linéaire, contre le retour de la spire, souvent masquée
« dans l'âge adulte. »

Cette définition du genre qui nous occupe, étant sans doute l'expression la plus
exacte de la dernière pensée de l'auteur, nous paraît susceptible de quelques observations. D'abord on ne comprend pas bien, en tant que caractère générique, ce que
c'est qu'une *coquille encroûtée;* ensuite les tours ne sont pas toujours *nombreux,* puis-
-que plusieurs espèces des plus connues n'en ont que cinq. On y trouve en outre reproduite sous trois formes la conséquence d'un seul et même fait; car si le dernier tour
est souvent impossible à retrouver dans l'âge adulte, il s'ensuit que la dernière loge
l'est également et que l'*ouverture linéaire,* non pas de celle-ci, comme le dit l'auteur,
mais bien des cloisons dont il n'est fait aucune mention, est aussi complètement inappréciable. Enfin, quoique toute la dernière phrase de la caractéristique semble s'appliquer aux *loges,* il y en a cependant une partie qui n'est applicable qu'aux *cloisons,*
et l'ouverture transversale, linéaire, que l'on pourrait croire propre à la dernière cloison, est en réalité commune à toutes.

« Rapprochées des Nonionines par la place et la forme de l'ouverture, les Num-
« mulites, continue l'auteur, s'en distinguent seulement par leur forme générale plus
« lenticulaire, anguleuse, et par leur dernier tour, si étroit chez les adultes, qu'il cesse
« d'être sensible à l'extérieur. » Ces différences génériques seraient bien faibles, si
l'on n'y ajoutait que ce dernier tour, en paraissant se souder avec le précédent, ferme
la coquille, ce qui n'a pas lieu chez les Nonionines. M. d'Orbigny n'admet plus ici
de Nummulites dans la craie, comme en 1839; toutes sont des dépôts tertiaires,
comme l'avaient dit Defrance et Alex. Brongniart bien longtemps avant lui.

Les Assilines sont considérées (p. 116) non plus comme un sous-genre du précédent, mais comme un genre tout à fait séparé, qui forme le septième de l'ordre. Elles
diffèrent des Nummulines seulement parce que la spire n'est embrassante que dans le
jeune âge, et que plus tard les tours sont tous apparents. Les passages que nous avons
observés particulièrement dans ce même caractère, qui n'est pas d'ailleurs le plus
important, ne nous ont pas permis de conserver cette coupe autrement que comme une
sous-division du genre. Au reste, M. d'Orbigny constate aussi la perforation des cloisons contre le retour de la spire, de même que dans les Nummulites, caractère qu'il
soupçonnait sans doute lors de son premier travail, puisque déjà on y voit ces
coquilles placées près des Nonionines.

Les foraminifères, considérés en général, semblent être aujourd'hui d'autant plus
nombreux et plus variés dans leurs formes que les mers où ils vivent sont plus chaudes,
tandis que la distribution des espèces fossiles se trouverait être inverse des tempéra-

tures supposées des mers anciennes; car le nombre des genres connus en 1846 s'accroît de 1 ou 2 à 68, depuis la période carbonifère jusqu'à l'époque actuelle, et celui des espèces de 1 ou 2 à 1000. Mais on doit remarquer que l'état de la plupart des roches est précisément d'autant moins favorable à ce genre d'observation qu'elles sont plus anciennes, et que le peu de recherches suivies dont elles ont été l'objet sous ce rapport ne permet point d'adopter d'une manière absolue les conséquences qui sembleraient découler des chiffres énoncés. L'organisme microscopique des premiers âges de la terre, et même d'une grande partie des dépôts secondaires, s'il n'échappe pas complétement à nos investigations, ne sera sans doute jamais que très-imparfaitement connu.

Ce qu'a publié M. G. Mantell [1] sur les restes fossiles des parties molles des foraminifères, quoique ne se rapportant pas directement aux Nummulites, peut servir à éclaircir quelques points de leur organisation. Ainsi les détritus de matière animale, placés dans les loges ou divisions du canal spiral des Rotalines et des Textulaires de la craie et des silex, montrent que ces loges étaient en communication directe, par la perforation des cloisons qui les séparent. L'auteur suppose que le tube qui réunissait les parties molles ou poches, contenues dans chaque loge, était un canal intestinal, et que les poches successives représentaient un estomac multiple. On observe encore dans celles-ci de très-petits infusoires (Navicules, etc.) avalés par l'animal de la Rotaline. Des corps globuleux noirs, placés dans le dernier segment, ou même en dehors, représenteraient des gemmes. M. Ehrenberg [2] avait constaté une disposition tout à fait analogue dans des Nonionines vivantes, dont il croit avoir retrouvé les identiques dans la craie, et il en serait encore de même, d'après les résultats obtenus par M. Bailey, pour les coquilles foraminées des marnes du New-Jersey.

M. Schafhäutl [3] paraît avoir complétement méconnu les vrais caractères des Nummulites, d'abord en prenant une coupe transverse comme suffisante pour en démontrer la structure, ce qui n'est pas, puisque cette coupe ne donne que des courbes concentriques, au lieu d'une spirale qui s'obtient par la coupe perpendiculaire, et ensuite en confondant, par cette fausse appréciation, des Orbitoïdes avec des Nummulites. La classification qu'il s'efforce de justifier n'étant basée que sur cette double erreur, est donc nécessairement inadmissible. Ainsi les espèces de sa première classe, caractérisées par les lignes droites de la coupe transverse, ne renferment que des Orbitoïdes ; ce sont ses Nummulites *umbo-reticulata*, *modiolata-striata* et *umbilicata*. Quant aux vraies Nummulites de la seconde classe, l'auteur ne donnant ni synonymie, ni figures, ni descriptions suffisantes des espèces qu'il divise en plusieurs groupes, d'après des caractères tout à fait artificiels, il serait inutile de nous y arrêter plus longtemps.

1. *On the fossil Remains*, etc. (*Transact. of the R. Soc. of London*, 1846, p. 465. — *Amer. Journ.*, 2e sér., n° 13, fév. 1848, p. 70.)

2. *Ueber noch jetzt lebende Thierarthen der Kreidebildung*, etc. (*Abandl. der Königl. Acad. d. Wissenschaf. zu Berlin*, 1839. p. 81, pl. II.

3. *Einige Bemerkungen ueber die Nummuliten vorzuglich des Bairischen östlichen Vorgebirges.* (*Neu Jahrb.*, 1846, p. 406).

Il résulte d'une correspondance entre M. F.-H. Scortegagna [1] et M. Alc. d'Orbigny, que ce dernier annonçait posséder des Nummulites récentes des mers de l'Inde, mais dont il n'avait pas observé les animaux, et que le premier de ces savants, ayant en vain cherché des corps du même genre dans les sables de l'Adriatique, fit une communication à la section de zoologie du congrès de Milan, dans laquelle il semble maintenir que les cloisons des Nummulites ne sont pas perforées. Il se fonde sur ce qu'il a observé dans la Nummulite papyracée, Scort. (*N. onycomorpha*, Catullo), laquelle ne présente *ni truce de siphon, ni aucune autre ressemblance avec les Ammonites*. Cette conclusion du naturaliste italien est d'autant plus exacte que le corps en question n'est pas une Nummulite, mais bien une Orbitoïde (*Orbitolites sella* d'Arch.). M. Leymerie [2] a décrit et fait figurer deux Nummulites du département de l'Aude, qui ont dû rentrer dans la synonymie d'espèces déjà connues. L'un de nous a mentionné aussi les espèces déjà signalées et les espèces nouvelles des environs de Dax et de Bayonne; les dernières ont été décrites et figurées plus tard ; néanmoins des recherches et des comparaisons ultérieures ont apporté quelques changements dans la dénomination de plusieurs d'entre elles [3]. L. Pilla [4] a publié des dessins de quelques Nummulites des Apennins et du mont Gargano; mais les conclusions géologiques qu'il a déduites de ces dernières sont tout à fait erronées.

Après une juste critique des observations et des idées paradoxales de M. Schafhäutl, M. le comte de Keyserling [5] a constaté, sur les échantillons du musée de Vienne, diverses particularités déjà observées dans la structure de plusieurs Nummulites, telles que les bifurcations de la spire, le plus ou moins d'extension des filets cloisonnaires, les caractères de la surface des lames où les granulations représentent les extrémités remplies des rayons ou canaux, l'enveloppement partiel des tours chez les Nummulites, dont on avait fait le genre Assiline, etc. Tallavignes [6], qui avait commencé à s'occuper avec succès des couches nummulitiques des Pyrénées, avait nommé plusieurs espèces dont il nous a été impossible de tenir compte, en l'absence de toute description, de figures, et même d'étiquettes sur ses échantillons que nous avons eus entre les mains.

Dans leur *Mémoire sur les Nummulites considérées zoologiquement et géologiquement* [7], MM. Joly et Leymerie ont donné un aperçu de quelques-uns des travaux de leurs devanciers, puis ils ont, par l'observation attentive d'un certain nombre d'espèces, constaté les caractères de la structure du test, tels que nous les avons vus signalés dès

1. *Sur les Nummulites*, lettre à M. Alc. d'Orbigny, in-4". Padoue, 1846.

2. *Mém. de la Soc. géol. de France*, 2e sér., vol. I, p. 258, pl. xiii, fig. 13, 14. 1846.

3. D'Archiac, *Mém. de la Soc. géol. de France*, 2e sér., vol. II, p. 198. 1846. — *Bulletin*, id., 2e sér., vol. IV, p. 1010. 1847. — *Mém. id.*, 2e sér., vol. III, p. 414, pl. ix. 1850.

4. *Distinzione del terreno etrurio*, in-4°, pl. 1. Pise, 1846.

5. *Remarques sur quelques points de la structure des Nummulites*. (*Verhandl. der russisch Kaiser. miner. Gesellsch. zu St-Petersburg*. 1847, p. 17.)

6. *Bull. soc. géol. de France*, 2e sér., vol. IV, p. 1140. 1847.

7. *Mém. de l'Acad. des sc. inscript.*, etc., *de Toulouse*, 3e sér., vol. IV, p. 149, pl. i-ii. 1848.

l'origine par Scheuchzer, puis successivement par Deluc, Fortis, et surtout par Parkinson, J. Sowerby, M. Alc. d'Orbigny et M. de Keyserling. Ainsi la disposition des cloisons, leurs prolongements latéraux flexueux, simples ou ramifiés de manière à former un réseau, s'étendant de part et d'autre à la surface des lames jusqu'au centre du disque, ou bien s'arrêtant et disparaissant avant de l'atteindre, les perforations ou pores des lames et leur remplissage donnant lieu à des rayons et à des granulations ou ponctuations en creux ou en relief, les tours non enveloppants dans une partie du disque chez certaines espèces, enfin la perforation de la base de chaque cloison établissant une communication entre les loges qui occupent la spire, étaient des faits acquis à la science, qu'ils ont vérifiés, décrits et représentés avec soin et auxquels ils ont ajouté des considérations physiologiques déduites des travaux de M. Dujardin, et plus particulièrement de ceux de M. Ehrenberg et de Mantell. Ils ont, en outre, distingué dans le test deux parties : l'une d'un aspect terreux qu'ils ont nommée *substance corticale*, et qui constitue la presque totalité des lames et des cloisons, l'autre qu'ils désignent sous le nom de *substance vitreuse*, qui est plus compacte, beaucoup moins épaisse, et qui revêt toute la surface extérieure.

Suivant MM. Joly et Leymerie (p. 172), « l'animal des Nummulites offrait une grande « analogie avec celui des Rotalies et des Nonionines, c'est-à-dire qu'il était formé d'un « corps gélatineux, à nombreux segments, dont chacun était renfermé dans une des « loges de la coquille, et communiquait avec ceux qui le précédaient ou le suivaient, « au moyen d'un tube (siphon) qui servait en même temps de canal digestif. Chaque « segment était muni d'un double appendice en forme de languette, qui s'étendait « de chaque côté entre les tables, dans les divers compartiments formés par les prolongements des cloisons. De nombreux tentacules (pseudopodes) servaient à opérer « les mouvements de préhension et de locomotion, que voulait exécuter l'habitant de « la Nummulite. Probablement très-extensibles, susceptibles de varier à chaque « instant de longueur, de se ramifier même, ces tentacules ou pseudopodes sortaient « ou rentraient au gré de l'animal par les perforations dont sa coquille était criblée. » Les auteurs supposent en outre que l'animal réunissait les deux sexes, et que l'ovaire était placé au-dessus de ce qu'ils appellent le *canal digestif*, où peut-être il venait déverser ses produits.

La figure idéale au moyen de laquelle MM. Joly et Leymerie ont essayé de représenter l'animal de la Nummulite ne pourrait en tous cas s'appliquer qu'à un individu jeune, puisqu'à l'état adulte, le dernier tour s'atténue et s'applique sur l'avant-dernier sans produire de saillie. La coquille, ou mieux la spire, étant fermée, les fonctions physiologiques attribuées au canal ou siphon supposé, ne se comprennent plus. Les auteurs raisonnaient dans l'hypothèse d'une analogie avec les Nonionines et les Rotalies beaucoup plus complète qu'elle n'est en réalité, et cette perforation des cloisons, si essentielle au premier abord, perd beaucoup de son importance dans la plupart des Nummulites qui ont certainement continué à vivre et à s'accroître, alors que le rapprochement des derniers tours, et quelquefois leur contiguïté ou leur con-

6

tact immédiat, non-seulement paraît avoir obstrué la fente, mais encore avoir supprimé toute trace de cloisons. Ce travail de MM. Joly et Leymerie, eut d'ailleurs l'avantage d'appeler l'attention sur des faits qui, bien que déjà connus, se trouvant épars dans diverses publications étaient restés inaperçus ou mal appréciés. Peut-être pourrait-on regretter qu'ils n'aient pas mentionné avec assez de soin les observateurs qui les avaient précédés dans cette voie et dont nous avons dû rappeler les titres en constatant leurs droits de priorité. Quant à la distribution géologique des Nummulites, nous ignorons complétement où MM. Joly et Leymerie ont pu trouver (p. 55 ou 203) « que ces foraminifères sont presque toujours accompagnés de « rudistes avec lesquels ils se trouvent liés dans beaucoup de cas, et même mélangés « dans la partie inférieure du système. »

M. C. Brunner [1], qui a dédié à sir R. Murchison une nouvelle espèce de Nummulites, a aussi désigné sous le nom de *N. patellaris*, une véritable Orbitoïde (*O. radians*). De son côté, M. L. Rütimeyer [2] a publié d'abord une notice où il a seulement exposé les résultats généraux déduits d'une étude spéciale des Nummulites. Il les range dans trois classes dont les caractères distinctifs sont tirés de l'examen des loges. Celles de la première classe, qu'il nomme *Nummulinæ veræ sive regulares* ou Nummulites embrassantes, ont les tours complétement enveloppants et le canal spiral formé par les loges dont les cloisons sont perforées. Chez la plupart des espèces, les loges se prolongent dans les nombreux pores du test, par lesquels l'animal vivant projetait au dehors ses organes locomoteurs ou filaments. Cette première classe comprend les Nummulites proprement dites, et la seconde renferme celles dont les tours ne sont pas complétement embrassants à tous les âges, dont les loges ne se prolongent pas au delà du canal périphérique et n'enveloppent point la spire intérieure, les lames successives étant en contact immédiat. Ces espèces, que l'auteur désigne sous le nom d'*Assilinoïdes*, correspondent tout à fait au genre *Assilina*, et n'en sont pas seulement, comme il le pense, une forme voisine. Enfin une troisième classe (*Nummulinæ irregulares* ou Nummulites demi embrassantes), moins nettement limitée que les précédentes, offre des caractères intermédiaires. Les lames du test se touchent presqu'à la surface de la coquille, sans adhérer pourtant tout à fait les unes aux autres, de manière à laisser un passage étroit aux prolongements des loges. Ceux-ci atteignent en partie l'axe d'enroulement et aboutissent aux pores dispersés sur toute la surface.

Dans l'important mémoire qu'il a publié depuis, M. Rütimeyer [3] a donné un résumé succinct des principaux travaux faits avant lui, et a développé les principes sur lesquels sa classification repose. Ses idées sur l'animal de la Nummulite sont d'ailleurs celles des derniers zoologistes dont nous avons parlé; il s'en réfère à leurs conclusions

---

1. *Mittheil. der Naturf. Ges. in Bern.*, 25 janv. 1848.

2. *Recherches géologiques et paléontologiques sur le terrain nummulitique des Alpes bernoises.* (*Verhandl. d. Schweiz. naturf. Ges. versam. zu Zoloturn*, 1848, p. 27. — *Arch. des sc. nat. de la Bibl. univ. de Genève*, vol. VII, p. 177. 1848).

3. *Ueber das Schweizerische Nummulitenterrain mit besonderer Berücksichtigung des Gebirges zwischen dem Thunersee und der Emme*, p. 60, in-4°, avec pl. et carte. Berne, 1850.

et admet par conséquent la place qu'ils ont assignée à ces corps parmi les rhizopodes. Il décrit ensuite dans chaque division les espèces qu'il y rapporte, et l'on
ne peut qu'être frappé de la sagacité dont y a fait preuve ce jeune savant dans
l'examen d'échantillons presque toujours incomplets, ou plus ou moins altérés. Il a
su y découvrir beaucoup de détails qui avaient échappé à la plupart des naturalistes
placés dans des conditions cependant plus favorables, et il a mis à profit les observations faites, depuis sa première notice, par un micrographe anglais dont nous parlerons tout à l'heure. L'absence de bons matériaux, et surtout le trop petit nombre
d'espèces qu'il avait à sa disposition, n'ont pas permis à M. Rütimeyer de toujours
reconnaître, dans celles qu'il a décrites, des Nummulites déjà introduites dans la
science sous d'autres noms. La même observation s'applique à la partie du mémoire
qui traite de la synonymie (p. 99). La division en trois classes est d'ailleurs propre
à faciliter l'étude de ces corps, et si nous avons augmenté le nombre de ses sub-
divisions, c'est surtout à cause des espèces qu'il n'avait pas eu occasion d'observer. Enfin, après quelques remarques sur d'autres genres de foraminifères des Alpes,
l'auteur a encore décrit et figuré plusieurs Orbitolites dont nous avons eu occasion de
rétablir la synonymie comme celle des Nummulites elles-mêmes [1].

MM. H. E. Göppert, H. von Meyer et H. G. Bronn ont divisé le grand ouvrage intitulé *Index palæontologicus*, en deux parties : dans l'une, le *Nomenclator palæontologicus* [2], tous les corps organisés fossiles, à quelque classe qu'ils appartiennent, sont
rangés par ordre alphabétique, d'après le nom du genre sous lequel ils sont
connus; dans l'autre, l'*Enumerator palæontologicus* [3], tous les genres sont disposés
dans un ordre systématique, depuis les végétaux jusqu'aux mammifères. L'un et
l'autre arrangement présente un grand nombre de doubles emplois dans les noms de
genres et dans les espèces, et, en résumé, une confusion presque inextricable; mais,
disons-le aussi, presque inévitable, car l'étude comparative et la discussion sérieuse
d'un pareil ensemble de documents, n'était réellement pas possible, et n'entrait certainement pas dans le plan des auteurs. Il suffit, d'ailleurs, pour s'en convaincre, de
prendre un quelconque de ces genres innombrables, et d'en essayer l'examen approfondi; néanmoins, on doit reconnaître que, malgré toutes les imperfections inhérentes
à ce genre de travail, les auteurs de l'*Index palæontologicus* méritent encore la
reconnaissance des personnes qui s'occupent de fossiles, ne fût-ce que par l'im-
mensité des matériaux qu'elles y trouvent rassemblés et par la facilité de remonter
à la source première de chaque indication.

Sous le nom d'*Assilina* [4] sont rappelées les 3 espèces fossiles indiquées par
M. Alc. d'Orbigny dans son tableau de 1826; sous celui de *Discolithes* (p. 431) se
trouvent réunies des Nummulites, des Alvéolines et des Orbitolites, en tout 6

1. D'Archiac, *Hist. des progrès de la Géol.*, vol. III, p. 304[i]. 1850.
2. *Index palæontologicus. Erste Abtheilung.* A. *Nomenclator palæontologicus*, vol. I. 1848.
3. Vol. II. 1849.
4. *Ib.*, vol. I, p. 112.

espèces ; sous celui de *Lenticulina* (p. 628), divers genres de coquilles foraminées et les Lenticulites de Lamarck, en tout 14 espèces ; sous celui d ɔ *Lenticulites* (p. 629), des Nummulites, des Cristellaires, des Cyclolites, des Orbitolites et les Lenticulites de Lamarck déjà mentionnées. Le genre *Nummularia* (p. 829) comprend les espèces décrites sous ce nom par Sowerby, et le genre *Nummulina*, un mélange de 25 espèces, parmi lesquelles on retrouve encore des Orbitolites ou des Orbitoïdes et des Lenticulites déjà inscrites dans ce dernier genre. Enfin, sous la dénomination de *Nummulites auctorum* (p. 831), 14 espèces sont, à trois exceptions près, fort douteuses ou des doubles emplois.

M. Bronn[1] a placé tous les foraminifères polythalames, à l'exception des Nummulites, entre les infusoires polygastriques et les anthozoaires. Les Nummulites, complétement isolées, se trouvent être les seuls représentants fossiles de la classe des acalèphes, précédant, dans cet arrangement, les échinodermes stellérides. Influencé sans doute par des idées déjà anciennes, que les vues de M. Ehrenberg et de M. Schafhäult ont contribué à revêtir d'une apparence spécieuse, le savant paléontologiste dont les idées philosophiques sont si justement estimées, s'est laissé entraîner à admettre des rapports qu'il avait rejetés dans ses travaux antérieurs. Ce qui tend à prouver que ce n'est peut-être qu'une inadvertance chez un esprit aussi distingué, c'est que les *Lenticulites variolaria* et *planulata*, qui sont de véritables Nummulites, sont maintenues parmi les foraminifères (p.120), avec les Operculines, les Fusulines, les Nonionines, etc., et qu'il en est de même des Assilines auxquelles l'auteur substitue par erreur le nom de *Sorites* (p. 125) proposé, comme on l'a vu, par M. Ehrenberg pour l'*A. nitida* d'Orb., mais qui n'est certainement pas applicable aux Assilines fossiles.

Les acalèphes sont donc représentés à l'état fossile, d'après l'*Enumerator palæontologicus*, par les genres *Nummulina* renfermant 21 espèces, *Nummulites* 18, *Nummularia* 2 et *Lycophris*, 2, en tout 42 espèces. Mais ici comme précédemment, il y a encore double emploi dans les noms de genre, dans ceux des espèces, et des Orbitolites y figurent parmi les Nummulites. On ne voit pas même pourquoi telle espèce y est comprise plutôt sous une dénomination générique que sous une autre. En outre, quoique dans les colonnes consacrées à l'indication des terrains l'auteur ait séparé la formation nummulitique méditerranéenne du terrain tertiaire inférieur (période de la mollasse), il ne met pas à leur place toutes les espèces de cette même zone méditerranéenne. Les *N. atacica* et *globulus* par exemple, sont placées au-dessus ou dans une autre division. On concevra, d'après ce que nous venons de dire des diverses listes concernant en tout ou en partie les Nummulites, dans les deux volumes de l'*Index palæontologicus*, que nous ayons dû en faire complétement abstraction dans la synonymie que nous avons essayé d'établir pour chaque espèce. Les noms qui figurent sur ces listes et qui ne se retrouvent pas dans notre synonymie, seront reproduits

1. *Ib.*, vol. II, p. 171.

seulement dans la liste générale que nous donnerons de tous les corps désignés, à tort ou à raison, sous le nom de *Nummulite*.

Bien que nous ne connaissions encore avec certitude de véritables Nummulites que dans le terrain tertiaire, nous ne pouvons passer sous silence un corps qui, s'il n'appartient pas à ce genre, en est tellement voisin qu'il a pu y être placé, même par un observateur fort éclairé. Nous voulons parler de la coquille que M. Rouillier[1] a fait connaître sous le nom de *Nummulina antiquior*, et dont un certain nombre d'échantillons ont été recueillis dans le calcaire de montagne ou calcaire carbonifère de Miatschkovo. Elle n'est pas symétrique et ressemble, par sa forme, à une *Amphistegina* ou à une *Rotalina* à surfaces unies; elle est subconique d'un côté et subplane de l'autre. Les lames, contrairement à ce que montrent la plupart des Nummulites, sont sensiblement plus épaisses vers le centre du disque qu'au pourtour. La loge centrale, la forme et la direction des cloisons et les filets cloisonnaires simples sur les lames convexes, sont semblables à ce que l'on observe dans certaines espèces de Nummulites. Sur les lames planes, ces derniers ne sont pas indiqués. La spire offre des irrégularités comparables à celles des Nummulites, mais on n'observe pas dans la coupe transversale, les canaux de diverses grandeurs qui, dans les Nummulites, mettent toujours les loges en communication avec l'extérieur. La perforation des cloisons n'a pas été mentionnée, et il y a lieu de croire que cette coquille se rapporte plutôt aux Rotalines ou à quelque autre genre voisin qu'aux Nummulites. Les caractères par lesquels l'auteur suppose qu'elle diffère de ces dernières n'ont d'ailleurs aucune importance.

En traitant des fossiles des environs de Pau, M. Alex. Rouault[2] a mentionné les Nummulites qu'il y a reconnues, et fait représenter plusieurs espèces ou variétés intéressantes. Les *Nummularia lævigata, variolaria, elegans* et *radiata* ont été de nouveau figurées ou citées dans l'ouvrage de F. Dixon[3]. MM. P. Savi et G. Meneghini[4], dans l'énumération qu'ils ont faite des fossiles de la zone nummulitique de la Toscane, ont d'abord décrit avec un très-grand soin les espèces déjà connues qu'ils ont cru y retrouver, puis, dans une note fort étendue, l'un d'eux, M. Meneghini, a exposé les caractères de quelques espèces nouvelles et passé en revue toutes celles qui, étrangères au pays, avaient pu être étudiées directement par lui. Ce travail consciencieux eût été plus utile encore si l'auteur eût eu à sa disposition les types des espèces auxquels il rapportait les échantillons qu'il avait sous les yeux, et s'il eût donné des figures de celles qu'il signalait comme nouvelles. La synonymie rapportée par M. Meneghini est assez exacte, mais les rectifications qu'il y a faites, dans une note

1. *Études progressives sur la géol. de Moscou.* (Bull. de la Soc. I. des nat. de Moscou, n° 11. 1848, p. 265. — *Ibid.*, vol. XXII, p. 337, pl. к, fig. 66-78. 1849.)

2. *Mém. de la Soc. géol. de France*, 2ᵉ sér., vol. III, p. 463, pl. xɪv, fig. 8-11. 1850.

3. *The Geology and fossils of the tertiary and cretaceous formations of Sussex*, p. 85, pl. vɪɪɪ, fig. 12, 13, pl. ɪx, fig. 7, in-4°. Londres, 1850.

4. *Considerazioni sulla geologia della Toscana o Osservazioni stratigr. e paleont. sulla geol. della Toscana*, p. 133, et 188, in-8°. Florence, 1851.

manuscrite qu'il a bien voulu nous envoyer, ne pouvaient être complètes par le motif déjà énoncé, savoir le manque des véritables types de comparaison. Néanmoins son travail est encore ce que l'on a écrit de mieux jusqu'à présent sur les espèces; il dénote une attention très-scrupuleuse dans l'observation des caractères, et il nous a été d'une grande utilité. En classant d'après les détails de la spire les espèces qu'il a étudiées directement, ce savant a montré qu'il avait saisi ce qu'il était essentiel d'examiner dans ces mêmes espèces pour les bien déterminer.

M. Abr. Massolongo[1], dans son esquisse géologique de la vallée de Progno, a signalé aussi les espèces qu'il a observées dans cette partie du Véronais, au mont Bolca, au mont Postale, etc. Dans son *Prodrome de paléontologie*[2], M. Alc. d'Orbigny, séparant complétement les Assilines des Nummulites, ne paraît plus admettre l'existence d'espèces vivantes dans ce dernier genre, dont il change la terminaison pour en revenir au nom de Lamarck généralement adopté, tandis que les coquilles dont il a examiné des espèces récentes étant placées parmi les Assilines, celui-ci conserverait sa première désinence. Nous avons déjà dit quelques mots[3] de la synonymie du petit nombre de Nummulites que l'auteur indique dans le terrain tertiaire, et nous y reviendrons en décrivant les espèces. M. d'Orbigny ne place plus ici, comme en 1846, les foraminifères entre les échinodermes et les polypiers, mais plus bas encore dans la série, entre ceux-ci et les amorphozoaires.

L'étude de la structure intime des Nummulites a fait de véritables progrès par suite des recherches de M. W. C. Williamson[4], de M. W. B. Carpenter et de M. Carter. En employant alternativement la lumière transmise et la lumière directe pour observer, sous un pouvoir amplifiant assez considérable, des plaques extrêmement minces du test des Nummulites, M. Carpenter[5] a reconnu que chaque cloison de la spire était double ou formée de deux lames accolées l'une à l'autre, et entre lesquelles se trouve un espace vide, que chaque cloison est perforée à sa jonction avec le bord du tour précédent, comme J. Sowerby l'avait le premier représenté, et que cette perforation établit une communication directe entre deux loges contiguës. Il y a en outre, dans la paroi de chaque lame des cloisons, des trous qui s'arrêtent à l'espace intercloisonnaire, et lorsqu'on suit ces lames à la face interne des tours enveloppants, elles présentent des perforations analogues.

La perforation principale de la base des cloisons ne serait pas simple, comme l'ont pensé MM. Joly et Leymerie, mais consisterait en un faisceau de très-petits tubes. Chaque loge communique ainsi librement, non-seulement avec celle qui la précède et celle qui la suit, mais encore, par les petits trous situés au-dessus, avec

---

1. *Schizzo geogn. sulla valle del Progno*, p. 17, in-8°. Vérone, 1850.

2. In-12, p. 335, 407 et 427. Paris. 1850.

3. D'Archiac, *Hist. des progrès de la Géol.*, vol. III, p. 304[h]. 1850.

4. *On the Polystomella crispa* (*Transact. of the microscop. Soc. of London*, vol. II, p. 159. 1838).

5. *On the microscopic structure*, etc. Sur la structure microscopique des *Nummulites*, *Orbitolites*, et *Orbitoidea*. (*Quart. Journ. geol. Soc. of London*, vol. VI, p. 21. 1849.)

l'espace intercloisonnaire et avec la surface extérieure de la coquille. La texture de cette dernière diffère de celle de toutes les coquilles observées par l'auteur et se rapproche au contraire de celle du crabe commun qu'il avait décrite précédemment. Le test est entièrement perforé par des tubes très-déliés, allant directement d'une surface à l'autre, dont le diamètre est de $\frac{1}{7500}$ de pouce anglais, et les intervalles de $\frac{1}{15000}$ de pouce. Ils sont droits et parallèles, de sorte que toute cette partie de la coquille est très-finement poreuse, et M. Carpenter ne doute pas que ce ne soit un caractère commun à tout ce groupe de corps. Dans la partie du test qui forme le bord de chaque tour, ou le pli extérieur de la lame enroulée, la disposition est beaucoup plus grossière, et les tubes sont moins nombreux, plus grands et rayonnent du dedans au dehors en forme d'éventail.

On a vu que dans la plupart des espèces, les lames n'étaient pas en contact immédiat [1], mais qu'elles étaient séparées les unes des autres par le vide que laissent entre eux les prolongements des cloisons et qui, continuation des loges elles-mêmes, s'étend sur toute la surface du disque. Les prolongements qui supportent ainsi les lames, semblables aux piliers ou aux murs qui soutiennent une voûte, sont de formes très-variables, et l'auteur croit apercevoir dans leur étude de bons caractères pour distinguer les espèces, conjecture que nos propres observations ont pleinement confirmée.

M. Carpenter signale ensuite les grandes perforations ou tubes qui traversent la lame des tours, depuis le toit et le plancher des loges jusqu'à la surface extérieure de la coquille; et, ne connaissant probablement pas le mémoire de M. de Keyserling, il attribue à MM. Joly et Leymeric l'idée première que ces ponctuations de la surface représentent l'ouverture de ces conduits obstrués par des infiltrations calcaires après la mort de l'animal. Leur saillie accidentelle résulte seulement de la moindre altération de la substance qui les remplit, laquelle forme les espèces de piliers ou rayons que nous avons si souvent mentionnés. Ce calcaire du remplissage diffère par sa texture de celui qui forme le test propre de la coquille. M. Carpenter n'ayant pas observé d'espèces dans lesquelles il y a une saillie naturelle à l'extrémité du rayon a pu attribuer cette dernière à une simple différence dans l'altération de la substance du remplissage, mais nous verrons que dans certains groupes de Nummulites, ces reliefs qui terminent à la surface les canaux de l'intérieur, existent indépendamment de toute action de décomposition, et peuvent même fournir des caractères spécifiques. Ces tubes, continue l'auteur, partent toujours de l'espace intercloisonnaire, s'élèvent directement vers la surface, semblables à des cônes très-allongés, et mettent ainsi en communication ces vides avec l'extérieur, de même que ceux-ci le sont avec les loges, de telle sorte qu'une loge, quelque profondément enfoncée qu'elle fût vers le centre de la coquille, était néanmoins en relation avec le milieu ambiant où vivait l'animal.

---

1. Ce n'est que par une sorte de fiction conventionnelle que nous disons *les lames* pour exprimer les tours successifs ou les couches dont se composent les Nummulites, car il n'y a réellement qu'*une seule lame* continue, ployée en deux et s'enroulant suivant le même plan autour d'un axe.

Nous ne pouvons admettre la disposition régulière représentée par M. Carpenter, dans la fig. 8, pl. IV, où les loges de chaque tour, étagées les unes au-dessus des autres, se correspondent exactement depuis le plan médian jusqu'à la surface. Non-seulement cette disposition n'existe pas dans la nature, mais elle ne peut résulter théoriquement de la coupe d'une spirale. Pour qu'il en fût ainsi, il faudrait une série de couches concentriques superposées et non les tours successifs d'une lame enroulée en spirale. Les tubes ne peuvent donc se prolonger en ligne droite des loges du milieu vers la surface, en ne suivant que les espaces intercloisonnaires, car ceux-ci ne se correspondent tout au plus que dans deux tours consécutifs, et encore la ligne qui les joint est-elle déjà un peu oblique ; dans le troisième, il n'y a plus de correspondance, parce que l'accroissement de la spire, fût-il d'ailleurs très-régulier, reporte toujours en avant l'espace intercloisonnaire. En un mot, il n'y a pas de correspondance directe des espaces intercloisonnaires des premiers tours avec ceux des tours suivants ; c'est d'ailleurs ce que montre la fig. 4, pl. IV, qui est plus exacte.

Dans la *N. complanata*, Park., et dans les espèces du même groupe, où chaque tour est en contact avec le précédent, les perforations ont la forme de fentes qui correspondent à la cloison sous-jacente vers laquelle elles passent directement. Ces fentes sont ordinairement remplies de matière opaque, traversée par des linéaments délicats, blancs, paraissant indiquer une division de la fente en un certain nombre de tubes pour le passage des pseudopodes.

Toutes les observations de l'auteur le confirment dans l'idée que les Nummulites sont des coquilles de foraminifères, et que chaque loge pouvait être occupée en même temps par un segment vivant, en relation avec ceux qui le précédaient et le suivaient, au moyen de plusieurs prolongements tubulaires, et absorbant leur nourriture du dehors par des pseudopodes filamenteux. Ceux-ci pénétraient à travers le système d'ouvertures et de perforations tubulaires qui s'étendait du plan médian interne à la surface externe, de sorte que les segments de l'animal qui occupaient les loges des premiers tours n'avaient pas dû perdre leur vitalité quoiqu'ils fussent profondément enveloppés. On conçoit que c'était seulement par le tour extérieur que les pseudopodes marginaux pouvaient sortir, ce qui donnait à ces segments un avantage qu'on peut leur supposer, puisque, dans la pensée de M. Carpenter, c'est par leur action que se faisait l'accroissement de la coquille ou l'addition de nouveaux tours.

Il y a une grande ressemblance entre la structure de la coquille des Nummulites et celle de la *Polystomella crispa* vivante, décrite par M. Williamson, et dans laquelle chaque cloison séparant deux cellules est composée d'une double lame calcaire. Quelquefois les cellules continuent de s'accroître graduellement et symétriquement en largeur, lorsque l'une d'elles est tout à coup arrêtée avant d'avoir atteint la moitié de ses dimensions, et celles qui lui succèdent se trouvent limitées dans leur accroissement, non par celles qui, auparavant, avaient atteint tout leur développement, mais par une loge rapetissée, à partir de laquelle les cellules continuent de nouveau à croître et à s'agrandir d'une manière régulière ; seulement elles sont reculées de presqu'un tour entier relativement à leur grandeur.

L'animal de la Polystomelle, dégagé de son enveloppe calcaire, au moyen d'un acide étendu, consistait en une membrane extérieure très-mince, remplie de matière gélatineuse, mais sans aucune trace d'organes intérieurs, tels qu'un canal intestinal et des ovaires, et même sans substance particulière quelconque. Les divers segments sont réunis par une série de prolongements qui traversent les cloisons près de leur bord interne. Les premières formées n'offrent qu'un seul étranglement, mais le nombre s'en accroît bientôt, et les segments suivants sont réunis par 10 ou par un plus grand nombre de rétrécissements qui traversent les cloisons par autant d'orifices. Si tous ceux-ci se trouvaient réunis de manière à ne former qu'un seul faisceau, ils correspondraient exactement à la principale perforation de la base des cloisons dans les Nummulites. Les pseudopodes des Polystomelles passent par les nombreuses ouvertures qu'on aperçoit sur toute la surface de la coquille et saisissent la nourriture de l'animal. Des pseudopodes en faisceaux paraissent être situés près de l'ombilic, comme l'avait admis M. Ehrenberg, et la surface du noyau calcaire central, formé par un épaississement des murs des plus petites cloisons, est marquée de petits enfoncements destinés à faciliter la sortie des pseudopodes des tours les plus intérieurs. C'est à ces pseudopodes que l'auteur attribue la faculté de déposer de nouvelle matière sur la partie centrale du *nucleus* qui n'est pas recouverte par les tours enveloppants. On a vu que M. Alc. d'Orbigny assignait aussi cette fonction aux pseudopodes.

M. Carpenter fait remarquer ici qu'il ne comprendrait pas que dans la *Nummulites complanata*, Park.. et dans les espèces voisines (celles qui composent notre groupe des *explanatæ*), les lames enveloppantes pussent être formées autrement, puisque les loges ne se trouvant que sur le bord du disque, les segments de l'animal ne s'étendaient pas au delà, et que l'on ne peut admettre un manteau extérieur enveloppant la surface, partout où ces lames peuvent être formées. Dans les tours intérieurs de la *Polystomella crispa*, les deux lames des cloisons divergent ou s'écartent comme dans les Nummulites où elles joignent le bord externe de la cloison, laissant ainsi un espace intercloisonnaire vers lequel semblent passer certaines prolongations de l'animal. S'il était prouvé que les pseudopodes résultent de ces prolongements, l'analogie de l'animal de cette Polystomelle vivante avec celui qui a formé les Nummulites serait certainement très-grande.

Cette opinion sur l'individualité supposée de chaque segment de l'animal de la Nummulite résulte de ce que l'on observe dans d'autres agrégations plus ou moins semblables de foraminifères, aussi bien que de zoophytes et de mollusques inférieurs dont les divers segments, dans tout ce qu'ils ont d'essentiel, sont une simple répétition les uns des autres, répétition formée par la gemmation successive d'un seul segment primordial. Dès que cette gemmation a eu lieu, les nouveaux segments formés semblent être aussi indépendants du reste que le sont les véritables polypes d'un polypier. On n'a aucune preuve que les segments intérieurs ou les plus anciens tiennent leur nourriture de leur relation avec les segments extérieurs formés les derniers ; il y a au contraire des indications que les plus anciens conservent leur communication avec le dehors et que les rétrécissements qui se continuent à travers les cloisons sont plutôt des tiges rampantes ou *stolons* produisant de nouveaux gemmes qu'un canal intestinal commun à toute la série des segments. Cette explication de M. Carpenter est, comme on le voit, tout à fait opposée à celles qu'avaient émises Mantell pour les Rotalines et les Textulaires de la craie, M. Ehrenberg pour les Nonionines vivantes, comme à celle de MM. Joly et Leymerie qui attribuaient à ces étranglements les fonctions d'un tube ou siphon servant en même temps de canal digestif, et au-dessus duquel l'ovaire serait aussi venu porter ses produits. Il y avait là tout un ensemble d'organismes élevés d'abord peu en harmonie avec ce que l'on sait de l'extrême simplicité des animaux qui, dans la nature actuelle, se rapprochent le plus des Nummulites, et ensuite, en opposition avec ces fréquentes irrégularités que nous aurons occasion de constater dans les diverses parties de la spire, et que l'on a trop négligées jusqu'ici.

On peut alors considérer le tout, poursuit M. Carpenter, soit comme une série d'individus distincts, développés par la gemmation du premier segment, ainsi que cela a lieu dans les grappes ou amas de tuniciers composés, ou bien comme un seul être agrégé, résultant de la réunion de parties similaires indéfiniment répétées. L'une ou l'autre de ces suppositions est importante relativement à la détermination des espèces ; car si l'on envisage les Nummulites, plutôt comme analogues aux parties solides des polypes ou des bryozoaires qu'aux coquilles des mollusques, on doit s'attendre à trouver beaucoup de variations dans leurs formes, sans cependant sortir des limites de l'espèce. Un grand nombre d'espèces et même des genres de coraux ont été établis d'après des changements survenus dans le mode d'accroissement d'une seule et même espèce, et, dans quelques Nummulites, le champ des variations avec l'âge ne serait pas moins étendu. Beaucoup d'individus très-dissemblables par la forme, n'ont offert dans leur structure intérieure aucune différence qui puisse être regardée comme un vrai caractère spécifique, et celles, par exemple, que présentent les deux diamètres, sont tout à fait sans valeur.

Les idées ingénieuses de M. Carpenter sur l'animal des Nummulites pourraient sembler sans objection grave si ces corps ne se distinguaient des Polystomelles, des Rotalines, des Nonionines, etc., que par la forme ou la position de l'ouverture, que par la symétrie des deux côtés du disque, et par d'autres différences dans l'enroulement du cône spirale, l'arrangement, la forme des cloisons, etc. ; mais lorsqu'on remarque, comme nous l'avons déjà dit à popos de l'opinion contraire, que les Nummulites adultes et intactes paraissent être complétement closes, sans trace d'ouverture, et, par conséquent, de perforations des cloisons, et que chez plusieurs espèces, le rapprochement des lames dans les derniers tours est tel qu'elles sont presque en contact, le canal spiral n'étant plus représenté que par une simple ligne, on reconnaîtra que leur mode de formation et leur accroissement sont tout aussi difficiles à concevoir dans l'hypothèse de M. Carpenter que dans celles de ses prédécesseurs. Il a été sans doute important de constater les perforations des cloisons, mais dans les considérations physiologiques que l'on a émises, on a raisonné comme si les cloisons étaient également développées entre les tours de la périphérie, et comme si le dernier de ceux-ci s'avançait sur le précédent, ainsi qu'on le voit dans le jeune âge ou dans des individus incomplets et brisés. Mais supprimez cette disposition, supprimez les loges, les cloisons et par conséquent leur perforation, puis supposez que la paroi externe du dernier tour soit soudée à celle de l'avant-dernier, il ne pourra plus y avoir de pseudopodes antérieurs, ni pour la préhension ni pour la reptation, il n'y aura plus de gemmation possible, et, si l'animal continue à vivre, il faudra que ce soient les tubes qui traversent le test, et que l'on soupçonne donner passage à des pseudopodes, qui fassent seuls les fonctions attribuées dans l'une des hypothèses à l'ancien tube spiral. Ces tubes sont tellement nombreux dans certaines espèces que la somme de leurs surfaces est au moins égale à celle des espaces qui les séparent, de sorte que les pseudopodes devaient être aussi serrés que les petits piquants des Oursins.

M. Carpenter divise les Nummulites en deux sous-genres : l'un comprenant toutes les espèces où les lames se touchent complétement, excepté à leur bord, de sorte que les loges de chaque tour circonscrivent le précédent sans le couvrir ; l'autre les espèces où les nouvelles loges sont prolongées sur celles du tour précédent, de manière que les tours successifs enveloppants ne se touchent que par les prolongements latéraux des cloisons. Nous retrouvons donc encore ici la distinction des Assilines et des Nummulites. Mais comme l'a fait observer M. Rütimeyer, il y a des espèces dont les caractères sont intermédiaires, c'est-à-dire qui, à un certain âge, ont les tours enveloppants, et, plus tard, tout à fait séparés. Nous ajouterons que ces différences dans le mode d'accroissement peuvent se rencontrer chez des individus appartenant à la même espèce. Aussi, bien que nous ayons admis nous mêmes cette coupe pour l'un de nos groupes, ce n'est point un caractère absolu, et nous avons dû chercher dans la spire quelque autre caractère qui vînt s'ajouter à celui-ci.

Pour les divisions secondaires le savant micrographe anglais pense, et nous partageons pleinement sa manière de voir, que la disposition des prolongements cloisonnaires que nous nommerons *filets cloisonnaires* et *réseau cloisonnaire*, placés entre les lames, peut être un caractère d'une grande importance, joint à celui des perforations qui donnaient passage aux pseudopodes. Il fait observer enfin que le genre Lycophre ne peut être conservé, parce que les perforations sont semblables à celles des Nummulites, que le *Lycophris scabrosus* n'est qu'une Nummulite ordinaire, tandis que les *L. dispansus* et *ephippium* J. de C. Sow., sont de véritables Orbitoïdes.

M. W. C. Williamson [1] a poursuivi ses recherches sur les foraminifères en étu-

---

1. *On the minute structure of the calcareous Shells*, etc. (*Transact. of the microscop. Soc. of London*, vol. III, p. 105. 1851.)

diant la structure de deux espèces d'*Amphistegina* des mers des Antilles, d'une *Nonionina* et des Orbitolites. Le mode d'accroissement des *Amphistigina* est trop différent de celui des Nummulites pour que l'on puisse appliquer à ces dernières l'explication assez compliquée qu'il en donne, et si l'on compare la structure du test de l'*A. antillarum* avec celle de l'*A. gibbosa*, on y trouve des différences telles qu'en ne considérant que ce caractère on aurait pu placer ces coquilles dans des genres séparés. La structure de la Nonionine de Manille se rapprocherait beaucoup plus de celle des Nummulites, mais rien n'indique que la coquille soit fermée, et le mode d'accroissement assigné par l'auteur à la *Rotalia Beccarii*, par les mêmes motifs, n'est pas non plus applicable aux Nummulites. La dissémination de restes des diatomacées que M. Williamson a constatée dans la *Polystomella crispa*, le confirme dans l'idée qu'il n'y a point de canal intestinal particulier dans les coquilles de ce genre, non plus que dans les Rotalines, les Rosalines, les Planorbulines et les Milioles. Leur animal mou n'est probablement qu'un simple réseau gélatineux contenu dans les mailles d'un tissu calcaire, et il est encore moins supposable qu'il montre un canal alimentaire que les segments symétriques d'une Rosaline ou d'une Polystomelle. Aucun autre observateur que M. Ehrenberg ne paraît avoir découvert un semblable canal chez les foraminifères vivants.

Enfin, tout récemment, M. H. J. Carter[1] a publié des observations sur la structure de la coquille des Operculines, un des genres les plus voisins des Nummulites. L'auteur commence par analyser les travaux des naturalistes qui l'ont précédé dans l'étude des rhizopodes et rappelle les résultats déjà mentionnés par lui-même en 1847[2]. Il avait alors reconnu les prolongements filiformes ou pseudopdes, et, en dissolvant la coquille d'une espèce de Robuline, il avait trouvé les loges occupées par une masse brune. Celle-ci, dans les loges les plus grandes, c'est-à-dire les dernières formées, se disposait en un cordon resserré à la base des cloisons, et elle avait la forme d'un chapelet dans les premières loges, où il n'existait plus que de simples dilatations de chaque segment. Au reste, M. Carter ne présente ces observations qu'avec beaucoup de réserve, parce qu'il les a faites étant à bord d'un navire, dans des conditions extrêmement défavorables, et qu'il ne les a pas renouvelées depuis.

Dans son dernier mémoire, le même savant, décrit avec détail une Operculine qu'il a recueillie en abondance sur la côte sud-est de l'Arabie, à une profondeur de vingt brasses. Il la regarde comme nouvelle et l'appelle *Operculina arabica*. Il a remarqué que les coquilles contenant encore les animaux étaient invariablement couvertes d'une cuticule verdâtre, semblable à l'épiderme caduc des mollusques, tandis que celles qui étaient vides se distinguaient par une couleur blanche comme celle des perles. On doit regretter que M. Carter n'ait pas saisi une occasion aussi

1. *On the form and structure of the Shell of Operculina arabica.* (*Annals and magazine of natural history*, 2ᵉ sér., vol. X, p. 164, septembre 1852.)

2. *Journal of the Bombay branch of the Royal Asiatic Society*, vol. III, 1ʳᵉ partie, p. 158. 1847.

favorable d'étudier sur le vivant l'organisation complète des Operculines, et se soit contenté de l'examen de la forme et de la structure de la coquille.

La surface du test, lorsqu'on a enlevé la cuticule verte qui la masquait, montre de grandes et de petites papilles; les premières, larges de $\frac{1}{2150}$ de pouce (anglais), les autres de $\frac{1}{8600}$; celles-là imperforées, celles-ci paraissant avoir un pore central. Les parois internes des loges ne présentent que de ces dernières. Les cloisons renferment de chaque côté, entre les deux feuillets, un tube calcaire ou *vaisseau interseptal*, large ordinairement de $\frac{1}{1900}$ de pouce, commençant sur le bord du tour précédent par un *plexus marginal* et donnant naissance, sur son trajet, à deux rangées de rameaux dont les uns aboutissent à la surface de la coquille et les autres traversent la cloison pour s'ouvrir probablement à la face interne de la loge. M. Carter suppose que ce système vasculaire doit servir à la circulation de quelque fluide qu'il appelle *circulation interseptale*.

Les murailles des loges, ou mieux, les diverses couches de la lame spirale sont criblées d'un nombre immense de tubes, larges de $\frac{1}{9000}$ de pouce, joignant entre elles les petites papilles des surfaces interne et externe des loges. Ces tubes manquent seulement dans la région marginale des tours ou dans le bourrelet spiral qui, suivant l'auteur, présenterait une structure toute différente de celle du reste du test. En effet, il donne à cette partie le nom de *corde spiculaire* parce qu'il la regarde comme entièrement composée de spicules calcaires, disposées horizontalement, et entre lesquelles s'intercalent divers rameaux du plexus marginal. « Ces spicules, dit-il, sont longues de $\frac{1}{237}$ de pouce, larges de $\frac{1}{900}$, transparentes, creuses en apparence, pointues aux deux bouts, droites ou un peu courbées. » Enfin, il pense qu'il y a toujours deux ou trois loges en voie de formation, que la dernière fermait le canal spiral (comme dans les Nummulites), et que leur extrême minceur fait qu'elles sont toujours brisées ou qu'elles ont disparu complétement. S'il en était ainsi, M. Carter aurait dû, ce nous semble, constater leur présence au moins sur quelqu'un des échantillons vivants qu'il a observés, mais il n'a été conduit à cette opinion, comme il en convient lui-même, que par l'analogie des Operculines avec les rhizopodes nautiloïdes fossiles.

Nous n'avons pas été à même de vérifier tous les faits contenus dans le mémoire que nous venons d'analyser, les matériaux nous ayant manqué pour étudier d'une manière complète la structure du test des Operculines, mais nous avons pu constater, sur quelques individus, la grande ressemblance de leurs loges et de leurs cloisons avec celles des Nummulites. Nous avons également reconnu les vaisseaux interseptaux, quoiqu'il nous ait été impossible d'apercevoir leurs ramifications, comme aussi de distinguer les spicules du bourrelet spiral. M. Carter a sans doute eu à sa disposition des exemplaires plus favorables à l'examen microscopique que ceux que nous nous sommes procurés; et nous serions très-portés à ajouter foi à toutes ses assertions, si nous n'avions été frappés de quelques inexactitudes et de quelques contradictions dans la planche dessinée par lui-même. C'est ainsi que

dans la figure 3 tous les tubes de la lame spirale aboutissent au bord des petites
papilles, au lieu de passer par leur centre, comme l'auteur le dit expressément
dans le texte, et comme le montre la figure 2. Les feuillets cloisonnaires marqués
de la lettre *b*, dans la figure 5, se continuent vers le bas aussi bien qu'en haut,
de telle sorte que les loges seraient complétement fermées, et que l'ouverture
infra-septale, en forme de croissant, ferait seulement communiquer entre eux les
espaces interseptaux; tandis que le contraire est très-justement et très-formelle-
ment énoncé dans le cours du mémoire. La corde spiculaire indiquée par les
lettres *h h* a la forme d'un faisceau de filaments rompus aux extrémités, et ne
ressemble nullement à la figure 4 qui est plus grossie. Enfin, la Nummulite de la
figure 9 est indiquée comme présentant en *b*, c'est-à-dire dans le bourrelet spiral,
des vaisseaux tronqués du plexus marginal. Or, nous nous sommes assurés, par des
observations très-multipliées, que dans aucune des espèces de ce dernier genre, il
n'existe rien qui puisse rappeler la corde spiculaire ni le plexus marginal signalés
par M. Carter dans l'Operculine d'Arabie.

Tel est l'ensemble des travaux qui, depuis l'antiquité jusqu'à nos jours, se rattachent aux Nummulites; nous y avons mentionné deux cents ouvrages, notes ou
mémoires dus à cent vingt-huit auteurs. Le nombre et l'étendue de ces écrits,
la diversité des opinions émises sur ces corps par les plus grands naturalistes,
l'importance de leur rôle dans la formation tertiaire inférieure, enfin les problèmes
physiologiques qu'ils ont si longtemps offerts et qui ne sont pas encore complétement
résolus, justifieront assez, nous l'espérons du moins, l'extension que nous avons
donnée à l'histoire critique de notre sujet. Nous pensons en outre que ces détails ne
seront pas inutiles pour faciliter l'intelligence de ce qui va suivre, le lecteur se trouvant en quelque sorte initié d'avance à presque tous les caractères des corps dont
nous allons l'entretenir.

Au point où en était arrivée l'étude particulière des Nummulites, lorsque l'un de
nous s'occupait à coordonner, dans une synthèse générale, les caractères géologiques et la distribution des couches qui les renferment, on pouvait y reconnaître
encore, indépendamment de la question physiologique, deux lacunes considérables.
Celle de ces lacunes qui dut nous frapper d'abord, parce qu'elle touchait de plus
près à la connaissance des dépôts, était la confusion qui régnait parmi les espèces
décrites et figurées tant de fois sous divers noms, l'impossibilité pour le géologue
qui a besoin de les distinguer facilement, de rien apercevoir de net au milieu
de ce chaos, enfin l'absence de méthode dans la manière de les décrire. La plupart
des auteurs, surtout dans ces vingt dernières années, faisant pour ainsi dire abstraction de tout ce qu'on avait écrit avant eux, avaient introduit successivement de
nouveaux noms, et l'on se fera une idée de l'état où était arrivé le désordre à
cet égard, si l'on considère que des 22 espèces environ qui étaient le mieux connues, 5 avaient été placées dans 2 genres, 3 dans 5 genres, 2 dans 4, 3 dans 5,

1 dans 3, 1 dans 6, 1 dans 7, et enfin 1 dans 8 genres différents. Parmi ces espèces, 4 portaient ou avaient reçu deux noms, 4 trois noms, 1 quatre, 3 cinq, 2 six, 1 sept, 1 neuf, 2 dix et 1 onze noms; de sorte qu'au lieu de 22 espèces de Nummulites les catalogues en présentaient 98.

Pour aucune de ces espèces, la synonymie n'avait même été essayée; aussi, les géologues devaient-ils se borner à signaler la présence des Nummulites dans les couches qu'ils décrivaient, heureux encore lorsqu'ils ne les confondaient pas avec des Alvéolines, des Orbitolites ou des Orbitoïdes, erreur qui leur faisait placer des dépôts tertiaires dans le terrain secondaire, et réciproquement. Ce *desideratum* de la géologie, et l'on peut dire aussi de la zoologie descriptive, fut ce qui engagea l'un de nous à entreprendre une revue générale et comparative de ce qui avait été fait, en s'aidant de l'examen d'un grand nombre d'échantillons des diverses espèces et provenant de localités très-différentes. Ce travail préparatoire forma une sorte de prodrome du genre qui fut inséré dans le *Tableau de la Faune nummulitique* [1].

Plus tard, les recherches microscopiques, dont nous avons donné un aperçu, et les conclusions physiologiques auxquelles elles ont conduit, nous firent apercevoir une seconde lacune également importante dans cette autre direction, savoir jusqu'à quel point les faits observés sur une ou deux espèces pouvaient se représenter dans toutes, et quels étaient ceux de ces faits qui devaient être regardés au contraire comme propres ou exclusifs à une ou plusieurs espèces. Quoique ce second point de vue se rattache évidemment au premier, il exigeait une étude qui pouvait être entreprise indépendamment de celle des caractères spécifiques les plus apparents, sauf à coordonner ensuite les résultats de l'une et de l'autre. C'est ce que celui de nous, qui n'avait point pris part au travail précédent, a exécuté, en soumettant à un pouvoir amplifiant considérable des lames très-minces de la plupart des espèces déterminées d'abord à la vue simple ou aidée d'une forte loupe. Lorsque ensuite nous avons comparé les résultats de ces deux modes d'observation, destinés à se contrôler et à se compléter réciproquement, leur concordance remarquable nous a permis de penser que la distinction des anciennes espèces conservées, comme celle des nouvelles établies par nous, reposait sur des caractères zoologiques réels et aussi satisfants que possible.

1. *Hist. des progrès de la Géologie*, vol. III, p. 234.

§ II. — CARACTÈRES GÉNÉRAUX DES NUMMULITES.

Pour mettre chacun à même de distinguer facilement les espèces de Nummulites, nous les avons déterminées en choisissant surtout les caractères les plus aisés à constater, les plus constants, et nous les avons étudiées d'une manière uniforme, de telle sorte que leurs descriptions soient facilement comparables. Ici comme dans tous les autres corps organisés l'*espèce* ne peut être établie d'après un caractère unique et absolu : c'est de l'ensemble, de la corrélation ou de la réunion d'un certain nombre de caractères bien choisis que nous la faisons dériver. Ceux que l'intérieur de la coquille met à découvert et ceux que montre la surface extérieure, lesquels traduisent la structure du test, sont les seuls importants. La forme et les dimensions relatives des Nummulites sont généralement sans valeur; les espèces les plus semblables en apparence sous ces deux rapports faisant voir, lorsqu'on en étudie l'organisation interne, les différences les plus profondes.

Nous regardons les *variétés* comme résultant de modifications réelles des types, dues à l'influence de causes extérieures; c'est pour nous ce que l'on appelle des *races* dans les animaux élevés. Les zoologistes qui n'en admettent pas méconnaissent une vérité de toute évidence et exposent le lecteur à de fréquents embarras, car il ne sait que faire des formes approchées ou voisines du type qui seul est décrit et figuré. Les Nummulites, comme les autres corps organisés, présentent aussi des espèces extrêmement variables dans plusieurs de leurs caractères, et d'autres, au contraire, presque immuables, dont tous les individus sont parfaitement comparables. Il y a, en outre, des individus qui ne sont que des accidents particuliers, plus ou moins éloignés du type, offrant une sorte d'état tératologique; ce ne sont point, par conséquent, des variétés, bien qu'on en ait quelquefois fait des espèces.

Par suite de la forme généralement déprimée des Nummulites, on est porté à les considérer d'abord dans une position horizontale ou placées sur leur petit axe; mais il nous paraît préférable, afin de mieux établir la relation des diverses parties bilatérales, de les supposer placées de champ ou sur leur grand axe, avec la spire se déroulant d'avant en arrière. Cette orientation, à laquelle l'organisation présumée de l'animal ne permet pas, sans doute, d'attacher une grande importance, paraît cependant être en rapport avec leurs caractères anatomiques et physiologiques, et de plus elle répond parfaitement à tous les besoins de la description.

CARACTÈRES EXTÉRIEURS.

Forme générale. Une Nummulite entière rappelle toujours à peu près la forme d'une lentille; mais le rapport de ses deux axes varie selon les espèces et souvent dans les divers individus d'une même espèce; cette forme est tantôt discoïde ou subdiscoïde, tantôt subglobuleuse.

Les *surfaces* latérales sont régulières ou irrégulières, bombées vers le centre de la lentille ou déprimées, unies et simples, ou laissant apercevoir un plus ou moins grand nombre de tours de la spire intérieure. Elles sont marquées, dans toute leur étendue ou vers le milieu seulement, de pores arrondis, visibles à l'œil nu ou avec le secours d'une loupe. Ces pores sont quelquefois pustuliformes; mais le plus souvent leur présence n'est accusée que par les saillies granuleuses ou tuberculeuses de la substance calcaire qui les a remplis. Dans un petit nombre d'espèces le bord externe des cloisons, dont nous parlerons tout à l'heure, soulève la surface en quelques points et y détermine de courtes lignes saillantes. Il est rare qu'on observe la surface réelle des Nummulites dans toute son intégrité; ces fossiles sont presque toujours plus ou moins usés, et les derniers feuillets de la lame spirale qui forme le test de la coquille, sont amincis ou partiellement détruits. On remarque alors sur cette surface extérieure des stries ou des plis simples ou ramifiés, droits, flexueux ou décrivant de nombreux méandres, convergeant vers certains points, en même temps que vers le centre, d'où ils rayonnent sous forme d'éventail à éléments courbes.

Le *bord* de la coquille est plus ou moins arrondi, souvent flexueux, plus ou moins tranchant, aminci ou renflé. Il est toujours lisse, et le microscope n'y fait découvrir aucun de ces sillons ordinairement si distincts sur le bord spiral des tours internes dont il n'est que la continuation extérieure. Malgré le grand nombre d'échantillons que nous avons pu examiner dans toutes les espèces, et dont souvent l'état de conservation laissait à peine quelque chose à désirer, nous n'avons pas réussi à y découvrir, dans l'âge adulte, une ouverture ou fente transversale mettant la dernière loge en communication avec le dehors.

La *largeur* ou le grand diamètre des Nummulites n'atteint jamais des proportions considérables, mais elle varie dans des limites comprises entre 11 centimètres et 1 1/2 millimètre.

L'*épaisseur* qui est, à proprement parler, le petit diamètre de l'ellipsoïde ou l'axe de la lentille, est, par conséquent, toujours mesurée au centre de cette dernière.

CARACTÈRES INTÉRIEURS.

La nature nous offre elle-même le meilleur moyen d'étudier l'organisation intérieure des Nummulites par cette propriété, remarquée de tout temps, qu'elles ont de se diviser, dans le sens du grand axe, en deux moitiés parfaitement symétriques. Cette *coupe perpendiculaire* donne deux demi-lentilles qui, posées à plat l'une à côté de l'autre, montrent une spire se déroulant en sens inverse, ou de droite à gauche dans l'une et de gauche à droite dans l'autre[1].

1. On a vu que cette propriété des Nummulites avait été expliquée en partie par Bruguière; MM. Joly et Leymerie (*loc. cit.*, p. 178, *nota*) ont dit aussi que leur circonférence et le cercle qu'elle circonscrit offrent un lieu de moindre résistance, suivant lequel elles tendent à se diviser en deux parties égales. Mais la véritable raison de cette extrême facilité tient à la structure propre du test de la partie extérieure des tours. Les canaux de moyenne grandeur, qui pénètrent le plafond des loges et par conséquent le bord externe de la

Les *tours* de cette spire résultent de la section d'une lame calcaire continue, pliée et enroulée sur un même plan, à partir de l'origine ou du centre de la coquille ; et les intervalles de ces tours, divisés en compartiments ou *loges* par des *cloisons* transverses, représentent le canal qui sépare chaque tour de la lame, de celui qui le précède. Ainsi la coquille est formée d'une seule lame continue, et si nous parlons quelquefois *des lames* du test, ce n'est que d'une manière purement conventionnelle et pour exprimer tout ou partie des tours successifs de la lame génératrice.

Pour faciliter l'examen et la description de l'intérieur des Nummulites, nous y traçons deux diamètres qui se coupent à angle droit, et nous comptons les tours par rapport au rayon. Leur nombre dépend du plus ou moins d'écartement de la spire sur un rayon donné, et nous tenons compte de leur épaisseur qui est celle de la lame dont ils représentent la section. Nous comparons aussi cette épaisseur à la hauteur des loges ou à l'espace qu'ils laissent entre eux, ou, en d'autres termes, nous constatons le rapport qui existe entre la partie pleine et la partie vide de la spire.

Celle-ci n'est pas simple, ni régulière ou mathématique comme dans les coquilles de céphalopodes ; ses tours, souvent flexueux et ondulés, se rapprochent ou s'écartent sur un point ou sur l'autre. Dans beaucoup d'espèces leur épaisseur et leur espacement varient du centre à la circonférence ; tantôt, l'écartement augmente, tantôt au contraire il diminue, ou bien encore, et c'est le cas le plus ordinaire, il est le plus grand vers la partie moyenne du disque, et moindre vers le centre et le pourtour. Dans quelques espèces, entre autres celles d'assez grandes dimensions dont la surface est ondulée ou bosselée (*N. distans* et *gyzehensis*, pl. II), les tours affectent une tendance

---

lame enroulée, sont plus serrés que ceux de même diamètre qu'on observe dans le reste du disque. Le test, quoique plus épais, y est moins compacte, et ses canaux sont disposés en éventail, ou comme les voussoirs d'une voûte. Si l'on soumet tout le corps à des changements brusques de température, la clef de ces voûtes successives, qui s'emboîtent les unes dans les autres ou se superposent dans un même plan, tracera une ligne de moindre résistance de la lame, et vers laquelle les molécules contractées ou dilatées tendront à se presser dans le premier cas, ou dont elle s'écarteront dans le second. Or, comme pour tous les tours de la spire, cette ligne qui la divise en deux parties égales est dans un même plan, il est évident que ce plan où viennent aboutir tous les mouvements moléculaires dus à des causes physiques, doit être le plan de moindre résistance de tout le corps, et par conséquent, celui suivant lequel, toutes choses égales d'ailleurs, il devra se partager en deux parties égales et symétriques.

Les plus anciens oryctologues qui avaient observé cette propriété, ont aussi trouvé le moyen bien simple de la mettre en évidence, et il est assez remarquable que ce moyen est précisément celui que la théorie déduite de la structure microscopique du test, aurait indiqué *à posteriori*. Ils exposaient une Nummulite entière à la flamme d'une bougie, et la jetaient ensuite dans l'eau froide, où elle se partageait en deux. Quelques personnes usent les Nummulites à la meule, et polissent la partie interne mise à découvert par le frottement. Ce moyen long et pénible ne doit être employé que dans des cas exceptionnels, tel que la silicification plus ou moins complète, car il tend à altérer ou à masquer et dénaturer les vrais caractères. En outre, comme ceux-ci ne peuvent être bien appréciés que par la comparaison d'un grand nombre d'échantillons ouverts, cette préparation exigerait un temps considérable pour n'obtenir encore que des résultats incertains.

Les Nummulites se divisent d'autant plus facilement que le test a été moins modifié par les circonstances de la fossilisation, et qu'elles se trouvent dans des calcaires plus purs, grossiers, terreux et moins spathiques ou

particulière à se dédoubler en tout ou en partie, et les tours supplémentaires résultant de ce dédoublement ont une épaisseur égale à celui d'où ils dérivent. Quelquefois l'un des deux n'est qu'un filet mince qui suit et accompagne plus ou moins longtemps le tour principal auquel il finit par se réunir. Lorsque le dédoublement ou la bifurcation produit deux tours d'une épaisseur égale à la lame primitive, ils se continuent ensuite dans le reste de la spire sans se rejoindre, ou donnent lieu l'un et l'autre à de nouveaux dédoublements.

La lame spirale montre rarement une égale épaisseur dans tous ses tours et dans les diverses parties de ceux-ci; on peut dire en général qu'elle est plus mince dans les premiers et dans les derniers. Suivant les espèces elle offre, quant au degré de rapprochement de ces tours, d'assez grandes variations, puisque dans presque toutes on remarque, entre les tours successifs de cette lame considérée dans sa coupe transversale, des espaces vides très-appréciables, et que, dans quelques-unes au contraire, ces espaces sont nuls, les tours étant intimement soudés les uns aux autres. Toutes choses égales d'ailleurs, ces espaces sont généralement plus petits au centre que vers les bords. Dans les Nummulites à tours contigus, les derniers tours ne s'amincissent pas seulement vers le centre du disque, mais souvent ils ne l'atteignent pas tout à fait, et n'enveloppent les tours précédents que dans une portion de leur étendue. C'est sur cette particularité qu'était basé le genre Assiline de M. d'Orbigny. Les corps compris sous ce nom ont d'ailleurs une structure si complétement semblable à celle des vraies Nummulites, qu'il n'est pas possible de les en séparer, d'autant plus, que, dans une même espèce, les individus jeunes ont leurs tours complétement enveloppants, et qu'ils cessent ensuite de l'être, à divers moments de leur accroissement, ou persistent même quelquefois à demeurer enveloppants jusqu'au dernier.

En plaçant sous le microscope des coupes perpendiculaires obtenues par les moyens

endurcis, ou bien encore dans du sable meuble. Les calcaires marneux ou plus ou moins argileux sont les roches les moins favorables, et, à plus forte raison, ceux où la silice s'est introduite, et a pénétré les fossiles qui s'y trouvent.

Pour ouvrir les Nummulites, il faut les tenir avec une pince au milieu d'un feu vif de charbon et non à la flamme, les y laisser, suivant leur volume et leur état, de 25 à 30 secondes pour les plus épaisses et les plus grandes. Pour les petites espèces qu'il serait difficile de maintenir dans cette position, et dont on a besoin d'un plus grand nombre, on en place huit ou dix sur une petite pelle portée au rouge. On ne les y laisse que quelques secondes, en donnant de petites secousses sur le manche de la pelle, afin qu'elles ne se calcinent pas au contact trop prolongé du fer chaud, et on les fait glisser sur une feuille de papier. On saisit ensuite chaque Nummulite avec une pince, on la place de champ sur un corps dur faisant enclume, tel qu'un marteau posé à plat, et l'on frappe sur la tranche en se servant d'un petit marteau de joaillier, et avec d'autant plus de précaution que la Nummulite est plus petite, plus mince et plus frazile. Si elle ne se fend pas aux premiers coups, on la fait tourner sur son axe entre les pinces, et l'on frappe également sur le pourtour, en augmentant la force des coups en proportion de la résistance. Dès que l'on aperçoit une fente, si les deux moitiés ne se séparent pas, il vaut mieux, pour achever l'écartement, y introduire une lame mince de canif et frapper doucement dessus, et l'on évite ainsi de briser la coquille. Lorsque aucune fente ne se manifeste, on augmente progressivement la force des coups jusqu'à ce que la Nummulite se brise même irrégulièrement, les fragments incomplets que l'on obtient pouvant toujours servir à montrer des caractères importants. La minceur et la petitesse des Nummulites ne sont jamais un obstacle à une parfaite division de la coquille.

indiqués ci-contre, et surtout des sections transversales assez minces pour laisser traverser la lumière, nous avons reconnu, dans l'épaisseur de la lame spirale, un grand nombre de couches superposées; ces couches varient beaucoup, par leur nombre et leur épaisseur, suivant les points où on les observe. Elles sont presque toujours bien accusées dans la plupart des espèces; chez quelques-unes, cependant, elles restent indistinctes, mais leur existence nous paraît devoir être regardée comme générale, et l'analogie nous porte à admettre qu'elles sont seulement soudées d'une manière complète lorsque la lame spirale paraît formée d'une couche simple.

Cette lame est revêtue d'une sorte d'enduit calcaire, comparable à la *couverte* de la porcelaine, et qui rappelle jusqu'à un certain point l'*épithèque* de quelques polypiers. Cette couche externe, que nous appellerons *couche vitreuse*, pour nous servir du mo employé par MM. Joly et Leymerie qui l'ont signalée les premiers, se distingue de celles qu'elle recouvre par une moindre transparence, et c'est à elle que les faces latérales de la coquille doivent l'aspect lustré qu'elles ont conservé quelquefois. La couche vitreuse, apparente surtout sur les derniers tours de la lame spirale, est toujours extrêmement mince, et dans plusieurs espèces elle paraît être tout à fait rudimentaire. Souvent les couches situées immédiatement au-dessous et celles qui se rapprochent le plus de la face interne de la lame, présentent aussi une opacité plus prononcée que celles qui les séparent.

Nous ignorons si ces particularités doivent être considérées comme en rapport avec des caractères organiques ou si elles tiennent seulement à des conditions exceptionnelles de fossilisation ou bien encore à toute autre cause accidentelle; mais nous nous sommes assurés que toutes les couches qui composent la lame spirale, offrent dans les diverses espèces, une structure parfaitement identique. Elles sont toujours criblées, comme l'a reconnu M. Carpenter, d'un nombre infini de très-petits canaux cylindriques, qui les pénètrent complétement et qui se terminent par de petits pores arrondis et sub-équidistants. Ces canaux, que leur ténuité ne permet d'apercevoir que sous un grossissement de 70 à 80 diamètres, sont toujours très-droits et perpendiculaires au plan ou à la courbe de la surface à laquelle ils aboutissent. Leur écartement varie ordinairement de la moitié au double de leur diamètre. Sous ce rapport, et indépendamment de quelques différences spécifiques que nous avons bien entrevues, mais dont il serait trop délicat d'apprécier le degré, on conçoit que, toutes choses égales d'ailleurs, si l'on considère une lame très-fortement courbée, les pores sont d'autant plus rapprochés qu'on les observe à la face interne, et d'autant plus éloignés qu'on les observe à la face externe, puisqu'il ne se montre jamais de nouveaux canaux incomplets dans l'intervalle solide des canaux qui s'écartent en rayonnant. Nous avons constaté cette porosité de la lame spirale dans presque toutes les Nummulites. Le diamètre de ces pores microscopiques que nous n'avons pas cru nécessaire de mesurer exactement, nous en rapportant aux nombres donnés par M. Carpenter (*antè*, p. 47) pour la N. *lævigata* (pl. IV), ne présente que de très-légères différences dans les diverses espèces, et ne paraît pas être en rapport avec la largeur ni avec l'épaisseur de la coquille; nous avons remarqué seulement qu'il est un peu plus considérable dans le groupe des *Nummulites explanatæ*.

Quoique nous ayons examiné un grand nombre d'espèces, et surtout d'individus pris à divers états de conservation, et provenant de différents pays, nous n'avons jamais observé l'apparence prismatique que M. Carpenter a représentée (*loc. cit.*, fig. 12), et il est même difficile de comprendre par quel mécanisme elle aurait pu être produite; mais nous avons vu, quoique très-rarement, des tissus altérés dont les parties primitivement pleines avaient disparu, et où il ne restait plus que le remplissage des canaux microscopiques dont nous venons de parler.

La lame spirale est aussi traversée par de larges canaux qui, comme les précédents, sont droits et complets pour chaque tour, et suivent la même direction par rapport aux surfaces de la Nummulite. Leur diamètre est généralement assez grand pour qu'on les voie à l'œil nu; mais dans quelques espèces (*N. complanata, gyzehensis*, etc., pl. i et ii), ils sont fort petits; celles où ils sont le plus larges sont les *N. Brongniarti*, pl. v, *Verneuili* et *Sismondai*, pl. vii, et *granulosa*, pl. x. Ce peu d'exemples suffisent pour montrer qu'il n'y a pas de relation nécessaire entre la largeur des canaux et les dimensions de la coquille ; on peut remarquer cependant, que les plus petits de ces pores s'observent à la surface des plus grandes Nummulites, et que leur diamètre n'est pas notablement moindre chez les plus petites que chez celles de moyenne taille.

Les ouvertures terminales des grands canaux sont assez régulièrement circulaires, et leur cavité est cylindrique dans quelques espèces (*N. gyzehensis*, pl. ii, *scabra*, pl. iv, *exponens*, pl. x, *spira*, pl. xi); mais ordinairement ce cylindre est un peu rétréci vers sa partie interne, et la substance qui le remplit a la forme d'un long cône tronqué (*N. garansensis*, pl. iii, *Brongniarti*, pl. v, *Ramondi*, pl. viii, etc.).

L'espacement des grands pores à la surface de la lame spirale varie suivant les espèces; il n'est jamais moindre que leur diamètre, et le plus ordinairement il est deux ou trois fois plus grand. Ces pores sont généralement plus rapprochés vers le centre de la coquille que vers sa circonférence, et dans un certain nombre de Nummulites ils manquent même presque complétement vers les bords (*N. Lucasana*, pl. vii, etc.).

Les grands canaux sont presque toujours disposés de manière que leurs deux extrémités correspondent à l'ouverture des canaux de même grandeur, situés en dedans et en dehors sur le tour précédent et le tour suivant de la lame spirale. Il en résulte des passages continus qui établissent une communication directe entre les cavités centrales de la coquille et l'extérieur (*N. scabra*, pl. iv, *Brongniarti*, pl. v, *Verneuili*, pl. vii, *exponens* et *granulosa*, pl. x, *spira*, pl. xi, etc.); toutefois quelques-uns de ces passages sont interrompus en certains points, les uns commençant au centre et s'arrêtant sur quelqu'un des tours moyens, les autres commençant vers ces derniers et se prolongeant jusqu'à la surface. Ces interruptions paraissent plus fréquentes dans certaines espèces (*N. lævigata*, pl. iv, *obtusa*, pl. vi, etc.).

Il existe enfin, dans l'épaisseur de la lame spirale, des canaux d'une troisième grandeur et dont le diamètre est intermédiaire entre ceux des précédents, quoique se rapprochant davantage des premiers. De même que les petits, ces canaux moyens sont régulièrement cylindriques, droits, perpendiculaires aux surfaces où ils se terminent, et traversent aussi complétement toute l'épaisseur de la lame spirale. Ils sont ordinairement peu nombreux et fort espacés; mais leur nombre et leur développement en largeur sont presque toujours en raison inverse de ceux des grands canaux. Ainsi les *N. scabra*, pl. IV, *Brongniarti*, pl. V, *Verneuili*, pl. VII, *granulosa*, pl. X, etc., dont les grands canaux sont larges et abondants, n'ont que des canaux moyens très-rares et fort étroits; tandis que dans les *N. gyzehensis*, pl. II, *Vicaryi* et *discorbina*, pl. IX, etc., où les grands canaux sont étroits et peu nombreux, les moyens sont très-distincts et très-serrés. Cette observation ne s'applique qu'aux parties planes ou faiblement arquées de la lame spirale; car dans la région relativement fort restreinte qui forme le bord extérieur des tours, les canaux moyens sont toujours très-rapprochés, et, en raison de la voûte fortement convexe que la lame présente en ce point, ils rayonnent d'une manière très-prononcée, en conservant toujours leur direction normale relativement à la courbe de chacune des surfaces où ils aboutissent.

Cette portion de la lame spirale, que nous nommerons *bourrelet spiral*, a été regardée par M. Carpenter (*loc. cit.*, p. 25) comme étant d'une structure plus grossière que le reste de la lame, et il semble que, pour cet habile observateur, les canaux moyens, dont il n'admet pas l'existence ailleurs, excluent dans le bourrelet celle des petits canaux.

Il est certain que dans cette partie de la coquille les canaux moyens sont plus distincts que sur les autres points, tandis que les petits le sont moins; mais nous nous sommes assurés que les premiers n'offrent jamais dans le bourrelet des caractères différents de ceux qu'ils ont dans les parties latérales des tours, et que les autres existent également dans l'épaisseur de la voûte spirale. Seulement il faut remarquer que dans le bourrelet les petits canaux rayonnent comme les moyens, et que, bien que rapprochés près de sa concavité, ils sont très-écartés vers sa convexité et par conséquent moins faciles à apercevoir sur ce dernier point. Quant aux canaux moyens, on peut d'autant moins regarder leur grand nombre dans le bourrelet comme constituant une structure particulière, que chez certaines espèces (*N. Vicaryi* et *discorbina*, pl. IX, *spira*, pl. XI, etc.), ils sont à peu près aussi abondants dans les parties latérales de la lame; il est vrai que dans la *N. granulosa*, pl. X, on ne les voit pas ailleurs que sur le bourrelet spiral. Dans tous les cas, la seule différence qui existe entre la structure du bourrelet et celle du reste de la lame est exprimée par la relation numérique des canaux moyens qui s'y distribuent, et cette relation, quoique très-variable, ne détermine jamais, comme on le conçoit, que des modifications de tissu fort peu importantes.

La convexité du bourrelet spiral est toujours sillonnée dans le sens de sa longueur. Les intervalles des sillons sont un peu saillants et, dans une coupe transversale, la ligne qui représente la courbure de cette surface a une apparence crénelée. Ce caractère, ordinairement bien prononcé, s'atténue dans quelques espèces, mais ne disparaît jamais complétement et doit être regardé comme général et constant. Les sillons, dont le nombre et le degré de rapprochement varient un peu, sont sensiblement droits et continus dans la plupart des cas, mais quelquefois (*N. lævigata*, pl. IV) ils sont très-légèrement flexueux et assez fréquemment interrompus. Une seule espèce (*N. pla-nulata*, pl. IX) offre de chaque côté du bourrelet un sillon environ cinq fois plus large que tous les autres. Les canaux moyens s'ouvrent presque toujours dans ces sillons.

Ce que nous venons de dire sur la structure de la lame spirale est vrai pour tous les tours de cette lame, et le dernier ne présente, quant à ses canaux, aucune diffé-rence avec ceux qui le précèdent. Si, en parlant de la surface de la coquille, nous n'avons pas mentionné les pores de deuxième et troisième grandeurs, c'est uniquement parce que là, plus que partout ailleurs, ils sont très-difficiles à apercevoir, par suite des altérations mêmes légères que cette surface a ordinairement subies. La seule particularité qu'il importe de remarquer dans ce dernier tour, c'est que son bour-relet spiral, qui constitue le bord subcirculaire de la Nummulite, n'est pas sillonné comme celui des autres tours, mais se montre complétement lisse sur toute son étendue.

La partie vide du pourtour de la spire ou le canal spiral se compose de l'ensemble des espaces compris entre les tours successifs du bourrelet et la paroi extérieure de la lame repliée. Ces espaces se continuent entre les parties latérales correspondantes des tours de la lame où ils forment des méats interlaminaires. Ceux-ci sont plus ou moins considérables, suivant que l'enroulement de la lame est plus ou moins serré. Lorsque les tours sont tout à fait contigus, les méats interlaminaires sont nécessai-rement nuls, et l'on voit alors un plus grand développpement des espaces compris dans le plan vertical central (groupe des *N. explanatæ*). Le canal spiral est constam-ment divisé par des cloisons en compartiments ou loges.

Les *loges* sont donc les espaces vides compris entre deux tours successifs et deux cloi-sons consécutives. Leurs formes et leurs dimensions résultent, par conséquent, de l'écar-tement des tours, de la courbure, de l'inclinaison et de l'espacement des cloisons. Leur *hauteur* est la distance absolue qui sépare les tours; leur *profondeur* ou leur *longueur*, la distance de deux cloisons consécutives; leur *largeur*, celle qui est donnée par la coupe transversale, ou la distance des deux parois de la lame repliée à son pourtour. Dans la description que nous donnons de chaque espèce le nombre des loges est ordi-nairement compté sur un quart de tour pris à la moitié du rayon. On peut quelquefois les compter comparativement à diverses fractions du rayon, ou bien à des distances du centre exprimées en millimètres.

La première loge ou loge centrale est plus ou moins sphéroïdale. La lame repliée, qui lui sert d'enveloppe, constitue le premier tour de la spire; l'un des bords de cette lame en se continuant forme la lame spirale, et l'autre bord sert de plancher à la seconde loge. La loge centrale est ordinairement la plus petite de toutes, et celles qui suivent augmentent successivement de grandeur. Mais dans un certain nombre d'espèces cette loge est notablement plus grande que celles du tour suivant, quoique toujours moindre que celles des tours moyens. L'enroulement des premiers tours ne se fait pas chez les Nummulites, dont la loge primitive est grande, de la même manière que chez celle où elle est petite; dans le premier cas ces tours sont toujours plus espacés et plus irréguliers, et il en est de même des cloisons; dans le second, au contraire, tous les éléments de la spire sont parfaitement symétriques. Dans les espèces où cette loge centrale est apparente à l'œil nu, celle qui lui succède immédiatement et qui lui est contiguë a souvent une forme plus ou moins semilunaire, différente de toutes celles qui suivent.

Les *cloisons* sont des lames à peu près planes qui s'étendent d'une paroi à l'autre du canal spiral et qui le ferment presque complétement. Leur inclinaison ou leur concavité est toujours dirigée en arrière, c'est-à-dire en sens inverse de l'enroulement de la spire ou de son accroissement, ce qui est le contraire de ce qu'on observe dans les coquilles de céphalopodes. La longueur des cloisons ne dépend pas absolument de l'écartement des tours de la spire, comme cela est le cas pour la hauteur des loges dont elles forment les parois antérieure et postérieure, mais elle résulte aussi de leur courbure et de leur inclinaison, et l'on conçoit alors qu'elle puisse être considérable quoique les tours soient peu écartés (*N. Brongniarti*, pl. v).

Dans leur disposition relative du centre à la circonférence, les cloisons ne montrent pas moins de diversité que les tours qui les séparent. Dans les espèces parfaitement régulières, leur écartement augmente du centre à la circonférence (*N. lævigata, scabra* et *Molli*, pl. iv, *Verneuili*, pl. vii, *Beaumonti*, pl. viii); dans d'autres l'écartement, d'abord régulier, diminue vers la partie moyenne, pour augmenter de nouveau vers le bord (*N. Puschi*, pl. i). Les cloisons sont régulièrement arquées dans toute leur longueur, ou bien flexueuses et falciformes; quelquefois elles sont droites dans les deux tiers inférieurs et courbées, seulement dans le dernier tiers, à leur jonction avec le tour suivant. Elles sont plus ou moins inclinées par rapport au tour qui les supporte, et cette inclinaison est mesurée par l'angle qu'elles forment avec la normale à ce tour. Dans quelques espèces, surtout dans celles du groupe des *N. explanatæ*, la portion droite des cloisons se confond en partie avec la normale. Dans une même Nummulite il peut arriver accidentellement que la courbure, l'inclinaison et la longueur varient sans symétrie du centre à la circonférence, ou bien que l'espacement et la longueur s'accroissent graduellement comme l'écartement des tours.

Les cloisons participent aux irrégularités des tours; quelquefois, après un dédoublement de ceux-ci, les cloisons du tour supplémentaire sont dirigées en sens inverse des autres, l'espace d'un demi-tour ou davantage, et elles forment une série de chevrons avec celles qui ont conservé leur direction première.

M. Carpenter a constaté dans la *N. lævigata*, pl. iv, que les cloisons sont formées par deux lames distinctes, et souvent même assez écartées pour laisser entre elles des méats que peuvent traverser les grands canaux. Ces méats sont loin d'être également appréciables dans toutes les espèces, mais nous en avons toujours trouvé des indications au moins partielles. Ils paraissent être beaucoup plus étendus aux bords de la cloison que vers son milieu; malheureusement c'est cette dernière partie qu'on observe presque toujours dans les sections verticales, tandis qu'il faut une coupe ou une brisure particulière pour étudier les bords; on peut cependant se convaincre de la composition constamment bilamellaire des cloisons, même par le seul examen de leur section centrale. Lorsque les deux lames sont rapprochées et soudées l'une à l'autre (*N. Tchihatcheffi*, pl. I), on remarque encore, sur les exemplaires bien conservés, une ligne de séparation d'une nuance particulière. Les cloisons ne se montrent pas ainsi doubles, parce que le feuillet formant la paroi antérieure de la loge se serait replié sur lui-même, car on observe très-nettement, au bord cloisonnaire inférieur, la discontinuité des deux feuillets qui, souvent même, y sont un peu écartés. L'indépendance de ces lames accolées ne saurait donc être mise en doute dans leur portion basilaire, mais elle est surtout évidente à leur sommet, où l'écartement est ordinairement considérable et commence même quelquefois, dès le milieu de la hauteur des cloisons (*N. discorbina*, pl. IX, etc.). Si l'on cherche à suivre, en haut et au delà de cet écartement, un des feuillets des cloisons, l'antérieur par exemple, on reconnaît qu'il reste distinct de la lame spirale en se continuant sous la voûte loculaire, et qu'il va constituer, à l'autre bout de la loge, le feuillet postérieur de la cloison suivante, en même temps qu'il s'étend latéralement, de manière à tapisser toute la paroi interne de la loge. Chaque loge est donc entièrement enveloppée par une lame continue extrêmement mince, indépendante à la fois de la lame spirale et de la muraille cloisonnaire de la loge qui la précède comme de celle qui la suit. Ainsi les cloisons sont formées par la réunion de deux lames murales qui dépendent chacune d'une loge différente, et les lacunes laissées entre elles peuvent être appelées indifféremment *interseptales* ou *intercamérales*.

M. Carpenter (*loc. cit.*, pl. 5, fig. 6) indique des lignes saillantes ou plis inégaux et irréguliers, qui, naissant sur les parois des cloisons, s'étendent sur les faces latérales de l'enveloppe segmentaire où elles se perdent, et il les regarde comme traduisant au dehors des sillons interseptaux qui aboutiraient aux pores irréguliers de la cloison. Nous n'avons pas observé ce caractère d'une manière tout à fait nette dans la plupart des espèces que nous avons étudiées, si ce n'est dans la *Nummulites planulata*, où ces plis sont droits et perpendiculaires à la direction des cloisons. Peut-être pourrait-on trouver dans ces parties quelque chose d'analogue aux ramifications du vaisseau interseptal, signalées par M. Carter, dans son étude sur les Operculines.

Il arrive fréquemment que la lame qui tapisse la loge est soudée à la lame spirale, et se confond plus ou moins avec les couches les plus internes de celle-ci, mais elle est ordinairement très-facile à reconnaître, surtout lorsque l'angle qu'elle forme en haut et en arrière, en se repliant au devant de la loge précédente, est très-ouvert et presque droit (*N. Puschi*, pl. I, *gyzehensis*, pl. II, *intermedia*, pl. III, *Molli*, pl. IV, *discorbina*, pl. IX, etc.). Cette séparation est en général beaucoup moins nette dans quelques espèces où cet angle est fort aigu (*N. Tchihatcheffi*, pl. 1); cependant lorsqu'on examine de bons échantillons, on parvient toujours à la suivre, même dans les Nummulites où elle est le moins caractérisée. Enfin dans quelques individus de la *N. Leymeriei*, pl. XI, nous avons pu disséquer en quelque sorte la lame propre des loges et isoler ses parties latérales.

Nous sommes encore parvenus à reconnaître que cette enveloppe lamellaire se compose elle-même de deux couches très-distinctes, souvent, à la vérité, intimement appliquées l'une sur l'autre et paraissant confondues en une seule, mais souvent aussi séparées sur quelques points, soit vers la voûte des loges, soit plutôt dans la région cloisonnaire. En outre, on voit très-bien que, dans les *N. lœvigata,* pl. IV, *biaritzensis,* pl. VIII, *Leymeriei,* pl. XI, etc., les cloisons au lieu d'être formées de deux feuillets simples, le sont en réalité de quatre. La *N. Puschi,* pl. I, nous a montré, au sommet de l'angle postéro-supérieur des loges, plusieurs exemples d'un écartement considérable des deux couches de l'enveloppe loculaire, dont la postérieure se trouvait servir de plafond à la lacune supraseptale.

Cette enveloppe est criblée de petits pores absolument comme la lame spirale; de plus, ses parois latérales présentent de grands ou de moyens pores qui se continuent avec les canaux de la lame spirale adjacente. Quant aux parois cloisonnaires, elles offrent des pores irréguliers, se rapportant pour la plupart à ceux de la deuxième grandeur et qui, d'après M. Carpenter, ne traverseraient pas la cloison tout entière, mais mettraient seulement la cavité générale des loges en communication avec les méats interseptaux. Quoique nous n'ayons pu vérifier ce fait, il nous paraît très-vraisemblable.

Le bord cloisonnaire inférieur ne s'appuie que sur les côtés du bourrelet spiral, et est échancré dans son milieu, suivant une ligne un peu arquée. Il en résulte une ouverture assez étendue en travers, mais très-peu élevée, dont la forme et la grandeur varient peu suivant les espèces, et au moyen de laquelle les cavités de deux loges contiguës communiquent entre elles. La courbe supérieure de cette ouverture *intercamérale* n'est jamais parfaitement lisse; on y distingue ordinairement des dentelures irrégulières, correspondant aux sillons du bourrelet, mais ces dentelures sont quelquefois tout à fait obsolètes (*N. Vicaryi,* pl. IX), etc.

La portion de l'enveloppe propre des loges qui en constitue la voûte se continue dans les espaces interlaminaires où elle forme la couche interne de la lame spirale; de même la cloison se prolonge, dans la plupart des Nummulites, de chaque côté de sa base, entre les deux tours successifs, en un filet (*filet cloisonnaire*) plus ou moins flexueux, tantôt simple, tantôt ramifié, qui atteint jusqu'au centre du disque. Les filets étant les prolongements des cloisons, ont la même composition et la même structure que celles-ci. Leurs deux feuillets principaux s'écartent en certains points pour laisser une ouverture aux grands canaux. Dans beaucoup d'espèces ils ne se séparent que peu ou point et suivent des lignes arquées, ondulées ou courbées en S. Dans quelques autres ils s'isolent, se bifurquent et s'anastomosent tour à tour, de manière à présenter l'apparence d'un réseau irrégulier. Tantôt ce réseau ne commence qu'à une petite distance du bord (*N. scabra* et *lævigata*, pl. IV), tantôt il occupe toute la surface des tours de la lame, au point qu'il devient impossible de reconnaître de quelles cloisons dépendent les divers filets (*N. intermedia* et *garansensis*, pl. III).

Résumé. Tels sont les caractères généraux que nous avons reconnus dans les Nummulites, et il résulte de tous les faits précédemment établis, que ces corps, malgré leur apparente complexité, présentent cependant la plus grande homogénéité dans leurs tissus solides, en même temps qu'une extrême simplicité de composition. En effet, d'une part le microscope nous a montré la même structure dans toutes les parties de la coquille, et, de l'autre, nous avons vu que cette coquille se réduit toujours à deux sortes d'enveloppes calcaires : 1° un revêtement extérieur, commun à tous les segments, parfaitement continu depuis le premier jusqu'au dernier, et que nous appelons lame spirale ; 2° des enveloppes segmentaires, tapissant toute la paroi des loges ainsi que leurs prolongements latéraux. Indépendamment de la fine porosité de toutes les parties du test qui le rendait complétement perméable, les dispositions que nous avons indiquées montrent de nombreuses communications entre les diverses cavités, comme entre celles-ci et l'extérieur. Ainsi les loges communiquent ensemble par les ouvertures en croissant, situées à la base des cloisons, et avec les méats interseptaux et supraseptaux par l'écartement inférieur des deux feuillets cloisonnaires et les perforations irrégulières de ces derniers. De plus, au moyen des grands pores ou canaux de la lame spirale, les loges et les méats interseptaux communiquent avec les méats interlaminaires extérieurs, et de ceux-ci avec le dehors, en sorte qu'un liquide versé par un pore ou une cavité quelconque d'une Nummulite, pourrait passer théoriquement par toutes ses loges et lacunes, et si l'on suppose une de ces coquilles débarrassée de toutes les particules qui ont rempli ses tubes et ses méats pendant la fossilisation, l'eau dans laquelle on la plongerait, s'introduirait rapidement dans tous ses vides.

CONSIDÉRATIONS PHYSIOLOGIQUES.

L'étude que nous venons de faire des restes solides des Nummulites ne nous laisse aucun doute sur la nature des êtres auxquels ils ont appartenu. Il nous paraît maintenant impossible de les regarder comme des cartilages de Porpites, des coquilles de céphalopodes ou comme des disques végétaux, ainsi qu'on a pu le faire lorsque leurs caractères n'étaient pas complétement connus. Ce sont incontestablement des tests de rhizopodes[1], semblables à ceux des animaux très-simples que M. Dujardin a décrits sous ce nom. Cette analogie une fois admise, et nous ne pensons pas qu'après les travaux récemment publiés sur ce sujet elle puisse être rejetée par personne,

---

1. Nous emploierons ce mot de préférence à celui de *foraminifères* proposé par M. d'Orbigny, parce qu'il indique un caractère probablement général, et qu'il a été choisi par le naturaliste qui, le premier, a fait connaître la véritable organisation des animaux de cette classe.

il est facile de se faire une idée de l'organisation générale de l'animal des Nummulites, tout en mettant une grande réserve dans l'indication de ses caractères. Il
semble qu'il y aurait, à présent, quelque témérité à lui supposer, comme l'ont fait
MM. Joly et Leymerie, d'après les vues de M. Ehrenberg sur la *Nonionina germa-
nica*, un canal digestif traversant tous les segments au-dessous des ovaires. M. Williamson qui, comme on l'a déjà rappelé, a observé des Polystomelles vivantes, dit
que les parties molles se composent d'une membrane externe très-mince, remplie
d'une matière gélatineuse, et qu'il n'a pu découvrir aucune organisation appréciable
dans cette membrane, pas plus que des traces d'un canal intestinal ni d'organes
reproducteurs. Nous avons été assez heureux pour trouver dans les loges de la *Nummulites mamillata*, pl. XI, des restes charbonneux de la substance molle, et leurs
particules, vues sous un fort grossissement, se sont présentées comme des lambeaux d'une membrane ou plutôt d'une couche glutineuse, criblée de très-petits
pores semblables à ceux de l'enveloppe calcaire, et qui leur correspondaient certainement. Il nous paraît impossible de ne pas voir dans cette couche l'analogue de la
membrane que M. Williamson a remarquée chez les Polystomelles, et la fig. 8e de la
planche XI la montre en place, tapissant de même la paroi interne de l'enveloppe
propre d'une loge.

On a vu que M. Ehrenberg avait observé, dans la moitié inférieure des loges de
la Nonionine, des masses de couleur jaunâtre qu'il regardait comme des ovaires; nous
sommes portés à croire que de semblables organes reproducteurs pouvaient être placés de la même manière dans les genres voisins fossiles, et, par conséquent, dans les
Nummulites, mais nous ne pousserons pas plus loin l'analogie, parce qu'il est maintenant bien prouvé pour nous que le savant micrographe de Berlin s'est trop souvent
laissé guider, dans la détermination des diverses parties des très-petits animaux, par
des considérations théoriques et des idées préconçues que n'ont pas justifiées les observations ultérieures.

Le fait le moins douteux de l'organisation des Nummulites est la présence de
pseudopodes ou filaments appendiculaires passant à travers les canaux des divers tours
de la lame spirale. On sait en effet que ces prolongements extérieurs existent chez tous
les rhizopodes observés jusqu'à ce jour à l'état vivant, et M. Dujardin a constaté que
ce sont eux qui servent à la progression de l'animal. Il est vraisemblable que les
Nummulites avaient des expansions filiformes de deux grosseurs, correspondant aux
canaux grands et moyens. Les petits canaux ne servaient, selon toute apparence, qu'à
permettre l'imbibition des tissus intérieurs.

D'après l'état actuel de nos connaissances sur la nature des tissus mous des rhizopodes, il n'est pas difficile de comprendre comment les segments les plus internes
des Nummulites, c'est-à-dire ceux qui occupent le centre de la coquille et qui ont été
les premiers formés, pouvaient conserver leur vitalité, quel que fût le nombre des tours
qui les enveloppaient. Nous savons en effet que le tissu gélatineux homogène qui
constitue les animaux de cette classe, s'étend en filaments, souvent ramifiés et soudés

de façon à constituer un réseau irrégulier. Les appendices ou pseudopodes des segments les plus internes de la Nummulite, après avoir passé par leurs plus grands
canaux au-dessus des tours qui les recouvrent immédiatement, devaient bientôt être
arrêtés par les parties molles interlaminaires des segments des tours suivants. On ne
peut pas supposer qu'ils les traversaient, mais il est très-probable qu'ils s'y soudaient
complétement, et que cette continuité de tissus des segments, extérieurs avec ceux
du centre faisait participer ces derniers à la nutrition générale. On doit néanmoins
admettre dans cette hypothèse une certaine inégalité dans la vitalité des divers
segments.

MM. d'Orbigny, Joly et Leymerie, Carpenter, etc., ont attribué aux pseudopodes
l'importante fonction de sécréter la coquille. Ce fait de division du travail organique
ne s'accorde guère avec ce qu'on observe dans les animaux inférieurs, et nous sommes portés à croire que les parties solides des Nummulites résultaient de l'épaississement et de l'endurcissement des couches externes de chaque segment, et correspondaient, au moins par leur position, au dermo-squelette des oursins et des polypes.
M. Carter a fait sur les animaux vivants du genre le plus voisin des Nummulites
une observation qui confirmerait cette opinion. Suivant ce naturaliste, l'Operculine
d'Arabie a toujours, dans l'état frais, sa coquille recouverte d'une cuticule verdâtre,
et il est naturel de voir dans cette partie l'analogue dégradé de l'épiderme des échinides ou de l'épithèque des polypes plutôt que du drap marin des mollusques. Cependant les filaments gélatineux qui sortaient en faisceau par chacune des ouvertures
infra-septales en forme de croissant, agissaient nécessairement sur la couche supérieure du bourrelet, soit en déposant la matière calcaire sur des lignes saillantes
longitudinales, soit en creusant des sillons dans cette couche supérieure, puisque
nous avons vu que la continuation externe de ce bourrelet qui constitue le bord
circulaire de la coquille, et qui est soustraite à l'action de ces pseudopodes, est constamment lisse et arrondie.

Il nous reste à examiner maintenant si les Nummulites étaient des animaux simples
ou des agrégats d'animaux intimement unis entre eux. Quoiqu'il soit peut-être difficile,
chez des animaux placés aussi bas dans la série et si complétement homogènes, d'établir une distinction tranchée entre des individus et des segments d'individus, et quoique cette distinction puisse être regardée comme peu importante en elle-même, nous
croyons cependant avoir quelques raisons de penser que chaque coquille ne représente qu'un seul animal.

Il est très-aisé de concevoir un être constitué par la réunion de parties similaires,
variables en nombre dans d'étroites limites, qui offrirait quelques inégalités de développement dans les diverses périodes de sa vie et dont le pouvoir de multiplication
des loges s'affaiblirait avec l'âge pour cesser ensuite complétement.

Au contraire, on peut faire plusieurs objections à l'hypothèse de l'individualité
des segments. Ainsi, chez aucun des zoophytes composés décrits jusqu'à ce jour,
on n'a encore observé de partie solide commune comparable à la lame spirale des

Nummulites, et comprise comme celle-ci entre des prolongements internes, charnus ou gélatineux. Si chacune des loges était l'enveloppe propre d'un individu particulier, on devrait trouver une irrégularité plus grande dans leur développement sur une même coquille, ou du moins la fréquence de leurs inégalités ne varierait pas suivant les espèces avec la netteté que nous avons constatée. On ne comprendrait pas non plus, dans cette hypothèse, pourquoi les hauteurs des divers tours d'une même spire offriraient des rapports constants, pourquoi les premières et les dernières loges seraient moins grandes que celles des tours moyens, ni pourquoi les grands canaux seraient toujours plus nombreux vers le centre de la coquille que vers les bords. Enfin comment s'expliquerait-on la constance du petit nombre de tours et de loges de certaines espèces (*N. variolaria*, pl. IX, etc.), sinon par l'arrêt de croissance qui marque ordinairement l'âge adulte.

§ III. — CLASSIFICATION DES NUMMULITES.

Aucun des caractères que nous venons d'exposer ne nous semble donc devoir changer la place assignée depuis longtemps par M. Alc. d'Orbigny au genre Nummulite parmi les corps qu'il a désignés sous le nom de *foraminifères*, et pour lesquels nous avons préféré celui de *rhizopodes*. Dans cette classification, les Nummulites sont placées entre les Nonionines, dont l'ouverture est toujours apparente, et les Sidérolines qui ont des appendices sur le pourtour. Nous définirons le genre de la manière suivante[1] :

Nummulites, coquille libre, symétrique, orbiculaire, plane, discoïde, lenticulaire ou subglobuleuse, composée d'une lame calcaire pliée et enroulée suivant un même plan, criblée de pores ou canaux de trois grandeurs différentes, à tours plus ou moins serrés, plus ou moins embrassants, quelquefois simplement juxtaposés. Dans le jeune âge, le dernier est saillant; plus tard, les tours se rapprochent de telle sorte qu'à l'état adulte le dernier paraît se souder tout à fait à l'avant-dernier. Canal spiral divisé par des cloisons transverses, plus ou moins nombreuses, percées à leur base, contre le retour de la spire, d'une ouverture linéaire transverse. Ces derniers caractères semblent s'être atténués vers la fin de la vie de l'animal.

Les Nummulites diffèrent des Nonionines en ce qu'elles sont fermées, plus lenticulaires et que leurs derniers tours se rapprochent plus ou moins graduellement avant l'occlusion de la coquille. La spire des Nonionines est très-courte, divisée en un petit nombre de loges, et les tours ne sont pas embrassants. Dans les Sidérolines la spire est courte quoique embrassante, et le pourtour de la coquille est pourvu d'appendices dont on n'observe jamais de traces chez les Nummulites. Les Operculines s'en distinguent comme on l'a vu (*antè*, p. 52) par leur forme excessivement déprimée,

[1]. Le mot *Nummulite* est aujourd'hui tellement consacré par l'usage, non-seulement dans les classifications zoologiques mais encore en géologie, que nous avons dû, sous peine de retomber dans une confusion fâcheuse, l'adopter de préférence à des dénominations telles qu'*Helicites, Phacites, Numismales, Camerines, Discolithes*, etc., qui, quoique plus anciennes, n'avaient jamais été généralement admises.

le petit nombre de leurs tours qui croissent très-rapidement en largeur, et dont le dernier, beaucoup plus grand que les autres, semble rester constamment ouvert, enfin par d'autres caractères dans leur structure. Nous avons également montré (*antè*, p. 52) en quoi diffèrent les *Amphistegina*. Quant aux Orbitolites et aux Orbitoïdes avec lesquelles une observation superficielle a si souvent fait confondre les Nummulites, il suffit de dire que ces corps ne montrent à la surface que des stries concentriques ou des pores placés à côté les uns des autres, circulairement ou suivant des quinconces curvilignes, mais ne présentent jamais de cellules disposées suivant un canal spiral formé par l'enroulement d'une seule lame.

Considérées en elles-mêmes, les Nummulites, comme nous l'avons déjà indiqué, nous ont paru pouvoir être réparties dans deux divisions principales. La première, de beaucoup la plus considérable en espèces, comprend toutes celles dont les cloisons sont embrassantes et se prolongent sur la lame spirale par des filets cloisonnaires simples, ramifiés ou formant un réseau. La disposition de ces filets nous a fourni des caractères importants dont nous avons dû tenir compte, et si parfois il est difficile de les distinguer, on doit l'attribuer à l'altération que les individus ont éprouvée, et, pour un très-petit nombre de cas, à la prédominance des grands canaux. Dans ces espèces, les cloisons sont toujours plus ou moins inclinées ou arquées. Dans la seconde division viennent se ranger celles pour lesquelles on avait créé le genre Assiline. Elles sont caractérisées par des cloisons non embrassantes, qui ne se continuent point par des appendices filiformes, à cause de la superposition immédiate des tours; ces cloisons sont plus ou moins normales à la spire au moins dans les deux tiers de leur hauteur.

Le grand nombre d'espèces que renferme la première division nous a fait chercher s'il ne serait pas possible, pour en faciliter l'étude, de les grouper d'après certains caractères extérieurs et intérieurs faciles à constater, et nous avons en effet reconnu que la disposition des filets cloisonnaires d'une part, et le nombre comme la dimension des grands canaux de l'autre, se traduisant presque toujours au dehors dans l'état où l'on rencontre les Nummulites, nous offraient les moyens de rapprocher celles-ci suivant leur plus ou moins d'affinité, et de manière à en former des groupes assez naturels. Ces groupes n'ont zoologiquement rien d'absolu et ne doivent être regardés que comme destinés à déterminer approximativement une Nummulite donnée, d'après ses caractères les plus apparents. Nous sommes loin de leur attribuer l'importance physiologique que l'on assigne quelquefois à ces sortes de coupes, et si l'on réfléchit qu'ils sont tracés dans un seul et même genre, on n'y verra qu'un moyen de repère commode pour sortir du premier embarras où l'on se trouve lorsqu'on veut assigner la place d'un corps parmi un grand nombre d'autres assez semblables. Les espèces étant les seules coupes essentielles dans un genre, les sous-divisions qu'on y introduit sont ordinairement plus ou moins artificielles, mais elles n'ont aucun inconvénient pour le but particulier que nous nous proposons.

Nous avons ainsi réparti dans 5 groupes les 47 espèces de la première division, conformément au tableau ci-joint :

TABLEAU DES NUMMULITES.

Cloisons embrassantes, plus ou moins inclinées et arquées.

1er GROUPE. Lææves aut sublæves
- *complanata*, Lam.
- *Dufrenoyi*, nov. sp.
- *Puschi*, d'Arch.
- *distans*, Desh.
- *latispira*, Menegh.
- *gyzehensis*, Ehrenb.
- *Lyelli*, nov. sp.
- *Caillaudi*, nov. sp.
- *Carpenteri*, nov. sp.
- *Tchihatcheffi*, d'Arch.

2e GROUPE. Reticulatæ
- *intermedia*, d'Arch.
- *Fichteli*, Michelot.
- *garansensis*, Joly et Leym.
- *Molli*, d'Arch.

3e GROUPE. Subreticulatæ
- *lævigata*, Lam.
- *sublævigata*, nov. sp.
- *scabra*, Lam.
- *Lamarcki*, nov. sp.

4e GROUPE. Punctulatæ
- *Brongniarti*, nov. sp.
- *Defrancei*, nov. sp.
- *Bellardii*, d'Arch.
- *Deshayesi*, nov. sp.
- *perforata*, d'Orb.
- *Meneghinii*, nov. sp.
- *Rouaulti*, nov. sp.
- *obtusa*, J. de C. Sow.
- *Verneuili*, nov. sp.
- *Sismondai*, nov. sp.
- *Lucasana*, Defr.
- *curvispira*, Menegh.

5e GROUPE. Plicatæ vel striatæ
- *Ramondi*, Defr.
- *Guettardi*, nov. sp.
- *biaritzensis*, d'Arch.
- *Beaumonti*, nov. sp.
- *obesa*, Leym.
- *striata*, d'Orb.
- *contorta*, Desh.
- *Pratti*, nov. sp.
- *Murchisoni*, Brunn.
- *irregularis*, Desh.
- *Vicaryi*, nov. sp.
- *discorbina*, d'Arch.
- *Viquesneli*, nov. sp.
- *planulata*, d'Orb.
- *vasca*, Joly et Leym.
- *variolaria*, Sow.
- *Heberti*, nov. sp.

Cloisons non embrassantes et presque droites.

6e GROUPE. Explanatæ. (Septa et spira plus minusve prominentes)
- *exponens*, J. de C. Sow.
- *granulosa*, d'Arch.
- *Leymeriei*, nov. sp.
- *mamillata*, d'Arch.
- *spira*, de Roissy.

Les Nummulites du *premier groupe*, désignées sous l'épithète de *lœves aut sublœves*, sont en général celles qui atteignent la plus grande taille. Leurs caractères extérieurs sont presque négatifs, et elles n'offrent pas de granulations ou de ponctuations bien prononcées. La surface de la lame mise à découvert montre des filets cloisonnaires simples, très-sinueux, se dirigeant vers le milieu du disque. Leur extrême ténuité, leur grand nombre et l'épaisseur comparative de la lame font qu'ils n'occasionnent à la surface aucun relief sensible, mais ils représentent assez bien à l'œil l'aspect d'une étoffe *moirée* (*N. Lyelli, gyzehensis,* pl. II). La surface extérieure de ces Nummulites est généralement unie et presque lisse. Les grands canaux sont rares et inappréciables à l'œil nu. Les tours sont très-rapprochés dans la plupart des espèces, et les méats interlaminaires presque nuls, par suite du peu de relief des filets cloisonnaires. C'est dans ce groupe que l'on observe le plus fréquemment les dédoublements et les irrégularités de la spire, et là surface extérieure est d'autant plus irrégulière elle-même, ondulée ou bosselée que ces accidents sont plus nombreux.

Ce groupe renferme 10 espèces, toutes sensiblement planes et à peine un peu plus épaisses vers le milieu du disque qu'à son pourtour. Cette plus grande épaisseur ne constitue d'ailleurs jamais un renflement brusque, et son accroissement graduel du bord au centre démontre *à priori* que la coquille, à tous les âges, avait sensiblement la même forme. Excepté dans la *N. Tchihatcheffi,* les tours sont fort nombreux, la spire croît lentement et les cloisons sont très-rapprochées. Cette espèce et la *N. latispira* ont seules une loge centrale visible à l'œil nu.

Le *second groupe,* celui des *N. reticulatæ,* ne comprend que 4 espèces caractérisées par un réseau cloisonnaire complet. A partir de la base des cloisons, on ne distingue plus de filets isolés. Les mailles du réticule sont fort inégales et irrégulières sur toute l'étendue de la lame spirale qui, souvent très-mince, permet d'observer par transparence le réseau du tour sous-jacent. Les grands pores sont peu visibles à l'extérieur. Ces 4 espèces sont petites; 2 d'entre elles sont plates, 2 sont lenticulaires et 3 ont une loge centrale fort apparente. Le centre de la quatrième (*N. Fichteli*) ne nous est pas connu.

Les Nummulites du *troisième groupe* (*N. subreticulatæ*), offrent des caractères intermédiaires entre celles du second et celles du quatrième. Le réseau cloisonnaire ne part pas du pied même des cloisons, mais commence à une certaine distance, par les contournements et les bifurcations bientôt ramifiées des filets. Les grands pores deviennent en même temps plus larges, plus apparents, plus nombreux et très-visibles à la surface du test où ils sont ordinairement représentés par des granulations (*N. scabra* et *Lamarcki,* pl. IV). Des 4 espèces de ce groupe 3 sont plus ou moins lenticulaires, une seule (*N. sublævigata*) est très-déprimée, et une (*N Lamarcki*), la plus petite des quatre, montre une loge centrale très-apparente.

Dans le *quatrième groupe* (*N. punctulatæ*), les espèces sont de dimensions moyennes; quelques-unes sont petites, d'autres deviennent tellement épaisses que leurs deux diamètres sont presque égaux, ou bien elles sont irrégulières et réniformes, enfin il y en a de très-déprimées. Toutes ont de grands canaux larges, plus ou moins nombreux et rapprochés, et par suite des pores ou des granulations toujours très-visibles à la surface. Les filets cloisonnaires sont simples, rarement bifurqués ou réunis, mais souvent très-flexueux et contournés. Les canaux s'ouvrent dans leurs intervalles ou sur leur trajet même. Quelquefois ils sont accumulés vers le centre du disque (*N. perforata* jeune, pl. vi, et *Lucasana*, pl. vii). Le nombre et la grandeur des canaux ou des pores et des granulations qui les représentent sont d'ailleurs des caractères indépendants de la forme générale des Nummulites. Ainsi, la *N. Brongniarti*, surtout sa variété *a*, et la *N. Bellardii,* pl. v, qui sont très-déprimées, sont, de toutes les espèces, celles dont les canaux sont le plus rapprochés, tandis que la *N. perforata* jeune et la *N. Lucasana* type, qui sont assez renflées, n'en offrent qu'un petit nombre, très-larges, à la vérité, groupés vers le centre. La plupart des 12 espèces de ce groupe sont remarquables par le grand nombre des tours, leur extrême rapprochement et le peu de hauteur des loges. Les 4 plus petites d'entre elles ont seules une loge centrale bien visible.

Le *cinquième groupe* (*N. plicatæ vel striatæ*) renferme les plus petites espèces du genre; quelques-unes seulement (*N. contorta, Pratti, Murchisoni, irregularis*, pl. viii), encore imparfaitement connues et peu répandues, sont de dimensions moyennes. Ce sont les seules, avec la *N. Viquesneli* et la *N. planulata* très-âgée, pl. ix, qui soient minces, planes et irrégulières, les 11 autres sont toutes lenticulaires, plus ou moins renflées et régulières. Elles offrent à leur surface des plis ou des linéaments vus par transparence, plus ou moins prononcés, plus ou moins nombreux, droits, rayonnants, falciformes ou diversement contournés, sans granulations ni pores bien apparents, si ce n'est accidentellement. Les grands canaux sont très-peu nombreux et étroits. C'est à ce groupe qu'appartiennent les espèces qui avaient servi à former le genre *Lenticulite*, et dont les tours, en petit nombre, croissant rapidement sont très-ouverts dans le jeune âge. Des 17 espèces qu'il renferme, 8, dont 5 fort petites, montrent une loge centrale grande.

Enfin le *sixième groupe* (*N. explanatæ*), qui correspond seul à la seconde division du genre, ne comprend encore que 5 espèces dont 3 sont assez grandes. Elles sont planes; la spire et les cloisons toujours plus ou moins apparentes à l'extérieur, soit dans toute l'étendue du disque, soit seulement vers le centre ou bien vers le bord. Les cloisons et les tours sont marqués par des séries de granulations distinctes, ou par des plis que détermine le rapprochement de ces dernières, et qui résultent du prolongement et de la fermeture des grands canaux. Point de filets cloisonnaires. Les tours ne sont pas tous complétement enveloppants, la lame des derniers étant souvent soudée sur le précédent sans atteindre le milieu du disque, de manière à donner partout à la coquille une même épaisseur. Les cloisons, le plus ordinairement droites ou peu arquées et à peine inclinées, produisent des loges presque carrées, et l'ensemble de ces divers caractères donne aux Nummulites de ce groupe un air de famille qui les fait distinguer au premier coup d'œil.

Les derniers tours de la spire avec leurs cloisons, représentés en relief à la surface, ne sont pas d'ailleurs un caractère exclusif aux *N. explanatæ*, mais dans celles des autres groupes où on l'observe, il est beaucoup moins prononcé, n'apparaît que dans les derniers tours et ne se joint à aucun des autres caractères du sixième groupe; il semble même n'être qu'une modification individuelle, comme dans les *N. intermedia, Defrancei* et *scabra*.

Trois espèces du sixième groupe montrent une loge centrale très-grande, et si l'on considère toutes les espèces du genre où cette loge est constante et bien apparente, on voit, qu'à peu d'exceptions près, ce sont les plus petites de chaque groupe.

APPENDICE.

MODES DE CONSERVATION ET D'ALTÉRATION DES NUMMULITES.

Si, d'une part, l'extrême abondance des individus dans une même couche et dans chaque localité peut faciliter la bonne détermination des espèces et des variétés de Nummulites, de l'autre, la disparition plus ou moins complète de plusieurs de leurs caractères essentiels, ou la difficulté de les observer, par suite des diverses modifications que le test a éprouvées, diminuent singulièrement l'avantage de leur nombre. Cette difficulté est sans doute une des causes qui ont le plus contribué à rebuter les observateurs et à les détourner d'un examen sérieux de ces corps. Les altérations, qui s'opposent souvent à une étude aussi satisfaisante qu'on le voudrait, ne laissent pas cependant que d'épargner un certain nombre de caractères qui suppléent à l'absence des autres. Ainsi, les causes modifiantes ne changent jamais le nombre des tours, leur écartement, leur épaisseur relative, ni la forme, le nombre et la direction des cloisons, non plus que les prolongements de ces dernières. La forme générale de la coquille n'en est pas affectée davantage, et avec un peu d'attention il est possible d'apercevoir la structure du test.

Il est extrêmement rare que ce test ait entièrement disparu et qu'il ait laissé dans la roche enveloppante une cavité dont les parois présentent l'empreinte des surfaces de la Nummulite; mais il est sans exemple que cette cavité ait été remplie ultérieurement, de manière à donner un moule ou une contre-empreinte du corps disparu, comme cela a si souvent lieu pour la plupart des coquilles. Dans les couches où ces dernières ne se trouvent plus qu'à l'état de moules ou de contre-empreintes, les Nummulites qui les accompagnent ont leur test intact ou plus ou moins spathifié. Cette particularité, que l'on observe aussi dans les Bélemnites, et à un moindre degré dans les Inocérames, les *Pinna*, etc., tient sans doute à la structure fibreuse et celluleuse de ces corps; et en effet, le test d'une Bélemnite non altéré rappelle à beaucoup d'égards celui de la lame spirale des Nummulites.

Le test calcaire des Nummulites a été quelquefois silicifié comme celui de tous les autres corps organisés, et sans que les détails les plus délicats aient disparu.

Le plus ordinairement la silice a pénétré dans les loges, les a remplies ainsi que les méats interlaminaires, et dans les coupes toutes les parties calcaires qui ont persisté se détachent en blanc. Plus fréquemment le carbonate de chaux a joué le même rôle que la silice ; les loges et toutes les autres cavités en sont complétement remplies, ou bien la substance peu abondante a seulement cristallisé sur les parois qu'elle tapisse. Enfin, dans quelques localités assez rares, les vides ont été remplis par de l'hydrate de fer qui a aussi pénétré et coloré le test lui-même. D'après ce qu'on a vu de la structure de ce test, dont toutes les parties communiquaient directement ou indirectement, soit entre elles soit avec l'extérieur, on conçoit que, plongées dans une solution de silice, de carbonate de chaux ou de fer, les Nummulites ont dû s'imbiber de ces substances sans cesser de montrer tous leurs caractères organiques. On trouve peu de roches dans lesquelles la spathification du carbonate de chaux qui constitue les Nummulites, ne se soit plus ou moins manifestée. Lorsque cette spathification a concouru avec un remplissage également calcaire, les caractères du test sont fort difficiles à étudier, et les cloisons elles-mêmes se confondent avec le remplissage. La matière de ce dernier peut être aussi une marne plus ou moins foncée, plus ou moins fine, et dans la coupe, les détails de la spire ressortent en blanc sur un fond plus ou moins obscur.

Les diverses parties du test ne s'altèrent pas de la même manière par l'influence des agents atmosphériques. En général, le tissu calcaire organique fondamental, formé par la réunion des petits tubes, s'altère plus facilement que les parties d'abord vides ou grands canaux, et remplies ensuite par l'action même de l'organisme ou par un dépôt simplement mécanique ou chimique. Ainsi, les espèces de piliers ou cylindres qui résultent de ce remplissage persistent souvent après que la masse du réseau qui les entoure a diparu.

Comme pour les autres corps organisés fossiles, lorsque la roche qui renferme les Nummulites est un calcaire pur, sableux ou marneux, dur, compacte et d'une teinte grise ou foncée, son altération seule permet d'apercevoir les Nummulites qu'elle renferme et qui, sur les surfaces exposées à l'air, se détachent, soit en relief, soit par une teinte un peu différente. Nous avons déjà dit quelques mots (*antè*, p. 58, *nota*) des conditions de gisement qui étaient le plus favorables à la conservation du test des Nummulites, aussi n'y reviendrons-nous pas ici.

---

§ IV. DISTRIBUTION STRATIGRAPHIQUE ET GÉOGRAPHIQUE DES NUMMULITES.

Après avoir exposé le résumé critique des travaux sur les Nummulites, puis leurs caractères zoologiques et leur classification, il nous reste à jeter un coup d'œil sur le rôle qu'elles ont joué *dans le temps* et *dans l'espace*, c'est-à-dire sur leur *distribution stratigraphique*, qui nous montrera si elles ont vécu pendant une ou plusieurs périodes géologiques, et sur leur *répartition géographique* à la surface des continents, qui nous permettra de juger de l'importance qu'elles ont eue dans les mers de ces mêmes périodes.

DISTRIBUTION STRATIGRAPHIQUE.

Considéré dans le temps, le développement des Nummulites caractérise une ère assez courte de l'histoire de la terre [1], et nous nous sommes attachés à faire voir [2] qu'en réalité, cette *ère était une* et n'avait pas marqué d'une manière absolue le commencement de l'époque tertiaire. Ainsi, dans le nord-ouest de l'Europe (bassins du Hampshire, de la Belgique et de la Seine); dans le sud de la France (montagne Noire, les Corbières, versant nord des Pyrénées centrales); en Provence, en Savoie (Entrevernes, montagne du Four, le petit Bornant, Pernant); en Suisse (les Diablerets, Beatenberg, Habkeren, chaîne du Titlis, sur les limites des cantons de Berne et d'Unterwald, au nord du lac de Thun et au Mittaghorn); sur le versant méridional des Alpes (entre Vicence et Recoaro, Mont-Viale et Mont-Bolca); en Istrie (Carpano, Gherdosella, Pinguente, Basovizza, etc.), comme à l'autre extrémité de la zone nummulitique, sur les pentes de l'Himalaya occidental (Montagne de Sel dans le Pendjab) et jusqu'à Cherra Poonji, dans le Bengale oriental, où l'on exploite la houille sous des calcaires compactes remplis de Nummulites identiques avec des espèces de l'ouest de l'Europe, presque partout enfin nous trouvons placés, entre les terrains secondaires ou plus anciens et les couches nummulitiques proprement dites, des dépôts que les caractères de leur faune et de leur flore nous font encore regarder comme tertiaires. Ce sont, dans le plus grand nombre des localités que nous venons de rappeler, des amas charbonneux souvent accompagnés de coquilles lacustres ou fluvio-marines, ou bien des calcaires exclusivement d'eau douce (bassin de la Seine, montagne Noire, les Corbières, etc.), ou enfin des dépôts complétement marins (glauconie inférieure), dont les fossiles diffèrent de ceux des dernières couches crétacées comme de ceux des sédiments tertiaires qui leur ont succédé.

Nous avons fait remarquer aussi [3] que si l'on considère dans son ensemble la faune nummulitique asiatico-méditerranéenne, on trouve que la plus grande somme des espèces communes avec celle du bassin tertiaire de la Seine, prise pour terme de comparaison, correspond précisément à l'horizon du calcaire grossier, et qu'au-dessus, jus-

1. Ce que nous avons dit de la *N. antiquior* du calcaire carbonifère de la Russie doit faire penser que ce corps n'est pas réellement une Nummulite. Il n'en est pas de même, à la vérité, de quelques échantillons qui auraient été trouvés en pratiquant une excavation dans l'*Oxford clay* du département de la Meuse; mais cette espèce, par son extrême ressemblance avec la *N. striata*, qui appartient à des couches beaucoup plus récentes, nous laisse plus que des doutes quant à son véritable gisement originaire. Pas une seule trace de Nummulite n'a été observée avec certitude dans la longue série des dépôts crétacés où seulement des Orbitolites et des Alvéolines se montrent à divers niveaux.

2. *Histoire des progrès de la Géologie*, vol. III, p. 214. 1850.

3. *Ibid.*, p, 220.

qu'aux sables supérieurs, comme au-dessous, jusqu'aux sables du Beauvoisis, la proportion des espèces communes diminue d'autant plus qu'on s'éloigne davantage de ce même calcaire grossier. Si l'on réunit à ce dernier les sables moyens qui le recouvrent et les lits coquilliers des sables inférieurs sur lesquels il repose, on aura un ensemble de dépôts ou un groupe qui représentera assez exactement, sauf la puissance, les sédiments marins fossilifères de la zone nummulitique méridionale. Or, les Nummulites du bassin de la Seine, qui s'étendent en Belgique et dans le Hampshire, et dont 4 sur 5 se représentent dans les couches du Sud, ne se montrent ni au-dessus ni au-dessous du groupe ainsi constitué; de sorte que ce grand horizon des Nummulites, que nous avons suivi de l'E. à l'O. à travers l'ancien continent, depuis les frontières de la Chine et du Thibet jusqu'aux plages de l'Atlantique, prolongé dans le nord-ouest de l'Europe, viendrait passer *au-dessus* de l'étage des lignites qui est ainsi antérieur à l'apparition des foraminifères dont nous parlons. La distribution verticale des espèces de ce genre si important et considéré isolément, s'accorde donc avec celle de toutes les espèces communes des autres classes prises ensemble. Ces résultats, que nous exposions en terminant notre travail géologique sur la formation nummulitique, sont encore vrais aujourd'hui que le nombre des espèces réelles de Nummulites est plus que doublé, et que nous possédons sur leurs gisements des données beaucoup plus complètes.

On trouvera sans doute, surtout dans les parties de la formation où les dépôts sont le plus épais et le plus variés, divers niveaux de Nummulites, caractérisés par des espèces différentes; et c'est ce que nous observons, même dans des bassins fort resserrés où, comme dans celui de la Seine, les couches peu puissantes se succèdent sans discordance. Mais il y a plus, c'est que lors même que quelque soulèvement local aurait interrompu la continuité des sédiments, nous pourrions toujours ne voir qu'une seule formation dans l'ensemble des dépôts considérés au point de vue zoologique [1]. Aussi, lorsqu'on aura étudié comparativement, avec plus de soin qu'on ne l'a fait, les localités de certaines régions alpines et pyrénéennes où l'on

---

[1]. On a pu croire un moment qu'il devait y avoir une corrélation exacte et nécessaire entre la série des phénomènes physiques et dynamiques qui ont accidenté la surface du globe et la succession des faunes qui l'ont peuplée. La probabilité d'une loi, en apparence si simple et si naturelle, devait séduire et entraîner beaucoup de bons esprits, mais depuis vingt ans que l'étude géométrique des terrains a avancé concurremment avec celle de leurs fossiles, le prestige s'est évanoui et l'on est amené à reconnaître que la corrélation n'existe pas. La loi qui a présidé à cette transformation continuelle des êtres, bien qu'encore enveloppée d'un profond mystère, n'est pas le complément ni la conséquence des brisures de l'écorce terrestre qui ont produit les chaînes de montagnes. Sans doute l'influence de ces accidents n'a pas été nulle dans leur voisinage immédiat, mais elle n'a pas été non plus absolue, et loin d'eux, sur une multitude de points où la série des dépôts a conservé une stratification horizontale et parfaitement concordante, la faune n'en a pas moins éprouvé des modifications aussi essentielles et quelquefois complètes, entre les premiers et les derniers termes de la série. Les changements successifs de l'organisme, considérés dans une seule et même formation dont les couches, comme dans la formation jurassique, se succèdent régulièrement, mettent d'ailleurs dans tout son jour cette indépendance des deux ordres de phénomènes, indépendance qui ressort également du magnifique travail *sur les systèmes de montagnes*, que vient de publier un des maîtres de la science moderne.

a cru trouver des formations nummulitiques distinctes, on verra que, de même qu'en Istrie et ailleurs, leurs différences zoologiques ne sont pas plus grandes que celles que nous trouvons entre les faunes des sables moyens, du calcaire grossier et des sables inférieurs du bassin de la Seine, faunes qu'on n'a jamais considérées autrement que comme les parties constituantes d'un même tout.

Le développement des Nummulites a concouru avec le développement non moins remarquable des mollusques, des radiaires et des polypiers qui caractérisent, dans une grande partie de l'hémisphère nord, la faune tertiaire marine inférieure proprement dite. Cette faune si riche a été suivie, dans plusieurs des petits bassins du nord-ouest, par des dépôts lacustres, puis sur le périmètre de la Méditerranée et bien au delà, par des couches arénacées d'une immense épaisseur, sans autres fossiles que des empreintes de plantes cryptogames marines (*Chondrites*).

Nous ne connaissons encore qu'une espèce de Nummulite provenant de la formation tertiaire moyenne de quelques localités du Piémont; mais il n'est pas démontré que l'un de ces gisements appartienne à cette période, et un autre, quoique étudié avec le plus grand soin depuis cinquante ans, n'a présenté jusqu'à présent qu'un fort petit nombre d'individus. Ajoutons que cette espèce paraît être la même que celle (*N. intermedia*) qui caractérise précisément les couches nummulitiques les plus récentes du versant nord-ouest des Pyrénées où une autre espèce (*N. garansensis*) se trouverait aussi dans les premiers dépôts tertiaires moyens. Ces rares exemples, sans détruire l'unité de l'ère nummulitique, prouveraient seulement que, sur quelques points, l'existence des derniers représentants du genre a pu se prolonger un peu après que la faune tertiaire inférieure avait disparu.

Dans la période supérieure, les *Amphistegina* semblent avoir remplacé les Nummulites, et quant aux espèces vivantes rangées parmi les Assilines, l'une provenant de la mer Rouge serait une Orbitolite ou Sorite, une seconde paraît rentrer dans les Operculines, et une troisième nous est inconnue, aucune description ni figure n'en ayant été données.

Les Nummulites occupent dans le bassin tertiaire de la Seine trois niveaux bien tranchés qui se prolongent en partie dans les Flandres, le Hainaut et le Brabant méridional, mais qui sont moins distincts dans le bassin du Hampshire et manqueraient tout à fait dans celui de la Tamise [1]. Ainsi la *N. planulata* caractérise les lits coquilliers des sables inférieurs du Soissonnais, depuis la limite occidentale du département de la Marne jusqu'aux environs de Gisors, s'étendant ensuite en Belgique et de l'autre côté du détroit. Les *N. lævigata*, *scabra* et *Lamarcki* sont propres à la base du calcaire grossier; les deux premières se retrouvent en Belgique et l'une d'elles seulement existe en Angleterre. La *N. variolaria*, caractéristique des sables moyens, se montre, mais comme variété *minor*, sur la frontière nord de la France, aux environs de Bruxelles et dans le sud du Hamsphire.

1. Cette absence des Nummulites que l'on n'a pas assez remarquée, aurait pu faire supposer *à priori*, que l'argile de Londres proprement dite, était au-dessous du niveau des lits coquilliers du Soissonnais.

La *N. planulata* est très-répandue dans des fragments de calcaires épars à la surface de la craie, sur la rive droite de l'embouchure de la Gironde, et il est probable qu'elle y occupait le même niveau qu'au nord.

Dans le bassin de l'Adour les Nummulites ne paraissent pas exister dans les marnes sableuses à crustacés, Térébratules et ostracées, qui sont les assises les plus basses de la formation. Ces couches représenteraient-elles les sables du Beauvoisis? C'est ce qu'il serait prématuré d'avancer. Quoi qu'il en soit, les *N. planulata* et *Ramondi* sont les premières qui se montrent au-dessus, dans l'étage que caractérisent les échinodermes. Dans les quatre assises qui composent ensuite l'étage nummulitique supérieur de ce pays, on trouve que les *N. exponens, spira* et *mamillata* appartiennent à la première, la *N. perforata* à la seconde, la *N. biaritzensis* à la troisième, et que les *N. intermedia* et *vasca* caractérisent surtout les derniers membres de la série. Nous ne possédons pas encore de détails assez circonstanciés pour affirmer que cette distribution se retrouve plus à l'ouest, dans le Guipuscoa, la province de Santander et les Asturies, où plusieurs de ces espèces se montrent aussi dans un système de couches très-puissant.

Dans les Pyrénées centrales et sur leur versant nord, dans les bassins de la Garonne supérieure et de l'Aude, on avait pensé que la formation nummulitique présentait deux systèmes de couches, assez distincts par leur stratification et par leurs fossiles; l'un plus ancien, très-redressé, constituant certaines montagnes des Corbières, et surtout le haut massif du Mont-Perdu, l'autre plus récent, en strates presque horizontaux. De nouvelles observations ne paraissent pas confirmer cette division, mais il n'en est pas moins digne de remarque que les calcaires gris-jaunâtre du Mont-Alaric comme les calcaires noirs compactes du massif du Mont-Perdu et d'autres points intermédiaires, sont précisément caractérisés par la *N. planulata* que nous avons vue annoncer l'apparition du genre dans le nord de la France, la Belgique, le Hampshire, sur la rive droite de la Gironde et dans le bassin de l'Adour. Si, comme il est permis de le supposer, la présence de cette espèce, qui est d'accord avec d'autres données paléontologiques, marquait un niveau bien déterminé, il s'ensuivrait que tous les dépôts nummulitiques des Corbières et des Pyrénées seraient postérieurs aux lignites du nord de la France et *à fortiori* à la faune marine des sables du Beauvoisis, conclusion conforme à ce que nous avons dit précédemment et qu'appuyerait encore la position inférieure bien connue des dépôts lacustres de Rilly, de Montolieu, etc. Dans cette région centrale et septentrionale des Pyrénées, deux autres petites Nummulites (*N. Leymeriei* et *Ramondi*) se montrent fréquemment dans les couches les plus basses de la formation, tandis que la *N. biaritzensis* appartiendrait aux supérieures [1].

Nous n'avons encore que peu de données sur la répartition stratigraphique des

---

1. On pourrait aussi conjecturer que le soulèvement des roches nummulitiques des Pyrénées centrales et des Corbières correspond, dans le bassin de la Seine, où la *N. planulata* est aussi constamment accompagnée de la *Neritina conoidea*, aux changements qui ont fait succéder le dépôt du calcaire grossier à celui des sables inférieurs, plutôt qu'à ceux qui ont remplacé les sables et grès moyens par des dépôts lacustres.

espèces de Nummulites sur les autres points de la zone méditerranéenne, les géologues ne s'étant pas préoccupés d'un travail de détail, d'autant plus difficile que les espèces étaient moins bien connues; néanmoins, dans les parties le mieux explorées des Pyrénées, des Alpes, des Apennins, et surtout dans l'Istrie, les assises inférieures sont caractérisées par de petites espèces, les moyennes par celles qui atteignent les plus grandes dimensions, et les supérieures par des espèces également petites. Dans le bassin tertiaire de la Seine, si restreint et si peu puissant, la répartition des espèces relativement à leurs dimensions est encore la même. Nous ferons remarquer en outre, que sur le pourtour des Alpes, indépendamment des dépôts de lignite, qui sur tant de points sont placés immédiatement *au-dessous* des couches que caractérisent les Nummulites, c'est *au-dessus* de ces dernières que se trouvent principalement les bancs remplis de coquilles dont les identiques appartiennent au calcaire grossier, de sorte qu'on aurait encore, dans cette disposition relative, une analogie de plus avec ce que l'on observe, sur une échelle infiniment réduite, dans le nord de la France et les contrées voisines.

En Crimée, les petites espèces (*N. Leymeriei, Guettardi, granulosa* var. *a.*) appartiennent surtout aux marnes inférieures, tandis que les *N. distans, Ramondi* et *Tchihatcheffi* abondent dans les calcaires blancs qui sont au-dessus.

DISTRIBUTION GÉOGRAPHIQUE.

Le *Tableau de la distribution géographique des Nummulites* que nous présentons ci-après, p. 86*, ne peut être regardé que comme un canevas ou une esquisse fort incomplète, relativement à ce que les recherches ultérieures nous apprendront; mais tel qu'il résulte des données actuelles, il permet cependant d'entrevoir certaines associations naturelles d'espèces ou de variétés, utiles à connaître dans la pratique de la géologie. Considéré en lui-même, le genre Nummulite offre, comme beaucoup d'autres, des espèces qui ont une immense extension en surface, quelques-unes qui ne se sont développées que sur des espaces très-limités, et un certain nombre dont la répartition est en quelque sorte intermédiaire entre ces extrêmes. L'abondance prodigieuse des individus de plusieurs d'entre elles dans des localités déterminées, leur plus ou moins de rareté ou leur absence complète dans d'autres, de même que leurs diverses associations, peuvent servir à retrouver des rapports que les bouleversements ultérieurs ont détruits, à indiquer dans le relief du sol des différences ou des ressemblances qui n'existent plus, et une distribution relative des terres et des eaux que l'état actuel des choses ne permettrait pas de soupçonner. Ces observations qui, pour la plupart des genres, n'auraient qu'un faible intérêt, en acquièrent un réel pour celui qui nous occupe. Par son peu d'extension verticale on voit qu'il n'a régné qu'un moment dans les mers d'une partie du globe, et qu'il semble avoir suppléé par la variété des espèces et l'extrême profusion des individus, à la brièveté du temps qu'il lui était donné de vivre.

11

Les 52 espèces de Nummulites admises dans le tableau ci-joint sont réparties dans 23 régions géographiques, énumérées à peu près comme dans la description géologique de la formation et constituant, à travers l'Europe, l'Asie et l'Afrique, une zone de 98 degrés en longitude, comprise du S. au N. entre le 16ᵉ et le 55ᵉ degré de latitude septentrionale. Cette zone, allongée de l'O.-N.-O à l'E.-S.-E., conserve une largeur de 600 lieues, entre le 10ᵉ degré longitude O. et le 55ᵉ longitude E. Au delà, dans cette dernière direction, elle se rétrécit sensiblement. Elle borde plusieurs golfes anciens des côtes de l'Atlantique, depuis la mer du Nord jusqu'au pied de la chaîne Cantabrique; puis elle circonscrit complétement le vaste bassin de la Méditerranée et de son annexe, la mer Noire. Elle comprend une partie des contre-forts du Taurus et des régions élevées où l'Euphrate et le Tigre prennent leurs sources. Du massif complexe de la haute Arménie on peut la suivre, d'une part, en descendant au S.-E. par la chaîne de Zagros et de Louristan jusqu'au golfe Persique, puis le long de la côte méridionale de l'Arabie par Maskat, l'île Masira et Marbat; de l'autre, vers l'E., par la vallée de l'Araxes, puis par la chaîne de l'Elbourz et le plateau de l'Iran jusqu'aux montagnes du Caboul et du Pendjab. Elle entoure la haute vallée de Cachemire, s'élève dans la chaîne même de l'Himalaya à 4875 mètres d'altitude, c'est-à-dire un peu plus haut que le sommet du Mont-Blanc, pour redescendre sur les pentes sud-ouest de la chaîne et longer la rive droite de l'Indus, dans les collines du Beloutchistan et d'Hala jusqu'à l'embouchure du fleuve. Enfin on la retrouve plus à l'est encore dans les monts Kossya, entre le Burrampooter d'Assam et les plaines du Bengale oriental. Au delà du 16ᵉ degré de latitude N., comme dans l'Amérique septentrionale et dans tout l'hémisphère sud, les Nummulites manquent jusqu'à présent. Des corps lenticulaires rapportés récemment de la côte de Mozambique, et que l'on avait regardés comme des Nummulites se sont trouvés n'être que des Orbitoïdes.

Considérons d'abord ce que les Nummulites de nos 6 groupes peuvent offrir de particulier dans leur distribution générale, nous reviendrons ensuite sur chacune des régions géographiques. C'est aux 4ᵉ 5ᵉ et 6ᵉ groupes qu'appartiennent les espèces qui jusqu'à présent, ont la plus grande extension en surface. Ainsi dans le 5ᵉ la *N. Ramondi* est connue dans 18 de nos régions, la *N. biaritzensis* dans 17, la *N. striata* dans 9, et la *N. planulata* dans 7. Ces quatre Nummulites sont d'ailleurs des espèces assez voisines. Les *N. perforata* et *Lucasana* du 4ᵉ groupe ont été rencontrées, la première dans 15 régions et la seconde dans 12; les *N. granulosa, exponens* et *spira* du 6ᵉ l'ont été dans 13, 9 et 7 régions. Les 9 espèces que nous venons de nommer paraissent être associées sur beaucoup de points, et la plupart d'entre elles ont vécu ensemble, depuis l'ouest de l'Europe jusqu'à la limite la plus orientale de la zone. Les unes (*N. perforata, Lucasana, striata, granulosa, exponens*) montrent des variations extrêmes dans cette étendue; les autres (*N. Ramondi* et *biaritzensis*) sont au contraire très-constantes dans tous leurs caractères.

Les espèces des trois premiers groupes ne paraissent pas avoir vécu sous des longitudes aussi variées que les précédentes. Ainsi dans le 1ᵉʳ, la *N. complanata*, qui se montre seulement dans 7 ou 8 régions, semble appartenir à l'ouest de l'Europe, et les neuf autres de ce groupe sont confinées dans 3 ou 4 régions au plus. Dans le second la *N. intermedia* s'étendrait des Pyrénées occidentales aux rives de la Caspienne, et les *N. lævigata* et *scabra* du 3ᵐᵉ, appartenant toutes deux aux bassins tertiaires du nord-ouest de l'Europe, se montrent çà et là, d'une manière assez capricieuse, l'une jusque dans l'Arménie, l'autre jusque dans l'Inde. Les *N. planulata* et *variolaria* des bassins du nord-ouest, comme les précédentes, ont été retrouvées aussi dans la zone méridionale, la première dans les deux régions pyrénéennes et dans les Alpes suisses, la seconde dans le bassin de l'Adour et sur les bords de la mer Noire.

Nous avons fait remarquer que, malgré leur profusion d'un bout à l'autre de la zone nummulitique, les grandes espèces du 6ᵉ groupe, ou *N. explanatæ*, n'avaient pas encore été signalées dans la partie centrale des Pyrénées, sur leur versant nord-est, ni dans les Corbières; qu'elles manquaient également dans les Alpes françaises et de la Savoie, dans les Carpathes où il n'y a même aucun représentant de ce groupe, enfin dans l'Arménie et la Perse. De nouvelles observations viendront combler sans doute quelques-unes de ces lacunes dans la répartition d'espèces qui ont d'ailleurs vécu sur tant de points intermédiaires.

L'abondance des espèces suivant les régions dépend certainement aussi du plus ou moins de recherches des voyageurs et des points qu'ils ont plus particulièrement étudiés; mais il n'en est pas tout à fait de même des associations d'espèces dans chacune d'elles. Si nous jetons actuellement un coup d'œil sur ces régions, en suivant l'ordre dans lequel le tableau les présente, nous verrons que les 6 espèces des petits bassins tertiaires du nord-ouest appartiennent seulement aux 3ᵉ et 5ᵉ groupes, les quatre autres n'y étant pas représentées. De ces 6 espèces, 3 sont du Hampshire et se retrouvent dans le bassin de la Seine, 5 ont été rencontrées en Belgique, dont 1 est propre à ce pays, et 5 dans le nord de la France où 1 s'y trouve aussi exclusivement. On vient de voir que 4 de ces 6 espèces passaient dans la zone méridionale.

La région du versant nord-ouest des Pyrénées, qui comprend les Asturies, les provinces de Santander et de Guipuscoa, les départements des Basses-Pyrénées et des Landes, a offert 21 espèces; c'est-à-dire autant que celle du versant sud-est des Alpes. Cependant aucune des espèces du 3ᵉ groupe n'y est représentée, ce qui est assez remarquable vu la disposition de ce bassin par rapport aux précédents et les relations qui existent entre les fossiles des autres classes. Des 12 espèces connues sur le versant méridional des Pyrénées, dans la Navarre, l'Aragon, la Catalogne et le long de la côte orientale de l'Espagne, aux environs d'Alicante, de Malaga et de Grenade, il n'y en a aucune appartenant aux deux premiers groupes, et celles du 4ᵉ au nombre de 3, sans être rares, se trouvent particulièrement dans le voisinage de l'axe des Pyrénées. Sur le versant nord de cette chaîne, dans les bassins de la Garonne supérieure et de l'Aude, il n'y a en tout que 5 espèces; aucune d'elles ne dépend des trois premiers groupes, une seule appartient au 4ᵉ, et une fort petite, mais très-abondante, au 6ᵉ (*N. Leymeriei*). Cette dernière, qui se montre dans le massif du Mont-Perdu, paraît manquer au sud, dans les provinces espagnoles comme sur le versant atlantique du nord-ouest, de sorte que ces trois régions nummulitiques, déjà bien explorées et qui se touchent, n'ont, sur un total de 26 espèces, que 4 qui leur soient communes (*N. Lucasana, Ramondi, biaritzensis* et *planulata*). Cette distribution semble prouver que les rivages de la mer de cette période devaient offrir des golfes plus ou moins profonds et peut-être tout à fait séparés, en rapport avec ces différences et dont nous avons déjà indiqué l'existence probable pour les deux extrémités du versant septentrional des Pyrénées[1].

La région méridionale des Alpes, qui vient expirer aux rivages de la Méditerranée de Nice à Albenga, présente 15 espèces; aucune d'elles n'appartient au 3ᵉ groupe ni aux bassins du nord-ouest; mais on retrouve parmi elles les plus caractéristiques des diverses régions pyrénéennes (*N. complanata, intermedia, perforata, Lucasana, Ramondi, biaritzensis, obesa, exponens* et *granulosa*). Malgré le grand développement de la formation dans les Alpes françaises, nous n'y voyons qu'un bien petit nombre d'espèces du 5ᵉ groupe (*N. striata* et *contorta*), et dans celles de la Savoie, où la *N. Ramondi* est très-répandue, les autres groupes ne paraissent pas être représentés. Les Alpes suisses nous ont offert 11 espèces, parmi lesquelles aucune n'est réticulée ou sub-réticulée. La région de la Bavière et de l'Autriche en renferme 13 des divers groupes; la Styrie, les provinces Illyriennes, la Dalmatie, la Croatie et les îles voisines en comptent 9, particulièrement des 5ᵉ et 6ᵉ groupes; plus, la *N. perforata* du 4ᵉ et la *N. complanata* du 1ᵉʳ.

Sur les pentes et au pied du versant sud-est des Alpes, dans le Vicentin, le Véronais, les Monts-Euganéens, région à laquelle nous réunissons, malgré leur éloignement, quelques parties du Piémont, nous trouvons 21 espèces appartenant à 5 groupes, le 3ᵉ, comme dans toutes les autres parties des Alpes et jusqu'aux limites orientales de l'Europe, n'ayant aucun représentant bien certain. La plupart de ces espèces se continuent dans la région des Apennins, à travers le Bolonais, la Toscane et les Abruzzes jusqu'au Mont Gargano, et quelques-unes dans les îles de Corse et de Sardaigne au sud et les petites îles Tremiti au nord.

Ces diverses régions qui viennent se rattacher aux Alpes, considérées comme nous l'avons fait pour celles qui se groupent autour des Pyrénées, nous offrent, quant à l'ensemble de leurs espèces, et à une seule exception près, beaucoup plus d'analogie entre elles que ces dernières. Cette exception comprend le versant occidental de la chaîne, dans les départements des Hautes et des Basses-Alpes où nous n'observons, malgré la fréquence et la variété des autres corps organisés qui leur sont associés, que 2 ou 3 espèces, tandis que nous en avons signalé 15 au sud dans les Alpes maritimes et 11 au nord-est dans celles de la Suisse. Cette partie des Alpes françaises devait donc se trouver dans des conditions sous-marines assez différentes de celles des autres régions circum-alpines.

La chaîne des Carpathes, qui forme une région géographique bien distincte, est

<hr>

[1]. D'Archiac, *Mém. de la Soc. géol. de France*, 2ᵉ sér., vol. II, p. 190. 1846. — *Id.*, *ib.*, vol. III, p. 399. 1850.

aussi remarquable jusqu'à présent par l'absence complète des Nummulites du 3ᵉ et du 6ᵉ groupe. Des 10 espèces qu'on y connaît et dont quelques-unes sont peut-être douteuses, les *N. Puschi* et *perforata* sont les plus répandues, et l'on y trouve, par places, les *N. Molli, Deshayesi* et *Tchihatcheffi*.

Les 10 espèces que nous connaissons des dépôts nummulitiques si développés dans la Turquie d'Europe, la Grèce et quelques îles voisines, n'offrent rien de particulier; ce sont, comme on pouvait s'y attendre, celles qui ont la plus grande extension géographique. L'une d'elles cependant (*N. garansensis*) n'a encore été rencontrée que dans le bassin de l'Adour, aux environs de Dax. De même parmi les 8 espèces de Crimée, nous retrouvons la *N. Leymeriei* que nous avons vue si caractéristique des calcaires noirs du mont-Perdu, des calcaires jaunâtres du pied nord des Pyrénées, des Corbières et de la Sardaigne. La *N. irregularis* n'a encore son identique qu'aux environs de Dax, tandis que les *N. distans, Ramondi, Guettardi* et *Tchihatcheffi* abondent particulièrement dans les calcaires blancs et les marnes grises de l'ancienne Tauride.

Dans l'Asie-Mineure, le genre qui nous occupe est représenté par 13 espèces. Une (*N. Viquesneli*) est propre à ce pays, où l'on en voit reparaître qui ne s'étaient point rencontrées depuis les parties les plus occidentales de l'Europe, telles que les *N. Dufrenoyi, lævigata, scabra* et *obesa*, associées avec les espèces les plus constantes de la formation (*N. Lucasana, Ramondi, biaritzensis, exponens* et *granulosa*). Parmi les 6 espèces de la vaste région si accidentée du Taurus et du Haut-Liban, quelques-unes demanderaient encore un examen plus approfondi, mais aucune ne nous a offert des caractères essentiellement différents de ceux d'espèces déjà connues. On peut y affirmer la présence des *N. intermedia* et *Ramondi*, comme celle des *N. lævigata* et *perforata* dans la vallée de l'Araxes, et celle des *N. intermedia, perforata* et *Ramondi* dans la chaîne du Demavend au nord de Téhéran.

Sans parler ici de la répartition des dépôts nummulitiques de l'Inde, sujet dont nous traiterons ci-après, nous dirons que des 12 espèces de Nummulites qu'on en a rapportées, 3 (*N. sublævigata, obtusa, Vicaryi*) sont propres à ce pays, et que les *N. scabra, Lucasana, Ramondi, biaritzensis, exponens, granulosa* et *spira*, si répandues dans l'Europe occidentale, sont encore celles qui dominent jusque sur les frontières de la Chine.

En Égypte, où leur abondance avait fixé l'attention des anciens, 15 espèces se montrent à profusion dans des calcaires blancs ou jaunâtres, depuis le pied du Sinaï jusque dans le désert de la Libye, à l'ouest du Nil. Les espèces propres à cette région (*N. gyzehensis* et *Caillaudi*) et d'autres assez rares ailleurs (*N. Lyelli, curvispira, discorbina* et *Beaumonti*) y sont associées avec les *N. Brongniarti, perforata, Lucasana, Ramondi, Guettardi, biaritzensis, striata* et *granulosa*, partout si constantes. Enfin, l'Algérie et le Maroc, quoique n'ayant encore apporté qu'un bien faible tribut, ne sont pas cependant demeurés tout à fait stériles, et le petit nombre d'échantillons que nous avons vus provenant de cette partie nord de l'Afrique suffisent pour prouver que la formation nummulitique est caractérisée au sud du bassin méditerranéen comme sur le reste de son pourtour.

GROUPES.	NOMS des ESPÈCES.	BASSINS TERTIAIRES du nord-ouest de l'Europe.			Versant N.-O. des Pyrénées (Asturies, Santander, Guipuscoa, Landes, Basses-Pyrénées).	Versant S. des Pyrénées (Navarre, Aragon, Catalogne, provinces d'Alicante, de Malaga et de Grenade).	Versant N. des Pyrénées (Bassins de la Garonne supérieure et de l'Aude).	Alpes maritimes (comté de Nice, etc.).	Alpes françaises et de la Savoie.	Alpes suisses.	Alpes de la Bavière et de l'Autriche.
		Hampshire.	Belgique.	Nord de la France.							
1er	complanata, Lam.				*			*		*	*
	Dufrenoyi, n. sp.				*						*
	Puschi, d'Arch.				*			*?			
	distans, Desh.				*var.			*var.		*var.	
	latispira, Menegh.										
	gyzehensis, Ehrenb.										
	Lyelli, n. sp.										
	Caillaudi, n. sp.										
	Carpenteri, n. sp.										
	Tchihatcheffi, d'Arch.										
2e	intermedia, d'Arch.				*			*			*
	? Fichteli, Michelot.				*						
	garansensis, Joly et Leym.				*						
	Molli, d'Arch.				*						
3e	lævigata, Lam.	*	*	*		*					*?
	sublævigata, n. sp.										
	scabra, Lam.		*	*		*					
	Lamarcki, n. sp.			*							
4o	Brongniarti, n. sp.				*						
	Defrancei, n. sp.										
	Bellardii, d'Arch.							*			
	Deshayesi, n. sp.										
	perforata, d'Orb.				*	*					
	Meneghinii, n. sp.				*			*		*	*
	Rouaulti, n. sp.				*						
	obtusa, J. de C. Sow.										
	Verneuili, n. sp.					*					
	Sismondai, n. sp.					*					
	Lucasana, Defr.				*	*	*	*	*?		
	curvispira, Menegh.				*	*	*	*	*		
5e	Ramondi, Defr.				*	*	*	*	*		
	Guettardi, n. sp.				*	*	*	*		*	*
	biaritzensis, d'Arch.				*	*	*	*			
	Beaumonti, n. sp.				*	*	*	*		*	*
	obesa, Leym.				*			*			
	striata, d'Orb.					*		*		*	*?
	contorta, Desh.							*		*	
	Pratti, n. sp.							*		*	
	Murchisoni, Brunn.									*	*
	irregularis, Desh.				*					*	*
	Vicaryi, n. sp.										
	discorbina, d'Arch.										
	Viquesneli, n. sp.										
	planulata, d'Orb.										
	vasca, Joly et Leym.	*	*	*	*	*	*			*	*?
	variolaria, Sow.	*	*var.	*	*						
	Heberti, n. sp.		*		*						
6e	exponens, J. de C. Sow.				*						
	granulosa, d'Arch.				*			*		*	*
	Leymeriei, n. sp.				*	*		*		*	*
	mamillata, d'Arch.				*	*	*				
	spira, de Roissy.				*	*		*		*	
	Totaux	3	5	5	22	12	5	15	4	11	13

Apennins (Italie centrale et îles voisines).	Les Carpathes (Hongrie, Transylvanie, etc.).	Grèce, Turquie-d'Europe et île de Candie.	Crimée.	Asie-Mineure.	Haut-Liban et Taurus.	Arménie et Perse.	Inde occidentale (Béloutchistan, Sinde, Pendjab, région himalayenne).	Égypte.	Algérie.	Maroc.	Pages.	Planches et figures.
*		*?							*		87	I, 1-3.
				*							89	I, 4.
	*										90	I, 5.
			*	*var.				*?			91	II, 1-5.
*											93	I, 6.
								*			94	II, 6-8.
							*var.?	*			95	II, 9, 10, III, 1, 2.
								*			97	I, 8.
*											97	I, 7.
*											98	I, 9.
*	*	*	*								99	III, 3, 4.
		*			*	*					100	III, 5.
		*									101	III, 6, 7.
											102	IV, 13.
*?	*			*		*					103	IV, 1-7.
							*				106	IV, 8.
				*			*				107	IV, 9-12.
				*							109	IV, 14-16.
*	*							*			110	V, 1-4.
											112	V, 5, 6.
											113	V, 9.
											114	V, 8.
*	*	*		*?	*			*	*		115	VI, 1-12.
*											120	V, 7.
											121	VI, 14.
							*				122	VI, 13.
											123	VII, 1-3.
			*?								124	VII, 4.
*			*				*	*			124	VII, 5-12.
	*							*			127	VI, 15.
*		*	*	*	*	*	*	*		*	128	VII, 13-17.
*			*	*			*	*		*	130	VII, 18-19.
*	*	*	*?	*	*		*	*			131	VIII, 4-6.
				*			*	*			133	VIII, 1-3.
				*							134	VIII, 7.
*	*?							*			135	VIII, 9-14.
								*			136	VIII, 8.
								*			137	VIII, 15.
			*								138	VIII, 20-24.
							*				138	VIII, 16-19.
		*						*			139	IX, 1.
*								*			140	IX, 2, 3.
				*							141	IX, 4.
		*									142	IX, 5-10.
	*?	*		*?							145	IX, 11, 12.
											146	IX, 13.
											147	IX, 14, 15.
*				*			*				148	X, 1-10.
*		*	*	*			*	*			151	X, 11-19.
*		*	*					*			153	XI, 9-12.
											154	XI, 6, 7.
*							*				155	XI, 1-5.
20	10	10	8	13	6	4	12	15	2	2		

DEUXIÈME PARTIE.

DESCRIPTION DES ESPÈCES

Première division. CLOISONS EMBRASSANTES PLUS OU MOINS INCLINÉES ET ARQUÉES.

Premier groupe. NUMMULITES LÆVES AUT SUBLÆVES.

NUMMULITES COMPLANATA, Lam.

Pl. I, fig. 1, *a*, *b*, *c*, *d*, *e*, 2, 3.

Helicites	Guettard, *Mém. sur les sc. et les arts*, vol. III, p. 432, pl. xiii, fig. 24. 1770.
—	G. W. Knorr, *Recueil de·monuments*, etc., vol. II, pl. a vii, fig. 1. 1778.
Camerina nummularia [1],	Bruguière, *Encyclop. méthod.*, vol. I, p. 400, n° 7. 1789.
Discolithes nummiforme,	Fortis, *Mém. pour servir à l'hist. nat. de l'Italie*, vol. II, p. 102, pl. ii. fig. a. 1802.
Phacites.	Blumenbach, *Abbild. natur. Gegenst.*, Heft. 4, pl. xl, fig. 3. 1799.
Camerina nummularia ...	Bosc, *Hist. nat. des coquilles* (Buffon de Déterville), vol. V, p. 185. 1802.
Nummulites complanata,	de Lamarck, *Ann. du Mus.*, vol. V, p. 242, n° 4. 1804.
— plana......	de Roissy, *Hist nat. des Mollusques.* (Buffon de Sonnini), vol. V, p. 56. 1805.
— complanata,	de Lamarck, *Hist. nat. des anim. sans vert.*, vol. VII, p. 630. 1822. (Non *Nummularia id.*, Parkinson, *Organic remains*, vol. III, pl. x, fig. 24-27. 1811).
— Id.	Defrance, *Dict. des sc. nat.*, vol. xxxv, p. 224. 1825.
Nummulina complanata,	Alc. d'Orbigny, *Ann. des sc. d'hist. nat.*, p. 130. Janvier 1826.
Nummulites mille-caput,	N. Boubée, *Bull. de la Soc. géol. de France*, vol. II, p. 445. 1832.
— complanata,	de Lamarck, *Hist. des anim. sans vert.*, 2e éd., vol. XI, p. 307. 1845.
— mille-caput,	Joly et Leymerie, *Mém. sur les Numm.* (*Mém. de l'Acad. des sc. de Toulouse*, vol. IV, pl. 1, fig. 1, 2, 3. 1848.) Non *N. id.*, Alex. Rouault (*Mém. de la Soc. géol. de France*, 2e série, vol. III, p. 464, pl. xiv, fig. 8. 1850.)

1. Quoique nous nous conformions généralement à l'usage d'ailleurs bien motivé de conserver à chaque espèce le nom le plus ancien, nous sommes loin de le regarder comme un principe dont l'application doive être absolue. Il doit, comme toutes choses, être soumis au contrôle de la grammaire, de la syntaxe et de la logique. C'est ainsi que l'épithète spécifique de *nummularia* devait être rejetée puisqu'elle formait un pléonasme choquant avec le nom du genre Nummulite.

Nummulites maxima..... T. C. Catullo? *Quelques remarques sur les Nummulites*, etc. 1848.
— COMPLANATA, Rütimeyer, *Ueber das Schweiz. Nummulitenterrain*, etc., p. 102. 1850.
— NUMMULARIA, Alc. d'Orbigny (*pro parte*). *Prodrome de paléont.*, vol. II, p. 335. 1850.
Nummulina COMPLANATA, d'Archiac, *Histoire des progrès de la Géologie*, vol. III, p. 234 et 304[h]. 1850.
— MILLE-CAPUT, P. Savi et G. Meneghini, *Consideraz. sulla geol. della Toscana*, p. 133 et 199. 1851.
— COMPLANATA, *Id.*, *id.*, *ib.*, p. 194 et 200 [1].

Coquille subdiscoïde ou plane, un peu renflée vers le centre; surfaces légèrement ondulées; bord mince, presque tranchant. Diamètre des grands individus des Asturies, du département des Landes, de la Suisse, du Vicentin 75 à 80 millimètres; épaisseur 4 à 6 millim. Ceux de l'île de Candie atteignent jusqu'à 107 millim. sur 3 seulement d'épaisseur.

Tours très-rapprochés, au nombre d'environ 60 sur un rayon de 30 millimètres; 22 tours sont compris dans le premier tiers du rayon à partir du centre, 21 dans le second et 17 dans le troisième; ils sont sub-équidistants, un peu flexueux, se rapprochant quelquefois de manière à se toucher, mais sans se confondre; leur épaisseur ou celle des lames qu'ils représentent est uniforme du centre à la circonférence; dans certains individus, cette épaisseur, comparée à la hauteur des loges, est plus grande vers le centre, égale vers la partie moyenne du disque et moindre vers le bord; l'intervalle entre les tours de la spire s'accroît quoique très-faiblement du centre à la circonférence. — Cloisons arquées, très-infléchies et atténuées à leur jonction avec le tour suivant; peu régulières et inégalement espacées; leur inclinaison est la même dans toute l'étendue de la spire. On en compte 56 dans un quart de tour à la moitié du rayon. Au quart du rayon, à partir du centre, on en compte 31 plus équidistantes que dans le reste de la spire. Des stries irrégulières, flexueuses, partent du pied des cloisons sans s'étendre fort loin à la surface des lames; la voûte des loges est peu distincte de la lame spirale et son angle postéro-supérieur est assez aigu. Les deux feuillets des cloisons s'observent difficilement.

La coupe transverse est celle d'une lentille très-déprimée, dont les deux axes sont entre eux : : $0^m,07$: $0^m,006$, et dont les bords flexueux montrent 60 lames de chaque côté du grand axe. Ces lames très-minces, sub-égales dans leur épaisseur, ne présentent qu'un assez petit nombre de grands pores d'un diamètre peu considérable, autant du moins qu'on a pu en juger, d'après l'état des échantillons. Dans le premier quart de son accroissement, la coquille était proportionnément plus épaisse que dans les phases subséquentes, où elle tendait à se déprimer de plus en plus. La lame spirale offre une couche extérieure (couche vitreuse), mince, moins transparente que celles qu'elle recouvre. Les tours étant contigus et les loges fort étroites, l'ensemble des parties molles internes ne formait dans cette espèce qu'un tès-petit volume.

Observations. Quoique nous n'ayonspu re trouver les échantillons de la collection de Lamarck sur lesquels il avait établi les caractères de cette espèce, la synonymie que nous rapportons et l'accord qu'on y remarque dans les figures citées de même que dans les textes, ne permettent pas de douter de l'exactitude de notre rapprochement. Seulement quelques fausses indications de gisements, depuis Fortis jusqu'à Defrance, indications qui ont été répétées sans un examen préalable, ont contribué à faire oublier le nom de cette espèce si remarquable, la plus grande du genre et qui paraît être beaucoup plus répandue que les suivantes. Il serait inutile d'insister sur les détails de la synonymie que nous donnons; il nous suffira de faire remarquer que la *N. mille-*

1. Dans son mémoire sur la structure microscopique des Nummulites (*Quart. Journ. geol. soc. of London.* vol. VI, p. 21. 1850), M. W. B. Carpenter mentionne une *N. complanata*, mais sans désignation d'auteur, et la coupe qu'il en donne, pl. vi, fig. 17, ne permet pas de penser que ce soit la *N. complanata*, Park., laquelle est notre *N. spira*, tandis qu'elle appartiendrait à notre *N. mamillata*.

caput Boub. a été séparée à tort de la *N. complanata* par MM. P. Savi et G. Meneghini, et que, d'un autre côté, c'est également à tort que M. Alc. d'Orbigny y a réuni les *N. polygyratus*, *irregularis*, *distans* et *placentula* Desh. Les localités où M. d'Orbigny cite sa *N. nummularia* prouvent en outre qu'il y comprend d'autres espèces entièrement différentes; aussi n'y a-t-il pas moins de confusion dans les indications de gisement que dans les fossiles eux-mêmes. Le dessin de MM. Joly et Leymerie donne une fausse idée de la direction des cloisons que l'on pourrait croire droites et plus ou moins normales, tandis qu'elles sont constamment arquées et très-inclinées. La fig. 2, qui en représenterait le jeune âge, appartient évidemment à une autre espèce.

Localités. Columbres (province de Santander); Bastennes, Peyrehorade, Saint-Sever, Montfort, etc. (Landes); — Sospello (comté de Nice); — Beatenberg et Habkeren (canton de Berne), Einsiedeln (Schwitz). Nous n'avons aucune certitude que la *N. distans* Desh. qui comprend la *N. polygyrata* du même auteur, et que M. Rütimeyer cite dans plusieurs localités des cantons d'Uri, d'Appenzell, de Berne, d'Unterwald et de Lucerne, appartienne réellement à l'espèce de Crimée. D'après les nombreux échantillons, à la vérité peu complets, que nous avons étudiés et qui provenaient de ce versant des Alpes, nous n'avons encore reconnu que la *N. complanata*. Ce qui appuie nos doutes relativement aux citations de M. Rütimeyer, c'est l'extrême rareté jusqu'à présent de la véritable *N. distans* dans l'Europe occidentale, tandis que la *N. complanata* est très-fréquente sur le versant nord des Pyrénées occidentales, en France et en Espagne. Il est digne de remarque qu'elle n'a pas encore été signalée dans le centre de la chaîne ni dans sa partie orientale, non plus que dans les Corbières et la montagne Noire; elle serait aussi très-rare dans le comté de Nice, et nous ne l'avons pas observée dans les Alpes françaises.

Très-répandue en Suisse, comme on vient de le dire, la *N. complanata* se montre dans les Alpes de la Bavière, puis sur le versant sud-est des Alpes, à Véronne et à Aveza, à Ronca, à Val d'Agno, au sud de Recoaro, en Dalmatie et à la Majella (Abruzzes). D'après MM. Savi et Meneghini, elle est très-commune dans les monts Euganéens, dans le Vicentin et le Véronais. Ces auteurs citent aussi la *N. mille-caput*, en Sardaigne, mais nous ne savons si cette coquille, qu'ils signalent en Égypte, où nous ne pensons pas qu'elle existe, se rapporte à la *N. complanata* ou à une des grandes espèces de ce dernier pays. Les coupes peu caractérisées qu'on observe dans un calcaire gris-noir, compacte, de l'île de Candie, et qui atteignent des dimensions si extraordinaires appartiendraient peut-être à une autre espèce, plus voisine de la suivante par son extrême minceur. Nous ne pouvons nous prononcer non plus avec certitude sur la Nummulite aussi fort grande qui se trouve engagée dans des calcaires de la Morée. Nous n'avons pas observé la *N. complanata* dans les roches nummulitiques recueillies plus à l'E. Elle n'a pas non plus été signalée dans l'Asie-Mineure, la Turquie d'Europe ni dans les Carpathes; mais peut-être existerait-elle près de Toumietz au camp d'Al-Arouch (province de Constantine)? Jusqu'à présent la *N. complanata* est donc propre à certaines parties de l'Europe occidentale.

Explication des figures.—Pl 1, fig. 4, *N. complanata*; un quart de la spire a été mis à découvert par une coupe perpendiculaire. — 4 *a*, profil. — 4 *b*, moitié d'une coupe transverse grossie du double — 4 *c*, portion de la même très-grossie. -- *d*, segment pris à la moitié du rayon et grossi du double. — 4 *e*, *id.*, grossi quatre fois. — 2, individu très-jeune grossi du double. — 3, var.? coupe d'un individu de l'île de Candie.

NUMMULITES DUFRENOYI, nov. sp.

Pl. I, fig. 4, *a*, *b*, *c*, *d*, *e*.

Coquille plane, mince, à surfaces ondulées, à bord tranchant et très-flexueux. Diamètre, 45 à 53 millim.; épaisseur, 3.

34 tours de spire sur un rayon de 18 millimètres, inéquidistants et inégalement épais, ceux qui avoisinent la circonférence étant plus minces et plus rapprochés que ceux du centre. Quoique assez réguliers, ils offrent quelques anastomoses et quelques dédoublements. Vers le centre et la partie moyenne du disque, leur épaisseur est à peu près égale à la hauteur des loges; mais elle devient d'autant moindre qu'ils se rapprochent de la périphérie. — Cloisons minces, arquées, quelquefois flexueuses et peu régulières, très-infléchies, inéquidistantes, mais fort inclinées dans toute l'étendue de la spire. Cette inclinaison variant de 25 à 45° par rapport à la normale. On compte 27 cloisons dans un quart de tour pris à la moitié du rayon. Elles sont plus rapprochées au centre que vers le milieu du disque et au delà. Cloisons doubles, mais très-serrées; la paroi supérieure des loges peu distincte de la lame spirale et formant avec la postérieure un angle assez aigu. Les loges sont aussi fort étroites, mais un peu plus hautes que dans l'espèce précédente. Filets cloisonnaires très-ondulés, paraissant très-peu ramifiés et assez semblables à ceux de la *N. gyzehensis*; il n'a pas été possible de les suivre jusqu'à une grande distance du bord.

La coupe transverse donne une ellipse encore plus allongée que la précédente, flexueuse, pointue à ses extrémités, et occupée par des lames minces (34) de chaque côté de l'axe et également planes à tous les âges. Elles s'amincissent vers le centre de la lentille, ne laissant entre elles que des vides très-faibles et peu nombreux. Couche vitreuse de la lame spirale extrêmement mince, difficile à apercevoir; les autres couches non distinctes. Grands pores peu nombreux et d'un petit diamètre; moyens pores très-petits, rapprochés et assez régulièrement espacés.

Observations. Cette espèce, facile à confondre avec la *N. complanata*, en diffère par ses dimensions moindres et surtout par sa moindre épaisseur relative, l'absence de renflement dans la région moyenne et centrale, par ses tours moins nombreux dans le rapport de 17 à 20, et par ses cloisons un peu plus espacées et inégalement inclinées lorsqu'on les considère dans une portion de chaque tour.

Localités. La *N. Dufrenoyi* ne nous est encore connue que sur quelques points fort éloignés les uns des autres. Biaritz (Basses-Pyrénées); Donzacq (Landes); — Siegsdorf, Adelholtzen, Malberting, Bavière méridionale; c'est probablement à cette espèce qu'appartiennent les Nummulites du Kressenberg complétement changées en silex pyromaque; — Poggiano (musée de Turin); Zafranboli (Paphlagonie). Les individus de ce dernier pays sont plus larges (53 millim.), mais leur épaisseur ne dépasse pas 3 millim.

Explication des figures. — Pl. I, fig. 4, *N. Dufrenoyi*, dont un quart de la spire est à découvert. — 4 *a* profil. — 4 *b*, moitié d'une coupe transverse grossie du double. — 4 *c*, portion de la même très-grossie. — 4 *d*, segment entier de la spire grossi du double. — 4 *e*, portion d'un segment pris à la moitié du rayon et grossi quatre fois.

NUMMULITES PUSCHI, d'Arch.

Pl. I, fig. 5, *a*, *b*, *c*.

NUMMULINA LÆVIGATA. Pusch, *Polens palæontologie*, p. 163, pl. XII, fig. 16b. 1837.
NUMMULITES.......... Ch. Lyell, *Elements of geology*, p. 399. 1839 (traduction française).
NUMMULINA PUSCHII.... d'Archiac, *Histoire des progrès de la Géologie*, vol. III, p. 241. 1850.

Coquille plane; surfaces régulières, unies; bord arrondi. — Diamètre, 28 à 30 millim.; épaisseur 2.

17 tours sur un rayon de 14 millimètres. Leur épaisseur croît du centre à la circonférence, mais leur écartement est fort irrégulier; aussi la hauteur des loges vers la partie moyenne du disque est-elle double de celle qu'elles ont au centre et au bord. Cloisons presque droites au centre, plus inclinées et plus arquées vers la partie médiane et très-courbées entre les tours les

plus voisins de la circonférence. On en compte 12 dans un quart de tour à la moitié du rayon. Leur espacement ou la profondeur des loges s'accroît du centre vers la partie moyenne du disque, pour diminuer quelquefois dans les tours suivants et augmenter de nouveau près du bord où les loges sont surbaissées par suite du rapprochement des tours.

Cette espèce est une de celles qui montrent le mieux que chaque segment avait une enveloppe solide, indépendante de celle des segments contigus, comme de la lame spirale qui les comprend tous. Les parois propres des segments sont ici toujours faciles à reconnaître, et un angle assez ouvert mesure l'écartement supérieur des deux feuillets d'une cloison. Cet écartement détermine une lacune de grandeur variable, placée entre la jonction supérieure de ces deux feuillets et la couche la plus interne de la lame spirale (fig. 5 $c\,\alpha$). On voit sur beaucoup de points que l'enveloppe segmentaire est elle-même formée de deux feuillets qui, parfois s'écartent beaucoup à la partie antérieure et supérieure de la loge, de telle sorte que le feuillet externe, en allant s'attacher à la partie supérieure et postérieure de la loge suivante, fournit un plafond à la lacune mentionnée (fig. 5 $c\,\epsilon$), et quelquefois, après avoir formé ce premier, ou même par suite d'un nouveau plafond, il se recourbe en dessous pour s'unir au feuillet postérieur en divisant en deux la lacune interseptale (fig. 5 $c\,\gamma$). L'enveloppe de la loge se porte faiblement en arrière, puis se recourbe en avant, suivant une ligne parabolique; quelquefois elle commence à peu de distance du bourrelet spiral (?). Les parois latérales des loges montrent des pores un peu inégaux et irréguliers, qui semblent correspondre à des pores de seconde grandeur.

La coupe transverse donne une ellipse très-allongée, arrondie aux extrémités du grand axe et formée de lames minces, égales, concentriques, dont la courbure est sensiblement la même aux divers âges et qui n'ont pas de rayons bien apparents. La couche vitreuse de la lame spirale est très-distincte.

Observations. L'un de nous avait déjà désigné cette Nummulite sous le nom de *N. Puschi*, comme étant celle que Pusch avait à tort figurée sous celui de *N. lævigata*. Nous avons établi ses caractères d'après les individus bien conservés d'un échantillon de calcaire jaune, sableux, où elle est associée aux *N. Brongniarti* et *Molli*, échantillon étiqueté Peyrorade (Peyrehorade)? mais dont nous ne connaissons pas bien l'analogue dans cette localité du département des Landes. Cependant les échantillons recueillis par M. Lyell dans le même pays, quoique montrant une spire trop régulière, au moins dans le dessin que l'auteur en a donné, ne permettent guère de douter du véritable gisement de celui que nous avons sous les yeux. Quoi qu'il en soit, la *N. Puschi* a des caractères qui empêchent de la confondre avec d'autres. Ses tours sont beaucoup plus épais et moins nombreux que ceux de la *N. Dufrenoyi;* les cloisons sont aussi plus épaisses, plus hautes et plus espacées. Ces deux espèces n'ont de commun que leurs dimensions.

Localités. Peyrehorade (Landes); — environs de Nice? — Zakopane, Koscielisko, et sans doute la plupart des autres parties de la chaîne des Carpathes citées par Pusch, et où elle paraît être constamment associée à la *N. perforata.*

Explication des figures. — Pl. i, fig. 5, *N. Puschi*, dont la moitié de la spire est à découvert. — 5 *a*, profil. — 5 *b*, segment grossi du double. — 5 *c*, portion d'un tour pris non loin du bord et grossi de 30 diamètres.

NUMMULITES DISTANS, Desh.

Pl. II, fig. 1, *a*, *b*, *c*, 2, *a*, 3, *a*, 4, *a*, 5, *a*, *b*.

| NUMMULITES DISTANS. | Deshayes, *Mém. de la Soc. géol. de France*, 1re série, vol. III, p. 68, pl. v, fig. 20, 22. 1838. |
| — | Id. | L. Rousseau, *Description des principaux fossiles de la Crimée. Voyage dans la Russie mérid.*, sous la direction de M. de Demidoff, vol. II, p. 784, atlas, pl. ii, fig. 5. 1840. |

—   polygyratus. Deshayes, *loc. cit.*, pl. v, fig. 17, 18, 19.
—   Id.   L. Rousseau. *loc. cit*, pl. ii, fig. 4.
—   mille-caput. Alex. Rouault, *Mém. de la Soc. géol. de France*, 2ᵉ série, vol. III, p. 464,
            pl. xiv, fig. 8, *a*. 1850.

Coquille discoïde, assez épaisse; surfaces légèrement bombées et ondulées; bord arrondi.
Diamètre, 38 millim.; épaisseur, 5.

18 à 25 tours sur un rayon de 19 millim., épais, flexueux, offrant quelques dédoublements,
sub-équidistants, quoiqu'un peu plus rapprochés au centre et vers la circonférence, et dont
l'écartement varie du simple au double dans les individus qui, à diamètre égal, ont 18 tours et
ceux qui en ont 25. Leur épaisseur varie aussi suivant leur nombre, étant la plus grande dans
les individus dont les tours sont le moins serrés, et la plus petite dans ceux où ils le sont le plus.
Dans le premier cas, cette épaisseur égale la hauteur des loges; dans le second, elle est tout au
plus la moitié. — Cloisons arquées, généralement inclinées de 45°, s'atténuant à leur jonction
avec le tour suivant, et se prolongeant par des stries flexueuses ou filets cloisonnaires sur la
lame du tour précédent. Suivant que les tours sont plus ou moins serrés, on en compte 22 à 32
dans un quart de tour à un demi-rayon de 9 millim. Elles sont équidistantes, et leur direction
est la même du centre à la circonférence. On voit très-bien par place les deux feuillets de chaque cloison, qui sont d'ailleurs intimement soudés; la paroi supérieure et postérieure des loges
se distinguant assez bien de la lame spirale et formant en arrière un angle aigu peu prolongé.
Les lames sont sillonnées de stries fines, ondulées, irrégulières, dont les principales se rattachent à la base des cloisons, et qui se prolongent vers le centre du disque en se dédoublant, se
bifurquant et se contournant sans régularité.

La coupe transverse donne une ellipse fort allongée, mais moins que dans les espèces précédentes, arrondie aux extrémités du grand axe, composée de lames épaisses, celles du centre
l'étant un peu plus que celles de la partie moyenne ou des derniers tours, caractère que la coupe
perpendiculaire ne montre pas. Rayons ou grands canaux non apparents; couche vitreuse de la
lame spirale nulle ou inappréciable.

Observations. Les variations que l'on observe dans le nombre des tours et dans celui des
cloisons, pour un diamètre donné, dans des individus de même taille, différencient cette Nummulite de la plupart de ses congénères où ces nombres sont généralement constants. Les extrêmes
de ces variations y avaient fait distinguer deux espèces; mais une série d'échantillons pris dans la
même couche, tels que ceux provenant des calcaires blancs de la Crimée, montre des passages
qui obligent de les considérer comme les modifications individuelles d'un même type, tous les
autres caractères persistant d'ailleurs. Cette particularité s'accorde avec les diverses irrégularités
que montre la spire de certains individus. Ainsi, dans les fig. 3,3*a*, faites d'après l'échantillon
qui a servi pour établir la *N. polygyrata*, et où les tours sont le plus nombreux, la spire se dédouble six fois et les fig. 2,2*a*, qui représentent un individu où les tours le sont le moins et ont le
plus de largeur, montrent d'abord un dédoublement de la spire sur un point, et au-dessous, le
rapprochement de deux tours contigus est marqué par un pli lamelleux, en forme de cornet, au
delà duquel les cloisons sont inclinées en sens inverse jusqu'à une certaine distance. Les cloisons des deux tours convergent vers le pli précédent, mais la direction de celles du tour suivant
n'est plus intervertie. Un peu plus haut à droite (fig. 2), on voit un autre dédoublement, et les
cloisons des deux tours sont encore inclinées en sens inverse de la direction générale. On peut
observer au-dessous, du même côté, un pli semblable au précédent et vers lequel convergent
aussi les cloisons des tours contigus. Ces cloisons inclinées en sens opposés, à partir de ce point,
forment avec celles des tours suivants une disposition en *chevrons* bien caractérisée. On conçoit
qu'une espèce qui présente de pareilles anomalies devait être très-variable sous d'autres

rapports; tels que le nombre des cloisons, celui des tours et l'espacement de ces derniers. Néanmoins, les limites de ces variations permettent toujours de distinguer la *N. distans* des *N. complanata, Dufrenoyi* et *Puschi*, dont les tours sont plus réguliers, les lames plus minces, plus nombreuses, plus rapprochées, et dont la coquille est moins épaisse, toutes proportions gardées.

On a vu que M. Alc. d'Orbigny avait à tort réuni la *N. complanata* à la *N. distans*, qui s'éloigne également des *N. irregularis* et *placentula* Desh. Nous avons dit aussi que les échantillons de *N. distans* et *polygyrata* signalés dans les Alpes suisses par M. Rütimeyer nous paraissaient se rattacher plutôt à la *N. complanata*. D'un autre côté, MM. P. Savi et G. Meneghini (*Consideraz. sulla geol. della Toscana*, pag. 188), en rapportant à la *N. distans* une espèce d'Égypte, ont probablement confondu cette dernière avec l'une de celles que nous décrivons ci-après, et l'analogie qu'ils ont cru trouver (*loc. cit.*, pag. 199) entre les *N. polygyrata* et *mille-caput* (*complanata*) n'est nullement admissible. M. Alex. Rouault avait bien aperçu les rapports de la Nummulite qu'il cite à Bos-d'Arros avec les *N. distans* et *polygyrata;* mais, convaincu que celle-ci n'était autre que la *N. mille-caput*, il y rapporta naturellement la coquille des environs de Pau, qui est très-plate et beaucoup moins grande que les individus types.

Localités. La *Nummulites distans*, telle que nous l'avons caractérisée, n'a encore été trouvée avec certitude que dans les calcaires blancs et les marnes de la Crimée, c'est-à-dire dans les couches supérieures de la formation. Nous y rapportons, comme constituant une variété *a, depressa,* la Nummulite de Bos-d'Arros, près Pau (Basses-Pyrénées) dont nous venons de parler, celle de Schwendberg, près d'Einsiedeln et de Gross. Nous distinguerons, à titre de variété *b, minor,* une Nummulite fort abondante dans la vallée de l'Aratch (Paphlagonie) que nous avions prise d'abord pour la *N. lævigata,* tant elle lui ressemble par ses dimensions et son aspect extérieur. Les caractères de sa spire montrent au contraire la plus grande affinité avec le type de Crimée. Quelques échantillons peu complets des calcaires de Rocca-Esteron (comté de Nice), nous paraissent appartenir à cette même variété. Jusqu'à présent, la véritable *N. distans* est donc propre à l'ancienne Tauride, tandis qu'une variété comparativement fort petite se montrerait dans la partie opposée de l'Asie mineure, puis, bien à l'ouest de ce point, dans le comté de Nice, et qu'une variété déprimée se trouverait plus à l'ouest encore, dans une seule localité du versant atlantique des Pyrénées. Parmi les échantillons de *N. Lyelli* que M. Meneghini nous a envoyés et qui sont incontestablement d'Égypte, se trouvaient deux individus incomplets de la *N. distans;* l'un d'eux nous a paru pouvoir provenir de Crimée; l'origine de l'autre est plus douteuse.

Explication des figures. — Pl. II, fig. 1, *N. distans,* type. — 1 *a,* coupe transverse. — 1 *b,* portion de la même très-grossie. — 1 *c,* portion d'une coupe perpendiculaire grossie du double et montrant les filets cloisonnaires. — 2, individu à tours plus larges. — 2 *a,* segment de la spire grossie du double. — 3, individu à tours plus serrés. — 3 *a,* portion centrale grossie du double. — 4, *a,* var. *a.* — 5, *a, b,* var. *b.*

NUMMULITES LATISPIRA, Menegh.

Pl. I, fig. 6, *a.*

Nummulina latispira. P. Savi et G. Meneghini, *Considerazioni sulla geol. della Toscana,* p. 189. 1851.

Coquille lenticulaire; bord presque tranchant. Diam. 6 millim., épaisseur 1 1/2?

Loge centrale assez grande; 7 tours réguliers, dont l'épaisseur constante est égale au tiers de la hauteur des loges; les tours 3 à 5 sont les plus espacés, le 6ᵉ et le 7ᵉ très-rapprochés. — Cloisons fort serrées, équidistantes, très-inclinées, surtout à leur jonction avec le tour suivant. On en compte 10 dans un quart de tour à la moitié du rayon.

Observations. Les autres caractères de cette espèce, dont nous ne donnons qu'une figure, nous sont inconnus, et la phrase spécifique que lui a consacrée M. Meneghini ne s'accorde pas tout à fait avec l'unique échantillon que nous avons sous les yeux. Cette Nummulite, comme le dit l'auteur, ressemble aux individus jeunes de la *N. distans;* mais la délicatesse, le rapprochement, la régularité et le nombre des tours aussi bien que des cloisons de la *N. latispira,* comparée à diamètre égal avec la *N. distans,* ne permettent pas de les confondre.

Localités. Cette espèce n'a encore été rencontrée que dans des calcaires blancs étiquetés comme provenant de la Majella, mais qui sont identiques avec ceux du Mont-Gargano. Le même échantillon de roche renfermait les *N. spira, Carpenteri, lævigata, Molli* et *discorbina.*

Explication des figures. — Pl. 1, fig. 6, *N. latispira.* — 6 *a,* la même grossie quatre fois.

NUMMULITES GYZEHENSIS, Ehrenb.

Pl. II, fig. 6, *a, b, c, d, e, f,* 7, *a,* 8.

Nautilus gyzehensis.....	Forskal, *Descriptiones animalium,* in-4°, p. 140. 1775. — *Icones rerum naturalium,* etc., in-4°. 1776.
Phacites..............	Blumenbach, *Abbild. naturhist. Gegenst.,* etc. 1799, Heft 4, pl. xl, fig. 2 (la plus grande des espèces représentées sur l'échantillon de roche).
Discolithes depressa....	Fortis, *Mém. pour servir à l'hist. nat. de l'Italie,* vol. II, p. 103, pl. ii, fig. d, e, pl. iii, fig. 1. 1802.
Nummulites *id*.........	de Roissy, *Hist. nat. des Mollusques,* vol. V, p. 56. 1805. (Buffon de Sonnini).
Lenticulites antiquus...	Schlotheim, *Die Petrefactenkunde,* etc., p. 90, 1820.
Nummulites nummiformis.	Caillaud, *Voyage à Méroé,* etc., vol. IV, p. 267, atlas, vol. II, pl. lxv, fig. 3. 1827.
— antiquus....	Hæninghaus, *Jahrbuch von Leonhard.* 1821, p. 135.
— gyzehensis..	Ehrenberg, *Abhandl. der Königl. Akad. d. Wissenschaf. zu Berlin.* 1838, p. 93.
Nummulina depressa.....	d'Archiac, *Histoire des progrès de la Géologie,* vol. III, p. 236. 1850.

Coquille plane; surfaces régulières ou faiblement ondulées; bord arrondi, quelquefois un peu flexueux. Diamètre 40 millim., épaisseur variant de 3 à 8.

Tours variant de 32 à 40, sur un rayon de 13 millim. 1/2, généralement plus épais et plus écartés vers le centre et la partie moyenne du disque, plus rapprochés et plus minces vers la circonférence, légèrement flexueux, se dédoublant parfois ou s'interrompant brusquement, ou bien encore se rapprochant de manière à se toucher pour se séparer de nouveau. Ces dédoublements sont plus ou moins prononcés, plus ou moins nombreux, suivant les individus. Rarement les deux parties qui en résultent sont égales; presque toujours l'une d'elles est représentée par un filet très-délié, mais les loges qui les séparent ne diffèrent des autres que par leur moindre hauteur. —Cloisons équidistantes, régulièrement mais faiblement arquées vers le centre, plus obliques et moins hautes vers la partie moyenne du disque et surtout vers le bord où les tours sont plus rapprochés. On en compte 56 dans un quart de tour à 10 millim. du centre. Elles sont manifestement doubles, et les feuillets s'écartent un peu en haut et en bas. La voûte de chaque loge, partout très-distincte de la lame spirale, présente en arrière un angle presque droit, un peu arrondi au sommet. La paroi latérale montre quelques grands pores. Filets cloisonnaires un peu épais, quelquefois bifurqués dès l'origine et assez régulièrement ondulés, très-nombreux, très-fins, rapprochés, et formant des méandres assez compliqués vers le milieu du disque. Les grands pores sont situés sur leur trajet comme dans les intervalles. Les pores grands et moyens assez rapprochés, le diamètre des premiers dépassant peu celui des seconds.

Coupe transverse donnant une ellipse allongée, quelquefois irrégulière et à bords flexueux, dont les deux diamètres, dans les individus les plus épais, sont entre eux $: : 4 : 1$. Il n'y a point d'ailleurs de rapport nécessaire entre ces deux dimensions; des individus de 8 millim. d'épaisseur n'ayant que 32 millim. de large, tandis que d'autres de 40 millim. de diamètre n'ont que 6 millim. d'épaisseur. Les lames sont généralement du double plus épaisses vers le centre que vers le bord, mais la forme de la coquille était sensiblement la même à tous les âges. Loges en général assez larges, mais très-basses. Tours de la lame spirale rapprochés et ne laissant entre eux que des vides très-faibles. Couche vitreuse bien distincte. Une zone interne noirâtre, épaisse, tranche par sa teinte sur les couches centrales blanches, mais sa limite supérieure n'est pas nettement arrêtée. Cette zone, fort atténuée sur les côtés des loges, manque tout à fait à leur sommet. Les petits tubes s'y voient mieux que partout ailleurs; tubes moyens fort nombreux ; ceux du bourrelet spiral un peu écartés; les grands , comparativement d'un assez faible diamètre et peu serrés; sillons du bourrelet très-peu prononcés.

Observations. Cette Nummulite, parfaitement distincte de toutes celles qui précèdent, tant par l'extrême rapprochement de ses tours que par leur nombre et celui des cloisons est, comme on le voit, assez variable dans ses dimensions relatives. Dans les individus où les tours se dédoublent fréquemment, la spire devient fort irrégulière, et c'est aussi, comme pour la *N. distans*, la raison qui fait que, à rayon égal, le nombre des tours diffère d'un individu à un autre. Celui où l'on observe le plus de ces dédoublements est nécessairement celui où la somme des tours est la plus élevée. La régularité de la spire semble être en rapport avec celle de la surface extérieure et réciproquement.

Localités. Jusqu'à présent la *N. gyzehensis* est propre à l'Égypte. Elle abonde surtout dans la chaîne arabique, dans celle de Mokatam, à l'est du Caire, sur les pentes inférieures du massif du Sinaï, où elle est associée à la *N. Ramondi*, puis dans le désert à l'ouest du Caire à la *N. Lucasana*, var. *b*.

Explication des figures. — Pl. ii, fig. 6, *N. gyzehensis*, dont un quart de la spire est à découvert. — 6 *a*, profil. — 6 *b*, portion de coupe transverse grossie du double. — 6 *c*, segment de la moitié du rayon grossi quatre fois. — 6 *d*, portion de coupe perpendiculaire prise vers le milieu du rayon et grossie de 30 diametres. — 6 *e*, autre portion prise près du bord et grossie de même. — 6 *f*, portion très-mince de coupe transverse prise vers le bord et grossie de 30 diamètres. — 7, *a*, profil d'un individu renflé et portion d'une coupe perpendiculaire. — 8, profil d'un individu déprimé.

NUMMULITES LYELLI, nov. sp.

Pl. II, fig. 9, *a b*, *c*, 10, *a*, *b*. — Pl. III, fig. 4, *a*, *b*, 2.

Nummulites nummiformis. Caillaud, *Voyage à Méroé*, etc., vol. IV, p. 267, atlas, vol. II, pl. lxv, fig. 4, 5. 1827.

Coquille mince, discoïde ; surfaces très-ondulées ou bosselées; bord tranchant, flexueux. Diamètre 38 millim., épaisseur 2 à 3 millim. Il y a des individus de 55 millim. de diam. dont l'épaisseur est la même.

43 tours sur un rayon de 18 millim., plus espacés dans la région moyenne du disque qu'au centre et à la circonférence, très-flexueux et présentant fréquemment, vers la partie centrale, des dédoublements entre lesquels les cloisons sont quelquefois inclinées en sens inverse. Leur épaisseur est partout un peu moindre que la hauteur des loges. —Cloisons très-minces, presque droites à la base dans certains individus, faiblement et régulièrement arquées dans la plupart, ne

se courbant pour joindre le tour suivant que lorsqu'elles en sont très-près, formant des rectangles curvilignes sub-réguliers. Les filets cloisonnaires capillaires, presque toujours simples, qui partent de leur pied, s'étendent en ondulant de mille manières sur les lames du test. Pores peu nombreux; le diamètre des grands dépassant très-peu ceux des moyens. On compte 56 cloisons dans 1/4 de tour à 10 millim. du centre. Elles sont généralement équidistantes dans toute l'étendue de la spire ou seulement plus rapprochées vers le centre chez quelques individus. Elles sont doubles, et leurs feuillets excessivement minces et rapprochés. La voûte de chaque segment est assez distincte de la lame spirale.

Coupe transverse sub-linéaire et flexueuse, montrant les lames égales, équidistantes du centre vers les bords; rayons ou canaux peu apparents; couche vitreuse de la lame spirale rudimentaire ou nulle.

Var. *a*. Coquille dont le diamètre n'atteint que 25 millim., mais un peu plus épaisse que le type. Ses cloisons ont les mêmes caractères, quoiqu'elles soient un peu plus rapprochées ou plus serrées; il en est de même des tours.

Var. *b*. Forme de la précédente; diamètre 19 millim.; 25 tours inégalement épais, inégalement espacés; 28 cloisons dans un quart de tour à la moitié du rayon ou à 6 millim. du centre. Les tours plus épais et les cloisons presque de moitié plus espacées différencient notablement cette Nummulite des précédentes; aussi ne la désignons-nous que provisoirement à titre de variété, et parce que nous n'en connaissons encore qu'un seul individu.

Observations. Cette espèce a les plus grands rapports avec celle que nous venons de décrire, et il faut une certaine attention pour ne pas les confondre. La *N. Lyelli* devient plus large que la *N. gyzehensis*, mais elle est constamment plus mince, et ses bords sont tranchants au lieu d'être plus ou moins arrondis. Le nombre des tours et des cloisons est sensiblement le même, mais les premiers sont en général plus flexueux, et celles-ci, qui déterminent des loges presque rectangulaires dans la *N. Lyelli*, produisent des rhombes assez allongés dans sa congénère. Une circonstance plus fréquente dans cette espèce que dans aucune autre et que l'on observe également dans la variété, est d'avoir été percée par un ver marin, d'un diamètre à peu près égal à celui des loges ou à l'écartement des tours, et qui, après avoir traversé les lames du test suit souvent à l'intérieur un ou plusieurs tours de la spire, en détruisant les cloisons sur son passage, puis coupe obliquement la spire en traçant des méandres plus ou moins compliqués. Nous ne savons point si c'est cette Nummulite ou la précédente que M. Schafhäult a désignée sous le nom de *N. nummiformis* (*Neu. Jahrb. fur Miner*. 1846, p. 406), mais c'est certainement celle que M. Caillaud a nommée ainsi et à laquelle nous avons dû imposer un nouveau nom, celui de *nummiformis* ayant été donné précédemment à plusieurs autres espèces. Nous ignorons également si c'est à elle que Forskal avait assigné les noms de *Nautilus major* et *placentula*, conservés plus tard par M. Ehrenberg, lorsqu'il a placé ces corps parmi les Nummulites sans en publier ni figures, ni description.

Localités. Cette espèce paraît être très-répandue dans le désert de la Libye; à l'ouest du Caire, elle est associée à la précédente et à la *N. Lucasana*, var. *b*. La variété *a*, dont les échantillons appartiennent au musée de Turin, sont étiquetés comme provenant du Véronais, origine qui nous eût paru douteuse, si nous n'avions vu depuis cette Nummulite dans un calcaire grossier du même pays, associée aux *N. spira, Lucasana* et *Ramondi*. La var. *b*, dont nous ne possédons qu'un seul individu, est du Sinde.

Explication des figures. — Pl. ɪɪ, fig. 9, *N. Lyelli*, var. *a*, dont la spire est à découvert. — 9 *a*, profil. — 9 *b*, portion centrale de la spire grossie quatre fois. — 9 *c*, portion d'un segment pris à la moitié du rayon et grossie quatre fois. — 10, var. *b*, montrant un quart de la spire. — 10 *a*, profil. — 10 *b*, portion d'un segment pris à la moitié du rayon et grossie quatre fois. — Pl. ɪɪɪ, fig. 1, type d'une grande taille. — 1 *a*, profil. — 1 *b*, portion d'un segment pris au tiers du rayon et grossi quatre fois. — 2, profil d'un individu jeune.

NUMMULITES CAILLAUDI, nov. sp.

Pl. I, fig. 8, *a*, *b*, *c*.

Coquille régulière ; surfaces parfaitement planes, unies; bord arrondi. Diamètre, 12 millim. ; épaisseur, 1 1/2.

10 à 11 tours, très-minces, flexueux. — Cloisons arquées, inclinées, un peu flexueuses, se prolongeant par des filets sur la lame précédente. — Loges croissant en hauteur comme l'écartement des tours, assez régulièrement du centre à la circonférence.

Coupe transverse donnant un parallélogramme fort allongé, régulièrement arrondi à ses angles, composé de chaque côté de 10 lames excessivement minces vers le milieu, puis s'épaississant graduellement vers les extrémités ou sur le pourtour du têt, de manière à rester parallèles et à donner à la coquille la même épaisseur au centre et à la circonférence.

Observations. Quoique imparfaitement connue et voisine de la *N. gyzehensis*, cette Nummulite nous a paru devoir en être séparée ; la comparaison des coupes perpendiculaires suffira pour faire ressortir leurs différences.

Localités. Elle est empâtée en grande quantité dans un silex brunâtre qu'a recueilli M. Caillaud dans le désert libyque d'El-Garah-el-Amrah, à six journées de l'oasis de Syouah, sur la route de la petite oasis.

Explication des figures. — Pl. I, fig. 8, *N. Caillaudi*, portion de coupe perpendiculaire. — 8 *a*, coupe transverse. — 8 *b*, la même grossie du double. — 8 *c*, moitié de la même grossie quatre fois.

NUMMULITES CARPENTERI, nov. sp.

Pl. I, fig. 7, *a*, *b*, *c*, *d*.

Coquille discoïde; surfaces unies, planes ou légèrement bombées et ondulées; bord sub-tranchant ou peu arrondi. — Diamètre, 18 à 20 millim. ; épaisseur, 3.

27 à 30 tours un peu flexueux, assez réguliers, mais se touchant quelquefois, rapprochés au centre, plus écartés vers le milieu du disque, puis se resserrant de nouveau vers le bord, où ils sont presque contigus; leur épaisseur varie comme leur écartement : médiocre au centre, plus grande au milieu, sur le pourtour elle se réduit à une lame extrêmement mince. Dans les deux premiers tiers de la spire, cette épaisseur est un peu plus grande que la hauteur des loges, et dans le dernier tiers elle est double de celle-ci. — Cloisons peu arquées et peu inclinées dans les premiers tours, plus espacées et plus inclinées dans les suivants. On en compte 8 dans un quart de tour à la moitié du rayon; au delà elles deviennent très-courtes par suite du resserrement des tours, inégalement espacées, puis très-rares ou presque nulles sur le pourtour. Elles se prolongent à peine sur la lame du tour précédent, entièrement occupée par des filets très-faiblement accusés. La forme et les dimensions des loges varient suivant les modifications des tours et des cloisons.

Coupe perpendiculaire donnant une ellipse fort allongée, terminée en ogive aiguë aux extrémités du grand axe, et composée de 27 à 30 lames très-serrées, très-minces, sans rayons apparents.

Observations. Par les caractères de sa spire, cette espèce se rapproche beaucoup de la *N. perforata*, mais la structure du test de la lame spirale la placerait au contraire dans le voisinage de la *N. lævigata*, dont elle diffère par ses tours d'un tiers plus nombreux à diamètre égal, et dont les derniers, de plus en plus serrés et amincis, rendent les cloisons courtes et presque nulles. Celles-ci sont du double plus espacées que vers le centre, tandis que dans la *N. lævigata*, l'espacement des tours est sensiblement le même pour toute la spire, et les loges, d'égale grandeur et de même forme, ne croissent que très-faiblement et régulièrement du centre à la circonférence. Nous avions d'abord pensé que la *N. Carpenteri* pouvait être une variété de cette dernière qui existerait aussi dans la même roche, mais ces différences si prononcées dans les diverses parties de la spire ont dû nous l'en faire séparer au moins quant à présent. La *N. lævigata* est une des espèces dont nous avons comparé le plus d'individus, or les modifications que ceux-ci nous ont offertes portaient toujours sur la forme générale et non sur les caractères propres de la spire. Mieux connue, peut-être la *N. Carpenteri* devra-t-elle être placée dans l'un des deux groupes suivants.

Nous avons fait représenter (fig. 7 *d*) une irrégularité fort rare : à partir du 3ᵉ tour, la spire s'interrompt brusquement, et l'on voit 4 tours, développés seulement sur la moitié de la circonférence ou d'un seul côté du centre, venir s'appuyer de l'autre sur deux tours irréguliers qui limitent le tout, en formant d'abord une sorte d'ovale, et dont le plus grand décrit ensuite, en sens inverse, une spire continue jusqu'au bord. Les cloisons, quoique inégalement inclinées et espacées, persistent aussi dans les tours interrompus.

Localités. Calcaires blancs du Mont-Gargano et de la Majella avec les *N. Molli, spira, discorbina, lævigata, Tchihatcheffi* et *latispira*.

Explication des figures. — Pl. ɪ, fig. 7, *N. Carpenteri*, montrant la moitié de la spire. — 7 *a*, profil. — 7 *b*, segment de la spire grossi du double. — 7 *c*, segment grossi quatre fois. — 7 *d*, individu dont le commencement de la spire est très-irrégulièr.

NUMMULITES TCHIHATCHEFFI, d'Arch.

Pl. I, fig. 9, *a, b, c, d, e.*

Nᴀᴜᴛɪʟᴜs ʟᴇɴᴛɪᴄᴜʟᴀʀɪs, var. α, Fichtel et Moll., *Testacea microscopica*, pl. ᴠɪ, fig. *e, f, g, h*, 1803.

Coquille sub-lenticulaire, souvent irrégulière et dissymétrique; surfaces un peu ondulées; bord arrondi et sinueux. Diamètre, 7 millim.; épaisseur, 2 3/4.

Loge centrale grande, sphéroïdale; 6 tours sur un rayon de 3 millim. 1/2, minces, peu réguliers, plus écartés vers la partie moyenne du disque que vers le milieu et à la circonférence. — Cloisons très-arquées et inclinées quelquefois de 45°. On en compte 4 dans le quart du troisième tour, 6 dans un quart du cinquième, et elles sont équidistantes dans toute l'étendue de la spire. Parois des loges intimement soudées à celles des loges adjacentes et à la lame spirale. C'est seulement près du bord de celle-ci et sur un petit nombre de points que l'on peut apercevoir des traces de la double lame des cloisons. L'angle postéro-supérieur est aigu et prolongé. Rarement une nuance un peu différente permet de reconnaître la paroi supérieure qui se confond presque toujours avec la lame spirale. Les filets cloisonnaires, flexueux, très-fins, partant du pied des cloisons, remontent vers le milieu du disque.

La coupe transverse montre la dissymétrie assez fréquente des deux faces, la loge centrale et les lames dont la courbure varie de chaque côté du grand axe. Rayons centraux non apparents; couche vitreuse peu prononcée.

Observations. La *N. Tchihatcheffi* n'a de commun avec les *N. Molli* et *garansensis* que la loge centrale; sa forme et tous les caractères de sa spire l'en séparent nettement, mais elle pourrait être confondue avec la *N. curvispira*, dont elle diffère cependant par plusieurs caractères,

tels que sa forme plus renflée, son bord plus arrondi, l'absence de granulations, l'obscurité des
filets cloisonnaires, et mieux encore par les détails de la spire. (V. *posteà*.)

Localités. Aveza (Vicentin), avec la *N. complanata;* mont Zopia (ib., suivant un échantillon
de roche du musée de Turin qui en est entièrement composé); Mont-Bolca? avec la *N. Pratti;*
Monts-Euganéens; — cailloux siliceux des Apennins du Bolonais; peut-être dans les calcaires
blancs du Mont-Gargano avec la *N. Molli;* versant oriental de la Majella (Abruzzes); — Claudiopolis (Transylvanie). Elle est très-répandue dans les calcaires blancs marneux d'Hadinkoï (Thrace),
avec la *N. Ramondi*, et non moins abondante dans les calcaires blancs et les marnes de la Crimée.

Explication des figures. — Pl. I, fig. 9, *N. Tchihatcheffi*. — 9 *a*, coupe perpendiculaire. — 9 *b*, *id*.,
grossie du double. — 9 *c*, coupe transverse. — 9 *d*, *id*., grossie du double. — 9 *e*, portion du commencement
de la spire grossie de 10 diamètres.

DEUXIÈME GROUPE. NUMMULITES RETICULATÆ.

NUMMULITES INTERMEDIA, d'Arch.

Pl. III, fig. 3, a, b, c, d, 4, a, b, c, d, e, f.

NUMMULINA INTERMEDIA, d'Archiac, *Mém. de la Soc. géol. de France*, 2ᵉ série, vol. II, p. 499. 1846.
    —   Id..... Id., *Ibid*., vol. III, p. 446, pl. ix, fig. 23, 24. 1850.
    —   Id..... Id., *Histoire des progrès de la Géologie*, vol. III, p. 237. 1850.

Coquille très-mince; surfaces parfaitement planes à l'état jeune, et bordées d'un limbe peu
prononcé; dans les vieux individus, elles sont ondulées et le bord est flexueux. Diamètre des
individus les plus nombreux, 4 millim.; épaisseur, 1/2. Diamètre des grands individus,
10 millim.; épaisseur, 1 mill. 1/2.

Loge centrale fort petite; 10 tours serrés, réguliers ou un peu flexueux, sur un rayon de
4 millim., plus rapprochés au centre que vers la circonférence, et plus épais dans cette dernière
partie où l'épaisseur est égale à la hauteur des loges. — Cloisons très-minces, peu arquées,
équidistantes, assez également inclinées de 12° à 15°. On en compte 6 dans un quart de tour à
2 millim. du centre.—Parois de l'enveloppe segmentaire bien distinctes, se recourbant en arrière
suivant un angle presque droit; feuillets cloisonnaires réunis vers le bas et s'écartant beaucoup
au sommet (fig. 4 *f*); parois latérales des loges présentant quelques pores un peu moindres que
les grands. Filets cloisonnaires (fig. 4 *g*) ramifiés et dédoublés depuis le bord, et constituant un
réseau très-irrégulier dans lequel on observe rarement des mailles fort allongées. Grands pores
situés tantôt sur le trajet de ces filets, tantôt dans leurs intervalles.

Coupe transverse donnant une ellipse fort allongée, composée de neuf lames assez étroites;
tours très-rapprochés, ne laissant entre eux que de faibles espaces peu nombreux. Ceux-ci
ne sont pas plus prononcés dans les individus renflés dont les tours sont seulement plus épais.
Couche vitreuse rudimentaire, excepté sur les derniers tours où on la distingue assez bien. Les
couches internes ont une teinte plus foncée que celles qui les recouvrent. Tubes moyens peu
distincts et peu nombreux, excepté vers les bords du test; grands tubes assez larges, se continuant en ligne droite, cylindroïdes, espacés d'environ deux fois leur diamètre. Sillons du
bourrelet rapprochés et peu prononcés.

Observations. Cette espèce est voisine des *N. lævigata* et *planulata*. Les grands individus
seuls, toujours peu nombreux relativement aux petits, comme cela a lieu pour d'autres espèces,
pourraient être confondus avec des jeunes de la *N. lævigata*, et ils se distinguent de ceux de la

N. planulata par l'absence des flammules que déterminent à la surface les filets cloisonnaires rayonnants, remplacés ici par les mailles d'un réseau complet, très-délicat qui s'étend jusqu'au bord même des lames. Les individus de moyenne taille diffèrent aussi de la *N. planulata* jeune par leur forme plus déprimée, le bord moins tranchant, l'absence de stries rayonnantes ou falciformes à la surface, et parce qu'au diamètre de 4 millim. la coquille semble fermée et dépourvue de renflement central. Le réseau de la surface des lames empêche encore de confondre la *N. intermedia* avec la *N. vasca*, qui est pourvue de filets rayonnants et flexueux; mais c'est surtout par la comparaison de la spire qu'on peut distinguer ces deux espèces, en apparence très-voisines, et associées quelquefois dans la même couche. Il nous est plus difficile de la séparer de la *N. Fichteli* Michelot., à en juger d'après le seul échantillon de cette dernière que nous avons pu examiner.

Localités. La *N. intermedia* existe aux environs de Santander; elle est très-répandue dans les couches de calcaires marneux des falaises de Biaritz, depuis la Chambre-d'Amour jusqu'à l'Anse-du-Phare et au-dessous d'Atalaye, autour de Bayonne, entre le Tuc-du-Saumon et Cassini, à la fontaine de la Médaille, près Gamarde, à l'Herté, Gaas, etc. (Landes); — Nous ne la connaissons pas dans les Corbières, dans les Pyrénées centrales, ni en Catalogne, mais elle reparaît dans le comté de Nice, à Rocca-Esteron, à Ventimiglia, à Savone, au mont Cannello, puis en Piémont, non loin d'Acqui, dans la vallée de la Bormida, à Grognarda, près de Cadibona, à Dego, dans des couches regardées par quelques personnes comme appartenant à la période tertiaire moyenne, et dans la colline de Superga, si toutefois on vient à reconnaître qu'elle est identique avec la *N. Fichteli*; — Elle existe dans les cailloux siliceux des Apennins du Bolonais, dans le Vicentin et à Sonthofen (Bavière). — Plus à l'est, elle a été observée dans la chaîne côtière de la mer Noire; — en Asie, près d'Ainzarka (Haut-Liban), autour de Keban-Maden, au centre du Taurus, et à la traversée du col de Khialaneck dans la chaîne du Demavend, au nord-ouest de Téhéran (Perse).

Explication des figures. — Pl. III, fig. 3, *a*, *N. intermedia*, grand individu vu en dessus et de profil. — 3 *b*, coupe transverse. — 3 *c*, moitié de cette coupe grossie quatre fois. — 3 *d*, segment d'une portion de la lame montrant le réseau cloisonnaire. — 4, coupe perpendiculaire d'un individu de moyenne taille. — 4 *a*, id., grossie du double. — 4 *b*, portion de spire grossie quatre fois. — 4 *c*, individu de moyenne taille. — 4 *d*, id., profil. — 4 *e*, portion de coupe transverse prise au milieu, grossie de 65 diamètres. — 4 *f*, portion de coupe perpendiculaire prise à l'avant-dernier tour; 4 *g*, portion du réseau cloisonnaire, l'une et l'autre grossies de 30 diamètres.

NUMMULITES FICHTELI, Michelot.

Pl. III, fig 5, *a*.

Nummulites Fichteli, Michelotti, *Saggio storico dei rizop. caratter. dei terr. sopracret.*, p. 44, pl. III, fig. 7. 1841.
Nummulina Id..... Id., *Description des foss. des terr. mioc. de l'Italie septentr.*, p. 15, pl. I, fig. 9. 1847.

Coquille lenticulaire, très-déprimée, régulière; surfaces unies, bordées d'un limbe circulaire. Diamètre, 5 millim.; épaisseur, 3/4 de millim.

Centre de la spire, tours et cloisons imparfaitement connus.

Observations. Cette Nummulite, dont nous ne connaissons qu'un seul échantillon que nous avons craint de détruire en l'ouvrant, montre la plus grande ressemblance avec la *N. inter-*

media. Nous la conservons provisoirement jusqu'à ce que l'examen complet d'autres individus soit venu confirmer un rapprochement que nous croyons probable.

Localité. Formation tertiaire moyenne de la colline de Turin.

Explication des figures. — Pl. III, fig. 5, *N. Fichteli.* — 5, *a*, coupe transverse grossie du double.

NUMMULITES GARANSENSIS, Joly et Leym.

Pl. III, fig. 6, *a*, 7, *a*, *b*, *c*, *d*, *e*, *f*, *g*.

NUMMULITES GARANSIANA, Joly et Leymerie. *Mém. de l'Acad. des sc. de Toulouse*, 3ᵉ sér., vol. IV, p. 214, pl. I, fig. 9-12, pl. II, fig. 8. 1848.

NUMMULINA   Id..... d'Archiac, *Histoire des progrès de la Géologie*, vol. III, p. 237. 1850.

Coquille lenticulaire, régulièrement bombée vers le centre; surfaces un peu déformées, montrant de grands pores sub-pustuliformes, nombreux et régulièrement espacés; pores moyens rares et peu apparens; bord à peine arrondi. Diamètre, 5 millim.; épaisseur, 2.

Loge centrale assez grande. Première loge sériale semilunaire; 10 tours sur un rayon de 2 millim. 1/2, très-réguliers, équidistants et d'une égale épaisseur dans toute l'étendue de la spire; cette épaisseur est un peu moindre que la hauteur des loges. — Cloisons courtes, peu arquées, très-espacées (5 dans un quart de tour à la moitié du rayon), inclinées de 25° à 30°, souvent épaissies ou dilatées à leur jonction avec le tour suivant et se recourbant de part et d'autre en arceaux plus ou moins allongés. Leur hauteur est égale dans toute l'étendue de la spire, et leur écartement s'accroît lentement du centre à la circonférence. Parois des loges bien distinctes; feuillets des cloisons fortement écartés au sommet, angle postéro-supérieur des loges presque droit, et leurs parois latérales montrant quelques pores presque égaux aux grands. Filets cloisonnaires assez larges, constamment doubles, réticulés depuis le bord jusqu'au centre de sorte qu'il est impossible de déterminer la cloison d'où ils partent. Ce réseau fort irrégulier n'a point de mailles très-allongées. Les grands pores s'ouvrent dans leurs intervalles comme entre leurs feuillets.

La coupe transverse donne une ellipse assez régulière, occupée par des lames d'une égale épaisseur, également courbes, dont les intervalles sont traversés par les cloisons et les mailles les plus élevées du réseau cloisonnaire. La coupe (fig. 7 *g*) ne passant pas tout à fait par le centre, laisse voir des loges assez larges et des espaces vides assez grands entre les tours de la lame. Couche vitreuse rudimentaire. Les grands tubes espacés d'environ trois fois leur diamètre, ayant un peu la forme de cornets et ne correspondant pas toujours exactement à ceux qui leur sont superposés. Sillons du bourrelet bien marqués, peu nombreux, droits et continus.

Observations. La *N. garansensis* se fait remarquer par le nombre et la régularité de ses tours, par l'écartement des cloisons et surtout par le réseau vasculaire étendu sur les lames, réseau que la *N. intermedia* nous a seule montré aussi bien développé. Le mode de remplissage des mailles du réticule est d'ailleurs analogue à celui des perforations tubulaires dans les espèces pourvues de rayons centraux et dont la surface est granuleuse, et l'altération du test produit un effet comparable à ce que nous observerons dans les *N. Bellardii* et *Brongniarti*. Sous le rapport de sa spire, comme sous celui de sa forme, la *N. garansensis* est voisine de la *N. Molli*, mais le nombre et la disposition des cloisons, comme la forme des loges, l'en séparent nettement. Elle paraît être en outre constamment plus petite.

Localités. M. Leymerie a trouvé cette espèce à Garans, près Gaas (Landes); localité d'où M. Delbos nous l'a également envoyée, et dont il rapporte les couches à la base de la formation tertiaire moyenne que caractérise sur ce point la *Natica crassatina*. **M.** Viquesnel l'a rencontrée à l'autre extrémité de l'Europe, dans un calcaire marneux, près d'Euren, à une demi-lieue d'Érikli (Roumélie).

Explication des figures. — Pl. III, fig. 6, *a*, *N. intermedia*, individu très-grand, vu en dessus et de profil. — 7, individu de taille moyenne. — 7 *a*, réseau cloisonnaire grossi du double. — 7 *b* et 7 *c*, segments de la spire grossis quatre et huit fois. — 7 *d*, coupe transverse. — 7 *e*, la même grossie quatre fois. — 7 *f*, portions de tours découverts et portions de la lame grossies de 30 diamètres.—7 *g*, portion de coupe transverse grossie de 30 diamètres.

NUMMULITES MOLLI, d'Arch.

Pl. IV, fig. 13, *a*, *b*, *c*.

Nautilus lenticularis. Fichtel et Moll, *Testacea microscopica*, etc., pl. VII, fig. *c*, *d*, *e*, *f*, var. γ. 1803.
Nummulina Molli...... d'Archiac. *Histoire des progrès de la Géologie*, vol. III, p. 239. 1850.

Coquille lenticulaire, régulièrement bombée vers le milieu du disque; surfaces un peu rugueuses ; bord arrondi. Diamètre, 6 millim. ; épaisseur, 2 1/2.

Une loge centrale apparente, de grandeur variable, presque toujours suivie d'une première loge sériale semi-lunaire ; 9 tours très-réguliers sur un rayon de 3 millim., en général également épais, équidistants, sans dédoublements, quelquefois plus larges dans la partie moyenne et centrale.—Cloisons très-régulières dans toute l'étendue de la spire, équidistantes, peu inclinées, faiblement arquées. On en compte 8 sur un quart de tour à 2 millim. du centre. Filets cloisonnaires réticulés?

Observations. La présence constante de la loge centrale, la forme générale très-régulière, de même que la symétrie de la spire et des cloisons, distinguent la *N. Molli* de la plupart de ses congénères. Cette espèce est une de celles dont la première loge, ou loge centrale, plus développée que la suivante, permet d'observer la manière dont naissent et se multiplent les segments.

Localités. Bien figurée dans l'ouvrage de Fichtel et Moll , qui la signalent en Transylvanie, cette espèce, ou une très-voisine, autant que l'état des échantillons permet d'en juger , paraît accompagner la *N. Brongniarti* dans le calcaire grésiforme que M. Caillaud a observé au rocher du Four, à deux lieues en mer, à l'ouest du Croisic; elle se trouve ensuite dans les calcaires de Nousse (Landes), mais particulièrement dans les calcaires blancs du Mont-Gargano (royaume de Naples) avec les *N. discorbina*, *granulosa*, *lævigata*, etc., et peut-être à Pin guente? (Istrie).

Explication des figures. — Pl. IV, fig. 13, *a*, *N. Molli*, coupe perpendiculaire et profil. — 13 *b*, grossie du double, montrant une partie de la spire et plusieurs tours de la lame. — 13 *c*, coupe transverse. — 13 *d*, portion de la spire grossie quatre fois.

NUMMULITES LÆVIGATA, Lam.

Pl. IV, fig. 1, *a*, *b*, *c*, *d*, *e*, *f*, *g*, 2, *a*, 3, 4, *a*, 5, *a*, *b*, 6, 7.

PIERRE LENTICULAIRE . . . . Denys Dodart, *Observ. sur les pierres lenticulaires de Vau-ciennes* (*Mém. de l'Acad. r. des sc.*, vol. 1, p. 306. 1733).

HÉLICITES   Id . . . . Guettard, *Mém. sur les sciences et les arts*, vol. III, p. 431, pl. XIII, fig. 1-10 et 29. 1770.

PIERRE LENTICULAIRE OU NUMMULAIRE,   de Saussure, *Voyage dans les Alpes*, vol. I, p. 337, pl. III, fig. 2. 1779.

HÉLICITES LENTICULARIS . . . . Burtin, *Oryct. de Bruxelles*, p. 103, pl. XXII, fig. B. 1784.

CAMERINA LÆVIGATA . . . . Bruguière, *Encycl. méth.*, *Vers*, vol. VI, (*Mollusques*, vol. III, p. 399, n° 1. 1789).

—   Id . . . .
—   ORBICULAIRE et NUMISMALE,   Héricart de Thury, *Journal du département de l'Oise*, an VIII, p. 38, pl.-fig. 4 et *a*, *b*, *c*, *d*, *e*, *f*, *g* et fig. 4 et 5 (les deux de droite).

PHACITES FOSSILIS? . . . . Blumenbach, *Naturhist. Abbild. Gegenst.*, pl. XL, fig. 3. 1802.

DISCOLITHES NUMISMALE . . . . Fortis, *Mém. pour servir à l'hist. nat. de l'Italie*, vol. II, p. 100 102 et 105, pl. I, fig. *q*, *r*, *s*, *u*, *v*. *x*, *y*, *z*, pl. II, fig. K, L, M. 1802.

CAMERINA LÆVIGATA . . . . Bosc, *Histoire nat. des coquilles*, vol. V, p. 185, pl. XLII, fig. 5, 6, 7. 1802 (Buffon de Déterville).

NUMMULITES Id . . . . de Lamarck, *Système des animaux sans vertèbres*, p. 104. 1801. — *Ann. du Mus.*, vol. V, p. 241, n° 1. 1804. — *Ib.*, vol. VIII, pl. LXII, fig. 10. 1806.

—   GLOBULARIA . . . .   Id., ibid., vol. V, p. 241, n° 2. 1804.

—   LÆVIGATA . . . . de Roissy, *Hist. nat. des Mollusques*, vol. V, p. 55. 1805 (Buffon de Sonnini). — L'auteur y rapporte les *Camérines lisse*, *striée* et *tuberculeuse* de Bruguière, puis les *Discolithes* de Fortis, *loc. cit.*, vol. II, pl. I, fig. *a-z*, dont plusieurs constituent des espèces très-différentes.

—   DENARIUS? . . . . Denys de Montfort, *Conch. syst.*, p. 159, pl. XXXIX, 1808.

NUMMULARIA LÆVIGATA . . . . Parkinson, *Organic Remains*, vol. III, p. 152, pl. X, fig. 13-14. 1811.

LENTICULITES DENARIUS . . . .
—   MAMILLARIS . . . .   Schlotheim, *Miner. Taschenb.*, vol. XIII, p. 51. 1813. — *Die*
—   PHACITICUS? . . . .   *Petrefactenkunde*, etc., p. 89. 1820.

NUMMULITES LÆVIGATA . . . . de Lamarck, *Hist. des anim. sans vert.*, vol. VII, p. 629. 1822. — *Id.*, 2ᵉ éd., vol. XI, p. 306. 1845.

—   GLOBULARIA . . . .   Id. — Ibid. — Ibid.

NUMMULITES LÆVIGATA . . . . Defrance, *Dict. des sc. nat.*, vol. XXXV, p. 224. 1825.

—   GLOBULARIA . . . .   Id., ib. — Fortis, *loc. cit.* pl. I, fig. *s*, *t*. — Non N. id., P. Savi et G. Meneghini, *Consid. sulla geol. della Toscana*, p. 191 et 201. 1851.

—   ROTULA . . . .   Id., ib. — Fortis *loc. cit.*, pl. I, fig. *u*, *v*.

NUMMULINA LÆVIGATA............ Alc. d'Orbigny, *Ann. des sc. d'hist. nat.*, vol. VII, p. 129. Janv.
1826.

—   GLOBULARIA .... Id., ib.

CAMERINA LÆVIGATA............... Cuvier, *Règne animal*, 2e éd. 1828. — 3e éd., avec planches, *Mollusques*, p. 31, pl. XIV, fig. 3.

NUMMULITES LENTICULARIS........ de Blainville, *Malacologie*, p. 372, pl. IV, fig. 2. 1828.

NUMMULARIA LÆVIGATA........... Sowerby, *Mineral conchology*, vol. VI, p. 75, pl. DXXXVIII, fig. 1. 1829.

NUMMULITES   Id.............. Deshayes, *Descript. des coq. caract. des terrains*, p. 251, pl. III, fig. 11, 12. 1831.

NUMMULARIA   Id.............. Buckland, *Geology and mineralogy*, etc., vol. I, p. 381, pl. XLIV, fig. 6, 7. 1838.

NUMMULITES   Id............... Galeotti, *Mém. sur la constit. géogn. du Brabant méridional* (*Mém. couronnés par l'Acad. de Bruxelles*, vol. XII), p. 141, pl. III, fig. 12. 1837.

—   GLÓBULARIA........... Id. — Ib.

NUMMULINA LÆVIGATA............ Bronn, *Leth. geognost.*, p. 1136, pl. XLII, fig. 26, *a*, *b*, *c*. 1838.

NUMMULITES   Id............... d'Archiac, *Bull. de la soc. géol. de France*, vol. X, p. 188. 1839.

—   RHOMBOIDALIS......... Schafhäutl, *Neu. Jahrb. für Miner.*, 1846. p. 184.

—   LENTICULARIS CRASSA.. Id., ib.

—   GLOBULARIA?? .... Pilla, *Distinzione del terreno etrurio*, p. 104, pl. I, fig. 10, 11, 20 (pessima). 1846.

—   LÆVIGATA............ Joly et Leymerie, *Mém. sur les Numm.* (*Mém. de l'Acad. des sc. de Toulouse*, 3e sér., vol. IV, p. 148, pl. II, fig. 5, 6.) 1848.

—   Id.............. Carpenter, *Quart. journ. of the geol. soc. London*, vol. VI, p. 21. 1849.

NUMMULARIA   Id............... Dixon, *The geology and fossils*, etc., p. 85, pl. VIII, fig. 12, 13. 1850.

NUMMULITES   Id.............. Alc. d'Orbigny, *Prodrome de paléontologie*, vol. II, p. 406. 1850.
— L'auteur commet ici une véritable confusion en rapportant
cette espèce la *Nummularia elegans*, Sow., représentée. pl.
DXXXVIII, fig. 2, tandis que la fig. 1 de cette même planche est la
véritable *N. lævigata;* par suite, M. d'Orbigny suppose à tort
que nous avons pris pour la *N. elegans* une autre espèce de
Biaritz, localité où elle existe réellement. C'est la *N. planulata*,
d'Orb., *loc. cit.*, p. 365. Voyez *posteà*.

—   GLOBULARIA .... Alc. d'Orbigny, *loc. cit.*, p. 335.

—   LÆVIGATA .... Rütimeyer, *Ueber das Schweizer. Nummulitenterrain.*, p. 101. 1850.

—   GLOBULARIA .... Id., ib.

NUMMULINA LÆVIGATA........... d'Archiac, *Histoire des progrès de la Géologie*, vol. III, p. 415. 1850.

—   Id.............. P. Savi et G. Meneghini, *Consideraz. sulla geol. della Toscana*, p. 200. 1851.

Coquille de forme variable, tantôt déprimée, mince, plane ou faiblement ondulée, à bord
flexueux ou relevé par places et presque tranchant, tantôt régulièrement bombée de la circonférence au centre. Quelquefois le centre s'élève seul en forme de mamelon isolé (*N. rotula*, Defr.),
ou bien la coquille devient globuleuse, irrégulière, etc. (*N. globularia*, Lam.). Quoique la surface
paraisse uniforme et presque lisse, on peut à l'œil nu y distinguer les grands pores; les moyens,
assez nombreux aussi, exigent un grossissement. Les deux diamètres varient dans les rapports

suivants : les individus les plus déprimés ont 20 millim. de large sur 3 d'épaisseur, ceux qui sont régulièrement bombés, 20 sur 6, ceux qui sont mamelonnés au centre, 14 sur 6, et ceux qui sont sub globuleux, 9 sur 6.

19 tours sur un rayon de 10 millim., tantôt parfaitement réguliers, d'une égale épaisseur dans toute la spire, s'écartant régulièrement du centre à la circonférence, tantôt s'épaississant, se rapprochant ou s'éloignant sans régularité ; on y observe quelques dédoublements. Vers le centre l'épaisseur des tours est égale à la hauteur des loges ; vers la partie moyenne et à la circonférence, elle est moindre. — Cloisons régulièrement arquées et également inclinées de 25°, du centre à la circonférence. On compte 15 à 16 cloisons dans un quart de tour à la moitié du rayon, ou à 5 millim. du centre. Leur écartement s'accroît régulièrement comme les tours ou comme leur hauteur, du centre à la circonférence, de sorte que leur nombre varie peu d'un tour à l'autre ou dans plusieurs tours consécutifs. Lorsque deux tours se rapprochent de manière à se souder, les loges disparaissent ; si au contraire un tour se dédouble ou se bifurque, il se produit une irrégularité correspondante dans les cloisons qui se multiplient ou s'écartent, se raccourcissent ou s'allongent, changent de direction et d'inclinaison, etc. C'est surtout dans le dernier tiers de la spire que ces accidents se présentent, la partie centrale étant plus constamment régulière. Les feuillets cloisonnaires bien apparents laissent entre eux des canaux ou lacunes. L'angle postéro-supérieur des loges quoique variable, est généralement assez grand et peu prolongé ; parois latérales montrant quelquefois de grands pores, et surtout des moyens. Filets cloisonnaires presque simples vers le bord, mais présentant bientôt des dédoublements et des anastomoses dont l'ensemble constitue un réseau régulier dont un certain nombre de mailles sont assez allongées (fig. 1 *f*). Les grands pores sont ouverts sur leur trajet aussi bien que dans leurs intervalles ; ils sont inégaux, mais correspondent à des canaux à peu près d'un même diamètre ; les moyens pores ont un diamètre proportionnément assez faible.

La coupe transverse donne une ellipse plus ou moins allongée suivant les individus, et dont les lames, généralement de même épaisseur, conservent la même courbure dans une même variété de forme. Loges assez grandes ; espaces vides assez élevés entre les tours de la lame spirale. La forme déprimée de certaines variétés résulte surtout de la diminution de toutes ces cavités, mais l'amincissement de la lame spirale y contribue aussi. Couche vitreuse bien distincte ; celles qui sont situées au-dessous sont un peu opaques et les plus internes assez transparentes ; les limites de ces diverses couches peuvent être facilement reconnues sur plusieurs points. Canaux moyens assez nombreux, ceux du bourrelet spiral rapprochés. Les grands canaux de la lame, espacés d'environ trois fois leur diamètre ou même davantage, ne se correspondent pas toujours exactement à travers les tours et affectent de faibles courbes près du centre. Sillons du bourrelet assez prononcés, rapprochés, légèrement sinueux, quelquefois interrompus ; bord cloisonnaire inférieur faiblement et inégalement denté.

Observations. Malgré la diversité de sa forme, nous ne pouvons admettre comme variétés constantes de la *N. lævigata* que celles qui sont très-déprimées et appartiennent à certaines localités, telles que la var. *a* de Bracklesham et la var. *b* que l'on trouve à Cassel (Nord), plus petite, déprimée aussi et ressemblant aux *N. intermedia* et *Viquesneli ;* enfin la var. *c*, également déprimée, mais renflée au bord. Les *N. globularia* et *rotula* ne sont en réalité que des accidents individuels, une sorte d'état tératologique, qui depuis Lamarck jusqu'à ces derniers temps, les a fait considérer à tort comme de véritables espèces ; elles se présentent particulièrement dans le calcaire grossier. Tout en les conservant, Defrance avait bien remarqué qu'elles devaient être réunies. MM. P. Savi et Meneghini, ne considérant que la forme extérieure, ont commis une erreur plus grave en réunissant comme synonymes, à la prétendue *N. globularia*, Lam., les *N. obtusa*, J. de C. Sow., *spissa*, Defr. et *crassa*, Boub. Nous devons dire néanmoins que ces auteurs seraient justifiés par une étiquette de la collection de Defrance, qui désigne sous

14

le nom de *globularia* une Nummulite d'Espagne et de Ronca, qui paraît en effet se rapporter à la *N. spissa* ou *perforata*, mais qui est très-différente de la *N. globularia* Lam., provenant du calcaire grossier.

La *N. lævigata*, l'une des plus connues et des plus souvent citées, à cause de son gisement et de son abondance dans les dépôts tertiaires inférieurs du nord-ouest de l'Europe, est aussi l'une de celles qui prouve le mieux la nécessité d'avoir recours aux caractères de la spire pour arriver à une bonne détermination spécifique. Ainsi, plusieurs auteurs de l'Italie et de la Suisse l'ont confondue avec les *N. Brongniarti* et *biaritzensis;* Pusch a cru la retrouver dans les *N. Puschi* et *perforata*, M. Alex. Rouault, dans un échantillon de la *N. biaritzensis*, M. Alc. d'Orbigny, dans la *N. elegans*, et même l'un de nous dans une variété *minor* de la *N. distans*.

Localités. La *N. lævigata* caractérise la base du calcaire grossier du bassin de la Seine et se retrouve en Belgique, mais plus petite, toujours roulée et à un niveau qui n'est peut-être pas son niveau originaire. L'une de ses variétés est assez répandue dans les argiles sableuses de Bracklesham (Sussex), où le mode de remplissage des grands pores du milieu du disque donne à certains individus l'aspect de la *N. scabra* (fig. 5). Tels sont ceux figurés par les auteurs anglais. Une autre variété se trouve dans la colline de Cassel (Nord) et dans le Brabant méridional. — La *N. lævigata* paraît être ensuite très-irrégulièrement répartie sur le pourtour du bassin asiatico-méditerranéen. Nous la connaissons en Catalogne; mais elle n'a pas encore été signalée authentiquement ailleurs en Espagne, non plus que dans les Pyrénées occidentales, où nous l'avions indiquée par erreur, ni sur tout le versant septentrional de cette chaîne, et dans les Alpes méridionales et occidentales. A Matsee (Bavière), elle se trouve à l'état de silex pyromaque et ses caractères nous ont laissé quelque doute; il en est de même des échantillons du Mont-Gargano (royaume de Naples). Au Mont-Karamas, non loin de Kaïsaria, au centre de l'Asie mineure, elle est associée à la *N. Ramondi*. La var. *c* est aussi de l'Asie-Mineure. La *N. lævigata* a été recueillie dans la plaine de l'Araxes, près de Nakhtchévan (Arménie), mais dans la plupart des autres localités où elle a pu être citée jusqu'à présent, nous pensons que ce sont des espèces plus ou moins voisines qui ont été prises pour elle.

Explication des figures. — Pl. IV, fig. 1, *N. lævigata*, vue en dessus. — 1 *a*, id., montrant une partie de la spire. — 1 *b*, profil. — 1 *c*, segment grossi du double. — 1 *d*, portion de coupe transverse passant par le centre, prise vers le quart extérieur, grossie de 30 diam. et montrant la structure de la lame spirale, les grands et les petits tubes ou canaux, le bourrelet spiral, la fente des cloisons, les espaces vides interlaminaires, etc. — 1 *e*, portion grossie de 30 diamètres d'une coupe transverse prise entre le bord et le centre, et montrant le bourrelet spiral et les grands canaux qui en partent pour se rendre à la surface. — 1 *f*, portion de la surface de la lame spirale prise au tiers externe du rayon et grossie de 30 diam. Elle montre la disposition des filets cloisonnaires ramifiés et celle des divers pores ou ouvertures des canaux. — 1 *g*, id., grossie de 65 diam., et montrant à la fois les petits pores, les moyens et les grands. — 2 *a*, individu renflé au centre. — 3, id., moins renflé. — 4 *a*, id., sub-globuleux. — 5 var. *a;* plusieurs tours de la lame montrent la disposition des filets cloisonnaires sub-réticulés. — 5 *a*, profil. — 5 *b*, coupe transverse grossie du double. — 6 var. *b, minor.* — 7 var. *c*.

NUMMULITES SUBLÆVIGATA, nov. spec.

Pl. IV, fig. 8, *a, b*.

Coquille très-plate; surfaces bosselées, ondulées, sans stries ni pores bien apparents; bord tranchant, plus ou moins flexueux. Diamètre 20 à 24 millim., épaisseur 2 à 2 1/2.

25 tours sur un diamètre de 20 millimètres, assez réguliers, rapprochés vers le centre, espacés

ensuite jusqu'aux deux tiers du rayon, puis se resserrant de nouveau vers le bord. Ces tours sont généralement minces; leur épaisseur, à peine égale à la moitié de la hauteur des loges, est cependant un peu plus grande vers le milieu du rayon qu'à son extrémité. — Cloisons filiformes, inclinées de 25° à 35°, peu arquées, partout fort espacées; on en compte 7 ou 8 dans un quart de tour à la moitié du rayon; filets cloisonnaires très-fins, très-rapprochés et formant un réseau plus serré que dans la *N. lævigata*.

Coupe transverse sub-linéaire, montrant les tours de la lame spirale excessivement minces, très-réguliers, laissant néanmoins entre eux des espaces vides bien appréciables; loges très-hautes, trigones vers le milieu du disque, s'abaissant et devenant presque transverses sur le bord; grands canaux peu nombreux et assez étroits.

Observations. Cette Nummulite, assez voisine au premier abord de la *N. lævigata*, s'en distingue par sa plus grande largeur et sa moindre épaisseur relative, par ses tours plus minces et plus rapprochés, par ses cloisons plus longues, plus inclinées et du double plus écartées ou de moitié moins nombreuses.

Localité. La *N. sublævigata* est très-répandue dans les calcaires marneux jaunâtres de la chaine d'Hala (Sinde).

Explication des figures. — Pl. IV, fig. 8, *N. sublævigata*, montrant une partie de la spire. — 8 *a*, coupe transverse. — 8 *b*, segment de la spire, grossi du double.

NUMMULITES SCABRA, Lam.

Pl. IV, fig. 9, *a*, *b*, *c*, *d*, 10, *a*, 11, *a*, 12, *a*.

HELICITES................. Guettard, *Mém. sur les sc. et les arts*, vol. III, p. 432, pl. XIII, fig. 14-15, 22, 23? 1770.

CAMERINA STRIATA (*pars*)..... Bruguière, *Encyl. méth.*, vol. VI, *Vers* (*Mollusques*, vol. III, p. 400. 1789).

—   TUBERCULATA ?..... Id. — Ib.

—   STRIATA .... Héricart de Thury, *Journal du départ. de l'Oise*, an VIII, p. 83, pl., fig. 2 et 3.

LENTICULITES NUMISMALE..... Deluc, *Journ. de phys.*, vol. LIV, pl. 1, fig. 1-3. 1802.

CAMERINA TUBERCULATA...... Bosc, *Hist. nat. des coquilles*, vol. V, p. 185. 1802. (Buffon de Déterville.) L'auteur cite à tort les figures 322 et 323 de Bourguet, qui représentent une Cyclolite, la fig. 321 seule est une Nummulite.

NUMMULITES SCABRA......... de Lamarck, *Ann. du Mus.*, vol. V, p. 241, n° 3. 1804.

—   LÆVIGATA (*pars*), de Roissy, *Hist. nat. des Mollusques*, vol. V, p. 55. 1805. (Buffon de Sonnini.)

ROTALITES RADIATUS........ Denys de Montfort, *Conchyl. system.*, p. 163. 1808.

NUMMULARIA .... Parkinson, *Organic. Remains*, etc., vol. III, p. 148, pl. x, fig. 15, 16. 1811.

LENTICULITES PHACITICUS ?.... Schlotheim, *Die Petrefactenkunde*, etc., p. 89. 1820. Dans la synonymie de son *L. scabrosus*, l'auteur cite à tort le *Lycophrys lenticularis* de Montfort, comme étant la *N. scabra*.

NUMMULITES SCABRA......... de Lamarck, *Hist. des anim. sans vert.*, vol. VII, p. 629. 1822. 2e éd., vol. XI, p. 306. 1845.

—   Id.......... Defrance, *Dict. des sc. nat.*, vol. XXXV, p. 224. 1825.

NUMMULINA   Id........... Bronn, *Leth. geognost.*, p. 1142. 1838.

—   Id.?........ G. G. Pusch, *Polens palæontologie.*, p. 164, pl. XII, fig. 19. 1837.

Nummularia acuta.... J. de C. Sowerby, *Transact. geol. Soc. of London*, 2e série, vol. V, pl. xxiv,
fig. 13. 1840.
Nummulites elliptica, Shafhäutl, *Neu. Jahrb. für Miner.*, 1846, p. 448.
— scabra... Rütimeyer, *Ueber das Schweizer. Nummulitenterr.*, p. 102. 1850. Dans la
synonymie de cette espèce l'auteur mentionne aussi le *Lycophrys* de Montfort
comme s'y rapportant.
— Id..... Alc. d'Orbigny, *Prodrome de paléontologie*, vol. II, p. 335. 1850. — L'auteur
avait omis cette espèce dans son *Tableau méthodique* de 1826.
Nummulina Id..... d'Archiac, *Histoire des progrès de la Géologie*, vol. III, p. 242 et 304j. 1850.
— Id..... P. Savi et G. Meneghini, *Consideraz. sulla geol. della Toscana*, p. 201. 1851.

Coquille lenticulaire, déprimée ou renflée, sub globuleuse et déformée; surfaces régulièrement bombées, couvertes de granulations plus ou moins serrées, plus ou moins prononcées vers le centre du disque, moins nombreuses et moins élevées à la circonférence où elles sont fréquemment remplacées par des plis fins, granuleux sur le disque et simples sur le bord, un peu arqués et correspondant aux cloisons des derniers tours. Bord plus ou moins arrondi, rarement tranchant. Diamètre, 14 millim.; épaisseur, 5. Les individus très-déprimés n'ont que 3 millim. dans cette dernière dimension. Ceux qui sont globuleux ont 8 millim. 1/2 sur 6, ou 8 sur 5, et de nombreuses formes intermédiaires réunissent ces extrêmes.

18 tours sur un rayon de 7 millim., très-réguliers, minces, sub-équidistants, leur épaisseur étant égale à la moitié de la hauteur des loges. — Cloisons nombreuses, peu arquées, peu inclinées, sub-équidistantes, régulières, au nombre de 15 à 18 dans un quart de tour à la moitié du rayon (3 millim. 1/2). De leur base partent des filets d'abord arqués, simples, puis granuleux, qui se croisent ensuite et auxquels succèdent de fines granulations éparses sur le reste de la surface des lames et représentant l'extrémité des tubes remplis. Ces filets cloisonnaires forment ainsi, presqu'à partir du bord, un réseau qui présente quelques mailles allongées ; les grands pores sont particulièrement situés sur leur trajet. L'angle postéro-supérieur des loges peu aigu et peu prolongé. Les parois latérales montrent rarement des pores. Feuillets cloisonnaires bien distincts, mais peu écartés, si ce n'est au sommet où l'on observe fréquemment une lacune entre eux et la lame spirale.

Coupe transverse donnant une ellipse plus ou moins allongée qui se termine en ogive aux extrémités du grand axe. Lames également arquées. Loges assez grandes; espaces vides assez grands entre les tours de la lame spirale. Ces espaces augmentent dans les individus renflés, l'épaisseur de la lame restant la même (fig. 9 *d*). Couche vitreuse rudimentaire ou nulle; les autres non distinctes, offrant quelquefois des dédoublements incomplets. Tubes moyens peu visibles; grands tubes larges, espacés d'environ deux fois leur diamètre, placés en général fort exactement les uns au-dessus des autres, de manière à former des canaux droits et continus du centre à la surface. Sillons du bourrelet médiocrement prononcés, assez rapprochés et presque droits.

Observations. Comme la *N. lævigata*, cette espèce a des formes très-variées et présente tous les passages, depuis la plus déprimée jusqu'à la plus globuleuse et la plus irrégulière. Ces dernières sont toujours d'un petit diamètre ; quelquefois on observe un renflement ou bouton central entouré d'un bord plat et mince, de même que dans ces individus de la *N. lævigata*, désignés sous le nom de *N. rotula*. En général la *N. scabra* est plus petite que la *N. lævigata*, plus épaisse et plus régulièrement lenticulaire. Les caractères de la spire sont d'ailleurs peu différents, le nombre des tours et des cloisons étant le même. On peut remarquer cependant que les lames sont plus minces, que le nombre des cloisons croît plus rapidement dans chaque tour consécutif et que la spire est plus régulière, les dédoublements étant excessivement rares. Elle a été bien décrite et figurée par M. J. de C. Sowerby, sous le nom de *N. acuta*. L'obscurité de la description de Bruguière, qui a d'ailleurs confondu plusieurs espèces sous le même nom, nous a fait adopter pour cette Nummulite, celui que Lamarck lui a assigné plus tard et réserver celui de *striata* pour une autre que Bruguière avait également en vue, et dont l'indication du gisement nous garantissait l'identité.

Localités. La *N. scabra* n'est pas moins abondante que la *N. lævigata*, qu'elle accompagne constamment à la base du calcaire grossier du bassin de la Seine; en Belgique elle est plus rare et paraît manquer dans le Hampshire. Un échantillon de calcaire rose étiqueté dans le musée de Turin, sans doute par erreur, comme venant de Hollande, en est presque entièrement composé. M. Alc. d'Orbigny (*Prodrome*, vol. II, p. 335) place cette espèce dans ce qu'il nomme *étage suessonien* (sables inférieurs du Soissonnais), où elle ne se montre cependant jamais, à moins qu'elle n'y tombe du calcaire grossier qui est au-dessus. Nous doutons aussi beaucoup qu'elle existe à Biaritz, où la cite le même auteur, et nous ne la connaissons pas dans les Pyrénées occidentales, en France, ni en Espagne. Elle se trouve au contraire dans un calcaire gris-noirâtre, compacte, de la Sierra de Guerra, aux environs d'Huesca (Aragon), avec la *N. Ramondi* et l'*Alveolina subpyrenaica*. Nous n'avons aucune certitude de sa présence dans les Pyrénées orientales, ni dans tout le groupe des Alpes, dans celui des Apennins au S., non plus que dans celui des Carpathes au N., car il est plus que douteux que la coquille décrite et figurée par Pusch s'y rapporte réellement, tandis que nous la retrouvons dans l'Asie mineure, autour de Zafranboli et à 5 lieues d'Uskub, sur la route de Boli, puis au Mont-Karamas, non loin de Kaïsaria, entre Van et Jezirah? et à Tchanlu-Kilissé, près Much (chaîne du Taurus), enfin à l'ouest de l'Indus, dans le Béloutchistan et la chaîne d'Hala, à l'embouchure de ce fleuve, dans la province de Cutch, et à Cherra Poonji, dans les monts Kossya (Bengale oriental). Elle paraît manquer dans le nord de l'Afrique comme dans la partie sud de l'Europe qui lui est opposée.

Explication des figures. — Pl. IV, fig. 9, *N. scabra*, montrant une portion de la spire. — 9 *a*, profil. — 9 *b*, grossie du double et montrant une partie de la spire, plusieurs tours de la lame et la surface extérieure. — 9 *c*, segment grossi quatre fois. — 9 *d*, portion de coupe transverse grossie de 30 diam. — 10, *a*, individu renflé au centre. — 11 *a*, id., subglobuleux. — 12, *a*, id., moins renflé.

<h3 style="text-align:center">NUMMULITES LAMARCKI, nov. spec.</h3>

Pl. IV, fig. 14, a, b, c, d, 15, 16.

HÉLICITES? . . . . Guettard, *Mém. sur les sc. et les arts*, vol. III, p. 431, pl. XIII, fig. 23?
DISCOLITHE α? . . . . Fortis, *Mém. pour servir à l'Hist. nat. de l'Italie*, vol. II, p. 98, pl. I, fig. *a, b*. 1802.

Coquille plus ou moins lenticulaire, régulièrement bombée au centre, couverte de granulations très-obtuses ou obsolètes, particulièrement vers le milieu du disque, et de rayons courts à peine visibles au pourtour. Bord obtus ou peu tranchant. Diamètre, 3 à 4 millim., épaisseur, 1 1/2 à 2.

Une loge centrale grande, irrégulière; première loge sériale souvent semi-lunaire; 5 tours peu réguliers, dont les trois premiers sont épais et fort espacés, le 4ᵉ et le 5ᵉ plus minces et plus rapprochés (ces caractères n'ont pas été assez accusés dans les fig. 14 *c*, 14 *d*). — Cloisons très-arquées, longues et assez également espacées dans les premiers tours, plus courtes dans le 4ᵉ, où elles sont plus serrées, et quelquefois rudimentaires dans le 5ᵉ. On en compte 6 dans le quart du 3ᵉ tour. Feuillets des cloisons distincts.

Coupe transverse représentant celle d'un fuseau peu renflé au milieu et terminé en ogive à ses extrémités. Les rayons ou tubes sont assez serrés et larges, et la loge centrale est très-grande. Couche vitreuse distincte.

Observations. Cette Nummulite, assez variable dans quelques-uns de ses caractères essentiels, pourrait être regardée au premier abord comme le jeune âge ou une variété *minor* de la *N. scabra* avec laquelle on la trouve, mais l'existence constante d'une loge centrale très-grande que nous n'avons jamais observée dans celle-ci, la largeur, l'épaisseur et le peu de régularité des premiers tours, comme le rapprochement et l'amincissement fréquent des deux derniers, enfin la forme et la dimension des cloisons en rapport avec ces modifications, sont des caractères que nous ne retrouvons pas dans les parties correspondantes de la *N. scabra*, toujours d'une grande régularité, et dont la symétrie, lorsqu'elle est troublée, ne l'est que sur d'autres parties. Si, comme nous l'avons dit, une variété est le résultat de circonstances d'*habitat* différentes, nous n'admettrons pas non plus que la *N. Lamarcki* puisse être une variété des espèces avec lesquelles elle a été constamment trouvée jusqu'à présent. Les caractères de la spire l'éloignent de la *N. Tchihatcheffi* et plus encore de la *N. Lucasana.*

Localités. La *N. Lamarcki* accompagne les *N. scabra* et *lævigata* dans les bancs inférieurs du calcaire grossier du bassin de la Seine.

Explication des figures. — Pl. IV, fig. 14, *N. Lamarcki*, coupée perpendiculairement. — 14 *a*, vue en dessus. — 14 *b*, profil. — 14 *c*, coupe perpendiculaire grossie du double. — 14 *d*, segment de spire grossi huit fois. — 15, 16, coupes perpendiculaires grossies huit fois de deux individus assez différents du type.

QUATRIÈME GROUPE. NUMMULITES PUNCTULATÆ.

NUMMULITES BRONGNIARTI, nov. spec.

Pl. V, fig. 1, *a, b, c, d, e*, 2, 3, 4.

HELICITES.................. G. W. Knorr, *Recueil de monuments*, etc., vol. II, pl. A VII, fig. 4. 1778.
DISCOLITHE NUMISMALE DE RONCA, Fortis, *Della valle vulcanico-marina di Ronca*, pl. I, fig. 1, in-4º, 1778.
— *Mém. pour servir à l'Hist. nat. de l'Italie*, vol. II, p. 100, pl. I, fig. *p, t*, pl. IV, fig. 3. 1802.
NUMMULITES.................. Parkinson, *Organ. Remains*, vol. III, p. 148, pl. X. fig. 17. 1811.
—   NUMMIFORMIS...... Defr., Alex. Brongniart, *Mém. sur les terr. de sédim. supér. calcaréo-trappéens du Vicentin*, p. 51. 1823.
—   Id.......... Alc. d'Orbigny, *Prodrome de paléontologie*, vol. II, p. 335. 1850.
NUMMULINA LÆVIGATA, var.... d'Archiac, *Mém. de la Soc. géol. de France*, 2ᵉ sér., vol. III, p. 415. 1850.
—   Id........... Id., *Histoire des progrès de la Géologie*, vol. III, p. 238. 1850.

Coquille discoïde ou plane, assez variable dans sa forme; surfaces quelquefois ondulées ou régulièrement bombées et en cône surbaissé vers le centre à l'état adulte, moins renflées dans les individus jeunes, montrant une multitude de grands pores larges, à peine espacés d'une fois leur diamètre. Bord tranchant ou arrondi. Diamètre, 25 à 30 millim.; épaisseur au centre, 5 à 8, suivant les individus.

37 tours sur un rayon de 14 millim., flexueux, également épais, inéquidistants, ceux de la partie moyenne du disque étant plus espacés que ceux du centre et de la circonférence. Ces derniers, excessivement rapprochés, se touchent même souvent, et leur épaisseur est double de

la hauteur des loges qui les séparent, tandis que dans la première moitié du rayon cette épaisseur est égale à la hauteur des loges. — Cloisons très-espacées, arquées, très-obliques, épaisses, au nombre de 7 seulement dans un quart de tour à 8 millim. du centre, plus serrées, moins inclinées et moins arquées vers ce dernier point. Elles se prolongent souvent en arcade comme un filet délié, simple, ondulé ou plissé, formant la voûte des loges, et qui représente la paroi de celle-ci distincte du corps de la lame ou du tour. — La surface des lames est très-finement et très-régulièrement ponctuée ou chagrinée par les grands pores placés principalement sur les filets cloisonnaires peu apparents qui forment une sorte de réseau ; à l'état adulte, les dernières lames semblent être unies. Ces lames sont composées d'un réseau très-délicat, dont les mailles remplies ultérieurement, rappellent parfaitement l'aspect des feuilles de mille-pertuis. L'angle postéro-supérieur des loges peu aigu et peu prolongé ; leur paroi supérieure très-mince et intimement soudée à la lame spirale ; feuillets des cloisons peu distincts quoiqu'un peu écartés au sommet.

La coupe transverse donne une ellipse peu régulière, à bords flexueux dans les individus déprimés, plus ou moins allongée et pointue aux extrémités dans ceux qui sont plus symétriques. Loges plus hautes que larges ; les espaces vides, compris entre les tours de la lame spirale, petits et très-multipliés. Les lames du centre sensiblement plus épaisses que celles des bords. Tubes moyens peu nombreux, mais bien distincts. Grands tubes serrés, régulièrement continus, moins larges dans les premiers et les derniers tours que dans ceux du milieu. Sillons du bourrelet spiral très-peu marqués ; couche vitreuse rudimentaire.

Var. *a* de 15 à 18 millim. de diamètre sur 1 1/2 d'épaisseur, parfaitement plane ; surfaces régulières ; bord arrondi ou coupé presque carrément. Cloisons un peu moins espacées, pores aussi nombreux, mais plus petits. Cette forme particulière la distingue des individus jeunes du type, qui sont lenticulaires et à bord tranchant.

Observations. Par suite de l'altération des lames, on voit que la substance du réseau primitif qui les constitue disparaît la première, et que les parties vides ou canaux remplis plus tard et qui persistent alors, représentent des granulations en relief ou des piliers très-courts. Les lames, au lieu d'être homogènes ou formées seulement de couches superposées, excessivement minces, résulteraient de deux dépôts calcaires distincts et successifs, dont le second remplit les vides du premier. Suivant les circonstances de la fossilisation, comme la substance qui a bouché les mailles du réseau n'est pas identique avec celle de ce dernier, il peut arriver qu'elle s'altère plus facilement, et l'on a alors des trous au lieu de granulations. Si elle passe seule à l'état spathique, elle se distingue également bien du réseau enveloppant resté à l'état terreux ou d'une teinte différente.

La *N. Brongniarti*, régulière et lenticulaire dans le jeune âge, s'épaissit en vieillissant, tantôt également sur ses deux faces, tantôt sur l'une d'elles seulement, et elle offre alors un exemple de dissymétrie fort rare. La régularité de la spire, d'accord avec celle de la surface dans la plupart des individus, fait qu'on n'y observe point de dédoublements. Il serait presque impossible d'ailleurs de reconnaître cette Nummulite par ses caractères extérieurs seuls, tandis qu'elle est on ne peut plus facile à distinguer par l'excessive lenteur avec laquelle s'accroît la spire, comme par l'extrême écartement de ses cloisons. Si par le premier de ces caractères elle ressemble aux *N. gyzehensis* et *Lyelli*, par le second elle s'en éloigne plus que d'aucune autre. La structure des lames, quoique ne lui étant pas exclusive, offre cependant cette particularité de l'atténuation des rayons ou tubes à mesure qu'ils approchent de la surface extérieure.

On peut remarquer que le nom de *nummiformis* donné par Defrance à cette espèce dans l'ouvrage d'Alex. Brongniart, n'a pas été reproduit par le premier de ces savants dans son article spécial du Dictionnaire des sciences naturelles, et que dans sa collection, ce même nom est donné à la *N. complanata* Lam., avec laquelle il paraît avoir confondu les échantillons de Ronca qu'il considérait comme des individus jeunes. M. Leymerie n'avait sans doute point ces derniers sous les yeux lorsqu'il supposait (*Mém. de la Soc. géol.*, 2ᵉ sér., vol. I, p. 359. 1846) que la Nummulite de Ronca, désignée par Defrance et Brongniart, pouvait être sa *N. atacicá* (*biaritzensis*). L'observation de Brongniart que cette espèce était plus convexe au centre et plus tranchante sur son bord que la *N. lævigata* à laquelle il la comparait est fort juste, et ce sont presque les seuls caractères extérieurs qui l'en distinguent à la première vue. Aussi l'avions-nous regardée nous-mêmes comme une simple variété de cette dernière, avant de l'avoir étudiée sur de bons échantillons. La variété rapportée d'abord à la *N. complanata* par M. Meneghini, a été plus tard prise à tort par le même savant pour la *N. intermedia*.

Localités. La *N. Brongniarti* se trouve associée avec la *N. Molli*, ou une espèce très-voisine, dans un calcaire gris, poreux, à grains de quartz, observé par M. Caillaud au rocher du Four, à 10 kilomètres en mer à l'ouest du Croisic. Elle existe dans la falaise de Biaritz, où elle paraît être fort rare, puis dans un calcaire jaunâtre, sableux, peut-être de Peyrehorade (Landes), avec les *N. Puschi* et *Molli*; nous ne sommes pas certain qu'elle se trouve dans les Alpes méridionales, mais elle abonde dans le Véronais et le Vicentin, particulièrement à Ronca, à Brendola, etc., avec la var. *a* rapportée aussi de l'île de Corse. Un échantillon peu caractérisé du Mont-Gargano et d'autres qui le sont mieux dans les calcaires gris-noirâtre des environs de Zakopane, et associés avec les *N. perforata* et *Puschi*, pourraient faire penser qu'elle s'étend d'une part dans le sud de l'Italie, et de l'autre dans les Carpathes. Enfin nous avons la certitude qu'elle se trouve en Égypte, quoique rarement, ne connaissant encore que deux individus provenant de ce pays. Il est probable qu'elle a été rencontrée sur beaucoup de points et qu'elle aura été prise pour la *N. lævigata* ou pour d'autres espèces voisines. Comme plusieurs de ses congénères, elle n'a pas encore été signalée dans la plus grande partie de la région des Pyrénées, ni sur les versants ouest, nord et nord-ouest des Alpes, non plus qu'en Asie.

Explication des figures. — Pl. v, fig. 1, *N. Brongniarti*, montrant un segment de la spire. — 1 *a*, profil. — 1 *b*, moitié de la coupe transverse grossie du double. — 1 *c*, segment grossi du double montrant une portion de la spire et de la surface. — 1 *d*, portion de segment prise à la moitié du rayon, grossie quatre fois. — 1 *e*, portion très-mince d'une coupe transverse prise au milieu et grossie de 30 diam. — 2, coupe transverse d'un individu déprimé irrégulier. — 3, profil d'un individu jeune. — 4 var. *a*, profil.

NUMMULITES DEFRANCEI, nov. spec.

Pl. V, fig. 5, *a*, *b*, *c*, 6.

Coquille discoïde, de forme variable, tantôt déprimée vers le centre, tantôt renflée ou régulièrement lenticulaire; surfaces couvertes de granulations sub-égales, fines, nombreuses, très-rapprochées, presque contiguës dans la partie moyenne du disque, et devenant plus rares vers le bord où apparaissent quelques rayons cloisonnaires granuleux et des traces de la spire. Bord flexueux et tranchant. Diamètre, 17 millim.; épaisseur variant de 3 à 5.

Centre de la spire inconnu; 12 tours sur un rayon de 5 millim. 1/2, équidistants, réguliers et dont l'épaisseur, partout la même, est égale à la hauteur des loges. — Cloisons très-minces, très-inclinées (de 35° à 40°), à peine arquées, très-serrées vers le centre (12 dans 1/4 de tour à 2 millim. de ce point), plus écartées vers la circonférence. Angle postéro-supérieur des loges aigu et peu prolongé; feuillets cloisonnaires bien distincts, nettement séparés au sommet. Paroi supérieure extrêmement mince et intimement soudée à la lame spirale. Les grands pores très-nombreux, larges en général, sont cependant fort inégaux et s'ouvrent sur le trajet des filets cloisonnaires.

La coupe montre, dans les individus déprimés au centre, une disposition des lames comparable à celle que l'on observe dans la *N. exponens*, c'est-à-dire qu'à l'état jeune, ils étaient parfaitement lenticulaires, et que le bourrelet qui entoure la dépression ne commence qu'à une certaine époque de l'accroissement. Loges grandes, presque toutes plus hautes que larges ; les espaces vides entre les tours fort petits. Les couches qui composent la lame spirale, nombreuses et distinctes en beaucoup de points. Couche vitreuse rudimentaire. Les grands tubes forment des canaux continus du centre à la surface ; tubes moyens assez nombreux ; ceux du bourrelet rapprochés. Sillons du bourrelet très-peu marqués.

Observations. En ne considérant que ses caractères extérieurs, on n'hésiterait pas à placer la *N. Defrancei* dans le sixième groupe, près de la *N. granulosa*, dont elle ne formerait même qu'une simple variété, mais les caractères de sa spire l'éloignent tout à fait de ces espèces à cloisons droites et presque normales, tandis qu'ils la rapprochent singulièrement de la *N. scabra*. Elle diffère néanmoins de celle-ci par la grosseur, le nombre et la régularité des granulations, par sa dépression centrale fréquente qu'on n'observe jamais dans la *N. scabra*, par l'épaisseur des tours et par ses cloisons plus minces, plus inclinées et plus serrées. Cette espèce offre ainsi, dans des individus différents, le caractère des Nummulites et celui sur lequel on avait établi le genre Assiline.

Localités. Les seuls échantillons que nous connaissions ont la teinte brun-noirâtre des fossiles de Ronca (Vicentin); ils appartiennent au musée de Turin et ne portent point d'étiquette. Les cloisons en sont altérées et remplies d'une substance ferrugineuse brunâtre.

Explication des figures. — Pl. v, fig. 5, *N. Defrancei*, montrant une partie de la spire. — 5 *a*, portions de la spire et d'un tour de la lame grossies du double. — 5 *b*, profil. — 5 *c*, coupe transverse grossie du double. — 6, profil d'un individu renflé au centre.

NUMMULITES BELLARDII, d'Arch.

Pl. V, fig. 9, *a*, *b*, *c*, *d*, *e*, *f*.

NUMMULITES BELLARDII, d'Archiac in Bellardi, *Catalogue raisonné des fossiles nummulitiques du comté de Nice* (*Mém. de la Soc. géol. de France*, 2ᵉ sér., vol. IV, p. 273, pl. xv, fig. 11, 12, 13, 14, 15). 1852.

Coquille discoïde, souvent elliptique; surfaces inégales, l'une d'elles presque toujours plus bombée que l'autre ; bord tranchant, un peu flexueux et même replié. Diamètre, 28 millim.; épaisseur des plus grands individus, 8 1/2.

32 tours sur un rayon de 12 millim. et qui se rapprochent assez régulièrement du centre à la circonférence. — Cloisons assez inclinées, arquées, peu régulières, inéquidistantes, très-serrées, presque droites au centre et diminuant de longueur à mesure que les tours se rapprochent. On en compte 8 dans un quart de tour à 5 millim. du centre. Les filets cloisonnaires flexueux sont simples ou peu ramifiés. Grands pores assez larges, régulièrement espacés, très-serrés, écartés en général d'une quantité moindre que leur diamètre, très-rarement situés sur les filets cloisonnaires, et formant souvent une double rangée dans les intervalles de ceux-ci.

La coupe transverse donne une ellipse plus ou moins allongée suivant les individus, pointue ou ogivale aux extrémités du grand axe; lames presque également épaisses. Loges de dimensions variables; espaces vides compris entre les tours assez grands; tubes moyens nombreux; les grands très-serrés et généralement continus. Couche vitreuse assez distincte. On peut apercevoir aussi quelquefois d'autres couches et quelques dédoublements. Sillons du bourrelet spiral assez marqués.

Observations. La *N. Bellardii* se distingue des *N. perforata* et *obtusa* par sa forme très-déprimée, son bord presque toujours tranchant, la constance, le nombre et les dimensions des perforations, la rareté apparente des filets cloisonnaires et leur petitesse, la dissymétrie fréquente de ses deux faces, dont l'une est presque plane et l'autre bombée, enfin par une tendance à prendre la forme elliptique dans le sens du grand axe de la lentille, tendance que nous n'avons observée dans aucune autre d'une manière aussi prononcée et aussi générale. Plus voisine peut-être de la *N. Brongniarti* par ses pores et sa spire, on peut remarquer que ces mêmes pores sont plus grands, moins serrés, et qu'ils ne s'affaiblissent pas en approchant de la surface. Sa lame spirale est plus mince, les tours du dernier tiers sont moins serrés et ses cloisons presque du double plus nombreuses ou plus rapprochées. Quant à la forme générale elle est aussi fort différente. Cependant la *N. Bellardii* ne s'étant encore trouvée qu'aux environs de Nice et au cap la Mortola, où elle est très-répandue, il ne serait pas impossible qu'elle fût seulement une variété ou une modification locale de la *N. Brongniarti*.

    Localités. Comté de Nice.

    Explication des figures. — Pl. v, fig. 9, *N. Bellardii*, dont une partie de la spire est à découvert. — 9 *a*, profil. — 9 *b*, individu de forme elliptique et à bord arrondi. — 9 *c*, coupe transverse un peu oblique à l'axe. — 9 *d*, portion de la surface grossie du double. — 9 *e*, 9 *f*, segments grossis quatre et huit fois. — 9 *g*, portion d'une coupe transversale faite près du bord, grossie de 36 diamètres.

NUMMULITES DESHAYESI, nov. spec.

Pl. V, fig. 8, *a*, *b*, *c*.

    Coquille discoïde, de forme variable, tantôt plus ou moins bombée, à surfaces ondulées, à bord flexueux, tranchant ou émoussé, tantôt épaissie, à bord arrondi et à surfaces pointillées vers le centre et unies sur le pourtour du disque. Diamètre 22 millim., épaisseur variant de 6 à 9 millim.

    29 tours sur un rayon de 11 millim., flexueux, plus épais vers le milieu du disque que vers la circonférence, et plus serrés vers le bord que vers le milieu et vers le centre. Leur épaisseur est une fois et demie ou deux fois moindre que la hauteur des loges. — Cloisons très-arquées, inclinées de 25°, et même quelquefois davantage. On en compte 19 dans un quart de tour pris à la moitié du rayon. Elles sont peu régulières dans leur forme, leur inclinaison et leur espacement. Feuillets des cloisons intimement soudés ; filets cloisonnaires sub-réticulés.

    Coupe transverse donnant une ellipse plus ou moins allongée, peu régulière, dont les lames sont également courbes aux divers âges. Canaux en gerbe, très-prononcés au centre et dans le jeune âge, mais beaucoup plus faibles, moins nombreux et même obsolètes dans la dernière période d'accroissement de la coquille, alors que les ponctuations des lames sont aussi plus ou moins obscures. Loges de médiocre grandeur, moins larges que hautes, excepté dans les derniers tours où le contraire a lieu. Tours serrés, d'épaisseur variable, mais généralement minces, quelquefois dédoublés. Couche vitreuse rudimentaire ; quelques autres couches distinctes par places. Canaux moyens assez nombreux ; ceux du bourrelet rapprochés ; grands canaux assez larges, espacés d'environ trois fois leur diamètre, régulièrement placés sur des lignes rayonnantes droites. Sillons du bourrelet assez prononcés et rapprochés.

    Observations. Cette espèce, qu'au premier abord on prendrait pour la *N. lœvigata*, en diffère par sa forme générale plus épaisse, par ses tours inégalement serrés, par la longueur des loges, par ses tubes centraux très-larges, par ses ponctuations et par le peu de relief des filets cloisonnaires. Par les caractères de sa spire, elle se rapproche de la *N. Brongniarti*, mais ses cloisons sont moins espacées, ses granulations moins nombreuses, moins uniformément distribuées dans toute l'étendue des lames, et sa forme générale est très-différente. Plus voisine de la

N. perforata, elle s'en distingue cependant par la disposition de ses canaux, et, par conséquent, de ses ponctuations, comme par celle des filets cloisonnaires beaucoup moins apparents.

Localités. Nous ne connaissons la *N. Deshayesi* que par les nombreux échantillons du Musée de Turin, provenant de Liptsh près de Neu-Sohl (Hongrie), dans la partie la plus occidentale des Carpathes.

Explication des figures. Pl. v, fig. 8, *N. Deshayesi*, une portion de la spire à découvert. — 8 *a*, coupe transverse. — 8 *b*, segment grossi du double, montrant une portion de la spire et de la lame. — 8 *c*, portion d'une coupe transverse prise vers le quart du diamètre et grossie 36 fois.

NUMMULITES PERFORATA, d'Orb.

Pl. VI, fig. 1, *a, b, c, d, e, f, g,* 2, 3, 4, 5, *a,* 6, *a,* 7, *a,* 8, *a,* 9, *a, b,* 10, *a, b, c,* 11, *a,* 12.

LENS STRIATA IN UTRINQUE CONVEXA,	Scheuchzer, *Miscellan. curiosa medico-phys. german.* (*Acad. Cæs. Leop. nat. curios.*, dec. III, p. 63, fig. J. 1697-98). — *Spec. lithog. Helveticæ,* p 30, 35, fig. 46-48. 1702. — *Beschreib. d. naturgesch. Schweiz.*, vol. I, p. 102, pl. VIII, fig. 46-48. 1706. — *Itinera alpina,* fig. 4, 5, p. 200, 4ᵉ voy., et 478, 7ᵉ voy., fig. 4, 5. 1723.
LAPIS FRUMENTARIUS HELVETICUS?..	Langy, *Hist. lapid. figurat. Helvetiæ*, p. 69, pl. XVIII 1708. — Id., d'Argenville, *Oryctol.*, p. 233, fig. 40?. pl. VIII. 1755.
HÉLICITES	G. W. Knorr, *Recueil de monum. des catastr.*, etc., vol. II, pl. A VII. fig. 5 et 8. 1778.
NAUTILUS LENTICULARIS, var. ε....	Fichtel et Moll, *Testacea microscopica*, p. 57, pl. VII, fig. *h.* 1803.
EGEON PERFORATUS.	Denys de Montfort, *Conchyl. systém.*, p. 166. 1808.—(Individu jeune).
NUMMULARIA.	Parkinson, *Organ. Remains*, vol. III, pl. x, fig. 18? 1811.
NUMMULITES SPISSA	Defrance, *Dict. des sc. nat.*, vol. XXXV, p. 225. 1825.
HELICITES PERFORATUS.	de Blainville, *Traité de malacologie*, p. 373. 1825.
NUMMULINA PERFORATA	Alc. d'Orbigny, *Ann. des sc. d'hist. nat.*, vol. VII, p. 129. 1826.
NUMMULITES CRASSA.	Boubée, *Bull. de nouv. gisements de France.* 1834.
NUMMULINA LÆVIGATA.	Pusch, *Polens palæontologie*, p. 163, pl. XII, fig. 16 *a* (les trois grandes seulement). 1837.
— CRASSA	d'Archiac, *Mém. de la Soc. géol. de France*, 2ᵉ série, vol. II, p. 199. 1846.
NUMMULITES ATURICA.	Joly et Leymerie, *Mém. de l'Acad. de Toulouse*, 3ᵉ série, vol. IV, p. 218, pl. II, fig. 9, 10. 1848. — C'est la var. A *posteà.*
NUMMULINA GLOBOSA.	L. Rütimeyer, *Verhandl. d. Schweiz. naturf. Ges versam. zu Zoloturn*, p. 27. 1848. — *Arch. des sc. nat. de Genève*, vol. VII. 1848. — *Ueber das Schweiz. Nummulitenterrain.*, p. 77, pl. III, fig. 21-24, et pl. IV, fig. 47, 48. 1850.—L'auteur a confondu ici (fig. 48) un individu adulte de sa *N. globosa*, avec la *N. complanata* (fig. 50, 51) désignée sous le nom de *N. polygyrata.*
— CRASSA.	d'Archiac, *Mém. de la Soc. géol. de France*, 2ᵉ série, vol. III, p. 445, pl. IX, fig. 46. 1850. — C'est la sous-variété α, *posteà.*
NUMMULITES SPISSA	Alc. d'Orbigny, *Prodrome de paléontologie*, vol. II, p. 335. 1850. — L'auteur y rapporte avec doute la *N. obtusa* J. de C. Sow., qui est en effet une espèce distincte, mais il y réunit à tort la *N. globulus*, Leym., qui est entièrement différente. Nous ne savons pourquoi M. Alc. d'Orbigny n'a plus mentionné dans son *Prodrome* la *N. perforata* qu'il avait très-bien reconnue et nommée en 1825. Cette omission prouverait que les rapprochements auxquels nous avons

été conduits ne l'ont point frappé, sans quoi il n'eût pas manqué de conserver le nom le plus ancien.

NUMMULINA PERFORATA........... d'Archiac, *Hist. des progrès de la Géol.*, vol. III, p. 240 et 304. 1850.

— SPISSA................ Id. Ibid. p. 244 (*pro parte*).

— LÆVIGATA , var. *b*...... Id. Ibid. p. 238. — *Mém. de la Soc. géol.*, 2ᵉ sér., vol. III, p. 415. 1850.

— GLOBULARIA.......... de Lam. *apud* P. Savi et G. Meneghini, *Consideraz. sulla geol. della Toscana*, p. 191. 1851. — Ces auteurs méconnaissant la véritable *N. globularia* , Lam., y rapportent aussi (p. 192 et 204) la *N. crassa*, Boub., la *N. obtusa*, J. de C. Sow., et la *N. spissa*, Defr., puis ils réunissent (p. 202) à la *N. globosa*, Rüt , la coquille figurée par Parkinson, la *N. obtusa*, Joly et Leym. (non id., J. de C. Sow.) et la *N. lævigata*, Pilla (non id., Lam.,) *Distinzione del terreno etrurio*, pl. ɪ, fig 20.

NUMMULITES .... E. Cornalia et L. Chiozza, *Cenni geol. sull' Istria*, pl ɪɪɪ, fig. 4, 5 ? (*pessima*). 1852.

Coquille de forme variable , lenticulaire et assez renflée dans le jeune âge, et ensuite discoïde, à surfaces bombées, légèrement ondulées, à bord flexueux et arrondi, ou bien plus épaisse, à bord plus émoussé et devenant enfin sub-globuleuse. Ses dimensions ne sont pas moins variables que le rapport de ses deux diamètres. Surfaces couvertes de linéaments cloisonnaires flexueux, ramifiés, constituant de nombreux méandres, et dans l'intervalle desquels sont disséminées des ponctuations en relief ou en creux, inégales et inégalement espacées, mais plus prononcées vers le milieu du disque qu'à la circonférence. — Les individus des variétés les plus déprimées ont 20 millim. de diamètre sur 3 1/2 d'épaisseur ; dans les variétés plus renflées ils ont 30 sur 18, ou 26 sur 16 ; enfin dans quelques-uns les deux diamètres sont presque égaux.

36 tours sur un rayon de 13 millim., plus épais et plus espacés dans les deux premiers tiers du rayon que dans le dernier, où ils sont de plus en plus minces et serrés, de manière à être presque contigus au pourtour. Leur épaisseur, moindre que la hauteur des loges dans les deux premiers tiers du disque, devient ensuite égale à celle-ci et finit par la dépasser vers le bord. Les dédoublements ne sont point rares dans les diverses parties de la spire. — Cloisons peu arquées, inclinées de 30°, se rattachant par la base aux filets cloisonnaires ramifiés de la surface des lames. Ceux-ci se dirigent vers le centre du disque en décrivant des courbes très-variées, et dans leurs intervalles sont épars les pores ou orifices des canaux. Ces derniers, assez rares dans quelques individus, plus rapprochés dans d'autres, par leur extrême développement chez un petit nombre , tendent à faire disparaître les filets cloisonnaires qui les séparaient, et sur le trajet desquels on en observe également. On compte 12 cloisons dans un quart de tour à 7 millim. 1/2 du centre. Leur longueur est la plus grande vers le milieu du disque, et elle diminue ensuite jusqu'au bord où elle devient presque nulle, par suite de l'extrême rapprochement des tours. Elles sont sensiblement équidistantes, et leur forme comme leur inclinaison n'éprouve guère de modification dans toute l'étendue de la spire. L'angle postéro-supérieur des loges assez aigu et peu prolongé ; les parois généralement peu distinctes, si ce n'est au sommet des cloisons.

La coupe transverse donne une ellipse sub-régulière plus ou moins allongée, suivant les individus, composée de 36 lames enveloppantes, plus épaisses vers le centre, quelquefois dissymétriques dans une portion de leur étendue. Loges généralement moins hautes que larges ; les espaces vides compris entre les tours sont petits vers le centre, mais grands entre les derniers tours qui s'amincissent sensiblement ; la lame spirale se dédouble dans quelques-uns ; couche vitreuse rudimentaire. Les couches internes moins transparentes que celles qui la recouvrent. Pores moyens assez distincts ; grands tubes rapprochés et ne paraissant pas être toujours continus du centre à la surface. Les sillons du bourrelet obsolètes, ainsi que les dents du bord cloisonnaire situé au-dessus.

Les individus jeunes, de 5 à 6 millim. de diamètre, d'après lesquels on avait établi les caractères de l'espèce, sont plus globuleux; les filets cloisonnaires plus prononcés et peu nombreux, rayonnent en ondulant régulièrement du sommet vers le bord du disque; les ponctuations accumulées au sommet, plus fortes aussi que dans l'âge adulte, descendent entre les filets précédents jusque sur le pourtour.

Var. *A, aturensis*, discoïde; surfaces largement flexueuses; bord ondulé, un peu arrondi, quelquefois tranchant. Diamètre 26 à 30 millim.; épaisseur 7. Les individus jeunes sont très-déprimés et dépourvus de ces ponctuations accumulées au centre dans le type de l'espèce, ainsi que des filets cloisonnaires qui les accompagnent. 35 tours sur un rayon de 14 millim.; 16 cloisons dans un quart de tour à 7 millim. du centre. Les filets cloisonnaires sont moins rapprochés et moins prononcés que dans le type de l'espèce; il en est de même des granulations ou ponctuations, et par suite des grands tubes; aussi ces caractères sont-ils à peine distincts à la surface extérieure de la coquille.

Sous-var. α, sub-globuleuse ou très-renflée, présentant, dans sa coupe transverse, une ellipse sensiblement régulière et dans laquelle on observe quelques tubes peu étendus qui ne paraissent pas atteindre la surface. Tours plus serrés que dans le type de la variété.

Sous-var. β, même forme, mais la différence de l'espacement et celle de l'épaisseur des tours entre le milieu du disque et la circonférence, sont beaucoup plus prononcées.

Sous-var. γ tout à fait plane, de 20 millim. de diam. sur 3 1/2 d'épaisseur; 24 tours seulement très-flexueux, inéquidistants, inégalement épais.

Var. *B, columbresensis*. Peu différente de la var. *A* par sa forme, elle s'en distingue par ses filets cloisonnaires plus prononcés, par ses ponctuations également plus marquées et disposées plus régulièrement entre les stries, se rapprochant en cela du type de l'espèce. Elle est d'ailleurs aussi déprimée dans le jeune âge que la variété *A*. On y compte 24 tours sur un rayon de 11 millim., et 16 cloisons dans un quart de tour à 6 millim. du centre.

Sous-var. δ très-plate; surfaces ondulées; bord tranchant et flexueux. Sous var. ε, *vide posteà*....

Var. *C* discoïde; surfaces bosselées, couvertes de plis flexueux, très-saillants, convergeant vers certains points, où ils forment des faisceaux ondulés simulant des vagues; bord tranchant; diamètre 30 millim., épaisseur 6. — Environ 24 tours, les derniers très-serrés; ponctuations et filets cloisonnaires jusqu'au diamètre de 15 millim., semblables à ceux du type de l'espèce; partie centrale, à 1 millim. de diam., montrant exclusivement des granulations ou orifices des tubes. — Cette Nummulite, qui a la forme de la variété *A, aturensis*, est remarquable par les plis de sa surface, par la largeur de la spire et le petit nombre de ses tours, tandis que les caractères du test, depuis le jeune âge jusqu'au tiers de sa croissance, ne paraissent pas différer de ceux du type de l'espèce. Les nombreux individus que nous avons observés et qui provenaient tous d'une même localité, présentaient à l'extérieur une teinte violette, beaucoup plus faible en dedans. — C'est d'ailleurs le seul exemple de coloration que nous ayons observé dans les Nummulites, et qui puisse être regardé comme ne provenant pas d'une circonstance étrangère.

Observations. La *N. perforata* est une des espèces les plus importantes du genre par sa fréquence dans les dépôts nummulitiques, et l'une des plus difficiles à étudier et à limiter, à cause des modifications profondes qu'elle a éprouvées dans plusieurs de ses caractères, suivant les lieux où elle s'est développée. Nous avons dû regarder comme le type les individus des Carpathes, des Alpes et de la Catalogne, qui s'accordent parfaitement avec les figures et les descriptions qui en ont été données, puis nous avons considéré comme des variétés les individus des Pyrénées occidentales qui n'en diffèrent point par des caractères assez essentiels pour en être séparés à titre d'espèce, mais qui s'en éloignent néanmoins par une sorte d'atténuation ou d'affaiblissement de tous ceux qui distinguent particulièrement la *N. perforata* proprement dite. La forme générale, plus ou moins renflée ou plus ou moins déprimée, n'entre d'ailleurs pour rien dans les coupes que nous avons faites, car ce sont des modifications purement individuelles qui ne peuvent constituer des variétés zoologiques.

Par les caractères des tours, des cloisons, et même par la structure des lames, la *N. perforata* ressemble à la *N. Bellardii*, mais le plus ordinairement son épaisseur et ses contours plus arrondis la font reconnaître de suite. Ses filets cloisonnaires très-prononcés, leur forme assez particulière, et les ponctuations qui les accompagnent, peuvent aussi servir à l'en distinguer. Cependant si dans certaines modifications tous ces caractères du test s'affaiblissent, il arrive aussi que l'un tend à prédominer aux dépens des autres ; les ponctuations ou orifices des canaux, par exemple, se multiplient, deviennent de véritables granulations très-serrées, les filets sont en quelque sorte atrophiés, et la structure du test diffère peu alors de celle de la *N. Bellardii*.

Ce n'est qu'après avoir réuni une très-grande série d'échantillons provenant des Alpes méridionales et occidentales puis des Carpathes, que nous nous sommes convaincus de l'identité des coquilles désignées sous deux noms, et que jusqu'à présent nous avions considérées comme très-différentes. Si l'on compare en effet la *N. perforata*, telle qu'elle a été figurée très-exactement à l'état jeune par Fichtel et Moll, et par Montfort, avec des individus adultes de la *N. spissa*, presque toujours frustes, usés ou altérés à la surface, il est impossible de ne pas les séparer, mais lorsqu'on les suit dans tous leurs développements, on est bientôt assuré de leur parfaite identité. Quant à la ressemblance de forme des individus renflés, avec la *N. obtusa* de l'Inde, il suffit d'examiner la spire de cette dernière pour être frappé des différences profondes qui séparent les deux espèces.

Une particularité propre au type de la *N. perforata*, et que nous avons rarement observée dans d'autres, si ce n'est dans la *N. scabra*, particularité qui s'accorde ici avec la différence d'épaisseur et d'écartement des tours de la lame sur ses diverses points, c'est la facilité avec laquelle les tours se séparent en deux endroits de la coquille ; l'un situé vers le premier tiers, à partir du centre où les tours tendent à s'écarter, l'autre au second tiers, là où ils se resserrent, se rapprochent, s'amincissent et se touchent presque. De cette séparation facile en trois parties plus ou moins régulières, que montre la coupe naturelle représentée (fig. 1 *d*), il résulte souvent, dans la roche enveloppante, des cupules ou sortes calottes concaves dont les parois sont formées par les lames extérieures, celles de la partie moyenne et du centre ayant été élevées dans la cassure, ou bien d'autres qui présentent encore au milieu le noyau ou individu jeune complétement à découvert (fig. 1 *g. f.*). Ces exemples prouvent mieux qu'aucun raisonnement l'identité des *N. perforata* et *spissa*, puisque les deux coquilles se montrent ainsi renfermées l'une dans l'autre.

La var. *A* (fig. 5), intermédiaire par sa taille entre les *N. complanata* et *lævigata*, ressemble à cette dernière par ses caractères extérieurs, et c'est ce qui nous l'avait d'abord fait regarder comme une variété de celle-ci, bien qu'elle eût été figurée par MM. Joly et Leymerie sous le nom de *N. aturica* ; mais elle se sépare nettement de ces deux espèces par l'inégal espacement des tours, leur inégale épaisseur, leur extrême rapprochement dans le dernier tiers du rayon, et par la forme des cloisons. Si, d'un autre côté, ces caractères la font ressembler aux *N. Brongniarti* et *Bellardii*, la structure du test suffit pour l'en éloigner. La sous-variété α (fig. 6) n'est caractérisée que par sa plus grande épaisseur et son moindre diamètre ; une seconde sous-var. β (fig. 7), de même dimension, est remarquable par une différence encore plus prononcée entre l'espacement et la largeur des tours, dans la partie moyenne et à la circonférence, car cette différence est des trois quarts ; enfin une troisième sous-var. γ (fig. 8) est tout à fait plane.

La var. *B* (fig. 9) diffère de la précédente par ses tours moins nombreux, et par les stries ou filets cloisonnaires plus rapprochés, plus prononcés, ainsi que par ses ponctuations. Quoique affectant souvent la forme de la var. *A*, elle devient quelquefois très-mince (25 millim. sur 4). Sa surface est alors très-ondulée, son bord tranchant est flexueux, quelquefois replié, et elle constitue la sous-var. δ (fig. 9 *b*).

C'est à tort que M. Bronn, dans l'étrange association qu'il a faite sous le nom de *Nummulina lenticularis*, d'une multitude d'espèces différentes et même de corps appartenant à diverses familles, a aussi placé la *N. perforata* dans une quatrième variété δ, *granuloso-radiata* (*Lethœa geogn.*, p. 1140, 1838).

Localités. La *N. perforata* type a été trouvée avec la var. *A* aux environs de Tarragone, d'Igualada, de Conca-de-Tremp, etc. (Catalogne) ; quelquefois les filets cloisonnaires ont presque disparu et les granulations occupent toute la surface dans la plupart des individus de certaines localités où ils n'atteignent pas de grandes dimensions (Cellent, Catalogne). Nous en avons vu aussi quelques échantillons étiquetés comme provenant des environs de Dax (Landes). La *N. perforata* se trouve entre Huesca et Masan-Nuevo (Aragon), à Columbres (province de Santander), type de l'espèce et var. *A*. — Elle est extrêmement abondante à Menton, au cap la Mortola, au col de Brauss, à Sospello, Briga, au col de Tende, etc. (comté de Nice) ; — au Hohgant, au Gemmen Alp. sur les bords du lac de Thun, au Burgenstock (Unterwald), dans les cantons de Lucerne (Schafmat) et d'Uri ; au Fähneren (Appenzell), avec les *N. Ramondi* et *granulosa*; au Hacken (Schwitz), avec la *N. Ramondi*, aux Schœnneck, Sentis Alp, See Alp, etc., — à Hasbach, près Dornbirn (Vorarlberg), à Sissingen et au Kressenberg (Bavière); — dans l'île de Veglia, dans le Véronais, le Vicentin (Ronca), en Istrie? et dans les îles de Tremiti ; — en Hongrie, à Zakopane, Koscielisko, Kubins-ka-Skala (Tatra): dans les Siebenbürgen, la Bukowine, à Claudiopolis, (Transylvanie), presque toujours associée avec les *N. Puschi* et *Brongniarti*. — Un seul individu a été rapporté de l'Asie mineure par M. P. de Tchihatcheff. Dans les pierres des murs d'Apostolous (canton de Pedihada, au sud-est de Candie), M. V. Raulin a trouvé de nombreux échantillons extrêmement polymorphes. — M. Abich nous a communiqué, de l'Arménie, des individus assez petits, empâtés dans un calcaire gris-clair sub-cristallin ; peut-être en existe-t-il aussi dans le Haut-Liban ? — Les grès calcarifères, brunâtres, du col de Khialaneck, au nord-ouest de Téhéran (Perse), sont remplis d'individus identiques avec ceux des Carpathes et d'autres de formes extrêmement variées et contournées. — Il est encore douteux qu'elle se rencontre aux environs de Toumietz (province de Constantine).

Var. *A*, *aturensis*; a été trouvée en Catalogne et dans la province de Santander ; — elle est assez répandue dans le bassin de l'Adour, aux environs de Dax (Landes), particulièrement à Montfort et à la fontaine de la Médaille, près Gamarde, avec la sous-variété α, qui est plus rare, et la *N. Rouaulti*, puis à Peyrehorade, à Brassempouy, à Baigtz, Donzacq, Garnuy, Nousse, Préchat, etc., à Mougueres, près Bayonne (Basses-Pyrénées), Biaritz, etc. — La sousvar. β, qui se trouvait sans étiquette parmi des échantillons de la collection du Musée de Turin, semble provenir d'Égypte, et probablement la Nummulite qui constitue presqu'à elle seule la pierre du sarcophage égyptien du Musée de Paris, qui porte la lettre *D* 5, doit y être rapportée. La var. γ de Gamarde (Landes), est assez rare.

Var. *B*, *columbresensis*, est très-abondante autour de Columbres (province de Santander), avec la sous-variété δ, et sur la limite de la province des Asturies; cette sous-variété δ est trèsrépandue aussi à deux lieues au sud-ouest d'Igualada (Catalogne) et au nord d'Alicante. — De rares échantillons qui nous ont été communiqués, les uns comme venant de Mougueres, près Bayonne, les autres du royaume de Grenade, se rapprochent beaucoup du type de l'espèce ; le bord en est tantôt presque tranchant, tantôt arrondi ; ils sont assez déprimés, de la forme et de la taille de la *N. lævigata*; les ponctuations et les filets cloisonnaires parfaitement distincts; ceux-ci presque rayonnants dans le jeune âge, sont largement flexueux à l'état adulte; la spire est très-serrée et très-régulière, à l'exception des derniers tours, toujours un peu plus rapprochés; on en compte jusqu'à 30 sur un rayon de 9 millim : ils constituent la sous-var. ε.

Var. *C*; elle provient des marnes grisâtres de la Catalogne.

Ainsi la *N. perforata*, dont nous ne connaissons pas encore l'existence dans l'Inde, nous a offert des représentants sur beaucoup de points du bassin méditerranéen, depuis les côtes d'Espagne jusque dans la chaîne du Demavend, au sud de la mer Caspienne. Le type de l'espèce atteint ses plus grandes dimensions dans la région des Alpes et dans celle des Carpathes, plus à l'E. et au S. elles sont généralement moindres, la coquille tend à devenir plus globuleuse, et on y observe des déformations particulières, tandis qu'à l'O., sur le versant nord des Pyrénées occidentales, ou dans le bassin océanique, les caractères du test tendent à s'atténuer sensiblement; la forme se déprime en même temps et s'élargit, le bord devient presque tranchant, et l'on a une Nummulite qui, comparée au type de l'espèce, semble en être fort éloignée. La *N. perforata* manque jusqu'à présent dans les Pyrénées centrales, dans la partie orientale de leur versant nord comme dans les Corbières et le long de la Montagne-Noire; les explorations dont ce pays a déjà été l'objet peuvent faire douter qu'elle y existe, du moins avec une certaine abondance, et il en est de même des Alpes françaises de la Savoie.

Explication des figures. — Pl. VI, fig. 1, *N. perforata* (type), une partie de la spire est à découvert. — 1 *a*, segment grossi du double, montrant la spire et la surface de la lame. — 1 *b*, coupe transverse. — 1 *c*, id., moitié, grossie du double. — 1 *d*, brisure transverse naturelle, montrant la séparation des tours en trois zones. — 1 *e*, portion de coupe transverse prise vers le cinquième extérieur du diamètre et grossie 30 fois. — 1 *f, g*, individus jeunes dont les derniers tours de la lame ont été enlevés. — 2, 3, 4, profils de formes variées. — 5 var. A, *aturensis*, vue de profil. — 5 *a*, segment grossi du double, et montrant une portion de la spire et du test. (Les filets cloisonnaires sont trop prononcés dans le dessin.) — 6, 6 *a*, sous-var. α, coupe transverse et segment grossi du double. — 7, 7 *a*, sous-var. β, coupe transverse et segment grossi du double. — 8, 8 *a* sous-var. γ, profil et segment grossi du double. — 9, 9 *a*, var. B, *columbresensis*, profil et portion de la surface grossie du double. — 9 *b*, sous var. δ profil. — 10, 10 *a*, sous-var. ε, profil et portion de la spire et du test grossie du double. — 10 *b*, individu renflé de profil. — 10 *c*, id., surface grossie du double. — 11, var. C, montrant une partie de la surface extérieure, celle d'un tour intérieur de la lame et plusieurs tours de la spire. — 11 *a*, profil. — 12, profil d'un individu plus déprimé.

NUMMULITES MENEGHINII, nov. spec.

Pl. V, fig. 7, *a, b, c*.

Coquille lenticulaire, régulière; surfaces également bombées et obscurément granuleuses; bord presque tranchant. Diam. 10 millim., épaisseur 4.

Loge centrale de grandeur médiocre, irrégulière. — 10 tours sur un rayon de 5 millim., flexueux, se rapprochant quelquefois, de manière à se souder; plus épais et plus écartés vers la partie moyenne qu'au centre et à la circonférence. Dans cette dernière partie ils sont très-minces et rapprochés. Vers le milieu du disque leur épaisseur est égale à la hauteur des loges. — Cloisons très-arquées, inclinées de 25° à 45°; on en compte 5 ou 6 dans un quart de tour à la moitié du rayon; assez rapprochées dans les premiers tours, très-espacées dans les derniers, elles se prolongent sur la lame par des filets cloisonnaires simples, capillaires, peu flexueux, entre lesquels on observe des granulations assez nombreuses.

La coupe transverse montre une ellipse allongée, terminée en ogive aux extrémités du grand axe, composée de lames superposées, d'inégale épaisseur, celles des bords et du centre étant les plus minces; rayons ou grands tubes assez nombreux.

Observations. Cette Nummulite, que M. Meneghini nous a envoyée sous le nom de *N. perforata* (*globosa* Rüt.), var. suivie d'un point de doute, est en effet très-voisine des individus jeunes de celle-ci, lorsqu'on ne considère que ses caractères extérieurs, mais ceux de sa spire l'en distinguent très-nettement. Elle a en outre une loge centrale constante, que nous n'avons jamais observée dans la *N. perforata* dont l'origine de la spire est d'une parfaite régularité, des tours dont les premiers toujours irréguliers, et les autres constamment plus épais que dans la *N. perforata*, se rapprochent, à partir du 6e pour se toucher au 10e et dernier, tandis que ce n'est que vers le 18e que cette disposition se manifeste dans la *N. perforata* pour se continuer jusqu'au 36e. Les cloisons sont, comme les tours, plus épaisses que dans cette dernière. La coupe transverse ne fait pas moins ressortir la différence des deux espèces que la coupe perpendiculaire.

Localités. Nous ne connaissons encore qu'un petit nombre d'échantillons de cette espèce ; ils proviennent des calcaires blancs des îles Tremiti.

Explication des figures. — Pl. v, fig. 7, *N. Meneghinii*, coupe perpendiculaire. — 7 *a*, portion montrant une partie de la spire et d'un tour de la lame. — 7 *b*, *c*, profil et coupe transverse grossie du double.

NUMMULITES ROUAULTI, nov. spec.

Pl. VI, fig. 14, *a*, *b*, *c*, *d*.

Coquille lenticulaire ; surfaces largement flexueuses ; bord plus ou moins arrondi. Diamètre 11 millim., épaisseur 2 1/2.

Loge centrale peu régulière, grande mais de dimensions variables ; 7 tours sur un rayon de 5 millim. 1/2, peu réguliers, flexueux, également épais, inégalement espacés, leur épaisseur étant égale à la hauteur des loges, et les deux derniers plus rapprochés que les autres. — Cloisons plus ou moins arquées, fort inclinées, quelquefois de 25° à 30° et même davantage, courtes, inégalement espacées ; on en compte 6 dans un quart de tour à la moitié du rayon, presque rudimentaires entre les derniers tours qui sont très-rapprochés, se prolongeant sur les lames par des filets cloisonnaires flexueux, très-espacés, peu ramifiés, peu réguliers, qui se dirigent vers le centre du disque et entre lesquels on observe des ponctuations variolaires inégales, disséminées irrégulièrement. Feuillets des cloisons assez distincts, surtout au sommet. Angle postéro-supérieur un peu allongé et peu aigu.

Coupe transverse donnant une ellipse fort allongée, dont le centre est occupé par la loge sphéroïdale, et dont les lames sont d'autant moins convexes qu'elles sont plus éloignées du centre. Espaces vides bien marqués entre les tours. Grands tubes médiocrement serrés et formant des canaux continus du centre à la surface. Sillons du bourrelet spiral obsolètes.

Observations. La présence constante d'une loge centrale, de même que l'irrégularité des premiers tours et celle de leurs cloisons qui en est presque toujours la conséquence, sont les seuls motifs qui ne nous permettent pas de regarder cette Nummulite comme l'état jeune de certaines variétés de la *N. perforata*, qui ne montre jamais de loge centrale, et dont les premiers tours avec leurs cloisons sont parfaitement réguliers. Les caractères du test ont d'ailleurs la plus grande analogie. La *N. Rouaulti* diffère de la *N. Tchihatcheffi* par ses filets cloisonnaires rayonnants, ses ponctuations, sa forme moins irrégulière, ses cloisons moins épaisses et moins courbées. Elle se distingue encore de la variété déprimée de la *N. Lucasana* par ses granulations moins prononcées, ses tours moins réguliers, ses cloisons plus espacées, plus inclinées et moins régulières. Elle en est d'ailleurs très-voisine aussi par les caractères du test ; de sorte qu'on peut dire que, malgré son affinité avec la *N. perforata*, dont elle serait peut-être une var. *minor*, pourvue d'une loge centrale très-apparente, elle offre des caractères intermédiaires entre la *N. Tchihatcheffi* et la *N. Lucasana*, var. *b*.

Localités. Fontaine de Christian près Montfort, Gaas (Landes).

Explication des figures. — Pl. vi, fig. 14, *N. Rouaulti*, coupe perpendiculaire. — 14 *a*, portion de la spire et de la lame grossie du double. — 14 *b*, segment grossi quatre fois. — 14 *c*, *d*, coupe transverse avec un grossissement du double.

NUMMULITES OBTUSA, J. de C. Sow.

Pl. VI, fig. 13, *a*, *b*, *c*.

LENTICULAIRE NUMISMALE, Deluc, *Journ. de phys.*, vol. LIV, p. 473, pl. I, fig. 10, var. fig. 4. 1802.
NUMMULARIA OBTUSA..... J. de C. Sowerby, *Transac. yeol. Soc. of London*, 2ᵉ sér., vol. V, pl. xxiv,
fig. 14ª. 1840. — Non *Nummulites id.*, Joly et Leymerie (*Mém. de l'Acad.
de Toulouse*, 3ᵉ sér., vol. IV, pl. I, fig. 13, 14. 1848.)

Coquille épaisse, réniforme ou sub-globuleuse, très-arrondie sur le bord qui est largement
flexueux. Diamètre 26 millim.; épaisseur variant de 12 à 16.

31 tours sur un rayon de 12 millim., un peu flexueux, plus épais et plus espacés dans les deux
premiers tiers du disque qu'à la circonférence, plus minces, plus serrés et se touchant presque
vers le bord; leur épaisseur toujours égale à la hauteur des loges qui décroît dans le même rapport. — Cloisons régulières, minces, également inclinées, courbées et espacées, formant par leur
ensemble une série d'arcades symétriques et continues. On compte 25 cloisons sur un quart de
tour à la moitié du rayon; elles se prolongent chacune sur les côtés de la lame spirale par des
filets cloisonnaires simples ou peu ramifiés, très-ondulés et dans les intervalles desquels s'ouvrent principalement les grands pores. Feuillets cloisonnaires intimement soudés vers le bas,
très-écartés en haut, où ils laissent presque toujours, entre eux et la lame spirale, une petite
lacune bien prononcée. Parois supérieures des loges très-distinctes; l'angle postéro-supérieur
peu prolongé et bien ouvert.

La coupe transverse donne une ellipse irrégulière, à bords sinueux, dont le rapport des deux
axes, quoique variable, est moyennement : : 1 : 2; elle est arrondie à ses extrémités et composée
de 31 lames, à peine plus épaisses vers le centre, également courbes aux divers âges. Dans les
individus réniformes, le plan coupant qui passe par le centre organique et par le bord externe de
chaque tour de la lame, n'est point droit et ne divise pas la coquille en deux parties égales et
symétriques, mais constitue une surface courbe dont la coupe donne un arc sous-tendu par le côté
presque plat de la Nummulite. Loges petites, généralement plus larges que hautes; espaces vides
fort grands entre les tours de la lame spirale qui sont en général minces, mais d'une manière
irrégulière et inégale. On remarque dans cette lame quelques dédoublements et des indications
très-nettes et très-nombreuses des couches qui la composent. Couche vitreuse distincte, mais
très-mince; les couches externes un peu moins apparentes que les internes. Tubes moyens très-
peu nombreux; grands tubes médiocrement larges, rapprochés et ne formant pas toujours de
canaux continus du centre à la surface. Sillons du bourrelet obsolètes. (La portion de coupe
transverse que nous avons figurée ne passe pas tout à fait par le centre organique.)

Observations. La *N. obtusa*, que l'un de nous avait confondue à tort avec la *N. perforata*
(*N. spissa et crassa*), *Mém. de la Soc. géol. de France*, 2ᵉ sér., vol. III, p. 415, 1850, — *Hist. des prog.
de la Géol.*, vol. III, p. 244. 1850), à cause de la ressemblance des formes extérieures, s'en distingue
néanmoins, sous ce dernier rapport, par son contour encore plus arrondi, quelquefois presque
carré; mais c'est surtout par le nombre et la forme des cloisons qu'elle s'en sépare nettement,
ainsi que par les caractères des filets cloisonnaires. On ne voit en outre à la surface des lames que
des pores peu nombreux et disséminés irrégulièrement. La dissymétrie fréquente de cette espèce
fait que la coupe perpendiculaire ne s'obtient jamais nettement par le moyen que nous avons
indiqué, et à plus forte raison le travail à la meule donnerait-il un résultat encore plus imparfait.
— M. Alc. d'Orbigny (*Prodrome de Paléontologie*, vol II, p. 335), ne mentionne qu'avec doute

le rapprochement que l'un de nous avait fait, tandis que MM. P. Savi et Meneghini y ajoutent comme synonyme la *N. globularia*, Lam.

Localités. Mentionnée et figurée dès 1802 par Deluc, comme provenant des montagnes de Lahour, au nord du Bengale, la *N. obtusa* est très-répandue dans les calcaires nummulitiques de la province de Cutch, à l'embouchure de l'Indus, et dans ceux de la chaîne d'Hala qui longe la rive droite de ce fleuve dans la dernière partie de son cours. Suivant M. J.-J. Carter, elle a été trouvée par Newbold dans les calcaires des environs de Maskate, à l'entrée du golfe Persique.

Explication des figures. — Pl. vi, fig. 13, *N. obtusa*, montrant une portion de la spire. — 13 *a*, coupe transverse. — 13 *b*, segment grossi du double montrant une portion de la spire et de la surface de la lame.— 13 *c*, portion d'une coupe transverse prise vers le quart du diamètre et grossie 30 fois.

NUMMULITES VERNEUILI, nov. spec.

Pl. VII, fig. 1, *a*, *b*, *c*, *d*, 2, 3.

Coquille de forme variable et peu régulière, tantôt lenticulaire, à bord presque tranchant, tantôt plus renflée à son pourtour, avec le bord très-arrondi, ou enfin sub-globuleuse; surfaces inégalement bombées, couvertes de filets cloisonnaires en relief très-prononcés, nombreux, ondulés, granuleux, méandriniformes, paraissant quelquefois converger vers certains points du disque où ils se réunissent en faisceaux contournés. Dans leurs intervalles, des granulations en relief, très nettement limitées contribuent à donner à la surface l'aspect d'une peau de chagrin très-fine. Diamètre 14 millim.; épaisseur variant de 5 à 9, suivant les individus.

26 tours sur un rayon de 7 millim., réguliers, équidistants d'une épaisseur égale dans toute l'étendue de la spire, et qui est moitié de la hauteur des loges. — Cloisons minces, très-arquées, inclinées de 20° à 25°. On en compte 13 dans un quart de tour à la moitié du rayon; elles sont sub-équidistantes et semblables dans toute la spire. Parois des loges fort minces et très-peu distinctes, si ce n'est au sommet des cloisons, où l'écartement des deux feuillets produit souvent une petite lacune; l'angle postéro-supérieur très-peu profond et peu aigu. Filets cloisonnaires simples ou peu ramifiés, extrêmement flexueux; presque tous les grands pores, qui sont larges et très-nombreux, sont situés dans leurs intervalles. Pores moyens, assez nombreux aussi.

Coupe transverse donnant une ellipse assez régulière, plus ou moins large, composée de lames équidistantes, également épaisses et courbées. Loges assez petites et généralement plus larges que hautes; espaces vides entre les tours de la lame spirale assez petits, mais plus prononcés vers le bord où les tours s'amincissent très-sensiblement. Couche vitreuse mince; d'autres couches très-apparentes dans les derniers tours. Canaux moyens nombreux; les grands, larges et ordinairement espacés de deux fois leur diamètre sont en général continus du centre à la surface, et légèrement arqués vers la partie médiane. Sillons du bourrelet obsolètes.

Observations. Par ses caractères extérieurs, la *N. Verneuili* viendrait prendre place entre les *N. scabra* et *perforata*, mais elle se distingue de la première par les filets cloisonnaires, et de la seconde par la régularité parfaite et les autres caractères de sa spire.

Localité. Conca-de-Tremp (Catalogne), où elle a été trouvée par M. de Verneuil; nous ne la connaissons encore d'aucun autre pays.

Explication des figures. — Pl. vii, fig. 1, *N. Verneuili*, la moitié de la spire est à découvert. — 1 *a*, id., grossie quatre fois. — 1 *b*, profil. — 1 *c*, portion de coupe transverse prise au quart du diamètre et grossie 36 fois — 1 *d*, portion de la surface d'une lame grossie 36 fois. — 2 et 3, profils de deux formes extrêmes.

NUMMULITES SISMONDAI, nov. spec.

Pl. VII, fig. 4, *a, b, c, d.*

Coquille discoïde, lenticulaire ou renflée, irrégulière; surfaces montrant des stries flexueuses, ondulées, qui se réunissent quelquefois en faisceaux contournés; les grands pores nombreux s'observent soit sur les filets cloisonnaires ou stries précédentes, soit dans leurs intervalles; bord brusquement aminci et tranchant. Diamètre 17 millim.; épaisseur 6.

20 tours sur un rayon de 8 millim., minces, très-peu flexueux, sub-équidistants ou croissant lentement et régulièrement; leur épaisseur est à peine égale au tiers de la hauteur des loges. — Cloisons sub-équidistantes, très-minces, presque droites à la base, très-arquées et prolongées à leur jonction avec le tour suivant. On en compte 13 dans un quart de tour à 5 millim. du centre. Feuillets cloisonnaires très-minces, intimement soudés, excepté au sommet où ils s'écartent un peu. Paroi supérieure des loges très-distincte et convexe. Filets cloisonnaires simples ou peu ramifiés, mais très-flexueux; les grands pores s'ouvrent sur leur trajet et dans leurs intervalles.

La coupe transverse donne une ellipse peu régulière, fort allongée, pointue aux extrémités du grand axe, composée de lames plus épaisses et plus courbées vers le centre qu'au bord. Loges de grandeur médiocre, généralement plus hautes que larges. Espaces vides interlaminaires assez considérables. La couche supérieure des tours de la lame est épaisse et opaque, probablement recouverte par une couche vitreuse rudimentaire. D'autres couches sont apparentes dans les tours extérieurs. Tubes moyens assez nombreux, les grands étant larges, un peu en forme de cornet, et constituant, pour la plupart, des canaux continus du centre à la surface; ils sont faiblement arqués vers le milieu du test et espacés de deux fois leur diamètre. Sillons du bourrelet spiral obsolètes.

Observations. Cette espèce a encore beaucoup d'analogie avec les *N. Deshayesi* et *perforata;* elle diffère de la première par son bord brusquement aminci, et comme pincé et tranchant, par ses filets cloisonnaires plus prononcés et plus largement ondulés, par la minceur de la lame spirale, par l'extrême ténuité et la forme des cloisons, et par ses grands pores plus régulièrement épars sur toute la surface du disque; elle s'éloigne de la seconde par la forme de son bord, par sa lame spirale plus mince, par ses tours plus équidistants et plus réguliers, par ses cloisons plus longues et ses loges plus hautes.

Localités. Le gisement des échantillons qui nous ont principalement servi à établir les caractères de la *N. Sismondai*, ne nous est pas connu. Ils appartiennent au Musée de Turin, et ne portaient point d'étiquette; mais deux individus, recueillis dans l'Asie Mineure par M. P. de Tchihatcheff, paraissent se rapporter à cette espèce.

Explication des figures. — Pl. vii. fig. 4, *N. Sismondai*, la moitié de la spire est à découvert. — 4 *a*, profil. — 4 *b*, coupe transverse. — 4 *c*. segment grossi du double et montrant une portion de la spire et de la surface. — 4 *d*. portion de coupe transverse prise non loin du centre et grossie 36 fois.

NUMMULITES LUCASANA, Defr.

Pl. VII, fig. 5, *a, b, c,* 6, 7, *a,* 8, *a,* 9, *a, b,* 10, *a,* 11, *a,* 12.

DISCOLITHE ζ?.............. Fortis, *Mém. pour servir à l'hist. nat. de l'Italie,* vol. II, p. 100, pl. i, fig. *l, m.* 1802.

Nummulites verrucosa (*pars*), de Roissy, *Hist. nat. des Mollusques*, vol. V, p. 55. 1805. (Buffon de
   Sonnini.)
Nummulina lenticularis..... Alex. Rouault, *Mém. de la Soc. géol. de France*, 2e sér., vol. III, p. 466,
   pl. xiv, fig. 11, *a*, *b*. 1850. — Non *Camerina, id.*, Bruguière, *Encycl.
   méth.*, vol. I, p. 474, fig. 1, *a*, *b*. 1791. — Non *Lycophoris id.*, Montfort, *Conchyl. systém.*, p. 159, pl. clviii. 1808. — Non *Nummulites
   id.*, Boubée, *Bull. de nouv. gis.* 1834. — Non *N. id.*, Bronn, *Leth.
   geogn.*, p. 1139, pl. xxvii, fig. 22. 1838.
   —   lenticularis..... Alc. d'Orbigny, *Ann. des sc. d'hist. nat.* 1826. — Id., *Prodrome de paléontologie*, vol. II, p. 335. 1850.
   —   lucasana........ Defr., *Mss.*; d'Archiac, *Hist. des progrès de la géol.*, vol. III, p. 238. 1850.
Nummulites   Id.,   var. *a. Discolithe*, Fortis, *loc. cit.*, p. 107, pl. ii, fig. n. — *Nautilus lenticularis*,
   var. β, Fichtel et Moll, *Testacea microscopica*, etc., p. 56, pl. vii,
   fig. *a*, *b*. 1803.
   —   Id.,   var. *b. Phacites fossilis*, Blumenbach, *Abbild. naturhist. Gegenst.*, 1796-99,
   Heft 4, pl. xl, fig. 2 (la petite espèce représentée sur l'échantillon).

Coquille lenticulaire ou sub-globuleuse; surfaces couvertes au centre du disque de granulations qui deviennent moins nombreuses et moins prononcées vers le bord, tandis que des plis
droits ou flexueux, simples ou bifurqués, à peine apparents vers le milieu, sont plus saillants
sur le pourtour de la coquille. Lorsque ces derniers sont obsolètes, les granulations occupent
toute la surface (var. *a*), et si les uns et les autres tendent à s'effacer, la coquille prend une
forme plus déprimée, et l'on a la var. *b*. Suivant les variétés ou même les individus, le bord est
arrondi ou un peu tranchant. Diamètre 5 à 6 millim.; épaisseur 3 à 3 1/2.

Une *loge* centrale grande; 7 tours sur un rayon de 3 millim., réguliers, equidistants, et dont
l'épaisseur, qui se maintient la même du centre à la circonférence, est égale à la hauteur des loges.
— *Cloisons* se prolongeant sur les lames qui les supportent par des filets cloisonnaires, élevés,
flexueux, qui s'anastomosent quelquefois en remontant vers le milieu du disque, et entre lesquels,
comme sur leur trajet, s'observent des pores ou des granulations plus ou moins nombreuses.
Ces cloisons peu arquées, peu inclinées, sont plus rapprochées vers le centre qu'à la circonférence, et l'on en compte 6 dans un quart de tour à la moitié du rayon. *Loges* à enveloppe assez
distincte; angle postéro-supérieur peu prolongé et presque droit. Feuillets cloisonnaires un peu
écartés au sommet, et formant en un point une petite lacune.

Coupe transverse donnant une ellipse qui se termine en ogive aux extrémités du grand axe,
et dont les deux axes sont entre eux : : 6 : 3, vide au centre, composée de 7 lames d'égale courbure et d'égale épaisseur. Loges en général petites et plus larges que hautes; les espaces vides
compris entre les divers tours de la lame spirale très-étroits; les couches de celle-ci sont très-
nombreuses, très-minces, et paraissent être toutes également transparentes; couche vitreuse
rudimentaire, mais distincte dans la var. *b*. Tubes moyens peu apparents; grands tubes rapprochés,
larges, formant, par leur réunion, des canaux continus, mais ayant chacun une forme cylindro-
conique assez nettement accusée; ils sont très-rares sur le bord du test. Sillons du bourrelet spiral assez bien marqués.

Var. *a*, fig. 7, *a*, moins renflée que le type de l'espèce, entièrement couverte de granulations.

Var. *b*, fig. 8, *a*, 9, *a*, plus déprimée encore; granulations et plis peu prononcés et moins nombreux, irrégulièrement distribués, quelquefois obsolètes; loge centrale très-grande, et celles qui
lui succèdent immédiatement très-grandes aussi et irrégulières. Diamètre quelquefois de 7 millim.; épaisseur 2 1/2 à 3.

Var. *c*, fig. 10, *a*. Nous établissons cette variété pour quelques échantillons des marnes noires
de Subathoo (Inde.)

Elle est caractérisée au dehors par une dépression centrale, des granulations nombreuses très-serrées, margaritiformes, d'égale grosseur, disposées en cercles concentriques et s'étendant jusqu'au pourtour, qui est tranchant. Les dimensions du test, sa forme générale et ses caractères intérieurs ne diffèrent pas sensiblement de ceux de la var. *b*.

Var. *d*, fig. 11, *a*, 12, biconique; plis flexueux, très-prononcés surtout dans certaines parties du bord; celui-ci est tranchant, et les granulations des sommets s'étendent plus ou moins vers le bord.

Observations. Nous conservons à cette espèce le nom que Defrance lui avait donné dans sa collection, et que nous avons adopté en 1850 pour éviter la confusion introduite par l'emploi du mot *lenticularis*, appliqué à des corps très-différents, et que nous rejetons complétement par ce motif. M. Alex. Rouault en a donné une bonne figure, quoique ce ne soit pas l'état le plus ordinaire où elle se présente. Nous retranchons de sa synonymie la Camérine lenticulaire de Bruguière, le *Lycophrys* de Montfort et de M. Bronn, qui n'est pas une Nummulite, l'espèce de M. Boubée, qui est différente et qui avait été désignée sous un autre nom, et nous conservons seulement sous le titre de var. *a* le *Nautilus lenticularis* de Fichtel et Moll, ou la *Nummulites lenticularis* de M. Alc. d'Orbigny.

Il faut une certaine attention pour distinguer cette espèce des individus jeunes de la *N. perforata*; généralement elle est plus globuleuse; son diamètre ne dépasse pas 6 à 7 millim.; ses granulations, comme ses plis, ont un relief qu'on n'observe point dans la *N. perforata*; néanmoins il n'est pas inutile de faire remarquer que lorsque les granulations ont disparu, par suite d'usure ou de frottement, ce qui est assez fréquent, elles sont représentées par des points ronds ou pores qui se détachent en clair sur le fond, et sont groupés vers les sommets, les plus gros au centre, absolument comme dans l'autre espèce. La différence essentielle consiste alors dans la spire pourvue d'une loge centrale bien apparente, dans ses cloisons moins également espacées et d'un tiers moins nombreuses. Par la présence simultanée de granulations et de plis, cette espèce se trouve placée à la limite du quatrième et du cinquième groupe.

Localités. Columbres, San-Vicente de la Barquera (province de Santander); Sierra de Guerra, environs d'Huesca et de Viescaz (Aragon), Santa-Madre del Monte, Cellent, Igualada, Saint-Michel-du-Fay, Conca-de-Tremp', San-Juan de las Abadessas, Cardone, Bielsa (Catalogne); — environs de Dax, Gaas, Bos d'Arros, près Pau, Montgrand, commune de Josses (Basses-Pyrénées), où elle est associée avec les *N. biaritzensis*, *granulosa*, etc., Fontaine de Christian, près Montfort; — Sainte-Colombe (Ariège), avec la *N. Ramondi*, var. *a* déprimée; les Corbières; — cap la Mortola, col de Brauss et environs de Nice (var. *a*). — Le type de cette espèce n'a pas encore été observé dans les Alpes occidentales ni dans celles du nord, en Savoie, en Suisse, en Bavière, mais il paraît se trouver au Mont-Faudon (Hautes-Alpes), et à Guttaring (Illyrie); — il n'est pas rare au pied du versant sud-est de la chaîne à Val d'Agno (Véronais), à Recoaro, et il existe sans doute dans les cailloux siliceux de l'Apennin du Bolonais. — La Grèce, la Turquie d'Europe et la Crimée ne l'ont pas encore offert, tandis que la var. *a* est depuis longtemps connue dans les Carpathes et la Transylvanie; — dans le nord de l'Asie Mineure, autour de Zafranboli (Paphlagonie) et d'Uskub (Bithynie), le type n'est pas rare. — La var. *b* est jusqu'à présent propre au nord de l'Égypte. Dans les échantillons de calcaire roulés, recueillis dans le désert à l'ouest du Caire. Elle abonde dans les pierres des Pyramides, et les individus (fig. 9) provenant de Gebel-Zeyt, non loin de la mer Rouge, sont encore plus déprimés que les précédents, les granulations ont presque entièrement disparu, et les filets cloisonnaires sont très-apparents. Dans un échantillon de marbre gris jaunâtre du Museum d'histoire naturelle de Paris, la *N. Lucasana* est associée avec la *N. granulosa*. La var. *c* appartient aux marnes noires de Subathoo (Inde), et le type se retrouve dans les calcaires gris de Cherra Poonji (Bengale oriental.); — Enfin la var. *d* (Musée de Turin) provient sans doute du Vicentin ou du Véronais.

Explication des figures. — Pl. vii, fig. 5, *N. Lucasana* (les granulations ou ponctuations ne sont pas assez marquées). — 5 *a*, profil. — 5 *b*, grossie du double et montrant une partie de la spire et de la surface extérieure.— 5 *c*, segment grossi quatre fois.—6, individu très-jeune et grossi.—7, *a*, var. *a*. — 8, *a*, var. *b*. — 8 *b*, portion de coupe transverse grossie de 36 diamètres. — 9, *a*, id., plus déprimée. — 10, *a*, var. *c*,— 11, *a*, var. *d*. — 12, id., plus déprimée.

NUMMULITES CURVISPIRA, Menegh.

Pl. VI, fig. 15, *a*, *b*, *c*, *d*.

Nummulina curvospira. P. Savi et G. Meneghini, *Considerazioni sulla geol. della Toscana*, p. 137. 1851.

Coquille lenticulaire; surfaces peu régulières, montrant des plis flexueux, obsolètes, surmontés çà et là de granulations très-faibles et allongées; bord tranchant. Diamètre 6 millim.; épaisseur 2.

Loge centrale très-grande, peu régulière; 6 tours sur un rayon de 3 millim., fort irréguliers, d'une épaisseur constante, presque égale à la hauteur des loges vers la circonférence, inégalement espacés, le second seul étant très-écarté, le troisième se rapprochant brusquement, et les suivants continuant à être fort serrés. — Cloisons longues, très-arquées et inéquidistantes dans le second tour, courtes, plus rapprochées et moins courbées dans les suivants; on en compte 8 dans le quart du 3ᵉ tour; elles se prolongent sur la surface de la lame spirale par des filets déliés, simples ou bifurqués, falciformes et ondulés, dirigés vers le centre du disque et portant des granulations oblongues ou allongées, irrégulièrement disséminées et espacées. Ces granulations sont très-rares entre les filets. La forme et les dimensions des loges sont en rapport avec les modifications des tours et des cloisons. Feuillets des cloisons très-distincts.

Coupe transverse donnant une ellipse fort allongée, peu régulière, se terminant en ogive lancéolée, un peu arrondie aux extrémités du grand axe, et composée de lames irrégulièrement arquées, rapprochées vers le bord, écartées vers le milieu où elles entourent la loge centrale très-grande; grands pores apparents. Couche vitreuse distincte; les autres qui composent la lame assez bien marquées aussi.

Observations. Cette espèce, dont la forme rappelle singulièrement la *N. Rouaulti* et les *N. Tchihatcheffi* et *Lucasana*, var. *b*, que M. Meneghini avait confondues avec elle, se distingue de la première par la position et les caractères des granulations de la surface, par la forme des filets cloisonnaires, par le nombre des cloisons qui est double, à diamètre égal, par l'irrégulier espacement des tours et par la dimension de la loge centrale; elle diffère de la seconde par sa forme plus déprimée et son bord tranchant, par la présence de filets cloisonnaires, de granulations à sa surface, et surtout par les caractères de la spire; enfin elle s'éloigne aussi de la troisième par ces derniers caractères, la spire de la *N. Lucasana*, dans toutes ses variétés, étant régulière, les tours très-rapprochés, les cloisons espacées, la loge centrale fort petite, et de plus les granulations de la surface étant margaritiformes au lieu de ressembler à de très-petits grains de millet; leur disposition, relativement aux filets cloisonnaires, est encore très-différente. La coupe transverse de la *N. curvispira* diffère peu de celle de la *N. Tchihatcheffi*, mais on peut l'en distinguer néanmoins par la grande disproportion qu'elle montre entre le second tour et les suivants, disproportion qui n'a pas été suffisamment rendue dans les fig. 15 *a*, et 15 *b*.

Localités. Les seuls échantillons de cette espèce, que nous connaissons avec certitude dans l'ouest de l'Europe, proviennent d'un calcaire grossier du Véronais, mais elle est abondante dans les calcaires tendres, blanc jaunâtre, du nord de l'Égypte, où elle est associée aux *N. gyzehensis*, *discorbina*, etc.

Explication des figures. — Pl. vi, fig. 15, *N. curvispira*, vue en dessus. — 15 *a*, coupe perpendiculaire. — 15 *b*, id., grossie quatre fois et montrant la spire et une portion de la surface. — 15 *c*, coupe transverse. — 15 *d*, id., grossie du double.

CINQUIÈME GROUPE. NUMMULITES PLICATÆ VEL STRIATÆ.

NUMMULITES RAMONDI, Defr.

Pl. VII, fig. 13, *a*, *b*, *c*, *d*, 14, *a*, 15, *a*, 16, *a*, 17, *a*, *b*.

LAPIS FRUMENTARIUS HEL-
VETICUS .... Langy, *Hist. lapid. figur. Helvetiæ*, p. 69, pl. XVIII. 1708.
PHACITES FOSSILIS....... Blumenbach, *Abbild. naturhist. Gegenst.*, 1796-99, *Heft* 4, pl. XL, fig. 3
        (avec la *N. complanata*).
LENTICULAIRE NUMISMALE.. Deluc, *Journ. de phys.*, vol. XLVIII, p. 224. 1802. — Ib., vol. LVI, p. 339.
        1804.
DISCOLITHE.............. Fortis, *Mém. pour servir à l'hist. nat. de l'Italie*, vol. II, pl. IV, fig. 1. 1802.
NAUTILUS MAMILLA .... Fichtel et Moll, *Testacea microscopica*, etc., pl. VI, fig. *a*, *b*, *c*, *d*. 1803. —
        Var. *d*, nob.
LENTICULITES GLOBULATUS, Schlotheim, *Die Petrefactenkunde*, etc., p. 89. 1820.
NUMMULITES RAMONDI..... Defrance, *Dict. des sc. nat.*, vol. XXXV, p. 224. 1825.
—   LENTICULARIS, Boubée, *Bull. de nouv. gisements*. 1834.
—   ROTULARIUS.. Deshayes, *Mém. de la Soc. géol. de France*, vol. III, p. 68, pl. VI, fig. 10, 11,
        1836.
—   GLOBULUS.... Leymerie, *Mém. de la Soc. géol. de France*, 2ᵉ sér., vol. I, p. 359, pl. XIII,
        fig. 14. 1846.
NUMMULINA ROTULARIA... Alex. Rouault, *ibid.*, vol. III, p. 464. 1850.
—   GLOBULUS.... Rütimeyer, *Ueber das Schweizer. Nummulitenterrain*, etc., p. 79, pl. III, fig.
        25-30. 1850. — La coupe perpendiculaire, fig. 27, n'indique que 3 ou 4
        lames et devrait en montrer 6 ou 7.
—   ROTULARIA... Id., ib., p. 82. — L'auteur n'avait pas reconnu l'identité de cette espèce avec la
        N. globulus.
—   MAMILLARIS... Id., ib., p. 84, pl. III, fig. 31, 32. — C'est notre var. *d*, ou le *Nautilus ma-*
        milla, de Fich. et Moll.
NUMMULITES MAMILLA..... Alc. d'Orb., *Prodrome de paléont.*, vol. II, p. 336. 1850. — Var. *d*, nob.
NUMMULINA RAMONDI..... d'Archiac, *Histoire des progrès de la Géologie*, vol. III, p. 241-304ⁱ. 1850.
—   RUTIMEYERI.. Id., *ibid.*, p. 242. — Var. *d*, nob.
—   ROTULARIS.... P. Savi et G. Meneghini, *Consideraz. sulla geol. della Toscana*, p. 191 et
        204. 1851. — Ces auteurs rapportent également la synonymie que nous
        avons adoptée.

Coquille sub-globuleuse ou lenticulaire, régulière, couverte de plis fins, droits ou peu flexueux, souvent bifurqués, rayonnants, s'épaississant vers la circonférence; bord plus ou moins tranchant. Diamètre, 6 millim.; épaisseur, 2 1/2.

9 tours sur un rayon de 3 millim., s'écartant régulièrement du centre à la circonférence, également épais dans toute l'étendue de la spire; cette épaisseur étant un peu moindre que la hauteur des loges. — Cloisons se prolongeant sur les lames par des filets droits ou peu flexueux, simples ou peu ramifiés, qui se dirigent vers le milieu du disque; ces cloisons sont peu arquées, peu inclinées, régulières, d'autant plus espacées qu'elles s'éloignent davantage du centre; on en compte 6 dans un quart du 3ᵉ tour, 7 dans le 4ᵉ, 8 dans le 5ᵉ, et 11 dans le 6ᵉ; leur inclinaison est sensiblement la même du centre à la circonférence. Feuillets cloisonnaires un peu écartés au centre; l'angle postéro-supérieur des loges un peu allongé et peu aigu.

La coupe transverse donne une ellipse assez renflée aux extrémités du petit axe, et se terminant en ogive aux extrémités du grand; elle est formée de neuf couches ou lames assez épaisses, également courbées. Grands pores peu nombreux et rapprochés du centre. Couche vitreuse distincte. Sillons du bourrelet spiral rudimentaires ou nuls.

Var. *a* (fig 14), coquille plus déprimée, plis obsolètes (ils sont trop prononcés dans le dessin); diamètre 6 millim ; épaisseur 2 3/4.

Var. *b* (fig. 15), plus petite, plus déprimée encore, bord aigu, couverte de stries filiformes, flexueuses et parfois dichotomes.

Var *c* (fig. 16), plus globuleuse, stries fines, très-serrées et très-prononcées.

Var. *d* (fig. 17), mamelonnée, d'un diamètre moindre que celui du type de l'espèce. C'est probablement le *Nautilus mamilla*, Ficht. Moll, la *N. mamilla*, Alc. d'Orb., et la *N. mamillaris* Rüt. dont nous avions fait à tort une espèce, sous le nom de *N. Rutimeyeri*, avant d'avoir reconnu son affinité avec la *N. Ramondi*.

Observations. Nous avons dû, pour établir la synonymie de cette espèce, importante par sa grande extension géographique, constater, sur les échantillons de la collection de Defrance, les caractères qui lui avaient servi à la distinguer, et nous avons pu nous assurer ainsi que les *N. rotularius* Desh. et *globulus* Leym. n'étaient que des doubles emplois. M. Deshayes, en disant que cette espèce est toute lisse, avait sans doute en vue la *N. Tchihatcheffi* qui l'accompagne constamment en Crimée, mais les figures qu'il donne comme le reste de la description, se rapportent évidemment à la *N. Ramondi*. La synonymie de la var. *d* nous paraît également justifiée par l'observation, et nous regardons comme le type de l'espèce de Defrance aussi bien la Nummulite de Crimée que celle des Alpes et des Pyrénées.

Très-voisine par sa forme et ses dimensions de la *Nummulite* que Defrance avait désignée dans sa collection sous le nom de *N. Lucasana*, elle en diffère par l'absence de granulations à sa surface, par la présence de plis droits, complets, rayonnants, ou de filets sinueux et irréguliers ; les derniers tours, au lieu d'être plus rapprochés, sont au contraire plus espacés; les cloisons sont plus hautes, plus régulières, plus symétriquement écartées, au lieu d'être plus inclinées, atténuées et presque supprimées par le rapprochement des derniers tours.

Localités. Dans les calcaires compactes gris blanchâtre des environs de Malaga ; Grau (Catalogne), var. *a*; Viescaz (Aragon), Pantanon de Huesca, et dans des calcaires gris avec *Alveolina longa* de la Sierra de Guerra, puis à deux lieues au nord-est de Pampelune ; Columbres et S.-Vicente de la Barquera (province de Santander). — Bos-d'Arros, près Pau et Bastennes (Basses-Pyrénées). — Dans le massif du Mont-Perdu, avec la *N. Leymeriei*; au-dessous de la métairie de Belloc, près d'Aurignac (Hautes-Pyrénées), var. *c*, aussi avec la *N. Leymeriei* dans des calcaires jaunes; avec la même au contact du marbre jaune, glanduleux de Mancioux; Montarabu près Cazères (Haute-Garonne), avec la même; Sainte-Colombe (Ariège), var. *a*; entre Tournissan et Saint-Laurent (Aude), var. *d*, et dans les couches à *Neritina conoidea* du même pays; Bize, Montolieu, la Caunette (Montagne-Noire). — La Palarea, le Puget, cap la Mortola, col de Brauss, San-Dalmazzo, Villa Franca, etc., var. *d* (comté de Nice); col du Lauzannier, Rouaine ? Barrême (Basses-Alpes).—Thone (Savoie), montagne de Six-d'Argentine, environs de Bex, Dent-de-Morcles, les Diablerets (Valais); Anzcindaz, Beatenberg, le Ralligstöcke, Stierendungel (var. *c*), Walliser, Windspillen, Güggisgrat, Niederhorn, Schratten, la Gemmenalp (canton de Berne), avec la var. *d*; Briensergräte, Gadmenflüh, Rosenlüi, etc.; le Sihlthal, le Hacken; Schwendberg, Einsiedeln, presque toujours avec la *N. complanata*, et dans une roche de peroxyde de fer du lac de Lauerz (Schwitz). —Mattsee, var. *b*, le Kressenberg (Bavière); lac de Neusiedler, var. *d*. (Autriche.)— Au sud d'Isola (Istrie), Avesa, Dalmatie, Raguse. — Vérone, Mont-Bolca (Vicentin), bord de l'Adda près Paderno. — Castellazara, Selvena et Mosciano var. *c* (Toscane); cailloux siliceux de l'Apennin du Bolonais, Pizzo del Arco ? (Apennin central), Manospello, versant occi-

dental de la Majella (Abruzzes)? Pretora? ibid. — Morée; au nord d'Enos, sur la côte occidentale de la mer de Marmara; Balouk-Keuï, Hadinkoï (Roumélie), avec la *N. Tchihatcheffi ;* cap
Karabournou, sur la côte de la mer Noire (var. *a*); — Crimée, dans les calcaires blancs avec les
N. Tchihatcheffi et *distans;* dans les marnes inférieures, var. *b*, avec la *N. granulosa.* — Ile de
Candie, — Mont-Karamas près de Kaïsaria (Asie-Mineure), avec la *N. distans*, var. *minor;*
Zafranboli (Paphlagonie), avec la *N. Lucasana*, et entre Uskub et Boli (Bithynie); — entre
Gumuch-Hana et Baïburt (versant nord-ouest de Taurus); environs de Keban-Maden et de Kharput (Taurus central), Ainzarka (Haut–Liban); — versant nord de l'Elbourz et col de Khialaneck
(Perse). — Chaîne d'Hala (Sinde); environs de Keurah (Pendjab)? Dans la chaîne même de
l'Himalaya, au passage de Singhe-La avec l'*Alveolina melo.* —_Égypte. — Djaritz (Maroc).

La *N. Ramondi* est donc l'une des espèces les plus répandues et les plus constantes sur tout le
périmètre de la Méditerranée, puis elle s'étend à l'E. jusqu'aux montagnes de Cachemire, et
dans le centre même de l'Himalaya, s'élève à 4875 mètres au-dessus de la mer. Rare sur le
versant nord des Pyrénées occidentales, et paraissant même manquer dans la partie voisine des
côtes de l'Océan, elle n'a pas encore été observée dans la chaîne des Carpathes, ce qui prouverait
que, malgré son extrême développement de l'O. à l'E., elle se serait peu étendue au N., puisque nous ne la trouvons point non plus dans les petits bassins tertiaires du nord–ouest de l'Europe. Nous la voyons sur les deux versants des Alpes et en Crimée, associée avec les grandes
Nummulites (*N. distans, complanata, perforata,* etc.), comme dans l'Inde avec la *N. exponens,*
association à laquelle les Pyrénées centrales et orientales feraient exception, par l'absence de ces
grandes espèces, et les Pyrénées occidentales au contraire par son absence ou son extrême rareté.
En général elle caractérise, comme les *N. Leymeriei* et *planulata,* les couches les plus basses du
groupe.

Explication des figures. — Pl. vii, fig. 13, *N. Ramondi,* coupe perpendiculaire. — 13 *a*, id., vue en
dessus. — 13 *b*, profil. — 13 *c*, portions de la spire et du test grossies quatre fois. — 13 *d*, coupe transverse.
— 14, *a*, var. *a*. — 15, *a*, var. *b*. — 16, *a*, var. *c*. — 17, *a, b,* var. *d*.

NUMMULITES GUETTARDI, nov. spec.

Pl. VII, fig. 18, *a b, c,* 19, *a, b*.

NUMMULITES RAMONDI, var. MINOR, d'Archiac, *Histoire des progrès de la Géologie,* vol. III, p. 202. 1850.

Coquille sub-globuleuse ou lenticulaire; surfaces assez régulières, couvertes de plis étroits, peu
flexueux, rayonnants, quelquefois obsolètes; bord anguleux. Diamètre, 2 millim. 1/2 à 3; épaisseur 1 1/2 à 2.

Loge centrale sub-sphéroïdale, première loge sériale semi-lunaire; 4 à 5 tours assez réguliers,
sub-équidistants, inégalement épais; les trois du milieu, qui le sont plus que le 1ᵉʳ et le 5ᵐᵉ,
étant plus larges que la hauteur des loges. (Ces différences ne sont pas assez prononcées dans le
dessin.) — Cloisons arquées, inclinées de 25°, assez également espacées; on en compte 5 dans
un quart du troisième tour. Filets cloisonnaires très-prononcés, flexueux, mais se réunissant
rarement en se dirigeant vers le milieu du disque.

Coupe transverse donnant une ellipse assez renflée qui se termine en ogive aux extrémités du
grand axe et qui montre la loge centrale avec 4 ou 5 tours épais.

Var. *a* (fig. 19); plis rayonnants ou filets cloisonnaires plus prononcés; lame spirale moins
épaisse; cloisons plus nombreuses dans le rapport de 7 à 5.

Observations. Cette Nummulite a la forme générale et le caractère extérieur de la *N. Ramondi,* aussi l'un de nous l'avait–il considérée d'abord comme une variété *minor* de cette dernière ; mais elle s'en distingue non-seulement par ses dimensions plus petites, mais encore par la constance d'une loge centrale apparente, par le nombre de ses tours qui est de moitié moindre, et par ses cloisons plus arquées. Elle est plus épaisse, plus globuleuse que la *N. variolaria*, et l'épaisseur de la lame spirale ou des tours, comme l'absence du limbe circulaire, l'en sépare nettement.

Localités. Cailloux siliceux de l'Apennin du Bolonais ; — marnes de la Crimée. — Égypte, var. *a*.

Explication des figures. — Pl. vii, fig. 18, *a* et *b*, *N. Guettardi*, vue en dessus, de profil, et coupe perpendiculaire. — 18 *c*, id., grossie quatre fois et montrant une partie de la spire et de la surface extérieure. — 19, *a*, var. *a*. — 19 *b*, id., grossie quatre fois.

NUMMULITES BIARITZENSIS, d'Arch.

Pl. VIII, fig. 4, *a*, *b*, *c*, *d*, *e*, *f*, 5, *a*, 6, *a*.

HÉLICITES.................? Guettard, *Mém. sur les sc. et les arts.*, vol. III, p. 431, pl. xiii, fig 33? 1770.

DISCOLITHES CONVEXO-PLANA, δ, Fortis, *Mém. pour servir à l'hist. nat. de l'Italie*, vol. II, p. 99, pl. i, fig. *h, i*, et pl. iv, fig. 2 et 8. 1802.

NAUTILUS LENTICULARIS, var. δ, Fichtel et Moll, *Testacea microscopica*, p. 57, pl. vii, fig. *g*. 1803.

NUMMULITES LÆVIGATA (*pro parte*)................. de Roissy, *Hist. nat. des Mollusques*, vol. V, p. 55. 1805. (Buffon de Sonnini.)

NUMMULINA BIARITZANA ...... d'Archiac, *Mém. de la Soc. géol. de France*, vol. III, p. 191. 1837.

NUMMULITES ATACICUS........ Leymerie, *ibid.*, 2ᵉ série, vol. I, p. 358, pl. xiii, fig. 13. 1846.

NUMMULINA BIARITZANA ...... d'Archiac, *ibid.*, vol. II, p. 198. 1846.

NUMMULITES ATACICA........ Joly et Leymerie, *Mém. de l'Acad. de Toulouse*, 3ᵉ série, vol. IV, pl. i, fig. 4-8. 1848.

NUMMULINA BIARITZANA....... d'Archiac, *Mém. de la soc. géol. de France*, 2ᵉ série, vol. III, p. 414, pl. ix, fig. 15, *a*, *b*. 1850.

— LÆVIGATA. .... Alex. Rouault, *ibid.*, p. 464. 1850.

— REGULARIS ...... L. Rütimeyer, *Verhandl. d. Schweiz. naturf. Ges. versam. zu Zoloturn*, p. 27. 1848. — *Arch. des sc. nat. de Genève*, vol. VII, p. 177. 1848. — *Ueber das Schweiz. Nummulitenterrain*, etc., p. 76, pl. iii, fig. 4-8, 14-20. 1850.

— ATACICA .... Id., *ibid.*, p. 78.

— BIARITZANA...... d'Archiac, *Histoire des progrès de la Géologie*, vol. III, p. 234 et 304ⁱ. 1850.

— Id .... P. Savi et G. Meneghini, *Considerazioni sulla geol. della Toscana*, p. 195 et 202. 1851.

Coquille lenticulaire ; peu régulière, surfaces bombées vers le centre, couvertes de nombreux filets cloisonnaires rayonnant du centre vers le bord, flexueux, ondulés, affectant quelquefois une disposition en zigzag ; quelques grands pores groupés vers le milieu du disque ; bord plus ou moins tranchant et flexueux. Diamètre 12 à 13 millim.; épaisseur 4.

12 tours sur un rayon de 6 millim., d'une égale épaisseur, très-réguliers, s'écartant régulièrement du centre à la circonférence. — Cloisons presque droites et épaisses à la base, plus arquées et amincies à la jonction du tour suivant, inclinées de 20° à 25°, se prolongeant à la base par un filet très-prononcé, très-net et flexueux. Ces filets se réunissent et se soudent avant d'atteindre

le centre du disque où il n'y a qu'un certain nombre d'entre eux qui parviennent en formant des zigzags. Les grands pores presque tous situés dans leurs intervalles. On compte 8 cloisons sur un quart de tour à la moitié du rayon ; elles sont sub-équidistantes et quelquefois deux d'entre elles se réunissent par le haut ; leur écartement augmente comme la largeur des tours, du centre à la circonférence. Parois segmentaires très-distinctes et doubles ; une lacune au sommet des cloisons ; angle postéro-supérieur assez aigu, allongé, mais très-variable ; parfois des loges avortées, n'atteignant pas la voûte du canal spiral, sont recouvertes en tout ou en partie par les prolongements des loges contiguës (fig. 4, *f*) ; parois latérales percées par quelques pores de deuxième grandeur.

Coupe transverse donnant une ellipse très-allongée, pointue aux extrémités du grand axe et dont les lames sont sensiblement plus épaisses dans le sens de ce grand axe que dans l'autre. Loges assez hautes et médiocrement larges ; les espaces vides compris entre les tours bien apparents ; couche vitreuse rudimentaire ; d'autres couches sont distinctes dans les derniers tours. Tubes moyens nombreux ; grands tubes assez larges, rares, excepté vers le milieu, ne faisant pas toujours partie de canaux continus depuis le centre jusqu'à la surface ; sillons du bourrelet spiral peu marqués.

Var. *a* (fig. 6), plus renflée vers le centre ; bord plus tranchant ; forme plus irrégulière ; filets plus prononcés, raides et moins flexueux.

Observations. La *N. biaritzensis* se distingue de la *N. lævigata* par ses dimensions toujours moindres, par sa forme plus lenticulaire, par son bord toujours tranchant, par ses filets ondulés, rayonnants, toujours très-visibles, par sa spire plus large et par ses cloisons constamment plus hautes. Sa coupe perpendiculaire en fuseau régulier n'est pas moins caractéristique. Elle n'a aucun rapport avec la *N. planulata*, si ce n'est par la présence de filets rayonnants et flexueux ; aussi ne comprend-on pas comment M. Alc. d'Orbigny a pu l'y réunir (*Prodrome de paléont.* vol. II, p. 335). MM. P. Savi et Meneghini qui ont d'ailleurs bien étudié et compris cette espèce y rapportent à tort, dans leur synonymie, la *N. acuta* J. de C. Sow., et nous pensons qu'il y a quelque méprise de leur part lorsqu'ils disent que, comme dans la *N. globosa* Rüt. (*N. perforata*), il y a des rayons mis en relief par l'altération du test ; ils indiquent aussi dans la caractéristique un *bord obtus*, que nous n'avons jamais observé. Quant aux variétés qu'ils signalent dans les îles Tremiti (côte de l'Adriatique), l'une est la *N. perforata* et l'autre la *N. Meneghinii* ; celles qu'ils mentionnent dans les Basses-Pyrénées paraissent appartenir à la *N. obesa*. M. Rütimeyer n'avait conservé la *N. atacica* que parce qu'il avait remarqué que dans la figure donnée par M. Leymerie les cloisons sont inclinées dans le même sens que l'enroulement de la spire. Cette exception à la loi générale lui avait fait aussi admettre, quoique avec doute, une seconde section dans ses *Nummulinæ regulares*. Mais en réalité il n'y a là qu'une faute du dessinateur.

Localités. Dans les calcaires compactes, gris-blanchâtres des environs de Malaga avec la *N. Ramondi*, puis au nord-ouest d'Alicante ; entre Huesca et Masan-Nuevo (Aragon) ; Girone, Saint-Michel-du-Fay, et le Mont-Serrat, var. *a*, Conca-de-Tremp, Grau, Saint-Juan de las Abadessas, Ogassa, Bielsa, etc. (Catalogne) ; Columbres (province de Santander) ; — Biaritz, rocher du Goulet ; Fontaine de la Médaille, commune de Gamarde (Landes), Nousse, Buchuron, etc., souvent associée avec la *N. intermedia*, l'*Operculina Boissyi*, etc., Bos-d'Arros près de Pau. — Dans les Corbières, le Mont-Alaric (suivant M. Leymerie), Coustouges, etc. (Aude), Moussoulens, Bize, Montolieu, etc. (Montagne-Noire). — Environs de Nice, la Palarea, cap la Mortola, var. *a* ; le col du Lauzannier. — Les Diablerets, Brienzergräte, Gadmenflüh, Gemmenalp, Stockhorn (Berne) ; Einsiedeln, Euthal, Schwendberg, le Hacken (Schwitz), environs du lac de Lucerne, Burgenstock, Stanzstad, Giswyl ; Eggerstand, le Fähneren, Weisbad, Ober-Schwarzeneck (Appenzell), etc. — Schöneck, près Malberting, le Kressenberg, Neukirchen (Bavière) ; — Loparo (Croatie). — Mont-Bolca, Valdagno (Vicentin), le Véronais, Priabona, les Monts-Euganéens ;

— la Majella (Abruzzes); île de Sardaigne. — Transylvanie, les Carpathes? — Vallée de l'Arda, cap Karabournou (Roumélie) — Crimée? — Chilé (Bithynie), Zafranboli (Paphlagonie), Mont-Karamas (Cappadoce). — Haut-Liban? — Montagne de Sel au nord-est de la chaîne de Solyman (Pendjab). — Égypte septentrionale. — Djaritz (Maroc).

La plupart des observations que nous avons faites sur la distribution géographique de la *N. Ramondi* s'appliquent à la *N. biaritzensis*, mais ces deux espèces paraissent se trouver rarement dans les mêmes couches, et autant qu'on en peut juger d'après ce que l'on sait de leur distribution stratigraphique relative, la *N. biaritzensis* appartiendrait en général à des dépôts moins anciens que sa congénère.

Explication des figures. — Pl. viii, fig. 4, *N. biaritzensis*. — 4 *a*, coupe perpendiculaire. — 4 *b*, profil. — 4 *c*, coupe transverse. — 4 *d*, portion grossie du double, montrant une partie de la spire et de la surface. — 4 *e*, portion de coupe transverse grossie 36 fois. — 4 *f*, portion d'un tour grossie de 65 diamètres. — 5 *a*, individu déprimé. — 6 *a*, var. *a*.

NUMMULITES BEAUMONTI, nov. spec.

Pl. VIII, fig. 4, *a, b, c, d, e,* 2, 3.

Coquille lenticulaire, assez régulièrement bombée, couverte de filets capillaires, nombreux, serrés, rayonnants, dichotomes ou fasciculés, un peu flexueux et contournés vers le milieu du disque; bord peu tranchant ou faiblement arrondi. Diamètre des grands individus 10 à 11 millim.; épaisseur 4.

10 tours sur un rayon de 4 millim., réguliers, sub-égaux, croissant très-lentement, et dont l'épaisseur partout égale, est la moitié de la hauteur des loges. — Cloisons à peine arquées, peu inclinées partout, régulièrement espacées, leur écartement augmentant symétriquement du centre vers la circonférence. On en compte 10 dans un quart de tour à la moitié du rayon. Elles se prolongent de chaque côté par un filet cloisonnaire. Ces filets s'étendent sur la lame précédente et se dirigent vers le centre du disque en s'infléchissant plus ou moins. Les grands pores situés principalement dans leurs intervalles. Loges à parois bien distinctes; angle postéro-supérieur presque droit; feuillets cloisonnaires s'écartant graduellement depuis le tiers environ de leur hauteur jusqu'au sommet.

La coupe transverse donne un fuseau peu allongé, régulier, symétrique, dont les lames également épaisses sont plus courbées vers le centre que vers les bords. Loges en général assez larges; espaces vides assez étendus entre les tours de la lame spirale; couche vitreuse rudimentaire. Sur plusieurs points on peut distinguer d'autres couches très minces. Tubes moyens très-nombreux; grands tubes peu serrés, si ce n'est au milieu et médiocrement larges. Sillons du bourrelet spiral rapprochés, assez profonds. Le bord cloisonnaire qui les surmonte presque entier.

Observations. La *N. Beaumonti* a la plus grande analogie avec la *N. biaritzensis*; cependant ses tours sont constamment plus serrés, ses cloisons plus rapprochées, les filets de la surface plus saillants, moins contournés; sa forme générale est plus régulière et plus arrondie, et ses dimensions sont presque toujours moindres. La spire, qui rappelle celle de la *N. Ramondi*, offre des caractères intermédiaires entre la précédente et la suivante.

Localités Mont Carmel, Égypte (Musée de Turin.). — Psammites et marnes noires de Subathoo (Inde); Cherra-Poonji (Bengale oriental).

Explication des figures. — Pl. viii, fig. 4, *N. Beaumonti*. — 4 *a*, coupe transverse. — 4 *b*, coupe perpendiculaire. — 4 *c*, portion grossie du double, montrant une partie de la spire et de la surface. — 4 *d*, portion grossie du double et montrant les filets cloisonnaires de la surface de la lame spirale. — 1 *e*, portion de coupe transverse un peu oblique à l'axe, prise à l'extrémité du diamètre et grossie 36 fois. — 2, 3, profils de formes diverses.

NUMMULITES OBESA, Leym., mss.

Pl. VIII, fig. 7, *a, b, c, d, e.*

NUMMULITES OBTUSA?	....	Joly et Leymerie (*Mém. de l'Acad. de Toulouse*, 3ᵉ sér., vol. IV, p. 247, pl. I, fig. 13, 14, et pl. II, fig. 3, 4. 1848).
—	BIARITZANA, var.,	d'Archiac, (*Mém. de la Soc. géol.*, 2ᵉ sér., vol. III, p. 414, pl. IX, fig. 16. 1850.)
—	Id........	Id., *Histoire des progrès de la Géologie*, vol. III, p. 234. 1850.

Coquille lenticulaire, épaisse; surfaces régulièrement bombées, un peu flexueuses; bord arrondi ou peu tranchant et largement sinueux. Diamètre, 12 millim.; épaisseur, 5 3/4.

17 tours réguliers, très-rapprochés et très-minces vers la circonférence, plus espacés et plus épais vers le milieu et le centre du disque. Leur épaisseur est généralement égale à la hauteur des loges qui s'abaissent ou s'élèvent en même temps. — Cloisons très-arquées, courtes, souvent inclinées de 35° à 40°; 6 ou 7 dans un quart de tour à la moitié du rayon; un peu embrassantes, et de la base desquelles partent des filets cloisonnaires d'abord simples, flexueux et profonds, puis convergents, se ramifiant et se contournant sur le disque de chaque lame. La hauteur des loges varie peu dans certains individus, dans d'autres elle augmente comme l'espacement des tours. Elles sont en général moins profondes et plus régulières vers le centre, là où les cloisons sont aussi moins inclinées.

La coupe perpendiculaire donne une ellipse assez régulière, composée de lames plus épaisses vers la partie moyenne que près du bord, dont la courbure est la même partout, et qui sont traversées par un petit nombre de rayons n'atteignant pas la surface de la coquille.

Observations. Cette espèce, très-voisine de la *N. biaritzensis* dont nous l'avions d'abord regardée comme une variété plus épaisse, s'en distingue cependant par sa forme plus renflée, par sa spire plus serrée, par ses cloisons un peu plus inclinées et plus espacées, différences qui, dans les limites où elles sont restreintes, ne sont peut-être pas suffisantes pour la conserver. Nous la maintiendrons néanmoins provisoirement, parce que, malgré les échantillons que nous avons observés provenant de diverses localités, il nous reste quelques doutes sur ses caractères. Par sa forme générale et l'ensemble de sa spire, elle se rapprocherait aussi des jeunes individus de la *N. perforata*, mais les caractères du test ne nous ont point offert ceux de cette dernière espèce. Nous devons à l'obligeance de M. Leymerie plusieurs échantillons de sa *N. obesa*, mais ils diffèrent, comme les nôtres, des figures et de l'*explication* de sa *N. obtusa*, lesquelles semblent au contraire se rapporter à la *N. perforata* jeune.

Localités. Columbres (province de Santander); Biaritz, Mouguères près Bayonne; — peut-être les environs de Nice, d'après des échantillons non étiquetés du Musée de Turin; — le Fähneren (Appenzell); — le Kressenberg? (Bavière); — Asie Mineure. La *N. biaritzensis* se trouve également dans ces diverses localités et ce qui nous porterait encore à penser que la *N. obesa* n'en est qu'une modification, c'est le petit nombre des individus que l'on trouve sur ces divers points. On doit reconnaître néanmoins que la rareté des grands et des moyens pores rend la structure du test fort remarquable.

Explication des figures. — Pl. VIII, fig. 7, *N. obesa.* — 7 *a*, profil. — 7 *b*, coupe perpendiculaire. — 7 *c*, coupe transvérse. — 7 *d*, portion grossie du double montrant la spire et la surface extérieure. — 7 *e*, portion de coupe transverse grossie de 36 diamètres.

NUMMULITES STRIATA, d'Orb.

Pl. VIII, fig. 9, *a, b, c, d, e,* 10, *a,* 11, *a,* 12, *a, b,* 13, *a, b,* 14, *a.*

HELICITES .... Guettard, *Mém. sur la minér. du Dauphiné*, vol. II, pl. IV, fig. 1-3 (*pessima*). 1779.
CAMERINA STRIATA (*pars*)... Bruguière, *Encycl. méth.*, vol. I, p. 400. 1791.
NUMMULITES STRIATA (*pars*), d'Orbigny, *Prodrome de paléontologie*, vol. II, p. 406. 1850.

Coquille lenticulaire, plus ou moins renflée au centre, très-amincie sur son pourtour qui est tranchant, peu régulier, quelquefois froncé ou pourvu d'un rebord continu simple; surfaces couvertes de plis rayonnants, droits ou peu flexueux, plus épais et plus saillants vers le bord. Diamètre, 6 millim.; épaisseur, 2.

Loge centrale assez petite; première loge sériale semi-lunaire et grande. 9 tours sur un rayon de 2 millim. 3 1/4, minces, réguliers, s'écartant lentement, et dont l'épaisseur est moitié de la hauteur des loges. — Cloisons minces, régulières, équidistantes, peu arquées ou presque droites et inclinées de 20° à 25°. On en compte 9 dans un quart de tour à la moitié du rayon. Elles se prolongent sur la lame du tour précédent par des filets droits ou peu infléchis, rayonnant vers le sommet du disque et produisant à la surface des plis plus ou moins prononcés. Feuillets des cloisons minces, soudés en bas et s'écartant graduellement, depuis le milieu de leur hauteur jusqu'au sommet. Angle postéro-supérieur des loges presque droit.

Coupe transverse donnant une ellipse plus ou moins allongée et se terminant en ogive lancéolée aux extrémités du grand axe; lames minces, celles du milieu plus courbes que celles du bord; centre vide. Loges plus hautes que larges, anguleuses au sommet, les espaces vides entre les tours, très-petits, surtout vers le milieu du test où la lame est aussi épaisse qu'aux bords. Couche vitreuse rudimentaire; un grand nombre de couches régulières très-minces sont visibles sur plusieurs points. Les petits tubes peuvent être vus sous un assez faible grossissement; les tubes moyens à peine plus larges et peu nombreux; les grands, médiocres, rares et groupés vers le milieu du disque. Sillons du bourrelet spiral obsolètes; le bord de la cloison qui les surmonte presque entier.

Var. *a* (fig. 10), plissée ou à bord froncé; plis très-relevés, sur tout ou partie du bord. Diamètre, 6 millim.; épaisseur, 2.

Var. *b* (fig. 11), plus plate (7 millim. sur 1 1/2), couverte de plis flexueux, rayonnants, falciformes, égaux partout; loge centrale plus grande; tours et cloisons plus espacés.

Var. *c, minor* (fig. 12), assez globuleuse, couverte de plis rayonnants, inégaux, dichotomes, très-prononcés, quelquefois un peu granuleux vers le milieu du disque et souvent bordés d'un limbe plus ou moins continu. Diamètre, 2 millim., épaisseur, 3/4.

Var. *d* (fig. 13), intermédiaire entre les var. *a* et *b* quant aux caractères extérieurs, mais constamment plus petite que l'une et l'autre.

Var. *e* (fig. 14), plus déprimée encore que la var. *b*, mais à bord moins tranchant; surfaces ondulées; presque partout de même épaisseur; filets cloisonnaires très-prononcés; tours croissant plus rapidement que dans les autres variétés; le dernier fort irrégulier.

Observations. Les individus les plus réguliers ressemblent à la *N. Ramondi* par leur taille, les plis de la surface, la forme et le nombre des cloisons, mais ils s'en éloignent par leur forme générale toujours plus déprimée, par leur bord aminci, tranchant, formant souvent un limbe continu, par la lame spirale de moitié plus mince, par ses tours plus serrés, dans le rapport de 9 à 7. La minceur des tours fait paraître les loges plus hautes, et l'ensemble de la spire a plus de délicatesse ; enfin, la présence constante d'une loge centrale très-apparente est encore un bon caractère différentiel. Le polymorphisme de la *N. striata* la distingue aussi de sa congénère, assez constante au contraire. Elle est en outre moins globuleuse que la *N. discorbina*, plus petite, et sa spire très-différente, malgré la ressemblance des stries de la surface qui rappellent également celles de la *N. Beaumonti*. Sa forme générale, ses dimensions et surtout sa spire l'éloignent encore de la *N. biaritzensis*.

Bruguière a confondu plusieurs espèces sous le nom de *Camerina striata*, mais la localité d'Ancelle près Gap, qu'il cite particulièrement, prouve qu'elle est une de celles qu'il a voulu désigner ainsi, et nous avons adopté sa dénomination pour éviter d'en introduire une nouvelle sans nécessité. M. Alc. d'Orbigny, en y comprenant la *N. contorta* Desh., a fait un rapprochement que l'un de nous a aussi eu le tort de faire. Bosc (*Hist. nat. des Coq.*, vol. V, p. 181), s'est borné à copier la synonymie rapportée par Bruguière.

Localités. Santa-Madre del Monte (Catalogne), et peut-être plusieurs des localités où nous avons cité la *N. Ramondi*? Environs de Barcelone, var. *c*. — Cap la Mortola, Mont-Cannello, environs de Nice, Rocca-Esteron (type, var. *a* et *e*). — Annot (Basses-Alpes). — Mont-Faudon, montagne de Chaillol, Saint-Didier et Saint-Étienne (Hautes-Alpes), type et var. *c*. — Stanstadt? (Lucerne) — le Grunten? près Sonthofen, Guttaring (Carinthie), — Gassino près Turin, — Pretore, versant oriental de la Majella (Abruzzes), Marnesa Orto di Pianferletto — Tatra? — Égypte, var. *d*, Gebel-Zeyt, non loin de la mer Rouge, var. *b*.

Explication des figures. — Pl. VIII, fig. 9, *a, b, N. striata*, vue en dessus, profil et coupe perpendiculaire. — 9 *c*, portion grossie du double montrant une partie de la spire et de la surface extérieure. — 9 *d*, segment de la spire grossi quatre fois. — 9 *e*, coupe transverse grossie du double. — 10, *a*, var. *a*. — 11, *a*, var. *b* — 12 *a, b*, var. *c*, et grossie du double. — 13 *a*, var. *d*. — 13 *b*, id., grossie du double. — 14, *a*, var. *e*.

NUMMULITES CONTORTA, Desh.

Pl. VIII, fig. 8, *a, b*.

NUMMULITES CONTORTA. Deshayes, *in* Ladoucette, *Histoire, topographie*, etc., *des Hautes-Alpes*, atlas, pl. XIII, fig. 9. 1834.
　　　　—　　　　Id.　　　d'Archiac, *Histoire des progrès de la Géologie*, vol. III, p. 235. 1850.

Coquille lenticulaire, déprimée, quelquefois sub-mamelonnée au centre; surfaces irrégulières, couvertes de stries très-fines, serrées, fasciculées, brisées et contournées vers le centre du disque; bord flexueux, mince et tranchant. Diamètre, 11 millim.; épaisseur, 3.

Loge centrale sphéroïdale, assez grande. 10 tours réguliers s'écartant graduellement du centre à la circonférence. Leur épaisseur s'accroit comme leur écartement, sans atteindre nulle part la moitié de la hauteur des loges. — Cloisons également arquées et inclinées, mais beaucoup plus rapprochées dans les 4 premiers tours que dans les suivants; ainsi on en compte 9 ou 10 dans un quart du quatrième tour, et 8 seulement dans le cinquième; elles se prolongent sur la lame précédente par des filets d'abord droits, puis se brisant pour se réunir en faisceaux contournés vers le centre du disque. Ce caractère est souvent plus prononcé que dans la figure.

Coupe perpendiculaire lancéolée, aiguë à ses extrémités, composée de lames également minces, équidistantes.

Observations. Nous avions d'abord regardé cette espèce, que M. Deshayes a fait figurer sans la décrire, comme appartenant à la précédente dont elle aurait représenté des individus très-âgés, ou peut-être une variété; mais une comparaison plus attentive de la spire nous y a fait reconnaître des caractères assez distincts et d'accord avec les modifications extérieures. Ainsi les tours de la *N. contorta* sont sensiblement plus espacés, puisqu'elle n'en présente que 5 au diamètre de la *N. striata* qui en a 9; les cloisons ont un écartement beaucoup moindre dans les 4 premiers tours que dans les suivants, tandis qu'elles sont équidistantes dans la *N. striata.* De plus, sa taille est double, et ses stries droites ou brisées et fasciculées sont plus fines. Voisine aussi de la *N. biaritzensis,* elle en diffère par son système de filets raides, au lieu d'être ondulés ou falciformes, par sa forme moins régulièrement lenticulaire et déprimée, par sa loge centrale, la lame spirale plus mince et ses cloisons plus rapprochées dans le premier tiers. La *N. Beaumonti* s'en distingue par ses contours plus arrondis, sa forme plus renflée, plus régulière, sa taille toujours moindre, ses filets cloisonnaires continus et moins contournés.

Nous regardons comme une variété de la *N. contorta* une Nummulite de Ronca qui est mamelonnée au centre, dont le bord est papyracé et les cloisons plus régulièrement espacées du centre à la circonférence. Les stries de la surface, qui, par places, se changent en plis, sont plus régulières.

Localités. Comté de Nice, Rocca-Esteron, la Palarea ; le Mont-Faudon (Hautes–Alpes), etc. Ronca, variété.

Explication des figures. — Pl. viii, fig. 8, *a*, *N. contorta,* vue en dessus et de profil. — 8 *b*, portion grossie du double, montrant une partie de la spire et de la surface extérieure.

NUMMULITES PRATTI, nov. spec.

Pl. VIII, fig. 15.

Coquille très-mince, plane ou faiblement ondulée, à bord tranchant. Diamètre, 26 et peut-être jusqu'à 45 millim., épaisseur 1 1/2.

10 tours sur un rayon de 12 millim. 1/2; les 4 premiers fort serrés, minces et irréguliers, n'ayant ensemble que 3 millim. de diamètre, et les 6 autres équidistants et plus épais. Ces tours sont un peu flexueux, et leur épaisseur est à peu près le tiers de la hauteur des loges. — Cloisons assez épaisses à la base, arquées, longues, flexueuses, se réunissant parfois avant de joindre le tour suivant, s'atténuant et s'infléchissant, de manière à représenter assez bien de petites flammes. On en compte 22 dans un quart de tour à la moitié du rayon. Elles sont inégalement espacées, quelquefois très-rapprochées à la base puis se touchant vers les deux tiers de leur hauteur. Elles sont plus espacées dans les derniers tours que vers le centre, où les loges sont fort étroites, mais leur inclinaison est sensiblement la même dans toute l'étendue de la spire. Filets cloisonnaires courbés en S, amincis vers le centre, presque toujours simples, très-rarement soudés deux à deux. Grands pores rares; feuillets des cloisons très–intimement soudés.

La coupe perpendiculaire, imparfaitement connue, prouve seulement l'extrême minceur de la coquille, eu égard à son diamètre. Couche externe de la lame spirale inappréciable.

Observations. La *N. Pratti* semble être une exagération des individus à tours larges et peu nombreux de la *N. distans,* mais la disposition des filets cloisonnaires l'en éloigne, quoique d'un autre côté sa faible épaisseur lui donne une certaine analogie avec la variété de [Bos-d'Arros, dont les tours sont beaucoup plus serrés; assez voisine aussi de la *N. Murchisoni,* sa taille est plus grande, ses tours sont plus nombreux, croissent moins vite et elle n'a point de renflement médian.

Localités. Mont-Bolca, dans un calcaire grisâtre avec les *N. biaritzensis* et *Ramondi* ; Val Nera ? avec la *N. Ramondi*.

Explication des figures. — Pl. VIII, fig. 15, *N. Pratti*, coupe perpendiculaire.

NUMMULITES MURCHISONI, Brunn.

Pl. VIII, fig. 20, 21, 22, 23, 24.

NUMMULITES MURCHISONI, Brunner, *Mss.* 1848.
NUMMULINA   Id..... Rütimeyer, *Ueber das Schweiz. Nummulitenterrain*, p. 96, pl. IV, fig. 52, 54, 55. 1850.
    —   Id..... d'Archiac, *Histoire des progrès de la Géologie*, vol. III, p. 239. 1850.
    —   CHARTERSI.. Meneghini, *Considerazioni sulla geol. della Toscana*, p 189. 1851.

Coquille discoïde, mince ; surfaces un peu flexueuses, bombées vers le centre ; bord tranchant. Diamètre, 25 millim. ; épaisseur au centre, 4.

Spire large, composée de 5 tours seulement dans les plus grands individus, croissant rapidement comme dans les Operculines. — Cloisons nombreuses, arquées, flexueuses, flammulées, inéquidistantes, se rapprochant fréquemment avant de joindre le tour suivant et paraissant plus serrées vers le centre.

La coupe perpendiculaire a la forme d'un fuseau fort allongé, souvent courbé à ses extrémités.

Observations. Cette Nummulite remarquable, encore imparfaitement connue, est voisine de la précédente par la forme des cloisons, mais ses tours sont moins nombreux et plus larges, et sa coupe perpendiculaire montre d'autres différences importantes. M. Rütimeyer la regarde comme synonyme de la *N. irregularis* Desh., dont il n'adopte pas le nom parce que cette dernière n'a été établie que sur un individu qui semble être une monstruosité, mais nous avons reconnu, comme on le verra ci-après, que toutes deux doivent être conservées.

Localités. Le Bolghen (Burgberg), près Sonthofen (Bavière) ; val Nera, Recoaro (Vicentin). MM. Brunner et Rütimeyer la citent à la Gemmenalp et au Ralligstöcke (canton de Berne), Hachen, près Schwytz, Starzlach-Thal.

Explication des figures.—Pl. VIII, fig. 20, *N. Murchisoni*, portion de coupe perpendiculaire copiée d'après l'une des figures données par M. Rütimeyer. — 21, fragment montrant une partie de la spire et de la surface extérieure (du val Nera). — 22, 23 et 24, coupes transverses passant par divers points du disque.

NUMMULITES IRREGULARIS, Desh.

Pl. VIII, fig. 16, 17, 18, 19, *a*.

NUMMULITES IRREGULARIS, Deshayes, *Mém. de la Soc. géol. de France*, vol. III, p. 67, pl. VI, fig. 10, 11. 1838. — Non *N. id.*, Michelotti, *Saggio storico*, etc., p. 44. 1841, et *Descript. des foss. des terr. miocènes de l'Italie sept.*, p. 15, pl. I, fig. 4 et 8. 1847. (C'est une *Orbitoïde*.)
NUMMULINA   Id.... d'Archiac, *Histoire des progrès de la Géologie*, vol. III, p. 237. 1850.

Coquille très-plate, à surfaces bosselées et ondulées, montrant des stries filiformes, rayonnantes, irrégulières, flexueuses, souvent obsolètes ; bord tranchant et très-ondulé. Diam., 15 à 17 millim. ; épaisseur, 2 1/2.

Loge centrale médiocre ; 6 tours très-irréguliers, contournés, flexueux, minces, croissant rapidement, se rapprochant et s'écartant alternativement les uns des autres. Cloisons fort serrées, ondoyantes, de longueur inégale, suivant l'écartement des tours, très-inclinées à la jonction du tour suivant. On en compte 13 dans le quart du quatrième tour ou à 4 millim. du centre. Filets cloisonnaires plus ou moins prononcés, flexueux, se dirigeant vers le milieu du disque.

Coupe transverse sub-linéaire, montrant l'excessive minceur de la lame spirale et l'écartement rapide des tours.

Observations. Cette espèce, établie d'abord d'après un seul échantillon que nous avons dû faire représenter de nouveau, est actuellement bien connue. Par sa minceur, le petit nombre de ses tours, leur accroissement rapide, l'irrégularité de sa surface et sa fermeture brusque, elle se rapproche de la *N. planulata*. Ses caractères intérieurs ont une grande ressemblance avec ceux de la *N. Murchisoni*, que nous ne connaissons qu'assez imparfaitement, mais dont la coupe perpendiculaire offre des caractères remarquables qui ne se retrouvent pas ici. La *N. Pratti* s'en rapprocherait également, mais nous n'en avons encore vu qu'un échantillon peu complet. Par l'extrême minceur de son test, la *N. irregularis* se distingue de la *N. distans*, si abondante et si variée dans les calcaires blancs de Crimée où elle a été trouvée. De son côté, M. Rütimeyer a regardé la *N. Murchisoni* comme synonyme de la *N. irregularis*, et, celle-ci n'étant pour lui qu'un individu incomplet ou une sorte de monstruosité, il a cru pouvoir adopter de préférence le nom de M. Brunner quoique moins ancien.

Localités. Bos-d'Arros, près Pau (fig. 17, 18). — Calcaires blancs et marnes inférieures de la Crimée (fig. 16, 19). Il est remarquable que les deux seuls échantillons que nous possédions des marnes sableuses de Bos-d'Arros s'y trouvent précisément avec la variété déprimée de la *N. distans*, sa compagne en Crimée, et dont l'existence, partout ailleurs dans les régions intermédiaires, est encore douteuse.

Explication des figures. — Pl. VIII, fig. 16, 17, 18, *N. irregularis*, coupes perpendiculaires de divers individus. — 19, *a*, vue en dessus et de profil.

NUMMULITES VICARYI, nov. spec.

Pl. IX, fig. 1, *a*, *b*, *c*.

Coquille discoïde ou lenticulaire, régulièrement bombée vers le centre, à bord légèrement arrondi, couverte de tries capillaires, flexueuses, contournées en une sorte de faisceau central, simple ou multiple, d'où elles rayonnent vers la circonférence. Diamètre, 18 millim.; épaisseur, 7.

26 tours sur un rayon de 9 millim., réguliers, épais, très-rapprochés, sub-équidistants, et dont l'épaisseur égale la hauteur des loges. Cloisons non arquées, inclinées de 12° à 15°, dont l'espacement s'accroît lentement et régulièrement du centre à la circonférence, leur épaisseur et leur direction restant les mêmes. Feuillets des cloisons distincts au sommet; angle postéro-supérieur des loges presque droit; filets cloisonnaires simples ou très-peu ramifiés, mais fort ondulés.

Coupe transverse donnant une ellipse allongée, régulière, composée de lames également courbes, plus épaisses vers la circonférence qu'au centre; loges moins hautes que larges; espaces vides assez grands entre les tours, dans le voisinage des loges, mais très-petits ou presque nuls vers le centre du disque. Couche vitreuse rudimentaire. On aperçoit d'autres couches assez nombreuses parmi lesquelles celles du dehors sont plus opaques que celles du dedans. Tubes moyens, larges et nombreux; grands tubes rapprochés vers le milieu du test, mais manquant tout à fait vers le bord du disque; ils sont étroits et semblent former presque toujours des canaux continus du centre à la surface. Sillons du bourrelet spiral obsolètes ; le bord de la cloison qui les surmonte presque entier. ·

Observations. Cette espèce qui, au premier abord, semble voisine de la *N. Sismondai*, s'en distingue néanmoins très-bien par tous ses caractères intérieurs, mais surtout par le nombre, la forme et les dimensions des loges. L'enroulement de la spire a aussi beaucoup d'analogie avec celui de la *N. perforata*, var. A *aturensis*, sous-var. *α*, mais les cloisons sont entièrement différentes.

Localités. Nous ne connaissons qu'un petit nombre d'individus rapportés du Sinde par le capitaine Vicary.—Un échantillon peu complet de San-Vicente de la Barquera (province de Santander) s'en rapproche beaucoup, du moins par les caractères extérieurs.

Explication des figures. — Pl. IX, fig. 1, *N. Vicaryi*, montrant une partie de la spire et de la surface extérieure. — 1 *a*, profil. — 1 *b*, segment de la spire grossi du double. — 1 *c*, portion de coupe transverse prise près du bord et grossie de 30 diam.

NUMMULITES DISCORBINA, d'Arch.

Pl. IX, fig. 2, *a*, *b*, *c*, *d*, *e*, *f*, 3.

LENTICULITES DISCORBINUS, Schlotheim, *Die Petrefactenkunde*, etc., p. 89. 1820.
NUMMULINA DISCORBINA... d'Archiac, *Histoire des progrès de la Géologie*, vol. III, p. 236. 1850.

Coquille lenticulaire ; surfaces régulièrement bombées, couvertes de stries fines, divergentes du centre, droites ou légèrement flexueuses, se ramifiant en s'approchant du bord et comme fasciculées ; bord tranchant ou faiblement arrondi. Diamètre, 9 millim. ; épaisseur, 3.

13 tours réguliers sur un rayon de 4 millim. 1/2, dont l'épaisseur et l'écartement augmentent graduellement du centre à la circonférence ; leur épaisseur est un peu moindre que la hauteur des loges. — Cloisons très-rapprochées, hautes, droites, excepté près de leur jonction avec le tour suivant où elles s'infléchissent ; normales à la spire vers la circonférence ; vers le centre elles inclinent de 10° à 12°. Elles se continuent sur la lame précédente par des filets capillaires d'abord droits, puis faiblement courbés, peu ramifiés et convergeant vers le centre du disque. On compte 16 cloisons dans un quart de tour à la moitié du rayon. La hauteur et la largeur des loges croissent régulièrement comme les tours, du centre à la circonférence, et la première de ces dimensions est double de la seconde. Parois segmentaires bien distinctes ; angle postéro-supérieur des loges presque droit ; feuillets cloisonnaires s'écartant graduellement vers le tiers de leur hauteur. Par places on voit qu'ils sont eux-mêmes doubles ; quelques pores de deuxième grandeur s'observent dans les parois latérales.

La coupe transverse donne une ellipse qui se termine en ogive aux extrémités du grand axe et montre des lames épaisses également courbes. Loges médiocres ; espaces vides peu élevés entre les tours qui sont assez épais ; couche vitreuse rudimentaire, mais distincte sur les derniers tours. D'autres couches très-minces se voient sur divers points des tours intermédiaires. Tubes moyens très-nombreux ; les grands, rares, ne se voient bien que vers le centre. Sillons du bourrelet spiral assez serrés et assez bien marqués.

Observations. Nous avons assigné le nom de *discorbina* à une Nummulite d'Égypte que Schlotheim n'a point décrite, mais qu'il signale comme une espèce toute particulière. Elle ressemble aux corps figurés par d'Argenville (pl. 19, fig. A, Plancus, *De conchis minus notis*, pl. 1, fig. 2, *c*, *d*, *f*). Par sa forme et ses dimensions, cette espèce pourrait être prise pour la var. *b* de la *N. Lucasana* ; par sa forme et par ses stries extérieures ou filets, il est presque impossible de la

distinguer de la *N. Beaumonti*, mais les caractères si particuliers de sa spire la séparent nettement de l'une et de l'autre comme de toutes ses congénères, car le nombre, la régularité et
surtout la hauteur proportionnelle des loges ne permettent de la confondre avec aucune d'elles.
On n'en compte pas moins de 520 dans les individus de taille ordinaire.

Localités. Elle paraît être assez commune en Égypte où elle serait associée avec les *N. Beaumonti* et *Guettardi*, puis dans les calcaires blancs du Mont-Gargano (royaume de Naples), où elle
est associée avec les *N. Molli, lævigata, granulosa*, etc. On trouve dans cette dernière localité
des individus dont les loges sont à peine plus larges que l'épaisseur des cloisons qui les séparent.

Explication des figures. — Pl. xi, fig. 2, *a, b, N. discorbina*, vue en dessus, de profil et coupe perpendiculaire. — 2 *c*, segment de la spire grossi du double. — 2 *d*, id., grossi quatre fois. — 2 *e*, portion d'un
tour grossi de 30 diam. — 2 *f*, portion d'une coupe transverse grossie 30 fois. — 3, portion de spire grossie
quatre fois, provenant d'un individu dont les loges sont plus étroites.

NUMMULITES VIQUESNELI, nov. spec.

Pl. IX, fig. 4, *a, b, c.*

Coquille plane ou faiblement ondulée, mince, quelquefois un peu renflée vers le centre, montrant, lorsqu'elle est un peu fruste, des filets capillaires rayonnants, flexueux et plus ou moins
contournés. Bord tranchant ou peu arrondi et flexueux. Diamètre, 12 à 14 millim.; épaisseur, 2.

11 tours sur un rayon de 6 millim., un peu flexueux, presque également épais dans toute l'étendue de la spire, et dont l'épaisseur est le tiers de la hauteur des loges, vers la partie moyenne du
disque, là où ils sont le plus espacés. — Cloisons arquées, peu inclinées, très-minces. On en
compte 13 dans un quart de tour à la moitié du rayon, se prolongeant à leur base par des filets
très-déliés, flexueux, méandriniformes, qui se réunissent en faisceaux pour se diriger vers le
centre du disque. Les cloisons sont régulières, et leur espacement s'accroît peu du centre vers
le bord. La séparation des feuillets des cloisons est peu prononcée; grands pores peu nombreux,
situés principalement sur leur trajet.

Comme dans la plupart des espèces planes, la coupe perpendiculaire montre que les premières
lames sont plus convexes que les dernières qui, très-minces vers le centre du disque, s'épaisis-
sent en se rapprochant du bord, de telle sorte que la coquille est presque partout d'une égale
épaisseur. Loges grandes, généralement plus hautes que larges; de grands espaces vides entre
les tours de la lame spirale qui sont fort minces. Couche vitreuse distincte; beaucoup d'autres
couches fort minces et très-régulières sont également apparentes; celles de l'intérieur plus opaques que les autres. Tubes moyens peu nombreux, larges; ceux du bourrelet spiral très-réguliers,
assez rapprochés. Grands tubes peu nombreux, assez étroits. Sillons du bourrelet spiral bien
marqués; le bord de la cloison qui les surmonte dentelé.

Observations. La *N. Viquesneli*, que l'un de nous avait d'abord prise pour une modification de la
N. elegans Sow. (*N. planulata* d'Orb.) *Hist. des progrès de la Géologie*, vol. III, p. 184 et 236), se
rapproche en effet beaucoup des vieux individus de cette dernière par son aspect extérieur, mais
ce qui nous fit naître quelques doutes à cet égard, c'était l'absence, dans les collections d'Hommaire de Hell et de M. de Tchihatcheff, d'individus jeunes, ou au moins de petite taille, lesquels,
dans l'ouest de l'Europe, sont toujours de beaucoup les plus nombreux. L'examen de la spire a fait
cesser toute incertitude. L'absence de la loge centrale presque constante dans la *N. planulata*, les
tours du double plus nombreux à diamètre égal, et, par conséquent, croissant moitié moins vite,
suffisent pour en séparer la *N. Viquesneli*. La forme et la hauteur des loges, indépendamment des
caractères des lames, l'éloignent aussi de certaines variétés de la *N. lævigata* de Zafranboli.

Localités. Chilé (côte de Bithynie), Zafranboli (Paphlagonie).

Explication des figures. — Pl. IX, fig. 4 *a*, *b*, *N. Viquesneli*, vue en dessus, de profil et coupe perpendiculaire. — 4 *c*, segment de la spire grossi quatre fois.

NUMMULITES PLANULATA, d'Orb.

Pl. IX, fig. 5, *a*, 6, *a*, *b*, *c*, 7, *a*, *b*, *c*, *d*, *e*, *f*, *g*, *h*, 8, *a*, *b*, *c*, *d*, 9, *a*, *b*, 10, *a*, *b*, *c*.

HELICITES		Guettard, *Mém. sur les sc. et les arts*, vol. III, pl. XIII, fig. 28. 1770.
—	....	Burtin, *Oryct. de Bruxelles*, pl. XXII, fig. c. 1784.
PHACITES FOSSILIS......		Blumenbach, *Abbildung naturhist. Gegenst.*, 1796-99. *Heft*, 4, pl. XL, fig. 1.
CAMERINE LENTICULAIRE..		Héricart de Thury, *Journ. du dép. de l'Oise*, an VIII, p. 88, pl., fig. 6.
DISCOLITHES γ..........		Fortis, *Mém. pour servir à l'hist. nat. de l'Italie*, vol. II, p. 99, pl. I, fig. *e, f, g*. 1802.
LENTICULAIRE NUMISMALE,		Deluc, *Journ. de phys.*, vol, LVI, p. 339. 1803.
LENTICULITES PLANULATA,		de Lamarck, *Ann. du Mus.*, vol. V, p. 187, n° 1. 1804.
—	Id....	Schlotheim, *Die Petrefactenkunde*, etc., p. 91. 1820.
—	Id....	de Lamarck, *Hist. des anim. sans vert.*, vol. VII, p. 619. 1822. — 2ᵉ éd., vol. XI, p. 295. 1845.
—	Id....	Defrance, *Dict. des sc. nat.*, vol. XXV, p. 452, atlas, pl. XIV, fig. 1, *a*, *b*. 1822.
NUMMULINA	Id....	Alc. d'Orbigny, *Ann. des sc. d'hist. nat.* vol. VII, p. 129. 1826.
—	Id....	de Blainville, *Malacologie*, pl. VI, fig. 1. (N'est pas cité dans le texte.)
NUMMULARIA ELEGANS...		Sowerby, *Miner. conchol.*, vol. VI, p. 76, pl. DXXXVIII, fig. 2. 1829.
NUMMULINA —	Id..... PLANULATA..	H. Galeotti, *Mém. couronnés par l'Ac. r. de Bruxelles*, vol. XII, p. 141. 1837.
—	Id.....	Bronn, *Leth. geognost.*, p. 1138, pl. XLII, fig. 25. 1838.
NUMMULITES	Id......	d'Archiac, *Bull. de la Soc. géol. de France*, vol. X, p. 183. 1839.
NUMMULINA ELEGANS....		Id., *Mém. de la Soc. géol. de France*, 2ᵉ sér., vol. II, p. 199. 1846.
—	PLANULATA..	Alex. Rouault, ibid., vol. III, p. 465. 1850.
NUMMULITES	Id......	Alc. d'Orbigny, *Prodrome de paléontologie*, vol. II, p. 335. 1850.
LENTICULITES	Id......	Rütimeyer, *Ueber das Schweizer. Nummulitenterrain*, p. 102. 1850.
NUMMULARIA ELEGANS...		Id., ib.
NUMMULINA	Id.....	d'Archiac, *Histoire des progrès de la Géologie*, vol. III, p. 236. 1850.
—	PLANULATA...	Id., ib., p, 240 et 304[b].

Coquille discoïde, très-plate, lenticulaire dans le jeune âge, mais de plus en plus déprimée et diversiforme en vieillissant; surfaces lisses, ondulées, couvertes de stries ou filets cloisonnaires extrêmement déliés, flexueux, falciformes, rayonnants, assez symétriques dans les jeunes individus, mais devenant plus irréguliers et plus compliqués, à mesure que la coquille s'accroît; bord tranchant, mince, papyracé. La plupart des individus ont de 3 à 4 millim. de diamètre sur 1 à 1 1/2 d'épaisseur, mais on en trouve qui, sans augmenter sensiblement dans ce dernier sens, ont jusqu'à 12 à 13 millim. de large.

Une loge centrale assez grande, première loge sériale, presque toujours semi-lunaire; 4, 5 et quelquefois 6 tours, dont l'écartement croît rapidement, surtout le dernier. A l'état jeune, celui-ci forme une saillie sur le précédent, mais cette saillie diminue brusquement avec l'âge, et dans les vieux individus il n'y en a plus de trace, et la coquille paraît être complétement fermée. — Cloisons courbées seulement à la jonction du tour suivant, à peine inclinées, épaisses, hautes, sub-équidistantes; on en compte 7 dans le quart du troisième tour; elles se prolongent de chaque côté par un filet cloisonnaire falciforme, simple ou rarement soudé, qui se dirige vers le centre du disque. Les loges sont un tiers plus hautes que larges, à partir du second tour; celles du premier étant, proportions gardées, plus larges et peu régulières. Feuillets des cloisons rapprochés, mais très-distincts; l'angle postéro-supérieur des loges peu aigu et peu prolongé sur la paroi des cloisons; à l'intérieur des loges, on observe des lignes saillantes ou plis droits, perpendiculaires à cette surface, irrégulièrement espacés et se prolongeant plus ou moins ensuite pour se perdre sur les parois latérales des segments.

Coupe transverse donnant un fuseau plus ou moins allongé, quelquefois sub-linéaire, dont les lames sont toutes extrêmement minces, quoique fort étendues. Loges plus hautes que larges; espaces vides assez grands entre les tours minces de la lame spirale. Couche vitreuse distincte; on observe en outre, sur beaucoup de points, un grand nombre de couches très-minces. Tubes moyens assez nombreux; grands tubes écartés, excepté vers le milieu du test, et de largeur ordinaire. Sillons du bourrelet spiral très-prononcés, peu nombreux, sensiblement droits. De chaque côté du bourrelet règne un profond sillon, dix fois plus large que les autres et muni d'un rebord extérieur. Ces grands sillons paraissent correspondre à la fente qui sépare la couche supérieure de la lame spirale de celles qui sont dessous. Le bord inférieur des cloisons irrégulièrement crénelé.

Var. *a, minor,* coquille de moitié plus petite que le type de l'espèce, mais en présentant tous les caractères intérieurs et extérieurs. La lame spirale et les cloisons sont d'une extrême délicatesse. — Var. *b,* dimensions du type; point de loge centrale apparente; 7 tours plus espacés; cloisons plus droites et plus serrées.

Observations. Les individus pris à divers âges sont très-différents. Les plus nombreux sont toujours de beaucoup les plus petits, dans lesquels le dernier tour ouvert dépasse plus ou moins l'avant-dernier; ceux qui acquièrent la plus grande taille sont presque constamment les moins épais et sont fermés; en outre, leurs caractères intérieurs étant assez difficiles à constater, à cause de leur extrême minceur, l'un de nous avait pensé que ces derniers pouvaient réellement constituer une espèce distincte. Il lui avait consacré le nom de *N. elegans,* sous lequel Sowerby avait avec raison compris à la fois les grands et les petits individus, et il avait réservé pour ceux-ci le nom de *planulata,* donné par de Lamarck qui, sans doute aussi, devait les considérer seuls, puisqu'il les plaçait dans son genre Lenticulites, dont les grands n'offrent point le caractère principal. La comparaison des détails intérieurs d'une série complète d'individus de toutes les dimensions et pris dans la même couche, a dû faire cesser nos doutes, et nous les faire considérer comme ne représentant que les divers degrés d'accroissement d'une seule espèce. Nous ne pouvons comprendre comment M. Alc. d'Orbigny l'a confondue avec la *N. biaritzensis* (*atacica,* Leym.) avec laquelle on ne peut lui trouver aucune analogie ni au dedans ni au dehors, si ce n'est les flammules ou filets cloisonnaires, communs à tant d'autres espèces. Par le motif déjà indiqué, nous adoptons le nom donné par de Lamarck de préférence à celui qu'avait proposé M. Héricart de Thury quelques années auparavant.

Comme les *N. contorta* et *intermedia,* la *N. planulata* est extrêmement variable. Sa spire large et le petit nombre de ses tours suffisent cependant pour la distinguer facilement de ses congénères. La forme des cloisons et celle des loges rappellent un peu celles de la *N. discorbina,* mais c'est le seul caractère qu'elles aient de commun. Sa surface remarquablement lisse et brillante, la saillie du dernier tour dans les jeunes individus et sa minceur l'éloignent de la *N. contorta.* Les jeunes individus diffèrent de ceux de la *N. intermedia* par la surface lisse, le bord tranchant, le renflement central, l'absence de limbe au pourtour, les filets cloisonnaires toujours apparents, au lieu d'un réseau compliqué, des tours beaucoup plus écartés et de moitié moins nombreux. Quant aux grands individus, ils sont plus irréguliers et également très-différents. Il faut plus d'attention pour ne pas la confondre avec la *N. vasca* dont les tours sont plus nombreux, plus serrés, les cloisons plus régulières au centre, moins rapprochées, moins hautes, un peu plus inclinées et arquées, et dont le bord est moins tranchant.

Localités. Emsworth, près Chichester; île de Wight, var. *a,* dans une assise parallèle à celle de

Barton ;—Jette, et Laeken (Belgique), var. *a;* environs de Bruxelles (type), etc.; colline de Renaix et de Sainte-Trinité, près Tournay ; collines de Cassel.—Dans le bassin de la Seine, elle caractérise particulièrement l'horizon des lits coquilliers des sables inférieurs du Soissonnais jusqu'au delà de Gisors. Elle abonde avec l'*Alveolina oblonga* d'Orb., dans les cailloux de calcaire brun-jaunâtre, caverneux, disséminés dans le sable superficiel qui recouvre la craie jaune à l'ouest de Royan, sur la rive droite de la Gironde. — Falaises de Biaritz ; Lebaritz ; Bos-d'Arros, près Pau. — Aurignac, près Bagnères de Bigorre ; calcaires noirs sub-cristallins de la base du Mont-Perdu ou du Marboré ; calcaire noir, compacte, du versant espagnol du Mont-Perdu.—Sierra de la Carrasqueta, etc., au nord d'Alicante, Puig, Campana et Cuchillada de Rodan. — Calcaire marneux jaunâtre et calcaire gris du Mont-Alaric (Aude), avec la *N. Ramondi.* — Nous l'avons trouvée dans un grès calcaire, gris-noirâtre, au-dessus de Kandersteg, en montant à la Gemi, à l'endroit où une petite barrière marque la séparation du canton de Berne et du Valais. La formation nummulitique ne paraît pas avoir encore été signalée sur ce point, le seul où la *N. planulata* nous soit connue en Suisse et même sur tout le versant occidental des Alpes.—Grès ferrugineux du Kressenberg ? (Bavière). — La Nummulite de l'Asie Mineure, que l'un de nous avait d'abord prise pour la *N. planulata*, comme on vient de le dire, constitue une espèce distincte, la *N. Visquenoli* ; mais nous croyons que la *N. planulata* existe à Kirkklissé, dans des calcaires blanchâtres et peut-être sur d'autres points de la Roumélie. — M. Delbos a trouvé, à Lebaritz près Gaas (Landes), dans la couche à *Natica crassatina*, base de la formation tertiaire moyenne, des individus tous petits, un peu globuleux et dont les cloisons sont un peu plus espacées et arquées que dans le type.

La *N. planulata*, sans avoir une distribution géographique aussi étendue que plusieurs de ses congénères, est néanmoins importante au point de vue géologique, puisque caractérisant surtout la partie supérieure des sables du Soissonnais, nous la trouvons également très-répandue dans les couches les plus basses de la formation nummulitique des Pyrénées, celles qui avaient été désignées sous le nom particulier de *système alaricien*. Cette espèce, avec la *N. Leymeriei*, et probablement la *N. Ramondi*, est une des plus anciennes du genre, et, comme ni dans le centre de la chaîne, ni sur ses flancs, ni dans les Corbières on n'y trouve associés de fossiles crétacés, non plus que dans le bassin de la Seine, en Belgique et en Angleterre, il est permis d'en conclure que les couches nummulitiques les plus anciennes du système de montagne des Pyrénées appartiennent aussi bien à la période tertiaire inférieure que les plus récentes d'entre elles, et que si leur dépôt a été interrompu par une dislocation du sol, ce phénomène n'a pas plus contribué dans cette région à faire disparaître le genre que la perturbation beaucoup plus faible qui est intervenue entre les sables inférieurs et le calcaire grossier, laquelle dans le bassin de la Seine a fait succéder des roches calcaires à des dépôts exclusivement argileux et sableux. La plus grande analogie des fossiles des couches nummulitiques peu ou point dérangées au pied de la chaîne avec ceux du calcaire grossier, justifierait cette conjecture.

Explication des figures. — Pl. ix., fig. 5 *a*, *N. planulata*, très-grande. — 6 *a*, *b*, id., moins grande, vue en dessus, de profil et coupe transverse. — 6 *c*, coupe transverse grossie du double, ne passant pas tout à fait par le centre. —7, *a*, *c*, individu de taille moyenne (vu en dessus, de profil et coupe perpendiculaire).— 7 *d*, portion de spire grossie du double. — 7 *e*, segment grossi quatre fois. — 7 *f*, *g*, coupe transverse et grossie du double.—7 *h*, coupe de l'avant-dernier tour grossi de 25 diam. —8, *a*, *b*, *c*, *d*, positions et coupes diverses d'un individu jeune. — 9, *a*, *b*, id., très-jeune. — 10, *a*, *b*, var. *a.* — 10 *c*, portion de la spire grossie quatre fois. — 7 *b*, var. *b*, coupe perpendiculaire.

NUMMULITES VASCA , Joly et Leym.

Pl. IX, fig. 11, *a, b, c, d,* 12.

Nummulites vasca. Joly et Leymerie, *Mém. de l'Acad. de Toulouse,* 3ᵉ sér., vol. IV, p. 215, pl. ɪ, fig. 15, 16, pl. ɪɪ, fig. 7. 1848.

Coquille lenticulaire, déprimée; surfaces unies ou présentant des plis obsolètes, quelquefois assez prononcés et falciformes sur certaines parties du pourtour; bord tranchant ou un peu arrondi. Diamètre du plus grand nombre des individus, 4 millim.; épaisseur, 1. Quelques-uns atteignent jusqu'à 8 millim., sans augmenter sensiblement d'épaisseur.

Loge centrale fort petite mais distincte; 6 tours sur un rayon de 2 millim., réguliers, s'écartant graduellement du centre à la circonférence et dont l'épaisseur constante égale la hauteur des loges dans les premiers, puis la moitié et le tiers dans les suivants; dans les jeunes individus, le dernier tour avance sur le précédent et laisse la coquille ouverte. — Cloisons très-régulièrement arquées et espacées dans le jeune âge, inclinées de 15° à 18°, plus flexueuses dans les vieux individus. On en compte 7 dans un quart de tour à la moitié du rayon, se prolongeant, de chaque côté de leur base sur le tour précédent, par un filet falciforme, simple, qui se dirige vers le centre du disque et est rarement bifurqué. Enveloppes segmentaires minces et très-distinctes.

Coupe transverse donnant une sorte de fuseau fort étroit, composé de lames plus convexes au centre que vers les bords et pourvu d'une loge centrale. Les lames sont plus épaisses le long du grand axe ou sur le pourtour du disque qu'au centre.

Observations. Cette coquille a la plus grande ressemblance avec la *N. intermedia,* qu'elle accompagne souvent dans les Basses-Pyrénées et dans les Landes, et il faut beaucoup d'attention pour ne pas les confondre. La *N. vasca* est moins uniformément plane que sa congénère, et les filets cloisonnaires falciformes, plus ou moins apparents, et à plus forte raison les plis de la surface, lorsqu'ils existent, aident à la distinguer de la *N. intermedia* qui n'en présente point et dont les lames sont séparées par un réseau cloisonnaire complet. Les différences de la spire sont plus tranchées encore; ainsi les tours sont plus espacés et moins épais dans la *N. vasca;* les cloisons sont plus hautes, plus arquées, plus nombreuses et plus minces. Ces caractères de la spire l'éloignent encore davantage de la *N. planulata;* mais on doit reconnaître que les individus pourvus de plis rudimentaires ou complets, sur une partie de leurs surfaces, ont une extrême analogie avec la *N. striata,* var. *b.* Cette dernière est seulement plus renflée vers le centre et ses plis sont plus prononcés.

Localités. Biaritz, depuis la Chambre-d'Amour jusqu'à l'est du phare; dans les sables qui accompagnent les poudingues de Mousserolle, près Bayonne. La Barthe-de-Pouy, Nousse, etc. (Landes), presque toujours avec la *N. intermedia,* dans les couches supérieures du groupe.

Explication des figures. — Pl. ɪx, fig. 11, *a, N. vasca,* grand individu. — 11 *b,* segment de la spire grossi du double. — 11 *c,* id., grossi quatre fois. — 11 *d,* profil. — 12, individu jeune.

NUMMULITES VARIOLARIA, Sow.

Pl. IX, fig. 13, *a*, *b*, *c*, *d*, *e*, *f*, *g*.

HELICITES? .... Burtin, *Oryct. de Bruxelles*, pl. xxii, fig. A? 1784.
LENTICULITES VARIOLARIA, de Lamarck, *Ann. du Mus.*, vol. V, p. 187, n° 2. 1804.
   —   VARIOLARIS . Schlotheim, *Die Petrefactenkunde*, etc., p. 92. 1820.
   —   VARIOLARIA. de Lamarck, *Hist. des animaux sans vertèbres*, vol. VI, p. 619. 1822. — Id.,
               ib., 2ᵉ éd., vol. XI, p. 295. 1845.
   —   Id..... Defrance, *Dict. des sc. nat.*, vol. XXV, p. 452. 1822.
NUMMULARIA   Id..... Sowerby, *Mineral conchology*, vol. VI, p. 76, pl. DXXXVIII, fig. 3. 1829.
LENTICULITES   Id..... Bronn, *Lethæa geognost.*, p. 1142. 1838.
   —   Id..... d'Archiac, *Bull. de la Soc. géol. de France*, vol. IX, p. 68. 1837 et vol. X,
               p. 200. 1839.
NUMMULINA   Id..... Id., *Mém. de la Soc. géol.*, 2ᵉ sér., vol. II, p. 199. 1846.
   —   Id..... L. Rütimeyer, *Ueber das Schweiz. Nummulitenterrain*, p. 102. 1850.
NUMMULITES   Id..... Alc. d'Orbigny, *Prodrome de paléontologie*, vol. II, p. 427. 1850.
NUMMULINA   Id..... d'Archiac, *Histoire des progrès de la Géologie*, vol. III, p. 244. 1850.

Coquille sub-globuleuse ou lenticulaire, à bord arrondi ou anguleux, couverte de plis falci-formes, rayonnants, plus ou moins prononcés, quelquefois dichotomes, aboutissant à une sorte de mamelon central, lisse, puis limités au pourtour par un limbe uni, continu, qui forme le bord. Diamètre, 1 1/2 à 2 millim.; épaisseur, 3/4 de millim.

Loge centrale petite; 5 tours réguliers, épais, s'écartant symétriquement du centre à la cir-conférence, et dont l'épaisseur est un peu moindre que la hauteur des loges. Le dernier tour s'avance plus ou moins sur le précédent, et laisse parfois, même à l'état adulte, la coquille ouverte.—Cloisons peu arquées, plus inclinées dans le dernier tour que vers le centre, sub-équi-distantes; on en compte 6 dans le quart du quatrième tour; elles se prolongent à leur base, de chaque côté, sur la lame précédente, par un pli simple ou filet cloisonnaire très-prononcé, peu flexueux, qui se dirige vers le milieu du disque. Angle postéro-supérieur des loges presque droit et peu prolongé. Feuillets des cloisons distincts, un peu écartés à la base et au sommet.

Coupe transverse se terminant en ogive à ses extrémités, composée de lames également épaisses et également courbes. Les grands pores paraissent n'exister que vers le milieu du disque.

Var. *a minor*, atteignant rarement 1 millim. de diamètre; surfaces unies ou presque lisses.

Observations. La *N. variolaria*, ainsi nommée à cause de sa ressemblance avec les boutons de la variole, est la plus petite du genre. Sa forme arrondie, la saillie de ses plis, la constance de ses proportions et de ses dimensions, ne permettent pas de la confondre avec les jeunes individus de la *N. planulata*. Un même nombre de tours sur un diamètre trois fois moindre est encore un caractère qui la fait distinguer facilement de cette espèce. Quant à la *N. vasca*, elle est toujours beaucoup plus déprimée, ses plis sont obsolètes et sa largeur plus grande. — Nous ne savons pourquoi MM. P. Savi et Meneghini ont réuni, dans la synonymie de la *N. variolaria* (loc. cit. p. 202), la *Camerina striata* Brug. et la *Nummulina striata* d'Orb. M. d'Orbigny, qui, en 1825, avait omis cette espèce si connue, l'a rappelée depuis sous son véritable nom.

Localités. En Angleterre la *N. variolaria* se trouve dans les marnes sableuses de Stubbington (Hampshire).—Laeken et environs de Bruxelles, var. *a*; Cassel (Nord), id.—Dans le bassin de la Seine le type caractérise l'horizon des sables moyens, au-dessus du calcaire grossier, comme la

N. planulata celui des sables inférieurs placés dessous (1). Elle existe quoique rare dans les couches de Biaritz, (Basses-Pyrénées), et dans le département des Landes, aux environs de Dax, — à Liptsch (Hongrie), d'après Schlotheim ; — île de la côte nord de l'Asie mineure près de Chilé (Bithynie). — Entre Van et Djézirah ? (Kurdistan). Il est probable que lorsque cette espèce aura été cherchée avec soin, elle sera retrouvée sur des points intermédiaires, aux localités extrêmes où nous la connaissons.

Explication des figures. — Pl. ix, fig. 13, *a*, *N. variolaria*. — 13 *b*, grossie du double. — 13 *c*, portion de la spire et du dernier tour brisé, grossie quatre fois. — 13 *d*, coupe perpendiculaire grossie du double. — 13 *e*, portion de spire grossie quatre fois. — 13 *f*, id., grossie huit fois. — 13 *g*, profil grossi quatre fois.

NUMMULITES HEBERTI, nov. spec.

Pl. IX, fig. 14, *a*, *b*, *c*, *d*, *e*, *f*, *g*, 15, *a*.

Coquille lenticulaire, renflée dans le jeune âge, plus déprimée à l'état adulte ; un bombement central plus ou moins prononcé sur chaque face, et d'où rayonnent des plis simples, falciformes, peu prononcés, souvent obsolètes ; bord mince et tranchant, un peu flexueux. Diamètre des grands individus, 3 millim.; épaisseur, 2.

6 tours assez réguliers, les deux premiers et le dernier moins épais que les trois intermédiaires ; dans ceux-ci l'épaisseur dépasse un peu la hauteur des loges contiguës, dans ceux-là elle n'atteint que la moitié de cette hauteur; différences que la fig. 14 *f* ne fait pas assez ressortir. — Cloisons épaisses, surtout vers le bas, peu arquées, inclinées de 15° à 20° dans les premiers tours, un peu amincies, droites sur la moitié de leur longueur dans les derniers, et fortement infléchies à leur jonction avec le tour suivant. On en compte 6 dans le quart du troisième tour, 7 dans le quart du quatrième, 8 dans le quart du cinquième, etc. Filets cloisonnaires simples, larges, falciformes sur le pourtour et presque droits ensuite. Feuillets des cloisons très-distincts et doubles, angle postéro-supérieur assez aigu et un peu prolongé.

Coupe transverse donnant une ellipse très-pointue aux extrémités du grand axe, composée de lames d'inégale épaisseur, et celles du centre étant beaucoup plus courbes que celles du dehors. Couche vitreuse fort mince, celle du dedans très-distincte de la voûte des segments et les autres couches de la lame spirale bien marquées; l'une d'elles souvent faiblement colorée en violet. Canaux moyens du bourrelet rapprochés et relativement fort larges.

Observations. Cette Nummulite qui, par ses caractères extérieurs, serait facilement confondue, lorsqu'elle est jeune, avec la *N. variolaria*, et lorsqu'elle est adulte, avec la *N. planulata*, var. *a*, se distingue très-bien de toutes deux par les caractères de sa spire, qui croît plus rapidement que celle de la première et moins que celle de la seconde. Elle en diffère en outre par l'absence de la loge centrale si constante dans les autres, par la grande épaisseur de la lame spirale comme par celle des cloisons. Ce dernier caractère est plus prononcé, toutes proportions gardées, que dans aucune autre espèce. L'enveloppe segmentaire n'ayant pas la même épaisseur dans tous les individus ni même dans toute l'étendue de la spire d'un seul, car elle est ordinairement plus grande dans les trois tours intermédiaires, et moindre vers le centre et vers la circonférence, il en résulte que les cloisons formées par la juxtaposition des enveloppes de deux loges contiguës,

1. Suivant une étiquette du Museum d'histoire naturelle de Paris, elle aurait été trouvée à Chaumont, dans le calcaire grossier inférieur. Les échantillons sont en effet chloriteux, ce que l'on n'observe point dans ceux des sables moyens.

ainsi que la lame spirale contre laquelle l'enveloppe s'appuie, ont des épaisseurs également variables.

Localités. Nous ne connaissons encore cette espèce que des environs de Laeken et de Bruxelles (Belgique), où M. Hébert l'a trouvée le premier.

Explication des figures. — Pl. IX, fig. 14, *a, c, N. Heberti.* — 14 *b, d, g*, id., grossie du double. — 14 *e*, spire grossie quatre fois. — 14 *f*, id., grossie huit fois. — 15 *a*, individus jeunes.

DEUXIÈME DIVISION. CLOISONS NON EMBRASSANTES ET PRESQUE DROITES.

SIXIÈME GROUPE. NUMMULITES EXPLANATÆ, SEPTA ET SPIRA PROMINENTES.

NUMMULITES EXPONENS, J. de C. Sow.

Pl. X, fig. 1, *a, b,* 2, *a,* 3, *a, b, c, d,* 4, 5, 6, 7, *a,* 8, *a,* 9, 10, *a,*

LENTICULAIRE NUMISMALE, Deluc, *Journ. de phys.*, vol. LIV, p. 176, pl. I, fig. 5, 8. 1802. — Ib., vol. LVI, p. 339, fig. 13, 14, 15. 1803.

NUMMULARIA COMPLANATA, Parkinson, *Organic Remains*, vol. III, pl. X, fig. 21, 27. 1811.

— EXPONENS... J. de C. Sow., *Transact. géol. soc. of London*, vol. V, pl. LX, fig. 14, *a, b, c, d.* 1840.

NUMMULINA GRANULOSA,
(*pro parte*).. d'Archiac, *Bull. de la soc. géol. de France*, 2e sér., vol. IV, p. 1006. 1847.— *Mém. id.*, 2e sér., vol. III, p. 415, pl. IX, fig. 19, 21*a*. 1850.

— ASSILINOIDES, L. Rütimeyer, *Verhandl. d. Schweiz. naturf. Ges. versam. zu Zoloturn.* 1848 — *Arch. des sc. nat. de Genève*, vol. VII, 1848. — *Ueber das Schweizer. Nummulitenterrain.*, etc., p. 90, pl. III, fig. 33-36, pl. IV, fig. 37, 45. 1850.

NUMMULITES ROTULA..... Grateloup, Alc. d'Orbigny, *Prodrome de paléontologie*, vol. II, p. 336. 1850.

ASSILINA EXPONENS...... Alc. d'Orbigny, *ibid.*

NUMMULINA SPIRA, (*pro parte*), d'Archiac, *Histoire des progrès de la Géologie*, vol. III, p. 243. 1850.

— PLANOSPIRA.. P. Savi et G. Meneghini? *Consideraz. sulla geol. della Toscana*, p. 200 et 134. 1851. Ces deux auteurs ont fait la réunion que l'un de nous avait proposée, mais sur laquelle de nouvelles observations ont dû nous faire revenir.

Coquille discoïde, mince; surface irrégulière, bosselée, avec une dépression centrale plus ou moins prononcée, d'où partent des séries de pores pustuliformes ou rayons granuleux, discontinus, très-fins et très-nombreux, traversés par les tours, peu apparents et peu réguliers, d'une spire également formée de granulations très-fines et inégales. Souvent celles-ci s'effacent au delà de la partie moyenne du disque et cessent avant d'atteindre le bord qui est très-mince et tranchant. Le nombre, la grosseur, la disposition et l'extension des granulations superficielles sont très-variables, et quelques individus en sont presque entièrement dépourvus. Diamètre de 30 à 35 millim., épaisseur, 3 1/2.

16 tours sur un rayon de 11 millim., peu réguliers, flexueux, dont l'épaisseur égale la hauteur des loges, et s'accroit du centre à la circonférence comme leur écartement. Des dédoublements

réguliers ou irréguliers et accompagnés de nœuds s'observent principalement vers la partie moyenne et la circonférence. — Cloisons droites, presque normales vers le centre, plus ou moins légèrement inclinées et arquées vers le pourtour, au nombre de 12 à 16, à 6 millim. du centre. Leur écartement augmente assez régulièrement du centre vers le bord, mais elles offrent souvent dans cette dernière partie des irrégularités en rapport avec celles des tours; elles se rapprochent ou inclinent en sens inverse, ou bien se raccourcissent jusqu'à devenir nulles. Feuillets des cloisons un peu écartés au sommet; angle postéro-supérieur des loges presque droit. Filets cloisonnaires nuls.

La coupe transverse, dans les individus dont les caractères sont le plus prononcés, représente deux fuseaux tronqués, opposés par leur troncature, comme si la coquille avait deux centres, le renflement des fuseaux correspondant au bourrelet qui entoure la dépression médiane. Dans le jeune âge, la coquille est une lentille simple, régulièrement bombée au centre, et c'est seulement ensuite que, cessant de s'accroître dans cette partie, les nouvelles lames se superposent à l'entour, formant un bourrelet déprimé qui s'efface lui-même à mesure que les tours de la spire s'écartent et que les loges deviennent plus hautes et plus profondes. Ces dernières diminuent de nouveau à la circonférence, même lorsque les lames successives ne paraissent plus se recouvrir entièrement, mais se soudent sur les faces plus ou moins loin du bord. Dans les parties de la surface où existent des granulations et des traces de la spire, les premières sont en rapport avec de grands canaux correspondant entièrement aux cloisons, les seconds avec des canaux continus placés de chaque côté du bourrelet spiral. Loges fort grandes, si ce n'est vers le centre, plus hautes que larges; la partie des tours qui les enveloppe plus opaque que le reste, et les tours, à peu près d'égale épaisseur, sont en contact immédiat, mais toujours distincts. Couche vitreuse appréciable, les autres confondues. Tubes moyens nombreux, assez larges, les grands un peu étroits, formant des canaux continus qui, partant constamment au-dessous du bourrelet spiral, se dirigent un peu obliquement vers la surface. Sillons du bourrelet très-prononcés.

Observations. L'accroissement de cette espèce a donc cela de particulier qu'il ne se faisait pas absolument de la même manière à tous les âges ni même dans tous les individus, car la dépression centrale est extrêmement variable et quelquefois obsolète. L'étendue et les caractères des granulations ne le sont pas moins, et certains échantillons en offrent à peine des traces. Déjà la *N. Defrancei* nous a offert quelque chose d'analogue à ce que nous observons ici, et la *N. exponens* serait une combinaison de caractères intermédiaires entre les espèces que nous allons étudier et celles que nous avons vues jusqu'à présent, dont les tours de la spire ne sont point traduits au dehors, et où les cloisons du dernier sont seules représentées par des filets simples ou ramifiés, rayonnants ou méandriformes. Chaque lame enveloppant complétement les précédentes, il en devait être ainsi; mais dans le groupe dont la *N. exponens* peut être considérée comme le premier terme, cette disposition s'efface dans la dernière période de l'accroissement, de manière à offrir un caractère mixte entre ceux que l'on assignait exclusivement au genre Nummulite et ceux du genre Assiline.

Lorsque l'un de nous décrivit cette Nummulite sous le nom de *N. granulosa*, il n'avait pas encore la certitude de l'identité de la coquille des Basses-Pyrénées avec celle de l'Inde, et il y réunissait à tort celle à laquelle aujourd'hui nous réservons exclusivement le nom de *granulosa*. Plus tard, ayant reconnu l'identité des *N. spira* de Roissy, *moneta* Defr. et *planospira* Boub., il crut aussi devoir les rattacher, sous le premier de ces trois noms, à son espèce primitive et à celle de M. J. de Carl Sowerby; mais l'examen d'un plus grand nombre d'échantillons provenant de beaucoup de localités, tout en confirmant la réunion de la *N. exponens* avec celle que nous regardions alors comme le type de la *N. granulosa*, nous en a fait séparer définitivement d'abord cette dernière avec ses variétés, puis la *N. spira*, laquelle, déterminée par la citation qu'a faite de Roissy d'une figure très-reconnaissable, donnée par Fortis, nous y fait rapporter les *N. moneta* Defr., *planospira* Boub., et notre *Assilina planospira*. Ce que dit M. Alc. d'Orbigny de la *N. rotula* Grat. et les localités des environs de Dax, où il la cite, ainsi que l'examen que l'un de nous a pu en faire dans sa collection même, ne permettent pas de douter que ce ne soit réellement la *N. exponens* de l'Inde, comme Deluc l'avait reconnu il y a cinquante ans. Mais on doit faire remarquer que l'auteur du *Prodrome de Paléontologie* désigne encore, quelques lignes plus bas, cette même Nummulite sous le nom de *Assilina exponens*, de sorte qu'à la même page la même espèce se trouve indiquée à la fois dans deux genres et sous deux noms spécifiques. La coupe transverse donnée par Parkinson appartient bien à la *N. exponens*, et quoique la surface de la fig. 21 rappelle davantage la *N. granulosa*, on doit penser que le dessinateur a représenté les granulations avec une régularité et une symétrie qui n'existaient pas dans la nature.

Localités. La *N. exponens* a été rencontrée aux environs de Columbres (province de Santander,) mais elle abonde particulièrement aux environs de Dax, entre Gibret et Donzacq, à Baigtz et Brassempouy (Landes). — Nous ne la connaissons point encore dans le centre des Pyrénées ni au sud, dans l'Aragon et la Catalogne, pas plus qu'au nord dans les départements de l'Ariége et de l'Aude. Très-répandue aux environs de Nice, au cap la Mortola, etc., elle y présente quelques caractères particuliers (var. *a*); les rayons et les tours de spire granuleux de la surface s'étendent jusqu'au bord où ils sont encore plus prononcés qu'au centre; la dépression médiane et le bourrelet qui l'entoure sont à peine sensibles. Elle manque jusqu'à présent dans les Alpes françaises, et probablement dans celles de la Savoie, tandis qu'elle constitue presqu'à elle seule les calcaires noirs des environs de Seewen (Schwitz), et qu'elle est signalée dans les montagnes d'Unterwald, aux environs de Zurich et d'Einsiedeln, au pied du Burgenstock, près de Stansztad, et du Mutterschwandenberg, à Isenthal, Sissigen, Schachenthal, etc. Une variété *b*, qui se trouve également à Seewen, puis au Grunten, à Mattsee et à Siegsdorf (Bavière), est caractérisée par le nombre et la disposition des cloisons, toutes apparentes au dehors dans les parties moyenne et marginale du disque, mais qui sont remplacées vers le centre par une grande quantité de granulations. La *N. exponens* existe au Kressenberg (Bavière), à Guttaring (Carinthie).—MM. P. Savi et Meneghini, qui ont proposé la même réunion que l'un de nous avait adoptée d'abord, citent la *N. granulosa* dans beaucoup de localités, mais nous n'avons aucune certitude que ce soit la *N. exponens* telle que nous la limitons actuellement (Refratta, Mosciano, Selvena, Cosuma, Borga, Gassino, puis en Sardaigne, dans le Vicentin, le Véronais, la Majella et au Mont-Gargano.) Elle manque jusqu'à présent dans l'Europe orientale. Autour de Zafranboli (Asie Mineure), on retrouve une variété fort grande, plate, sans dépression médiane et très-voisine de celle de la Bavière. Plus à l'est nous ne connaissons pas cette forme avant d'atteindre les pentes occidentales des montagnes de Cachemire, où elle se montre comme dans la chaîne d'Hala, sur la rive droite de l'Indus, associée aux *N. Ramondi*, *obtusa* et *scabra*, puis dans la province de Cutch, à l'embouchure de ce fleuve, et enfin dans les montagnes de Laour et de Cherra-Poonji, dans la province de Silbet (Bengale oriental), sur les frontières de la Chine. Elle n'a pas encore été indiquée dans le nord de l'Afrique ni dans les Carpathes, quoique nous ayons constaté l'identité de ses caractères de l'O. à l'E., aux deux extrémités connues de la zone nummulitique. Il est donc probable que des recherches ultérieures combleront une partie des lacunes que nous signalons dans sa distribution géographique. Dans les Pyrénées occidentales elle semble appartenir à la partie médio-supérieure du groupe.

Explication des figures. — Pl. x, fig. 1, *N. exponens*. — 1 *a*, coupe transverse. — 1 *b*, portion d'une coupe transverse, prise au quart du diamètre et sur le renflement sub-médian, grossie 36 fois. — 2, *a*, var. *a*, du comté de Nice. — 3 *a*, surface et coupe perpendiculaire d'un autre individu du type de l'espèce. — 3 *b*, portion de la spire grossie du double. — 3 *c* et 3 *d*, spire irrégulière et grossie du double. — 4, 5, formes diverses. — 6, var. *b*, de la Bavière. — 7 *a*, *b*, jeune de la var. *a*. — 8, *a*, jeune de la var. *b*. — 9, 10, *a*, jeunes du type.

NUMMULITES GRANULOSA, d'Arch.

Pl. X, fig. 11, *a, b, c,* 12, *a,* 13, 14, *a, b,* 15, *a, b,* 16, 17, 18, 19, *a, b, c, d.*

DISCOLITHES .... Fortis, *Mém. pour servir à l'hist. nat. de l'Italie,* vol. II, p. 106, pl. II,
                 fig. Q. 1802.
NUMMULITES VERRUCOSA (*pars*), de Roissy, *Hist. nat. des Mollusques,* vol. V, p. 49. 1805.
—   PLACENTULA ...... Deshayes, *Mém. de la Soc. géol. de France,* vol. III, p. 69, pl. VI, fig.
                 8, 9. 1838. — (Non *Nautilus id.,* Forskal. — Non *Nummulites id.,*
                 Ehrenberg). C'est la var. *a, infrà.*
—   Id. .... L. Pilla, *Distinzione del terreno etrurio,* p. 105, pl. I, fig. 17-19. 1846.
—   GRANULOSA (*pars*), d'Archiac, *Bull. de la Soc. géol. de France,* 2e sér., vol. IV, p. 1006.
                 1847. — *Mém. id.,* 2e sér., vol. III, pl. IX, fig. 20, 21, 22. 1850.
—   Id. .... Alex. Rouault, *ibid.,* pl. XIV, fig. 10.
—   SPIRA (*pro parte*), d'Archiac, *Histoire des progrès de la Géologie,* vol. III, p. 243 et 304i.
                 1850.

Coquille plane ou discoïde; surfaces sub-régulières, faiblement ondulées, couvertes de plis rayonnants, courts, granuleux, un peu arqués, disposés en série suivant une hélice, ou presque droits, simples, ou bien encore surmontés seulement vers le centre d'un petit nombre de granulations allongées. Dans quelques individus, les plis sont beaucoup moins réguliers vers le centre et la partie moyenne du disque, et les granulations, tantôt géminées, tantôt distribuées sans ordre, simulent imparfaitement les tours de la spire; bord sub-arrondi. Diamètre, 15 à 18 millim.; épaisseur, 2 à 3.

9 tours sur un rayon de 7 millim., très-flexueux, dont l'épaisseur égale le tiers de la hauteur des loges et s'accroît peu régulièrement du centre à la circonférence. — Cloisons souvent normales ou très-peu inclinées, faiblement arquées à la jonction du tour suivant, inéquidistantes, flexueuses, accidentellement plus rapprochées ou plus serrées et de hauteur inégale suivant les inflexions de la spire. On en compte 10 à 12 au sixième tour ou à 3 millim. du centre. Feuillets des cloisons rapprochés, mais distincts, doubles, un peu écartés au sommet. Angle postéro-supérieur des loges peu prolongé et presque droit.

La coupe transverse, sur une portion du bord comprenant plusieurs tours, montre, mieux que dans aucune autre espèce, 1° que toutes les cloisons sont composées de deux lames minces papyracées qui, en s'étendant dans toutes les directions, revêtent chaque loge, dont la paroi est distincte à la fois et de la lame du test qui les contient et du bourrelet décurrent et continu en spirale qui en forme le toit et le plancher; 2° que chaque cloison se prolonge par des canaux à travers toute l'épaisseur de la lame jusqu'à la surface extérieure où elle est exactement représentée par un pli simple ou plus ou moins granuleux. L'ensemble de tous ces plis correspondant aux cloisons, donne à la surface la disposition indiquée ci-dessus. — La coupe passant par le centre du disque fait voir que les jeunes individus sont plus renflés au milieu, là où chaque tour devient ensuite d'autant plus mince qu'il est plus récent, de sorte que la coquille adulte a partout la même épaisseur. Comme les cloisons, chaque tour se reproduit en relief à la surface extérieure avec laquelle il est en communication par deux grands canaux latéraux que met à découvert la section des tours.

Cette double disposition de canaux, dont nous avons déjà trouvé des rudiments dans quelques espèces telle que la *N. scabra*, mais dont la *N. exponens* nous avait montré un développement plus prononcé, acquiert dans la *N. granulosa* une netteté plus remarquable encore, qui la distingue de cette dernière, indépendamment des caractères de la spire, de sa forme, de son épais-

seur généralement égale du centre à la circonférence. On trouve souvent des individus dont le
dernier tour de la lame, quoique très-mince, enveloppe évidemment tous les autres. Couche
vitreuse très-mince; d'autres couches peuvent s'apercevoir dans l'épaisseur de la lame spirale.
Tubes moyens paraissant n'exister que dans le bourrelet où ils sont très-rapprochés. Grands
tubes fort larges, toujours situés au-dessous du bourrelet et formant des canaux continus jusqu'à
la surface. Cette espèce est l'une de celles où les petits tubes sont le plus apparents. Sillons du
bourrelet bien marqués, très-étroits et très-rapprochés.

Var. *a*, constamment plus petite que le type de l'espèce, faiblement déprimée au centre; surfaces presque unies ou dont les rayons cloisonnaires sont à peine accusés à l'état d'adulte. Très-
jeune, elle est, proportions gardées, plus épaisse; la spire et quelquefois les cloisons, sont marquées par des granulations très-régulières, très-prononcées autour de la dépression médiane
dans laquelle elles deviennent obsolètes, de même que sur tout le reste de la surface lorsqu'elle
est parvenue à un certain âge. Les tours semblent être un peu plus serrés que dans le type de
l'espèce, et par conséquent les loges sont moins hautes. La spire régulière que nous avons fait
représenter était une exception individuelle; car si beaucoup d'échantillons nous avaient offert
ce caractère, il nous aurait probablement suffi pour regarder cette variété comme constituant
une espèce.

Observations. L'un de nous avait d'abord réuni cette Nummulite avec la *N. exponens*, en la
signalant comme une modification; ensuite il la rapprocha au même titre de la *N. spira* de
Roissy, mais l'étude comparative d'un plus grand nombre d'échantillons nous l'a fait définitivement séparer de l'une et de l'autre. M. Rütimeyer (loc. cit. p. 92 et pl. 4, fig. 46) a décrit et
représenté sous le nom de *N. placentula* Desh., une Nummulite que nous ne connaissons pas,
mais qui, d'après la coupe, s'éloignerait plus encore de la var. *a* que de toute autre. Il est probable aussi que dans sa *N. assilinoides* (*N. exponens*), l'auteur a compris quelques variétés de la
N. granulosa; c'est du moins ce que les fig. 37–40 peuvent faire présumer. M. Alc. d'Orbigny
(*Prodrome de Paléontologie*, vol. II, p. 335), qui pouvait ne pas reconnaître les vrais caractères de
l'échantillon fruste désigné sous le nom de *N. placentula*, lorsqu'il l'a réuni à la *N. complanata*
avec la *N. distans*, ne semble pas avoir observé la véritable *N. granulosa*, à moins qu'il ne l'ait
comprise, commme nous l'avions fait nous-mêmes, dans les variétés de sa *N. rotula* Grat. (*N. exponens*). Il est également difficile de savoir si la Nummulite que MM. P. Savi et Meneghini
rapportent à la *N. placentula* appartient réellement à cette variété de la *N. granulosa* (*Considerazioni sulla geol. della Toscana*, p. 197. 1851). Ces auteurs (p. 200) ont réuni sous le nom de
N. planospira Boub., plusieurs espèces qui sont aujourd'hui distinctes; en effet, synonyme de la
N. moneta Defr. et de l'*Assilina depressa* d'Orb. ou *planospira* d'Arch., elle diffère de la *N. assilinoides* Rütim. (*N. exponens*), comme de la *N. granulosa* d'Arch.

Localités. Dans les calcaires marneux de Columbres (province de Santander), var. *a;* à San-
Vicente de la Barquera, avec le type (ib.); — dans le centre des Pyrénées, le type de l'espèce
a été trouvé dans les hautes vallées de la Bielsa et de la Cinca, puis à Viescaz et dans la Sierra
de Guerra (Aragon); dans la Catalogne, à San-Juan de las Abadessas, à Ogassa; plus au sud, aux
environs d'Alicante. — Dans les environs de Dax (Landes), à Baigtz, Brassempouy et Gibret; à
Montgrand, commune de Josse (Basses-Pyrénées), et particulièrement dans les marnes coquillères
de Bos-d'Arros, près Pau, où les formes sont très-variées et la conservation des individus parfaite.
— Nous ne connaissons pas encore la *N. granulosa* dans la partie centrale du versant nord des
Pyrénées, ni dans sa partie orientale, dans les départements de l'Ariège et de l'Aude. — Elle se
représente à Rocca-Esteron, au cap la Mortola, à Ventimiglia, etc. (comté de Nice), paraît manquer dans les Alpes françaises, mais existe dans les Alpes suisses, au Fähneren, Stierendungel
(Appenzell), Turischen, Seewen, Goldau et Lowerz où la coquille est enveloppée de peroxyde de
fer qui a aussi rempli l'intérieur des loges et quelquefois remplacé le test lui-même. — A Burg-

berg (Grunten) (Vorarlberg), var. *a*, et à Mattsee (Bavière); — dans le Frioul, la Croatie et probablement le Véronais; — au Mont-Gargano et dans les îles de Tremiti (Royaume de Naples). — A Hadinkoï, à l'ouest de Constantinople; — dans les marnes inférieures aux calcaires blancs de Crimée, où la var. *a* est très-répandue; — à Zafranboli, dans le nord de l'Asie Mineure. — Chaîne d'Hala (Sinde), très-rare; Kalibag (Pendjab); — Haut-Liban et Égypte (voy. *Hist. des progrès de la géologie*, vol. III, p. 189 et 207 et ib. *nota*).

Cette répartition de la *N. granulosa* est donc à peu près la même que celle de la *N. exponens*, quoiqu'elle se montre sur des points où cette dernière n'a pas encore été signalée et réciproquement; mais dans certaines régions fort étendues et déjà bien explorées, elles manquent toutes deux, ainsi que les autres espèces du groupe des *explanatæ*.

Explication des figures. — Pl. x, fig. 11, *N. granulosa.* — 11 *a*, segment de la surface grossi du double. — 11 *b*, profil. — 11 *e*, portion de coupe transverse grossie de 36 diam. — 12, *a*, individu plus épais portant des granulations moins prononcées. — 13, id., jeune. — 14 *a*, autre individu dont la spire et les cloisons se voient par transparence, sans former un relief sensible à la surface. — 14 *b*, id., jeune. — 15, individu montrant une portion de la spire et de la surface. — 15 *a*, id., grossi du double. — 15 *b*, coupe transverse prise non loin du bord et grossie du double. — 16, 17, surfaces de divers individus des environs de Pau. — 18, spire irrégulière grossie du double. — 19, *a*, *b*, var. *a*. — 19 *c*, id., grossie du double. — 19 *d*, coupe transverse très-grossie. — Pl. iv, fig. 17, premiers tours de la spire grossis de 16 diamètres.

NUMMULITES LEYMERIEI, nov. spec.

Pl. XI, fig. 9, *a b*, *c*, 10, *a*, *b*, *c*, *d*, *e*, 11, 12.

Coquille discoïde ou lenticulaire, très-variable, tantôt mince (type), à surfaces assez régulières, légèrement bombées, avec une faible dépression centrale où se montrent des ponctuations plus ou moins nombreuses, puis des rayons cloisonnaires sur le pourtour et un bord tranchant constitué par une lame mince, continue, tantôt plus renflée (var. *a*) et dont les granulations plus prononcées occupent la dépression centrale; ces granulations se continuent jusque vers le bord assez arrondi ou coupé presque carrément, et elles simulent de petites côtes granuleuses, rayonnantes, donnant à la coquille l'aspect très-élégant d'une Ammonite microscopique. Diamètre des plus grands individus, 5 millim.; épaisseur, 1 1/4; les individus de moyenne taille ont 3 millim. 1/2 à 4 millim. de diamètre.

Une loge centrale quelquefois très-petite et même inappréciable; 6 à 7 tours sur un rayon de 2 millim., réguliers, minces, s'écartant régulièrement du centre à la circonférence; l'épaisseur du troisième tour est égale au tiers de la hauteur des loges. — Cloisons peu arquées, peu inclinées, quelquefois normales, sub-équidistantes. On en compte 6 ou 7 dans un quart de tour à la moitié du rayon; les loges grandes sont un peu plus hautes que larges. Feuillets des cloisons épaissis en bas, un peu écartés au sommet, où l'on remarque une très-petite lacune. Enveloppe segmentaire très-distincte, formée de deux lamelles; angle postéro-supérieur peu prolongé et presque droit.

La coupe transverse montre une couche vitreuse rudimentaire. Tubes moyens paraissant n'exister que dans le bourrelet; les grands larges, se terminant à la surface par des mamelons pustuliformes perforés, disposés ou non en série.

Observations. Le type de la *N. Leymeriei*, par ces dimensions, sa forme et son limbe, rappelle un peu la *N. intermedia* jeune, mais sa surface plus bombée, les ponctuations du centre et son bord tranchant l'en séparent nettement, aussi bien que sa spire, dont les tours sont plus espacés, moins nombreux, et les lames du test beaucoup plus minces, comparativement à la hauteur des loges. Par sa dépression centrale, ses ponctuations et son limbe, cette même Nummulite se sépare facilement de la *N. planulata* jeune, dont les tours sont encore moins nombreux et beaucoup plus larges. La variété *a* ne peut être confondue avec aucune autre espèce, si ce n'est lorsqu'elle est usée et que les granulations ne sont pas disposées en rayons bien limités; elle pourrait être prise alors pour des individus jeunes et également usés de la *N. Lucasana*, var, *a*. — La *N. Leymeriei* est remarquable par ses variations dans son épaisseur, dans le nombre, la grosseur et la disposition des tubercules perforés de sa surface, et par le passage de ces divers accidents les uns aux autres.

Localités. Le type est très-répandu dans les marnes grises des environs de Roubia et de Saint-Laurent, et constitue presqu'à lui seul des calcaires jaunâtres entre ce dernier village et Tournissau (Aude). La var. *a* se trouve à Montarabun, près Cazères (Haute-Garonne), avec la *N. Ramondi;* dans un calcaire jaune, avec la même, au contact du marbre, au sud de Mancioux; à la ferme de Belloc, près d'Aurignac, avec la même, et dans les marnes d'Ossun (Hautes-Pyrénées); dans un calcaire noir compacte qu'elle constitue presque entièrement, au-dessus de la corniche du Mont-Perdu et sur plusieurs autres points de cette partie élevée du versant espagnol. — Les individus recueillis dans les marnes inférieures aux calcaires blancs de la Crimée sont identiques avec ceux des Hautes-Pyrénées et de la Haute-Garonne; mais entre ces deux points si éloignés l'un de l'autre, la présence de la *N. Leymeriei* n'a encore été constatée qu'à Cardiga (Sardaigne), et peut-être à Pescaglia (Toscane) et à Mosciano, près Florence, dans des calcaires gris. Il est digne de remarque, qu'aux deux extrémités de l'Europe, comme en Italie, cette espèce appartient aux couches les plus basses du groupe.

Explication des figures. — Pl. xi, fig. 9, *a, b, N. Leymeriei.* — 9 *c*, id., grossie quatre fois. — 10 *a*, var. *a.* — 10 *b*, id., grossie du double. — 10 *c*, cinq premiers tours grossis de 65 diam. — 10 *d*, portion d'un tour et d'enveloppe segmentaire grossie de 95 diam. — 10 *e*, portion d'une lame moyenne grossie de 95 diam. — 11, var. *a*, grossie du double. — 12, id., montrant une partie de la spire et la surface d'un tour de la lame.

NUMMULITES MAMILLATA, d'Arch.

Pl. XI, fig. 6, *a, b, c,* 7, *a, b,* 8, *a, b, c, d, e.*

Nummulina mamillata.. d'Archiac, *Bull. de la Soc. géol. de France*, 2ᵉ sér., vol. IV, p. 1010. 1847. — (Non *N. id.*, de Roissy, *Hist. nat. des Mollusques*, vol. V, p. 57, qui est une Orbitolite).

—   Id...... Id. *Mém. de la Soc. géol.*, 2ᵉ série, vol. III, p. 417, pl. ix, fig. 18, *a, b.*

—   Id., var., Alex. Rouault, *ibid.*, p. 465, pl. xiv, fig. 9.

—   Id...... d'Archiac, *Histoire des progrès de la Géologie*, vol. III, p. 239. 1850. — (Non *N. id.*, L. Rüt., *Arch. des sc. nat. de Genève*, vol. VII. 1848. — *Verhandl. d. Schweiz. naturf. Ges. versam. zu Zoloturn.* 1848, p. 27. — *Ueber das Schweiz. Nummulitenterrain*, p. 81, pl. iii, fig. 31-32. 1850. — Non *N. mamilla*, Alc. d'Orbigny, *Prodrome de paléont.*, vol. II, p. 336, 1850.—Non *Nautilus id.*, Ficht. et Moll).—Voyez *anté*, p. 128, *N. Ramondi*, var. *d.*

Coquille discoïde, renflée vers le milieu du disque, déprimée au centre et pourvue d'un rebord plus ou moins saillant et flexueux à son pourtour; rayons cloisonnaires simples, non granuleux; trace spirale peu prononcée, excepté dans les derniers tours où elle forme un bourrelet continu. Diamètre, 10 millim.; épaisseur au centre 2.

Loge centrale assez grande, suivie d'une première loge sériale sub-semi-lunaire, quelquefois très-déprimée; 8 tours sur un rayon de 5 millim., également épais dans toute l'étendue de la spire, s'écartant lentement et assez réguliers. Leur épaisseur est la moitié de la hauteur des loges dans les premiers tours, le tiers dans les suivants et le quart seulement dans le dernier qui est extrêmement mince. — Cloisons faiblement arquées, quelquefois droites, inclinées de 15° à 20°, excepté entre les deux premiers tours où leur courbure et leur inclinaison sont très-prononcées. Leur écartement augmente un peu et graduellement avec celui des tours ; on en compte 8 dans un quart de tour à la moitié du rayon ou à 2 millim. 1/2 du centre. Angle postéro-supérieur des loges presque droit ; feuillets des cloisons un peu écartés au sommet et doubles en quelques points.

La coupe transverse montre la loge centrale, les méats ou tubes inter-cloisonnaires très-prononcés, et les canaux de la spire ou du bourrelet plus obscurs. Les tubes moyens très-nombreux ; sillons du bourrelet bien marqués. Des couches nombreuses très-régulières s'observent dans l'épaisseur de la lame spirale ; couche vitreuse très-mince.

Var. *a* plane, mince, faiblement déprimée au centre ; surfaces lisses, brillantes, à reflets bronzés ; bord tranchant ; diamètre, 6 millim. ; épaisseur, 1. Elle se distingue des individus jeunes du type par le plus grand écartement relatif des premiers tours et des cloisons ; par la plus grande hauteur de ces dernières, par la minceur des lames et des tours.

Var. *b*. Rayons cloisonnaires et trace spirale plus prononcés, formant par leur relief un grillage régulier, particulièrement sur le pourtour de la coquille ; forme plus lenticulaire ; mamelon et dépression centrale obsolètes ou nuls.

Observations. La *N. mamillata*, que l'on pourrait prendre au premier abord pour le jeune âge de la *N. exponens*, en diffère par sa loge centrale, ses tours plus rapprochés, ses lames plus minces, l'existence d'un mamelon déprimé au centre, et qui ne s'observe dans la *N. exponens* qu'à l'état presque adulte, lorsque la coquille a atteint un diamètre double de celui de la *N. mamillata*, puis par l'absence de granulations proprement dites à tous les âges, enfin par le rebord saillant de son pourtour. — Par ses caractères extérieurs, la *N. mamillata* pourrait être prise aussi pour le jeune âge de la *N. spira*, mais il suffit de comparer l'intérieur des deux coquilles, pour reconnaître qu'elles n'ont en réalité aucune analogie.

Localités. Environs de Dax (Landes), entre Gibret et Donsacq, Baigtz, ordinairement dans une couche inférieure à celle où se trouve la *N. exponens* ; Bos-d'Arros, près Pau (var. *a*).—Environs de Nice et de Vérone, var. *b*.

Explication des figures. — Pl. XI, fig. 6, *a b*, *N. mamillata*. — 6 *c*, id., grossie du double, montrant une partie de la spire et de la surface extérieure. — 7, *a*, var. *b*. — 7 *b*, id., grossie du double. — 8, *a*, var. *a*. — 8 *b*, id., grossie du double. — 8 *c*, portion d'un tour grossie de 80 diam., montrant la matière animale à l'état de poudre noire qui occupe une partie des loges. — 8 *d*, *e*, grossissement de 330 diamètres de la matière noire charbonneuse. (Voyez *antè*, p. 68.)

NUMMULITES SPIRA, de Roissy.

Pl. XI, fig. 1, *a*, *b*, *c*, 2, *a*, 3, *a*, 4, *a*, *b*, 5.

Discolithes............ Fortis, *Mém. pour servir à l'hist. nat. de l'Italie*, vol. II, pl. II, fig. P. 1802.
Lenticulaire numismale, Deluc, *Journ. de phys.*, vol. LIV, p. 175, pl. I, fig. 9?. 1802.
Nummulites spira...... de Roissy, *Hist. nat. des Mollusques*, vol. V, p. 57. 1805. (Buffon de Sonnini.)
       —   moneta ..... Defrance, *Dict. des sc. nat.*, vol. XXXV, p. 225. 1825.
Assilina depressa...... Alc. d'Orbigny, *Ann. des sc. d'hist. nat.*, vol. VII, p. 130. 1825.
Nummulites planospira. Boubée, *Bull. de nouveaux gisements de France*, 1re liv., p. 6. 1834.
Assilina   Id..... d'Archiac, *Mém. de la Soc. géol. de France*, 2e sér., vol. III, p. 117, pl. IX, fig. 17, *a*. 1850.

—   Id..... Id., *Histoire des progrès de la Géologie*, vol. III, p. 245. 1850.
—   DEPRESSA.... Alc. d'Orbigny, *Prodrome de paléontologie*, vol. II, p. 336. 1850.
NUMMULINA PLANOSPIRA.. P. Savi et G. Meneghini, *loc. cit.*, p. 200. — Voyez *antè*, p. 152.
NUMMULITES .... E. Cornalia et L. Chiozza, *Cenni Geol. sull' Istria*, pl. III, fig. 6, (*pessima*).
                      1850.

Coquille plane, d'une égale épaisseur dans toute son étendue ; surfaces ondulées, bosselées, montrant, en relief très-prononcé, tous les tours de la spire et les rayons cloisonnaires plus ou moins apparents et granuleux vers un bouton central ; bord très-flexueux, quelquefois relevé et arrondi. Diamètre, 34 millim. ; épaisseur, 2 1/4.

Centre offrant quelquefois une loge centrale très-apparente ; 10 tours sur un rayon de 10 millim. ; épais, très-flexueux, irréguliers, se dédoublant quelquefois, dont l'écartement croît assez rapidement du centre à la circonférence, et dont l'épaisseur est égale à la moitié de la hauteur des loges vers le pourtour, puis devient proportionnément moindre vers le centre. — Cloisons presque droites dans les deux tiers de leur hauteur, courbées ensuite à leur jonction avec le tour suivant ; inclinées moyennement de 15° à 18°, inéquidistantes, quelquefois très-rapprochées, peu régulières, surtout aux points où les tours se dédoublent. On en compte 10 dans un quart de tour à 5 millim. du centre.

Dans la coupe transverse, les canaux inter-cloisonnaires s'observent particulièrement vers le centre, où les lames sont moins épaisses et où se montrent les rayons correspondants. Les canaux latéraux de la spire qui font apparaître avec tant de relief les tours au dehors, sont visibles dans toute son étendue, et leur largeur est en rapport avec celle du bourrelet spiral extérieur. Tubes moyens assez larges et très-nombreux ; grands tubes formant des canaux continus des loges à la surface. Sillons du bourrelet spiral serrés et bien marqués.

Observations. Cette espèce, qui serait le type du genre Assiline, s'il pouvait être conservé, est le dernier terme de ces modifications que nous avons vues, depuis la *N. exponens*, manifester de plus en plus au dehors leurs caractères intérieurs. Ici, l'égale épaisseur de la coquille dans tout son diamètre et par suite l'égale largeur des loges, montrent que les couches du test se soudent latéralement et en général à partir du cinquième ou du sixième tour, les lames des cinq ou six premiers étant complétement enveloppantes.

Localités. Des individus très-plats de la collection de Defrance sont étiquetés de Malaga ; — Conca-de-Tremp, Basalou, Ogassa (Catalogne) ; Bielsa (Aragon), S.-Vicente de la Barquera et Columbres (province de Santander). — Bastennes (Landes) et environs de Dax, Biaritz, Mouguères, près Bayonne ; — Le Fähneren (Appenzell) et sans doute d'autres localités des Alpes suisses, où elle aura été prise pour les *N. exponens* ou *granulosa* ; — Ronca (Vicentin). — Iles de Veglia et de Pago. — Croatie, Istrie et Dalmatie ; la Majella (Appennins des Abruzzes)[1]. — Le Sinde ? dans les marnes noires de Subathoo, province de Simla, et probablement dans les calcaires des montagnes de Laour, près de Silhet (Bengale). Le musée de Turin possède des échantillons non étiquetés, noirâtres, ferrugineux, portant des rayons cloisonnaires granuleux très-apparents. Dans celui de Paris, un échantillon poli de calcaire compacte gris-jaunâtre, qui ne porte pas non plus plus d'étiquette, en est également rempli, ainsi que de *N. Lucasana.*

Explication des figures. — Pl. XI, fig. 1, *a*, *N. spira.* — 1 *b*, id., coupe perpendiculaire. — 1 *c*, portion de coupe transverse, prise au quart du diamètre et grossie 36 fois. — 2, *a*, individu très-déprimé. — 3, *a*, 4, *a*, individus jeunes. — 4 *b*, id., spire grossie du double. — 5, var.

1. L'échantillon de calcaire étiqueté par M. Meneghini comme provenant de cette localité, est identique avec les calcaires blancs du Mont-Gargano, et les espèces qu'il renferme étant aussi les mêmes, nous sommes portés à croire qu'il provient en effet de cette dernière localité. Les roches et les espèces que nous connaissons de la Majella sont tout à fait différentes.

TABLE ALPHABÉTIQUE ET SYNONYMIQUE

DES

ESPÈCES DE NUMMULITES RÉELLES OU NOMINALES

(Les espèces précédées d'un * sont celles sur lesquelles nous ne possédons aucune donnée qui nous ait permis de les classer).

LISTE GÉNÉRALE DES ESPÈCES.	NOMS ADOPTÉS.	Pages.	pl.	fig.
NUMMULINA .... *Fichteli*, Michelot	NUMMULITES. *Fichteli*, Michelot	100		
— *garansiana*, d'Arch	— *garansensis*, Joly et Leym.	101		
— *globosa*, Rütim	— *perforata*, d'Orb	115		
— *globularia*, Menegh	— id., id.	115		
— *globulina*, Michelot. *Sag. stor. et Terr. mioc. (Orbitoidea)*		36		
— *granulosa* d'Arch. (*pars*)	— *exponens*, J. de C. Sow.	148		
— *Humbertina*, Buv. (V. *errata* ci-après)		164		
— *intermedia*, d'Arch	— *intermedia*, d'Arch	99		
— *irregularis*, id	— *irregularis*, Desh	138		
— *irregularis*, Michelot. (*Orbitoidea*)		36		
— *latispira*, Savi et Menegh	— *latispira*, Savi et Menegh.	93		
— *lævigata*, d'Orb	— *lævigata*, Lam	103		
— *lævigata*, Puch. (*pars*)	— *Puschi*, d'Arch	90		
— id., id. (*pars*)	— *perforata*, d'Orb	115		
— id., var. *a*, d'Arch	— *Brongniarti*, n. sp	110		
— id., Alex. Rouault	— *biaritzensis*, d'Arch	131		
— id., var. *b*, d'Arch	— *perforata*, d'Orb., var. *A*.	117		
— *lenticularis*, Alex. Rouault	— *Lucasana*, Defr	125		
— *marginata*, Michelot. (*Orbitoidea*)		36		
— *mamillaris*, Rütim	— *Ramondi*, Defr., var. *d*	128		
— *mamillata*, d'Arch	— *mamillata*, d'Arch	154		
— *Molli*, d'Arch	— *Molli*, d'Arch	102		
— *Murchisoni*, Rütim	— *Murchisoni*, Brunn	138		
— *perforata*, d'Orb	— *perforata*, d'Orb	115		
— *placentula*, Rütim., *Ueb. d. Numm. terr.*, pl. iv. fig. 46. (Ce n'est point la *N. placentula* Desh. mais d'après les figures ce serait une espèce avec des caractères tous particuliers).				
— *planospira*, Savi et Menegh. (*pars*)	— *exponens*, J. de C. Sow	148		
— *planospira*, id., id. (*pars*)	— *spira*, de Roissy	156		
— *planulata*, d'Orb	— *planulata*, d'Orb	142		
— *Puschi*, d'Arch	— *Puschi*, d'Arch	90		
— *radiata*, d'Orb., *Foram. de Vienne*, V, 23, 24 (*Amphistegina?*).				
— *Ramondi*, var., *minor.*; d'Arch	— *Guettardi*, n. sp	130		
— *regularis*, Rütim	— *biaritzensis*, d'Arch	131		
— *rotularia*, Alex. Rouault	— *Ramondi*, Defr	128		
— *rotularis*, Savi et Menegh	— *Ramondi*, Defr	128		
— *Rutimeyeri*, d'Arch	— *Ramondi*, Defr., var. *d*	128		
— *scabra*, Bronn	— *scabra*, Lam	107		
— *spira* (*pars*), d'Arch	— *exponens*, J. de C. Sow	148		
— *spira* (*pars*), d'Arch	— *granulosa*, d'Arch	154		
NUMMULITES .... *Althausi*, d'Alberti, *Monogr. du Trias.* (Corps sans structure organique).				
— *antiquior*, Rouillier		45		
— *antiquus*, Hæningh	— *gizehensis*, Ehrenb	94		
— * *aspera*, Koutorga, *Mém. sur la Crimée*, 1834.				
— *atacica*, Joly et Leym	— *biaritzensis*, d'Arch	131		
— *atacicus*, Leym	— *biaritzensis*, d'Arch	131		
— *aturica*, Joly et Leym	— *perforata*, d'Orb., var. *A*.	115		
— *Beaumonti*, n. sp	— *Beaumonti*, n. sp	133	VIII	1-3.
— *Bellardii*, d'Arch	— *Bellardii*, d'Arch	113	V	9.

ERRATA.

Pages.

77. NOTA. La *Nummulina Humbertina*, Buv. (*Stat. géol. minér. du dép. de la Meuse*, p. 424, pl. 34, fig. 32-35, 1852), n'est pas une Nummulite comme nous l'avions d'abord pensé, et elle ne provient point de l'argile d'Oxford; elle a été recueillie dans les marnes inférieures du calcaire à Astarte de Douaumont. Les Foraminifères des calcaires marneux d'Endrecourt que nous a communiqués M. Humbert ne sont pas non plus des Nummulites.

83. Troisième ligne du troisième alinéa, au lieu de 24 *espèces; c'est la région la plus riche*; lisez : 22 *espèces* et supprimez le reste de la phrase.

94. Et partout ou est citée la *N. gyzehensis*, lisez : *gizehensis*.

151. *N. granulosa*, ajoutez à l'indication des figures : pl. IV, fig. 45.

157-160. Partout où il y a *Orbitoidea*, lisez : *Orbitoides*.

DESCRIPTION

DES ANIMAUX FOSSILES

DU

GROUPE NUMMULITIQUE DE L'INDE

RÉSUMÉ GÉOLOGIQUE.

Nous avions d'abord pensé qu'il suffirait de renvoyer le lecteur au résumé que l'un de nous a déjà donné [1] des caractères et de la distribution des dépôts nummulitiques de l'Inde occidentale, mais les nouveaux renseignements que sir R. Murchison a obtenus de MM. Vicary, A. Fleming, Oldham, R. Strachey, Thomson et Hooker et qu'il a eu l'extrême obligeance de nous communiquer, les nombreux échantillons de roches et de fossiles qui nous ont été envoyés à plusieurs reprises, et enfin quelques publications récentes, en nous montrant combien notre premier travail était incomplet, nous ont engagés à présenter ici un nouvel aperçu général de la formation tertiaire inférieure de ce pays.

Le groupe nummulitique qui en constitue la plus grande partie a été reconnu sur une étendue de 25 à 26 degrés en longitude, depuis le Béloutchistan jusque dans les contre-forts de l'Himalaya, à l'est du méridien de Calcutta, et sur environ 12 degrés de latitude, depuis les bords du Runn, dans la province de Cutch, à l'embouchure orientale de l'Indus, jusqu'au nord du parallèle de Cachemire [2].

Les dépôts qui nous occupent sont loin d'être continus dans toute cette surface; l'étude qu'on en a faite laisse encore de grandes lacunes à combler, mais on peut déjà

---

1. *Histoire des progrès de la Géologie*, vol. II, p. 978. 1849. — *Ib.*, vol. III, p. 195. 1850.

2. Nous avons la presque certitude que les dépôts nummulitiques remontent encore plus loin jusque sur les flancs de l'Hindou-Kho méridional, et qu'ils s'étendent à l'O., par les hauteurs qui limitent le plateau de l'Iran, de manière à se rattacher aux roches du même âge qu'on trouve dans la chaîne de l'Elbourz, au sud de la Caspienne et dans le plateau d'Ust-Urt. D'un autre côté, les recherches de M. Carter nous ont appris que ces mêmes dépôts existaient le long de la côte orientale de l'Arabie, depuis les environs de Maskat jusqu'à l'île Masira et à Marbat (*The journal of the Bombay branch. r. asiat. Soc.* Janvier, 1852.), comme celles de M. W. Kennett Loftus, nous ont permis d'entrevoir la liaison de ceux du Béloutchistan occidental avec ceux du nord-ouest de la Perse, par l'intermédiaire du système des montagnes de Zagros et de Louristan (*Quarterly Journ. geol. Soc. of London*, vol. VII, p. 263. 1850).

reconnaître qu'ils se présentent sur ces divers points avec des caractères pétrographiques extrêmement variés et avec des fossiles assez différents aussi. Nous distinguerons dans cet espace, *quatre régions* principales, dont nous ne pouvons encore assigner les limites respectives, mais que nous caractériserons en les décrivant sur les points les mieux étudiés. La plus occidentale de ces régions et celle qui se prolonge le plus au S., comprend la province de Cutch, la chaîne des collines d'Hala ou d'Hyderabad qui borde la rive droite de l'Indus, dans la dernière partie de son cours, et la portion du Béloutchistan qui lui est contiguë. La seconde région a pour centre la chaîne de la Montagne de Sel *(Salt-range)*, dans le Pendjab et la partie nord de celle de Solyman, sur la frontière du Caboul. Les roches nummulitiques paraissent s'étendre au N.-O., pour former de grands nœuds de montagnes dans ces derniers pays, et au N.-E., où elles entourent la haute vallée de Cachemire. En se continuant ensuite au S.-E., le long de l'Himalaya, elles constituent la troisième région, celle qui est comprise dans le district de Subathoo dans la province de Simla ; de sorte qu'il n'y aurait pas de montagnes un peu considérables, soit dans la chaîne de Solyman, soit dans le Sinde, soit dans le Béloutchistan, soit dans le groupe élevé que traverse plus au nord le Klyber-pass, dont les points culminants ne soient formés de couches nummulitiques. Enfin, une quatrième région comprendrait quelques points situés au centre même de l'Himalaya, et plus loin, vers l'E. Ce sont des jalons, sans doute bien espacés encore, mais que des recherches ultérieures viendront relier aux régions précédentes de l'ouest, en montrant l'importance que le groupe qui nous occupe a prise dans cette partie de l'ancien monde.

PREMIÈRE RÉGION.

Province de Cutch. Alex. Burnes[1] avait déjà signalé des Nummulites dans la province de Cutch, puis au N., dans la chaîne d'Hala, des calcaires compactes remplis des mêmes foraminifères, et jusqu'au N.-O. de Caboul, dans le Caucase indien (Hindou-Kho) ; mais c'est aux voyageurs qui lui ont succédé que l'on doit une connaissance positive de la géologie de ces pays.

M. C. W. Grant[2] a cru devoir décrire séparément les dépôts tertiaires marins situés entre la branche orientale de l'Indus et la province de Guzérate, et ceux qui, dans le même pays connu sous le nom de presqu'île de Cutch, sont caractérisés par la présence des Nummulites. Après avoir étudié la collection de fossiles recueillis par M. Vicary, un peu plus au nord, dans la chaîne d'Hala, nous avons reconnu que beaucoup d'espèces des calcaires à Nummulites de cette chaîne étaient identiques

---

1. *On the Geology*, etc. Sur la géologie des rives de l'Indus, le Caucase indien, etc. (*Transact. geol. Soc. of London*, 2ᵉ sér., vol. III, p. 491. 1833-35).

2. *Memoir to illustrate*, etc. Mémoire pour accompagner une carte géologique de Cutch (*Transact. geol. Soc. of London*, 2ᵉ sér., vol. V, avec carte et planches de fossiles tertiaires et secondaires, 1837-40). — *Madras Journal*, n° 29, p. 309.

avec celles des couches regardées par M. Grant comme *tertiaires* dans la province de Cutch, et qu'il avait séparées de celles qui y renferment des Nummulites. En outre des fossiles cités par lui comme exclusivement propres à ces dernières, sont associés aux précédents dans la chaîne d'Hala, de sorte que tout concourt à réunir, comme appartenant à un même groupe, les deux étages établis d'abord à l'embouchure de l'Indus et dont la superposition n'a pas été même bien constatée, M. Grant ne les ayant décrits séparément que par suite de quelques différences dans les caractères minéralogiques.

Les dépôts que l'auteur nomme *tertiaires* sont composés de grès argileux durs, mélangés de coquilles et recouverts de lits de cailloux roulés ou de conglomérats, tantôt incohérents, tantôt endurcis. Un grès calcaire, rempli de petites coquilles, est par places susceptible d'être employé pour la bâtisse ou la confection de la chaux. Sur beaucoup de points de leur limite nord, ces couches constituent des collines et des plateaux élevés assez étendus. Les parties culminantes sont constamment formées de roches dures, coquillières, enveloppant des plaques plus ou moins considérables de polypiers silicifiés. Vers le bas, le gravier et l'argile sont également remplis de coquilles. Une partie de ces assises, dit M. Grant, a été dénudée et présente aujourd'hui des dépressions de plusieurs milles de large, avec des buttes ou monticules de gravier épars çà et là. Chaque lit ne renferme souvent qu'une seule espèce de coquille ; ainsi l'une des buttes précédentes est surmontée d'une couche exclusivement formée d'*Ostrea callifera* Lam.

Au sud de Mhurr, les argiles endurcies sont traversées par des basaltes qui affectent des formes colonnaires, et les couches sont très-dérangées au pied des collines. Dans la partie N.-E. de la province, que limite la branche orientale de l'Indus, on voit les strates s'appuyer sur des calcaires et des marnes à Nummulites dont les caractères minéralogiques et les fossiles diffèrent des précédents. Les roches tertiaires dont nous parlons, qui, près de Mhurr, sont éloignées de 30 milles de la mer, s'étendent ensuite, avec une largeur de 10 milles, sur toute la côte méridionale de la province. Une bande étroite, encore du même âge, peut être également suivie autour du Runn et de ses îles.

Les fossiles recueillis par M. Grant, puis figurés et décrits par M. J. de C. Sowerby, appartiennent à 33 genres et 57 espèces. De ces dernières, 47 seraient nouvelles, 6 étaient déjà connues, mais n'offrent rien de bien caractéristique, et 4 sont douteuses. Parmi les univalves, les Mitres et les Volutes dominent, puis viennent les genres Cadran, Cône, Strombe, Cérite, Vis, Peigne et Clypéastre.

L'espace occupé par le calcaire à Nummulites et les marnes est limité par des grès secondaires, des dépôts charbonneux qui y sont subordonnés, des roches de la période jurassique moyenne, puis par les couches tertiaires précédentes et les alluvions du fleuve. Les calcaires sont presque exclusivement composés de Nummulites, d'Orbitoïdes et d'Alvéolines, et leur épaisseur ne dépasse pas 20 à 23 mètres. La roche ressemble à de la craie ; quelquefois elle est plus solide, fournit des pierres de construction ou sert à faire de la chaux. Les bancs sont généralement horizontaux ; cependant ceux qui portent la ville de Luckput sont très-dérangés par le voisinage des roches ignées. Au sud, la plaine est bordée par une chaîne peu élevée de collines basaltiques.

Les fossiles de ces couches sont nombreux, mais les espèces signalées et décrites à la suite du mémoire de M. Grant ayant été revues de nouveau et leur synonymie rectifiée, nous renvoyons au tableau général ci-après où elles sont toutes mentionnées. L'examen des échantillons du Sinde nous a permis, comme nous l'avons dit plus haut, d'ajouter à la liste les fossiles des *couches tertiaires* de Cutch et de faire quelques modifications aux rapprochements et aux déterminations de M. J. de C. Sowerby, aussi nous bornerons-nous à indiquer ici les *Nummulites scabra, exponens*, l'*Echinolampas subsimilis*, l'*Ostrea vesicularis*, et la *Neritina conoidea*, fossiles dont nous avons pour ainsi dire suivi la distribution à travers l'ancien continent, depuis les côtes de l'Atlantique jusque sur ce littoral de l'Océan indien.

Chaîne d'Hala et d'Hyderabad. Dans la partie S.-O. du Sinde, la chaîne de collines qui part du cap Monze, près du port de Kurrachee, pour remonter au N., le long de la rive droite de l'Indus, offre les assises suivantes en allant de haut en bas : 1° conglomérat ; 2° argile et grès ; 3° lits supérieurs à ossements ; 4° grès peu coquillier ; 5° lits inférieurs à ossements ; 6° roches arénacées, calcaire avec *Cytherea exoleta* Lam. ? et *exarata, Spatangus*, etc. ; 7° calcaire arénacé d'une teinte claire, avec des Hipponices, des Nummulites, etc. ; 8° calcaires à Nummulites ; 9° schistes noirs d'une épaisseur inconnue [1]. Ces assises souvent redressées, constituent des collines de 100 mètres de hauteur et davantage, et les observations faites du cap Monze jusqu'à l'ouest de Larkhana, à 200 milles vers le N., ont démontré leur continuité dans toute cette étendue. Les lits à ossements paraissent représenter l'horizon des grès et des marnes fossilifères des monts Sewalik [2]. Les couches avec coquilles marines placées dessous sont probablement parallèles à celles que nous venons de voir dans la province de Cutch reposer également sur des calcaires à Nummulites. Enfin le tout aurait pour base des roches de la formation jurassique, à peu près aussi comme dans ce dernier pays. Nous verrons cette coupe se représenter d'ailleurs sur d'autres points, de manière à permettre de la regarder comme exprimant le type général des dépôts tertiaires d'une grande partie de l'Inde.

M. Vicary, en parcourant en divers sens l'espace compris entre la chaîne d'Hala et l'Indus, a décrit les affleurements des couches nummulitiques qu'il y a observées. Les montagnes qui s'élèvent derrière la ville de Peeth, à 500 mètres environ au-dessus de la mer, sont presque entièrement formées de calcaires nummulitiques, plongeant de 30° à l'E. La roche est dure, compacte, sub-cristalline, et ses fossiles sont mal

---

1. N. Vicary, *Quart. Journ. geol. Soc. of London*, n° 12, p. 334, vol. III, nov. 1847.
2. Voyez, pour les caractères et la faune de ces montagnes, *Histoire des progrès de la Géologie*, vol. II, p. 970. 1849.

conservés. La chaîne couronnée de pics isolés s'élève graduellement vers le N. et atteint 1200 mètres d'altitude.

La belle collection de fossiles qu'a rapportée le savant voyageur, nous a permis de juger de l'importance des assises nummulitiques de ce pays et de reconnaître que celles de Cutch n'en sont que le prolongement méridional. Les roches nummulitiques des environs d'Hala et d'Hyderabad sont des calcaires marneux ou sableux, d'un jaune assez vif et extrêmement riches en corps organisés. Ces derniers paraissent se rapprocher davantage de la faune nummulitique de l'ouest de l'Europe que ceux du Pendjab et du district de Subathoo, et nous citerons parmi les espèces communes à ces deux points si éloignés de la zone : *Ceratotrochus exaratus*, *Trochocyathus cyclolitoides*, *T. Van-den-Heckei*, *Stylophora contorta*, *Trochosmilia corniculum*, *T. multisinuosa*, *Stylocœnia emarciata*, *S. Vicaryi*, *Phyllocœnia irradians*, *Siderastrœa funesta*, *Cycloseris Perezi*, *Nummulites exponens*, *N. granulosa*, *N. scabra*, *N. Ramondi*, *N. biarilzensis*, *Operculina ammonea*, *O. canalifera*, *Alveolina elliptica*, *Echinolampas subsimilis*, *Cœlopleurus coronalis*, *Schizaster beloutchistanensis*, *S. Newboldi*, *Pholadomya Puschii*, *Mytilus lithophagus*, *Ostrea multicostata*, *O. vesicularis* var., *O. orbicularis*, *Voluta cythara*, *Strombus Fortisii*, *Terebra Vulcani*, *Siliquaria anguina*, *Trochus Benettiæ*, **T.** *agglutinans*, *Neritina conoidea*. Les crustacés cancériens sont dans des calcaires plus compactes, rosâtres ou blanchâtres, remplis de *Nummulites Ramondi* et que nous supposons inférieurs aux précédents.

Non-seulement les espèces et les individus sont extrêmement nombreux dans les calcaires, mais encore les diverses classes d'animaux, depuis les crustacés jusqu'aux polypiers, y présentent des types très-variés. Peu de gisements du même âge en Europe pourraient rivaliser avec celui de cette rive droite de l'Indus, où les mollusques acéphales et surtout les gastéropodes et les radiaires échinodermes ont pris un développement si remarquable.

Béloutchistan. Une partie des montagnes du Béloutchistan, situées au nord-ouest de celles dont nous venons de parler, ont aussi été étudiées par M. Vicary [1]. Il a parcouru un espace de 90 milles de l'E. à l'O. de Goojeroo à Shahpoor et de 50 milles du S. au N., depuis la chaîne de grès qui borde le désert jusqu'aux montagnes de Murray. Les séries de collines et les vallées qui l'occupent sont dirigées presque E.-O., et le plongement général des couches est au S. On y compte sept chaînons parallèles dont la hauteur augmente graduellement, depuis les basses collines de grès qui limitent le désert jusqu'aux monts Murray. La coupe ci-jointe, qui est une reproduction de celle de l'auteur, peut donner une idée de cette disposition.

1. *Quart. Journ. geol. Soc. of London*, vol II, p. 260. 1846.

FIG. 1. — COUPE DES MONTAGNES DE MURRAY AU DÉSERT.

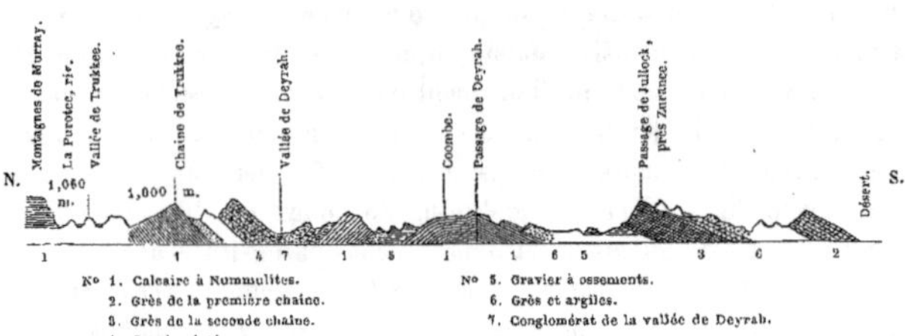

Nᵒ 1. Calcaire à Nummulites.
2. Grès de la première chaîne.
3. Grès de la seconde chaîne.
4. Conglomérat.

Nᵒ 5. Gravier à ossements.
6. Grès et argiles.
7. Conglomérat de la vallée de Deyrah.

Les grès de la première chaîne ne diffèrent pas sensiblement de ceux de la seconde qui se prolongent aussi à l'E. Les passages de Jullock, de Gundava, etc., y sont ouverts, et à l'O. près de Shahpoor, ils touchent accidentellement la première chaîne calcaire. Ooch est regardé par M. Vicary comme le point où s'est produit l'effort principal des agents souterrains. C'est une vallée d'un demi-mille de large sur deux et demi de long, dont les strates plongent de toutes parts, en dehors, sous un angle de 15°, et présentent leurs tranches à l'intérieur, sur une hauteur de 60 mètres. La surface du sol est couverte de fragments de calcaires nummulitiques, de petits cailloux de quartz, de grès des environs et de gravier plus récent rempli de Nummulites et de coquilles roulées. Sous les grès précédents vient une argile traversée par des veines de gypse, mais dépourvue de fossiles ainsi que les grès. La plus grande élévation de cette seconde chaîne, au-dessus du passage de Jullock, n'est que de 122 mètres, et au N., après avoir encore traversé plusieurs bandes de grès et de conglomérats souvent nummulitiques qui les recouvrent, on arrive au calcaire à Nummulites proprement dit. Celui-ci est surmonté tantôt par le grès lui-même, tantôt par les conglomérats formés à ses dépens, et dont l'épaisseur atteint plusieurs centaines de pieds comme à Trukkee.

Les calcaires sont ordinairement d'un bleu très-foncé, passant quelquefois au gris ou au jaune pâle, comme à Doza-Khooshtee, où ils deviennent sablonneux. Parfois ils tendent à prendre une structure schistoïde et contiennent peu de foraminifères. Des crustacés cancériens sont fréquents dans la partie inférieure, comme on vient de le voir dans la chaîne d'Hala. L'auteur suppose que ces roches doivent leurs teintes, leur dureté et leur sonorité à l'influence d'une haute température qui en aurait fait disparaître les débris organiques. La puissance des calcaires est très-considérable, et ils constituent toutes les hautes chaînes de cette partie du Béloutchistan. Quatre de ces chaînes, composées des mêmes roches, courent E.-O. La plus septentrionale qu'ait visitée M. Vicary, celle de Murray, atteint environ 1060 mètres d'altitude. La grande quantité de Nummulites et d'autres fossiles qu'on y trouve permet d'établir facilement la relation des diverses couches. Les collines rocheuses qui portent Roree et Sukken sont des affleurements des mêmes calcaires caractérisés aussi par les mêmes fossiles, mais dont la teinte rappelle les calcaires sablonneux de Doza-Khooshtee. Le soulèvement de ces assises a produit de nombreux et profonds défilés, dirigés N.-S. ou perpendiculairement à la direction des chaînes. Celle de Trukkee est la plus remarquable par les accidents de ce genre.

Ces calcaires nummulitiques occupent une très-grande étendue de pays ; ils existent aux environs de Tukht-i-Solyman, et sont employés dans les constructions de Cantuel. A Nune, ils plongent de 20° au S., sous les conglomérats et les grès. Au passage qui conduit à la vallée de Deyrah, on remarque une faille de 100 mètres, au-delà de laquelle les couches sont presque horizontales jusqu'à Coombe, situé à 640 mètres au-dessus de la mer. Après ce village les calcaires plongent au N., puis ils disparaissent sous les collines de grès remplis d'ossements et de bois fossiles. Ils se montrent de nouveau pour former le bord méridional de la vallée de Deyrah, s'enfoncent sous les conglomérats, puis s'élèvent encore et constituent la chaîne de Trukkee où ils atteignent une élévation de 1000 mètres. Le plongement est au S., variant de 45° à 60°, et les assises représentent une muraille ou sorte de fortification naturelle, d'une grande hauteur, découpée, de distance en distance, par des fentes profondes. M. Vicary a suivi cet escarpement constamment abrupt, sur une longueur de 70 milles. Quant à la vallée de Deyrah, elle serait le résultat d'un enfoncement.

De ce point à la chaîne de Murray les couches sont très-tourmentées, et cette dernière chaîne est elle-même composée de calcaires à Nummulites. La stratification en est presque horizontale, et les strates qui offrent au S. un escarpement à pic, sont à un niveau plus élevé que tous ceux que l'on rencontre jusqu'au désert. La variété jaune de ces calcaires renferme souvent des nodules ramifiés ou des masses tabulaires de silex ressemblant à des tiges d'Algues ou d'Éponges, surtout à Doza-Khooshtee et à Trukkee, et dans la chaîne qui porte ce dernier nom il existe des marbres qui pourraient être employés pour la statuaire.

Les fossiles recueillis dans les calcaires à Nummulites du Béloutchistan établissent suffisamment leur identité ou leur parallélisme avec ceux de la chaîne d'Hala et de Cutch. Ce sont particulièrement : *Orbitoides ephippium*, *O. dispansus*, *Nummulites scabra*, *Alveolina elliptica*, *Cidaris serrata*, *Schizaster beloutchistanensis*, *S. obliquatus*, *Brissus elongatus*, *Cardium ambiguum*, *Ostrea callifera*, *Globulus obtusus*, *Cyprœa depressa*, *Turbinellus bulbiformis*, etc. Dans cette partie méridionale de l'Asie, la formation à laquelle ces calcaires appartiennent n'a donc pas un développement moindre que celui qu'on leur connaît dans la partie orientale et dans le midi de l'Europe. On peut remarquer en outre que les grès et les conglomérats qui ont participé aux mêmes dislocations que les calcaires, représentent aussi les grès rouges, les argiles gypseuses et les marnes du Taurus et de l'Asie mineure, comme les calcaires à Fucoïdes, le macigno et le flysch des Apennins et des Alpes.

DEUXIÈME RÉGION.

Pendjab. La coupe ci-jointe, établie sur les données fournies par M. le docteur A. Fleming, indique la composition de la chaîne dirigée O.-N.-O. à E.-S.-E., et désignée sous le nom de Montagne de Sel (*Salt range*). Elle court depuis Jelalpoor à l'E. presque jusqu'à l'Indus, se continuant au delà pour se rattacher aux monts Solyman et à leurs ramifications.

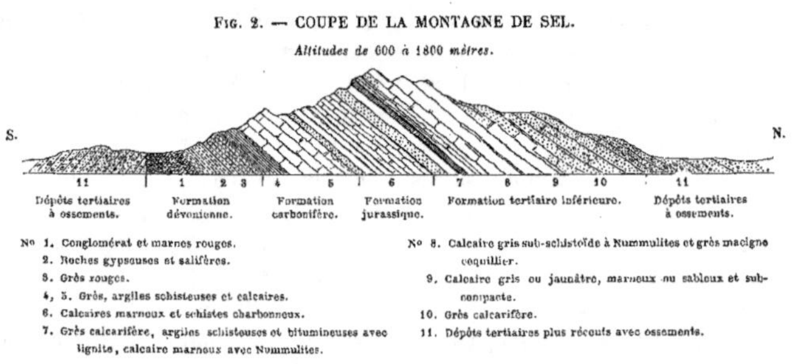

FIG. 2. — COUPE DE LA MONTAGNE DE SEL.

Altitudes de 600 à 1800 mètres.

Nº 1. Conglomérat et marnes rouges.
2. Roches gypseuses et salifères.
3. Grès rouges.
4, 5. Grès, argiles schisteuses et calcaires.
6. Calcaires marneux et schistes charbonneux.
7. Grès calcarifère, argiles schisteuses et bitumineuses avec lignite, calcaire marneux avec Nummulites.

Nº 8. Calcaire gris sub-schistoïde à Nummulites et grès macigno coquillier.
9. Calcaire gris ou jaunâtre, marneux ou sableux et sub-compacte.
10. Grès calcarifère.
11. Dépôts tertiaires plus récents avec ossements.

Toutes les roches semblent plonger au N. et être concordantes, quoique nous n'ayons aucune certitude à cet égard, et les plus anciennes qui viennent affleurer au S., en paraissant sortir de dessous les dépôts tertiaires à ossements, sont des roches salifères de la période dévonienne. Elles sont recouvertes par des calcaires, des grès et des schistes remplis de Productus, de Spirifers, de Bellérophes et d'autres genres de coquilles dont les espèces sont essentiellement carbonifères. Au-dessus viennent des calcaires marneux gris-jaunâtre qui, aux environs de Kalibag, renferment l'*Ammonites opis,* J. de C. Sow, et une Bélemnite nouvelle, claviforme, qui semblent l'une et l'autre annoncer le groupe moyen de la formation jurassique.

La formation tertiaire inférieure qui leur succède immédiatement et dont les roches donnent à cette chaîne et à celle de Solyman leur principal caractère orographique, se compose d'alternances de calcaire, de grès, de marnes et de dépôts charbonneux subordonnés vers la base de la série [1]. Sous les argiles schisteuses qui accompagnent ceux-ci, on trouve un grès calcarifère, jaune clair, poreux, sans fossiles, un calcaire compacte gris à cassure conchoïde, un calcaire gris, marneux, sub-compacte, qui, près de Kalibag, a présenté une Lunulite, une Clavagelle? un fragment d'Echi-

---

[1]. Nous avons fait les descriptions pétrographiques et stratigraphiques suivantes, d'après les échantillons recueillis par MM. Fleming, Vicary, Thomson et Hooker.

nolampe et un individu du *Conoclypus Flemingi*, les seuls restes d'échinodermes que nous ayons observés parmi les nombreux échantillons de cette localité dans laquelle on remarque également des calcaires gris sub-compactes avec *Nummulites granulosa, Ramondi?* et une Operculine qui paraît se retrouver aux environs de Vérone.

Le sommet de la Montagne de Sel est formé d'une sorte de grès ou macigno grisâtre, à ciment calcaire, peu solide, rempli de coquilles complétement spathifiées (Crassatelles, Tellines, Cythérées, Natices, Néritines, Mélanies, Pleurotomes, Rostellaires, Fuseaux, Tarières, Volutes, Cônes). Plusieurs de ces coquilles paraissent être identiques avec des espèces du calcaire grossier du bassin de la Seine. Les Nummulites manquent dans cette assise, mais elles abondent dans un calcaire gris, sub-schistoïde placé dessous. Ce sont les *N. granulosa* et *Ramondi*, déjà citées et accompagnées d'*Orbitoides dispansus*. Dans certains lits une autre espèce de ce genre (*O. Pratti?*) constitue la roche presqu'à elle seule. Au-dessus du grès ou macigno coquillier, viennent des calcaires gris, marneux ou sableux, sub-compactes, remplis de moules d'un *Cardium*, voisin du *C. porulosum* et d'autres bivalves, puis de Natices, Néritines, Phasianelles, Tarières, Cônes, etc. La *Nummulites biaritzensis* paraît appartenir à ces assises.

Les plus élevées du système sont représentées par des calcaires gris jaunâtre, subcompactes, à cassure inégale, avec des moules de Rostellaires et d'autres coquilles. Ces roches, les dernières de la série, près de Noorpoor, passent à un calcaire compacte gris de fumée, à cassure esquilleuse, dont les fentes ont été remplies par du calcaire spathique. On y trouve une grande Lucine qui rappelle la *L. corbarica* Leym. Dans le voisinage de la ville, un banc de calcaire blanc plus ou moins solide, quelquefois terreux et tachant comme la craie, ou bien grisâtre et pénétré de fer hydraté en très-petits grains, est pétri d'*Alveolina melo* d'Orb. (*A. subpyrenaica*, var. *globosa* Leym.).

Les polypiers, les crustacés très-répandus dans la première région, manquent jusqu'à présent dans celle-ci, et les échinodermes, comme les bryozoaires, paraissent y être très-rares.

Toutes ces formations qui seraient concordantes entre elles comme avec les roches paléozoïques qui les supportent, plongent sous des couches tertiaires à ossements, plus récentes, et probablement du même âge que celles que nous avons vues occuper la même position relative dans la chaîne d'Hala. Ces couches représenteraient aussi sur ce point les dépôts des collines Sewalik et ceux que nous avons dit recouvrir sans intermédiaire, au sud de cette coupe, les équivalents du vieux grès rouge.

Quoique peu élevée, la chaîne de la Montagne de Sel peut être considérée, suivant M. Fleming, comme la plus méridionale que présentent, dans cette région, les chaînons parallèles au grand Himalaya qui, dans quelques parties, telle que la province de Cachemire, montrent une structure et une composition analogues [1]. Toutes les

---

1. Sir R. I. Murchison, *Address to the r. geograph. Soc. of London*, p. 55. 1852.

coupes faites par le savant voyageur, en dehors des chaînes salifères, l'ont aussi convaincu que les dépôts tertiaires à ossements qui constituent des ondulations et des plaines dans le bassin inférieur de l'Indus, comme dans le Thibet, au N.-E. et sur les bords du Setledge et du Jelum, sont en stratification concordante avec les couches nummulitiques. Les sables et les grès à ossements sont redressés et verticaux sur plusieurs points, entre autres à Jelalpoor, sur le Jelum et le long du flanc septentrional de la chaîne salifère qui s'étend de là vers Peshawer, comme aussi dans les chaînons parallèles qui sont au N. et appartiennent aux premiers gradins du grand escarpement de l'Himalaya. Nous allons retrouver ces mêmes relations au S.-E., où le même redressement s'est produit, et où l'inclinaison des strates les plus récents, diminue à mesure qu'on s'éloigne des montagnes pour s'avancer dans les plaines situées au S. et au S.-O.

TROISIÈME RÉGION.

La géologie du district de Subathoo, situé au pied de l'Himalaya et au S.-E. de la région précédente, peut se résumer dans la coupe ci-jointe dont M. Vicary a fourni les données. Au S., la plaine d'Umballa est occupée par un dépôt quaternaire, composé de blocs, de cailloux roulés, de sable et d'argile, sous lequel s'élève la chaîne des collines Sewalik. Celle-ci est formée comme partout de grès, de conglomérats, de sables et d'argiles caractérisés par les débris de cette faune qu'ont illustrée les travaux de MM. Falconer et Cautley [1]. Les couches qui plongent au N.-E, ou vers la chaîne principale, après avoir atteint une altitude d'environ 410 mètres, disparaissent bientôt sous les dépôts de transport de la vallée de Pinjore, analogues aux précédents. La chaîne des collines Sewalik accompagne, comme on sait, le pied de l'Himalaya, à une distance qui varie de 3 à 12 milles. Les vallées qui les

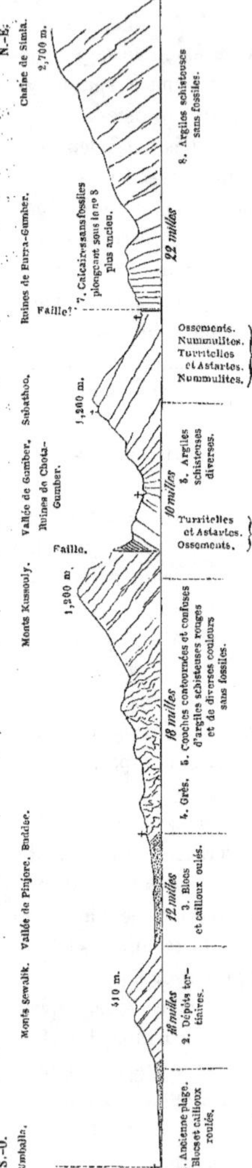

---

1. Voyez sur ce sujet, *Histoire des progrès de la Géologie*, vol. II, p. 973. 1849.

séparent de cette chaîne, appelées *Rinjore, Dhoon,* etc., sont remplies, jusqu'à une grande profondeur, de graviers et de blocs qui s'étendent sur les couches inclinées des collines tertiaires, de manière à rendre fort difficile l'examen de la relation de celles-ci avec les roches de l'Himalaya, contre lesquelles elles s'appuient et vers lesquelles elles plongent. On doit supposer qu'à la limite des deux systèmes de montagnes une immense faille se trouve masquée sous ces amas détritiques.

De Buddee à la crête des montagnes de Kussouly, élevée de 1200 mètres, se montrent d'abord des grès, puis une série de couches contournées, d'argiles schisteuses, rouges et de diverses couleurs, sans fossiles, dont la stratification et l'inclinaison n'ont pu être rigoureusement déterminées, par suite d'une végétation très-dense qui recouvre la surface du pays. Sur le versant N.-E. de cette seconde chaîne, dont les strates semblent aussi plonger au N.-E., on arrive brusquement à des couches à ossements de grands vertébrés, très-redressées, plongeant en sens inverse, et dont la position anormale serait due à une faille postérieure au soulèvement de la vallée de Gumber. Au-dessous sont des marnes à Astartes et à Turritelles, concordantes avec les précédentes, et le fond de la vallée serait occupé par des argiles schisteuses de diverses sortes.

Lorsqu'on se dirige des ruines de Chota-Gumber vers les hauteurs de Subathoo, on voit affleurer d'abord des roches argileuses noires avec *Nummulites spira, Beaumonti* et *Lucasana,* var. *c.,* puis un psammite brunâtre, très-argileux, à grain fin, non effervescent, rappelant tout à fait l'aspect de certaines grauwackes. On y trouve des empreintes de *Cardium* et de quelques autres bivalves, mais point de Nummulites. Un second psammite gris verdâtre, également à grain très-fin et non effervescent, qui paraît se lier au précédent, en renferme au contraire beaucoup (*N. Beaumonti?*) Au-dessus viennent des marnes gris-noirâtre, douces au toucher, sub-schistoïdes, rappelant les argiles schisteuses du terrain houillier, et dans lesquelles abondent les Cythérées, les Astartes, les Vénéricardes, les Buccardes, les Nucules, presque toujours à l'état de moules ou d'empreintes, ainsi que les Natices, les Turritelles, les Fuseaux, les Ancillaires, les Cônes, etc. Cette assise correspond à celle de l'autre côté de la vallée, et elle est surmontée par de nouveaux bancs avec Nummulites, puis par les dépôts à ossements sur lesquels est bâtie la ville de Subathoo, et qui atteignent, comme la chaîne de Kussouly, une altitude de 1200 mètres. Sur le revers de la montagne de Subathoo, aux ruines de Burra-Gumber, une seconde faille met les assises dont nous venons de parler, en contact avec une série de calcaires sans fossiles, très-redressés, plongeant sous les argiles schisteuses, également sans fossiles, de la chaîne de Simla, et auxquelles succèdent les roches cristallines du pied de l'Himalaya.

Quoique nous ayons pu examiner une très-grande quantité d'échantillons des fossiles provenant des marnes schistoïdes gris noirâtre, nous n'y avons reconnu ni polypiers, ni bryozoaires, ni échinodermes, ni crustacés. Presque toutes les coquilles, dont les individus sont fort nombreux. mais les espèces et les genres peu variés, diffèrent de celles des bords de l'Indus, de sorte que par leurs caractères pétrographiques comme par ceux des corps organisés qu'ils renferment, les dépôts tertiaires inférieurs de Subathoo se distinguent complétement de ceux du Pendjab, du Sinde, du Béloutchistan et de Cutch.

Les grès, les sables et les conglomérats à ossements de grands mammifères de Subathoo reposent à stratification parfaitement concordante sur les couches nummu-litiques, aussi les assises marines et celles d'origine aérienne, torrentielle ou d'eau douce, toujours liées, ne forment-elles qu'un même système d'ondulations. Ces dépôts à ossements sont plus anciens que ceux des collines Sewalik, où Falconer a trouvé des coquilles d'eau douce, et M. Vicary a recueilli, plus au nord-ouest, des coquilles terrestres dans des sables qui en font partie. D'accord avec tous les voyageurs qui ont parcouru le pays, sir R. Murchison pense qu'un seul soulèvement brusque, sur une immense échelle, a relevé à la fois tous les dépôts tertiaires inférieurs, moyens et supérieurs.

M. R. Owen, qui a étudié les ossements des couches immédiatement superposées aux roches nummulitiques, et dont les observations nous ont été transmises par sir R. Murchison, y a reconnu les genres *Elephas, Equus, Bos* et *Cervus* ou grande Anti-lope, les trois derniers genres comprenant au moins quatre espèces. Il y a en outre un carnivore voisin de l'*Hyænaretus* et un Crocodile. Ces divers animaux, surtout le proboscidien, l'*Equus* et l'*Hyænaretus*, devaient se rapprocher beaucoup par leurs for-mes des espèces propres aux dépôts des collines Sewalik ou sous-himalayennes On a trouvé aux environs de Subathoo des débris de dent d'un éléphant mastodontoïde, probablement identique avec une des espèces décrites par MM. Falconer et Cautley, et qui appartiendrait à la période tertiaire moyenne. D'autres restes d'Éléphant et une petite espèce d'*Equus* ont été recueillis près d'Allea-Bukhun, et quelques fragments de ruminants de la vallée de Gumber, pourraient se rapporter à des espèces des collines Sewalik, mais l'identification est restée douteuse à cause du mauvais état des échan-tillons. En résumé, le célèbre zoologiste anglais reconnaît une très-grande analogie entre les ossements fossiles qu'a recueillis M. Vicary dans les couches superposées aux dépôts nummulitiques et ceux provenant des collines Sewalik proprement dites. Les uns et les autres appartiendraient à la période tertiaire moyenne, malgré la concordance parfaite, et peut-être même la liaison des roches qui les renferment avec les strates à Nummulites de Subathoo, dont elles suivent partout l'allure et les inclinaisons; conclusion qui s'applique également au Pendjab et aux autres parties des pentes de l'Himalaya.

QUATRIÈME RÉGION.

Un calcaire gris bleuâtre, compacte, pétri d'*Alveolina melo,* associées à une Num-mulite qui paraît être la *N. Ramondi*, a été observé en place par le docteur Thomson,

dans la chaîne même de l'Himalaya, au passage et au col de Singhe-La, lorsqu'il se
rendait de Zanskar à la vallée de l'Indus. Ce point est à une altitude de 4875 mètres,
c'est-à-dire un peu plus haut que le sommet du Mont-Blanc. La présence des Nummulites à cette grande élévation confirme M. R. Strachey dans l'opinion que le soulèvement de cette vaste région, y compris tout le plateau tertiaire situé au delà de la
chaîne, a eu lieu, depuis le niveau de la mer jusqu'à sa position actuelle, dans la dernière période géologique. Tout le système de l'Himalaya lui présente, dans sa structure
générale, un caractère d'unité tellement prononcé, qu'il ne peut s'en rendre compte
que par un mouvement de toute la masse à la fois.

On a déjà dit [1] qu'à environ 10 degrés à l'est du point dont nous venons de parler,
à peu près sous le méridien de Calcutta, Deluc avait fait connaître, il y a cinquante
ans, la présence des Nummulites dans les montagnes de Laour, au pays de Silhet,
et que leur comparaison avec celles de l'ouest de l'Europe, lui avait suggéré l'idée de
leur contemporanéité. Un calcaire gris rosâtre, clair, très-tenace, provenant de cette
même localité, nous a offert les *N. Beaumonti, Lucasana?* et *spira?* Plus récemment,
M. Mac Clelland [2] a rencontré, à la base des monts Khossya, des calcaires à Nummulites, puis, en montant le Cherra-Poonji, une puissante assise de grès. A environ
500 mètres d'altitude, se montrent des traces d'ancien rivage et un banc de coquilles
(Peignes, Buccardes, Huîtres, Térébratules et Mélanies), dont les analogues ne vivent
plus dans le golfe du Bengale, et n'existent pas non plus dans les strates secondaires
du versant nord de l'Himalaya. Sur à peu près 100 espèces de coquilles provenant de
cette localité et comparées avec un même nombre des dépôts tertiaires inférieurs du
bassin de la Seine, l'auteur en aurait reconnu 20, communes aux deux pays. La
seconde partie abrupte de la chaîne est formée de grès avec des empreintes de coquilles
et d'Alcyons rameux, et au-dessus, par un calcaire compacte avec *Trochus, Modiola,*
Pileolus plicatus, Cerithium, etc., que recouvre un banc de charbon, de 7 à 10 mètres
d'épaisseur, rempli de débris de plantes dicotylédones. Le banc coquillier précédent
reparaît sur le versant opposé de la chaîne, et lorsqu'on traverse cette dernière vers
le centre du groupe qu'elle constitue, on voit de nouveau les grès qui supportent les
calcaires et le charbon, à Cherra-Poonji, occuper une surface horizontale de 15 à
18 milles d'étendue. Au delà, l'apparition des diorites a occasionné de nombreuses
dislocations et donné par places au grès une texture compacte et une cassure luisante.
Les calcaires nummulitiques, semblables à celui que nous avons mentionné dans
l'Himalaya, sont bleus et compactes; ils alternent avec une roche oolithique terreuse,
et paraissent reposer sur un schiste argileux ou une argile bleue, avec des grès et
des minerais de fer subordonnés, et M. Mac Clelland les regarde comme représentant
les dépôts nummulitiques du sud de l'Europe. On voit qu'il y a un certain vague
dans les rapports de plusieurs des assises que nous venons d'indiquer, et, sans

---

1. *Monogr. des Numm., antè,* p. 23.
2. *Proceed. geol. Soc. of London,* vol. II, p. 566.

doute, il existe une faille qui a changé le niveau relatif originaire des calcaires à Nummulites avec les autres bancs coquilliers.

Un calcaire gris, compacte, très-dur, pesant, peut-être un peu magnésien, à cassure inégale, recueilli par M. le docteur Hooker, précisément à Cherra-Poonji, nous a présenté les *Nummulites scabra, exponens, Beaumonti* et *Lucasana*. Cette localité est remarquable, dit aussi M. D. T. Ansted [1], par le développement des couches de charbon. Elle est située sur un plateau composé de bancs horizontaux de grès, s'élevant abruptement de 1000 à 1200 mètres au-dessus des plaines de Silhet. Les bancs de houille, d'excellente qualité, affleurent, dans les escarpements des fentes de 10 à 12 mètres de profondeur, où ils alternent avec des grès et des argiles schisteuses. L'épaisseur de ces bancs varie de 1 à 8 ou 9 mètres. La couche la plus basse est un calcaire compacte, noir bleuâtre, ou gris noirâtre, fossilifère, recouvert par quelques lits minces de calcaires sableux également foncés, auxquels succèdent des bancs minces de grès et les couches d'argile schisteuses noirâtres sur lesquelles repose la houille. A cette dernière sont superposés ordinairement quelques lits de grès friable, de sable meuble et d'argile. Tout porte à croire que les autres gisements de combustible, comme ceux de l'Assam supérieur, sont du même âge que ceux-ci, et peut-être en est-il de même de ceux de beaucoup d'autres localités du Bengale.

De son côté, M. Oldham a aussi constaté que les charbons de cette partie de l'Inde sont subordonnés à la série que caractérisent les Nummulites, et qu'ainsi le fer et la houille du district de Cherra-Poonji ou de la chaîne qui sépare l'Assam et le Bramapooter des plaines de Silhet, appartient à la formation tertiaire inférieure. On a vu que, à l'O.-N.-O., dans la province de Simla et dans le Pendjab, les couches de combustibles étaient aussi, comme en Europe, plutôt au-dessous de l'horizon des Nummulites qu'associées à celles qui renferment ces corps. « Ainsi, dit sir R. Murchison, la présence de certaines substances minérales est loin de pouvoir servir à déterminer l'âge des roches, puisque nous trouvons dans cette partie de l'Asie de véritable houille contemporaine de l'argile de Londres, et des couches salifères au-dessous du système carbonifère. »

OBSERVATIONS GÉNÉRALES.

Vers cette extrémité orientale de la formation tertiaire inférieure, telle, au moins, que nous la connaissons aujourd'hui [2], de même que sur beaucoup de points signalés au centre et à l'ouest de la zone qu'elle occupe, il y a l'indépendance la plus

1. *Facts and Suggestions concerning the economic geology of India.* Londres, 1846. — Voyez aussi, *Report of a committee for the investigation of the coal and mineral resources of India, for may,* 1845. — *Meeting of the british association at Southampton.*

2. Quelques auteurs ont cité des couches nummulitiques en Chine, dans les îles de Borneo, de Sumatra, etc.; mais nous ne savons sur quelles preuves reposent ces assertions.

complète entre ses dépôts et ceux de la formation crétacée. Ainsi, dans la province de Cutch, dans le Sinde, le Béloutchistan, le Pendjab, comme le long des pentes de l'Himalaya, les couches inférieures aux calcaires à Nummulites n'ont présenté nulle part les caractères d'un étage quelconque de la craie, tandis que partout où le *substratum* a été reconnu, il a offert ceux de dépôts charbonneux avec des argiles et des grès appartenant encore au terrain tertiaire inférieur et reposant, soit sur la formation jurassique, soit sur des roches plus anciennes dont l'âge est encore indéterminé.

En outre, dans les parties les plus méridionales de l'Inde, où l'existence de sédiments crétacés a été bien constatée, on n'a encore découvert aucune trace de Nummulites, ni d'autres fossiles propres à ce niveau. Les dépôts lacustres, très-minces, épars çà et là sur cette vaste surface que sillonnent les affluents du Godavery et de la Kistnah, et que les éruptions trappéennes subséquentes ont si profondément bouleversés, en seraient peut-être les seuls représentants, mais la détermination exacte de leur âge laisse encore beaucoup d'incertitude [1].

Si enfin nous considérons comme un tout et faisant partie de la même formation, les couches à coquilles marines qui recouvrent les assises nummulitiques proprement dites, nous verrons cet ensemble de strates tertiaires inférieurs, presque partout surmonté de dépôts d'eau douce, d'origine lacustre, torrentielle ou aérienne, caractérisés par une, ou peut-être par plusieurs faunes d'animaux vertébrés très-remarquables, et dont le parallélisme avec ceux de l'ouest de l'Europe n'est pas non plus très-rigoureusement prouvé, mais que tout porte à regarder comme représentant la période tertiaire moyenne. On a insisté d'ailleurs, à plusieurs reprises, sur ce qu'aucune discordance appréciable n'avait été reconnue entre les deux formations tertiaires d'origine si différentes, partout où leur superposition avait pu être observée.

1. Voyez, à ce sujet, *Histoire des progrès de la Géologie*, vol. II, p. 984. 1849.

DESCRIPTION DES ESPÈCES

CLASSE DES RHIZOPODES
(FORAMINIFÈRES)

Genre NUMMULITES.

NUMMULITES LYELLI, d'Arch. et J. Haime[1].

Var. b. Monogr. des Numm., p. 96, pl. ii, fig. 40, *a, b*.

Sinde. — Peut-être l'étude d'un certain nombre d'individus permettra-t-elle de séparer cette variété de la *N. Lyelli* pour en faire une espèce distincte.

NUMMULITES SUBLÆVIGATA, d'Arch. et J. Haime.

Monogr. des Numm., p. 106, pl. iv, fig. 8, *a, b*.

Chaîne d'Hala, Sinde, très-abondante.

NUMMULITES SCABRA, Lam.

Monogr. des Numm., p. 107, pl. iv, fig. 9-12.

Très-commune dans les calcaires jaunes de la chaîne d'Hala, dans le Béloutchistan, la province de Cutch et à Cherra-Poonji, dans les monts Khossya (province de Silhet).

NUMMULITES OBTUSA, J. de C. Sow.

Monogr. des Numm., p. 122, pl. vi, fig. 13, *a, b, c*.

Très-répandue dans les calcaires de la province de Cutch, de la chaîne d'Hala ou d'Hyderabad; plus à l'E. dans la province de Silhet, et à l'O. aux environs de Maskate, à l'entrée du golfe Persique.

NUMMULITES LUCASANA, Defr.

Monogr. des Numm., p. 124, pl. vii, fig. 5, *a, b, c* et 10, *a*.

Le type de l'espèce paraît se trouver dans les calcaires gris compactes de Cherra-Poonji et les calcaires gris-blanchâtres des montagnes de Laour, près de Silhet; la variété *c* provient des marnes noirâtres de Subathoo.

---

[1]. Nous nous bornons à rappeler ici les Nummulites décrites et figurées dans la *Monographie* placée en tête de cet ouvrage.

NUMMULITES RAMONDI, Defr.

Monogr. des Numm., p. 128, pl. vii, fig. 13, *a, b, c, d.*

Chaîne d'Hala (Sinde); environs de Keurah (Pendjab)? au passage de Singhe-La, sur la route de Zanskar à la vallée de l'Indus, à 4875 mètres d'altitude.

NUMMULITES BIARITZENSIS, d'Arch.

Monogr. des Numm., p. 131, pl. viii, fig. 4, *a, b, c, d, e.*

Montagne de Sel (Pendjab). L'état des échantillons permet quelques doutes sur la présence de cette espèce qui peut être facilement confondue avec la suivante.

NUMMULITES BEAUMONTI, d'Arch. et J. Haime.

Monogr. des Numm., p. 133, pl. viii, fig. 1, *a, b, c, d, e,* 2, 3.

Psammites verdâtres, marnes noires de Subathoo; Cherra-Poonji (Bengale oriental), et montagnes de Laour, près de Silhet.

NUMMULITES VICARYI, d'Arch. et J. Haime.

Monogr. des Numm., p. 139, pl. ix, fig. 1, *a, b, c.*

Chaîne d'Hala; rare.

NUMMULITES EXPONENS, J. de C. Sow.

Monogr. des Numm., p. 148, pl. x, fig. 1-10.

Province de Cachemire; chaîne d'Hala (Sinde); province de Cutch; montagne de Laour, près Silhet, et de Cherra-Poonji (Bengale oriental); très-commune partout.

NUMMULITES GRANULOSA, d'Arch.

Monogr. des Numm., p. 151, pl. x, fig. 11-19.

Chaîne d'Hala, très-rare; Kalibag (Pendjab.)

NUMMULITES SPIRA, de Roissy.

Monogr. des Numm., p. 155, pl. xi, fig. 1-5.

Calcaires jaunes de la chaîne d'Hala? marnes noires de Subathoo.

Genre OPERCULINA.

OPERCULINA CANALIFERA, d'Arch.

Pl. XII, fig. 1, *a*, *b*, *c*.

Operculina canalifera, d'Archiac, *Histoire des progrès de la Géologie*, vol. III, p. 245. 1850.

Coquille assez épaisse, solide, à bord arrondi et relevé, composée de trois tours flexueux, croissant rapidement, plus ou moins excavés, en forme de gouttière, très-évasés vers leur bord interne et couverts de plis falciformes portant des granulations bien prononcées, inégales et équidistantes sur le bord externe, de manière à tracer par leur relief le contour de la spire. (Ce caractère a été omis dans les figures que nous donnons.) Diamètre, 10 à 12 millim., épaisseur, 1 1/2.

Observations. Cette espèce, imparfaitement connue, parce que l'état des échantillons ne nous a pas permis d'en examiner l'intérieur, offre des caractères intermédiaires entre les *O. ammonea* et *granulosa* Leym. Peut-être lorsque toutes trois auront été mieux étudiées, sera-t-il nécessaire de les réunir en une seule.

Localités. Calcaire jaune de la chaîne d'Hala, où elle est commune. — Les Corbières.

Genre ALVEOLINA.

ALVEOLINA OVOIDEA, Alc. d'Orb.

.... Deluc, *Journ. de phys.*, vol. LIV, p. 173, pl. i, fig. 11, 12. 1802.
Alveolina ovoidea.... Alc. d'Orbigny, *Tableau méthod.*, etc. *Ann. des sc. d'hist. nat.*, p. 140. Janv. 1826.
Fasciolites elliptica, J. de C. Sow., *Transact. geol. Soc. of London*, vol. V, pl. xxiv, fig. 17, 17, *a*. 1840.
Alveolina elliptica... d'Archiac, *Histoire des progrès de la Géologie*, vol. III, p. 245. 1850.

Province de Cutch, chaîne d'Hala, montagnes de Laour, province de Silhet. — En Europe, cette Alvéoline paraît avoir son analogue dans les calcaires compactes blanchâtres des environs de Malaga.

ALVEOLINA MELO, Alc. d'Orb.

Nautilus melo......... Fichtel et Moll, *Testacea microscopica*, p. 118, pl. xxiv, fig. *a*, *f*. 1802.
Alveolina melo....... Alc. d'Orbigny, *Tableau méthod.*, etc., *Ann. des sc. d'hist. nat.*, vol. i, p. 140. Janv. 1826.
   —   subpyrenaica, var. *globosa* Leymerie, *Mém. de la Soc. géol. de France*, 2ᵉ série, p. 360, pl. xiii, fig. 10, *a*, *b*, *c*. 1846.

Cette Alvéoline est extrêmement abondante dans les calcaires blancs crayeux de la chaîne de la Montagne de Sel (Pendjab). — En Europe, elle n'est pas rare dans les couches du même âge, dans les Pyrénées, les Corbières, la Montagne-Noire, en Autriche et en Transylvanie.

CLASSE DES POLYPES

ORDRE DES ZOANTHAIRES

FAMILLE DES TURBINOLIDES (TURBINOLIDÆ)

Ire SOUS-FAMILLE : TROCHOCYATHINÆ [1]

GENRE **TROCHOCYATHUS**.

TROCHOCYATHUS BURNESI, J. Haime.

Pl. XII, fig. 2, *a*, *b*, *c*.

TROCHOCYATHUS BURNESI, Jules Haime, *in* d'Archiac, *Hist. des progr. de la Géol.*, t. III, p. 226. 1850.

Polypier très-court, sub-cyclolitoïde, circulaire; surface inférieure très-légèrement convexe, présentant dans son milieu une faible saillie pédicellaire creusée d'une petite fossette ronde. Côtes droites, toutes bien distinctes; les primaires et les secondaires égales et un peu saillantes; les autres peu différentes entre elles, très-serrées et finement granulées, presque planes. Calice relativement profond et largement excavé dans le milieu. 5 cycles complets; cloisons droites, serrées, un peu étroites, un peu débordantes, arrondies extérieurement, assez minces; celles des 3 premiers cycles sub-égales; les autres un peu plus petites; toutes sont fortement granulées et striées près du bord. La columelle paraît être très-peu développée et enfoncée. Les palis sont courts, médiocrement larges, arrondis, à peu près de l'épaisseur des cloisons auxquelles ils correspondent, et d'autant plus grands, qu'ils sont situés devant des cloisons d'ordres plus inférieurs; ceux du pénultième cycle paraissent être bilobés; le dernier cycle en est seul privé. Diamètre, 2 centimètres; hauteur, 6 millimètres.

Localité. Chaîne d'Hala (Sinde).

Ce Trochocyathe se rapproche par sa forme générale du *T. cyclolitoïdes* [2], mais dans celui-ci les côtes sont très-peu inégales et il existe six cycles cloisonnaires; il ressemble aussi beaucoup au *T. Harveyanus* [3], qui cependant est plus turbiné et dont les systèmes cloisonnaires sont plus simples.

---

1. Voyez Jules Haime, *Mém. de la Soc. géol. de France*, 2e série, t. IV, p. 279, et pour toutes les autres divisions de cette classe, le *Tableau général de la classification des Polypes* placé en tête de la *Monographie des polypiers fossiles des terrains palæozoïques*, par MM. Milne Edwards et Jules Haime (*Archives du Muséum*, t. V. 1851).

2. Milne Edw. et J. Haime, *Ann. des sc. nat.*, 3e série, t. IX, p. 315. 1848.

3. Milne Edw. et J. Haime, *Brit. foss. Corals*, p. 65, tab. xi, fig. 4. 1850.

TROCHOCYATHUS CYCLOLITOIDES, M. Edw. et J. Haime.

TURBINOLIA CYCLOLITOIDES.... Bellardi, *in* Michelin, *Icon.*, p. 268, pl. LXI, fig. 9. 1846. (Très-mauvaise
figure.)
TROCHOCYATHUS CYCLOLITOIDES, Milne Edwards et Jules Haime, *Ann. des sc. nat.*, 3ᵉ série, t. IX, p. 315.
1848.
APLOCYATHUS CYCLOLITOIDES... Alc. d'Orbigny, *Prodr. de pal.*, t. II, p. 333. 1851.
TROCHOCYATHUS CYCLOLITOIDES, Jules Haime, *Mém. de la Soc. géol. de France*, 2ᵉ sér., t. IV, p. 280.
1853.

Polypier droit, sub-pédicellé, faiblement convexe inférieurement, de hauteur très-variable et
tantôt cyclolitoïde, tantôt sub-cylindrique, présentant près de la base quelques bourrelets d'accroissement médiocrement prononcés. Côtes simples, très-fines, très-nombreuses, très-serrées,
peu inégales, peu distinctes dans les parties basilaires du polypier. Calice circulaire ou sub-circulaire, peu profond. Columelle fasciculaire, à tigelles grêles, peu étendue. 6 cycles complets.
Cloisons un peu débordantes, serrées, très-minces, larges, inégales; les secondaires diffèrent
très-peu des primaires. Palis assez larges et minces. La hauteur habituelle de ce fossile est de 13
à 15 millimètres pour une largeur de 30 environ; mais on trouve des individus qui s'élèvent en
un cylindre de 3 ou 4 centimètres, sans que cet accroissement en hauteur soit accompagné d'un
accroissement correspondant en diamètre.

Localités. Sinde. Province de Cutch. Palarea (comté de Nice). Annot (Basses-Alpes).

M. Bellardi a le premier reconnu cette espèce et lui a donné dans sa collection le nom spécifique que nous lui conservons. M. Michelin possède des échantillons étiquetés par lui-même et
par M. Bellardi qui s'y rapportent parfaitement, mais il a figuré et décrit sous le même nom un
polypier tout à fait indéterminable.

Le *Trochocyathus cyclolitoides* se distingue aisément par ses cloisons nombreuses et par sa
forme cylindro-convexe; car on ne retrouve dans aucun autre Trochocyathe la réunion de ces
deux caractères.

M. d'Orbigny (op. cit., t. II, p. 333) place cette espèce dans son genre *Aplocyathus*, lequel est
défini « *Trochocyathus* à calice circulaire. » On sait combien les caractères tirés de la forme
générale du calice sont peu importants et peu constants; il nous serait tout à fait impossible de
décider si le calice de certains Trochocyathes se rapproche plus de la forme circulaire que de la
forme ovalaire ou elliptique, tant il existe de nuances intermédiaires dans les différentes espèces
et de variations, sous ce rapport, dans les divers individus d'une même espèce. Aussi, en se basant
sur ce caractère, M. d'Orbigny a-t-il été conduit à séparer génériquement des polypiers qui
souvent ont entre eux plus d'affinité qu'avec aucun autre de leurs congénères.

TROCHOCYATHUS? VANDENHECKEI, M. Edw. et J. Haime.

Pl. XII, fig. 3, *a*, *b*.

TURBINOLIA BILOBATA (*pars*).... Michelin, *Icon.*, p. 269, pl. LXI, fig. 7. 1846. — (Non pl. LXII, fig. 1).
TROCHOCYATHUS? BILOBATUS..... Milne Edwards et Jules Haime, *Ann. des sc. nat.*, 3ᵉ série, t. IX,
p. 331. 1848.
TROCHOCYATHUS? VANDENHECKEI, Milne Edwards et Jules Haime, *in* d'Archiac, *Hist. de la Géol.*, t. III,
p. 227. 1850. — *Pol. foss. des terr. pal.*, etc., p. 23. 1851.

—   BILOBATUS...... Alc. d'Orbigny, *Prodr. de pal.*, t. II, p. 333. 1851.
—   ? VANDEN HECKEI.. Jules Haime, *Mém. de la Soc. géol. de France*, 2ᵉ sér.,'t. IV, p. 280,
         pl. xxii, fig. 2. 1853.

Polypier un peu allongé, sub-pédicellé, comprimé et plus ou moins bilobé ; la base légèrement arquée dans le sens du petit axe du calice ; bourrelets d'accroissement faiblement marqués. Côtes droites, fines, sub-granulées, très-peu saillantes, alternativement un peu inégales, très-peu accusées dans le voisinage de la base, plus distinctes et quelquefois sub-cristiformes près du bord calicinal, au nombre de 130 à 160. Calice ayant ordinairement la forme d'un 8 ; ses axes sont dans des proportions très-variables. Cloisons minces un peu inégales. Hauteur, 3 centimètres ; grand axe du calice, près de 4.

Localités. Ce fossile se rencontre abondamment à la Palarea, près de Nice, aussi bien que dans le Sinde.

Nous avons observé un grand nombre d'échantillons provenant de ces deux régions ; mais nous n'avons jamais été assez heureux pour en trouver un seul dont le calice bien conservé montrât la columelle et les palis qui caractérisent les Trochocyathes. C'est donc avec doute que nous rapprochons de ce genre le polypier que nous venons de décrire, quoique les fortes granulations que l'on remarque sur les faces latérales des cloisons et l'absence presque certaine de traverses ne permettent guère de supposer que ce puisse être une Trochosmilie.

Il se distingue du *Trochocyathus? alpinus*[1], qui présente à peu près la même forme, par ses côtes plus nombreuses, plus fines et moins inégales, et des *T. sinuosus*[2] et *Douglasi*[3], en ce qu'il est moins allongé, que ses systèmes cloisonnaires sont inégaux et que ses cloisons sont moins nombreuses.

IIᵉ Sous-famille. TURBINOLINÆ.

Genre CERATOTROCHUS.

CERATOTROCHUS? EXARATUS, M. Edw. et J. Haime.

TURBINOLIA EXARATA......... Michelin, *Icon. Zooph.*, p. 267, pl. lxi, fig. 3. 1846.
CERATOTROCHUS? EXARATUS... Milne Edwards et Jules Haime, *Ann. des sc. nat.*, 3ᵉ sér., t. IX, p. 333.
                           1848.
—   Id...... Milne Edwards et J. Haime, *Pol. foss. des terr. pal.*, etc., p. 30
                           1851.
—   Id...... Jules Haime, *Mém. de la Soc. géol. de France*, 2ᵉ série, t. VI, p. 282
                           1852.

Polypier pédicellé, en cône allongé, un peu comprimé et à peine courbé. 24 côtes principale. également saillantes et en forme d'arêtes, distinctes presque dès la base ; les espaces compris entre ces côtes sont légèrement concaves, et l'on distingue dans chacun d'eux six petites côtes sub-égales, peu marquées. Calice sub-elliptique ; les axes sont entre eux à peu près dans le rapport de 100 : 140. La hauteur est de 5 à 6 centimètres ou même plus ; le grand axe du calice ayant 35 millimètres et le petit 25.

---

1. Jules Haime, *Mém. de la Soc. géol. de France*, 2ᵉ sér., t. IV, p. 284, pl. xxii, fig. 3. 1850.
2. *Turbinolia sinuosa*, Alex. Brongniart, *Mém. sur le Vicentin*, p. 83, pl. vi, fig. 17. 1823.
3. *Turbinolia Douglasi*, Michelotti, *Foss. des terr. mioc. de l'Ital. sept.*, p. 26, pl. i, fig. 20. 1847.

Localités. Chaîne d'Hala (Sinde). — La Palarea.

Nous plaçons provisoirement ce polypier dans le genre *Ceratotrochus*, parce qu'il ressemble plus par ses caractères extérieurs au *Ceratotrochus duodecimcostatus* [1] qu'à toute autre espèce connue. Mais ce rapprochement n'est qu'hypothétique, car nous n'avons pu observer de calice bien conservé dans aucun des individus du comté de Nice qui font partie des collections de M. Michelin et de M. Van den Hecke, non plus que dans ceux rapportés de l'Inde par M. Vicary.

GROUPE DE TRANSITION. STYLOPHORINÆ.

GENRE STYLOPHORA.

STYLOPHORA CONTORTA, J. Haime.

ASTREA CONTORTA....... Leymerie, *Mém. de la Soc. géol. de France*, 2e sér., t. I, p. 358, pl. XIII, fig. 5. 1846.
POCILLOPORA RARISTELLA, Michelin, *Icon.*, p. 276. 1846. — (Non *Astrea raristella*, Michelin, *op. cit.*, p. 63, pl. XIII, fig. 5).
ASTROCOENIA? CONTORTA. Milne Edwards et Jules Haime, *Pol. foss. des terr. pal.*, etc., p. 65. 1851.
STYLOPHORA CONTORTA.. Jules Haime, *Mém. de la Soc. géol. de France*, 2e sér., t. IV, p. 283. 1852.

Polypier en touffe rameuse; branches cylindroïdes, assez souvent coalescentes, ordinairement larges d'un centimètre; calices petits, sub-égaux, un peu oblongs dans le sens vertical, un peu inégalement serrés, mais en général assez rapprochés; les espaces qui les séparent sub-costulés. Columelle petite, ronde; 6 cloisons principales : il paraît y en avoir un égal nombre de rudimentaires. Diamètre des calices, 1 millimètre environ.

Localités. Ce polypier, qui a été découvert à Foujoncouse, dans les Corbières, par M. Leymerie, se retrouve également dans le groupe nummulitique du Sinde et du comté de Nice.

Les exemplaires que nous avons observés étaient usés et altérés; cependant ils paraissent offrir quelques caractères qui ne permettent pas de les regarder comme identiques avec la *S. raristella* [2] de la formation tertiaire moyenne de Turin et de Dax, ainsi que l'a fait M. Michelin; dans cette dernière espèce les calices sont plus inégaux, plus régulièrement circulaires, plus grands, plus espacés, et ont une bordure saillante. Quant à la *S. rugosa* [3], elle a des calices plus écartés et plus saillants.

1. *Turbinolia duodecimcostata*, Goldfuss, *Petref. Germ.*, t. I, pl. XV, fig. 6. 1826.
2. Milne Edwards et Jules Haime, *Ann. des sc. nat.*, 3e sér., t. XIII, p. 105. — *Astrea raristella*, Michelin, *Icon.*, pl. XIII, fig. 5.
3. Milne Edwards et Jules Haime, *Ann. des sc. nat.*, 3e sér., t. XIII, p. 106. — *Oculina rugosa*, d'Archiac, *Mém. de la Soc. géol. de France*, 2e sér., t. III, pl. VIII, fig. 7.

Famille ASTRÆIDÆ.

Ire Sous-famille EUSMILINÆ.

Genre **TROCHOSMILIA.**

TROCHOSMILIA CORNICULUM, M. Edw. et J. Haime.

Turbinolia corniculum...
— hemisphærica. } Michelin, *Icon.*, p. 267, pl. LXI, fig. 2 et 5. 1846.

Trochosmilia corniculum, Milne Edwards et Jules Haime, *Ann. des sc. nat.*, 3e sér., t. X, p. 240. 1848.

Lasmophyllia corniculum, Alc. d'Orbigny, *Prodr. de pal.*, t. II, p. 333. 1851.

Trochosmilia corniculum, Jules Haime, *Mém. de la Soc. géol. de France*, 2e sér., t. IV, p. 283. 1852.

Polypier droit, élevé, sub-pédicellé, conico-convexe dans sa moitié inférieure, un peu comprimé dans ses parties supérieures. Côtes droites, sub-égales, peu saillantes, mais pourtant bien marquées, en général au nombre de 72 inférieurement et chez les jeunes, mais devenant une fois plus nombreuses dans le voisinage du calice des adultes. Calices à axes inégaux et ordinairement dans le rapport 100 : 150. Cloisons serrées, un peu épaisses en dehors, un peu inégales.

Localités. Chaîne d'Hala (Sinde). — La Palarea.

Nous nous sommes assurés par l'examen d'un grand nombre d'individus qui se trouvent dans la collection de M. Michelin et dans celle de l'abbé Van den Hecke, que la *Turbinolia hemispherica* du premier de ces paléontologistes n'est que le jeune ou la partie inférieure de la *T. corniculum*. Au reste la seule inspection des figures suffirait pour s'en convaincre.

TROCHOSMILIA? MULTISINUOSA, M. Edw. et J. Haime.

Turbinolia multisinuosa........ Michelin, *Icon. Zooph.*, p. 269, pl. LXI, fig. 8. 1846.

(Trochocyathus?) multisinuosus. Milne Edwards et Jules Haime, *Ann. des sc. nat.*, 3e sér., t. IX, p. 336. 1848.

Trochosmilia? multisinuosa..... Milne Edwards et Jules Haime, *in* d'Archiac, *Hist. de la Géol.*, t. III, p. 228. 1850. — *Pol. foss. des terr. pal.*, etc., p. 46. 1851.

— Id.......... Jules Haime, *Mém. de la Soc. géol. de France*, 2e sér., t. IV, p. 284. 1852.

Polypier droit, sub-pédicellé, toujours plus large que haut, à bourrelets d'accroissement peu marqués, à côtes très-nombreuses, assez fines, très-peu saillantes, distinctes dans toute la hauteur du polypier, alternativement inégales. Calice allongé, à bords flexueux, multilobés. Cloisons très-nombreuses, alternativement inégales, assez minces. Le grand échantillon figuré par M. Michelin, lequel fait partie de la collection de M. Van den Hecke, a plus de 8 centimètres de hauteur et près de 12 de largeur; j'en ai vu d'autres presque aussi larges et moitié moins élevés.

Nous sommes encore fort indécis sur les affinités de ce polypier. Est-ce une Trochosmilie ou un Trochocyathe? Le mauvais état des échantillons ne nous a malheureusement pas permis de nous en assurer.

Localités. Chaîne d'Hala (Sinde). — La Palarea.

Genre STYLOCŒNIA.

STYLOCŒNIA EMARCIATA, M. Edw. et J. Haime.

Astroite demi-cylindrique, Guettard, *Mém. sur les sc. et les arts*, t. III, p. 480, pl. xxxi, fig. 40-42.
1770.
Astrea emarciata........ de Lamarck, *Hist. des anim. sans vert.*, t. II, p. 266. 1816.—2ᵉ éd., p. 417.
—   Id......... Lamouroux, *Encycl.* (*Zooph.*), p. 127. 1824.
—   emarciata........ ⎫ Defrance, *Dict. des sc. nat.*, t. XLII, p. 379 et 389. 1826.
—   cylindrica........ ⎭
—   stylopora......... Goldfuss, *Petref. Germ.*, t. I, p. 72, tab. 24, fig. 4. 1826.
Cellastrea emarciata.... de Blainville, *Dict. des sc. nat.*, t. LX, p. 342. 1830. —*Man. d'act.*, p. 377
et pl. liv, fig. 5 (sous le nom de *Cellastrea hystrix*).

Astrea emarciata........ ⎫
—   cylindrica........ ⎬ Michelin, *Icon.*, p. 151, 164 et 274, pl. xliv, fig. 4, 6 et 8. 1844.
—   decorata......... ⎭
Stylocœnia emarciata.... Milne Edwards et Jules Haime, *Ann. des sc. nat.*, 3ᵉ sér., t. X, p. 293,
pl. vii, fig. 2. 1849. — *Brit. foss. corals*, p. 30, tab. 5 fig. 1. 1850. —
Pol. foss. des terr. pal., etc., p. 64. 1851 (où l'on a imprimé par erreur
emaciata).

—   emarciata.... ⎫
Aplosastrea stylophora... ⎭ Alc. d'Orbigny, *Prodr. de pal.*, t. II, p. 403 et 404. 1851.
Stylocœnia emarciata.... Jules Haime, *Mém. de la Soc. géol. de France.* 2ᵉ série, t. IV, p. 285. 1852.

Polypier ovalaire, gibbeux ou sub-rameux, paraissant ordinairement complétement libre, mais ayant été fixé dans certaines circonstances; le plus souvent il a la forme d'une lame épaisse repliée sur elle-même et circonscrivant une cavité intérieure quelquefois complétement close, mais habituellement ouverte à ses deux extrémités. Les parois de cette cavité sont tapissées par une épithèque membraneuse mince et finement plissée circulairement. Les calices sont polygonaux et un peu inégaux; ils sont séparés par un bord simple, commun à deux polypiérites voisins, lequel est très-mince et papyracé lorsque les polypiérites sont très-serrés les uns contre les autres, et au contraire, assez épais quand la multiplication n'a pas été active; dans ce dernier cas, on observe sur les murailles des granulations fortes et nombreuses. Quelquefois ces deux états se rencontrent en différents points sur un même polypier; mais souvent aussi toute la masse présente seulement l'une ou l'autre de ces formes. Aux angles des calices on voit de petites colonnes ou tubercules cylindro-coniques, peu épais à leur base, marqués ordinairement de 8 cannelures longitudinales. Columelle grêle, cylindrique, libre dans une grande étendue. Deux cycles complets; mais en outre, dans deux des systèmes il se développe des cloisons tertiaires et en même temps les secondaires deviennent presque égales aux primaires, de façon à présenter l'apparence de 8 systèmes égaux. Dans les calices très-jeunes on ne trouve que 6 cloisons principales. Les grandes cloisons sont larges, très-minces, presque glabres, écartées entre elles, non débordantes, et se terminent par un bord entier régulièrement arqué; celles qui alternent avec les précédentes sont presque rudimentaires. Les traverses interseptales sont simples, distantes entre elles de 2/3 de millimètre environ, sub-concaves et légèrement relevées vers la columelle. Diagonale des calices, 2 millimètres 1/2; hauteur des tubercules columnaires, près de 2 millimètres. Il est rare que le polypier tout entier ait plus de 4 ou 5 centimètres dans sa plus grande dimension.

Localités. Chaîne d'Hala (Sinde). — Palarea. — Environs de Paris. — Bracklesham-bay.

M. Michelin a appelé *Astrea decorata* un exemplaire à bords calicinaux épais. L'*Astrea cylindrica* Defrance est un échantillon appartenant à la même variété, mais très-roulé, tandis que celui que Goldfuss a figuré sous le nom d'*Astrea stylophora*, est également usé, mais à murailles très-minces. Enfin l'*Astrea pulchella* Defrance (Dict. sc. nat., t. XLII, p. 382. 1826) paraît être un jeune de cette même espèce.

M. d'Orbigny place le polypier que nous venons de décrire dans deux genres différents, rapportant aux Stylocœnies les figures de M. Michelin, et créant pour celle de Goldfuss le nouveau genre *Aplosastrea*, qui renfermerait en outre une Styline (*Astrea geminata* Goldfuss).

La *Stylocœnia emarciata* diffère de la *S. monticularia* [1], de la *S. Vicaryi* (pl. I, fig. 4, *a* et *b*) et de la *S. taurinensis* [2], par le nombre des grandes cloisons qui n'est que de 6 dans ces dernières espèces; elle s'éloigne beaucoup par sa forme générale de la *S. Lapeyrouseana* [3] et ressemble davantage à la *S. lobato-rotunda'a* [4], dont elle se distingue par le plus grand développement des tubercules muraux et la ténuité de ses cloisons.

STYLOCŒNIA VICARYI, J. Haime.

Pl. XII, fig. 4, *a*, *b*.

STYLOCŒNIA VICARYI, Jules Haime, *Mém. de la Soc. géol. de France*, 2e sér., t. IV, p. 285. 1852.

Polypier épais, semi-globuleux, à calices polygonaux peu inégaux. Tubercules colonnaires un peu petits. Murailles assez minces, simples. 3 cycles complets; les cloisons du dernier rudimentaires; celles du deuxième encore petites; les primaires arrivant seules jusqu'à la columelle qui est un peu forte et cylindrique. Diagonale des calices, 1 millimètre 1/2.

Les exemplaires que nous avons observés, tant du Sinde que de la Palarea, étaient un peu roulés, mais montraient cependant assez nettement les caractères qui distinguent cette espèce. Parmi les Stylocœnies à 6 systèmes égaux, la *S. Lapeyrouseana* [5] diffère de celle que nous décrivons par des bords calicinaux excessivement minces et portant des colonnes assez épaisses, et par ses calices trois fois plus grands, et la *S. taurinensis* [6] par sa forme gibbeuse et par l'absence du troisième cycle. Cette dernière particularité sert encore à en séparer la *S. monticularia* [7], qui a en outre des tubercules très-gros et une columelle légèrement comprimée.

1. Milne Edwards et Jules Haime, *Brit. foss. corals*, pl. v, fig. 2.
2. *Astrea taurinensis*, Michelin, *Icon.*, pl. xiii, fig. 3.
3. *Astrea Lapeyrousiana*, Michelin, *op. cit.*, pl. lxx, fig. 5.
4. *Astrea lobato-rotundata*, Michelin, *op. cit.*, pl. xiii, fig. 2.
5. *Astrea Lapeyrousiana*, Michelin, *Icon.*, pl. lxx, fig. 5.
6. *Astrea taurinensis*, Michelin, *op. cit.*, pl. xiii, fig. 3.
7. Milne Edwards et Jules Haime, *Brit. foss. corals*, pl. v, fig. 2.

Genre PHYLLOCŒNIA.

PHYLLOCŒNIA IRRADIANS, M. Edw. et J. Haime.

ASTREA RADIATA........ Michelin, *Icon.*, p. 58, pl. XII, fig. 4. 1842. — (Non Lamarck.)
PHYLLOCŒNIA IRRADIANS, Milne [Edwards et Jules Haime, *Compt. rend. de l'Acad. des sc.*, t. XXVII,
                    p. 469. 1848. — *Ann. des sc. nat.*, 3ᵉ sér., t. X, p 302. 1849.

Polypier formant des masses fortement convexes. Polypiérites un peu divergents. Côtes saillantes, sub-lamellaires, écartées, égales; on en distingue d'intermédiaires qui sont à l'état rudimentaire. Calices circulaires ou sub-ovalaires, saillants. 4 cycles, dont le 4ᵉ, toujours incomplet ne se montre que dans quelques systèmes ou seulement dans une des moitiés de ceux-ci. Cloisons un peu épaisses en dehors et inégales. Hauteur du polypier, 7 ou 8 centimètres; largeur des calices, de 6 à 10 millimètres.

Localités. Chaîne d'Hala (Sinde). — Castel-Gomberto.

La *Phyllocœnia Lucasana* [1] ressemble beaucoup à cette espèce, mais elle en diffère par ses calices beaucoup plus petits et par un cycle cloisonnaire de moins.

IIᵉ Sous-famille. ASTRÆINÆ.

Genre MONTLIVAULTIA.

MONTLIVAULTIA JACQUEMONTI, nov. sp.

Pl. XII, fig. 6.

Polypier droit, pédicellé, conique, épais, médiocrement allongé, un peu comprimé, surtout dans son milieu. Épithèque forte, ne formant que des bourrelets peu prononcés et arrivant très-près du bord calicinal. Calice elliptique se rapprochant un peu de la forme d'un 8. Ses axes sont entre eux dans le rapport approximatif de 100 : 170; les sommets du petit étant un peu plus élevés que ceux du grand. On compte environ 120 cloisons bien développées, assez minces, droites, alternativement un peu inégales, et entre elles un nombre presque égal de cloisons rudimentaires. Hauteur du polypier, 6 centimètres; grand axe du calice, 5, 5; petit, 3, 5. Traverses bien développées.

Localité. Cette espèce paraît être propre au Sinde.

Elle se rapproche surtout de la *M. bilobata* [2], qui cependant est très-finement sub-pédicellée et présente près de 300 cloisons, puis de la *M. Japheti* [3], qui se distingue par une forme plus trapue et des cloisons beaucoup plus épaisses.

1. Milne Edwards et Jules Haime, *Ann. des sc. nat.*, 3ᵉ sér., t. X, p. 303.

2. *Turbinolia bilobata*, Michelin, *Icon.*, pl. LXII, fig. 4.

3. Ce n'est que tout dernièrement que nous avons reçu cette espèce de M. G. Michelotti, et que nous avons pu nous assurer de ses véritables affinités. On la reconnaîtra aux caractères suivants :

MONTLIVAULTIA JAPHETI. *Fungia Japheti*, Michelotti, *Spec. Zooph. dil.*, p. 92. 1838. — *Turbinolia Japheti*, Michelin, *Icon.*, p. 33, pl. VIII, fig. 5. 1844. — Michelotti, *Foss. mioc. de l'Ital. sept.*, p. 21.

MONTLIVAULTIA GRANTI, nov. sp.

Pl. XII, fig. 5, *a*, *b*.

Polypier droit, court, presque hémisphérique, présentant au centre basal des traces d'adhérence ancienne. Épithèque arrivant assez près du calice, médiocrement épaisse et montrant quelques bourrelets assez prononcés. Calice sub-circulaire ou légèrement ovalaire, à fossette centrale bien marquée. 6 cycles cloisonnaires complets; cloisons très-minces, serrées, un peu élevées, à bord supérieur régulièrement convexe et finement denticulé. Celles des 4 premiers cycles très-peu inégales entre elles; celles du 5e un peu moins grandes; celles du 6e plus petites, mais encore bien développées. Hauteur, 3 centimètres; diamètre, 5.

Localité. Cette espèce paraît être propre au Sinde.

Plusieurs autres Montlivaulties présentent cette même forme conico-convexe et raccourcie; mais celles qui se rapprochent le plus de la *M. Granti* sont les *M. brevissima* [1], *M. tenuilamellosa* [2] et *M. carcarensis* [3]. La première et la dernière se distinguent par un cycle de moins et des cloisons plus épaisses, au moins dans leur partie extérieure, mais la *M. tenuilamellosa* [4], qui est un fossile de l'oolite inférieure, diffère réellement très-peu de cette espèce tertiaire; seulement dans celle-là l'épithèque est plus forte et montre des bourrelets plus nombreux et plus prononcés, et la fossette centrale du calice est à peine marquée.

MONTLIVAULTIA VIGNEI, nov. sp.

Pl. XII, fig. 7.

Polypier allongé, en cône courbé, sub-pédicellé, à peine comprimé dans le sens opposé à la courbure, entouré d'une épithèque forte, sub-feuilletée, présentant des plis gros et multipliés et atteignant presque jusqu'aux bords du calice. Celui-ci ovalaire ou sub-elliptique. Il paraît y avoir

1847. — Milne Edwards et Jules Haime, *Ann. des sc. nat.*, 3e sér., t. IX, p. 334. 1848. — Polypier un peu court, légèrement comprimé, paraissant un peu arqué dans le plan du petit axe du calice. Épithèque arrivant très-près du bord calicinal. Calice irrégulièrement elliptique, à fossette très-peu marquée et allongée. 4 cycles complets et un 5e incomplet; systèmes peu inégaux; cloisons fortes, épaisses, très-granulées, un peu inégales, fortement dentées. Hauteur, 4 centimètres; grand axe du calice, 6; petit axe, 4. — Formation tertiaire moyenne de la colline de Turin.

1. Milne Edwards et Jules Haime, *Ann. des sc. nat.*, 3e sér., t. X, p. 253.

2. Milne Edwards et Jules Haime, *Brit. foss. cor.*, pl. xxvi, fig. 11.

3. Nous venons de nous assurer, par l'examen des échantillons-types, que le polypier nommé par M. Michelotti, *Cyclolites carcarensis* (*Foss. mioc. de l'Italie sept.*, p. 21. 1847) appartient au genre *Montlivaultia*. Il est court, conico-convexe, sans traces d'adhérence. La surface inférieure est un peu concave au centre, puis renflée extérieurement. Épithèque forte, plissée, s'arrêtant au milieu de la hauteur. Surface supérieure légèrement convexe, un peu déprimée au centre. Systèmes bien distincts; 5 cycles; cloisons élevées, médiocrement serrées; les primaires et les secondaires fortes, peu inégales; toutes les autres plus minces. Diamètre du calice, 6 centimètres; hauteur du polypier, 3. — Terrain tertiaire. Carrare dans les Apennins. — Collection Michelotti.

4. Milne Edwards et Jules Haime, *Brit. foss. corals*, p. 131, tab. 26, fig. 11. 1851.

5 cycles cloisonnaires ; les cloisons sont assez minces et alternativement inégales. Hauteur, 4 centimètres 5 ; grand axe du calice, 3 ; petit, 2, 5.

Localité. Chaîne d'Hala (Sinde).

L'espèce qui se rapproche le plus de cette Montlivaultie est un polypier du coral-rag de la Meuse, la *M. lotharinga*[1] qui est seulement un peu plus allongée et dont le calice est régulièrement circulaire ; de plus, l'épithèque ne paraît pas être feuilletée comme on l'observe ici, et il est probable que lorsqu'on pourra examiner de bons échantillons de l'une et de l'autre espèce, on découvrira d'autres différences plus importantes.

Genre SIDERASTRÆA.

SIDERASTRÆA FUNESTA, M. Edw. et J. Haime

Astrea funesta..... Alex. Brongniart, *Mém. sur le Vicentin*, p. 84, pl. v, fig. 6. 1823.
— Id....... Michelin, *Icon. Zooph.*, p. 62, pl. xiii, fig. 1. 1842.
Siderastrea funesta, Milne Edwards et Jules Haime, *Ann. des sc. nat.*, 3ᵉ sér., t. XII, p. 143. 1850.

Polypier en masse globuleuse. Calices polygonaux, séparés par de petites murailles simples, droites et assez bien marquées ; quelques-uns présentant une légère saillie en forme de bourrelet autour d'une petite fossette centrale médiocrement profonde. Columelle rudimentaire. En général, 48 cloisons minces, peu inégales en épaisseur, très-serrées, assez fortement granulées ; celles du dernier cycle se soudent aux tertiaires par leur bord interne. Diagonale des calices, 5 millimètres ; profondeur, 1.

Ce polypier, rapporté dernièrement du Sinde, a été découvert, il y a déjà près de trente ans, par Alexandre Brongniart, dans le groupe nummulitique du Vicentin. Il se distingue de la *S. parisiensis*[2] par ses cloisons plus nombreuses, et la de *S. crenulata*[3], par sa columelle moins développée et ses cloisons moins granulées.

Famille FUNGIDÆ.

Genre CYCLOLITES.

CYCLOLITES VICARYI, J. Haime.

Pl. XII, fig. 8, *a, b, c.*

Cyclolites Vicaryi, Jules Haime, *in* d'Archiac, *Hist. des progrés de la Géol.*, t. III, p. 229. 1850.
— Id... Milne Edwards et Jules Haime, *Ann. des sc. nat.*, 3ᵉ sér., t. XV, p. 107. 1851.

Polypier circulaire, peu élevé. Face inférieure concave, revêtue d'une épithèque bien développée, présentant de faibles bourrelets concentriques, et une légère saillie médiane. Surface

1. Milne Edwards et Jules Haime, *Ann. des sc. nat.*, 3ᵉ sér., t. X, p. 254.
2. Milne Edwards et Jules Haime, *Ann. des sc. nat.*, 3ᵉ sér., t. XII, p. 143. — *Astrea crenulata*, Michelin, *Icon.*, pl. xliv, fig. 1. — (Non Goldfuss).
3. Milne Edwards et Jules Haime, *Ann. des sc. nat.*, 3ᵉ sér., t. XII, p. 142, t. X, pl. ix, fig. 10.

supérieure un peu convexe, à fossette centrale circulaire et peu profonde. Il paraît y avoir six cycles cloisonnaires complets; les cloisons sont très-serrées, très-minces, droites et sub-égales. Hauteur, 6 millimètres; diamètre, un peu plus de 2 centimètres.

Localité. Ce polypier n'a encore été rencontré que dans le Sinde.

On sait au reste que les Cyclolites sont assez rares dans le terrain tertiaire : la *Monographie des Fongides*, récemment publiée dans le tome XV des *Annales des sciences naturelles*, renferme la description de quatorze espèces, dont quatre seulement appartiennent à l'époque tertiaire; encore est-il fort douteux que le fossile nommé *Cyclolites Borsoni* fasse bien réellement partie de ce groupe.

M. A. d'Orbigny (*Prodr. de pal.*, t. II, p. 403) a indiqué dans son *étage parisien* au Faudon (Hautes-Alpes), une « espèce plane numismale, à grosses cloisons inégales, » qu'il nomme *Funginella Alpina*, et qui probablement constitue une cinquième Cyclolite tertiaire, le genre *Funginella*, ainsi que nous l'avons montré ailleurs, ne différant de celui-ci par aucun caractère organique. Les *Cyclolites altavillensis*, M. Edw. et J. Haime (*l. c.*), et *C. lenticularis*, d'Archiac (*Mém. de la Soc. géol. de France*, 2ᵉ sér., t. III, pl. 8, fig. 2), diffèrent de celle que nous décrivons ici par des cloisons inégales et garnies latéralement de grains ou synapticules très-développés.

Genre CYCLOSERIS.

CYCLOSERIS PERESI, J. Haime.

PORPITES? . . . . Fortis, *Mém. sur l'hist. nat. de l'Ital.*, t. II, p. 40, pl. ɪɪɪ, fig. 3. 1802.
CYCLOLITES BORSONIS (*pars*), Michelin, *Icon.*, p. 266, pl. xLɪ, fig. 2. 1846. — (Non pl. vɪɪɪ, fig. 4).
CYCLOSERIS? PERESI . . . . J. Haime, *in* d'Archiac, *Hist. des progrès de la Géol.*, t. III, p. 229. 1850.
— Id. . . . . Milne Edwards et Jules Haime, *Pol. foss. des terr. pal.*, etc., p. 127. 1851.
FUNGINELLA Id. . . . . Alc. d'Orbigny, *Prodr. de pal.*, t. II, p. 333. 1851.
CYCLOSERIS Id. . . . . Milne Edwards et Jules Haime, *Ann. des sc. nat.*, 3ᵉ sér., t. XV, p. 113. 1851.
— Id. . . . . Jules Haime, *Mém. de la Soc. géol. de France*, 2ᵉ sér., t. IV, p. 288. 1853.

Polypier sub-circulaire, nummiforme, à surface inférieure sub-plane et montrant une épithèque rudimentaire; surface supérieure à peine convexe. Fossette centrale peu prononcée, arrondie. Six à sept cycles cloisonnaires. Cloisons droites, minces, assez serrées, finement et régulièrement dentées, striées latéralement, inégales en saillie; celles des trois premiers cycles plus élevées que les autres. Diamètre du polypier, 3 ou 4 centimètres; sa hauteur, 1.

Localités. Ce polypier a été recueilli dans le comté de Nice, et en France dans les environs de Gap, à Barême et au mont Faudon (Hautes-Alpes). Il a d'abord été décrit d'après les échantillons provenant de ces diverses localités et nous nous sommes assurés de leur identité avec ceux qui ont été trouvés dans le Sinde.

La *Cycloseris Niceensis* Milne Edw. et J. Haime (*Ann. sc. nat.*, l. c., p. 114; Michelin, *Icon.*, pl. 61, fig. 1), s'en distingue par son contour irrégulier et ses cloisons principales plus fortes.

Genre PACHYSERIS.

PACHYSERIS MURCHISONI, nov. spec.

Pl. XII, fig. 9, *a*, *b*.

Agaricia Murchisoni, Jules Haime, *in* d'Archiac, *Hist. des progrès de la Géol.*, t. III, p. 229. 1850.

Nous n'avons observé qu'un morceau de cette espèce remarquable, et nous ignorons par conséquent quelle est la forme du polypier. Les séries sont plus larges que dans aucune autre espèce du genre ; elles paraissent être courtes et irrégulières ; les collines sont médiocrement élevées et leurs versants forment un angle de plus de 90° dont le sommet est un peu émoussé ; les vallées montrent dans leur milieu un sillon prononcé, où l'on distingue de petits amas columellaires allongés et un peu espacés. Cloisons très-minces, granulées, alternativement inégales, très-serrées ; on en compte 16 dans l'espace d'un centimètre ; les vallées sont larges d'un centimètre environ et profondes de 3 millimètres.

Localité. Ce polypier n'a encore été trouvé que dans le Sinde. C'est jusqu'à présent la seule espèce de *Pachyseris* que l'on connaisse à l'état fossile.

CLASSE DES ÉCHINODERMES

ORDRE DES ÉCHINOIDES

Ce groupe, qui se compose du genre *Echinus* de Linné, a été longtemps considéré comme une famille. Depuis qu'on l'a élevé au rang d'ordre, il est devenu nécessaire de modifier le nom d'Échinides sous lequel il était généralement désigné, aussi MM. Gray, Edw. Forbes, Alc. d'Orbigny, etc., ont-ils repris récemment la dénomination d'Échinoïdes proposée par Latreille, et qui a l'avantage d'avoir une terminaison en rapport avec celle des autres noms d'ordres de la classe des Échinodermes; nous croyons donc devoir l'adopter également. Nous n'indiquerons pas ici les familles et sous-familles établies par MM. Agassiz, Gray, Forbes et Albin Gras, à cause de l'incertitude où nous sommes encore sur leurs limites naturelles.

Genre CIDARIS.

Ce genre, tel qu'il a été limité par MM. Agassiz et Desor [1], ne contient qu'un petit nombre d'espèces du terrain tertiaire inférieur, et elles ne sont connues que par leurs piquants. Cependant M. Eugenio Sismonda figure le test d'un Cidaris nouveau dans le mémoire de M. Bellardi sur les fossiles nummulitiques du comté de Nice [2], et feu Tallavignes en a indiqué dans les Corbières un autre qui est resté inédit [3].

Les deux espèces que nous ajoutons ici font partie du premier type de MM. Agassiz et Desor, c'est-à-dire que la gorge de leurs tubercules et la base de leurs piquants est parfaitement lisse, comme cela a lieu pour toutes celles du terrain tertiaire et des mers actuelles.

CIDARIS VERNEUILI, d'Arch.

Pl. XIII, fig. 1, *a*, *b*.

Cidaris Verneuili, d'Archiac, *Hist. des progrès de la Géol.*, t. III, p. 246. 1850.

Test pulviniforme, très-peu élevé, plan en dessus et en dessous vers le milieu, régulièrement arrondi sur les côtés. Ambulacres un peu larges, légèrement flexueux, faiblement dilatés au sommet, un peu rétrécis dans le voisinage du péristome [4]; 76 paires de pores dans chaque

1. *Ann., des sc. nat.*, 3ᵉ sér., t. VII, p. 325. 1846.
2. *Mém. de la Soc. géol. de France*, 2ᵉ sér., t. IV. 1852.
3. *Histoire des progrès de la Géol.*, t. III, p. 246.
4. Rappelons ici que les mots *péristome* et *périprocte* ont été proposés par l'un de nous (J. Haime, *Obser-*

série de plaques ambulacraires; ils sont grands, assez régulièrement opposés dans une même paire, chacun étant séparé de celui qui est au-dessus et de celui qui est au-dessous par une lame mince, et de celui qui est sur la même lame transversale par une petite granulation; ces pores se resserrent et diminuent graduellement de largeur en approchant du disque apicial. Les plaques ambulacraires sont très-petites, égales, bien distinctes et bigranulées. Plaques anambulacraires larges, au nombre de 7 par série, séparées par des sillons fins, mais bien marqués. Gros tubercules médiocrement saillants, situés à la partie extérieure des plaques, à cône un peu petit, à col lisse, à aréole basilaire concave et entourée d'une rangée de très-petits tubercules écartés; ces plaques sont presque entièrement occupées, dans les trois cinquièmes extérieurs, par l'aire tuberculaire, et présentent, dans les deux cinquièmes internes, de petites côtes sub-horizontales, finement granulées et séparées par des sillons bien nets. Le péristome est sub-circulaire et grand. Diamètre total, 4 centim., 8; du péristome, 2; du disque apicial, 2; hauteur, 2, 2.

Cette espèce est remarquable entre toutes ses congénères par le grand développement de la partie interne des plaques anambulacraires, et par l'état rudimentaire de leur partie externe au delà de l'aire tuberculaire, ou, en d'autres termes, par l'écartement des deux séries de gros tubercules. Celle dont elle se rapproche le plus, sous ce rapport et sous plusieurs autres, est la *Cidaris venulosa* de M. Desor[1], qui est indiquée comme provenant du *terrain danien* du nord de l'Europe; mais cette dernière se distingue très-bien par ses ambulacres très-étroits, et la partie interne moins développée et moins costulée de ses plaques anambulacraires. Le fossile que nous venons de décrire se reconnaîtra encore aisément par sa forme très-déprimée, si toutefois ce caractère est constant.

Localité. Chaîne d'Hala (Sinde).

CIDARIS HALAENSIS, nov. spec.

Pl. XIII, fig. 2.

Nous ne connaissons cette espèce que par un seul système inter-ambulacraire et une série de plaques ambulacraires, mais les caractères que fournissent ces parties, suffisent pour montrer qu'on ne doit la confondre avec aucune de ses congénères. Les ambulacres paraissent être très-étroits et très-légèrement flexueux; les pores sont grands, très-serrés dans le sens vertical, alternes, et ceux de la même paire séparés par une granulation assez forte. Plaques anambulacraires larges, au nombre de 8 par série, séparées entre elles par des sillons bien marqués. L'aire tuberculaire large, occupant à peu près toute la hauteur des plaques et toute leur partie centrale, mais cependant se portant un peu plus en dehors; les parties interne et externe des plaques couvertes de granulations peu inégales, médiocrement fines et peu serrées. Tubercules un peu saillants, à aréole légèrement concave, à cône large, à col lisse. La hauteur totale paraît être de 3 centimètres, 5; la largeur de l'aire inter-ambulacraire est de 2, 2.

L'espèce qui ressemblerait le plus à celle-ci, est la *Cidaris vesiculosa* de Goldfuss[2]; mais elle s'en distingue bien par ses tubercules enfoncés et les grosses granulations qui les entourent. Nous avons observé, dans la collection de M. Michelin, un autre fossile indéterminé

---

vat. *sur la Milnia, Ann. des sc. nat.*, 3ᵉ sér., t. XII, p. 217 et suiv., 1849) pour désigner le pourtour buccal et le pourtour anal, au lieu des mots *bouche* et *anus* qu'on a improprement employés dans ce sens.

1. Agassiz et Desor, *Catal. rais. des Échin.*, p. 24. — (*Ann. des sc. nat.*), 3ᵉ sér., t. VI, p. 328.) 1846.
2. *Petref. Germ.*, t. I, tab. 40, fig. 2. — Agassiz et Desor, *Ann. des sc. nat.*, 3ᵉ sér., t. VI, p. 328. (86, T. 18, des Moules).

qui a encore beaucoup de rapport avec celui-ci, mais dont les gros tubercules portent des crénelures à leur col.

Localité. Chaîne d'Hala.

BAGUETTES DE CIDARIS.

Pl. XIII, fig. 3, *a, b, c, d, e, f.*

Avec les deux fossiles précédents, se trouvent des baguettes un peu différentes entre elles, et que l'un de nous, après un premier examen[1], avait considérées comme appartenant à plusieurs espèces, mais les différences qu'elles présentent ne paraissent pas être plus considérables que celles qui s'observent souvent dans les divers piquants d'un même individu vivant, et par conséquent nous ne devons pas les décrire séparément. L'étendue de leur fossette articulaire nous porte à croire qu'elles se rapportent à la *C. halaensis* plutôt qu'à la *C. Verneuili,* si toutefois elles ne dépendent pas encore d'une troisième, ce que nous ne saurions décider quant à présent. Elles ont en général près de 3 centimètres de longueur; quelques-unes sont sub-cylindriques, la plupart sub-fusiformes et renflées à une faible distance de la base. Leur surface est papilleuse, et, vers leur extrémité qui est tronquée, on voit des côtes longitudinales ordinairement courtes, mais qui se prolongent quelquefois un peu plus et paraissent résulter de séries papillifères souvent indistinctes. Les papilles sont serrées, arrondies, médiocrement saillantes, plus petites à la face inférieure, où elles sont sensiblement alignées; dans quelques baguettes, elles sont faiblement allongées et assez écartées, mais à divers degrés, et ces légères modifications ne coïncident pas avec celle de la forme générale. Le bord de la fossette articulaire est lisse, comme cela a lieu chez presque toutes les espèces des époques actuelles, tertiaire et crétacée, ainsi que l'ont fait remarquer MM. Agassiz et Desor.

Parmi toutes les baguettes de Cidaris que nous avons observées, celles qui se rapprochent le plus de la description précédente, ont été trouvées avec la *Cidaris Forchammeri*[2]; elles diffèrent cependant par des papilles plus grosses et nettement disposées en séries.

Genre **PHYMOSOMA**.

Cyphosoma, Agassiz, *Cat. syst.*, p. 12.

Nous avons dû modifier un peu le nom appliqué à ce genre en 1840 par M. Agassiz, parce que déjà, en 1837, il avait été employé par M. Mannerheim pour désigner un genre de Coléoptères.

L'espèce du Sinde est la première de cette division qu'on ait signalée dans le groupe nummulitique; toutes celles que MM. Agassiz et Desor ont décrites appartiennent aux dépôts crétacés.

PHYMOSOMA NUMMULITICUM, nov. spec.

Pl. XIII, fig. 4, *a, b.*

Cyphosoma nummuliticum, d'Archiac, *Hist. des progrès de la Géologie,* t. III, p. 247. 1850.

Test pulviniforme, très-peu élevé, plan en dessus et concave en dessous, régulièrement arrondi sur les côtés. Pores petits, rapprochés, formant des séries onduleuses et disposées en ran-

---

1. D'Archiac, *Histoire des progrès de la Géologie,* t. III, p. 247. 1850.

2. Agassiz et Desor, *Cat. rais. des Échin.*, p. 24. (*Ann.*, t. VI, p. 328). — Hisinger, *Leth. suec.*, tab. 20, fig. 2.

gées toujours simples. Il y en a 7 paires par plaque. Aires ambulacraires d'un quart moins larges que les inter-ambulacraires, et formées également par deux séries de 11 plaques chacune ; ces plaques sont beaucoup plus petites dans le voisinage du disque apicial et près du péristome ; leur surface est presque entièrement occupée par un gros tubercule à aréole peu distincte, à cône un peu renflé et élevé, à col crénelé et à mamelon imporforé saillant. Au point d'union des plaques ambulacraires d'une série avec la série contiguë, on observe quelques petits tubercules espacés et qui suivent les zigzags des sutures coronales ; quelques grains se voient entre eux sur la même ligne brisée, et l'on peut apercevoir encore de rares granulations sur les parties angulaires et extérieures des mêmes plaques. Les aires inter-ambulacraires ressemblent extrêmement aux précédentes, seulement leurs plaques sont plus larges ; leurs gros tubercules ne sont ni plus larges ni plus saillants, mais leur aréole est plus distincte et est entourée par une couronne, quelquefois incomplète, de très-petits tubercules alternant avec des granulations. On remarque ordinairement, près de l'un des angles internes de ces plaques anambulacraires, un petit tubercule plus gros que les autres. Le péristome est petit et enfoncé. Diamètre total, 2 centimètres, 6 ; celui du péristome n'est que le tiers du précédent.

Localité. Chaîne d'Hala (Sinde).

Genre CŒLOPLEURUS.

Les caractères qui distinguent ce genre, tel que l'a établi M. Agassiz [1], des *Echinocidaris* de M. Desmoulins ou *Agarites* de M. Agassiz, en laissant à part les *Tetrapygus* de ce dernier auteur, ont été indiqués d'une manière si incomplète dans le *Catalogue raisonné des Échinides* [2], que, d'après la définition de ces groupes, deux des espèces suivantes sembleraient devoir être rangées parmi les *Echinocidaris*, tandis qu'elles sont réellement très-voisines des *Cœlopleurus*. Les traits différentiels de ces deux genres sont cependant bien marqués. L'un (*Cœlopleurus*) a les ambulacres bordés par de gros grains, ses tubercules anambulacraires sont très-gros et inégaux ; le péristome est petit et les paires de pores partout disposées en rangées simples. Dans l'autre, au contraire (*Echinocidaris*), il n'existe pas de bordure ambulacraire, les tubercules anambulacraires sont nombreux et égaux, le péristome très-grand et les pores très-multipliés dans le voisinage de cette ouverture.

Quant à la forme allongée signalée chez les *Cœlopleurus* par l'auteur du genre, on ne la remarque que dans une seule espèce, où même elle n'est pas constante.

CŒLOPLEURUS CORONALIS.

CIDARIS CORONALIS... Théod. Klein, *Natur. dispos. Echin.* (trad. franç.), p. 54, tab. IV, fig. D, E. 1754.
      — Id., édition de Leske, p. 15 et 136, tab. VIII, fig. A, B. 1778.
ECHINUS EQUIS...... Valenciennes, *Encycl. méth.*, (explic. de la pl. CXL, fig. 7 et 8).
    —   Id....... Ch. Desmoulins, *Études sur les Ech.* p. 300. 1837.
CŒLOPLEURUS EQUIS, Agassiz, *Cat. syst.*, p. 12. 1840.
     —   Id.. Agassiz et Desor, *Ann. des sc. nat.*, 3e sér., t. VI, p. 356. 1846.
     —   Id.. d'Archiac, *Mém. de la Soc. géol. de France*, 2e sér., t. II, p. 205. 1846.

Test oblong, sub-pentagonal, peu élevé. Pores petits, par paires peu serrées (il n'y en a que 3 par plaque), formant de courtes séries légèrement obliques. Ambulacres renflés, ayant en lar-

----

1. *Cat. syst.*, p. 12. 1840.
2. *Ann. des sc. nat.*, 3e sér., t. VI. 1846.

geur un peu plus de la moitié des aires interambulacraires ; leurs plaques sont à peu près aussi
hautes que larges et entièrement couvertes par un gros tubercule saillant ; elles sont au nombre de 12 par série ; et ne présentent que des grains très-rares auprès de leurs angles internes.
Les ambulacres sont bordés, dans leurs parties supérieures, par une ligne granuleuse un peu
saillante qui leur donne une largeur apparente assez grande, mais qui dépend des plaques
anambulacraires. Le reste de ces dernières plaques est complétement lisse dans la moitié supérieure du test, et l'on ne distingue pas leurs lignes d'union. La moitié inférieure des aires interambulacraires est occupée par une double série de gros tubercules, un peu moins forts que ceux
des ambulacres, et présentant une faible bordure et une étroite aréole ; chaque série composée
de 7 gros tubercules est flanquée extérieurement d'une rangée de 5 tubercules seulement
un peu plus petits et séparés entre eux par quelques granulations inégales. Hauteur du test,
12 millimètres ; diamètre antéro-postérieur, 2 centimètres, 2.

Nous n'avons pu observer qu'un seul individu malheureusement en très-mauvais état, mais
qui, comparé avec les échantillons de Biaritz, ne nous a paru présenter d'autres différences que
celles des pores plus petits et peut-être du plus faible développement des tubercules latéraux des
aires interambulacraires.

Le *C. radiatus*[1] se distingue de cette espèce moins, comme l'ont dit MM Agassiz et Desor, par
l'égalité des tubercules latéraux avec ceux de la série principale, que par ses rangées tubercu-
laires costiformes et par l'étroitesse de l'espace lisse sur les aires interambulacraires. Quant au
C. Agassizi[2], il est facile à reconnaître à ses grands espaces nus marqués de stries en zigzag.

Enfin M. Forbes vient de nommer *Cœlopleurus Wetherelli*[3] un échinoïde de l'argile de Londres qui offre des rapports avec le *C. coronalis ;* mais la grandeur de son péristome et l'égalité de
ses deux gros tubercules sur les plaques du pourtour nous font penser que sa véritable place
pourrait bien être parmi les *Echinocidaris.*

Localités. Chaîne d'Hala. — Biaritz. — Espagne.

CŒLOPLEURUS PRATTI, nov. spec.

Pl. XIII, fig. 5, *a*, *b*.

Test sub-circulaire, médiocrement élevé, un peu convexe en dessus ; périprocte un peu petit,
pores génitaux assez grands, ouverts à peu près dans le milieu des plaques génitales qui sont un
peu plus longues que larges et légèrement anguleuses dans leur partie externe. Aires ambulacraires ayant une largeur égale aux trois quarts de celle des aires interambulacraires. Pores disposés en paires assez serrées, qui forment, dans la moitié inférieure du test, de courtes séries
de 3 très-légèrement inclinées ; ces pores sont grands, circulaires ; ceux d'une même paire
presque horizontaux, séparés par un espace un peu large sur les parties supérieures du corps,
mais qui se rétrécit beaucoup dans la moitié basilaire. 12 plaques ambulacraires pour chaque
série verticale, presque aussi hautes que larges et percées chacune de 3 paires de pores ; leurs
2/3 internes sont entièrement occupés par un gros tubercule saillant ; il paraît n'y avoir que de
très-fines granulations sur les lignes de sutures de ces plaques. Les séries anambulacraires
paraissent être également composées d'une douzaine de plaques, alternant assez régulièrement

---

1. *Cat. rais. des Échin.*, p. 53. (*Ann. des sc. nat.*, t. VI, p. 357.)
2. D'Archiac, *Mém. de la Soc. géol. de France*, 2e sér., t. II, 1re partie, p. 205, pl. viii, fig. 2. 1846. —
Id., ibid., t. III, 2e partie, p. 424, pl. x, fig. 15. 1850.
3. *Monograph of the Echin. of the British Tertiaries*, p. 24, pl. iii, fig. 1. 1852.

avec celles des ambulacres, et en général une fois plus larges que hautes. Elles sont coupées dans le sens vertical par une ligne granuleuse légèrement saillante, qui dans la moitié supérieure du test, limite extérieurement l'espace lisse central de l'aire, et dans la moitié inférieure partage les plaques en deux parties égales, dont l'interne est couverte par un gros tubercule et l'externe présente un tubercule encore assez gros, puis un plus petit situé plus bas et en dehors, et enfin quelques granulations inégales : tous ces tubercules sont assez saillants, ont le col lisse, avec l'aréole peu marquée, mais toujours entourée d'un rebord mince. Le diamètre antéro-postérieur est 32 millimètres. Le diamètre transversal n'a que 2 millimètres de moins ; la hauteur est de 19 millimètres ; le péristome paraît être large de 12 millimètres et le périprocte de 3 millimètres seulement.

Nous n'avons pu observer qu'un seul exemplaire de cette espèce et qui est fort altéré ; mais il nous a montré des caractères qui ne peuvent laisser aucun doute sur le genre auquel il appartient et qui le distinguent également bien des autres espèces du genre. Les plus remarquables consistent dans sa forme peu allongée et la présence de 3 tubercules sur les plaques anambulacraires inférieures.

Localité. Hydrabad.

CŒLOPLEURUS FORBESI, nov. spec.

Pl. XIII, fig. 6.

Test sub-circulaire peu élevé. Pores grands, dont les paires sont très-rapprochées et ne forment pas de séries obliques sur les parties supérieures du test, mais sont plus écartées et disposées sur une ligne un peu irrégulièrement flexueuse vers le milieu de la hauteur des aires ambulacraires, où elles s'ouvrent dans la base du cône des gros tubercules. Ambulacres très-faiblement renflés, seulement un peu plus étroits que les aires interambulacraires ; leurs plaques sont en général aussi hautes que larges, et, excepté les 3 ou 4 premières qui n'offrent qu'un petit tubercule peu distinct, elles sont toutes entièrement couvertes par un tubercule très-gros et assez saillant ; entre les tubercules et principalement aux angles des sutures longitudinales des plaques, on remarque quelques grosses granulations avec d'autres un peu plus petites. Les ambulacres sont bordés, dans leur partie supérieure, par une ligne granuleuse très-peu saillante et peu distincte qui coupe le tiers extérieur des plaques anambulacraires. Celles-ci sont toutes plus larges que hautes : les quatre supérieures ne portent ni grains ni tubercules dans leurs 2/3 internes, et montrent seulement des stries fines, la plupart transversales ; les 3ᵉ et 4ᵉ présentent extérieurement quelques gros grains épars avec quelques autres petits, et un petit tubercule près de leur angle externe inférieur ; toutes les autres plaques sont en grande partie occupées par un tubercule très-gros et très-large, mais cependant leur bord extérieur et leurs sutures internes présentent d'assez gros grains entremêlés de granulations plus petites. Les gros tubercules anambulacraires sont seulement un peu plus larges et un peu moins saillants que les ambulacraires : tous ont une aréole bordée d'un petit limbe et présentent une tête relativement petite. Le seul exemplaire que nous avons examiné est très-écrasé et déformé ; son diamètre est approximativement de 4 centimètres ; celui du périprocte de 6 millimètres ; le péristome est petit.

Cette espèce est remarquable par l'absence de tubercules secondaires sur les aires interambulacraires.

Localité. Chaîne d'Hala.

Genre ECHINUS.

Ce genre, très-restreint par M. Agassiz, mais encore fort nombreux en espèces, n'était pas représenté dans la formation tertiaire inférieure, lorsque tout récemment le professeur Edward Forbes a décrit un piquant qu'il regarde comme appartenant à un échinoïde de ce groupe et qu'il appelle *Echinus Dixonanus*[1]. L'espèce que nous décrivons est assez bien caractérisée pour ne laisser aucun doute sur ses véritables affinités.

ECHINUS STRACHEYI, nov. spec.

Pl. XIII, fig. 12, *a*, *b*.

Test circulaire, très-peu élevé, légèrement convexe en dessus, à péristome un peu enfoncé. Pores petits, rapprochés; trois paires par plaque, disposées en un petit arc; la paire inférieure formant avec les deux supérieures de la plaque suivante, une petite série oblique. Ambulacres ayant à peu près la moitié de la largeur des aires interambulacraires; les plaques ambulacraires du milieu de la hauteur présentent deux tubercules assez gros, placés horizontalement sur la même ligne et qui diffèrent très-peu l'un de l'autre; ils sont peu saillants et entourés de quelques grains inégaux. Les plaques anambulacraires sont au même niveau, près de trois fois aussi larges que hautes, et montrent vers leur milieu, mais un peu extérieurement, un tubercule principal dont le diamètre n'a guère plus que la moitié de leur hauteur; en dedans de ce tubercule, on en voit un ou deux un peu plus petits, situés sur une même ligne transversale, et sur la partie externe de la plaque, il y en a un ou deux semblables aux précédents, et placés l'un au-dessus de l'autre; entre tous ces tubercules on remarque encore quelques grains un peu inégaux. Des deux exemplaires que nous avons observés, le plus grand a 27 millimètres de diamètre pour une hauteur de 1 centimètre.

Localité. Chaîne d'Hala (Sinde).

Genre TEMNOPLEURUS.

Lorsque MM. Agassiz et Desor établirent ce genre en 1846[2], ils décrivirent trois espèces vivantes et une fossile du crag d'Angleterre. Cette dernière (*Temnopleurus excavatus*, Wood; *Temnopl. Woodi*, Agassiz) vient d'être tout récemment étudiée de nouveau par M. Forbes, qui l'a placée, avec trois autres échinoïdes provenant du même terrain, dans un genre particulier qu'il appelle *Temnechinus*[3]. Ces oursins différeraient, suivant l'auteur, des *Temnopleurus* des mers actuelles, 1° par les gorges lisses et sans crénelures de leurs tubercules; 2° par l'absence de pores aux angles des plaques, et 3° par la confluence de leurs pores ambulacraires. Nous avons

---

1. *Monogr. of the Echinodermata of the Brit. Tertiaries*, p. 22, pl. III, fig. 3. 1852. (*Palæontographical Society*).

2. *Ann. des sc. nat.*, 3ᵉ sér., t. VI, p. 359.

3. *Monograph of the fossil Echinodermata of the British Tertiaries*, p. 5-9, pl. I, fig. 1, 2, 3, et pl. III, fig. 11. 1852.

comparé avec beaucoup de soin, sous ce triple rapport, le *Temnopleurus excavatus*[1], les cinq espèces que nous allons décrire, trois espèces vivantes et une fossile de la craie de Rouen que M. Sorignet appelle *Temnopleurus pulchellus*[2]. Nous devons dire d'abord que dans aucun de ces échinoïdes il n'existe de pores aux angles des plaques, comme on l'observe chez les *Salmacis*, et comme M. Forbes paraît l'avoir vu dans les *Temnopleurus* vivants; il ne reste donc à examiner que les deux autres caractères. Les paires de pores ambulacraires sont au nombre de 3 ou de 4 par chaque plaque, dans les *Temnechinus* aussi bien que dans les *Temnopleurus* d'Agassiz; ces paires sont toujours un peu inclinées, et celles qui occupent le milieu un peu situées en dehors des autres; il en résulte que la ligne verticale qui les unit n'est pas complétement droite; mais entre le *Temnopleurus botryoides*[3], où les trois paires de pores forment une petite série très-arquée, et le *Temnopleurus Hookeri* (pl. 2, fig. 8), et le *Temnechinus melocactus* (Forbes, *op. cit.*, pl. 1, fig. 2), où cette série est presque rectiligne, on observe tous les états intermédiaires, en sorte que l'on ne saurait nettement définir le degré variable de ce caractère, qui ne peut avoir d'ailleurs aucune importance anatomique ni physiologique. Quant aux crénelures des tubercules, on sait que cette particularité n'a également qu'une valeur très-secondaire, puisqu'on la voit déjà disparaître dans une certaine portion du genre Cidaris, sans qu'on puisse découvrir chez les espèces à tubercules lisses aucune autre différence concomitante. Or, les *Temnopleurus* semblent devoir fournir une nouvelle preuve du peu de constance de ce caractère; car tandis que le *T. toreumaticus*[4] présente des crénelures très-prononcées, le *T. botryoides*, qui lui ressemble tant sous tous les autres rapports, n'en montre plus que des traces fort obscures, si bien qu'il deviendrait très-embarrassant de le classer parmi les espèces à tubercules crénelés ou parmi celles à tubercules lisses. Les *Temnopleurus* du Sinde rentrent généralement dans cette dernière catégorie, et seraient conséquemment des *Temnechinus* pour M. Forbes, mais sur certains points du test des plus gros échantillons, nous avons reconnu des indications de crénelures. En résumé, il ne nous semble pas qu'aucun des caractères invoqués par M. Forbes ait une importance générique, ni que par conséquent ses *Temnechinus* puissent être séparés des *Temnopleurus*.

Nous regarderions plutôt comme un type particulier très-voisin de ces derniers, mais s'en distinguant pourtant à plusieurs égards, le fossile de la craie de Rouen que nous avons mentionné plus haut. Le *Temnopleurus pulchellus* de M. Sorignet, en effet, a non-seulement les tubercules crénelés, mais encore perforés comme ceux des Cidaris; de plus, les paires de pores sont régulièrement horizontales et constituent, par leur réunion, une série verticale parfaitement droite. Chaque plaque ne présente qu'un tubercule qui est fort gros, et a ses bords horizontaux fortement taillés en biseau. On pourra donner à ce genre le nom de *Glyphocyphus*.

La distribution géographique des espèces fossiles du genre *Temnopleurus* mérite d'être remarquée, puisque sur les neuf qui sont connues, quatre appartiennent au crag d'Angleterre, et cinq aux dépôts nummulitiques de la chaîne d'Hala, sans que jusqu'à présent on en ait trouvé aucune autre ailleurs.

---

1. Forbes, *op. cit.*, p. 6, pl. 1, fig. 1.

2. Sorignet. *Ours. foss. de l'Eure*, p. 31. 1850.

3. *Cidaris botryoides?* Leske, édit. de Klein, pl. 11, fig. 11. — *Temnopleurus botryoides*, Agassiz et Desor, *Ann. des sc. nat.*, 3ᵉ sér., t. VI, p. 360. 1846.

4. Agassiz et Desor, *loc. cit.*, p. 360. 1846. Deux espèces paraissent avoir été confondues sous ce nom, l'échinoïde figuré dans le voyage de la *Vénus* (*Zooph.*, pl. 1, fig. 1) par M. Valenciennes différant de celui représenté par MM. Agassiz et Desor (*loc. cit.*, pl. xv, fig. 9) en ce qu'il est moins élevé, que ses impressions sont moins profondes et plus égales, en même temps que plus étendues en travers. On pourrait l'appeler *Temnopleurus depressus*.

TEMNOPLEURUS VALENCIENNESI, d'Archiac.

Pl. XIII, fig. 7, *a*, *b* [1].

Temnopleurus Valenciennesi, d'Archiac, *Histoire des progrès de la Géol.*, t. III, p. 247. 1850.

Test peu élevé ; pores serrés dans les deux sens, sub-tubuleux. On en compte trois paires qui forment un petit arc légèrement courbé ; l'apparence générale est celle de triples paires un peu inclinées. Aires ambulacraires ayant un peu plus des 2/3 de la largeur des aires interambulacraires, formées par une double rangée de 16 à 18 plaques. Chaque plaque présente deux tubercules presque égaux, l'un très-rapproché des pores et surmonté par un plus petit, l'autre situé près de la suture verticale et alternant avec les précédents ; ces tubercules sont séparés par quelques grains miliaires ; chaque suture transversale montre une large et profonde fossette ovalaire, étendue horizontalement, qui empiète également sur deux plaques contiguës ; les fossettes ambulacraires des parties supérieures du test sont plus hautes que la surface tuberculeuse des plaques et restent généralement simples, mais celles de la face inférieure qui sont plus petites et moins profondes, tendent à se diviser en deux. Plaques anambulacraires en même nombre que les précédentes, au moins une fois plus larges que hautes ; elles montrent sur leurs sutures transversales deux fossettes très-grandes et profondes, ovalaires, étendues horizontalement, plus étroites en dehors, à peine séparées l'une de l'autre par un prolongement très-mince, restant simples dans la moitié supérieure du test, tendant à se diviser chacune en deux lorsqu'on les observe vers la face inférieure, où elles sont aussi moins profondes, et étant de nouveau simples près du péristome. La partie granifère des plaques est un peu moindre que les fossettes, dans la moitié supérieure du corps, mais devient prédominante sur l'inférieure ; elle est un peu élargie vers son milieu et à ses deux extrémités latérales ; elle montre un tubercule principal près du milieu et un peu inférieurement, trois tubercules un peu plus petits, placés en série sur le prolongement interne et deux tubercules semblables sur le côté externe ; en outre on remarque quelques grosses granulations au-dessus du tubercule principal, et quelques autres miliaires dans les sillons intertuberculaires.

Hauteur, 11 millimètres ; diamètre total, un peu plus de 2 centim.: du péristome, 6 millimètres.

Localité. Chaîne d'Hala (Sinde).

TEMNOPLEURUS HOOKERI, nov. spec.

Pl. XIII, fig. 8, *a*, *b*.

Test peu élevé ; pores très-rapprochés dans les deux sens, paraissant disposés par simples paires dans le voisinage de l'anus, et montrant vers la circonférence du test des séries de trois paires à peine inclinées ; aires ambulacraires ne faisant guère plus que la moitié de la largeur des aires interambulacraires ; sur les sutures des plaques qui les composent, on remarque une fossette assez prononcée, un peu allongée dans le sens vertical, qui se dédouble quelquefois vers le milieu de la hauteur du test, où elle est plus élevée que la surface tuberculifère ou granifère

---

1. Dans tous nos dessins de *Temnopleurus*, nous avons forcé la teinte des fossettes situées sur les sutures des plaques afin de faire mieux ressortir leurs caractères différentiels.

des plaques; celles-ci présentent un tubercule principal non loin de leur bord interne. Sur les aires interambulacraires, les sutures transversales montrent chacune deux fossettes profondes, grandes et peu allongées dans le sens vertical, qui ne sont séparées l'une de l'autre que par un pont très-étroit; l'une d'elles, et quelquefois toutes les deux, se dédoublent vers le milieu de l'aire, ce qui produit des séries de quatre fossettes; la surface qu'elles occupent est un peu plus considérable que la surface tuberculifère (au moins dans la moitié supérieure du test, l'autre moitié ne nous étant pas connue). Cette dernière surface qui est plus grande dans son milieu et à ses deux extrémités, montre un tubercule principal central, plus deux autres de chaque côté, les internes étant plus petits, et en outre quelques granulations intermédiaires. Diamètre total, environ 17 millimètres.

Nous n'avons malheureusement pu observer qu'un seul exemplaire de cette espèce, dont toute la partie inférieure était engagée dans la substance de la roche; il a évidemment une très-grande affinité avec le *T. Valenciennesi*, mais il s'en distingue par plusieurs différences qui paraissent avoir une valeur spécifique, et qui consistent surtout dans l'étroitesse beaucoup plus grande des zones porifères et dans le prolongement en sens contraire des fossettes anambulacraires.

Localité. Chaîne d'Hala (Sinde).

TEMNOPLEURUS COSTATUS, nov. spec.

Pl. XIII, fig. 9, *a, b.*

Test déprimé, sub-pentagonal; pores assez serrés, très-petits, disposés par triples paires dont l'obliquité est bien marquée; aires ambulacraires faisant à peu près les deux tiers de la largeur des aires interambulacraires, formées par une double rangée de seize plaques. Chaque plaque est percée extérieurement de trois paires de pores, et sa partie granifère présente, tout près de la zone porifère, un gros tubercule surmonté d'un petit, et un autre petit près de son angle interne, lesquels sont séparés en haut par des granulations miliaires un peu inégales, et un peu plus bas par une toute petite fossette punctiforme et un peu allongée en travers. Sur les sutures des plaques, on remarque en outre une fossette bien prononcée, prolongée dans la direction horizontale, sub-triangulaire, et dont l'angle aigu est tourné en dedans. Plaques anambulacraires en même nombre que les précédentes, plus larges que hautes, très-difficiles à limiter par leurs bords internes qui sont intimement soudés et confondus; leurs sutures transversales montrent deux fossettes, grandes, profondes, un peu plus étendues horizontalement que dans l'autre sens, et présentent en dedans une petite fossette sub-triangulaire; de plus l'îlot interne de la portion tuberculifère des plaques offre dans son milieu une petite fossette semblable, qui quelquefois s'unit par un court sillon avec la fossette interne de la suture qui lui est opposée; il en résulte au centre de l'aire interambulacraire, une petite zone bipunctuée ou canaliculée, au milieu de laquelle il est très-difficile de distinguer la séparation des plaques des deux rangées verticales; de plus, on aperçoit encore quelquefois une très-petite fossette sur l'îlot externe de la portion tuberculeuse des mêmes plaques, et même en quelques points l'îlot central de cette partie présente trois dépressions punctiformes qui ne se peuvent distinguer qu'avec une assez forte loupe. Dans le voisinage du péristome, on ne retrouve plus sur les sutures que les deux fossettes principales; tout près de l'anus, au contraire, on reconnaît la trace des petites dépressions que nous venons de mentionner, mais toutes les fossettes internes se fondent plus ou moins complétement. La partie tuberculeuse des plaques anambulacraires qui, comme nous venons de le voir, présente trois renflements ou îlots principaux, porte dans son milieu un tubercule un peu saillant surmonté d'un très-petit; l'îlot interne en porte un plus gros que ce dernier, mais plus petit que le tubercule central, et enfin sur l'îlot externe, on remarque trois gros grains inégaux, et sur le tout quelques grains miliaires. L'exemplaire que nous venons de décrire a été déformé accidentellement; son diamètre était probablement de 15 millimètres, et sa hauteur de 7 ou 8.

Cette espèce est remarquable au premier abord par la saillie sub-costiforme des doubles rangées de tubercules principaux que présentent les aires ambulacraires et interambulacraires. Vue à la loupe, elle offre des caractères qui ne permettent de la confondre avec aucune autre, tels que la présence de fossettes sur les parties granifères des plaques et les dessins du milieu des aires interambulacraires.

Localité. Chaîne d'Hala (Sinde).

TEMNOPLEURUS ROUSSEAUI, d'Archiac.

Pl. XIII, fig. 10 *a*, *b*, *c*.

TEMNOPLEURUS ROUSSEAUI, d'Archiac, *Hist. des progrès de la Géol.*, t. III, p. 257. 1850.

Test circulaire un peu renflé et un peu élevé; pores serrés dans les deux sens, disposés par triples paires très-peu inclinées; aires ambulacraires faisant les 2/3 de la largeur des aires interambulacraires, formées par une double rangée de 16 à 18 plaques; chaque plaque est percée extérieurement de 3 paires de pores, et elle présente dans sa moitié interne un tubercule principal situé à sa partie inférieure et tout près de la bande porifère, lequel est surmonté par un autre seulement un peu plus petit, puis un troisième encore assez gros, très-rapproché de son angle interne et séparé des précédents par 5 ou 6 gros grains. Chaque suture transversale montre une fossette peu profonde et assez large, presque aussi étendue dans un sens que dans l'autre, et qui est généralement moindre que la surface tuberculifère des plaques. Plaques anambulacraires en même nombre que les précédentes; celles du milieu de la hauteur du test une fois plus larges que hautes; elles montrent toutes, sur leurs sutures transversales, de petites fossettes un peu profondes, arrondies et généralement un peu plus étendues et souvent sub-anguleuses dans le sens vertical; le nombre et la grandeur de ces fossettes varient suivant les points où on les observe: dans le voisinage de l'anus, chaque suture n'en montre que deux qui sont assez grandes; à mesure qu'on descend, on en compte trois, puis quatre, et même quelquefois cinq qui sont alors fort petites, mais en approchant du péristome, leur nombre diminue de nouveau, quoiqu'elles restent très-petites et peu prononcées. La partie tuberculifère des plaques est toujours beaucoup plus considérable et plus élevée que l'espace occupé par les fossettes; chaque plaque du milieu de l'aire présente une série transversale de 4 ou rarement 5 tubercules, dont l'un, un peu plus gros que les autres, sub-central, mais un peu inférieur; le tubercule ou les deux tubercules internes sont les plus petits; on distingue encore, près du bord supérieur de chaque plaque, une petite rangée de 4 tubercules très-petits, et l'espace qui sépare cette rangée de la principale est recouvert de grains assez serrés et inégaux.

Hauteur, un peu plus d'un centimètre; diamètre total, 16 millimètres; diamètre du péristome, 5 millimètres.

Nous avons fait représenter (fig. *c*) un échantillon dans lequel les fossettes des ambulacres sont un peu plus grandes, et celles des aires interambulacraires plus serrées que dans celui qui a servi de type à la description précédente; en même temps sa forme est moins renflée et son diamètre un peu plus grand par rapport à la hauteur; ce sont sans doute des différences sexuelles.

Localité. Chaîne d'Hala (Sinde).

TEMNOPLEURUS TUBERCULOSUS, nov. spec.

Pl. XIII, fig. 11, *a*, *b*.

Test sub-pentagonal, sub-conique, médiocrement élevé; pores rapprochés, disposés par triples paires faiblement inclinées; aires ambulacraires ayant à peu près en largeur les 2/3 des aires interambulacraires, formées par une double rangée de 16 à 18 plaques; chaque plaque présente dans sa partie interne, un tubercule principal situé très-près de la zone porifère, un second un peu moins gros placé un peu plus haut et plus en dedans, et en outre, quelques gros grains inégaux; les sutures transversales qui avoisinent immédiatement l'anus et le péristome, présentent une fossette arrondie, simple, qui est toujours plus développée auprès du premier, mais sur tout le reste de la hauteur il existe sur chaque suture deux fossettes bien séparées et ordinairement inégales, l'interne étant la plus petite. Plaques ambulacraires plus larges que hautes, montrant sur leurs sutures transversales, quatre ou cinq petites fossettes arrondies, ordinairement un peu plus étendues dans le sens vertical que dans la direction opposée, un peu inégales; leur nombre et leur grandeur varient suivant les points où on les observe; on n'en compte que deux ou trois auprès de l'anus, et elles s'effacent peu à peu dans les parties voisines du péristome. La portion granifère des plaques qui l'emporte toujours notablement sur la partie fossulée, montre vers son milieu et un peu inférieurement, un tubercule plus gros que tous les autres; sur une ligne un peu plus élevée et de chaque côté de lui, on voit deux ou trois tubercules plus petits, et plus haut encore quelques gros grains, le tout entremêlé de granulations miliaires. A mesure qu'on approche davantage du péristome, les grains et les tubercules se développent davantage, tant sur les plaques ambulacraires que sur les anambulacraires, en même temps que les fossettes tendent à disparaître de plus en plus. Le diamètre total est de près de 2 centimètres sur une hauteur de 11 ou 12 millimètres.

Le *T. tuberculosus* se rapproche du *T. Rousseaui* par les nombreuses fossettes de ses aires interambulacraires; mais les doubles fossettes de ses ambulacres, sa forme pentagonale et le plus grand développement des tubercules sur les parties inférieures, le distinguent suffisamment.

Localité. Chaîne d'Hala (Sinde).

Genre ECHINOMETRA.

Le genre *Echinometra* de Klein, restreint par MM. Agassiz et Desor, ne renfermait pour ces derniers auteurs que des espèces vivantes. L'*Echinometra Thomsoni* le représente incontestablement dans l'époque tertiaire inférieure. On a également trouvé dans le groupe nummulitique de la province de Cutch, puis dans la Catalogne, deux échinoïdes très-voisins de celui-ci, mais qui en paraissent cependant distincts. Le premier a été représenté par M. James de Carl Sowerby [1], sous le nom d'*Echinus dubius;* si la figure est exacte, il différerait de l'*E. Thomsoni* par une double rangée de tubercules sur les plaques anambulacraires et par les crénelures de ces tubercules. L'autre espèce a été recueillie l'année dernière à Saint-Michel-du-Fay, dans la Catalogne, par MM. Ed. de Verneuil et E. Collomb; elle se distingue de la nôtre par ses pores plus rapprochés et moins nettement disposés en arcs, par une rangée de petits tubercules en dehors des tubercules anambulacraires principaux et par des aires ambulacraires et interambulacraires conaves près du sommet.

1. *Trans. of the geol. Soc. of London*, 2ᵉ sér., vol. V, part. 2, pl. XXIV, fig. 18.

ECHINOMETRA THOMSONI, nov. spec.

Pl. XIII, fig. 13, *a*, *b*.

Test sub-pentagonal, légèrement oblong, peu élevé ; les ambulacres étant légèrement renflés et les aires ambulacraires, au contraire, un peu concaves dans leur milieu. Pores petits, serrés, disposés par arcs réguliers, dont la convexité est tournée en dehors, et qui sont formés chacun de 7 paires ; chaque arc correspond à une plaque. Ambulacres n'ayant guère plus de la moitié de la largeur des aires interambulacraires ; leurs plaques (probablement au nombre de 14 ou 15 par série verticale) ayant chacune vers leur milieu, mais un peu en dehors, un tubercule peu saillant, dont le diamètre est à peine égal à la moitié de la hauteur de la plaque ; il est entouré de quelques gros grains écartés, entremêlés de grains plus petits peu nombreux. Ces plaques anambulacraires n'offrent aussi qu'un tubercule principal, un peu petit, également situé dans leur milieu ; quelques gros grains entremêlés de plus petits se remarquent encore sur ces plaques, et l'on voit en outre près du bord externe un petit tubercule trois ou quatre fois moins gros que le principal. Le diamètre antéro-postérieur du seul exemplaire que nous ayons pu observer, est de 5 centimètres et sa hauteur de 2.

Localité. Chaîne d'Hala (Sinde).

Genre ECHINANTHUS.

Ce genre, établi per Leske en 1778, et dont nous croyons devoir reprendre le nom, a été désigné plus tard par de Lamarck sous celui de *Clypeaster*. C'est un de ceux dont les caractères sont le plus variables et dont par conséquent il est le plus difficile de reconnaître les espèces. La forme générale, l'étendue relative des pétales, leur degré de saillie et de courbure, qui sont presque les seuls moyens de distinction dans un groupe où le test présente une structure s homogène, n'offrent cependant en général que très-peu de constance ; aussi est-ce avec beaucoup de doute que nous séparons ici des *Clypeaster depressus* et *oblongus* figurés par M. J. de C. Sowerby, les deux échinoïdes suivants :

ECHINANTHUS PROFUNDUS, nov. spec.

Pl. XIII, fig. 14, *a*, *b*.

CLYPEASTER PROFUNDUS, d'Archiac, *Hist. des progrès de la Géol.*, t. III, p. 248. 1850.

Test sub-pentagonal, mais dont les angles sont émoussés et arrondis, à bords minces, plus ou moins renflé dans le milieu, mais restant toujours très-peu élevé. Ambulacres non renflés, assez grands, presque complétement fermés, un peu inégaux, le médian étant le plus grand, les latéro-postérieurs en différant très-peu, et les latéro-antérieurs étant un peu plus courts. Les bandes porifères s'élargissant graduellement du centre vers le pourtour et resserrées de nouveau à leur extrémité. Le périprocte est petit, circulaire et très-rapproché du bord ; la bouche enfoncée, et les sillons ambulacraires de la face inférieure très-peu marqués. Les tubercules du dessous sont inégalement rapprochés et peu inégaux. La forme et les proportions varient un peu dans les divers individus, ainsi que cela est si habituel dans ce genre. Les quatre exemplaires adultes que nous avons observés ont donné les dimensions suivantes :

	Hauteur.		Diamètre postéro-antérieur.		Diamètre transversal.
N° 1.	001,6	....	007,5	....	006,5.
N° 2.	004,4	....	007,4	....	006,5.
N° 3.	004,6	....	007	....	005,6.
N° 4.	001,4	....	006,9	....	006.

C'est ce dernier qui est représenté pl. XIII, fig. 14.

Dans un jeune individu long de 3 centimètres, les angles marginaux né sont pas encore prononcés.

Cet Échinanthe est très-voisin des *E. Martinanus*[1] et *E. Michelottii*[2], mais il en diffère par ses sillons ambulacraires moins marqués, sa bouche plus enfoncée et sa forme moins élevée au centre. Parmi les espèces vivantes, l'*E. placunarius*[3] lui ressemble aussi beaucoup ; il se distingue par ses bords plus minces et ses pétales plus arrondis inférieurement et complétement fermés. L'*E. scutiformis*[4] se rapproche surtout de la variété oblongue, mais il est encore plus allongé et ses bords sont très-renflés. Enfin, l'*E. depressus*[5] est plus pentagonal et a les bords plus renflés, à en juger par la figure donnée par M. Sowerby, mais il est très-possible qu'il ne diffère pas de l'espèce que nous venons de décrire ; c'est un fossile de Soomrow, dans la province de Cutch.

Localité. Chaîne d'Hala (Sinde).

ECHINANTHUS HALAENSIS, nov. spec.

Pl. XIV, fig. 1, *a*, *b*.

CLYPEASTER HALAENSIS, d'Archiac, *Hist. des progrès de la Géologie*, t. III, p. 247. 1850.

Nous conservons avec doute cette espèce nommée dans le tableau de la faune nummulitique[6]. Ce pourrait bien n'être qu'une variété de la précédente ; toutefois elle s'en distingue par ses ambulacres renflés, moins étendus, moins inégaux et un peu plus ouverts extérieurement ; en même temps que par ses tubercules généralement plus serrés et plus inégaux. L'anus est extrêmement rapproché du bord. Le seul exemplaire que nous ayons examiné avait environ 7 centim. 1/2 de long, sur une largeur de 6 1/2, et une hauteur de 16 millimètres ; le point culminant n'étant pas tout à fait au centre, mais sur le sommet de l'ambulacre antérieur.

L'*E. oblongus*[7] est plus allongé et a les ambulacres plus étendus que l'*E. halaensis*, mais du reste s'en rapproche extrêmement ; il a été trouvé entre Joongrea et Kotra (province de Cutch).

Localité. Chaîne d'Hala (Sinde).

1. Desmoulins, *Études sur les Échin.*, p. 218. 1837. — *Clypeaster scutellatus* (*pars*), Agassiz et Desor, *Cat. des Échin.*, p. 73. Moule P. 28. (*Ann. des sc. nat.*, 3ᵉ sér., t. VI, p. 131. 1846).
2. Agassiz et Desor, *loc. cit.*, p. 73. (*Ann.*, p. 131) Q. 13 des Moules.
3. *Scutella placunaria*, Lamarck, *Hist. des anim. sans vert.*, t. III, p. 12. 1816, 2ᵉ éd., p. 255. — *Clypeaster placunarius*, Agassiz et Desor, *loc. cit.*, p. 130.
4. Lamarck, *Encycl. méth.*, (*Zooph.*), pl. CXLVII, fig. 3 et 4.
5. J. de C. Sowerby, *Geol. Trans.*, 2ᵉ sér., vol. V, part. 2, pl. XXIV, fig. 26. 1840.
6. D'Archiac, *Histoire des progrès de la Géologie*, t. III, p. 247.
7. J. de C. Sowerby, *Trans. of the geol. Soc. of London*, 2ᵉ sér., t. V, 2ᵉ part., pl. XXIV, fig. 25. 1840.

Genre ECHINOLAMPAS.

En adoptant ce genre, tel que l'a établi M. Gray en 1825 et que l'ont défini MM. Agassiz et Desor, nous devons pourtant faire remarquer que la position infra-marginale de l'anus ne paraît pas distinguer nettement les espèces de ce groupe de quelques autres qui ne diffèrent que par un anus supra-marginal, et que pour cette raison on a placée parmi les *Pygorhynchus*. Nous croyons que la limite entre les deux genres doit être basée sur d'autres caractères, tels que la forme et la grandeur relative du périprocte, l'étendue et la direction des pétales ambulacraires supérieurs et des pétales buccaux; et comme, sous ces divers rapports, il n'existe aucune différence essentielle entre les *Pygorhynchus grignonensis*[1] et *Pygorhynchus Delbosi*[2] et les véritables Échinolampes à anus infra-marginal, nous proposerons d'y réunir ces deux fossiles, malgré la position un peu élevée de leur anus, et d'en former, seulement dans ce grand genre, une petite section de même valeur que celles qui viennent d'y être établies par M. Gray[3].

Les Échinolampes sont représentés dans le groupe nummulitique du Sinde par six espèces fossiles.

ECHINOLAMPAS DISCOIDEUS, d'Arch.

Pl. XIV, fig. 3, *a, b*.

Echinolampas discoideus, d'Archiac, *Hist. des progrès de la Géologie*, t. III, p. 249. 1850.

Corps sub-circulaire, seulement un peu plus étendu dans le diamètre antéro-postérieur que dans le sens transversal, à contour arrondi et sans tubérosités anguleuses aux parties latéro-postérieures; on remarque seulement une très-légère saillie au-dessus de l'anus. Le sommet apicial peu saillant et situé aux deux cinquièmes antérieurs du grand diamètre. Les 4 pores génitaux un peu petits. Pétales ambulacraires, longs, plans, presque aussi complétement ouverts que dans les *Conoclypeus*; ils sont assez larges et presque inégaux entre eux sous ce rapport; les deux postérieurs le sont cependant un peu plus, et l'impaire antérieur un peu moins que les latéro-antérieurs; les quatre latéraux sont très-légèrement arqués au sommet; les bandes porifères assez larges, sub-costellées, presque égales dans un même ambulacre; aires interambulacraires (mesurées au milieu de la longueur des pétales) inégales; la postérieure la plus large de toutes; les antérieures les plus étroites; ces rapports changent auprès de l'apex, où ces dernières sont plus larges que les latérales. Disque inférieur sub-plan, un peu enfoncé au milieu; bouche presque centrale; tubérosités buccales médiocrement prononcées. Anus infra-marginal; le périprocte est petit et assez régulièrement elliptique. Tubercules petits, en général assez serrés, surtout vers le pourtour, peu inégaux, principalement sur les ambulacres; ceux qui avoisinent le péristome un peu plus gros que les autres.

Des deux exemplaires que nous avons observés, l'un a 3 centimètres, 3, de hauteur sur un

1. Agassiz et Desor, *Ann. des sc. nat.*, 3e série, t. VI, pl. xv, fig. 22 et 23. — *Nucleolites grignonensis*, Defrance, *Dict. des sc. nat.*, t.   , p.

2. Desor, *Ann. des sc. nat.*, 3e sér., t. VII, p. 160. 1847; d'Archiac, *Mém. de la Soc. géol. de France*, 2e sér., t. III, 2e part., p. 122, pl. xi, fig. 1. 1850.

3. *Ann. and Mag. of nat. hist.*, 2e sér., vol. X, p. 447. 1852.

diamètre antéro-postérieur de 7, 6; l'autre n'est élevé que de 28 millimètres, sur un grand diamètre d'un peu plus de 7 centimètres; le diamètre transversal du premier est de 7 centimètres, 3.

Cette espèce est remarquable par sa forme presque circulaire; l'*Echinolampas ovalis*[1] s'en rapproche sous ce rapport, mais il est plus allongé et ses ambulacres sont renflés. Il est possible que le *Galerites pulvinatus*[2] ne doive pas en être distingué, mais la description et la figure qui en ont été données sont trop incomplètes pour qu'on puisse établir avec certitude ses véritables affinités.

Localité. Chaîne d'Hala (Sinde).

ECHINOLAMPAS SINDENSIS, d'Arch.

Pl. XIV, fig. 2, *a*, *b*.

Echinolampas sindensis, d'Archiac, *Hist. des progrès de la Géol.*, t. III, p. 249. 1850.

Corps ovalaire, très-allongé et très-plat, à contour arrondi, et présentant dans les parties latéro-postérieures des tubérosités anguleuses peu prononcées qui n'altèrent que faiblement la courbe de l'ovale. Le sommet apical peu saillant situé presque au tiers antérieur du grand diamètre. Pétales ambulacraires très-larges, plans, droits et à peine resserrés à leur extrémité inférieure, assez larges, l'antérieur impair étant un peu plus étroit que les autres; les bandes porifères assez larges, presque égales dans un même ambulacre; celles de l'ambulacre antérieur un peu plus étroites. Aires interambulacraires inégales; les latérales les plus larges; la postérieure seulement un peu plus large que les antérieures. Disque inférieur sub-plan, à peine déprimé au milieu; bouche presque centrale; anus infra-marginal, mais très-rapproché du bord. Tubercules petits, serrés, égaux. Le seul exemplaire que nous avons observé est long de 7 centimètres 1/2 et large de 6; sa hauteur étant de 2 1/2.

Nous ne connaissons qu'une espèce ayant une assez grande ressemblance de forme avec celle-ci, c'est l'*Echinolampas Alberti*[3], mais les pétales ambulacraires de cette dernière sont fermés et légèrement renflés, et son apex ne fait pas de saillie excentrique.

Localité. Chaîne d'Hala (Sinde).

ECHINOLAMPAS SPHEROIDALIS, d'Arch.

Pl. XIV, fig. 6, *a*, *b*.

Echinolampas spheroidalis, d'Archiac, *Hist. des progrès de la Géol.*, t. III, p. 249. 1850.

Corps ovalaire, très-renflé, un peu élargi en arrière auprès des ambulacres postérieurs. Apex à peine plus élevé que la partie supérieure de l'aire interambulacraire postérieure et situé aux deux septièmes antérieurs du grand diamètre. Les 4 pores génitaux grands, surtout les deux postérieurs. Pétales ambulacraires courts, droits, plans ou très-légèrement

---

1. Des Moulins, *Études sur les Échinides*, p. 342. 1837. (T. 73 des Moules d'Agassiz).
2. J. de C. Sowerby, *Trans. of the yeol. soc. of London*, 2e sér., t. V, 2e part.; pl. xxiv, fig. 19. 1840.
3. Michelin, *Rev. et Mag. de Zool.*, janvier 1851, n° 2, pl. iii, fig. 1.

renflés, un peu étroits, fortement resserrés auprès de leur extrémité; l'antérieur plus court et un peu plus étroit que les autres; bandes porifères étroites, fortement arquées; celles d'une même paire très-inégales en étendue; dans l'ambulacre antérieur, c'est la bande droite qui est la plus longue; dans les ambulacres postérieurs, la bande externe dépasse l'interne presque du tiers de sa longueur; enfin, dans les ambulacres latéro-antérieurs, c'est la bande postérieure qui est la plus longue. Aires interambulacraires peu inégales dans le voisinage de l'apex, mesurées au milieu de la longueur des pétales, les latérales sont les plus larges. Disque inférieur sub-plan; bouche située un peu en avant du centre, péristome sub-triangulaire; tubérosités buccales très-peu marquées. Pétales buccaux ouverts. Anus marginal, un peu élevé. Tubercules assez serrés et peu inégaux; ceux qui avoisinent le péristome plus espacés et plus gros.

Les différents exemplaires que nous avons observés ne variaient que très-peu dans leur forme; le plus grand avait plus de 4 centimètres de longueur; celui qui est figuré donne les dimensions suivantes : axe antéro-postérieur, 3 centimètres, 5; axe transversal, 3; hauteur, 2, 5.

Localité. Chaîne d'Hala (Sinde).

Quelques autres espèces se rapprochent un peu par la forme de l'*E. sphœroidalis:* l'*E. stelliferus*[1] est un peu moins gibbeux, ses pétales ambulacraires sont longs et très-renflés, et la rosette buccale très-prononcée. L'*E. hemisphericus*[2], avec une forme un peu plus allongée et plus élevée, a les ambulacres également renflés et les bandes porifères larges. Quant à l'*E. Hoffmanni*[3], il est encore plus allongé et diffère surtout par son pourtour plus aminci et sa bouche moins centrale.

ECHINOLAMPAS JACQUEMONTI, nov. spec.

Pl. XIV, fig. 5, *a*, *b*.

Corps sub-ovalaire, assez large, sub-anguleux postérieurement; médiocrement élevé, élargi latéralement vers la moitié postérieure de son pourtour. Sommet apicial peu saillant, situé un peu au-devant du tiers antérieur du grand diamètre. 4 pores génitaux un peu petits. Pétales ambulacraires courts, droits, plans ou très-légèrement renflés, un peu étroits, fortement resserrés auprès de leur extrémité, peu inégaux; l'antérieur est seulement un peu plus court et un peu plus étroit que les autres; bandes porifères étroites, fortement arquées; celles d'une même paire inégales en étendue; dans l'ambulacre antérieur, la bande droite est la plus longue; dans les ambulacres postérieurs, la bande externe dépasse l'interne presque du tiers de sa longueur, et dans les ambulacres latéraux, c'est la bande postérieure qui est la plus longue. Aires interambulacraires peu inégales dans le voisinage du sommet apicial; mesurées au milieu de la longueur des pétales, les latérales sont de beaucoup les plus larges. Disque inférieur sub-plan, très-peu déprimé au centre. Bouche située un peu en avant du centre; péristome allongé en travers, anguleux en avant et arrondi extérieurement; tubérosités buccales à peine marquées; pétales buccaux ouverts. Tubercules petits, sub-égaux et très-serrés. Périprocte petit, peu allongé en travers, presque marginal, mais un peu inférieur.

Le seul exemplaire connu est long de 4 centimètres 7, large de 4 et haut de 2, 8.

Localité. Chaîne d'Hala (Sinde).

L'*E. Jacquemonii* ressemble beaucoup par sa forme générale à deux espèces vivantes, les

---

1. Des Moulins, *Études sur les Échin.*, p. 344. 1837. (R. 75 des Moules d'Agassiz).

2. Agassiz et Desor, *Cat. rais. des Échin.*, p. 107. (*Ann.*, VII, p. 465). (35, R. 99 des Moules).

3. Desor, *Cat. rais. des Échin.*, p. 108. (*Ann.*, p. 466). (S. 54, T. 72 des Moules).

E. orientalis[1] et *E. oviformis*[2], mais celles-ci diffèrent par leurs pétales ambulacraires plus longs et moins fermés. L'*E. Blainvillei*[3] présente aussi ce même caractère, et a de plus des bandes porifères très-larges.

L'*E. sub-similis* ci-dessous s'en rapproche également à beaucoup d'égards, mais se distingue par sa forme plus régulièrement ellipsoïdale, son périprocte plus petit, et surtout par l'inégalité de ses pétales ambulacraires. Quant à l'*E. sphœroïdalis* (pl. III, fig. 6), qui en est encore très-voisin, indépendamment des différences de forme, il s'en éloigne par la position caractéristique de son anus.

ECHINOLAMPAS SUBSIMILIS, d'Arch.

CLYPEASTER AFFINIS..... J. de C. Sowerby, *Geol. Trans. of London*, 2ᵉ sér., vol. V, 2ᵉ part., pl. XXIV, fig. 20. 1840. — (Non Goldfuss).

ECHINOLAMPAS SUBSIMILIS, d'Archiac, *Mém. de la Soc. géol. de France*, 2ᵉ sér., t. II, 1ʳᵉ part., p. 204 pl. VI, fig. 4. 1846.

— 　　　　Id..... Agassiz et Desor, *Ann. des sc. nat.*, 3ᵉ sér., t. VII, p. 165. 1847.

— 　　　　Id..... d'Archiac, *Mém. de la Soc. géol. de France*, 2ᵉ sér., t. III, 2ᵉ part., p. 423, pl. X, fig. 19. 1850.

Corps ovalaire, peu élevé, sub-anguleux postérieurement. Sommet apical n'étant pas plus élevé que la partie supérieure de l'aire interambulacraire impaire et situé aux 2/5 antérieurs du grand diamètre. Les 4 pores génitaux un peu petits. Pétales ambulacraires très-rapprochés au sommet, droits, assez grands, plans ou très-légèrement renflés, fortement resserrés auprès de leur extrémité extérieure, inégaux, les postérieurs les plus grands ; bandes porifères étroites, fortement arquées ; celles d'une même paire inégales en étendue ; dans l'ambulacre antérieur, la bande droite est un peu plus longue ; dans les ambulacres postérieurs, la bande externe dépasse l'interne du cinquième ou du quart de sa longueur, et dans les ambulacres latéraux, c'est la bande postérieure qui est la plus longue. Aires interambulacraires peu inégales dans le voisinage de l'apex ; mesurées au milieu de la longueur des pétales, les latérales sont les plus larges et les antérieures les plus étroites. Disque inférieur sub-plan, un peu déprimé au milieu ; bouche située un peu au-devant du centre, à péristome petit et allongé en travers. Anus inframarginal, mais très-rapproché du bord ; périprocte grand et assez régulièrement elliptique. Tubercules très-serrés et très-petits. Les divers individus varient un peu en épaisseur ; la hauteur est en moyenne de 2 centimètres 5 ; grand axe, 5 ; axe transversal, 4.

Localités. Chaîne d'Hala (Sinde). — Cutch. — Le Caire (Égypte). — Biaritz. — Saint-Palais, près Royan. — Oberweiss, Traunstein. — Trente (le Kalisberg).

Parmi les espèces qui ont une forme analogue à celle de l'*Echinolampas subsimilis*, l'*E. politus*[4] est seulement un peu plus élevé, mais a les pétales ambulacraires très-ouverts ; ce même caractère s'observe chez l'*E. scutiformis*[5], dont la bouche est de plus très-enfoncée et entourée de fortes gibbosités.

---

1. J. E. Gray; Agassiz et Desor, *Ann. des sc. nat.*, 3ᵉ sér., t. VII, p. 163. 1847.
2. Agassiz et Desor, *Cat. rais. des Échin.*, p. 105. (*Ann.*, t. VII, p. 163. 1847).
3. Agassiz et Desor, *op. cit.*, p. 106. (*Ann.*, p. 164). (T. 60, T. 99 des Moules).
4. Des Moulins, *Études sur les Échin.*, p. 348. 1837. (T. 59 des Moules d'Agassiz).
5. Des Moulins, *op. cit.*, p. 348. (S. 58, R. 13 des Moules).

ECHINOLAMPAS VICARYI, d'Arch.

Pl. XIV, fig. 4, *a*, *b*.

ECHINOLAMPAS VICARYI, d'Archiac, *Hist. des progrès de la Géol.*, t. III, p. 249. 1850.

Test elliptique, un peu allongé, à contour à peine anguleux postérieurement et peu élevé. Sommet apicial très-peu saillant, situé à peu près au deux cinquièmes antérieurs du grand diamètre. Pétales ambulacraires assez grands, un peu larges, droits, plans, resserrés près de leur extrémité, peu inégaux; bandes porifères médiocrement larges, un peu arquées; celles d'une même paire inégales en étendue; dans les ambulacres postérieurs, la bande externe est la plus longue, et dans les ambulacres latéraux, la postérieure est la plus grande. Aires interambulacraires peu inégales; les latérales sont cependant plus larges inférieurement. Disque inférieur faiblement déprimé vers le centre, un peu relevé en arrière. Bouche située en avant du centre, péristome un peu allongé en travers et sub-pentagonal; tubérosités buccales bien marquées; pétales buccaux très-distincts, un peu resserrés en dehors. Tubercules très-petits, assez serrés; ceux qui avoisinent la bouche plus gros. L'unique exemplaire que nous avons observé était privé des parties voisines de l'anus; sa longueur est de 5 centimètres 8; sa largeur, de près de 5, et sa hauteur de 2, 5.

Localité. Chaîne d'Hala (Sinde).

Plusieurs espèces se rapprochent, par leur forme générale de l'*E. Vicaryi*; parmi celles-ci, l'*E. Beaumonti*[1] est plus élevé et plus convexe, et a les ambulacres renflés avec des gibbosités buccales moins prononcées; les *E. amygdala*[2], *ellipsoidalis*[3] et *Desori*[4] sont également plus bombés, mais ils ont les ambulacres plats, longs et à peine fermés, avec des gibbosités péristomiennes peu marquées. Quant à l'*E. dorsalis*[5], il se distingue très-bien par la forme de son péristome.

Genre EURHODIA.

Nous avons déjà séparé des *Pygorhynchus* de MM. Agassiz et Desor, deux espèces qui nous paraissent plus voisines des *Echinolampas* (antè, p. 209); nous pensons que le fossile récemment décrit par M. Michelin sous le nom de *Pygorhynchus Mortonis*[6] doit former une division particulière, ayant des rapports à la fois avec les *Pygorhynchus* et avec les *Pygurus*, et que l'espèce du Sinde appelée *Pygorhynchus Morrisi*[7] par l'un de nous, constitue également le type d'une petite coupe qui ne saurait être confondue avec aucune autre. Delà, trois genres différents que nous caractériserons de la manière suivante :

PYGORHYNCHUS : Pétales supérieurs grands, rétrécis vers leurs extrémités, mais bien ouverts;

---

1. Agassiz, *Cat. syst.*, p. 5. (S. 16 des Moules). 1840.

2. Desor, *Cat. rais. des Échin.*, p. 106. (T. 17 des Moules). 1846.

3. D'Archiac, *Mém. de la Soc. géol. de France*, 2ᵉ sér., t. II, p. 203, tab. VI, fig. 3. 1846.

4. Nous appelons ainsi l'*E. Francii*, Desor (*Cat. rais. des Éch.*, p. 106. 1847) qui, d'après cet auteur même, n'est pas l'*E. Francii*, Des Moulins (*Études sur les Échin.*, p. 350. 1837). (R. 85 des Moules).

5. Agassiz, *Cat. rais. des Échin.*, p. 106 (T. 58 des Moules). — D'Archiac, *Mém. de la Soc. géol. de France*, 2ᵉ sér.

6. *Revue et Mag. de Zool.*, avril 1850.

7. D'Archiac, *Histoire des progrès de la géol.*, t. III, p. 248. 1850.

pétales buccaux ouverts, égaux, séparés par de fortes tubérosités; périprocte supra-marginal, à bords latéraux saillants, petit, ovalaire et allongé dans le sens longitudinal.— *P. scutella, Cuvieri, tumidus, crassus, sub-carinatus, sub-cylindricus* (voy. Agassiz et Desor, *Ann. des Sc. nat.*, 3ᵉ série, t. VII, p. 160 et 161), *sopitensis*[1], etc.

Hardouinia : Pétales supérieurs grands, rétrécis vers leurs extrémités, mais bien ouverts; pétales buccaux bien marqués, fermés, inégaux; l'antérieur et les deux postérieurs larges, arrondis et n'ayant que leurs pores extérieurs distincts, les latéraux un peu plus grands et anguleux; péristome très-petit, rond, entouré de tubérosités très-saillantes. Périprocte supra-marginal, ouvert dans une dépression, médiocre, circulaire. Un espace nu à la face inférieure, sur l'aire interambulacraire postérieure. — *Pygorhynchus Mortoni*, Michelin, *loc. cit.*

Par ses pétales supérieurs et la forme de son périprocte, l'Hardouinie ressemble beaucoup aux *Pygurus*.

Eurhodia : Pétales supérieurs petits, presque fermés, à bandes inégales; pétales buccaux fermés, sub-égaux, ayant leurs pores internes dédoublés; péristome entouré de tubérosités faibles et inégales; périprocte supra-marginal, ouvert dans une faible dépression, grand, ovalaire et allongé dans le sens transversal. — *Pygorhynchus Morrisi*, d'Arch.

Si l'on compare les caractères de ces trois genres, on verra que le dernier diffère des deux autres par ses pétales supérieurs petits et fermés, ses pétales buccaux fermés et égaux, et son grand périprocte transversal. La forme de ce périprocte le rapproche des *Echinolampas* à anus supra-marginal, mais il s'en distingue bien par ses ambulacres.

EURHODIA MORRISI, nov. spec.

Pl. XIV, fig. 7, *a, b, c*.

Pygorhynchus Morrisi, d'Archiac, *Hist. des progrès de la Géol.*, t. III, p. 248. 1850.

Corps ellipsoïde, allongé, un peu tronqué postérieurement. Sommet apical n'étant pas sensiblement plus élevé que la partie supérieure de l'ambulacre antérieur et de l'aire interambulacraire postérieure, situé aux 2/5 antérieurs de l'axe longitudinal. Pétales ambulacraires courts, plans, peu inégaux en étendue, bien fermés, à l'exception de l'antérieur qui est aussi un peu plus étroit que les autres; bandes porifères assez larges, celles du pétale ambulacraire antérieur égales et presque droites, celles des pétales latéraux sub-égales et très-arquées, celles des pétales postérieurs inégales en largeur et en direction, l'externe étant large et arquée, l'interne étroite et presque droite. 4 petits pores génitaux. Aires interambulacraires peu inégales, les latérales étant cependant les plus larges. Disque inférieur presque plan, un peu déprimé autour de la bouche; celle-ci située bien au-devant du centre. Péristome sub-pentagonal, entouré de 5 tubérosités faiblement prononcées; pétales buccaux bien marqués, fermés, peu inégaux, les deux postérieurs cependant un peu plus petits; leurs pores internes se dédoublent, en sorte qu'il y en a 3 pour chaque petite plaque. Anus postérieur et supra-marginal, situé dans une faible dépression. Périprocte sub-rostré, un peu allongé en travers, et sub-elliptique. Tubercules très-petits et assez serrés sur les parties supérieures, notablement plus gros et entourés d'une large excavation sur le disque inférieur; un petit espace lisse en dessous, au milieu de l'aire interambulacraire postérieure.

Longueur, 43 ou 44 millimètres; largeur, 27 ou 28; hauteur, 18 ou 20.

Localité. Chaîne d'Hala (Sinde).

[1]. D'Archiac, *Mém. de la Soc. géol. de France*, 2ᵉ sér., t. II, 1ʳᵉ part., p. 203, pl. vɪ, fig. 5. 1846.

Genre CONOCLYPEUS.

M. Agassiz a créé ce genre pour des espèces qui, sous le rapport du périprocte, doivent être rangées dans deux sections. L'une ayant pour type le *C. Leskei*, ne diffère des Echinolampes que par ses pétales supérieurs très-prolongés et très-ouverts; la seconde comprenant le *C. conoïdeus* [1] et quelques autres, s'en distingue par son périprocte allongé dans le sens antéro-postérieur. Le fossile que nous allons décrire appartenait très-probablement à la première de ces divisions, car il est très-voisin du *C. Leskei* et d'un autre *Conoclypeus* rapporté d'Égypte par M. Lefèvre, dans lesquels l'ouverture postérieure est allongée en travers.

CONOCLYPEUS FLEMINGI, nov. spec.

Pl. XV. fig. 1.

Test sub-ovalaire, élevé, fortement convexe en dessus, à pourtour un peu renflé. Sommet apical situé aux 3/8 de la longueur. Aires ambulacraires bien développés, droits, étroits surtout en haut, l'antérieur un peu plus large que les autres; bandes porifères un peu étroites, sub-costellées; celles de l'ambulacre impair un peu plus larges que les autres; dans les ambulacres postérieurs, la bande interne est plus étroite que l'externe ou antérieure. Entre les tubercules assez petits et enfoncés des deux tiers supérieurs du test, il y avait des papilles saillantes, plus nombreuses et moins grosses que dans le *C. Leskei* [2]. Bouche presque centrale, située dans une dépression peu marquée; péristome petit et entouré de 5 tubérosités presque égales et équidistantes assez bien accusées.

Nous avons observé un seul échantillon, qui malheureusement est en mauvais état, et dont la partie voisine de l'anus manque complétement; sa longueur est de 8 centimètres; sa largeur de 4 1/2, et sa hauteur de 5.

Il a été trouvé à Keurah, près de la montagne de Sel (Pendjab).

M. Lefèvre a rapporté d'Égypte un fossile qui est aujourd'hui dans les galeries du Muséum d'histoire naturelle et qui a une grande ressemblance avec le précédent; seulement il est moins renflé, ses granulations sont beaucoup plus petites et plus serrées, et l'on ne voit pas de tubérosités sur les espaces qui les séparent; les sillons buccaux sont aussi mieux marqués.

Genre BREYNIA.

Sous le nom d'*Echinocardium*, M. Gray avait, d'après Van Phelsum, caractérisé, en 1825 [3], un genre que plus tard M. Agassiz nomma *Amphidetus*. Dans une note beaucoup plus récente [4], le zoologiste anglais partage les Echinocardes en deux sections, la première comprenant les *Amphidetus*, et la seconde les *Breynia* de MM. Agassiz et Desor. Ce rapprochement ne nous paraît pas admissible; les Breynies différant des Échinocardes ou Amphidètes par leurs gros tubercules de la face supérieure et par leur fasciole latérale.

1. Goldfuss, *Petref. Germ.*, t. I, p. 131, tab. XLI, fig. 8. 1830.
2. *Clypeaster Leskei*, Goldfuss, *Petref. Germ.*, t. I, p. 130, tab. XLII, fig. 1. 1838.
3. *Annals of philosophy*, nouv. sér., t. X, p. 430. 1825.
4. *Annals and Magazine of natural history*, 2ᵉ sér., vol. VII, p. 131. 1851.

BREYNIA CARINATA, nov. spec.

Pl. XV, fig. 4, *a*, *b*, *c*.

EUPATAGUS CARINATUS, d'Archiac, *Hist. des progrès de la Géol.*, t. III, p. 251. 1850.

Corps allongé, peu élevé, bilobé en avant, atténué en arrière et tronqué à l'extrémité ; surface supérieure très-légèrement convexe. Les 4 pores génitaux petits et très-rapprochés ; le corps madréporiforme peu distinct, ovalaire et allongé dans le sens du diamètre antéro-postérieur ; les plaques qui entourent immédiatement l'écusson apical, circonscrites par une fasciole ovalaire non sinueuse, arrondie postérieurement, et dont les branches antérieures se rapprochent au niveau des ambulacres antérieurs ; celles de ces plaques qui sont ambulacraires montrent de très-petits pores disposés en une série qui coupe angulairement les bandes porifères des pétales ; ces bandes, qui commencent au bord de la fasciole interne, sont formées de grands pores disposés par paires simples, ouverts dans des sillons transverses, marqués et séparés par de grosses côtes ; elles sont larges, sensiblement droites, s'unissent extérieurement, de manière à fermer complètement les pétales, et leur trajet est marqué par une légère dépression sulciforme ; celles des ambulacres latéraux sont plus courtes que celles des ambulacres postérieurs, et celles d'un même pétale sont inégales entre elles ; seulement dans les pétales latéraux, c'est la bande antérieure qui commence le plus loin de l'apex et qui est la plus courte, et dans les pétales postérieurs l'antéro-externe est la plus longue ; les pétales ambulacraires sont médiocrement larges et médiocrement longs, anguleux extérieurement ; les postérieurs sont rapprochés l'un de l'autre et les latéraux très-écartés de ceux-ci et situés tous deux presque sur une même ligne transversale ; l'ambulacre antérieur n'est pas pétaloïde, il forme un sillon très-peu prononcé et n'offre que des pores très-peu distincts ; la fasciole péripétale est très-faiblement sinueuse, sub-elliptique et assez rapprochée des pétales. Les aires interambulacraires paires, dans la partie limitée par la précédente fasciole, présentent de gros tubercules assez serrés, peu inégaux et enfoncés dans leurs fossettes ; l'aire interambulacraire impaire et les aires ambulacraires sont presque lisses ou simplement granulées. Face inférieure du corps presque plane, si ce n'est auprès de l'anus où elle offre, sur la ligne médiane, une tubérosité oblongue et sub-cariniforme, au-devant de l'anus ; les ambulacres sont lisses en dessous, et leurs pores sont indistincts. Les aires interambulacraires sont couvertes de gros grains serrés et assez saillants. La bouche est située aux 3/40 antérieurs du grand axe. L'anus est marginal ; le périprocte grand, anguleux supérieurement, sub-ovalaire et allongé dans le sens vertical. Dans quelques individus l'aire interambulacraire impaire est un peu élevée au-dessus de l'anus.

Le plus grand exemplaire que nous ayons observé est long de 9 centimètres, large de 7 et haut de 3 ; d'autres n'ont que 6 centimètres de longueur.

Localité. — Chaîne d'Hala (Sinde).

On ne connaissait jusqu'à présent que deux *Breynia*, toutes deux vivantes, la *B. australasiæ*[1] et une autre que vient de décrire M. Gray ; la première diffère de la *B. carinata* par sa forme plus élargie postérieurement, et par sa fasciole interne plus sinueuse et sub-anguleuse en avant. Nous avons cependant trouvé dans la belle collection de M. Michelin une autre espèce fossile, et que la nature de la gangue nous porte à regarder comme provenant de Biaritz. Elle est très-voisine de celle que nous décrivons, surtout par sa forme générale ; mais son sillon ambulacraire antérieur

1. *Spatangus crux-Andreæ*, Lamarck, *Hist. des anim. sans vert.*, t. III, p. 34. 1816. — *Spatangus Australasiæ*, Leach, *Zoolog. misc.*, t. II, pl. LXXXII, p. 68. 1815.

est beaucoup plus profond que dans les deux autres *Breynia* qui nous sont connues, et ses aires interambulacraires latérales sont lisses dans leur moitié postérieure. Ces deux caractères suffiront pour bien distinguer ce Spatangide auquel pourrait convenir le nom de *B. sulcata*.

Genre EUPATAGUS.

MM. Agassiz et Desor ont éloigné de ce genre, sous le nom de *Plagionotus*, une espèce vivante fort remarquable par sa grande taille, et l'ont rapprochée des *Brissus*, dont elle diffère à beaucoup d'égards. Une analyse comparative de tous ses caractères nous a fait reconnaître que sa véritable place est parmi les *Eupatagus*, et qu'elle n'offre que des différences spécifiques avec les Spatangides de ce groupe. On devra donc l'appeler à l'avenir *Eupatagus pectoralis* [1].

Le genre *Eupatagus* est représenté par 3 espèces dans le groupe nummulitique du Sinde.

EUPATAGUS PATELLARIS, d'Arch.

Pl. XV, fig. 6, *a*, *b*.

EUPATAGUS PATELLARIS, d'Archiac, *Hist. des progrès de la Géol.*, t. III, p. 254. 1850.

Corps très-plat, sub-ovalaire, peu allongé. Surface supérieure très-légèrement convexe. Appareil apicial très-petit. Pétales ambulacraires se touchant presque à leur sommet, larges, sensiblement droits, bien fermés extérieurement, longs, surtout les postérieurs, très-faiblement renflés; bandes porifères larges, costulées, arquées, à pores grands; l'ambulacre antérieur à peine déprimé et n'offrant que des pores indistincts. Aires interambulacraires latérales plus larges que les antérieures, la postérieure très-étroite; cette dernière et les ambulacres sont lisses, mais les aires interambulacraires paires présentent de gros tubercules un peu espacés, un peu inégaux, enfoncés dans leurs fossettes, s'étendant jusqu'à la périphérie où ils sont limités par une fasciole marginale. Disque inférieur légèrement concave en avant; bouche située au tiers antérieur du diamètre longitudinal; les aires interambulacraires latérales très-larges en dessous et couvertes de tubercules assez gros, serrés, obliques, peu saillants et à fossette assez profonde mais prononcée seulement en arrière. Dans l'unique individu que nous avons observé, la partie postérieure était brisée. La longueur totale paraît être de 4 centimètres 1/2, la largeur étant de 3 centimètres 1/2, et l'épaisseur de 1 centimètre.

Nous n'hésitons pas à rapporter cette espèce au genre *Eupatagus*, parce que nous avons bien distingué des indices de fasciole péripétale; mais nous devons faire observer que le Spatangide qui paraît avoir le plus d'affinité avec celui-ci, a été conservé par MM. Agassiz et Desor dans le genre *Spatangus* tel qu'ils l'ont restreint; nous voulons parler du *Spatangus planulatus*, Lamarck [2] qui ne se distingue guère de notre *Eupatagus patellaris* que par sa forme moins aplatie, ses tubercules plus petits et plus inégaux, et ses ambulacres plus étroits; la raison pour laquelle il a été laissé parmi les Spatangues proprement dits, c'est que les auteurs du *Catalogue raisonné des Échinides* n'y ont pas trouvé de fasciole péripétale; il est vrai que cette fasciole est rudimentaire et tout à fait marginale dans notre espèce; mais si l'on a égard à la forme du périprocte qui est plus haut que large, comme cela a lieu dans tous les *Eupatagus*, tandis que chez

1. Lamarck, *Encycl. méth. Zooph.*, pl. CLIX, fig. 2 et 3.
2. *Hist. des anim. sans vert.*, t. III, p. 34. — Agassiz et Desor, *Cat. rais.*, p. 143. (*Ann. des sc. nat.*, 3ᵉ sér., t. VIII, p. 7. 1847.)

les vrais *Spatangus* il est toujours beaucoup plus large que haut, on pensera peut-être qu'il y a plus de motifs pour la placer dans le genre *Eupatagus* que dans le genre *Spatangus*. L'*E. patellaris* se sépare du reste de tous ses autres congénères par sa forme très-aplatie.

Localité. — Chaîne d'Hala (Sinde).

EUPATAGUS ROSTRATUS, d'Arch.

Pl. XV, fig. 3, *a, b*.

Eupatagus rostratus, d'Archiac, *Hist. des progrès de la Géol.*, t. III, p. 251. 1850.

Corps allongé, sub-ovalaire, sub-bilobé en avant, un peu atténué en arrière et tronqué à l'extrémité, assez mince, un peu épaissi postérieurement. Pétales ambulacraires assez bien fermés, un peu aigus en dehors, médiocrement larges et assez longs; les postérieurs sont rapprochés et droits, les latéraux plus courts et légèrement arqués en avant; bandes porifères un peu étroites, costellées; ambulacre antérieur seulement un peu déprimé en avant, à pores indistincts; aires interambulacraires latérales plus larges que les antérieures; la postérieure étroite et renflée en arrière; et lisse comme les ambulacres; les autres couvertes de gros tubercules un peu inégaux et enfoncés dans des fossettes peu profondes. La fasciole péripétale paraît être sub-marginale; le périprocte est marginal, sub-ovalaire, anguleux supérieurement, et plus haut que large. Disque inférieur presque plan, renflé au devant de l'anus sur la ligne médiane; bouche située aux deux septièmes antérieurs du grand axe; d'assez gros tubercules saillants sur les aires interambulacraires latérales.

Parmi les exemplaires que nous avons observés, le plus grand a 3 centimètres 1/2 de longueur et 28 millimètres de largeur, sur une hauteur d'un centimètre environ.

Localité. — Chaîne d'Hala (Sinde).

Nous n'avons pas pu nous assurer complétement de la présence d'une fasciole péripétale dans cette espèce, et c'est surtout la forme de son périprocte qui nous a décidé à la regarder comme un *Eupatagus*. Au reste, il ressemble extrêmement à l'*Eupatagus elongatus*[1] dont il se distingue par ses ambulacres un peu plus larges et par ses tubercules moins nombreux et plus gros.

EUPATAGUS? AVELLANA, nov. spec.

Pl. XV, fig. 8, *a, b*.

Brissus? avellana, d'Archiac, *Hist. des progrès de la Géol.*, t. III, p. 251. 1850.

Corps ovalaire, allongé, épais; les quatre pores génitaux grands et rapprochés. Pétales ambulacraires un peu étroits, assez bien fermés, les postérieurs les plus longs et droits, les latéraux faiblement arqués en avant; bandes porifères médiocrement larges, costellées, à pores trèsgrands; ambulacre impair très-peu distinct et simplement indiqué en avant par une concavité très-légère. Aires interambulacraires antérieures un peu plus larges que les latérales, qui le sont elles-mêmes un peu plus que la postérieure; toutes présentent de gros tubercules situés dans des fossettes peu profondes et qui sont entremêlés de tubercules plus petits et de granula-

---

[1]. *Spatangus elongatus*, Agassiz, *Cat. syst.*, p. 2. 1840. — Eug. Sismonda, *Mem. dell' Acad. delle sc. di Torino*, 2ᵉ sér., t. IV, p. 35, tab. II, fig. 1. 1842.

tions inégales ; tous ces tubercules s'arrêtent vers l'*ambitus*, où il existait très-probablement une fasciole péripétale, ce dont au reste il nous a été impossible de nous assurer. L'anus est marginal et un peu supérieur ; le périprocte sub-ovalaire et un peu plus élevé que large. Le dessous du corps est légèrement convexe et couvert de tubercules un peu saillants, entremêlés de petits grains qui vont en grossissant du dehors en dedans ; la bouche est située au tiers antérieur du grand diamètre. Le seul exemplaire que nous ayons observé est long de 16 millimètres, large et haut de 9 millimètres.

Localité. — Chaîne d'Hala (Sinde).

Ce Spatangide ressemble beaucoup par sa forme générale à la plupart des *Brissus* proprement dits, mais dans les espèces de ce dernier genre on ne trouve jamais de gros tubercules à la face supérieure, et la fasciole péripétale s'avance dans les aires interambulacraires[1]. Les caractères des *Eupatagus* se retrouvent tous au contraire dans le fossile que nous venons de décrire, et il se rapproche extrêmement de l'*Eupatagus brissoïdes*[2] dont il ne diffère que par sa forme moins renflée et ses ambulacres plus larges et non excavés.

Genre **BRISSOPSIS**.?

BRISSOPSIS? SCUTIFORMIS, d'Arch.

Pl. XV, fig. 5, *a*, *b*.

BRISSOPSIS SCUTIFORMIS, d'Archiac, *Hist. des progrès de la Géol.*, t. III, p. 251. 1850.

Corps déprimé, à peine plus long que large , un peu élargi latéralement vers son milieu, un peu plus élevé en arrière qu'en avant, sub-bilobé antérieurement, légèrement tronqué à sa partie postérieure ; disque apicial presque central ; ambulacre antérieur formant un sillon large et assez bien marqué, granulé, à pores distincts ; pétales ambulacraires droits, étroits, assez grands et sulciformes, les latéraux plus longs et plus creux que les postérieurs ; bandes porifères assez larges, sensiblement droites, subcostellées, deux fois plus larges que l'espace compris entre les bandes d'un même ambulacre ; pores très-grands, rapprochés ; fasciole péripétale à peine sinueuse si ce n'est un peu en avant, un peu irrégulière, touchant à l'extrémité des pétales. Aires interambulacraires latérales beaucoup plus larges que les antérieures et surtout que la postérieure. Anus marginal ; périprocte grand, arrondi, un peu plus élevé que large ; disque inférieur presque plan, renflé sur la ligne médiane au-devant de l'anus ; bouche située aux quatre onzièmes antérieurs du grand diamètre ; péristome subelliptique ; on distingue quelques pores ambulacraires péristomiens. Le seul individu connu est très-roulé ; sa longueur est d'un peu plus de 5 centimètres, sa largeur de 3 ou 4 millimètres de moins et sa hauteur de 2 centimètres.

Localité. — Chaîne d'Hala (Sinde).

1. Voyez plus haut (p. 217) ce que nous avons dit du genre *Plagionotus*.
2. Agassiz et Desor, *Cat. rais.*, p. 116. (*Ann. des sc. nat.*, 3ᵉ sér., t. VIII, p. 10. 1847). — *Spatangus brissoïdes*, Des Moulins, *Étud. sur les Éch.*, p. 392. 1837. (T. 98 des Moules).

BRISSOPSIS? SOWERBYI, d'Arch.

Pl. XV, fig. 7, *a, b.*

Brissopsis Sowerbyi, d'Archiac, *Hist. des progrès de la Géol.*, t. III, p. 251. 1850.

Corps peu allongé, élargi latéralement vers son milieu, assez élevé, surtout en avant ; apex situé à peu près au tiers antérieur du grand diamètre ; les quatre pores génitaux très-rapprochés, les postérieurs les plus grands ; les quatre pores oculaires très-marqués ; ambulacre formant un sillon évasé, assez prononcé et limité de chaque côté par une carène sub-gibbeuse assez grosse. Pétales ambulacraires creux, droits, étroits, médiocres ; les latéraux à peu près aussi longs que les postérieurs ; les pores grands, assez rapprochés ; bandes porifères costellées, celles des ambulacres latéraux sont un peu plus larges que celles des pétales postérieurs, et l'espace compris entre elles est plus étroit ; de petits tubercules espacés bordent les ambulacres ; la fasciole péripétale subpentagonale, à peine sinueuse, touchant à l'extrémité des pétales. Aires interambulacraires latérales un peu plus larges que les antérieures et la postérieure, toutes sont un peu saillantes auprès de leur sommet. Anus marginal ; périprocte arrondi ? Disque inférieur presque plan, très-légèrement renflé au-devant de l'anus ; bouche située aux deux cinquièmes antérieurs du grand axe, péristome allongé en travers et fortement labié, entouré d'une étoile distincte de pores ambulacraires simples pour la plupart. A la face supérieure on voit quelques grosses granulations qui sont encore plus fortes sur les aires interambulacraires inférieures. Le plus grand individu observé a 3 centimètres 1/2 de longueur, un peu plus de 3 centimètres de largeur, et un peu moins de 2 centimètres de hauteur. Une variété plus plate n'a qu'un centimètre de haut sur 2 centimètres 1/2 de long.

Localité. — Chaîne d'Hala (Sinde).

Genre HEMIASTER.

Nous pensons qu'il ne faut laisser ce nom qu'aux espèces du 1ᵉʳ sous-genre de MM. Agassiz et Desor, c'est-à-dire à celles dont les pétales postérieurs sont beaucoup plus courts que les latéraux, telles que les *Hemiaster bufo, prunella, nucula, bucardium, Edwardsi, Leymerici,* etc., tandis qu'on devra placer dans un groupe à part les *Hemiaster cubicus, latisulcatus, Verneuili,* etc., c'est-à-dire les espèces ayant les pétales pairs sub-égaux, mais sans fasciole marginale. La présence de ce dernier caractère et la forme du périprocte distinguent bien les *Pericosmus*, dont le type bien caractérisé est le *Pericosmus latus* (M. 23 des Moules).

HEMIASTER DIGONUS, d'Arch.

Pl. XV, fig. 10, *a, b, c.*

Hemiaster digonus, d'Archiac, *Histoire des progrès de la Géol.*, t. III, p. 252. 1850.

Corps peu allongé, renflé sur les côtés, peu élevé surtout en avant. Disque apical sub-central, mais légèrement excentrique en arrière ; les deux pores génitaux postérieurs grands, écartés, seuls distincts; les pores ocellaires très-petits. Pétales ambulacraires très-larges, fortement concaves et très-inégaux. L'ambulacre antérieur est le plus large de tous; il occupe un sillon très-grand et très-évasé qui marque au bord antérieur deux lobes distincts, et qui est limité de chaque côté par un espace interambulacraire cariniforme; ses deux bandes porifères sont assez prononcées, très-écartées l'une de l'autre, médiocrement prolongées et étroites; les paires de pores sont peu serrées, et dans l'intervalle qui sépare les deux séries, on remarque des traces d'autant de paires qui ont avorté; les deux pores d'une même paire sont rapprochés et séparés par une assez forte granulation; les pétales latéraux sont médiocrement longs, faiblement arqués, leur convexité étant tournée en arrière, un peu resserrés au sommet, élargis et presque fermés en dehors; les bandes porifères plus larges que l'espace compris entre elles, l'antérieure étant cependant très-étroite dans sa moitié interne. Les pores ont la forme de fentes transversales, et sont très-serrés longitudinalement. Pétales postérieurs extrêmement petits, sub-circulaires, ayant à peu près le tiers de la longueur des latéraux, et présentant, d'ailleurs, la même structure. Les espaces interambulacraires très-inégaux auprès du disque apical; les antérieurs très-étroits, les latéraux les plus larges; les plaques anambulacraires ayant leur centre saillant. Anus supra-marginal; périprocte arrondi, un peu plus haut que large. Face inférieure du corps convexe, un peu renflée en arrière; bouche située au quart antérieur du grand diamètre; péristome légèrement bordé, semi-circulaire, sub-labié; de petits pétales péristomiens ouverts. Les espaces interambulacraires couverts de granulations un peu saillantes. Nous n'avons pu suivre de fasciole dans aucun des exemplaires que nous avons observés. Le plus grand d'entre eux a 22 millimètres de longueur, sur une largeur de 20 millimètres et une hauteur de 15.

Localité. — Chaîne d'Hala (Sinde).

L'*Hemiaster Bowerbanki*[1] rappelle un peu cette espèce, mais il est moins gibbeux et a surtout un sillon ambulacraire antérieur beaucoup moins large.

Genre SCHIZASTER.

SCHIZASTER BELOUTCHISTANENSIS, nov. spec.

Pl. XV, fig. 9, *a, b.*

Spatangus acuminatus....... J. de C. Sowerby, *Geol. Trans.*, 2ᵉ sér. t. V, 2ᵉ part., pl. xxiv, fig. 23 1840. — (Non Goldfuss).
Hemiaster beloutchistanensis, d'Archiac, *Hist. des progrès de la Géologie*, t. III, p. 252. 1850.

Corps renflé, peu allongé, élevé surtout postérieurement. Disque apical un peu excentrique en arrière; quatre pores génitaux; les postérieurs plus grands; cinq pores ocellaires distincts, l'antérieur situé entre les génitaux antérieurs, les autres très en dehors. Pétales ambulacraires courts, concaves, inégaux, assez larges. Ambulacre impair situé dans un sillon peu évasé, profond, qui s'efface un peu en avant et qui est limité latéralement par des interambulacres étroits et cariniformes; ses bandes porifères sont très-étroites, très-écartées l'une de l'autre et assez prolongées; les pores d'une même paire ne sont séparés que par une granulation saillante, et les paires sont assez distantes les unes des autres. Pétales latéraux légèrement courbés en S, un peu rétrécis près de leur sommet, bien fermés à l'autre extrémité; les bandes porifères plus larges que l'espace intermédiaire, l'interne étant un peu rétrécie en haut et un peu élargie près de

____

1. Forbes, *Monogr. of the Echin. of the Brit. tertiaries*, p. 24, tab. iii, fig. 6. 1852.

l'extrémité extérieure ; les pores serrés et un peu allongés en travers. Pétales postérieurs elliptiques, droits, n'ayant pas tout à fait la moitié de la longueur des pétales latéraux, et présentant la
même structure. Interambulacres antérieurs très-étroits au sommet, les latéraux à peu près aussi
larges que le postérieur ; leurs plaques ayant un centre légèrement saillant et étant couvertes de
granulations un peu inégales. Anus marginal, situé dans la moitié supérieure du bord postérieur ;
périprocte ovalaire, plus haut que large. La fasciole péripétale suit de très-près les ambulacres,
mais ne pénètre pas dans les anfractuosités des aires interambulacraires ; la fasciole latérale peu
éloignée de celle-ci, naît au milieu des pétales latéraux, et, après une double courbure en sens
opposé, descend jusqu'à 3 millimètres au-dessous du périprocte. Surface inférieure plane dans
le milieu, convexe extérieurement. Bouche située au quart antérieur du diamètre longitudinal ;
péristome étroit, allongé en travers et labié. Sur les côtés et au-devant de la bouche, on voit
d'assez gros tubercules assez serrés et portés sur une aréole limbiforme ; l'écusson médian qui
correspond à l'espace interambulacraire impair, en présente d'un peu plus petits, mais beaucoup plus rapprochés et disposés en rangées très-régulières ; les plaques ambulacraires sont nues.

Le plus grand des individus observés a 3 centimètres de longueur, 28 millimètres de largeur
et 2 centimètres de hauteur.

Localités. — Chaîne d'Hala (Sinde). — Baboa Hill (province de Cutch). — M. de Verneuil en
a trouvé un exemplaire dans les couches nummulitiques de Saint-Michel du Fay (Catalogne).

Trois autres espèces ont une grande ressemblance de forme avec celle-ci, ce sont : le *Schizaster acuminatus*[1] qui est seulement plus dilaté, dont l'aire interambulacraire postérieure est
beaucoup plus saillante et dont les ambulacres latéraux sont plus larges et moins courbés, puis
le *S. verticalis*[2] qui est beaucoup plus petit, et dont les ambulacres sont très-différents ;
enfin le *S. vicinalis*[3], qui a les pétales latéraux droits et assez allongés, et dans le sillon antérieur duquel on ne voit pas les gros grains que présente le *S. beloutchistanensis*.

<h3 style="text-align:center">SCHIZASTER NEWBOLDI, nov. spec.</h3>

Pl. XV, fig. 2.

SCHIZASTER RIMOSUS? d'Archiac, *Hist. des progrès de la Géol.*, t. III, p. 252. 1850. — (Non d'Archiac,
Mém. de la Soc. géol.).

Corps presque aussi large que long, peu élevé, mais l'étant un peu plus en arrière qu'en avant.
Le sillon de l'ambulacre impair large et très-profond, mais échancrant faiblement le bord antérieur ; les pores y sont un peu écartés et rejetés sur les côtés ; les pétales latéraux, médiocres,
très-profonds, arqués au sommet ; bandes porifères assez larges, costellées, redressées sur les parois
latérales des fosses ambulacraires ; les pétales postérieurs à peu près une fois plus courts que les
latéraux, également profonds, droits et sub-ovalaires. Les espaces interambulacraires sont étroits et
saillants au sommet ; leurs plaques ont leur centre un peu élevé et sont couvertes de granulations
un peu inégales, mais très-fines et très-nombreuses. Face inférieure du test légèrement convexe.
Bouche située au quart antérieur du diamètre longitudinal ; péristome à lèvre saillante ; les tubercules des aires interambulacraires inférieurs médiocres, portés sur un limbe discoïde, serrés,

---

1. *Spatangus acuminatus*, Goldfuss, *Petref. Germ.*, t. I, p. 158, tab. XLIX, fig. 2.

2. Agassiz, *Cat. syst.*, p. 3. 1840. — d'Archiac, *Mém. de la Soc. géol. de France*, t. II, 1re part.,
p. 202, pl. VI, fig. 2. 1846. — *Hemiaster, id.*, Desor, *Ann. des sc. nat.*, t. VIII, p. 17.

3. Agassiz et Desor, *Ann. des sc. nat.*, 3e sér., t. VIII, p. 21. 1847. — d'Archiac, *Mém. de la Soc. géol.
de France*, 2e sér., t. III, 2e partie, p. 426, pl. XI, fig. 1. 1850.

inégaux, et d'autant plus gros qu'ils avoisinent davantage la bouche. La fasciole péripétale nous a paru suivre de très-près les bords des pétales, mais sans cependant pénétrer complétement dans les sommets anguleux des aires interambulacraires; la fasciole latérale part du milieu des pétales latéraux et se courbe un peu en dehors avant de descendre sous l'anus.

Les trois exemplaires que nous avons examinés sont très-déformés et brisés; la figure que nous donnons est restaurée. La longueur de cette espèce est environ de 5 centimètres 1/2, et sa hauteur de 2 centimètres.

Localité. — Chaine d'Hala (Sinde). — Saint-Michel du Fay (Catalogne).

Ce *Schizaster* est extrêmement voisin du *S. lacunosus*[1] dont nous avons hésité à le séparer; cependant ce dernier est plus bombé, plus arrondi, n'a pas le centre des plaques saillant, en même temps que ses pétales latéraux sont plus larges et son ambulacre plus élevé. Le *S. rimosus*[2] se distingue du *S. Newboldi* par son aire interambulacraire postérieure aiguë, ses forts tubercules latéraux, et ses pétales latéraux droits.

Le *Schizaster d'Urbani*[3] qui a été découvert dans l'argile de Londres, ne diffère peut-être pas du *S. Newboldi*, mais la description et la figure de cette espèce sont trop incomplètes pour que nous puissions nous prononcer à cet égard.

---

1. *Spatangus lacunosus*, Goldfuss, *Petref. Germ.*, t. I, p. 158, tab. XLIX, fig. 3.

2. Desor, *Ann. des sc. nat.*, 3e sér., t. VIII, p. 22. 1847. — d'Archiac, *Mém. de la Soc. géol. de France*, 2e sér., t. III, 2e part., p. 425, pl. XI, fig. 5. 1850.

3. Forbes, *Monogr. of the Echin. of Brit. tert.*, p. 27, et vignette 1 de la page 36. 1852.

MOLLUSQUES

CLASSE DES BRYOZOAIRES

Famille des ESCHARIDES (Escharidæ)

Genre ESCHARA.

Lorsqu'en 1801, Lamarck créa ce genre, d'après Pallas, il n'y plaça que trois espèces[1], mais en 1816[2], il en décrivit de nouvelles, et bientôt d'autres naturalistes en accrurent considérablement le nombre. Les limites de ce groupe s'agrandirent au point qu'il devint tout à fait impossible de tirer quelques caractères précis de l'organisation des êtres qui s'y trouvaient réunis; le seul trait commun à toutes les espèces consistait dans la forme foliacée des colonies résultant de l'adossement de deux plans verticaux d'individus. M. Alc. d'Orbigny, frappé de l'hétérogénéité des éléments renfermés dans ce grand genre, vient de le démembrer et de former à ses dépens de nombreuses divisions dont plusieurs devront être conservées. Ce paléontologiste[3] a laissé avec raison le nom d'*Eschara*, aux premières espèces de Lamarck, c'est-à-dire aux *Millepora foliacea* et *cervicornis* d'Ellis; mais il a établi à tort le genre *Escharella*[4] en considération de quelques particularités, fort peu importantes d'ailleurs, qui se retrouvent justement chez l'un des bryozoaires qu'il prend pour type des vraies Eschares.

ESCHARA HALAENSIS, nov. sp.

Pl. XXXVI, fig. 1, *a*, *b*.

Nous ne connaissons malheureusement qu'un fragment de cette espèce, et nous ne savons pas quelle était sa forme générale. Les testules[5] sont sub-ovalaires, plates, légèrement concaves dans leur milieu et séparées entre elles par une bordure commune mince. Leurs parois paraissent être complétement lisses à l'extérieur. Le péristome est grand, terminal et semi-circulaire. Toutes les testules sont sensiblement égales entre elles; elles ont environ un millimètre de longueur et un demi de large.

Localité. Chaîne d'Hala (Sinde).

---

1. *Système des animaux sans vertèbres*, p. 375. 1801.
2. *Histoire naturelle des animaux sans vertèbres*, t. II, p. 173. 1816. — Deuxième édit., p. 265.
3. *Paléontologie française, terrains crétacés*, t. V, p. 343. 1850-1854.
4. *Loc. cit.*, p. 218.
5. Ce terme a été proposé en 1852 par l'un de nous (Jules Haime, *Observations sur la morphologie des Tubuliporides*, *l'Institut*, n° 954, t. XX, p. 147), pour désigner les petites coquilles des bryozoaires qui se groupent diversement selon les espèces et dont l'ensemble constitue le *testier*; jusqu'alors la colonie ainsi formée avait été improprement appelée *polypier*.

ESCHARA THOMSONI, nov. sp.

Pl. XXXVI, fig. 2, *a, b.*

C'est encore d'après un petit fragment que nous établissons cette espèce. Les testules sont allongées, plates, très-intimement soudées les unes aux autres. Leur longueur est à peu près d'un demi-millimètre, et leur largeur ne dépasse pas un cinquième de millimètre. Leurs parois paraissent être complétement lisses extérieurement. Le péristome est terminal, grand et sub-circulaire.

Localité. Chaîne d'Hala (Sinde).

Genre DISCOFLUSTRELLA.

DISCOFLUSTRELLA VANDENHECKEI, d'Orbigny.

Pl. XXXVI, fig. 3, *a, b.*

LUNULITES VANDENHECKEI...... Michelin, *Icon. zooph.*, p. 279, pl. LXIII, fig. 12. 1846.
     —   Id........... Jules Haime, *Mém. de la Soc géol. de France*, 2e sér., t. IV, p. 289. 1852.
DISCOSFLUSTRELLA VANDENHECKEI, d'Orbigny, *Paléont. franç., terr. crét.*, t. V, p. 561. 1853.

Le testier est mince, peu élevé, conique, à bord circulaire. Les testules sont plates, disposées en quinconce, soudées entre elles latéralement ; mais elles laissent quelquefois des espaces vides à leurs angles. Il existe un large pore circulaire en avant ou au-dessus du péristome ; celui-ci est grand, sub-rhomboïdal ou un peu elliptique. Le diamètre du testier dépasse un centimètre et demi, mais les testules n'ont guère qu'un quart de millimètre de longueur.

Localités. Chaîne d'Hala (Sinde). — Palarea (comté de Nice).

Genre ESCHARINA.

ESCHARINA STRACHEYI, nov. sp.

Pl. XXXVI, fig. 4, *a, b.*

Le testier de cette espèce forme une couche extrêmement mince à la surface d'une *Breynia carinata.* Les testules sont régulièrement disposées en quinconce, toutes égales, bien distinctes, un peu saillantes et renflées en avant. Il paraît y avoir deux petites fossettes sur chacun de leurs côtés et dans le sillon qui marque la ligne de leur union. Le péristome est petit, sub-circulaire et très-rapproché du sommet. Les testules n'ont pas tout à fait un demi-millimètre de longueur, et leur largeur est un peu moindre.

Localité. Chaîne d'Hala (Sinde).

L'*Eschara palensis,* Alex. Rouault [1], est extrêmement voisine de l'*Escharina Stracheyi.* Elle nous paraît cependant s'en distinguer par la série de pores ou de petites fossettes qui entoure ses testules.

[1]. *Mémoires de la Société géologique de France*, 2e série, t. III, p. 460, pl. XIV, fig. 7. 1850.

Genre MEMBRANIPORA.

Les bryozoaires pour lesquels Blainville [1] a établi cette division, se distinguent bien à l'état frais de ceux que M. Milne Edwards a nommés Escharines [2]; mais lorsque la surface de ces derniers est usée, on les prendrait aisément pour des Membranipores. Nul doute que cette méprise n'ait eu lieu déjà pour quelques fossiles; nous croyons cependant que l'espèce suivante appartient bien réellement au genre dans lequel nous la plaçons. En effet, les véritables Membranipores se font remarquer en général par l'inégalité de leurs testules, et ce caractère, qui n'existe pas d'ordinaire chez les Escharines, se présente ici à un haut degré.

MEMBRANIPORA HOOKERI, nov. sp.

Pl. XXXVI, fig. 5.

Le testier de cette espèce, qui reste toujours fort mince, entoure presque complétement diverses coquilles du genre Turritelle. Les testules sont très-inégales, arrondies ou sub-polygonales et de forme un peu irrégulière. Des sillons très-petits, mais bien distincts, marquent leurs limites; leur diamètre est d'environ un cinquième de millimètre. Les péristomes sont sub-ovalaires, grands, et entourés d'un cadre lisse un peu épais.

Localité. Chaîne d'Hala (Sinde). C.

Genre CELLEPORA.

Le genre *Cellepora* a été établi en 1767 par Linné [3], qui y a placé six espèces : les *C. ramulosa, spongites, pumicosa, verrucosa, ciliata* et *hyalina.* Toutes, à l'exception de la dernière, sont formées de testules amoncelées d'une manière confuse. En 1801, Lamarck [4], en caractérisant cette division avec un peu plus de netteté, cita comme types les *C. pumicosa* et *spongites,* mais en 1816 [5], il décrivit quelques nouvelles espèces qui présentent les mêmes caractères essentiels que les précédentes, et de plus, il mentionna sous la rubrique : « Espèces que je n'ai point vues » quelques bryozoaires qui doivent se ranger dans un autre groupe générique. Lamouroux [6] entrevit les différences que montrent ces derniers, mais au lieu de les séparer simplement et de laisser aux premières espèces de Linné et de Lamarck le nom adopté par ces naturalistes, il imagina d'appeler au contraire *Celleporaria* la plupart des espèces à testules amoncelées, et *Cellepora,* celles dont le testier est formé d'une seule couche de testules; toutefois il conserva cette dénomination à la *C. spongites* qui doit rentrer dans la première catégorie. Blainville [7], tout en citant le nouveau nom de Lamouroux, remit les choses à peu près dans l'état où les avait laissées Lamarck; seulement, d'après Blainville, le genre *Cellepora* aurait été proposé par Fabricius qui l'aurait mal

1. *Dictionnaire des sciences naturelles,* t. LX, p. 411. 1830.
2. Deuxième édition de Lamarck, *Animaux sans vertèbres,* t. II, p. 230. 1836.
3. *Systema naturæ;* edit. 12, p. 1285. 1767.
4. *Système des animaux sans vertèbres,* p. 383. 1801.
5. *Histoire naturelle des animaux sans vertèbres,* t. II, p. 171. 1816. — Deuxième édit., p. 256.
6. *Exposition méthodique des genres de l'ordre des polypiers,* p. 2 et 13. 1821.
7. *Dictionnaire des sciences naturelles,* t. LX, p. 408. 1830.

caractérisé. Cela est doublement inexact ; Fabricius [1] n'a pas eu besoin de proposer en 1780 un genre que Linné avait établi treize ans auparavant, et il ne l'a pas caractérisé du tout ; il s'est borné à mentionner dans sa *Fauna groenlandica*, sous le nom de Cellepore, quatre des espèces décrites par Linné et deux espèces nouvelles (*C. nitida* et *annulata*), qui diffèrent un peu des autres. En 1836, M. Milne Edwards [2] reconnut que les différents auteurs avaient confondu trois types génériques sous le nom de *Cellepora* ; il réserva naturellement cette appellation aux espèces linnéennes à cellules amoncelées, puis il distingua de celles-ci les Escharines, dont les testules sont couchées et régulièrement disposées en quinconces, avec les péristomes latéraux, et les Escharoïdes qui ont les testules irrégulièrement groupées et relevées avec les péristomes terminaux ; ces deux derniers genres ayant le testier formé d'une seule couche de testules. Ces rectifications, parfaitement conformes d'ailleurs aux règles de la nomenclature zoologique, ont été généralement adoptées par les naturalistes qui se sont occupés dans ces derniers temps de l'étude des bryozoaires ; mais M. Alc. d'Orbigny a suivi une autre marche. On sait que ce paléontologiste tient à honneur de restituer aux genres et aux espèces leurs noms les plus anciens, et en cela on ne peut que l'approuver ; mais pour mener à bonne fin cette œuvre réparatrice, il serait indispensable de consulter à la fois tous les auteurs, et de remonter toujours directement aux sources, et c'est justement ce que M. d'Orbigny a négligé de faire au sujet du genre *Cellepora*. Nous voyons, en effet, qu'il s'en rapporte pleinement à l'assertion de Blainville, oubliant qu'en 1767 Linné a publié la douzième édition du *Systema naturæ*. Pour lui, Fabricius a le premier donné la dénomination de *Cellepora* à des espèces confondues auparavant avec les Flustres et les Eschares [3]. Cette première erreur n'aurait eu aucune importance si M. d'Orbigny avait pris pour point de départ les Cellepores de Fabricius, puisque, à l'exception des deux dernières, ce sont les mêmes que celles de Linné ; mais l'auteur de la *Paléontologie française* admet, au contraire, nous ne savons d'après quelles données, que les espèces de Fabricius sont tout à fait différentes de celles de Lamarck ; elles sont, suivant lui, formées d'une couche simple de cellules, et conséquemment il restreint le nom de Cellepore aux espèces qui présentent ce caractère, c'est-à-dire aux Escharines et aux Escharoïdes de M. Milne Edwards. Or, les espèces de Lamarck sont celles de Linné ; Fabricius et Lamarck ont accepté les noms de Linné et presque reproduit ses descriptions ; s'il est vrai que deux choses égales à une troisième sont égales entre elles, comment donc concevoir que les Cellepores de Fabricius aient, aux yeux de M. d'Orbigny, une signification tout autre que les Cellepores de Lamarck ? Et cette méprise une fois faite, ne doit-on pas s'étonner encore de ne trouver citées dans le genre *Cellepora*, tel que l'admet M. d'Orbigny, aucune des espèces de Fabricius qui servent de type à ce genre, quoique le savant paléontologiste ait dressé une liste fort longue des Cellepores vivantes. Sans relever en ce moment un plus grand nombre d'inexactitudes, nous nous bornerons à ajouter que le véritable genre *Cellepora*, établi d'abord par Linné, puis mieux caractérisé par Lamarck et surtout par M. Milne Edwards, est décrit par M. d'Orbigny sous le nom de *Celleporaria*, emprunté à Lamouroux, et que deux espèces comprises d'abord dans cette division, ont reçu les noms tout à fait nouveaux de *Reptocelleporaria* et de *Semicelleporaria* [4].

<hr>

1. Othon Fabricius, *Fauna groenlandica*, p. 434 et 435. 1780.
2. *Annotations* de la deuxième édit. des *Animaux sans vertèbres* de Lamarck, t. II, p. 217. 1836.
3. *Paléontologie française, terrains crétacés*, t. V, p. 390. 1850-1854.
4. *Op. cit.*, p. 420 et 421.

CELLEPORA MAMMILLIGERA, nov. sp.

Pl. XXXVI, fig. 6, *a*, *b*, *c*.

Le testier est massif, élevé, et il adhère par son milieu seulement. La surface inférieure ou le plateau commun est sub-plane, recouvert d'une enveloppe calcaire épidermique très-mince, et il présente des stries radiées très-fines. La surface supérieure est fortement convexe et garnie d'un grand nombre de mamelons arrondis. Les testules qui se montrent sur cette surface sont conico-convexes, un peu inégales et irrégulières, et libres dans leur partie terminale où elles forment une petite saillie ; leurs parois sont fort épaisses et paraissent lisses extérieurement. Les péristomes sont sub-circulaires ou un peu déformés, et montrent en dedans une dent obtuse. Les testules ont 1/3 ou 1/2 millimètre de diamètre.

Localité. Chaîne d'Hala (Sinde).

CLASSE DES ACÉPHALES

OBSERVATIONS

Pour représenter et décrire les animaux, et particulièrement les mollusques, les zoologistes, depuis Linné jusqu'à nos jours, ont cherché à les placer dans une position qui fût à la fois systématique et naturelle. Ils les ont posés dans toutes les attitudes imaginables, et sans doute chacun d'eux avait d'excellentes raisons à l'appui de sa manière de voir. Le but a-t-il été atteint? c'est ce qu'il ne nous appartient pas de décider et nous nous garderons bien de prononcer entre celles de ces autorités qui sont le plus compétentes, nous bornant à faire remarquer que, sous prétexte de faciliter et de simplifier la comparaison des parties homologues des êtres organisés, on s'est souvent efforcé de soumettre ceux-ci à des règles trop absolues, plus ou moins géométriques, en méconnaissant l'infinie variété de leurs formes et de leurs stations.

Nous avons rapproché autant que possible les corps dont les formes sont le plus voisines, de manière à faire bien saisir leurs rapports et leurs différences. Nous avons, en général, choisi pour chacun la position qui permettait de mieux apprécier ses caractères essentiels, ou les plus utiles à mettre en relief. Un coup d'œil jeté sur nos planches en dira plus à cet égard que ce que nous pourrions ajouter ici.

Pour la plupart des coquilles bivalves, dont les caractères intérieurs ou extérieurs sont restés inconnus, deux figures suffisaient, l'une représentant la coquille (ou son moule) posée à plat comme dans les collections, l'autre la montrant de profil ou posée sur la tranche, les crochets en dessus et tournés en avant de l'observateur. On a alors une valve droite et une valve gauche. Pour les coquilles inéquivalves qui sont naturellement posées à plat, cette position est plus artificielle, mais il suffit alors de désigner les valves par les épithètes de grande et de petite valve, de valve bombée et de valve plate, pour éviter toute confusion.

Il serait sans doute plus rationnel aussi, comme le font beaucoup de paléontologistes, de placer les valves séparées dans le même sens par rapport à l'observateur, mais la plus simple expérience démontre l'incommodité de ce mode de représentation qui oblige toujours de retourner le livre pour comparer les figures avec l'objet à déterminer. Ici encore, nous avons dû faire plier une marche logique en elle-même à la plus grande facilité de l'étude, ce qui n'a d'ailleurs aucun inconvénient réel.

Pour les gastéropodes, nous supposons, avec beaucoup d'auteurs, l'animal marchant devant l'observateur, par conséquent, le sommet de la spire est en arrière ou en bas, et nous retournons la coquille en dessus pour montrer les caractères de l'ouverture; de sorte que le bord droit de celle-ci, la coquille étant supposée dextre, se trouve alors à gauche, et le bord gauche ou columellaire à droite.

Nous avons eu souvent à comparer, surtout parmi les moules de bivalves des marnes de Subathoo, une multitude de formes dont les caractères spécifiques et même génériques étaient plus ou moins obscurs; aussi nous sommes-nous bornés à les représenter et à les décrire le plus exactement possible, laissant aux recherches à venir le soin de leur assigner une place définitive. L'abondance des matériaux que nous avons pu comparer nous a permis de grouper ces formes de manière à préparer avec un certain degré de probabilité leurs vraies relations. Nous avons presque toujours eu sous les yeux des individus à divers degrés de développement, de sorte que nous avons pu éviter l'écueil assez fréquent de prendre pour des êtres réellement différents les divers âges d'un même type.

Nous ne prétendons point d'ailleurs que toutes les formes dont les contours généraux, quoique bien accusés, ne laissent pas distinguer de vrais caractères zoologiques, formes que nous désignons sous des noms spécifiques, doivent constituer des *espèces* dans le sens propre et absolu du mot. Si dans la nature vivante, le zoologiste qui possède les animaux dans toute leur intégrité, hésite si souvent à se prononcer sur l'identité de telle ou telle forme, quelle doit être son incertitude lorsqu'il n'a sous les yeux que les débris d'un test calcaire extérieur, et souvent d'un moule ou d'une contre-empreinte de ce même test? Le principe si fécond de la corrélation des diverses parties chez les vertébrés peut sans doute s'appliquer heureusement aux animaux inférieurs, mais on doit convenir qu'à chaque pas il nous manque, dans l'étude des débris fossiles, les éléments réellement nécessaires pour trancher des questions aussi délicates. Ce sont donc assez souvent plutôt des *formes* que nous nous sommes attachés à reproduire fidèlement que de veritables *espèces* zoologiques.

Cette manière d'envisager nos fossiles paraîtra peu scientifique aux personnes dont les convictions se forment facilement, pour qui le doute est un signe de faiblesse ou d'incapacité, qui croient que la science ne progresse que par l'application de quelques principes inflexibles dans lesquels elles ont une confiance exclusive; mais nous nous résignons d'avance à leur critique, espérant que nos motifs seront appréciés par ceux qui, moins empressés de proclamer de prétendues lois de la nature, savent attendre qu'une étude patiente vienne leur en démontrer la réalité.

Pour le petit nombre d'espèces que nous avons jugées identiques avec des formes déjà connues, nous avons seulement rappelé les auteurs qui les avaient le mieux décrites et figurées, sans nous préoccuper d'une synonymie plus étendue que l'on trouvera dans les ouvrages mentionnés. Cette abondance de citations historiques nous eût paru au moins inutile dans un travail comme celui-ci.

DIMYAIRES

Genre TEREDO.

TEREDO?...

Portion de moule pouvant avoir appartenu à une espèce de ce genre, dans un calcaire gris, compacte de Kalibag, Pendjab. R.R.

Genre PANOPÆA.

PANOPÆA? SUBELONGATA, nov. sp.

Pl. XVI, fig. 2, *a*.

Coquille (moule) transverse ou en ellipse fort allongée, assez renflée au milieu, atténuée à ses extrémités, un peu bâillante en avant et davantage en arrière. Bord inférieur largement arqué. Crochets larges, un peu aplatis, inclinés en avant. Impression musculaire antérieure petite, carrée vers le bas, linguiforme vers le haut. Impression palléale bien prononcée; échancrure paraissant grande et ovalaire, quoique imparfaitement accusée. La surface des valves un peu bosselée, était probablement couverte de stries d'accroissement inégales et rugueuses. Largeur, 28 millim.; hauteur, 23; épaisseur, 15.

Observations. Ce moule peu complet, et sur le genre duquel nous conservons des doutes, a quelque analogie avec la *P. elongata*, Leym. (*Mém. Soc. géol. de France*, 2ᵉ sér., vol. I, pl. XIV, fig. 8), des couches nummulitiques des Corbières, mais il est plus court, plus renflé au milieu, plus atténué à ses extrémités et plus sécuriforme.

Localité. Ce moule, en calcaire compacte, gris verdâtre, de Subathoo, est revêtu d'un enduit ferrugineux brun, luisant. R.R.

Genre PHOLADOMYA.

PHOLADOMYA PUSCHI, Gold.

Pholadomya puschii, Goldfuss. *Petrefacta Germ.*, vol. II, p. 273, pl. clviii, fig. 3, *a*, *b*. 1840. — Confondue avec la *Cardita (Pholadomya) margaritacea*, Sow., *Miner. conchol.*, pl. ccxcvii, fig. 3.

Nous renvoyons le lecteur à ce que nous avons déjà dit de cette coquille : *Mém. de la Soc. géol. de France*, 2ᵉ sér., vol. II, p. 208; *ib.*, vol. III, p. 428; — *Hist. des progrès de la géologie*, vol. III, p. 256. — Voyez aussi L. Bellardi, *Catal. raisonné des foss. numm. du comté de Nice* (*Mém. de la Soc. géol. de France*, 2ᵉ sér., vol. IV, p. 230. 1852).

Localité. Le seul moule que nous ayons du Sinde provient d'un grès calcaire, ferrugineux, brunâtre, différant du calcaire jaune dans lequel se trouvent la plupart des autres fossiles de ce pays. R.R.

PHOLADOMYA HALAENSIS, d'Arch.

Pl. XVI, fig. 1, *a*.

PHOLADOMYA HALAENSIS, d'Archiac. *Hist. des progrès de la Géol.*, vol. III, p. 256. 1850.

Coquille (moule) sécuriforme, un peu bâillante à ses extrémités, très-inéquilatérale et transverse. Côté antérieur très-court et arrondi ; côté postérieur plus étroit et aminci ; bord inférieur largement arqué, le supérieur un peu concave. Crochets très-arrondis, situés au quart antérieur et d'où partent 7 ou 8 côtes rayonnantes, inégales, inéquidistantes, plus ou moins obsolètes, traversées par des plis concentriques peu prononcés aussi, inégaux, plus larges et plus apparents vers la partie postéro-supérieure. Largeur, 50 millim.; hauteur, 26; épaisseur, 21.

Observations. Cette espèce se distingue de la *P. plicata*, Mellev. (*Ann. des sc. géol.*, vol. II, p. 78, pl. I, fig. 3 et 4. 1843) des sables du Beauvoisis, par sa forme beaucoup plus inéquilatérale, son côté antérieur plus court et arrondi. Elle s'en rapproche d'ailleurs beaucoup par ses autres caractères extérieurs.

Localité. Calcaire grossier, blanc jaunâtre, avec Rotalines, de la chaîne d'Hala. R.R.

Genre MACTRA.

MACTRA DUBIA, d'Arch.

Pl. XVI, fig. 12, *a*.

MACTRA DUBIA, d'Archiac, *Hist. des progrès de la Géol.*, vol. III, p. 257. 1850.

Coquille déprimée, elliptique, inéquilatérale, dilatée en arrière et rétrécie en avant. Crochets petits, contigus et situés vers le tiers antérieur. Corselet étroit, lancéolé, occupé par le ligament externe. Surface couverte de stries d'accroissement nombreuses, très-serrées et inégales. Largeur, 25 millim.; hauteur, 20; épaisseur, 12.

Observations. Ne connaissant point les caractères intérieurs de cette coquille, nous l'avons provisoirement rapprochée des Mactres. La petitesse des crochets et le pincement de la région du corselet l'éloignent des Vénus, comme l'absence de pli la distingue des Tellines. Peut-être devra-t-elle être réunie aux Lavignons malgré la grandeur de son ligament externe.

Localité. Chaîne d'Hala. R.R.

Genre CRASSATELLA.

CRASSATELLA SINDENSIS, nov. sp.

Pl. XVI, fig. 3, *a.*

Coquille (contre-empreinte) subtrigone, régulièrement bombée, à angles et côtés arrondis, tronquée antérieurement et dilatée en arrière. Bord inférieur largement courbé. Crochets pointus, sub-contigus, situés vers le tiers antérieur, et d'où part un bourrelet fort obtus, limitant la partie postérieure des valves. Surface couverte de plis concentriques, larges en arrière, plus étroits vers la partie antérieure, réguliers, sub-égaux, séparés par des sillons peu profonds. Largeur, 38 millim.; hauteur, 32; épaisseur, 20.

Observations. Cette contre-empreinte ne donne que des caractères très-vagues pour sa détermination générique. Elle rappelle assez par sa forme la *Petricola laminosa*, Sow. (*Miner. conchol.*, pl. DLXXIII) du crag; mais divers caractères, tels, entre autres, que le mode de plissement de la surface, nous la font rapprocher provisoirement des Crassatelles.

Localité. Calcaire jaune de la chaîne d'Hala. R.R.

CRASSATELLA HALAENSIS, nov. sp.

Pl. XVI, fig. 4, *a.*

CRASSATELLA, indét., d'Archiac, *Hist. des progrès de la Géol.*, vol. III, p. 258. 1850.

Coquille (contre-empreinte) sub-quadrilatère, médiocrement bombée, arrondie inférieurement, en avant et en arrière. Crochets sub-médians, un peu aplatis, presque contigus, d'où part une côte obtuse, ou même obsolète, qui se dirige, en s'évanouissant, vers l'angle inféro-postérieur. Surface couverte de plis larges, inégaux, plus réguliers dans le voisinage des crochets. Largeur, 36 millim.; hauteur, 31; épaisseur, 20.

Observations. Les remarques que nous avons faites sur la *C. sindensis* s'appliquent à celle-ci dont la forme, beaucoup moins inéquilatérale, s'éloigne par cela même du type le plus ordinaire du genre.

Localité. Calcaire jaune à Nummulites de la chaîne d'Hala. R.R.

CRASSATELLA SALSENSIS, nov. sp.

Pl. XVI, fig. 5.

Coquille sub-trigone, très-inéquilatérale, renflée, à angles arrondis; test fort épais. Bords antérieur et supérieur presque droits; le postérieur très-court, oblique, et l'inférieur un peu flexueux, puis largement arrondi à sa jonction avec le bord antérieur. Crochets larges, déprimés, assez inclinés, placés au quart antérieur de la coquille, et d'où part une côte obsolète qui se dirige vers l'angle inféro-postérieur. Corselet long et fort étroit. Surface bombée en avant, légèrement déprimée en arrière de part et d'autre de la côte obsolète, couverte de stries d'accroissement inégales et inégalement espacées, excepté sur la région antérieure où elles sont toutes très-fines et très-régulières. Vers la partie moyenne, des plis larges s'observent à diverses hauteurs, et quatre ou cinq stries assez prononcées accompagnent le bord inférieur. Toutes s'infléchissent en passant sur la côte pour remonter ensuite obliquement et joindre le bord supérieur le long du corselet. Largeur, 42 millim.; hauteur, un peu en arrière des crochets, 33; épaisseur des deux valves, 22.

Observations. Cette espèce se rapproche de la *C. tumida*, Lam., du calcaire grossier du bassin de la Seine, plus que de toute autre, cependant il est facile de l'en distinguer par son côté antérieur plus court et plus régulièrement arrondi, par sa région postérieure plus allongée, plus étroite et sub-rostrée, ce qui donne à la forme générale un caractère plus trigone. Le bord supérieur est aussi beaucoup plus long, et le corselet plus étroit.

Localité. A l'état spathique dans le macigno grisâtre, coquillier, de la Montagne de Sel, Pendjab. R.

Genre CORBULA.

CORBULA TRIGONALIS, J. de C. Sow.

Pl. XVI, fig. 6, *a*, 7, *a*.

Corbula trigonalis, J. de C. Sowerby, *Transact. geol. Soc. of London*, 2e sér., vol. V, pl. xxv, fig. 4. 1840.

Les deux individus de cette espèce, figurés par M. Sowerby, représentent deux modifications, et nous avons fait dessiner avec le type (fig. 6, *a*), une autre forme (fig. 7, *a*), qui n'est évidemment qu'une exagération de la figure de gauche donnée par le paléontologiste anglais, laquelle est alors une forme intermédiaire entre celle de droite et la nôtre. Les nombreuses modifications que nous avons sous les yeux ne permettent pas même d'y voir de véritables variétés, mais on peut remarquer néanmoins que les deux valves sont d'autant plus égales et semblables que la coquille est plus haute, plus équilatérale et plus brusquement tronquée en avant.

Localités. Marne grise du Sinde. C.C. — Grès argileux des bords du Runn de Cútch.

CORBULA SUBEXARATA, d'Arch.

Pl. XVI, fig. 10, *a*, 11.

Corbula subexarata, d'Archiac, *Hist. des progrès de la Géol.*, vol. III, p. 258. 1850.

Coquille de forme variable, généralement trigone, équilatérale, très-inéquivalve, mais presque également renflée des deux côtés. Grande valve ayant ses trois angles arrondis, ses trois côtés égaux, également arqués et convexes. Dans quelques individus, l'antérieur et le postérieur sont concaves; dans d'autres, le crochet est proéminent et toujours très-recourbé. Surface couverte de stries transverses, serrées, inégales, un peu lamelleuses. Petite valve renflée obliquement au milieu et couverte de stries semblables à celles de l'inférieure. Charnière inconnue. Largeur, 26 millim.; hauteur, 24; épaisseur, 17. D'autres individus ont 27 millim. de large sur 23 de haut et 16 d'épaisseur.

Observations. Cette espèce, variable dans ses dimensions et sa forme, ressemble à la *C. gallica*, Lam., Desh. (*Descript. des coq. foss. des envir. de Paris*, pl. vII, fig. 1-3), mais ses stries lamelleuses l'en distinguent nettement. Elle diffère de la *C. exarata*, Desh. (*ib.*, fig. 4-7), en ce qu'elle est toujours trigone, quoique plus ou moins surbaissée, puis par son côté postérieur beaucoup moins dilaté, par ses stries plus fines, plus serrées, et surtout par la présence de ce dernier caractère sur les deux valves. Elle se rapprocherait sans doute davantage de la coquille que M. Deshayes a regardée comme une simple var. *minor* de la *C. exarata* (*ib.*, pl. VIII, fig. 4), et que nous croyons constituer une espèce, quoique nous n'en connaissions point la petite valve, mais dans la coquille du Sinde, le test est beaucoup plus épais, les stries sont plus lamelleuses, les crochets plus renflés, etc.

La plupart des individus des marnes noires de Subathoo sont un peu plus petits que ceux des calcaires blanc jaunâtre du Sinde, mais l'un d'eux dont nous donnons le profil (fig. 10 *a*) est au contraire beaucoup plus grand. Tout en conservant la forme générale de l'espèce, la petite valve est aussi renflée que l'autre, son crochet est plus large et elle est régulièrement bombée au lieu d'offrir une sorte de carène oblique à sa partie antérieure. Cette coquille était également couverte de plis concentriques assez larges, et peut-être d'autres individus mieux conservés permettront-ils plus tard de la séparer de la *C. subexarata*.

Localités. Calcaire blanc jaunâtre de la chaîne d'Hala. R. — Marnes noires de Subathoo. C.

CORBULA HARPA, nov. sp.

Pl. XVI, fig. 8, *a*, *b*, 9.

Coquille déprimée, trigone, plus ou moins inéquilatérale, très-inéquivalve. Grande valve épaisse, tronquée antérieurement, dilatée et bâillante en arrière. Bord inférieur largement et régulièrement arqué. Crochet large, déprimé à son sommet et très-recourbé en dessous. Surface couverte de 23 à 24 côtes transverses, épaisses, arrondies, très-régulières, séparées par des sillons profonds, un peu moins larges que les côtes; ces dernières en s'atténuant et s'infléchissant, viennent se terminer à un pli peu prononcé, qui, des crochets, se dirige vers l'angle inféro-postérieur et limite nettement la région anale ornée seulement de stries d'accroissement irrégulières. Charnière munie d'une dent cardinale pointue, petite, à laquelle se rattache un épaississement assez prononcé du bord cardinal antérieur. Petite valve sub-carénée, mince, n'offrant que des stries d'accroissement inégales, serrées et un peu lamelleuses.

Observations. Comme la plupart de ses congénères, cette espèce est assez variable dans sa forme, plus large ou plus haute, suivant les individus, mais elle est on ne peut mieux caractérisée par la largeur et la régularité de ses côtes et de ses sillons, comme par la largeur de son crochet déprimé qui l'éloignent tout à fait du type de la *C. exarata*, Desh.

Localité, Calcaire jaune, terreux, de la chaîne d'Hala. C.C.

Genre TELLINA.

TELLINA EXARATA, J. de C. Sow.

TELLINA EXARATA, J. de C. Sowerby, *Transact. geol. Soc. of London*, 2ᵉ sér., vol. V, pl. XXV, fig. 6. 1840.

Les individus provenant des calcaires jaunes du Sinde sont identiques avec la figure donnée par M. Sowerby de la coquille des grès argileux de Soomrow, Cutch. R.

TELLINA SUBDONACIALIS, nov. sp.

Pl. XVII, fig. 1 *bis*, *a*.

Coquille ovalaire, déprimée, tranchante à son pourtour, renflée vers le milieu, arrondie en arrière, tronquée obliquement et rétrécie en avant. Un pli droit, plus ou moins prononcé, se continue jusqu'au bord antéro-inférieur qui se prolonge quelquefois en une sorte de rostre obtus. Surface couverte de stries très-fines, très-serrées, inégales, qui s'infléchissent en passant sur le pli antérieur. Crochets contigus et fort petits. Largeur, 27 millim.; hauteur, 19; épaisseur, 10.

Observations. Cette espèce, comme son nom l'indique, ressemble beaucoup à la *T. donacialis*, Lam., Desh. (pl. XIII, fig. 10, 11) du calcaire grossier, et plus encore à sa variété (*ib.*, fig. 7, 8). Elle ne diffère de celle-ci que par sa partie postérieure sensiblement plus développée vers les bords supérieur et inférieur, tandis qu'en arrière des crochets, le premier est excavé au lieu d'être presque droit. Les valves sont aussi plus bombées dans le voisinage des crochets, et, prise dans son ensemble, la coquille est d'un tiers plus épaisse. La persistance de ses différences dans les nombreux échantillons que nous avons examinés, a pu seule nous déterminer à ne pas regarder le fossile de l'Inde comme une seconde variété voisine de celle que nous avons rencontrée dans le calcaire grossier du département de la Marne et dans les couches correspondantes de Cassel (Nord).

Localité. Marne gris jaunâtre de la chaîne d'Hala, probablement dans la même couche que la *Corbula trigonalis*. C.C.

Genre CORBIS.

CORBIS? ELLIPTICA, nov. sp.

Pl. XVI, fig. 13, *a*.

Corbis, indét., d'Archiac, *Hist. des progrès de la Géol.*, vol. III, p. 260. 1850.

Coquille (moule) elliptique, sub-équilatérale, régulièrement bombée. Crochets fort petits et contigus. Des stries concentriques inégales, très-rapprochées et des plis inégaux, assez larges et irrégulièrement espacés, paraissent avoir garni la surface extérieure du test. Largeur, 47 millim.; hauteur, 38; épaisseur, 24.

Observations. Sauf ses dimensions plus grandes, on pourrait, au premier abord, prendre ce moule, recouvert encore d'une portion de test, pour celui de la *Lucina subvicaryi* (*posteà*); mais tout incomplet qu'il est, nous croyons devoir le rapporter au genre *Corbis*. Son pourtour obtus et ce qui reste du test, annoncent que ce dernier était fort épais. La courbure symétrique des valves n'est point interrompue par la dépression anale si prononcée dans le moule de la Lucine précitée dont les bords sont tranchants et moins régulièrement elliptiques.

Localité. Calcaire blanc jaunâtre de la chaîne d'Hala. R.R.

CORBIS? SUBELLIPTICA, nov. sp.

Pl. XVI, fig. 14, *a*.

Coquille (moule) elliptique, régulière, déprimée, inéquilatérale. Crochets très-petits, situés vers le tiers antérieur. Valves régulièrement convexes. Largeur, 44 millim.; hauteur, 40; épaisseur, 20.

Observations. Quoique voisin du précédent, ce moule en est certainement distinct. Il est aussi trop incomplet pour être définitivement classé. Aucune trace d'empreinte musculaire ne peut faire soupçonner qu'il appartienne à une Lucine.

Localité. Calcaire grossier, blanc jaunâtre, avec *Nummulites Ramondi*, Defr., de la chaîne d'Hala. R.R.

Genre LUCINA.

LUCINA MUTABILIS, Lam.

Lucina mutabilis de Lamarck, *Anim. sans vert.*, vol. V, p. 540. 1818.
   —   Id.   Desh., *Descript. des coq. foss. des env. de Paris*, vol. I, p. 92, pl. xiv, fig. 6, 7. 1824.

Nous rapportons à cette espèce un moule dont l'ensemble des caractères s'accorde bien avec ceux du calcaire grossier du bassin de la Seine, mais l'état un peu fruste ne montre pas d'une manière très-nette l'empreinte des hachures qui sont si prononcées dans certains individus.

Localité. Dans un calcaire marneux coloré en brun rouge par une grande quantité de fer, et très-différent de ceux qui renferment la plupart des autres fossiles du Sinde. R.R.

LUCINA GIGANTEA, Desh.

Lucina gigantea, Deshayes, *Descript. des coq. foss. des env. de Paris*, vol. I, p. 94, pl. xv, fig. 11, 12, 1824.
   —   indét.   d'Archiac, *Hist. des progrès de la Géol.*, vol. III, p. 261. 1850.

Nous rapportons encore à la coquille du calcaire grossier de Paris des moules qui s'en rapprochent extrêmement, et dont l'état fruste ne permettrait pas d'ailleurs d'établir des différences spécifiques bien motivées. Ils sont cependant un peu plus petits, plus transverses et surtout moins bombés que les moules du calcaire grossier; les plus grands n'ayant que 78 millim. de large sur autant de hauteur et 28 d'épaisseur. Mais indépendamment de la forme générale, de la complète analogie des impressions musculaires et des ponctuations de l'intérieur des valves dans l'espace qui les sépare, le rapprochement serait encore justifié par la présence d'un caractère qui n'a été qu'imparfaitement marqué dans la figure 11 précitée, savoir : un sillon profond, un peu flexueux qui, partant d'un renflement oblique, contigu à la lame cardinale, en arrière du crochet, vient aboutir à l'extrémité de la languette de l'empreinte musculaire antérieure. Certains individus d'une taille moindre, plus déprimés et qui portaient des stries fines assez régulières, seraient peut-être plus voisins de la *L. Argus*, Mellev. (*Ann. des sc. géol.*, vol. II, p. 80, pl. vi, fig. 2. 1843).

Localité. Calcaire blanc jaunâtre avec Nummulites et Alvéolines de la chaîne d'Hala. C.

LUCINA BELLARDII, d'Arch.

Pl. XVII, fig. 1, *a*.

Lucina Bellardii, d'Archiac, *Hist. des progrès de la Géol.*, vol. III, p. 260. 1850.

Coquille transverse, elliptique, déprimée, sub-équilatérale, couverte de stries concentriques, fines, assez régulières et presque égales. Crochets peu prononcés, situés vers le tiers antérieur. Caractères intérieurs inconnus. Largeur, 82 millim.; hauteur, 57; épaisseur, 19.

Observations. Le seul échantillon que nous connaissions de cette espèce remarquable, ne montre qu'une portion du test restée appliquée sur le moule, de sorte que les caractères de ce dernier sont aussi fort obscurs. On peut dire cependant que la *L. Bellardii* se distingue facilement de toutes les espèces tertiaires, et que la seule avec laquelle elle a quelque analogie, est la *L. Orbignyana*, d'Arch. (*Mém. Soc. Géol. de France*, 1re sér., vol. V, pl. XXVI, fig. 2. 1843), de la formation jurassique, qui en diffère néanmoins par un pli assez prononcé, des crochets plus proéminents et sans doute par d'autres caractères que l'état de l'échantillon de l'Inde ne permet pas de préciser encore.

Localité. Calcaire blanchâtre, très-dur à grain fin de la chaîne d'Hala. R.R.

LUCINA PSEUDOARGUS, nov. sp.

Pl. XVII, fig. 2, 3, *a*, 4.

Lucina, indét., d'Archiac, *Hist. des progrès de la Géol.*, vol. III, p. 261. 1850.

Coquille sub-quadrilatère, très-légèrement mais régulièrement bombée. Crochets médiocres, assez avancés et recourbés. Lunule très-courte; nymphes très-allongées et très-saillantes. Surface couverte de stries concentriques, fines, régulières, nombreuses, très-serrées, se réunissant par deux ou par trois sur les bords de la lunule et du corselet. Largeur, 52 millim.; hauteur, 46; épaisseur, 18.

Var. *a.* (fig. 3 *a*). Coquille moins transverse, crochets plus proéminents et moins recourbés en avant.

Var. *b.* (fig. 4). Coquille sub-orbiculaire; bord supérieur plus arrondi; bord antérieur plus avancé.

Observations. Malgré les échantillons assez nombreux que nous avons pu examiner, leur état ne nous a point permis d'en étudier l'intérieur. Telle que nous la connaissons, cette espèce diffère de la *L. Argus*, Mellev. (*Ann. des sc. géol.*, vol. II, p. 80, pl. VI, fig. 12) dont elle se rapprocherait plus que de toute autre, par sa forme générale plus symétrique, ses crochets moins proéminents, le bombement régulier des valves, sa lunule extrêmement courte et par son côté antérieur très-court aussi, arrondi et convexe, tandis qu'il est allongé, droit et presque concave dans l'espèce des sables inférieurs du Soissonnais. Peut-être la connaissance des caractères intérieurs permettra-t-elle d'en séparer plus tard la var. *b.*

Localité. Calcaire grossier jaunâtre de la chaîne d'Hala, C.C.

LUCINA INFLATA, nov. sp.

Pl. XVI, fig. 15, *a*, 16, et pl. XXXVI, fig. 7, 8.

Diplodonta incerta, d'Archiac, *Hist. des progrès de la Géol.*, vol. III, p. 259, 1850.

Coquille sub-globuleuse, transverse, plus ou moins inéquilatérale, coupée carrément en arrière, les bords supérieur et postérieur se réunissant presqu'à angle droit. Nymphes peu prolongées et peu apparentes. Corselet très-étroit. Côté antérieur plus ou moins avancé. Crochets renflés, très-recourbés et contigus. Test fort mince. Surface recouverte de stries concentriques, fines, serrées et inégales. Largeur, 23 millim.; hauteur, 18; épaisseur, 15.

Observations. La forme générale, l'extrême minceur du test, l'absence de languette à l'impression musculaire antérieure et l'impression palléale simple pourraient faire conserver le genre Diplodonte comme un sous-genre assez naturel des Lucines; aussi avions-nous désigné d'abord cette coquille sous le nom de *Diplodonta incerta*. Les moules que nous avons, quoique en bon état, ne montrent dailleurs aucun caractère bien prononcé. Le test, qui était fort mince, ne portait sans doute que des impressions musculaires et palléales très-faibles aussi qui n'ont pas été reproduites. Nous avons fait représenter, pl. XXXVI, fig. 7, un individu moins inéquilatéral et provenant de la même localité, et fig. 8, un individu fort petit, que nous supposons appartenir à la même espèce, mais provenant d'un calcaire jaune différent.

Par sa forme la *L. inflata* rappelle beaucoup le *Diplodonta dilatata*, Phil. (*Enum. mollusc. Siciliæ*, pl. IV, fig. 7, 1836; id. Nyst., *Descript. des coq. foss.*, etc., pl. VII, fig. 1, 1843; *Lucina*, id. Morris, *Catal. of brit. foss.*, p. 89, 1843), mais les bords postérieur et supérieur sont coupés plus carrément; le bord antérieur est moins arrondi; les crochets sont plus proéminents et la région voisine plus renflée.

Localités. Calcaire gris marneux, à grain fin, de la chaîne d'Hala, probablement avec la *Corbula trigonalis*, la *Mactra dubia* et la *Tellina subdonacialis*. C. — Une valve que nous avons trouvée dans le macigno coquillier grisâtre de la Montagne de Sel (Pendjab), se rapporterait encore à cette espèce.

LUCINA VICARYI, nov. sp.

Pl. XVII, fig. 5, *a.*

Coquille (moule) orbiculaire, renflée, équilatérale, régulièrement bombée. Crochets médians, larges, assez recourbés, et d'où part un sillon arqué, se dirigeant vers le bord postéro-inférieur et limitant nettement la région anale. Impressions musculaires obsolètes. Test fort mince. Surface couverte de stries d'accroissement concentriques, inégales, et inégalement espacées. Largeur, 38 millim.; hauteur, 36; épaisseur, 25.

Observations. Les caractères de ce moule, comme ceux de l'espèce précédente, sont encore incomplets. Il a de commun avec eux une forme très-renflée, un test fort mince et des impressions musculaires trop obscures pour être bien caractéristiques. Le sillon et l'excavation de la région anale distinguent bien cette Lucine de ses congénères.

Localité. Calcaire blanchâtre, compacte ou sub-cristallin, de la chaîne d'Hala. R.R.

LUCINA SUBVICARYI, nov. sp.

Pl. XVII, fig. 6, *a.*

Coquille (moule) sub-orbiculaire ou sub-elliptique, équilatérale, régulièrement bombée. Bord supérieur un peu dilaté en avant et en arrière. Crochets médiocres, un peu déprimés, d'où part une dépression qui, rejoignant le bord postérieur, limite assez nettement la région anale. Test mince. Impressions musculaires peu prononcées, réunies par une impression palléale simple, parallèle au bord inférieur dont elle est peu éloignée. Des stries rayonnantes faibles et inégales qu'on observe sur les moules prouvent que tout l'intérieur des valves était strié d'un bord à l'autre par des hachures obsolètes. Largeur, 34 millim. ; hauteur, 30 ; épaisseur, 18.

Observations. Cette espèce, qui appartient encore au groupe des Lucines renflées, à test mince et à impressions musculaires peu prononcées, diffère de la précédente par sa moindre épaisseur, par sa forme moins orbiculaire ou moins transversalement elliptique, par ses crochets moins renflés et moins avancés, et par la dépression anale moins accusée. Il est d'ailleurs possible que la comparaison d'un plus grand nombre d'échantillons permette de les réunir plus tard. C'est une forme aussi très-voisine des *L. Pharaonis* et *Osiridis*, Bell. (*Cat. ragion.*, etc., *Mém. de l'acad. roy. de Turin*, 2ᵉ série, vol. XV, pl. ii, fig. 12 et pl. iii, fig. 3. 1854) des calcaires nummulitiques du nord de l'Égypte.

Localité. Avec la précédente. R.

LUCINA PENDJABENSIS, nov. sp.

Pl..XVII, fig. 9.

Coquille ovalaire, plane, très-mince, sub-équilatérale. Crochets fort petits et sub-médians. Surface couverte de stries excessivement fines et serrées, assez régulières, plus ou moins prononcées. Un pli large, un peu flexueux, s'abaisse des crochets perpendiculairement vers le bord inférieur, et les stries s'infléchissent en passant par dessus. Largeur, 35 millim. ; hauteur, à l'endroit des crochets, 31 ; épaisseur des deux valves, 8.

Observations. Cette espèce, sur la détermination de laquelle il nous reste quelques doutes, rappelle par sa forme la *L. mutabilis* Lam. Le système de stries qu'elle présente est cependant fort différent. Le test est plus mince, et quant au pli sub-médian nous ne savons si c'est vraiment un caractère spécifique, ne l'ayant observé que sur l'individu figuré qui était le meilleur. D'autres de la même taille en sont dépourvus. Des échantillons plus nombreux et plus complets permettront de décider s'ils appartiennent à la même espèce et si celui que nous décrivons ne serait pas un accident individuel.

Localité. Calcaire gris de cendre, à cassure inégale, avec *Nerita Schmideliana*, de la Montagne de Sel (Pendjab). R.

LUCINA NOORPOORENSIS, nov. sp.

Le calcaire compacte, gris clair, avec silex des environs de Noorpoor (Pendjab) renferme une grande Lucine, un peu plus épaisse et plus large que la *L. gigantea*, Desh. Elle est sub-équilatérale, couverte de stries concentriques assez régulières et également espacées. L'intérieur des valves paraît avoir été profondément ponctué et inégal dans le voisinage des crochets. Ses contours et ses autres caractères sont d'ailleurs trop vaguement exprimés sur le seul échantillon que nous avons sous les yeux pour que nous ayons pu le faire représenter.

LUCINA, indét.

On trouve encore dans le calcaire gris de la Montagne de Sel des empreintes d'une autre Lucine plus petite que la *L. pendjabensis* et sans doute distincte mais trop incomplètes pour être décrites.

Genre DONAX.

DONAX CRASSA, nov. sp.

Pl. XX, fig. 9, *a*.

Coquille (moule) sub-trigone ou sécuriforme, épaisse, très-inéquilatérale. Côté postérieur très-court, l'antérieur très-avancé, l'inférieur légèrement arqué. Crochets renflés, très-recourbés. Largeur, 22 millim.; hauteur, 19; épaisseur, 13.

Observations. Cette espèce se distingue au premier abord par son épaisseur, et ses caractères extérieurs nous ont suffi pour ne pas hésiter à la rapprocher des Donaces.

Localité. Marnes noires de Subathoo. R.

Genre ASTARTE.

ASTARTE HYDERABADENSIS, nov. sp.

Pl. XVI, fig. 17, *a*.

Coquille (contre-empreinte) ovalaire ou en polygone irrégulier, un peu bombée, très-inéqui-latérale. Bords supérieur et antérieur droits ou un peu concaves, formant entre eux un angle de 100 à 105°; bord postérieur oblique, court; bord inférieur grand, largement arqué. Surface couverte de plis concentriques sub-égaux, larges, assez réguliers, séparés par des sillons de même largeur. Crochets petits, très-pointus, avancés, sub-terminaux. Lunule courte, lancéolée. Corselet très-enfoncé, à parois verticales et excavées. Largeur, 48 millim.; hauteur, 36; épaisseur, 23.

Observations. Cette coquille, dont nous ne connaissons qu'une contre-empreinte, nous a paru se rapprocher plutôt des Astartes que des Crassatelles, quoique le premier de ces genres soit jusqu'à présent assez rare dans le groupe nummulitique, tandis que le second y est très-répandu. La courbe régulière des valves, la continuité des plis concentriques du bord antérieur au postérieur, l'absence de côte oblique, obtuse, limitant la région anale, la forme des crochets, le corselet très-enfoncé qui semble annoncer l'existence d'un ligament externe, constituent un ensemble de caractères qui a fait cesser nos doutes sur la place de ce fossile qui rappelle les formes secondaires anciennes.

Localité. Calcaire jaune dur rempli de bryozoaires, de la chaîne d'Hala. R.R.

Genre CYPRINA.

CYPRINA SUBATHOOENSIS, nov. sp.

Pl. XIX.

Coquille (moule) de forme très-variable, sub-quadrilatère ou sub-trigone, plus ou moins iné-quilatérale, très-épaissie en arrière de chaque côté du corselet, mince et tranchante sur le reste de son pourtour. Crochets très-grands, plus ou moins droits ou recourbés. Lunule très-excavée, large et cordiforme. Surface couverte de stries d'accroissement concentriques, inégales. Impressions musculaires antérieures petites. Les autres caractères obsolètes ou inconnus.

Nous distinguerons, parmi les moules nombreux que nous rangeons sous le même nom spécifique, *six formes principales* autour desquelles la plupart d'entre eux viennent se grouper, et *trois formes voisines* dont les rapports, quoique moins directs, ne permettent pas cependant de les en séparer quant à présent.

Type. (fig. 1 *a*, *b* adulte; 2, 3, jeunes). Coquille plus haute que large, tronquée en arrière, fortement excavée sous les crochets qui sont très-proéminents et peu recourbés. Côté antérieur court et s'unissant au bord inférieur par une courbe régulière continue. Largeur, 48 millim.; hauteur, 55; épaisseur, 27.

Var. *a*. (fig. 4, *a*, *b*, adulte; 5 jeune). Coquille formant un triangle curviligne, équilatérale. Crochets proéminents, renflés et recourbés. Lunule haute. Côté antérieur étroit, arrondi, formant, avec les bords inférieur et postérieur une courbe, elliptique régulière. Largeur, 43 millim.; hauteur, 43; épaisseur en arrière des crochets, 27.

Var. *b*. (fig. 6, adulte; 7, jeune). Coquille transverse, sécuriforme, sub-équilatérale. Crochets médiocres. Côté antérieur avancé, arrondi. Bord inférieur presque droit. Angle postéro-inférieur assez prononcé. Largeur, 42 millim.; hauteur, 33; épaisseur, 21.

Var. *c*. (fig. 10). Coquille sub-trigone, arrondie. Crochets assez grands. Lunule courte. Côté antérieur large, coupé un peu carrément ainsi que le bord inférieur. Largeur, 41 millim.; hauteur, 41; épaisseur, 22. Elle diffère de la var. *a* par son crochet moins proéminent, son côté antérieur plus large, et de la var. *b* par ses crochets plus renflés, sa forme plus haute et moins transverse.

Var. *d*. (fig. 9). Coquille paraissant se rapprocher beaucoup du type (fig. 1), mais qui reste constamment plus petite. Elle est plus régulièrement bombée dans toutes ses parties, et ses bords sont coupés plus carrément; le corselet est moins grand, moins profond et les crochets sont plus droits. Largeur, 30 millim.; hauteur, 35; épaisseur, 24. Ce moule provient d'une marne brun rougeâtre, ferrugineuse, différente de la couche qui renferme les autres.

Var. *e*. (fig. 8, *a*). Coquille voisine de la var. *a* mais en différant comme la précédente diffère du type de l'espèce. Ainsi elle est plus régulièrement bombée, les crochets sont plus droits, plus renflés, et la forme générale moins transverse est plus haute. Le côté antérieur est moins avancé et plus large; le corselet moins dilaté, moins profond et moins nettement limité sur ses bords. Largeur, 32 millim.; hauteur, 34; épaisseur, 23. Elle provient de la même couche ferrugineuse que la var. *d*.

Les *trois formes voisines* désignées sous les lettres α, β, β'. γ et δ présentent des modifications inverses de celles qui nous ont donné la série des variétés précédentes. Ainsi la forme α diffère du type, par son côté antérieur plus court, ses crochets plus avancés, le côté supérieur ou du corselet très-remonté, épais et court, le bord postérieur très-long, l'inférieur sécuriforme et tranchant. La coquille est d'un quart plus haute que large, tandis que dans le type la différence des deux dimensions n'est que d'un huitième. La forme β est plus allongée encore, plus étroite et pointue à ses deux extrémités, les crochets étant terminaux. La largeur n'est que des deux tiers de la hauteur. La forme γ paraît être un individu jeune, un peu plus renflé. Enfin dans la forme δ, les crochets, reportés en avant et placés au-dessous du bord supérieur, sont très-courts et renflés; les bords antérieur et postérieur très-longs; l'inférieur, fort court et presque nul, ne constitue qu'un angle arrondi. La largeur n'est que des trois cinquièmes de la hauteur. Peut-être pourrait-on mettre à part les formes β et δ, mais on doit supposer, d'après le polymorphisme qu'affecte ce type, que des intermédiaires viendront les rattacher plus tard à la forme α et à toutes les autres.

Observations. En rapprochant ces formes si variées nous avons seulement voulu les faire connaître, sans préjuger d'une manière absolue ni le genre auquel elles appartiennent ni leurs relations définitives entre elles. Quelques-unes en effet offrent le *facies* de certaines Astartes, d'autres de Vénus, quelques-unes de Cyrènes; enfin il y en a qu'on serait tenté de prendre pour des Mégalodons si on les rencontrait dans un dépôt de transition, comme l'a déjà remarqué M. Bellardi pour l'*Astarte longa* des couches nummulitiques de l'Égypte (*Mém. de l'Acad. roy. de Turin*, 2ᵉ sér., vol. XV, pl. II, fig. 10, 1854). Des moules traduisant plus exactement les caractères internes ou le test lui-même de ces coquilles décideront seules ces questions.

Les six formes principales nous ont offert chacune un assez grand nombre d'individus pour penser qu'elles seront conservées ultérieurement, soit à titre d'espèce, soit à titre de variétés, comme nous le proposons ici. Il ne faut pas perdre de vue qu'une des causes de l'embarras que l'on éprouve à déterminer ces corps vient de ce que les échantillons si nombreux ne sont à proprement parler ni des moules ni des contre-empreintes, car les stries de la surface ne sont que les rudiments d'un test plus ou moins altéré et qui restés adhérents au moule intérieur en masquent tous les caractères sans pour cela donner ceux du test lui-même. Cette observation s'applique d'ailleurs à la plupart des fossiles de cette couche, pour lesquels au lieu des données précises de la science nous sommes presque toujours réduits à des caractères négatifs.

Localité. Marnes argileuses noires de Subathoo. C.C.

CYPRINA TRANSVERSA, nov. sp.

Pl. XVIII, fig. 9, *a*, 10, 11, *a*, 12, *a*.

Coquille (moule) transverse, sub-trigone, inéquilatérale, renflée en arrière, tranchante sur le reste du pourtour. Bord antérieur largement concave, se prolongeant en avant en une sorte de rostre opposé à l'angle postérieur arrondi. Bord inférieur presque droit. Crochets situés au tiers antérieur des valves, médiocres, inclinés en avant. Lunule large, cordiforme et peu haute. Corselet très-large, occupant tout le bord postérieur. La surface était probablement couverte de stries d'accroissement simples, inégales, assez rapprochées. Largeur, 40 millim.; hauteur, 28; épaisseur en arrière des crochets 20. (La fig. 10, qui représente un individu jeune, est un peu trop courte.)

Var. *a*. (fig. 11, *a*). Moins haute et plus rostrée que le type, caractérisée par un pli assez prononcé qui, aboutissant à l'angle postéro-inférieur rend cette partie de la coquille flexueuse comme dans une Telline.

Var. *b*. (fig. 12, *a*). Trigone et plus courte que les précédentes.

Ces variétés conservent sensiblement leur même forme aux divers âges.

Observations. Malgré des différences notables dans les formes et les proportions des moules que nous réunissons sous les noms de *C. subathooensis* et *transversa* et dont les dernières rappellent assez l'aspect des Cyrènes, un certain air de famille qu'elles affectent toutes ne nous permettait pas de les placer dans des genres différents.

Localité. Marnes noires de Subathoo. C.C.

CYPRINA SEMILUNARIS, nov. sp.

Pl. XVIII, fig. 13, *a*, 14, 15.

Coquille (moule) transverse, semi-lunaire, tronquée en avant, anguleuse et très-prolongée en arrière. Bord inférieur largement arqué; bord supérieur très-déprimé. Crochets terminaux, grands, peu recourbés. Lunule cordiforme. Corselet large et peu profond. Largeur, 44 millim.; hauteur, 36; épaisseur, 24.

Observations. Cette espèce diffère de la *C. subathooensis* et de ses variétés par sa forme oblongue ou régulièrement ovalaire, au lieu d'être plus ou moins trigone, par ses crochets beaucoup moins proéminents, son côté antérieur moins large et moins avancé, sa lunule moins excavée. Nous avons donné (fig. 14 et 15) les dessins d'individus jeunes qui montrent que ces caractères sont constants à tous les âges comme dans l'espèce à laquelle nous venons de la comparer, et dont il sera toujours facile de la distinguer.

Localité. Marnes noires de Subathoo. C.

Genre VÉNUS.

VENUS GRANOSA, J. de C. Sow.

Venus granosa, J. de C. Sowerby, *Transact. geol. Soc. of London*, 2ᵉ sér., vol. V, pl. xxv, fig. 7. 1840.
—   Id.   d'Archiac, *Hist. des progrès de la Géol.*, vol. III, p. 262. 1850.

On ne comprend pas pourquoi M. Alc. d'Orbigny a placé cette espèce ainsi que la suivante, toutes deux si exclusivement tertiaires inférieures, dans son vingt-sixième étage, celui des faluns (*Prodrome*, etc., vol. III, p. 109).

Localités. Calcaire jaune sableux de la chaîne d'Hala. C. — Soomrow (Cutch).

VENUS CANCELLATA, J. de C. Sow.

Venus cancellata, J. de C. Sowerby, *Transact. géol. Soc. of. London*, 2ᵉ sér., vol. V, pl. xxv,
              fig. 7, *a*. 1840.
—   Id.   d'Archiac, *Hist. des progrès de la Géol.*, vol. III, p. 262. 1850.

Le seul échantillon que nous ayons sous les yeux et sa ressemblance avec l'espèce précédente, nous laissent quelque incertitude quant à son identité avec la coquille de la province de Cutch.

Localités. Calcaire jaune sableux, dur, de la chaîne d'Hala. R.R. — Soomrow, Kotra (Cutch).

VENUS NON SCRIPTA, J. de C. Sow.

Pl. XVII, fig. 7, *a*.

Venus non scripta, J. de C. Sowerby, *Transact. geol. Soc. of London*, 2ᵉ sér., vol. V, pl. xxv,
fig. 8. 1840.
—   Id.   d'Archiac, *Hist. des progrès de la Géol.*, vol. III, p. 262. 1850.

Nous avons fait représenter de nouveau cette espèce pour compléter ce qu'en a dit M. Sowerby,
et parce qu'elle est très-commune dans le Sinde.

Localités. Calcaire jaune sableux de la chaîne d'Hala. C.C. — Soomrow (Cutch).

VENUS SUBVIRGATA, d'Orb.

Pl. XVII, fig. 10, *a*.

Pullastra virgata, J. de C. Sowerby, *Transact. geol. Soc. of London*, 2ᵉ sér., vol. V, pl. xxv,
fig. 9. 1840.
—   Id.   d'Archiac, *Hist. des progrès de la Géol.*, vol. III, p. 262. 1850.
Venus subvirgata.. Alci. d'Orbigny, *Prodrome de paléontologie*, vol. III, p. 109. 1852.

Nous avons fait figurer de nouveau cette élégante coquille, quoique la partie antérieure
du seul échantillon que nous avons sous les yeux laisse encore à désirer. La forme des crochets,
l'épaisseur des deux valves et le système de stries parfaitement régulières qui la recouvre
n'avaient pas été suffisamment rendus dans le dessin de M. Sowerby, fait d'après un individu plus
grand que le nôtre. Cette espèce que l'on pourrait regarder comme représentant dans l'Inde la
Cytherea suberycinoides, Desh., des sables inférieurs de l'ouest de l'Europe, s'en distingue surtout par les plis de sa surface beaucoup plus fins, plus détachés et séparés par des stries plus
profondes.

Localités. Calcaire jaune de la chaîne d'Hala, R.R. — Soomrow (Cutch).

VENUS SUBAGLAURÆ, nov. sp.

Pl. XVIII, fig. 5, *a*.

Coquille (moule) elliptique, régulièrement bombée, très-inéquilatérale. Crochets larges,
déprimés, peu avancés, situés vers le quart antérieur. Lunule très-courte; corselet fort allongé.
Impressions musculaires antérieure et postérieure bien accusées, l'une ovalaire, l'autre plus
allongée vers le haut, réunies par une impression palléale également bien apparente, largement
et profondément échancrée en arrière. Largeur 49 millim.; hauteur, 39; épaisseur, 26.

Observations. Ce moule, comme l'indique son nom, est assez voisin de la *Venus Aglauræ* (*Corbis id.*, Al. Brong., *Mém. sur le Vicentin*, pl. v, fig. 5), de Castel-Gomberto. Il serait seulement
moins renflé, et ses crochets plus proéminents sont moins portés en avant. Ne connaissant point
d'ailleurs le moule de la coquille du Vicentin ni le test de celle du Sinde, il est possible que d'autres différences viennent s'ajouter à celles-ci.

Localité. Calcaire grossier blanc jaunâtre, dur, avec grains de quartz, de la chaîne d'Hala. R.R.

VENUS HYDERABADENSIS, nov. sp.

Pl. XVII, fig. 8, *a*.

Coquille sub-trigone, inéquilatérale, renflée vers les crochets, un peu prolongée en arrière. Bord supérieur droit, l'antérieur un peu excavé, l'inférieur largement et régulièrement arqué. Crochets contigus, très-recourbés en avant. Surface couverte de plis concentriques, larges, assez réguliers, sub-égaux, excepté vers le bord inférieur où ils sont moins prononcés et moins larges. Largeur, 45 millim.; hauteur, 33; épaisseur, 20.

Observations. Cette espèce, dont nous ne connaissons qu'un individu, n'est encore qu'imparfai-tement caractérisée.

Localité. Calcaire jaune de la chaîne d'Hala. R.R.

VENUS ASTARTEOIDES, nov. sp.

Pl. XVIII, fig. 1, *a*.

Coquille sub-deltoïde ou sub-quadrilatère, déprimée, excepté dans la région des crochets, et sub-équilatérale. Bords antérieur et postérieur presque égaux, l'inférieur presque semi-circulaire. Crochets presque droits, médians, pointus et contigus. Surface couverte de plis concentriques, larges, égaux, atténués seulement vers le bord postérieur. Largeur, 38 millim.; hauteur, 40; épaisseur, 21.

Observations. Quoique très-différente de la *V. hyderabadensis* par son contour, celle-ci en offre tous les caractères de l'ornementation, et comme nous n'en connaissons également qu'un individu qui n'est pas même fort complet, nous nous abstiendrons de prononcer sur ses vrais rapports. Peut-être d'autres échantillons viendront-ils relier plus tard ceux que nous considérons ici comme constituant des espèces distinctes, et les rattacheront-ils à la *V. non scripta*, dont ils présentent aussi l'un et l'autre l'ornementation extérieure.

Localité. Avec la précédente. R.R.

VENUS FILIFERA, nov. sp.

Pl. XVIII, fig. 2, *a*.

Coquille (moule et contre-empreinte) ovalaire, transverse, très-inéquilatérale, déprimée, cou-verte de stries concentriques filiformes, très-déliées, égales, régulières, équidistantes. Crochets obtus, larges, déprimés, sub-terminaux. Largeur, 50 millim.; hauteur, 40; épaisseur, 18.

Observations. Quoique incomplets, les moules que nous avons sous les yeux et qui représentent divers âges de la coquille, ont une forme si particulière que nous ne pouvions omettre de les signaler. Ils ont quelque analogie avec la *V. striatella*, Nyst. (*Descript. des coquilles*, etc., pl. XII, fig. 2), du crag d'Anvers, mais les crochets encore moins prononcés et plus terminaux, la forme générale un peu plus haute, la courbure des valves plus symétrique, et surtout la régularité des stries filiformes les en distinguent nettement.

Localités. Calcaire marneux blanc grisâtre et calcaire dur, blanchâtre, à grain fin, de la chaîne d'Hala. R.

VENUS PRATTI, nov. sp.

Pl. XVIII, fig. 4, *a*.

Coquille trigone, renflée, très-inéquilatérale. Côté antérieur court, arrondi; côté postérieur très-allongé et anguleux ou rostré; crochets recourbés, sub-terminaux, pointus et contigus. Lunule grande, cordiforme. Corselet grand, largement excavé. Surface couverte de stries d'accroissement inégales et inégalement espacées. Charnière et caractères intérieurs inconnus. Largeur, 21 millim.; hauteur, 15 1/2; épaisseur, 13.

Observations. Cette espèce, dont le test est fort épais, ressemble, au premier abord, à certaines Nucules, mais la place du ligament, très-nettement marquée au fond du corselet, doit la faire placer parmi les conchacées jusqu'à ce qu'elle soit mieux connue.

Localité. Calcaire blanchâtre, dur, à grain fin, de la chaîne d'Hala. R.

VENUS SUBOVALIS, d'Arch.

Pl. XVIII, fig. 3, *a*.

Venus subovalis, d'Archiac, *Hist. des progrès de la Géol.*, vol. III, p. 262. 1850.

Coquille (moule) sub-quadrilatère, à angles arrondis, régulièrement bombée, très-inéquilatérale. Crochets médiocres, arrondis, sub-terminaux, assez recourbés. Largeur, 33 millim.; hauteur, 27; épaisseur, 18.

Observations. Nous ne pouvons caractériser ce moule que d'une manière négative et en faisant voir en quoi il diffère des espèces avec lesquelles on serait tenté de le confondre. Ainsi, voisin de la *V. ovalis*, Sow. (*Miner. conchol.*, pl. DLXVII, fig. 2) du grès vert, il s'en distingue par ses crochets moins proéminents, par ses bords antérieur et postérieur coupés plus carrément. Sa forme est aussi plus courte et plus carrée que celle de la *Cytherea nitidula*, Lam., et de ses variétés du terrain tertiaire inférieur. Elle s'éloigne également de la *V. multilamellosa*, Nyst. (*loc. cit.*, pl. XII, fig. 7), du crag d'Anvers, et, de la *V. striatissima*, Bell. (*Mém. Soc. géol. de France*, 2ᵉ sér., vol. IV, pl. XVII, fig. 4), des couches nummulitiques des environs de Nice.

Localité. Calcaire blanchâtre dur, à grain fin, de la chaîne d'Hala. R.R.

VENUS CYRENOIDES, nov. sp.

Pl. XVII, fig. 11, *a*.

Coquille (moule) transverse, sub-trigone, renflée, inéquilatérale. Bords antérieur et postérieur arrondis, l'inférieur presque droit. Crochets pointus, assez proéminents. Valves régulièrement bombées. Impressions musculaires peu prononcées, réunies par une impression palléale très-profondément échancrée. Largeur, 23 millim.; hauteur, 13; épaisseur, 11 1/2.

Observations. Comme le moule précédent, celui-ci est caractérisé surtout par sa forme qui rappelle celle de certaines Cyrènes (*C. semistriata*, Desh., *C. cuneiformis*, Fér., etc.). Il est aussi très-voisin de la *Cytherea custugensis*, Leym. (*Mém. Soc. géol. de France*, 2ᵉ sér., vol. I, pl. XV, fig. 1), des couches nummulitiques des Corbières, dont il diffère cependant par sa plus grande épaisseur relative, par son bord postéro-supérieur droit, son bord inférieur presque droit aussi, son bord antérieur moins dilaté, et par sa forme générale plus trigone.

Localité. Avec la précédente. R.R.

VENUS GUMBERENSIS, nov. sp.

Pl. XVIII, fig. 6, *a*, 7, 8, *a*.

Coquille (moule) sub-trigone, épaisse, inéquilatérale, renflée et largement arquée en arrière, excavée en avant. Côté antérieur étroit et arrondi. Angle postéro-inférieur assez prononcé. Crochets grands, avancés, proéminents, situés au quart antérieur des valves. Lunule grande, profonde, cordiforme. Corselet large et fort allongé. Surface probablement couverte de stries d'accroissement fines, serrées, presque égales. Largeur, 42 millim.; hauteur, 39; épaisseur, 26.

Var. *a* (fig. 8, *a*). Plus petite, plus renflée; angle postéro-inférieur coupé plus carrément. Largeur, 30 millim.; hauteur, 25; épaisseur, 20. Elle semble être une forme intermédiaire entre le type et la *Cyprina transversa*.

Observations. Cette espèce a quelques rapports avec la *Cytherea Verneuili*, d'Arch. (*Mém. Soc. géol. de France*, 2ᵉ sér., vol. II, pl. VII, fig. 10), de Biaritz, mais elle est plus transverse; son côté antérieur est plus avancé, les crochets sont plus détachés et l'angle inféro-postérieur plus prononcé. Dans la fig. 7, qui représente un individu jeune, le crochet n'est pas assez prononcé, et la lunule n'est pas assez excavée.

Localité. Marnes noires de Subathoo. C. — La var. provient de la marne ferrugineuse de la même localité, où nous avons indiqué les var. *d* et *e* de la *Cyprina subathooensis*.

VENUS SUBGUMBERENSIS, nov. sp.

Pl. XX, fig. 1, *a*.

Coquille ovalaire, transverse, très-inéquilatérale, peu épaisse. Côté antérieur assez avancé, réuni au bord postérieur par une courbe elliptique régulière. Crochets peu saillants, arrondis, inclinés en avant, situés vers le quart antérieur des valves. Lunule large, profonde, mais peu haute. Corselet fort grand. Surface couverte de stries d'accroissement nombreuses, inégales et probablement sub-lamelleuses. Largeur, 60 millim.; hauteur en arrière des crochets, 45; épaisseur, 30.

Observations. Cette espèce, voisine de la précédente, a ses crochets moins élevés et portés plus en avant; elle est moins épaisse; sa lunule est moins haute, son corselet plus allongé, et ses stries lamelleuses formaient, vers la région anale, un angle assez prononcé en remontant vers les bords du corselet. Nous avons placé ces deux coquilles parmi les Venus plutôt que parmi les Cyprines, d'après certains caractères auxquels nous n'attachons qu'une faible importance, et nous ne prétendons point que les vrais caractères zoologiques, lorsqu'ils auront pu être observés, viennent justifier complétement notre distinction provisoire.

Localité. Marnes noires de Subathoo. R.

VENUS PSEUDONITIDULA, nov. sp.

Pl. XX, fig. 2, *a*.

Coquille (moule) arrondie, un peu épaisse, inéquilatérale. Crochets larges, assez avancés, placés au quart antérieur des valves. Lunule grande. Corselet court. Bords antérieur, inférieur et postérieur, formant une courbe elliptique, interrompue seulement par un angle inféro-postérieur faiblement accusé. Largeur, 28 millim.; hauteur, 25; épaisseur, 15.

Observations. Ce moule ressemble à celui de beaucoup d'espèces du genre, et surtout à la *Cytherea nitidula*, Lam., var. *b*, Desh. (*loc. cit.*, vol. I, p. 134), quoique moins transverse. Il est également voisin de la *V. similis*, Nyst. (*loc. cit.*, pl. xiii, fig. 5), et de plusieurs espèces crétacées.

Localité. Marne ferrugineuse de Subathoo avec la *V. gumberensis*, var. *a*, et la *Cyprina subathooensis*, var. *d* et *e*. C.

VENUS EVERESTI, nov. sp.

Pl. XX, fig. 3, *a*.

Coquille (moule) trigone, inéquilatérale, à angles arrondis, assez bombée dans les régions moyenne et supérieure. Bords tranchants. Crochets larges, peu avancés. Lunule cordiforme, allongée. Corselet superficiel. Largeur, 23 millim.; hauteur, 21; épaisseur, 15.

Observations. Ce moule est principalement caractérisé par le renflement des régions moyenne et supérieure qui lui donne l'aspect d'une Nucule. Le bord antérieur large et un peu tronqué, malgré la hauteur de la lunule, contribue encore à le distinguer des formes voisines et surtout de la précédente. Ses autres caractères sont d'ailleurs trop vagues pour que nous essayions de la rapprocher d'espèces connues dans le même groupe en Europe.

Localité. Marnes noires de Subathoo. R.

VENUS SUBEVERESTI, nov. sp.

Pl. XX, fig. 4, *a*.

Coquille (moule) très-renflée dans la région supérieure, tranchante sur le reste de son pourtour et très-inéquilatérale. Bords antérieur, inférieur et postérieur formant ensemble une courbe elliptique, continue et régulière. Crochets renflés, arrondis, proéminents et avancés. Lunule grande, cordiforme. Corselet large, mais peu profond. Impressions musculaires petites; impression palléale présentant un sinus grand, ovalaire. (Ces derniers caractères ont été omis dans le dessin). Largeur, 18 millim.; hauteur, 15; épaisseur, 11.

Observations. Cette espèce, voisine de la *V. Everesti*, est plus petite, plus oblique; ses crochets sont plus saillants; sa lunule est plus haute et le côté antérieur plus court. Les valves, très-régulièrement bombées, lui donnent aussi l'aspect d'une Nucule.

Localité. Avec la précédente. C.

VENUS SUBCYRENOIDES, nov. sp.

Pl. XX, fig. 5, *a*, 6, *a*.

Coquille (moule) trigone ou ovalaire, transverse, très-inéquilatérale, arrondie en avant, un peu prolongée en arrière. Bord inférieur largement arqué. Crochets larges, assez avancés, situés vers le quart antérieur des valves. Lunule cordiforme, assez grande. Corselet grand et assez enfoncé. Largeur, 22 millim.; hauteur en arrière des crochets, 17; épaisseur, 12.

Var. *a* (fig. 6, *a*). Nous distinguons à titre de variété une coquille plus régulièrement deltoïde, se rapprochant beaucoup par cette raison de la *Cytherea deltoidea*, Lam., Desh. (*loc. cit.*, pl. xx, fig. 6, 7), et de la *V. scobinellata*, Lam., toutes deux du calcaire grossier.

Observations. Cette espèce rappelle un peu par sa forme la *Cytherea cuneata*, Desh. (*loc. cit.*, pl. XXII, fig. 6, 7, *mala*), des sables moyens, mais elle est toujours plus grande et moins rostrée en arrière; son bord supérieur est plus convexe; ses crochets sont plus renflés, plus larges et plus inclinés. Elle ressemble davantage à la *V. cyrenoides* du Sinde.

Localité. Marnes noires de Subathoo. C.C.

VENUS NUCLEUS, nov. sp.

Pl. XX, fig. 7, *a*.

Coquille (moule) globuleuse, inéquilatérale, arrondie en avant, un peu tronquée en arrière. Crochets larges, assez recourbés. Lunule cordiforme, assez profonde. Corselet large et court. Largeur, 18 millim.; hauteur, 15; épaisseur, 12.

Observations. Vue de face, on prendrait cette espèce pour le jeune de la *V. pseudonitidula*, et vue en dessus, pour la *V. rubiensis*, Leym. (*Mém. Soc. géol. de France*, 2ᵉ sér., vol. I, pl. XV, fig. 6), mais elle est beaucoup plus renflée que la première et moins transverse que la seconde.

Localité. Avec la précédente. R.

VENUS SEMICIRCULARIS, nov. sp.

Pl. XX, fig. 8, *a*.

Coquille (moule) arrondie, inéquilatérale, très-bombée dans la région supérieure. Les bords antérieur, inférieur et postérieur formant exactement un demi-cercle régulier. Crochets renflés, assez inclinés en avant. Lunule cordiforme, assez grande. Corselet large et peu profond. Largeur, 19 millim.; hauteur, 18; épaisseur, 12.

Observations. Cette espèce se distingue des précédentes par sa forme beaucoup plus haute, toutes proportions gardées, et par le demi-cercle régulier de son bord inférieur. Elle est d'ailleurs très-renflée vers le bord supérieur comme la *V. Everesti*, dont elle est assez voisine. Sa forme rappelle également la *V. scobinellata*, Lam., du calcaire grossier. S'il était permis de faire des rapprochements avec des moules aussi frustes, on dirait que ceux de la *V. semicircularis* ont la plus grande ressemblance avec la *V. suevica* de Munst. Gold. (pl. L, fig. 15), du groupe jurassique supérieur du Wurtemberg.

Localité. Avec la précédente. R.

Genre CARDITA.

CARDITA OBLIQUA, d'Arch.

Pl. XXI, fig. 8, *a, b,* 9, *a*.

Venericardia obliqua, d'Archiac, *Hist. des progrès de la Géol.*, vol. III, p. 263. 1850.

Coquille sub-trigone, déprimée, inéquilatérale, arrondie en avant, anguleuse en arrière. Crochets petits, pointus, peu recourbés, contigus. Lunule petite, courte. Corselet fort étroit, assez prolongé. Surface régulièrement bombée, couverte de 17 côtes rayonnantes, épaisses, arquées à la partie antérieure où elles sont divisées en trois par deux stries latérales; la portion médiane étant plus élevée et granuleuse. Ce caractère s'atténue vers le bord postérieur, où les côtes son

de moins en moins larges. La largeur des sillons qui séparent les côtes diminue de même d'avant
en arrière. Bord des valves largement et profondément crénelé. Largeur, 26 millim.; hauteur,
21 ; épaisseur, 14.

Var. *a*, *subobliqua* (fig. 9, *a*). Coquille moins transverse, moins anguleuse, plus déprimée
et plus petite. Côtes moins épaisses, quelquefois 19 à 21. Crochets moins recourbés en avant et
plus pointus.

Observations. Le type de cette espèce, que nous avions établi sur quelques individus d'ailleurs
bien complets, est particulièrement caractérisé par son bord antérieur très-arrondi et son angle
postéro-inférieur bien prononcé. La variété s'en distingue nettement, et si nous ne l'avons pas
séparée dès à présent comme espèce c'est à cause du peu d'individus que nous possédons et qui
permettent de penser que quelques formes intermédiaires viendront peut-être se rattacher plus
directement au type. Elle est très-voisine d'une espèce inédite des sables moyens de Valmon-
dois dont les côtes sont seulement beaucoup plus étroites, relativement aux sillons qui les
séparent.

Localité. Calcaire gris jaunâtre de la chaîne d'Hala. R.

CARDITA SUBCOMPLANATA , d'Arch.

Pl. XXI, fig. 10, *a*, 11, *a*, *b*.

Venericardia subcomplanata, d'Archiac, *Hist. des progrès de la Géol.*, vol. III, p. 263. 1850.

Coquille ovalaire, oblique, inéquilatérale, sub-déprimée. Crochets médiocres, assez avancés,
recourbés et contigus, d'où partent 21 côtes rayonnantes, simples, séparées par des sillons d'é-
gale largeur et rendues rugueuses par les stries d'accroissement fines, serrées et inégales qui les
traversent. Les cinq côtes de la région postérieure qui forme un méplat peu prononcé, sont un
peu plus étroites. Lunule lancéolée. Corselet très-étroit. Bord des valves crénelé. Largeur, 24
millim.; hauteur, 24; épaisseur, 25.

Var. *a*, *minor* (fig. 11, *a*). Coquille plus petite; quelques individus sont plus obliques, d'autres
coupés plus carrément en arrière.

Observations. Cette espèce est intermédiaire entre certaine variété de la *Venericardia angus-
ticostata*, Desh. (pl. XXVII, fig. 5, 6) des sables moyens et la *V. complanata*, id. (pl. XXVI,
fig. 5, 6) du même étage. Elle se distingue de la première par ses côtes non crénelées, sa forme
générale plus haute, moins arrondie et plus oblique, de la seconde en ce qu'elle est plus bombée,
moins quadrilatérale et plus étroite, ses crochets sont plus pointus, et ses côtes, d'un tiers moins
nombreuses, sont aussi beaucoup plus espacées.

Localités. Le type se trouve avec la précédente. C. — La variété dans les marnes noires de
Subathoo. C.

CARDITA DUFRENOYI, d'Arch.

Pl. XXI, fig. 13, *a*.

Venericardia Dufrenoyi, d'Archiac, *Hist. des progrès de la Géol.*, vol. III, p. 263. 1850.

Coquille (moule) transverse, renflée, en quadrilatère irrégulier, très-inéquilatérale. Bord
supérieur et antérieur se joignant à angle droit. Bord postérieur court, tronqué obliquement et
à peine arqué; bord inférieur très-grand, largement convexe. Crochets droits, pointus, très-

avancés ou sub-terminaux. Surface régulièrement bombée excepté en arrière où un méplat se dirige vers l'angle inféro-postérieur, occupant l'espace compris entre ce dernier et le bord supérieur. Côtes rayonnantes (18 à 20), épaisses, rugueuses. Largeur, 27 millim.; hauteur, 21; épaisseur, 17.

Observations. Cette espèce a une certaine ressemblance avec la *Venericardia intermedia* (*Chama*), Brocc. (pl. xii, fig. 15) des marnes sub-apennines; mais dans la nôtre les crochets sont encore plus proéminents et plus pointus, le bord antérieur est moins avancé et l'inférieur moins arqué. L'angle postéro-inférieur est mieux accusé, les côtes sont moins épaisses et moins courbées.

Localité. Avec les précédentes. R.

CARDITA BEAUMONTI, d'Arch.

Pl. XXI, fig. 14, *a*, *b*.

VENERICARDIA BEAUMONTI, d'Archiac, *Hist. des progrès de la Géol.*, vol. III, p. 263. 1850.

Coquille globuleuse, arrondie en avant et tronquée en arrière. Côté antérieur très-court; côté postérieur tronqué. Crochets extrêmement renflés et recourbés, pointus et se touchant à l'extrémité. Lunule transverse semi-lunaire. Corselet très-étroit. Surface couverte de 20 côtes dont 13 antérieures, larges, épaisses, divisées dans leur longueur par deux stries et traversées par des stries concentriques qui produisent trois rangées de granulations dont celle du milieu est double des deux autres. Les sillons intercostaux sont étroits et profonds. Les 7 côtes de la région postérieure, séparée de la précédente par un angle assez prononcé, sont simples, un peu inégales, de moitié moins larges que les autres et rendues écailleuses par le passage des stries transverses. Test fort épais. Bord des valves profondément crénelé. Largeur, 25 millim.; hauteur, 26; épaisseur, 25.

Observations. Cette espèce est très-remarquable par l'égalité de ses trois dimensions. Peu de coquilles présentent cette particularité. Les formes qui s'en rapprochent le plus et qui montrent aussi une troncature de la région anale, appartiennent au gault (*C. Dupiniana*, d'Orb.) et au groupe néocomien (*C. neocomiensis* et *quadrata* d'Orb.), mais elles en diffèrent sous tous les autres rapports.

Localité. Calcaire jaune de la chaîne d'Hala. R.

CARDITA OVOIDES, nov. sp.

Pl. XXI, fig. 12, *a*, *b*.

Coquille ovoïde, oblique, inéquilatérale, un peu prolongée en arrière. Côté antérieur très-court, formant avec le supérieur un angle presque droit. Crochets proéminents, renflés, assez recourbés. Lunule courte; corselet étroit. Surface couverte de 18 côtes rayonnantes, étroites, simples, arquées, séparées par des sillons à fond plat, finement striés en travers, et du double plus larges que les côtes qu'ils séparent. Largeur, 20 millim.; hauteur, 20; épaisseur, 15.

Observations. Par sa forme courte et ovoïde, ses côtes étroites, simples, peu élevées et fort espacées, cette espèce se distingue nettement de ses congénères.

Localité. Calcaire blanc jaunâtre, de la chaîne d'Hala. R.

CARDITA KEYSERLINGI, nov. sp.

Pl. XXI, fig. 15, 16, *a*, *b*.

Coquille complétement transverse, déprimée, irrégulière, sub-ovalaire ou en quadrilatère fort allongé. Crochets terminaux, petits, peu recourbés, contigus. Lunule nulle ou se confondant avec le bord cardinal. Corselet très-allongé. Bords supérieur et inférieur très-longs, presque droits; bord postérieur coupé presque carrément. Surface inégale, bosselée, portant 12 à 14 côtes rayonnantes, flexueuses, inégales, obtuses ou tranchantes, étroites et très-rapprochées à la partie antérieure, fort espacées et un peu élargies sur le reste de chaque valve, où l'on n'en compte que 4 ou 5. Les unes et les autres portent des écailles plus ou moins longues, plus ou moins relevées, obtuses ou aiguës, inégalement espacées. Largeur, 32 millim.; hauteur, 16; épaisseur, 16.

Observations. La *C. Keyserlingi* que nous avons surtout caractérisée d'après un jeune individu (fig. 16, *a*, *b*), diffère de ceux de la *C. crassa*, Lam., par sa forme générale moins carrée, plus allongée, ou moins haute, par son côté antérieur beaucoup plus court et ne dépassant pas les crochets, par ses côtes moins nombreuses, beaucoup plus espacées vers la région anale, et plus étroites que les sillons qui les séparent. Cette coquille, dont la largeur est double de la hauteur et de l'épaisseur, nous offre une forme assez rare dans la nature, et inconnue jusqu'à présent dans le terrain tertiaire inférieur. La *C. crassa*, Lam., si répandue dans les faluns de la Touraine, y ayant été signalée à tort par M. Deshayes (*Descript. des coq. foss. des environs de Paris*, vol. I, p. 181, pl. xxx, fig. 17, 18), on ne comprend pas pourquoi M. Alc. d'Orbigny (*Prodrome*, vol. II, p. 305) a donné le nom de *C. pseudo-crassa* à la coquille décrite par M. Deshayes en en retranchant la synonymie de Lamarck et en la plaçant dans les sables du Soissonnais, et cela pour ne plus la citer dans les faluns de la Touraine, son véritable gisement. M. Deshayes n'avait commis qu'une erreur de gisement; M. d'Orbigny en commet une double, et de plus une omission importante.

Localité. Calcaire jaune de la chaîne d'Hala.

CARDITA? FUNICULOSA, nov. sp.

Pl. XXI, fig. 17, *a*.

Coquille presque carrée, très-inéquilatérale, assez renflée, arrondie en arrière, tronquée en avant. Bord supérieur presque droit, l'antérieur court, faisant avec le précédent un angle de 100°. Crochets sub-terminaux, larges, peu proéminents. Surface régulièrement convexe, couverte de filets rayonnants, arqués, très-réguliers, flexueux, égaux, équidistants, entre lesquels on en observe deux autres plus déliés, égaux aussi et équidistants. Impressions musculaires antérieures très-prononcées.

Observations. Quoique fort incomplet, ce fossile, partie à l'état de moule, partie à l'état de contre-empreinte, avec quelques portions de test conservé, méritait d'être signalé par la singularité de ses ornements extérieurs. Ce ne sont en effet ni des plis, ni des côtes, ni des sillons, mais de simples filets très-délicats (mal rendus dans le dessin) appliqués sur la surface unie et régulièrement convexe des valves, comme on en observe sur certains *Pecten*. Les caractères génériques de ce corps sont d'ailleurs assez incertains, et il se pourrait que sa place fût plutôt avec les *Cardium*.

Localité. Calcaire grossier blanc jaunâtre de la chaîne d'Hala. R.R.

CARDITA VIQUESNELI, nov. sp.

Pl. XXI, fig. 7, *a*.

Coquille (contre-empreinte) déprimée, inéquilatérale, à contours arrondis imparfaitement connus. Crochets pointus, assez proéminents, d'où partent 24 côtes rayonnantes, peu élevées, arquées, très-régulières, divisées en trois par deux stries longitudinales très-délicates. Les sillons qui séparent les côtes, de moitié plus étroits que celles-ci, sont excavés en forme de gouttière. Les cinq côtes postérieures sont simples. Des stries concentriques assez rapprochées, rendent la surface de la coquille rugueuse en produisant des écailles à leur passage sur les côtes, et des stries transverses dans les sillons. Largeur, environ 28 millim.; hauteur, 24.

Observations. Les ornements de cette espèce dont nous ne connaissons que la contre-empreinte de la valve gauche, la rapprochent de la *Venericardia acuticostata*, Lam., du calcaire grossier, dont les côtes sont aussi divisées en trois, mais beaucoup plus étroites, plus saillantes et tranchantes. La coquille est en outre plus bombée, plus inéquilatérale que la nôtre, et les crochets plus renflés, sont plus inclinés en avant. Il ne serait pas d'ailleurs impossible que leur identité fût reconnue lorsqu'on aura pu comparer un certain nombre d'individus complets.

Localité. Calcaire compacte, gris cendré, de la Montagne de Sel (Pendjab). R.R.

CARDITA indét.

Fragment d'une espèce qui paraît être très-voisine de la *Venericardia imbricata*, Lam., du calcaire grossier.

Localité. Avec la précédente. R.R.

CARDITA DEPRESSA, nov. sp.

Pl. XXI, fig. 1, *a*, *b*, 2, *a*, *b*.

Coquille sub-plane, mince, sub-trigone, à angles arrondis et à pourtour tranchant. Bords antérieur et supérieur droits, faisant un angle de 110°. Crochets petits, pointus. Surface ornée de 19 côtes rayonnantes, peu arquées, divisées par deux stries, et dont la partie médiane est occupée par des granulations squamiformes, sub-imbriquées (la division des côtes a été omise dans le dessin, fig. 1 *b*). Les sillons qui séparent les côtes sont plus larges que celles-ci. Leur fond est plat et strié par les stries d'accroissement, dont le passage sur les côtes détermine les granulations. Les plus grands individus ont : largeur, 26 millim.; hauteur, 23; épaisseur, 9.

Var. *a* (fig. 2, *a*, *b*). Coquille plus petite que la précédente, moins haute, plus oblique ou plus inéquilatérale. Côté antérieur plus court. Divisions longitudinales des côtes mieux accusées que dans le type où leur omission dans le dessin rend, au premier abord, les deux coquilles plus différentes qu'elles ne le sont réellement.

Localité. Marnes noires de Subathoo. C.C.

CARDITA MUTABILIS, nov. sp.

Pl. XXI, fig. 3, *a*, 4, *a*, 5, *a*, *b*, 6, *a*.

Coquille de forme variable, transverse, inéquilatérale ou sub-équilatérale, trigone ou arrondie, plus ou moins épaisse. Crochets petits, peu recourbés en avant. Surface ornée de 16 ou 17 côtes rayonnantes, semblables, étroites, peu arquées, squamo-granuleuses, séparées par des sillons un peu plus larges qu'elles. Bord inférieur profondément crénelé. Largeur, 21 millim.; hauteur, 17 1/2; épaisseur 11 1/2. D'autres individus ont 19 millim. sur 14 et 10, ou bien 21 sur 16 et 9 1/2, etc.

Observations. Nous réunissons sous un même nom des formes qui diffèrent non-seulement des espèces précédentes, dont elles possèdent cependant le système d'ornementation, mais encore entre elles d'une manière assez notable pour que nous ayons dû en faire représenter plusieurs. Le caractère général qui, en les éloignant des *C. subcomplanata* et *depressa*, les rapproche entre elles, est leur forme transverse, moins haute, plus bombée et presque équilatérale. Quant à leurs différences qu'on peut appeler individuelles, puisque nous n'avons pas deux échantillons absolument semblables, elles sont résumées dans les quatre individus que nous avons fait représenter. Le premier (fig. 3, *a*) est presque équilatéral, elliptique et régulièrement bombé; le second (fig. 4, *a*) est plus mince, rétréci en avant et en arrière; ses crochets sont plus pointus et plus détachés; le troisième (fig. 5, *a*, *b*) est, quant à son épaisseur, intermédiaire entre les précédents, mais plus trigone, se rapprochant un peu de la *C. depressa*, var. *a*; enfin, un quatrième (fig. 6, *a*) renflé vers les crochets, se rapproche au contraire du premier par sa forme elliptique et celle des crochets.

Localité. Marnes noires de Subathoo. C.

Genre CARDIUM.

CARDIUM AMBIGUUM? J. de C. Sow.

Cardium ambiguum, J. de C. Sowerby, *Transact. geol. Soc. of London*, 2e sér., vol. V, pl. xxiv, fig. 2. 1840.

Nous rapportons avec doute à l'espèce des couches tertiaires de Baboa Hill (Cutch), un moule fort incomplet provenant des calcaires blanc jaunâtre de la chaîne d'Hala.

CARDIUM BRONGNIARTI, d'Arch.

Pl. XXIII, fig. 6, *a*, *b*.

Cardium Brongniarti, d'Archiac, *Hist. des progrès de la Géol.*, vol. III, p. 263. 1850.

Coquille (moule) renflée, inéquilatérale, presque carrée. Crochets très-proéminents et recourbés. Charnière presque droite. Lunule grande, cordiforme. Impressions musculaires peu prononcées. Surface des valves partagée presque carrément en trois parties à peu près égales : une médiane et deux latérales. Le test probablement assez mince, reproduisait à l'intérieur les côtes rayonnantes nombreuses (40 à 42), fines, régulières et séparées par des sillons étroits. Les uns et les autres sont moins réguliers à mesure qu'ils s'approchent des bords antérieur et postérieur. Largeur, 23 millim.; hauteur, 28; épaisseur, 22.

Observations. Au premier abord, ce *Cardium* semble être la miniature du *C. Perezi*, Bell. (*Mém. Soc. géol. de France*, 2ᵉ sér., vol. IV, p. 241, pl. xix, fig. 2. 1852), des couches nummulitiques du comté de Nice; mais lorsqu'on les compare attentivement, on reconnaît que ce dernier a, toutes proportions gardées, les crochets moins avancés, qu'il est moins haut, que le côté postérieur est beaucoup plus dilaté, que l'antérieur l'est moins, et que les côtes, moins nombreuses et plus larges, sont plus prononcées sur la partie antérieure qu'au milieu, ce qui est l'inverse dans le *C. Brongniarti*. Les stries du côté opposé sont en outre plus épaisses et très-régulières, tandis que dans le nôtre elles sont fort inégales, inégalement espacées et quelquefois comme fasciculées.

Localité. Calcaire marneux brunâtre, très-ferrugineux de la chaîne d'Hala, semblable à celui du moule de *Lucina mutabilis*, (*antè*). R.R.

CARDIUM HALAENSE, nov. sp.

Pl. XXI, fig. 19, *a*, *b*, 20.

CARDIUM SUBASPERULUM ¹, d'Archiac, *Hist. des progrès de la Géol.*, vol. III, p. 264. 1850.

Coquille ovalaire, équilatérale, un peu plus haute que large, régulièrement bombée, un peu tronquée en avant et arrondie en arrière. Crochets presque droits, assez proéminents. Lunule grande. Surface couverte de côtes rayonnantes très-nombreuses, égales, simples, peu saillantes, séparées par des sillons simples, étroits et peu profonds. Largeur, 24 millim.; hauteur, 26; épaisseur, 18.

Var. *a* (fig. 20). Cette variété, de forme plus renflée, a 25 millim. de large sur 27 de haut et 20 d'épaisseur.

Observations. Ce *Cardium* rappelle par sa forme le *C. asperulum*, Lam., Desh. (pl. xxvii, fig. 7, 8), quoique moins oblique, moins inéquilatéral et un peu plus profond. Malgré l'état fruste de son test, on peut juger que ses côtes n'étaient surmontées ni d'épines, ni de granulations.

Localités. Calcaire gris compacte et calcaire blanchâtre de la chaîne d'Hala. C. — Calcaire gris compacte de la Montagne de Sel (Pendjab). R.

CARDIUM AUSTENI, nov. sp.

Pl. XXI, fig. 18, *a*, *b*.

Coquille ovalaire, sub-équilatérale, peu renflée, à bords tranchants, légèrement tronquée en avant, plus dilatée en arrière et arrondie inférieurement. Crochets sub-médians, pointus, peu recourbés et contigus. Surface couverte de côtes nombreuses (37 à 39), rayonnantes, égales, plates,

---

1. M. Alc. d'Orbigny, dans le second volume de son *Prodrome de paléontologie* publié en 1850, a donné le nom de *subasperulum* au *Cardium* du Vicentin désigné par Alex. Brongniart (pl. v, fig. 13) comme étant l'espèce de Lamarck. Sans nous prononcer ici sur la valeur réelle de cette distinction ni sur l'antériorité du nom donné par l'auteur du *Prodrome*, nous préférons, pour éviter toute confusion, changer celui que nous avions inscrit dans notre Tableau en 1850.

séparées par des sillons étroits, peu profonds, marqués de points enfoncés carrés (ce caractère a été omis dans la fig. 18 *b*). Largeur, 27 millim.; hauteur, 28; épaisseur, 19.

Observations. Cette espèce, qui semble au premier aspect n'être qu'une variété de la précédente, plus élargie et moins renflée, en diffère cependant par ses côtes plus larges et ses sillons ponctués. Sous ce dernier rapport, elle se rapprocherait de la suivante, dont la forme constante l'en éloigne à son tour. Peut-être serait-ce le *Cardium* des Monte Grumi et de Castel-Gomberto, désigné par Alex. Brongniart sous le nom de *C. asperulum*, Lam., et qu'on vient de voir distingué par M. Alc. d'Orbigny sous celui de *C. subasperulum ?* Les dessins et surtout le manque de description suffisante ne permettent pas encore de rien affirmer à cet égard malgré la ressemblance générale des formes.

Localité. Chaîne d'Hala avec le précédent. R.

CARDIUM GREENOUGHI, nov. sp.

Pl. XXI, fig. 21, *a, b.*

Coquille sub-orbiculaire, sub-équilatérale, renflée vers les crochets, presque tranchante à son pourtour, couverte de côtes rayonnantes, nombreuses, plates, séparées par des sillons étroits et peu profonds. Les côtes sont divisées dans leur longueur par une strie médiane (omise dans le grossissement, fig. 21 *b*), et les sillons sont marqués de points enfoncés très-rapprochés. Crochets renflés, pointus à leur sommet, assez recourbés et contigus. Largeur, 29 millim.; hauteur, 28; épaisseur, 19.

Observations. Cette espèce a la plus grande analogie avec le *C. tenuisulcatum*, Nyst. (*loc. cit.*, pl. XIV, fig. 7) de Kleyn-Spauwen et de Bünde, et nous avions d'abord cru qu'il n'en constituait qu'une forte variété, mais la somme des différences qu'il nous a offertes nous a déterminé à l'en séparer. Il s'en distingue en effet par sa taille plus grande, par sa forme beaucoup plus renflée vers les crochets, par ceux-ci plus larges et plus recourbés, par ses côtes d'abord plus larges et ensuite d'une égale largeur partout, tandis que dans la coquille des Pays-Bas, elles sont plus étroites et plus rapprochées vers la région postérieure, où les sillons ponctués qui les séparent sont alors plus larges qu'elles. Indépendamment de l'immense espace géographique qui sépare le gisement de ces deux *Cardium*, ils appartiennent à des horizons géognostiques un peu différents. Le *C. Greenoughi* rappelle encore le *C. multicostatum*, Brocc., var. de Bast., des faluns de l'ouest de la France.

Localité. Calcaire grossier jaune de la chaîne d'Hala. R.R.

CARDIUM SHARPEI, nov. sp.

Pl. XXIII, fig. 1, *a.*

Coquille (moule) ovalaire, équilatérale. Bords antérieur, postérieur et inférieur formant les trois quarts d'une ellipse presque régulière. Crochets médians, pointus, très-recourbés et contigus. Surface régulièrement convexe. Largeur, 33 millim.; hauteur, 37; épaisseur, 27.

Observations. Par son aspect général, cette espèce se rapproche de certains *Cardium* secondaires. Il est beaucoup plus étroit et plus symétrique que le *C. porulosum*, Lam., et la seule forme tertiaire avec laquelle nous lui trouvons une grande analogie, si ce n'est même une identité complète, est un moule, encore inédit, provenant du calcaire grossier de Coucy (Aisne), qui est seulement un peu plus petit et un peu moins renflé dans la région des crochets.

Localité. Calcaire jaune, dur, avec Nummulites et Operculines de la chaîne d'Hala. R.R.

CARDIUM PICTETI, nov. sp.

Pl. XXIII, fig. 2, *a*, 3, *a*.

Coquille (moule) ovalaire, oblique, sub-équilatérale, plus haute que large, tronquée en arrière, arrondie en avant. Crochets assez proéminents, pointus, très-peu recourbés. Impressions musculaires peu prononcées. Côtes rayonnantes, nombreuses, égales, équidistantes, séparées par des sillons de même largeur. Largeur d'un grand individu, 27 millim.; hauteur, 22; épaisseur, 21.

Observations. Les fig. 3, *a,* représentent un individu jeune de cette espèce, ou une variété *minor*, dont les crochets sont un peu moins saillants, les côtes plus étroites, et dont l'ensemble est plus régulièrement ovalaire. Ne connaissant d'ailleurs qu'un échantillon de chacune de ces formes, il nous est impossible de prononcer définitivement sur leurs relations. Ce *Cardium* est plus allongé que le *C. porulosum*, Lam., si commun dans le calcaire grossier de Paris, mais, s'il était plus répandu dans les couches du Sinde, on pourrait le regarder comme y représentant l'espèce du bassin de la Seine.

Localité. Le grand échantillon est en calcaire grossier, le petit en calcaire blanchâtre, à grain fin ou compacte, de la chaîne d'Hala. R.R.

CARDIUM SALTERI, nov. sp.

Pl. XXIII, fig. 3, *b*, *c*, *d*.

Coquille ovoïde, allongée, sub-équilatérale, assez renflée. Crochets presque droits, sub-contigus. Surface ornée de côtes rayonnantes, nombreuses (40 à 42), simples, arrondies, peu élevées, séparées par des sillons étroits et finement ponctués au fond. Les stries qui occupent une sorte de méplat à la partie postérieure, sont plus délicates et plus serrées.

Observations. Quoique peu complets, les échantillons sur lesquels nous établissons cette espèce suffisent pour la distinguer des individus jeunes ou de la variété *minor* du *C. Picteti.* Ils sont plus hauts, plus renflés, plus ovoïdes, et les crochets plus rapprochés ont aussi une forme très-différente.

Localité. Calcaire blanc jaunâtre, dur, à grain fin, de la chaîne d'Hala. R.

CARDIUM ANOMALE, Math.

Pl. XXIII, fig. 4, *a.*

CARDIUM ANOMALE, Matheron, *Catal. méthod. et descript. des corps organ. foss. du dép. des Bouches-du-Rhône*, p. 194, pl. XXXII, fig. 11, 12. 1842.

L'identité du fragment que nous avons sous les yeux avec la coquille décrite et figurée par M. Matheron, nous paraît démontrée autant que son état le permet. Les caractères de cette espèce sont d'ailleurs si particuliers qu'il serait difficile de la confondre avec aucune autre.

Localités. Calcaire grossier jaune de la chaîne d'Hala. R.R. — Mollasse marine de la Provence.

CARDIUM LIMÆFORME, nov. sp.

Pl. XXIII, fig. 5, *a*, *b*, *c*.

Coquille ovalaire, oblique, sub-équilatérale, très-déprimée, plus haute que large, à bords tranchants, un peu tronquée en arrière et dilatée en avant. Charnière oblique; nymphes grandes. Crochets fort petits, pointus, recourbés et contigus. Surface ornée de stries rayonnantes très-fines, très-rapprochées, plus espacées et plus prononcées en arrière (fig. 5 *b*) qu'en avant (fig. 5*c*), et traversées, sur toute l'étendue des valves, par des cordelettes concentriques, filiformes, égales, équidistantes, flexueuses ou ondulées. Largeur, 24 millim.; hauteur, 31; épaisseur, 13.

Observations. Nous ne connaissons aucune espèce avec laquelle celle-ci puisse être confondue. Sa forme oblongue et déprimée, qui rappelle celle de beaucoup de Limes, et les ornements de sa surface la caractérisent à la première vue.

Localités. Calcaire grossier jaunâtre, avec *Nummulites Guettardi?* de la chaîne d'Hala. R.R.

Nous possédons un individu plus petit et plus bombé dans un calcaire marneux, gris blanchâtre, à Nummulites que nous croyons provenir de Zafranboli (Asie Mineure).

CARDIUM BUNBURYI, nov. sp.

Pl. XXIII, fig. 7, *a*.

CARDIUM indét., d'Archiac, *Hist. des progrès de la Géol.*, vol. III, p. 265. 1850.

Coquille (moule) ovoïde, très-oblique, très-inéquilatérale, régulièrement bombée. Côté antérieur très-court, droit, faisant avec le postérieur, du double plus long et un peu concave, un angle de 110°; le reste du pourtour représentant à peu près les deux tiers d'une ellipse. Crochets médiocres, peu recourbés. Impressions musculaires peu apparentes. Largeur, 32 millim.; hauteur, 41; épaisseur, 25.

Observations. Cette espèce rappelle par sa forme le *C. discors*, Lam., Desh. (pl. XXVIII, fig. 8, 9), et le *C. granulosum*, Desh. (pl. XXX, fig. 5, 6), du calcaire grossier de Paris, mais elle est plus grande que l'un et l'autre, son bord postérieur est plus long et plus droit, l'antérieur plus court, et le reste du pourtour plus régulièrement elliptique. Quant au *C. Bonelli*, Bell. (*Mém. Soc. géol. de France*, 2e sér., vol. IV, pl. XVII, fig. 8), des couches nummulitiques du comté de Nice, ses crochets sont plus larges, moins terminaux; le côté antérieur est également plus large et plus avancé; la coquille est plus haute, enfin son contour et sa surface donnent des courbes encore plus régulières.

Localité. Calcaire blanc jaunâtre, compacte, de la chaîne d'Hala. R.R.

CARDIUM HORNERI, nov. sp.

Pl. XX, fig. 16, *a*.

Coquille (moule) en polygone irrégulier, à côtés et à angles arrondis, déprimée, oblique, inéquilatérale et dilatée en arrière. Crochets petits, pointus, contigus, inclinés en avant, d'où part une côte obtuse, se dirigeant obliquement vers l'angle postéro-inférieur et limitant assez nettement la région anale. Bord inférieur simple et presque droit. Impressions musculaires obsolètes. Largeur, 28 millim.; hauteur, 28; épaisseur, 17.

Observations. L'absence de crénelures au pourtour et de traces de stries ou de plis rayonnants, doit faire présumer que la coquille de ce moule rangé provisoirement parmi les *Cardium*, était unie au dehors comme au dedans.

Localité. Calcaire compacte grisâtre de la chaîne d'Hala. R.R.

CARDIUM JACQUEMONTI, nov. sp.

Pl. XX, fig. 15, *a.*

Coquille (moule) imparfaitement trigone, inéquilatérale, à angles très-arrondis, déprimée, aussi haute que large. Côté antérieur très-haut, coupé un peu carrément. Bord inférieur presque droit, le bord postérieur se liant au supérieur par une courbe continue. Crochets petits, presque droits. Courbure des valves très-régulière. Largeur, 27 millim.; hauteur, 27; épaisseur, 16.

Observations. Ce moule incomplet diffère tellement par sa forme de tous ceux qui l'accompagnent dans la couche ferrugineuse et dans les marnes noires où il existe aussi, que nous avons dû le faire représenter, sauf à lui assigner sa véritable place lorsque ses caractères seront mieux connus. Nous l'avons mis à côté du *C. Horneri*, pour montrer l'analogie de deux moules qui proviennent de pays très-différents, mais dont les vrais caractères sont encore fort obscurs.

Localité. Marnes noires et couche ferrugineuse de Subathoo. R.

Genre CYPRICARDIA.

CYPRICARDIA CARTERI, nov. sp.

Pl. XX, fig. 14, *a.*

Coquille ovoïde, très-inéquilatérale et renflée. Côté antérieur très-court; bords supérieur et inférieur largement arqués. Lunule cordiforme. Corselet grand, lancéolé. Crochets médiocres, inclinés en avant. Surface régulièrement bombée, marquée de stries d'accroissement fines, serrées, inégales et un peu lamelleuses. Hauteur, 35 millim.; largeur, 27; épaisseur, 20.

Observations. Cette coquille, dont le genre est encore douteux, se rapproche assez d'un moule de Biaritz que nous avons décrit sous le nom de *C. incerta* (*Mém. Soc. géol. de France*, 2ᵉ sér., vol. III, pl. XII, fig. 7. 1850), mais le fossile du Sinde est plus renflé, ses crochets sont moins avancés, et sa forme générale offre des courbes plus régulières.

Localité. Calcaire blanc jaunâtre de la chaîne d'Hala. R.R.

CYPRICARDIA VICARYI, nov. sp.

Pl. XX, fig. 11, *a*, 12, *a*, 13.

Coquille (moule) ovoïde, très-inéquilatérale, arrondie en avant, atténuée et anguleuse en arrière. Crochets terminaux renflés. Bord supérieur très-émoussé et largement arqué; bord inférieur tranchant. Impressions musculaires antérieures petites, mais assez prononcées, les postérieures plus faibles, et auxquelles paraît se rattacher un commencement d'échancrure palléale. Largeur, 50 millim.; hauteur, 37; épaisseur, 32.

Var. *a minor* (fig. 12 *a;* individu jeune, fig. 13). Coquille beaucoup plus petite, mais plus épaisse, plus arrondie ou cylindroïde et ayant le bord supérieur presque droit.

Observations. Cette espèce, remarquable par sa forme, est trop facile à distinguer pour que nous insistions sur ses caractères.

Localité. Calcaire gris brunâtre, compacte, et pour la variété, marnes noires de Subathoo. C.

CYPRICARDIA FABA, nov. sp.

Pl. XX, fig. 10, *a*.

Coquille (moule) elliptique, renflée au milieu, à bords tranchants. Crochets très-petits, faisant à peine une saillie au-dessus du bord. Courbure des valves régulières. Largeur, 25 millim.; hauteur, 17; épaisseur, 12.

Observations. Cette espèce, qui rappelle un peu la *Venus Borsoni*, Bell. (*Mém. Soc. géol. de France*, 2ᵉ sér., vol IV, pl. xvii, fig. 5), du groupe nummulitique des environs de Nice, s'en distingue néanmoins par sa forme plus régulièrement elliptique, plus courte, et par ses crochets plus atténués.

Localité. Calcaire gris compacte de Subathoo. R. (Les moules sont revêtus d'un enduit ferrugineux).

Genre ARCA.

ARCA HYBRIDA, J. de C. Sow.

Pl. XXII, fig. 1, *a*, *b*, *c*.

Arca hybrida. J. de C. Sowerby, *Transact. geol. Soc. of London*, 2ᵉ sér., vol. V, pl. xxiv, fig. 3. 1840.

Nous avons fait représenter de nouveau cette espèce pour que sa forme et les caractères de sa surface fussent mieux compris. Les côtes qui ornent celle-ci sont égales, plates, également espacées et divisées, vers les crochets, en trois parties à peu près égales (fig. 1 *b*) ; mais à mesure qu'elles descendent vers les bords, la partie du milieu s'élargit et devient une dépression ou sorte de canal peu profond, bordé de chaque côté par une strie granuleuse (fig. 1 *c*). Cette disposition s'observe sur la partie moyenne des valves, tandis qu'en arrière et surtout en avant, elle tend à se modifier, et chaque côte finit par être divisée en trois comme dans la région des crochets. Les sillons qui séparent les côtes ont la largeur de ces dernières, et leur fond est plat. Les stries d'accroissement, surtout vers le pourtour des valves, deviennent très-prononcées et déterminent, à leur passage dans les sillons comme sur les côtes, des vagues plus ou moins squameuses. La surface ligamentaire est presque superficielle, lancéolée, aiguë. Les crochets larges et peu proéminents, sont assez pointus et recourbés en avant. Cette Arche rappelle par sa forme l'*A. sulcicosta*, Nyst. (*loc. cit.*, pl. xviii, fig. 9, *a*, *b*), d'Hasselt, etc., Belgique, et peut-être l'*A. lactea*, Brand. (pl. viii, fig. 106), de l'argile de Londres, mais les ornements sont assez différents.

Localités. Calcaire grossier de la chaîne d'Hala. R. — Couches nummulitiques de Baboa Hill (Cutch).

ARCA PEETHENSIS, d'Arch.

Pl. XXII, fig. 2, *a*, *b*, 3.

Arca peethensis, d'Archiac, *Hist. des progrès de la Géol.*, vol. III, p. 265. 1850.

Coquille sub-trigone, très-inéquilatérale et renflée. Côté antérieur court, arrondi; le postérieur dilaté, puis tronqué obliquement. Bord inférieur largement arqué. Crochets renflés, très-
recourbés, obliques, d'où part un bourrelet obsolète, se dirigeant vers l'angle inféro-postérieur
et limitant nettement la région anale. Surface couverte de côtes rayonnantes étroites, nombreuses (38 à 40), un peu flexueuses, divisées par une strie médiane ponctuée sur les régions
antérieure et postérieure, simples sur la région moyenne. Les sillons qui séparent les côtes
sont profonds, et leur largeur égale celle de ces mêmes côtes. Les stries d'accroissement, à
leur passage sur ces dernières, déterminent des granulations assez régulières, un peu squameuses ou tuilées, et dans les sillons des stries régulières (fig. 2 *b*). Surface ligamentaire légèrement concave. Lame cardinale médiocrement épaisse et droite. Dents sériales petites et nombreuses. Largeur des individus de moyenne taille, 38 millim.; hauteur en arrière des crochets,
27; épaisseur des deux valves, 28.

Observations. Par sa forme générale et le caractère de sa surface, cette espèce se distingue
facilement de la plupart des Arches tertiaires, et entre autres, de l'*A. diluvii*, Lam., qui en serait
encore la moins éloignée. La fig. 3 représente un individu jeune.

Localité. Calcaire grossier jaune de la chaîne d'Hala. C.

ARCA KURRACHEENSIS, d'Arch.

Pl. XX, fig. 4, *a*, *b*.

Arca tortuosa? Linné, J. de C. Sowerby, *Transact. geol. Soc. of London*, 2ᵉ sér., vol. V, pl. xxv,
fig. 13. 1840.
— kurracheensis, d'Archiac, *Hist. des progrès de la Géol.*, vol. III, p. 265. 1850.

Coquille inéquilatérale, irrégulière, sub-quadrilatère, rétrécie en avant, dilatée en arrière.
Crochets petits, situés au tiers de la largeur, recourbés, presque contigus, et d'où part, sur l'une
des valves, un bourrelet très-prononcé, irrégulier, qui se dirige en s'élargissant vers l'angle
inféro-postérieur. Sur la valve opposée, ce renflement paraît être très-faible à son extrémité; il
s'infléchit de manière à suivre le bord relevé du bourrelet qui lui correspond. Surface du ligament très-étroite. Bord antérieur très-arrondi; bord postérieur coupé obliquement; l'inférieur
très-flexueux. Surface des valves irrégulière, contournée, couverte de côtes rayonnantes,
inégales, inégalement espacées, les grosses remontant jusqu'aux crochets et les petites s'insérant
entre elles vers le tiers supérieur de la hauteur. Des stries concentriques ou transverses, fines,
serrées, sub-égales, déterminent, en passant sur les côtes et les sillons qui les séparent, un grillage
ou réseau à mailles très-rapprochées, ou bien des granulations sur les unes et des points enfoncés sur les autres. Largeur, 47 millim.; hauteur en arrière des crochets, 21; épaisseur à l'endroit
du bourrelet, 16.

Observations. Par sa forme irrégulièrement gibbeuse et par ses valves non symétriques, cette
espèce est facile à reconnaître, et des fragments incomplets tel que celui qu'a figuré M. Sowerby

qui lui avait assigné, quoique avec doute, le nom d'une espèce vivante, suffisent pour éviter toute confusion.

Localité. Calcaire grossier jaunâtre de la chaîne d'Hala. R.

ARCA SUBFILIGRANA, nov. sp.

Pl. XXII, fig. 12, *a.*

Nous ne connaissons qu'un fragment de cette espèce, très-distincte de toutes celles qui l'accompagnent, et nous l'avons désignée sous un nom qui rappelle ses rapports avec une Arche du calcaire grossier des environs de Paris. Elle est d'une grande taille et assez régulièrement bombée ; ses crochets sont larges, plats et très-peu avancés. La surface ligamentaire est assez grande ; la lame cardinale épaisse ; la charnière munie de dents sériales nombreuses, longues et un peu obliques aux extrémités, plus serrées et moins inclinées en avant qu'en arrière. Surface uniformément couverte de stries rayonnantes filiformes, granuleuses, inégales et très-rapprochées.

Localité. Calcaire grossier jaune de la chaîne d'Hala. R.R.

ARCA BURNESI, d'Arch.

Pl. XXII, fig. 5, *a, b, c, d.*

Arca Burnesi, d'Archiac, *Hist. des progrès de la Géol.*, vol. III, p. 265. 1850.

Coquille ovalaire, transverse, très-inéquilatérale. Côté antérieur court et arrondi ; côté postérieur allongé, également arrondi ; l'inférieur largement et régulièrement arqué. Crochets écartés, très-renflés, arrondis et recourbés en avant. Surface du ligament large et légèrement concave, cordiforme en avant, lancéolée en arrière et nettement limitée par un cordon granuleux, continu et saillant. Surface couverte de côtes rayonnantes (26) parfaitement égales, équidistantes, régulières, flexueuses et granuleuses sur l'une des valves (fig. 5 *a, d*), plus étroites et presque simples ou marquées de points enfoncés sur l'autre (fig. 5 *c*). Ces côtes sont séparées par des sillons profonds, un peu plus larges qu'elles. Bord profondément crénelé. Largeur, 21 millim. ; hauteur, 16 ; épaisseur, 15.

Observations. Cette coquille, l'une des plus régulières et des plus élégantes du genre, est facile à distinguer par sa forme qui, vue de face, rappelle celle des Isocardes. La dissemblance si prononcée des côtes sur les deux valves, leurs larges inflexions, ses crochets très-renflés, très-écartés et très-recourbés, lui impriment un aspect tout particulier.

Localité. Calcaire jaune compacte de la chaîne d'Hala. R.R.

ARCA LARKHANAENSIS, d'Arch.

Pl. XXII, fig. 6, *a, b, c, d,* 7, *a,* 8, 9, *a,* 10, 11, *a.*

Arca larkhanaensis, d'Archiac, *Hist. des progrès de la Géol.*, vol. III, p. 265. 1850.

Coquille oblongue, inéquilatérale, épaisse, extrêmement renflée, très-excavée en arrière. Crochets très-grands, larges, saillants, écartés et très-recourbés sur la surface du ligament. Celle-ci est large, concave dans les vieux individus, nettement limitée, marquée de deux rhombes inscrits.

Les valves ornées de 21 côtes rayonnantes, plates en dessus et coupées carrément sur les côtés, sont plus larges au milieu que sur les régions latérales. Sur la valve droite, elles sont simples ou seulement traversées par les stries d'accroissement, et plus étroites que les sillons qui les séparent (fig. 6, *c*); sur la valve gauche, au contraire, elles sont plus larges que ceux-ci et couvertes de granulations transverses écailleuses (fig. 6, *a, d*), caractère qui tend à s'atténuer avec l'âge. Lame cardinale épaisse; dents sériales nombreuses, égales, très-serrées et très-fines. Largeur, 26 millim., hauteur, 23; épaisseur, 26. (Fig. 8, individu jeune; fig. 7, *a*, moule d'un individu adulte.)

Var. *a* (fig. 9, *a*, 10). Coquille plus étroite; crochets plus proéminents et plus recourbés. Surface interrompue par deux ou trois bourrelets d'accroissement concentriques, plus ou moins prononcés. Largeur, 23 millim.; hauteur, 29; épaisseur, 17. Fig. 10, individu jeune.

Var. *b* (fig. 11, *a*). Coquille plus petite et plus transverse.

Observations. Cette Arche est remarquable par l'extrême développement de la région des crochets; on pourrait même dire que la var. *a* n'est composée que de deux énormes crochets, toutes les autres parties se trouvant atrophiées. Au premier aspect, les individus jeunes du type (fig. 8), et plus encore la var. *b* (fig. 11, *a*) pourraient être confondus avec l'*A. Burnesi*, mais on remarquera que cette dernière a ses crochets beaucoup plus larges, qu'elle est elle-même plus large ou plus transverse et plus inéquilatérale, et que ses côtes plus nombreuses, plus étroites, portent sur la valve gauche des granulations tuilées très-différentes de celles de l'*A. larkhanaensis*. Le moule (fig. 7, *a*), d'un individu a peu près de même taille que celui de la fig. 6, peut faire juger de l'épaisseur du test.

Localité. Calcaire gris à grain fin de la chaîne d'Hala. C.C.

ARCA, indét.

Pl. XXXVI, fig. 8 *bis*.

Ce moule est voisin de l'*A. barbatula*, Lam., Desh. (*loc. cit.*, pl. XXXII, fig. 11, 12) et de l'*A. modioliformis*, Desh. (pl. XXXII, fig. 5, 6), toutes deux du bassin de la Seine.

Localité. Marnes noires de Subathoo. R.R.

Genre PECTUNCULUS.

PECTUNCULUS PECTEN, J. de C. Sow.

Pl. XXII, fig. 13, *a, b, c*.

PECTUNCULUS PECTEN, J. de C. Sowerby, *Transact. geol. Soc. of London*, 2e sér., vol. V, pl. XXIV, fig. 4. 1840.
—   Id... d'Archiac, *Hist. des progrès de la Géol.*, vol. III, p. 266. 1850.

Coquille circulaire, très-déprimée, équilatérale, à bords tranchants. Crochets fort petits, presque contigus, d'où partent 24 côtes rayonnantes, granuleuses, régulières, séparées par des sillons d'égale largeur et très-finement striés en travers. Ligne cardinale extérieure très-courte; surface du ligament fort petite, présentant des lignes brisées. Surface cardinale plane, unie sous les crochets, mais garnie de chaque côté de 16 à 18 dents sériales petites, obliques, courtes ou n'occupant que la moitié de la hauteur de la lame. Largeur, 25 millim.; hauteur, 24; épaisseur 10.

Observations. Nous avons dû représenter et décrire de nouveau cette espèce, la figure et la description qu'en avait données M. Sowerby étant insuffisantes et même peu exactes. Ainsi nous ne trouvons constamment que 24 côtes au lieu de 30, et leurs granulations sont indépendantes des stries d'accroissement qu'on observe au fond des sillons. La ligne cardinale est, à la vérité, très-courte en dehors, mais la surface de la lame occupée par les dents est très-longue.

Localités. Calcaire grossier jaune de la chaîne d'Hala. C.C. — Couches à Nummulites de Baboa-Hill (Cutch).

PECTUNCULUS LIMA, nov. sp.

Pl. XXII, fig. 14, *a, b.*

Coquille ovalaire, équilatérale, plus haute que large, régulièrement bombée. Crochets très-petits, pointus, sub-contigus, d'où rayonnent 30 côtes sub-égales, granuleuses, un peu plus larges que les sillons qui les séparent et qui sont très-finement striés en travers. Ligne cardinale courte. Surface ligamentaire peu allongée; surface cardinale unie sous les crochets, mais garnie de chaque côté de 16 dents sériales inégales, plus fortes et plus espacées vers le bas. Largeur, 27 millim.; hauteur, 30; épaisseur, 15.

Observations. Ce Pectoncle ressemble au précédent par l'ornementation de sa surface et le nombre des dents de la charnière, mais il en diffère complétement par ses dimensions, sa forme générale, ses côtes constamment plus nombreuses, et ses sillons plus étroits.

Localité. Avec la précédente. C.C.

Genre NUCULA.

NUCULA MARGARITACEA, Lam. var. ?

Pl. XXII, fig. 15, *a.*

Nucula margaritacea, de Lamarck, Deshayes, *Descript. des coq. foss. des env. de Paris*, vol. I, pl. xxxvi, fig. 15, 16. 1824.

Sans entrer ici dans la discussion de l'identité ou de la non-identité de l'espèce vivante avec celle du calcaire grossier, nous comparerons un individu provenant du Sinde avec ceux du terrain tertiaire inférieur de l'Europe occidentale, tout incomplète que soit cette comparaison en l'absence de la charnière chez le premier. Dans celui-ci, les crochets sont plus proéminents, le côté antérieur est un peu plus avancé et concave, le côté postérieur plus anguleux, et la forme est plus trigone. Il serait possible que, mieux connu, il constituât réellement une espèce distincte de celle des environs de Paris, de Londres et de Bruxelles.

Localité. Calcaire de la chaîne d'Hala. R.R.

NUCULA STUDERI, d'Arch.

Pl. XXII, fig. 16, *a,* 17, *a?*

Nucula Studeri, d'Archiac, *Hist. des progrès de la Géol*, vol. III, p 267. 1850.

Coquille (moule) sub-rhomboïdale, transverse, très-inéquilatérale. Bords supérieur et antérieur se rencontrant sous un angle légèrement obtus. Côtés postérieur et inférieur se réunissant par une courbe largement arrondie. Crochets larges, courts, très-recourbés. Ligne cardinale continue. Charnière garnie de dents sériales ; 12 à 14 en arrière, 7 ou 8 en avant. Cuilleron sans doute fort petit. Impressions musculaires ovalaires, petites, mais bien marquées. Largeur, 11 millim.; hauteur, 7; épaisseur, 6.

Observations. Quoique nous ne connaissions pas le test de cette espèce, le moule que nous avons sous les yeux est tellement complet, qu'il suffit pour la caractériser. Elle se rapproche de celle que M. Deshayes (*loc. cit.*, pl. xxxvi, fig. 19, 20) a donnée comme une variété de la *N. marga-ritacea*, et qui nous paraît différer essentiellement du type. La nôtre est cependant plus petite et plus rétrécie en avant, ses dents sont moins nombreuses, sa charnière est moins arquée, et il est peu probable que la connaissance du test vienne confirmer son identité. Dans un autre moule usé et roulé, où les dents ont persisté après la disparition de tout le test, on voit que ces dents, coupées en travers, tandis que le moule précédent ne donnait que leur empreinte, sont grandes et très-régulièrement disposées en chevrons de part et d'autre des crochets. Enfin, nous avons fait représenter (fig. 17, *a*) une Nucule dont le test est fruste, et qui semble se rapporter encore à cette espèce, quoique plus grande et un peu moins large, toutes proportions gardées.

Localité. Calcaire gris ou jaunâtre, compacte ou à grain fin de la chaîne d'Hala. C.

Genre CHAMA.

CHAMA BRIMONTI, nov. sp.

Pl. XXIII, fig. 9.

Les moules de Cames étant trop insuffisants pour caractériser les espèces, nous nous bornerons à donner une figure de ceux qui semblent appartenir à des espèces distinctes. Le plus grand de ces moules provient d'une coquille presque équivalve, sub-quadrilatère, sub-équilatérale, coupée carrément et un peu rétrécie vers le bas. Les valves étaient profondes, bosselées, sub-carénées, et leurs contours flexueux ; les crochets sans doute larges et fort inclinés en avant ; les empreintes musculaires antérieures assez prononcées, les postérieures faibles.

CHAMA GESLINI, nov. sp.

Pl. XXIII, fig. 8.

Ce second moule est d'une taille moindre que le précédent, sub-équivalve, carré ou mieux cordiforme lorsqu'on le place sur l'angle inférieur opposé aux crochets. Ceux-ci presque égaux, sont contournés en avant, mais peu détachés. Côté antérieur avancé en forme de crête ; le pos-térieur arrondi. Ce moule rappelle celui de la *C. calcarata*, Lam., du calcaire grossier.

Localité. L'un et l'autre proviennent d'un calcaire blanc jaunâtre, marneux, à grain fin, avec *Nummulites Ramondi* de la chaîne d'Hala. R.

MONOMYAIRES

Genre MYTILUS.

MYTILUS LITHOPHAGUS, Linn.?

Mytilus lythophagus...... ? Linné, Gmelin, p. 3351.
Modiola lithophaga....... ? de Lamarck, Deshayes, *Descript. des coq. foss. des env. de Paris*, vol. I,
           p. 267, pl. xxxviii, fig. 10, 11, 12. 1824.
Lithodomus sublithophagus, d'Orbigny, *Prodrome de paléontologie*, vol. II, p. 391. 1850.
Mytilus lithophagus....... d'Archiac, *Hist. des progrès de la Géol.*, vol. III, p. 268. 1850.

Nous n'avons point à nous préoccuper ici de l'identité ou de la non–identité de la coquille
vivante avec la fossile, mais ce qu'il nous importe de constater, c'est que les deux échantillons
provenant du calcaire jaune de la chaîne d'Hala sont tellement semblables à ceux du calcaire grossier du bassin de la Seine, qu'on pourrait croire qu'ils ont servi de modèles aux dessins de l'ouvrage de M. Deshayes.

MYTILUS SUBOBTUSUS, d'Arch.

Pl. XXIII, fig. 13, *a*.

Mytilus subobtusus, d'Archiac, *Hist. des progrès de la Géol.*, vol. III, p. 268. 1850.

Coquille (moule) sub-quadrilatérale, à angles légèrement arrondis, un peu réniforme ou tordue, fort allongée et renflée. Bord antérieur dépassant un peu les crochets. Bord supérieur légèrement convexe, l'inférieur concave et le postérieur droit. Crochets très-recourbés et contigus. Surface des valves très-bombée, couverte de stries d'accroissement inégales et inégalement espacées.
Largeur, 40 millim.; hauteur, 20 ; épaisseur, 24.

Observations. Ce *Mytilus*, bien distinct de toutes les espèces tertiaires, ressemble beaucoup
à la *Modiola contorta* Duj. (*Mytilus obtusus*, Alc. d'Orb., *Paléont. franç.*, pl. cccxlv, fig. 13),
mais qui est de moitié moins grande. Le nôtre est d'ailleurs plus renflé, tronqué plus carrément
en arrière ; ses stries sont plus prononcées, plus inégales, et les crochets sont moins avancés que
dans l'espèce crétacée.

Localité. Calcaire blanc grisâtre de la chaîne d'Hala. R.R.

MYTILUS NUMMULITICUS, nov. sp.

Pl. XXIII, fig. 12.

Mytilus indét., d'Archiac, *Hist. des progrès de la Géol.*, vol. III, p. 168. 1850.

Coquille (moule) sub-ovalaire, allongée, renflée vers le milieu, rétrécie vers les crochets, dilatée et arrondie en arrière, droite ou faiblement excavée en avant. Crochets terminaux, épais et pointus à l'extrémité. Bords supérieur et postérieur tranchants. Largeur, vers le tiers postérieur, 53 millim.; hauteur, 78; épaisseur, vers le tiers supérieur ou antérieur, 43.

Observations. Ce *Mytilus* affecte encore une forme plus particulièrement secondaire en Europe, se rapprochant du *M. jurensis.* Mer., Bronn. (*Let. geog.*, pl. XIX, fig. 14). — *Id.* Roem. (*Ool. Geb.*, pl. IV, fig. 10).

Localité. Calcaire compacte jaune clair de la chaîne d'Hala. R.

Genre PECTEN.

PECTEN CORNEUS, Sow.?

Pl. XXIII, fig. 10, *a, b, c,* 11.

Pecten corneus, Sowerby, *Miner. conchol.*, vol. II, p. 1, pl. CCIV. 1818. — Id. nyst., *loc. cit.*, pl. XXIII, fig. 1, *a, b.* 1843. — *Non P. id.* Goldfuss, *Petrefacta Germ.*, pl. XCVIII, fig. 11.
   —   Id.?.. d'Archiac, *Hist. des progrès de la Géol.*, vol. III, p. 269. 1850.

Nous avons dû figurer de nouveau cette espèce qui, d'ailleurs, n'avait jamais été complétement représentée ni décrite. L'altération du test permet d'y reconnaître un caractère très-remarquable, celui d'être composé de deux couches principales distinctes, l'une externe, marquée seulement de stries d'accroissement concentriques, ondulées, plus ou moins régulières, l'autre interne ou sous-jacente, et présentant un système de stries rayonnantes, nombreuses (80 à 90), droites, d'égale profondeur, mais inégalement espacées. Vers le bord, les stries deviennent des sillons, et les espaces qui les séparent, de véritables côtes arrondies, tubiformes. La fig. 10 *c,* représente cette disposition vers le milieu des valves, et la fig. 10 *b,* vers le bord. Les deux valves offrent d'ailleurs les mêmes caractères. Bien qu'ils existent dans les grands individus jusque près des crochets, nous ne les avons pas observés dans la coquille (fig. 11), qui semble être un individu jeune. Si cette disposition du test ne se retrouvait pas dans la coquille tertiaire d'Angleterre et de Belgique, elle suffirait certainement pour en séparer celle de l'Inde, qui porterait alors le nom de *P. subcorneus.*

Localité. Calcaire grossier, blanchâtre, sableux de la chaîne d'Hala. C.

PECTEN BOUEI, d'Arch.

Pl. XXIV, fig. 1, *a, b.*

Pecten Bouei, d'Archiac. *Hist. des progrès de la Géol.*, vol. III, p. 269. 1850.

Coquille circulaire, déprimée, sub-équivalve, équilatérale. Valve droite ornée de 26 côtes rayonnantes, simples, arrondies, séparées par des sillons un peu moins larges et traversées par des stries d'accroissement égales, serrées, équidistantes, un peu écailleuses. Ces stries affectent, dans les sillons latéraux, une direction plus oblique que sur les côtes, et disparaissent près du crochet. Celui-ci est très-acuminé et déprimé. Ligne cardinale un peu oblique. Oreillettes inégales; l'antérieure, profondément échancrée à sa base, montre 6 ou 7 côtes rayonnantes, rugueuses ou granuleuses. La postérieure, dont la base est très-prolongée contre le bord, ne présente que 6 ou 7 stries filiformes très-délicates, superficielles et un peu granuleuses. Valve gauche plus plate, couverte de côtes semblables à celles de la valve droite. L'intérieur de la coquille représente à peu près et en sens inverse les sillons et les côtes de la surface, et les bords sont très-profondément dentés.

Var. *a* (fig. 1 *b*). Nous distinguons provisoirement à titre de variété, une valve droite, peu complète, qui diffère de celle que nous venons de décrire, par sa taille un peu moindre, sa forme plus bombée, ses côtes au nombre de 16 seulement, plus fortes et du double plus larges que les sillons qui les séparent.

Observations. Cette espèce n'a point de caractères bien particuliers. Ses côtes arrondies, simples ou à peine squameuses, et leur largeur un peu plus grande que celle des sillons, sont les seuls qui pourraient la distinguer de beaucoup de ses congénères qui ont la même forme, mais dont les côtes ou les sillons offrent un système d'ornementation ou d'accidents plus compliqué. La figure et la description du *P. lævicostatus* J. de C. Sow. (pl. xxiv, fig. 6), des couches nummulitiques de Cutch, sont trop peu précises et trop incomplètes pour qu'on puisse dire jusqu'à quel point notre espèce s'en rapproche. Ce Peigne n'a en effet que 20 côtes au lieu de 26; il paraît être moins déprimé, et le crochet est plus allongé.

Localité. Calcaire grossier jaune brunâtre de la chaîne d'Hala. R.

PECTEN FAVREI, d'Arch.

Pl. XXIV, fig. 5, *a*.

Pecten Favrei, d'Archiac, *Hist. des progrès de la Géol.*, vol. III, p. 269. 1850.

Coquille plus haute que large, sub-équivalve, équilatérale, couverte de 26 à 28 côtes rayonnantes. Sur la valve droite, celles-ci sont simples et un peu plus étroites que les sillons qui les séparent, sur la valve gauche, elles sont au contraire plus larges, deviennent plus serrées et plus délicates sur les côtés. Elles portent des granulations ou des plis obliques dans la région antérieure, et sont divisées par deux stries longitudinales dans toute la partie médio-inférieure (caractère qui a été omis dans le dessin). La valve droite, un peu plus bombée que l'autre, a un crochet pointu, déprimé, une oreillette antérieure très-dilatée, portant 6 côtes rayonnantes granuleuses, et un sinus profond le long du bord. L'oreillette postérieure, moins grande, descend plus bas et ne montre que des filets granuleux ou squameux peu saillants. Les oreillettes de la valve gauche, imparfaitement connues, ne portaient probablement que des filets squameux, rayonnants ou obliques, également peu prononcés. Largeur, 28 millim.; hauteur, 34; épaisseur, 12.

Observations. Nous ne possédons qu'un seul échantillon de chacune des valves que nous venons de décrire, et encore l'un d'eux est-il fort incomplet, de sorte que nous conservons des doutes sur l'exactitude de leur réunion pour constituer une seule et même espèce.

Localité. Avec la précédente.

PECTEN LABADYEI, nov. sp.

Pl. XXIV, fig. 2, *a*.

Pecten indét., d'Archiac, *Hist. des progrès de la Géol.*, vol. III, p. 274. 1850.

Coquille plane, sub-orbiculaire, sub-équilatérale, sub-équivalve. Bord supéro-postérieur un peu tronqué; bord opposé plus ou moins arrondi. Surface ornée de 20 à 22 côtes rayonnantes, simples, arrondies, peu élevées, presque égales sur la valve droite à la largeur des sillons qui les séparent, un peu moindres sur la valve gauche. Des stries concentriques très-fines, serrées et régulières occupent les sillons et passent aussi sur les côtes. Dans la région qui avoisine le bord postéro-supérieur, les côtes se réduisent à des filets de plus en plus déliés jusqu'à ce qu'ils atteignent ce bord. Oreillettes imparfaitement connues. Largeur, 40 millim.; hauteur, 40; épaisseur, 13.

Cette espèce est très-voisine du *P. Menkei*, Gold. (vol. II, p. 70, pl. LXXXVIII, fig. 1), des dépôts tertiaires de Bünde. Elle est seulement plus grande, et les stries filiformes de la région postérieure paraissent manquer dans la coquille du nord-ouest de l'Allemagne. Peut-être devra-t-on les réunir lorsqu'on aura pu comparer un plus grand nombre d'individus de l'une et l'autre localités?

Localité. Calcaire blanchâtre, avec *Nummulites garansensis* de la chaîne d'Hala. R.

PECTEN HOPKINSI, nov. sp.

Pl. XXIV, fig. 3, 4.

Nous désignons sous le même nom deux valves incomplètes, dont l'une est peut-être une variété de l'autre. Celle qui est représentée fig. 3, est plane, semi-circulaire, ornée de 25 côtes rayonnantes, arrondies, plus délicates et plus serrées dans le voisinage des bords antérieur et postérieur que dans la région médiane. Les sillons qui les séparent sont traversés par des stries d'accroissement fines et très-serrées. L'autre valve, fig. 4, se distingue par son crochet plus pointu, ses côtes plus étroites, coupées carrément, ses sillons plus profonds et plus nettement limités.

Localité. Calcaire grossier jaunâtre, avec *Nummulites garansensis* de la chaîne d'Hala. R.

Genre AVICULA.

AVICULA RUTIMEYERI, nov. sp.

Pl. XXXVI, fig. 9.

Deux empreintes incomplètes d'une coquille sans doute fort mince, très-oblique, dans un schiste argileux brunâtre de Subathoo, paraissent se rapporter à quelque espèce d'Avicule. Les côtes rayonnantes, très-finement granuleuses, plates, fort serrées, se bifurquent vers le pourtour de la base. Elles sont beaucoup plus délicates encore vers le bord antérieur, où l'on en voit plusieurs s'insérer brusquement entre les principales, et déterminer une disposition en éventail très-prononcée. A la partie postérieure, les stries rayonnantes sont limitées par les stries droites très-délicates d'une grande oreillette, qui les joignent sous un angle de 45°.

Observations. Nous n'avons aucune certitude que ce fossile provienne des couches à Nummulites de Subathoo; ses caractères, comme ceux de la roche qui en a conservé l'empreinte, l'éloignent de ce que nous connaissons dans le terrain tertiaire de cette localité, tandis que les uns et les autres rappellent le terrain de transition.

Genre SPONDYLUS.

SPONDYLUS ROUAULTI, d'Arch.

Pl. XXIV, fig. 6, *a*, *b*, 7, 8.

Spondylus Rouaulti, d'Archiac, *Hist. des progrès de la Géol.*, vol. III, p. 272. 1850.

Coquille ovoïde, sub-équilatérale, sub-équivalve, renflée vers les crochets, presque tranchante du côté opposé, couverte de plis rayonnants fins, serrés, très-inégaux, au nombre d'environ 65. Quelques-uns de ces plis sont tout à fait filiformes; d'autres plus gros et plus saillants, assez également espacés, au nombre de 5 sur la valve droite, de 6 ou 7 sur la gauche, sont armés de deux ou trois épines plus ou moins détachées et relevées. Les sillons étroits qui séparent les plis sont occupés par des stries transverses très-fines et très-serrées (omises dans le grossissement, fig. 6 *b*). Largeur, 39 millim.; hauteur, 45; épaisseur, 32.

Var. *a* (fig. 7). Coquille un peu moins épaisse, moins haute, à contours plus arrondis.

Var. *b* (fig. 8). Coquille plus oblique, transverse, inéquilatérale et déprimée.

Observations. Le type de cette espèce, dont nous ne connaissons point l'intérieur et dont la région des crochets nous est aussi très-peu connue, a de l'analogie avec le S. *multistriatus*, Desh. (pl. XLV, fig. 19, 20), du calcaire grossier et des sables moyens, dont il diffère par ses côtes spinifères constantes. La var. *b* ressemble un peu au S. *duplicatus*, Gold. (pl. CV, fig. 6), de la craie, mais le système des plis qui la recouvrent, quoique fort altéré, la rattache probablement encore au S. *Rouaulti*.

Localité. Calcaire grossier jaunâtre, avec Operculines, etc., de la chaîne d'Hala. C.

SPONDYLUS TALLAVIGNESI, d'Arch.

Pl. XXIV, fig. 9, *a*, 10.

Spondylus Tallavignesi, d'Archiac, *Hist. des progrès de la Géol.*, vol. III, p. 272. 1850.

Coquille globuleuse, sub-équilatérale, sub-équivalve, couverte d'environ 30 côtes rayonnantes, assez régulières, sub-égales, sub-équidistantes, séparées par des sillons plus étroits. 5 ou 6 côtes à peine plus prononcées que les autres portent quelques rares épines. Toute la surface devait être couverte de stries concentriques très-fines, serrées, froncées dans les sillons comme sur les côtes, mais presque toujours l'usure ou le frottement les ont fait disparaître sur ces dernières, qui sont alors unies (fig. 9, *b*). Charnière et crochets inconnus. Largeur, 45 millim.; hauteur, 51; épaisseur, 33.

Var. *a* (fig. 10). Dans un fragment que nous rapportons à cette espèce, les côtes sont plus nombreuses, plus fines, plus inégales et rendues rugueuses comme les sillons par les stries froncées concentriques.

Observations. Nous ne connaissons encore que fort imparfaitement les caractères de ce Spondyle, distinct du précédent par sa forme et les ornements de sa surface.

Localité. Calcaire grossier jaune de la chaîne d'Hala. C.

SPONDYLUS GENICULATUS, nov. sp.

Pl. XXIV, fig. 11, 12.

Coquille globuleuse, sub-équilatérale, sub-équivalve, brusquement recourbée ou géniculée dans la région des crochets. Ceux-ci sont courts, larges, arrondis et comme mamelonnés. Les valves, très-bombées, sont couvertes de 45 à 50 côtes rayonnantes, égales, régulières, équidistantes, séparées par des sillons moins larges qu'elles. Ces côtes sont un peu aplaties, coupées carrément sur les côtés et divisées dans leur milieu par une dépression prononcée vers laquelle remontent des stries transverses très-régulières, très-fines, qui y déterminent une série continue de chevrons, dont la pointe est dirigée en haut, tandis que dans les sillons elle est tournée vers le bas. Dans le jeune âge (fig. 12), on observe 5 ou 6 côtes un peu plus prononcées que les autres, surmontées de quelques épines. Les vieux individus offrent une ou deux interruptions ou bourrelets d'accroissement. Largeur, 45 millim.; hauteur, 44; épaisseur, 40.

Observations. Cette espèce est sans doute assez voisine de la précédente, mais sa forme beaucoup plus globuleuse, le caractère particulier de la région des crochets, ses côtes plus nombreuses et aplaties, nous ont déterminé à l'en séparer.

Localité. Avec les précédentes.

Genre OSTREA.

OSTREA MULTICOSTATA, Desh. var.

Pl. XXIV, fig. 14, *a.*

OSTREA MULTICOSTATA, Deshayes, *Descript. des coq. foss. des env. de Paris*, vol. 1, p. 363, pl. LVII, fig. 3-6. 1824.
— FLABELLULUM, J. de C. Sowerby, *Transact. geol. Soc. of London*, vol. V, pl. XXV, fig. 18, 1840. — *Non O. flabellula,* Lam., Desh., pl. LXIII, fig. 17. — *Non O. id.* Sow. *Miner. conchol.*, pl. CCLIII, fig. 7-9, etc.
— MULTICOSTATA, d'Archiac, *Hist. des progrès de la Géol.*, vol. III, p. 274. 1850.

M. J. de C. Sowerby avait confondu cette espèce avec l'*O. flabellula,* Lam. La coquille de l'Inde diffère de celle des sables inférieurs du Soissonnais en ce qu'elle est constamment moins allongée, plus régulière et semi-lunaire; les plis de la valve inférieure divergent plus régulièrement; le crochet plus court est encore plus pincé au sommet. Tous les individus que nous avons sous les yeux sont d'ailleurs parfaitement identiques sous ces divers rapports.

Localités. Calcaire grossier jaunâtre, avec grains de quartz de la chaîne d'Hala. C.C. — Très-abondant aussi dans un banc de grès, près de Choosir (Cutch).

OSTREA VESICULARIS, Lam.

Ostrea vesicularis, de Lamarck, *Anim. sans vert.*, vol. VI, p. 219. 1819.
— Id..... Alex. Brongniart, *Descript. géol. des env. de Paris*, pl. iii, fig. 5. 1822.
Gryphæa globosa.. J. Sowerby, *Miner. conchol.*, pl. cccxciii.
— expansa.. J. Sowerby, *Transact. geol. Soc. of London*, 2ᵉ sér., vol. III, pl. xxxviii, fig. 5. 1832.
— globosa.. J. de C. Sowerby, *Transact. geol. Soc. of London*, vol. V, pl. xxv, fig. 16. 1840.
Ostrea vesicularis, Goldfuss, *Petrefacta Germaniæ*, pl. lxxxi, fig. 2. 1834-1840.
— Id...... d'Archiac, *Hist. des progrès de la Géol.*, vol. III, p. 275. 1850.

Ainsi que nous l'avons dit, il nous est impossible de séparer de l'espèce crétacée les échantillons qui proviennent des couches nummulitiques, soit de l'Europe, soit de l'Asie. — M. Bellardi en a distingué, sous le nom d'*O. Archiaci* (*Hist. des progrès de la Géol.*, vol. III, p. 273, 1850, et *Mém. Soc. géol. de France*, 2ᵉ série, vol. IV, p. 262, 1852), une coquille des couches nummulitiques de Biaritz et de Nice, que nous avions mentionnée et figurée (*Mém. Soc. géol. de France*, 2ᵉ série, vol. II, p. 213, 1846, et *ib.*, vol. III, pl. xiii, fig. 2, 1850), en la rapportant avec doute à l'*O. vesicularis*, Lam., dont elle aurait constitué une variété gryphoïde. Nous ne connaissions alors qu'un seul échantillon, mais ceux que nous avons vus depuis dans la collection de M. Bellardi, l'autorisaient certainement à en faire une espèce distincte.

De son côté, M. Alc. d'Orbigny paraît avoir nommé *O. Archiaciana* (*Prodrome de paléontologie*, vol. II, p. 327, 1850), non-seulement la coquille dont nous venons de parler, mais encore les échantillons de la même localité que nous persistons à regarder comme ne différant point en réalité de celle de la craie. Les individus des couches nummulitiques de l'Inde ne confirment nullement les caractères différentiels sur lesquels se fonde l'auteur de la *Paléontologie française* pour établir cette séparation, car ils sont tout aussi épais, particulièrement au talon, qu'aucun de ceux que nous avons rencontrés dans la craie, et rien, comme on sait, n'est plus inconstant dans sa forme que ces derniers.

En résumé, nous pensons que la distinction faite par M. Bellardi et que nous n'avions qu'imparfaitement indiquée, faute de données suffisantes, est bien motivée, tandis que celle de M. d'Orbigny ne l'est pas, en tant qu'elle s'appliquerait aux autres formes si habituelles dans la craie.

Localités. Calcaire blanc jaunâtre, avec *Nummulites Ramondi*, de la chaîne d'Hala. C. — Kotra (Cutch). — Couches nummulitiques d'Europe; voy. *Hist. des progrès de la Géologie*, vol. III, p. 275. — Groupes crétacés supérieurs, partout.

OSTREA LINGUA, J. de C. Sow.

Ostrea lingua, J. de C. Sowerby, *Transact. geol. Soc. of London*, 2ᵉ sér., vol. V, pl. xxv, fig. 20. 1840.

Nous n'avons sous les yeux qu'un individu roulé, peu complet, de cette espèce, mais qui lui appartient sans aucun doute.
Localités. Marne sableuse, grise, micacée de la chaîne d'Hala. R.R. — Joonagrea et Kotra (Cutch).

OSTREA, indét.

OSTREA indét. d'Archiac, *Hist. des progrès de la Géol.*, vol. III, p. 275. 1850.

Fragment dont l'origine est douteuse, et qui rappelle singulièrement l'*Ostrea deltoidea*, Lam., Sow. (*non id.* Gold.), de l'étage jurassique de Kimmeridge. Un système de stries capillaires rayonnantes, un peu ondulées, extrêmement délicates, qui recouvrent toute la surface des valves, peut aider à la caractériser.

Localité. La roche qui enveloppait cet échantillon paraît être une marne brunâtre, de la chaîne d'Hala. R.R.

OSTREA FLEMINGI, nov. sp.

Pl. XXIII, fig. 14 *a*, 15.

Coquille ovalaire, plus ou moins épaisse, diversiforme, plus haute que large. Valve inférieure allongée, quelquefois dilatée, couverte de lames concentriques, écailleuses, imbriquées et subplissées. Bords un peu flexueux. Crochet petit, oblique, pointu et comme pincé au sommet. Lame cardinale épaisse, courte; fossette du ligament superficielle. Petite valve bombée, couverte de lames concentriques un peu moins écailleuses que celles de l'autre valve. Crochet obtus, touchant le bord cardinal. Largeur, 31 millim.; hauteur, 36; épaisseur, 20; ou bien : largeur, 25; hauteur, 35; épaisseur, 18.

Observations. Malgré le grand nombre d'espèces du genre Huître et la difficulté de les bien caractériser à cause de leur polymorphisme, l'*O. Flemingi* est très-facile à distinguer. Sa petitesse, ses lames écailleuses sub-régulières, la forme toute particulière de ses crochets, le bombement presque égal des valves et la similitude de leur surface ne permettent guère de la confondre avec aucune autre.

Localité. Marne blanche supérieure aux argiles schisteuses qui accompagnent le charbon, et calcaire à Nummulites de la Montagne de Sel (Pendjab).

Genre HINNITES.

HINNITES? indét.

Fragment d'une coquille assez grande, semi-lunaire, très-inéquilatérale, dont les crochets étaient sub-trigones. Test irrégulier, feuilleté, finement strié. La roche qui accompagne ce fossile encore problématique, est un schiste brunâtre, dont les caractères nous font douter qu'il appartienne au groupe nummulitique de Subathoo.

Genre VULSELLA.

VULSELLA LEGUMEN, nov. sp.

Pl. XXIV, fig. 13.

Coquille très-allongée, un peu falciforme, épaisse, couverte de stries d'accroissement nombreuses et assez régulières. Crochets terminaux obtus, contournés. Charnière oblique, pourvue sur chaque valve d'une fossette ligamentaire profonde, triangulaire, allongée, recourbée en dehors, et limitée par deux bourrelets aplatis. Ceux-ci sont libres en avant, mais en partie recouverts en arrière par l'expansion du bord cardinal. Largeur, 21 millim.; hauteur, 60; épaisseur, 16.

Observations. Cette espèce a beaucoup d'analogie avec la *V. deperdita*, Lam., Desh. (*loc. cit.*, pl. LXV, fig. 4, 5, 6) du calcaire grossier de Paris, mais indépendamment de sa forme beaucoup plus allongée et arquée, on remarquera qu'elle est aussi beaucoup plus bombée, et que le test, fort épais, est renflé vers les crochets. La surface des valves est lamelleuse, tandis que dans la coquille du bassin de la Seine le test est partout fort mince.

Localité. Calcaire blanchâtre, à grains spathiques de la chaîne d'Hala. R.R.

CLASSE DES GASTÉROPODES

Genre **PHYSA**.

PHYSA? NUMMULITICA, nov. sp.

Pl. XXXIV, fig. 3, *a*, 4, *a*.

Coquille (moule) sénestre, ovoïde ou pupoïde, à spire courte, mucronée au sommet, composée de 5 tours, fort obliques, croissant rapidement et peu réguliers; le dernier très-grand. Ouverture allongée, fort étroite au sommet. Bord droit très-convexe, bord gauche presque droit.

Observations. Ces moules, de forme variable, rappellent assez certains Mélanopsides, et ne sont pas non plus sans analogie avec l'*Ancillaria dubia*, Desh., var. *a* (pl. **xcvi**, fig. 2); mais ces particularités d'être tous sénestres, de ne pas présenter dans leur ouverture les caractères des Ancillaires, au moins d'une manière bien nette, de même que leur aspect général nous les fait placer provisoirement parmi les Physes; néanmoins la présence d'une coquille lacustre au milieu d'une faune exclusivement marine nous inspire aussi beaucoup de doute sur le genre auquel ils appartiennent réellement.

Localité. Marnes noires de Subathoo. C.

Genre **MELANIA**.

MELANIA STYGII, Alex. Brong.

Pl. XXV, fig. 4.

Melania stygii, Alex. Brongniart, *Mém. sur les terr calcar. trapp. du Vicentin*, p. 59, pl. ii, fig. 40. 1823.

Nous rapportons à cette espèce, qui est la var. *c* de la *M. lactea*, Lam., suivant M. Deshayes (*Descript. des coq. foss. des envir. de Paris*, vol. II, p. 106), un moule très-fruste, provenant d'un calcaire blanchâtre de la chaîne d'Hala. R.R. — M. Alc. d'Orbigny a placé cette espèce dans le genre *Chemnitzia.* — Voyez aussi *posteà*, Terebra contorta, var. *a*.

MELANIA MARGINATA , Lam.

Pl. XXV, fig. 2.

MELANIA MARGINATA , de Lamarck, *Ann. du Mus.*, vol. II, p. 430, et vol. VIII, pl. LX, fig. 4. 1806.
   —   Id.   de Lamarck, *Anim. sans vert.*, vol. VII, p. 544. 1822.
   —   Id.   Deshayes, *Coq. foss. des envir. de Paris.* vol. II, p. 444 , pl. XIV, fig. 1-4
         1824-37.

Le fragment que nous avons fait dessiner, quoique privé de l'ouverture, nous paraît être identique avec la coquille du calcaire grossier. M. Alc. d'Orbigny a placé cette espèce parmi les *Rissoa*.

Localité. Calcaire gris noirâtre à grains de quartz, du Pendjab.

Genre NERITA.

NERITA SCHMIDELIANA , Chemn.

Pl. XXV, fig. 3, *a*, 4, 5, pl. XXVII, fig. 1 *b*, *c*.

NERITA............ Schmidel, *Fortg. Vorst. einig. Merk. Verst.*, p. 44, pl. XXIII, fig. 1-3. 1793.
  — SCHMIDELIANA, Chemnitz, *Conch. cab.*, vol. IX, p. 130, pl. XIV, fig. 975, 976. 1786.
  — PERVERSA.... Linné, *in* Gmel., p. 3686, n° 73. 1789.
  — CONOIDEA.... de Lamarck, *Ann. du Mus.*, vol. V, p. 93. 1802.
VELATES CONOIDEUS.. Denys de Montfort, *Conchyl. syst.*, vol. II, p. 351. 1810.
NERITA PERVERSA.... Hacquet, *Oryct. carn.*, pl. II, fig. 12.
  —   Id........ Parkinson, *Organ. rem.*, vol. III, pl. VI, fig. 4, 6. 1811.
NERITINA PERVERSA.. de Lamarck, *Anim. sans vert.*, vol. VI, part. 2, p. 183. 1822.
NERITA CONOIDEA.... Alex. Brongniart, *Mém. sur les terr. calc. trapp. du Vicentin*, p. 60, pl. II,
         fig. 22. 1823.
  — PERVERSA.... de Blainville, *Dictionn. des sc. nat.*, vol. XXXIV, p. 477, et *Malacologie*, p. 445,
         pl. XXXVI *bis*, fig. 3. 1825.
NERITINA CONOIDEA.. Deshayes, *Coq. foss. des env. de Paris*, vol. II, p. 149, pl. XVIII. 1824-37.
  — GRANDIS... J. de C. Sowerby, *Transact. geol. Soc. of London* , 2ᵉ sér., vol. V, pl. XXIV,
         fig. 9. 1840.

Observations. Nous avons déjà parlé de l'extension géographique de cette coquille remarquable (Tableau de la faune nummulitique, *Hist. des progrès de la Géol.*, vol. III, p. 280, 1850), et nous ajouterons ici que les individus provenant des calcaires jaunes de la chaîne d'Hala, le plus ordinairement à l'état de moule (fig. 3, *a*), sont, à tous les âges, parfaitement comparables avec ceux de l'ouest de l'Europe. Peut-être pourrait-on remarquer seulement que les plis sont moins nombreux, plus forts et mieux détachés, et que la base de la coquille, plus régulièrement renflée (fig. 4), n'offre pas de dépression médiane comme les individus des sables inférieurs du Soissonnais.

La roche qui la renferme dans la chaîne d'Hala est, de même que celle des Corbières, pétrie de *Nummulites Ramondi* et *Leymeriei*, d'*Alveolina ovoidea*, d'*Operculina canalifera* et d'autres *rhizopodes*. De sorte que l'horizon caractérisé par la *N. Schmideliana*, l'est aussi par la même association de fossiles d'une autre classe. Dans l'ouest de l'Europe, la coquille dont nous parlons ne s'est encore montrée qu'entre le 41ᵉ et le 51ᵉ degré de latitude; dans l'Inde c'est entre le 24ᵉ et le 30ᵉ, par suite de l'abaissement au sud de toute la zone nummulitique.—La fig. 5 représente un individu jeune du Pendjab, et les fig. 1 *b*, *c*, pl. XXVII, un individu très-jeune de même pays, montrant le système de stries et de coloration des premiers tours.

Localités. Calcaire gris de la Montagne de Sel, Pendjab, C. — Calcaires jaunes à Nummulites de la chaîne d'Hala, Sinde. C. — Wagé-Ké-Pudda, Cutch.

NERITA AFFINIS, nov. sp.

Pl. XXV, fig. 6, 7.

Coquille déprimée; spire très-courte; dernier tour fort grand et dilaté. Base renflée, entière-ment recouverte d'une large callosité. Ouverture fort étroite. Bord columellaire droit, transverse, muni de huit denticules ou plis allongés, inégaux, peu réguliers. La surface du dernier tour, lisse ou comme vernissée, de couleur cornée, est couverte de stries rayonnantes, très-fines et très-serrées. Elle présente deux méplats: l'un dans le voisinage du sommet, l'autre vers sa partie moyenne. Hauteur de la spire, 9 millim.; largeur du dernier tour, 19.

Observations. Ayant comparé avec le seul échantillon que nous ayons de cette Nérite un grand nombre d'individus de la *N. Schmideliana* à tous les âges, aucun de ces derniers ne nous a offert les caractères que nous venons de décrire; aussi regardons-nous provisoirement la *N. affinis* comme une espèce qui se distingue de sa congénère par sa forme plus déprimée, son dernier tour plus dilaté et plus prolongé, et par les deux dépressions de sa surface.

Localité. Calcaire jaune de la chaîne d'Hala. R.R.

NERITA NOORPOORENSIS, nov. sp.

Pl. XXV, fig. 8.

Coquille sub-globuleuse, à spire très-courte. Le dernier tour fort grand présente une dépres-sion ou un méplat à sa partie supérieure, et, coupé un peu carrément à sa partie moyenne, il porte des cordelettes rayonnantes, flexueuses, égales et régulièrement espacées. Hauteur de la spire, 4 millim.; largeur du dernier tour, 8.

Observations. Cette petite coquille, dont nous ne connaissons encore qu'un individu incomplet, provient d'un calcaire jaunâtre des environs de Noorpoor, dans le Pendjab.

NERITA HALIOTIS, nov. sp.

Pl. XXV, fig. 9, *a*.

Coquille globuleuse, à spire très-courte, superficielle. Dernier tour couvert de côtes trans-verses ou rayonnantes, arquées, très-régulières, élevées, légèrement flexueuses, interrompues par une dépression obsolète, au delà de laquelle succèdent, jusqu'à la base, trois rangées de plis obliques ou granulations allongées. Des stries très-fines et très-serrées occupent les intervalles des côtes. Hauteur de la spire, 5 millim.; largeur du dernier tour, 9.

Observations. Cette petite espèce, fort élégante, rappelle un peu par son ornementation, la *N. costata*, Sow., de l'oolithe d'Angleterre, mais sa forme est entièrement différente, et serait, au contraire, celle de la *N. globosa*, Sow., de l'argile de Londres. Nous n'avons d'ailleurs qu'un seul individu de cette Nérite, dont l'ouverture et les parties adjacentes nous sont inconnues.

Localité. Calcaire blanc marneux du Pendjab. R.R.

Genre NATICA.

Ce genre a beaucoup de représentants dans les couches nummulitiques de l'Inde comme dans celles de l'Europe occidentale ; malheureusement bien peu des échantillons que nous avons sous les yeux, et dont la plupart sont à l'état de moule, permettent une détermination spécifique rigoureuse. D'un autre côté, la grande analogie de beaucoup de ces formes avec celles des couches du même âge dans d'autres pays, devait augmenter encore notre réserve pour les considérer comme des espèces nouvelles. Entre ces deux alternatives et l'inconvénient de ne pas représenter dans nos planches une série de formes importantes pour la faune qui nous occupe, nous avons cru devoir les faire figurer et les mentionner avec un point de doute, sous les noms déjà donnés à celles qui s'en rapprochent le plus. Pour faciliter la comparaison, nous avons quelquefois fait dessiner à côté la coquille elle-même ou un moule du calcaire grossier de Paris.

NATICA GLAUCINOÏDES? Desh., var.

Pl. XXV, fig. 10, 11.

Natica glaucinoïdes, Deshayes, *Coq. foss. des env. de Paris*, vol. II, p. 166, pl. xx, fig. 7, 8. 1824-37. — Non *N. id.*, Sow., *Miner. conchol.*, pl. v et pl. cdlxxix, fig. 4.

Nous ne connaissons, pouvant se rapporter à cette espèce, que deux individus pourvus de leur test. Ils sont un peu plus déprimés que la coquille des environs de Paris, et le dernier tour plus arrondi rend l'ouverture moins semi-elliptique. La callosité en forme de cordelette qu'on observe dans l'ombilic de l'un des individus est aussi plus étroite, ce qui fait paraître l'ombilic plus grand. Des moules nombreux, mais très-frustes, des marnes noires de Subathoo, appartiennent sans doute encore à la même espèce.

Localités. Calcaires jaunes de la chaîne d'Hala. R.R. — Marnes noires de Subathoo. CC.

NATICA CEPACÆA? Lam.

Pl. XXV, fig. 14, 15.

Natica cepacæa de Lamarck, *Ann. du Mus.*, vol. V, p. 96, vol. VIII, pl. lxii, fig. 5.
   —   Id... de Lamarck, *Anim. sans vert.*, vol. VII, p. 552. 1822.
   —   Id... Deshayes, *Coq. foss. des env. de Paris*, p. 168, pl. xxii, fig. 5, 6. 1824.

Nous n'avons sous les yeux qu'un moule provenant d'un individu jeune. Il est en calcaire blanchâtre, dur, probablement avec Nummulites de la chaîne d'Hala. La fig. 15 représente un moule du calcaire grossier de Paris.

NATICA PATULA, Desh.?

Pl. XXV, fig. 17, *a*, 18.

Ampullaria patula , de Lamarck, *Ann. du Mus.*, vol. V, p. 32. 1804.
   —   Id.... de Lamarck, *Anim. sans vert.*, vol. VII, p. 549. 1822.
   —   Id.... J. Sowerby, *Miner. conchol.*, pl. cclxxxiv (les deux fig. du milieu). — Non *Natica*
          id., ibid., pl. ccclxxiii (les trois fig. inférieures).
Natica patula....... Deshayes, *Coq. foss. des env. de Paris*, vol. II, p. 169, pl. xxi, fig. 3, 4. 1824.

Les moules que nous rapportons à cette espèce sont fort nombreux dans les calcaires jaunes sableux, avec grains de quartz et Nummulites de la chaîne d'Hala. La fig. 18 représente un moule du calcaire grossier de Paris.

NATICA SIGARETINA , Desh.?

Pl. XXV, fig. 19, *a*.

Ampullaria sigaretina , de Lamarck, *Ann. du Mus.*, vol. V, p. 32, 1804, et vol. VIII, pl. vi, fig. 1. 1806.
   —   Id..... J. Sowerby, *Miner. conchol.*, pl. cclxxxiv (les deux fig. inférieures). — Non
          Natica, id., ibid., pl. cdlxxix, fig. 3.
Natica sigaretina ..... Deshayes, *Coq. foss. des env. de Paris*, vol. II, p. 170, pl. xxi, fig. 5, 6. 1824.

Ces moules, également très-répandus dans diverses couches du Sinde (calcaire gris, calcaire blanchâtre à grains de quartz, calcaire jaune à Nummulites, calcaire marneux gris jaunâtre et calcaire ferrugineux rougeâtre), ne paraissent pas différer essentiellement de ceux des roches de Bognor et du calcaire grossier de Paris.

NATICA DOLIUM, nov. sp.

Pl. XXV, fig. 16, *a*.

Coquille ovoïde, à contours très-arrondis, obtuse au sommet, composée de 7 tours convexes, séparés par une suture tout à fait superficielle, les tours s'appliquant les uns contre les autres presque sans discontinuité des arêtes latérales courbes. Dernier tour très-grand. Base parfaitement arrondie. Ouverture ovale, allongée, très-oblique à l'axe, rétrécie à son sommet, arrondie à sa base. Bord droit simple, largement arqué; bord gauche convexe, et ne paraissant offrir qu'une callosité peu épaisse, étroite, sans ombilic bien prononcé. Hauteur totale, 36 millim.; diamètre du dernier tour, 30.

Observations. Cette espèce se fait remarquer par la continuité des courbes qu'elle présente dans toutes ses parties, et, sous ce rapport, elle n'a guère d'affinité qu'avec une Natice d'une époque relativement bien ancienne, avec la *N. Michelini*, d'Arch. (*Mém. Soc. géol. de France*, vol. V, pl. xxx, fig. 1, 1843), du groupe oolithique inférieur. Deux échantillons du Sinde, déformés, brisés, et qui ne diffèrent pas essentiellement de ceux du Pendjab, ressemblent cependant assez à l'une des variétés (var. *a*) de la *N. depressa*, Desh. (*loc. cit.*, p. 174, pl. xx, fig. 12, 13), du calcaire grossier de Paris. Dans la coquille de l'Inde, l'ouverture est plus étroite et plus haute, le bord gauche, à peine flexueux, est revêtu d'une callosité mince, mais qui s'élargit beaucoup sur la base aplatie de la coquille sans laisser voir aucune trace d'ombilic. Vers la base, ce bord était comme pincé, et fort étroit à sa jonction avec le bord droit très-mince lui-même. Le peu d'épaisseur du test en général pourra servir encore à distinguer cette Natice de celles d'Europe, dans lesquelles il est au contraire fort épais.

Localités. Calcaire marneux jaunâtre avec Nummulites et Operculines de la chaîne d'Hala. R. — Calcaire gris, à grain fin et à ciment spathique de la Montagne de Sel, Pendjab. R.

NATICA MUTABILIS, Desh.?

Pl. XXV, fig. 20, *a*, 21.

NATICA MUTABILIS, Deshayes, *Coq. foss. des env. de Paris*, vol. II, p. 175, pl. xxi, fig. 11, 12. 1824-37.

La description de cette espèce, et les variétés que M. Deshayes y a distinguées, ne laissent rien à désirer ; mais il n'en est pas de même des figures, qui sont mauvaises et tout à fait insuffisantes; aussi, à côté d'un des échantillons brisés du Sinde que nous possédons, avons-nous dû faire représenter (fig. 21) la variété du calcaire grossier qui nous a paru lui correspondre. C'est à cette espèce, mais à une autre variété, qu'appartient la *N. depressa*, J. Sow. (*Miner. conchol.*, pl. v, les deux figures inférieures) de l'argile de Barton.

Localités. Calcaire jaune avec Rotalies de le chaîne d'Hala. R. — Marnes noires de Subathoo. R.

NATICA DECIPIENS, nov. sp.

Pl. XXVI, fig. 4 *a*.

Coquille déprimée, à spire très-courte, pointue au sommet, composée de 5 tours, arrondis, lisses et sub-canaliculés le long de la suture, le dernier formant les 4/5 de la hauteur totale. Ouverture grande, ovalaire, très-haute. Bord droit largement arqué, mais imparfaitement connu. Bord gauche un peu sinueux, revêtu d'une callosité assez mince, recouvrant une fente ombilicale allongée, et se continuant sur la base de l'ouverture. Celle-ci est versante et paraît s'unir au bord droit par une courbe régulière. Hauteur, 34 millim.; grand diamètre du dernier tour, 27; petit, 19.

Observations. Quoique nous ne possédions que des individus assez incomplets, tous se distinguent des Natices de l'Inde et des autres pays par leur extrême aplatissement, les deux diamètres du dernier tour étant entre eux comme 27 est à 19, sans que ce caractère paraisse résulter d'un accident. Mais en fût-il ainsi, la grande hauteur de l'ouverture, sa largeur et le peu de développement du bord droit en avant donneraient toujours à cette coquille un aspect particulier.

Localité. Calcaire gris jaunâtre, sableux, rempli de *Nummulites garansensis* et *Lucasana?* d'Operculines, etc., de la chaîne d'Hala. R.

NATICA ROUAULTI, nov. sp.

Pl. XXV, fig. 22, *a*, 23.

AMPULLARIA , indét., Alex. Rouault, *Mém. Soc. géol. de France*, 2ᵉ sér., vol. III, pl. xvɪ, fig. 4. 1850.

Coquille conoïde, ventrue, pointue au sommet. Spire droite, élevée, composée de 7 tours arrondis ou très-convexes, le dernier formant la moitié de la hauteur totale. Suture simple, mais très-prononcée. Dernier tour fort arrondi. Ouverture semi-lunaire, imparfaitement connue. Bord gauche recouvert d'une callosité qui s'étend plus ou moins sur la base, et masque en partie un ombilic infundibuliforme. Hauteur des plus grands individus, 21 millim.; diamètre du dernier tour, environ 18. Des individus très-élancés, mais plus petits, ont 18 millim. sur 13.

Observations. Cette coquille, que nous rangeons dans le genre Natice, paraît être la même que celle des couches nummulitiques de Bos d'Arros, près Pau, mentionnée et figurée par M. Alex. Rouault, comme une Ampullaire intermédiaire entre les *A. acuminata* et *Willemetii*, Desh. La forme de sa spire, peu commune parmi les Natices, la fait reconnaître facilement. Sa hauteur est d'ailleurs assez variable suivant les individus, et nous avons fait représenter deux formes extrêmes.

Localités. Calcaire jaune marneux et ferrugineux du Sinde. C. — Marnes noires de Subathoo.

NATICA LONGISPIRA, Leym.

Pl. XXV, fig. 24, *a*.

NATICA LONGISPIRA, Leymerie, *Mém. Soc. géol. de France*, 2ᵉ sér., vol. I, p. 363, pl. xvɪ, fig. 3, *a*, *b*. 1846.
—   Id.... d'Archiac, *Hist. des progrès de la Géol.*, vol. III, p. 281. 1850.
—   indét... d'Archiac, *Hist. des progrès de la Géol.*, vol. III, p. 282. 1850.

Les moules du Sinde ne nous paraissent pas différer de ceux que M. Leymerie a représentés et qui provenaient des couches nummulitiques de la Montagne Noire et des Corbières. Cette espèce devait aussi ressembler beaucoup à la *Natica helicina*, Brocc. du terrain tertiaire moyen de la France et du Piémont.

Localité. Calcaire jaune avec *Nummulites garansensis* de la chaîne d'Hala. C.

NATICA ANGULIFERA, d'Orb.

Pl. XXVI, fig. 1, *a*, 2.

GLOBULUS ANGULIFERUS, J. de C. Sowerby, *Transact. geol. Soc. of London*, 2ᵉ sér., vol. V, pl. xxv, fig. 4. 1840.
—   Id?..... d'Archiac, *Hist. des progrès de la Géol.*, vol. III, p. 282. 1850.
NATICA ANGULIFERA.... Alc. d'Orbigny, *Prodrome de paléontologie*, vol. III, p. 39. 1852.

Le moule que nous avons fait représenter est plus grand que celui qu'a décrit M. Sowerby, mais la base de l'ouverture manque également. Le fig. 2 représente un individu qui serait peut-être le jeune âge de cette espèce. Il est cependant sensiblement plus globuleux et la base du dernier tour est moins prolongée.

Localités. Calcaire jaune marneux avec Nummulites de la chaîne d'Hala. R. — Bords du Runn, Cutch. — C'est à tort que M. Alc. d'Orbigny (*loc. cit.*) a placé cette coquille dans son 26ᵉ étage, celui des faluns.

NATICA?? SUBACUTELLA, nov. sp.

Pl. XXV, fig. 25, *a.*

Nous désignons provisoirement sous ce nom un moule fort incomplet, voisin de la *N. acutella*, Leym. (*Mém. Soc. géol. de France*, 2ᵉ sér., vol. I, p. 363, pl. xv, fig. 16, *a, b.* 1846) des couches nummulitiques des Corbières. Ses caractères ambigus ne permettent pas de lui assigner encore une place définitive. La spire est courte et les tours croissant rapidement sont coupés droit, ou aplatis dans leur partie moyenne. Le bord droit se prolonge bien au delà du plan de la base. L'ouverture devait être haute, étroite, et la base du dernier tour concave.

Localité. Calcaire blanc jaunâtre, dur, compacte, de la chaîne d'Hala, R.R.

NATICA FLEMINGI, nov. sp.

Pl. XXVI, fig. 3, *a.*

Coquille conoïde, obtuse au sommet, composée de 6 ou 7 tours légèrement convexes, séparés par une suture simple, presque superficielle, le dernier un peu aplati ou concave en dessus et très-arrondi en dessous. Ouverture petite, étroite à la jonction du bord droit, un peu élargie, puis arrondie à sa base. Bord droit simple, régulièrement arqué; bord gauche presque droit, recouvert d'une mince callosité qui cache l'ombilic en se prolongeant. Hauteur, 36 millim.; diamètre du dernier tour, 29.

Observations. Cette Natice ressemble à une Paludine, et celle de ses congénères dont elle se rapproche le plus est la *N. mutabilis*, var. Desh. (*loc. cit.*, pl. xxi, fig. 11, 12, *mala*), du calcaire grossier, etc. Cependant on peut remarquer que sa spire est plus élevée, son sommet plus obtus, que ses tours sont moins convexes, et que le dernier surtout, déprimé le long de la suture, lui donne un aspect tout différent. Ces mêmes caractères peuvent servir à la distinguer de la *N. longispira* (*antè*).

Localité. Calcaire gris, sableux, de la Montagne de Sel, Pendjab. R.

NATICA EPIGLOTTINA, Lam.?

Pl. XXV, fig. 12, *a,* 13.

Natica epiglottina, de Lamarck, *Ann. du Mus.*, vol. V, 1804, p. 95, et vol. VIII, pl. lxii, fig. 6. 1806.
—   Id...... Deshayes, *Coq. foss. des env. de Paris*, vol. II, p. 165, pl. xx, fig. 5, 6, 11. 1824-37.

La plupart des moules recueillies par M. Vicary donnent l'idée d'une coquille qui était moins allongée que celle du calcaire grossier dont nous avons fait représenter un individu complet (fig. 13).

Localité. Marnes noires de Subathoo. C.

NATICA CYPRÆFORMIS, nov. sp.

Pl. XXV, fig. 5, *a*.

Coquille (moule) ovale allongé. Spire très-courte, fort obtuse, composée de tours étroits, à l'exception du dernier, qui est très-grand, globuleux, et forme presqu'à lui seul toute la coquille. Base convexe, ombiliquée. Ouverture étroite mais très-haute et paraissant se trouver dans le plan de l'axe.

Observations. Ce moule, d'une forme assez singulière, rappelle l'*Ampullaria pygmœa*, Lam., Desh. (*loc. cit.*, pl. XVII, fig. 15, 16), du calcaire grossier, qui est sénestre et très-remarquable aussi. Les caractères de son ouverture et de sa base lui donnent encore beaucoup d'analogie avec la *N. angulifera* (*antè*). Le seul échantillon que nous ayons est privé de la partie supérieure de la spire et ne permet pas de détermination plus complète.

Localité. Marnes noires de Subathoo. R.R.

Genre **RINGICULA**.

RINGICULA?

Pl. XXVI, fig. 8.

Nous rapportons à ce genre un moule fort incomplet qui en offre assez le *facies,* mais où manquent les caractères essentiels. Il montre sur le dernier tour quelques granulations dues au croisement des stries transverses et longitudinales, système d'ornementation qui s'étendait sans doute au reste de la spire.

Localité. Calcaire jaune du Sinde. R.R.

Genre **SILIQUARIA**.

SILIQUARIA GRANTI, J. de C. Sow.

Pl. XXVI, fig. 9, *a*, 7.

Siliquaria anguina.... Bronn, *Leth. geogn.*, p. 992, pl. XXXVI, fig. 17. 1838. — Non *Siliquaria, id.*
           Lam., *Anim. sans vert.*, vol. V, p. 337, 1818.
  —   Granti.... J. de C. Sowerby, *Transact. geol. Soc. of London*, 2ᵉ sér., vol. V, pl. XXV,
           fig. 2. 1841.
  —   anguina.... d'Archiac, *Hist. des progrès de la Géol.*, vol. III, p. 283. 1850.
  —   subanguïna, Alc. d'Orbigny, *Prodrome de paléontologie*, vol. III, p. 48. 1852.
  —   Granti.... Alc. d'Orbigny, *ibid.*

Déjà nous avions réuni le fossile de l'Inde à celui des couches tertiaires moyennes de Superga, mais nous l'avions supposé, probablement à tort, identique avec l'espèce de Lamarck, et M. Alc. d'Orbigny, en lui asssignant plus tard le nom de *subanguina*, a fait avec la *S. Granti* un double emploi qui doit être signalé.

Localités. Calcaire jaune de la chaîne d'Hala. L'un des échantillons est rempli d'une pâte ferrugineuse rouge vif. — Bords du Runn, Cutch.

Genre SCALARIA.

SCALARIA SUBTENUILAMELLA, nov. sp.

Pl. XXVI, fig. 9, *a*.

Coquille turriculée, composée de 6 ou 7 tours, profondément séparés, anguleux ou carénés vers leur partie moyenne et couverts de lames longitudinales, relevées, nombreuses, inégalement épaisses, tranchantes à leur sommet et un peu flexueuses ou froncées. Ces lames, très-régulières et peu saillantes sur les premiers tours, prolongées vers le milieu de chacun d'eux à partir du quatrième, y forment une sorte de carène crénelée. On compte 28 lames sur le dernier tour. Chacune d'elles est composée, dans sa moitié inférieure, ou à partir de la carène, de deux couches : l'une en dessous mince, compacte, l'autre supérieure, plus épaisse et dont la structure est très-finement et très-régulièrement réticulée. Les sillons qui séparent deux lames consécutives sont ordinairement marqués de points enfoncés. Une seconde carène, déterminée par un épaississe-ment régulier des lames et dont l'ensemble simule une colerette plissée, limite nettement la base concave du dernier tour. Ouverture arrondie, un peu plus haute que large. La dernière lamelle qui en suit le pourtour détermine une petite oreillette pointue correspondant à la carène, et à l'opposé une seconde oreillette plane sert d'appui à un petit bourrelet tordu et continu, prolon-gement de la columelle. Hauteur, 22 millim.; diamètre du dernier tour, 12.

Observations. Ce qui rend cette Scalaire si voisine de la *S. tenuilamella*, Desh. (*loc. cit.*, vol. II, p. 195, pl. XXII, fig. 11-14), c'est cette particularité que les lames qui couvrent les tours sont formées de deux couches intimement soudées et de structure assez différente. Néanmoins la coquille de l'Inde est plus courte ; ses tours sont moins profondément détachés; les lames plus nombreuses (28 au lieu de 22) et les sillons qui les séparent ponctués au lieu d'être lisses ou unis. La base du dernier tour montre une seconde carène ressemblant à celle de la *S. subundosa* d'Arch. (*Mém. Soc. géol. de France*, 2ᵉ sér., vol. III, pl. XIII, fig. 18, 1850), de Biaritz, et qui manque tout à fait dans la coquille du calcaire grossier. Les lames s'atténuent aussi en s'appro-chant du bourrelet columellaire par-dessus lequel elles passent pour disparaître sous la callosité du bord gauche, tandis que dans la *S. tenuilamella* les lames se réunissent en s'infléchissant en arrière dans le voisinage de ce même bord, laissant entre elles et ce dernier un sillon étroit, sans véritable bourrelet.

Localité. Calcaire jaune de la chaîne d'Hala. R.R.

SCALARIA SEDGWICKI, nov. sp.

Pl. XXVI, fig. 10, *a*.

Coquille turriculée, scalariforme, composée de 6 à 7 tours anguleux, largement imbriqués ou s'emboîtant comme des cornets les uns dans les autres, concaves à la partie supérieure, qui est limitée par une crête dentelée, et à peine convexes en dessous. Ces tours sont couverts de lames obliques très-régulières, aplaties, au nombre de 28 sur le dernier, et composées de deux couches : l'une en dessous, mince, compacte, l'autre en dessus, plus épaisse, qui masque quelquefois la précédente, et dont la structure présente un réseau très-délicat. La base concave du dernier tour, limitée par une petite carène obsolète que détermine un froncement des lames. Ouverture pres-que circulaire, imparfaitement connue vers le haut, mais pourvue à sa base d'une oreillette plane, contre laquelle s'appuie le bourrelet tordu qui termine la columelle. Hauteur, 24 millim.; diamètre du dernier tour, 16.

Observations. Quoique offrant plusieurs des caractères essentiels de la précédente, cette Scalaire s'en distingue de suite par son aspect général, par sa spire plus courte et par sa carène très-relevée qui atteint et dépasse même le niveau de la suture ainsi bordée par une rampe concave et profonde. Les côtes plus larges, plus épaisses et plus aplaties, ne sont séparées que par une strie, tandis que dans la *S. subtenuilamella*, les sillons ont une largeur égale à celle des côtes. Cette espèce rappelle par sa forme la *S. spirata* Galeotti (*Mém. constit. géogn. du Brabant*, pl. supplém., fig. 8. — *id.* Nyst., *loc. cit.*, p. 390, pl. xxxvii, fig. 3), dont M. Deshayes avait fait, une simple variété de la *S. tenuilamella* (de Lamarck, *Anim. sans vert.*, 2ᵉ éd., vol. IX, p. 82, nᵒ 12). En effet, elle en diffère absolument comme la nôtre diffère de la *S. subtenuilamella*. On doit reconnaître, d'un autre côté, que, sauf le nombre des lamelles qui est moindre, la *S. acuta*, Sow. (*Miner. conchol.*, pl. xvi, fig. infér.) de l'argile de Barton, est encore une forme extrêmement voisine, intermédiaire en quelque sorte entre les deux nôtres, et dont la base et l'ouverture seraient même parfaitement identiques. La figure donnée sous ce même nom par M. Grateloup (*Conchiliol. fossile*, etc., pl. xii, fig. 10), ressemble beaucoup aussi à la *S. subtenuilamella* de l'Inde, mais nous ne connaissons pas plus la structure des lames de la coquille de Dax que de celle de Barton.—Le fragment que nous avions rapproché de la *S. decussata*, Lam., dans le Tableau de la faune nummulitique (*Hist. des progrès de la Géol.*, vol. III, p. 283) n'appartient pas à ce genre.

Localité. Calcaire jaune de la chaîne d'Hala. R.R.

Genre DELPHINULA.

DELPHINULA CORDIERI, d'Arch.

Pl. XXVI, fig. 11, *a*, 12.

Delphinula Cordieri, d'Archiac, *Hist. des progrès de la Géol.*, vol. III, p. 283. 1850.

Coquille en cône très-surbaissé, composée de 5 tours croissant rapidement, les trois premiers plats en dessus, presque lisses et carénés vers la base. Carène très-prononcée, légèrement dentelée, presque tranchante, divisant les tours suivants en deux parties inégales : la supérieure, la plus grande, un peu convexe, offre, à partir de l'avant-dernier tour, 4 cordons granuleux égaux et un cinquième plus fin bordant la suture; l'inférieure très-basse, coupée droit, ne présente de cordon granuleux que vers le commencement du dernier tour dont la base arrondie en offre 8 semblables, égaux aux précédents. Ombilic infundibuliforme dans lequel se continuent des cordons granuleux faisant suite à ceux de la base. Ouverture ronde ; bord inconnu ; on peut juger seulement que le péristome était parfaitement continu. Hauteur, 8 millim.; diamètre du dernier tour, 9.

Observations. Ce Dauphinule a quelque rapport avec le *D. calcar*, Lam. Desh. (*loc. cit.*, pl. xxiii, fig. 11, 12), mais l'examen le plus superficiel suffit pour l'en distinguer. Il est en effet plus globuleux ; sa carène, quoique bien accusée, ne porte que des denticules rudimentaires très-espacés, à peine sensibles ; les cordons sont moins nombreux et simplement granuleux. La forme et les dimensions de cette espèce lui donnent aussi une certaine ressemblance avec le *Turbo Damouri* d'Arch. (*Mém. Soc. géol. de France*, 2ᵉ série, vol. III, pl. xiii, fig. 16) de Biaritz, mais, outre le péristome discontinu de celui-ci et l'absence d'ombilic, la partie plate des tours offre, le long de la suture, des plis arrondis et arqués, occupant les deux tiers de la surface, puis au-dessous deux cordons granuleux seulement, disposition tout à fait différente de ce que l'on observe dans la partie correspondante du *D. Cordieri*.

Localité. Calcaire jaune rosâtre de la chaîne d'Hala. R.R.

DELPHINULA COULTARDI, nov. sp.

Pl. XXVI, fig. 22, *a*, *b*, *c*.

Turbo, indét., d'Archiac, *Hist. des progrès de la Géol.*, vol. III, p. 285. 1850.

Coquille sub-globuleuse, composée de 4 tours arrondis, peu élevés, le dernier formant les deux tiers de la hauteur totale. Ces tours, séparés par une suture profonde, sub-canaliculée, sont ornés de 7 cordelettes granuleuses, décurrentes, dont les granulations sont d'autant plus fortes et plus saillantes qu'elles sont plus voisines de la suture. Elles sont séparées par des sillons finement striés dans leur hauteur. La base du dernier tour, parfaitement arrondie, offre le même système d'ornementation qui se continue jusqu'au bord de l'ombilic, dans le voisinage duquel les granulations redeviennent presque aussi prononcées qu'à la partie supérieure des tours. L'ombilic fort étroit est accompagné d'un bourrelet columellaire tordu ou arqué, orné de plis transverses, réguliers et arrondis. Ouverture ronde dont le péristome est imparfaitement connu. Hauteur, 8 millim.; diamètre du dernier tour, 8.

Observations. Cette petite coquille rappelle par sa forme et ses dimensions le *D. marginata*, Lam. Desh. (pl. xxiii, fig. 17), mais elle s'en distingue très-bien, ainsi que de diverses formes voisines, plus généralement réunies aux *Turbo* (*T. Pharaonulus*, Bon., *T. Pharaonus*, Lam., *T. corallinus*, Peyr., *Monodonta Araonis*, Bast., etc.).

Localité. Calcaire jaune de la chaîne d'Hala. R.R.

Genre SOLARIUM.

SOLARIUM AFFINIS, J. de C. Sow.

Pl. XXVI, fig. 13, *a*, *b*, *c*, 14, *a*, *b*, *c*.

Solarium affinis, J. de C. Sowerby, *Transact. geol. Soc. of London*, 2e sér., vol. V, pl. xvi, fig. 5. 1840.

La figure de la base de la coquille donnée par M. Sowerby est parfaitement exacte, et il en est sans doute de même des contours du profil, mais sa description laisse à désirer. Ainsi la spire a 7 tours au lieu de 4 ou 5. Les quatre cordons, denticulés comme des roue s d'horlogerie qui ornent la surface (fig. 13 *c*), sont inégaux de même que les sillons qui les séparent. Ces denticules s'atténuent sur le dernier tour, puis disparaissent dans le voisinage de l'ouverture, où l'on n'observe plus que des stries d'accroissement un peu obliques. Le profil (fig. 13 *b*) indique une coquille plus surbaissée que le dessin de M. Sowerby, mais peut-être doit-elle ce caractère à une déformation accidentelle du seul individu que nous possédons.

Var. *a* (fig. 14, *a*, *b*, *c*). L'état de plusieurs autres individus ne nous permet encore de les distinguer qu'à titre de variété. Ils diffèrent du précédent par les cordons des tours plus égaux, moins denticulés et par le pourtour de la base moins tranchant. Celle-ci est en outre convexe, au lieu d'être en partie concave, et porte sur la zone, qui dans l'échantillon regardé comme type présente seulement des plis rayonnants plus ou moins obsolètes, trois cordons granuleux peu prononcés, égaux et semblables à ceux du dessus des tours. Quant à la plus grande élévation relative de la spire, elle résulterait seulement de la dépression accidentelle de la coquille du type.

Observations. Par les caractères de sa base le *S. affinis* ressemble aux *S. pseudoperspectivum*, Brocc., pl. v, fig. 18 ; — J. Michelot., *De Solariis*, etc., pl. ii, fig. 4, 6 ; — *S. neglectum*, id. ib., fig. 7-9 ; — *S. Dumonti*, Nyst. (*loc. cit.*, p. 369, pl. xxxvi, fig. 8, 9) ; — *S. Pomeli*, Alex. Rouault (*Mém. Soc. géol. de France*, 2ᵉ sér., vol. III, pl. xv, fig. 11) ; mais par les caractères à la fois de sa base et de sa surface supérieure il est certainement très-voisin du *S. umbrosum*, Alex. Brong. (*Mém. sur le Vicentin*, pl. ii, fig. 12), et plus encore du *S. carocollatum* Bast. (*Mém. Soc. d'hist. nat. de Paris*, vol. II, p. 34, pl. i, fig. 12, 12 A, 1825), *id.* Grateloup (*Conchil. foss.*, etc., pl. xii, fig. 29, var. B.). Dans ce dernier le contour de la base est un peu moins tranchant ; la cordelette qui l'accompagne plus prononcée ; la base elle-même, un peu plus convexe, a des sillons concentriques, obsolètes, coupant les plis rayonnants. La première des deux cordelettes granuleuses qui entourent l'ombilic dans la coquille du Sinde manque ici, où règne seule la seconde qui est plus large et dont les plis sont un peu moins nombreux et plus prononcés que dans la nôtre. Il est donc assez probable que les deux formes du Sinde pourront être réunies plus tard avec le *S. carocollatum* et même avec le *S. umbrosum* sous un même nom spécifique qui serait celui de ce dernier. Les deux coquilles de l'Europe se trouvent dans la formation tertiaire moyenne du sud-ouest de la France et du Piémont.

Localités. Calcaire sableux jaune, avec *Nummulites garansensis* de la chaîne d'Hala. Type R.R. Var. *a*. C. — Soomrow, Cutch. C.C.

SOLARIUM EUOMPHALOIDES, nov. sp.

Pl. XXVI, fig. 15, *a*, *b*, *c*.

Coquille orbiculaire, sub-discoïde, composée de 5 tours arrondis, croissant régulièrement, séparés par une suture assez prononcée, et couverts de rangées de granulations fines, squameuses, régulières, sub-égales, au nombre de 7 sur le dernier. Celui-ci, également convexe en dessous, y présente 9 rangées de granulations, d'autant plus prononcées et plus grosses qu'elles se rapprochent davantage de l'ombilic (ce caractère a été mal rendu dans le dessin, fig. 15 *a*). Ombilic très-ouvert, laissant voir toute la spire, et ayant sa paroi simple, unie et coupée droit. Ouverture imparfaitement connue. Dans de jeunes individus, la coupe du dernier tour est presque ronde ; dans des individus plus âgés qui peut-être auraient été comprimés par accident, elle est plus surbaissée. Néanmoins, le péristome paraît être discontinu et légèrement interrompu par la saillie de l'avant-dernier tour, caractère imparfaitement exprimé dans la fig. 15.*b*, où l'ouverture est trop arrondie. Hauteur, 9 millim. ; diamètre des plus grands individus, 20.

Observations. Vue en dessous, cette espèce rappelle singulièrement le *S. plicatum*, Lam., Desh. (*loc. cit.*, pl. xxiv, fig. 16-18), mais en dessus, ses caractères sont tout à fait différents et la distinguent facilement de tous les *Solarium* tertiaires.

Localité. Calcaire jaune sableux de la chaîne d'Hala. C.

Genre TROCHUS.

Les coquilles de la famille des Trochoïdes (Cuv.) sont assez répandues dans les calcaires jaunes de la chaîne d'Hala comme dans les marnes noires de Subathoo, mais la plupart des échantillons que nous avons sous les yeux, sont fort incomplets ou n'ont conservé que des caractères tellement

obscurs qu'il serait impossible d'en donner une description détaillée. Les uns sont à l'état de
moule, d'autres ont conservé une partie de leur test, mais usé et altéré, et il y en a dont la surface encroûtée laisse à peine soupçonner les ornements dont elle était primitivement recouverte;
aussi avons-nous dû nous borner à reproduire sur nos planches ces formes plus ou moins vagues, et à ne donner dans notre texte que de courtes indications sur les genres et les espèces
auxquels nous pouvons supposer que ces corps appartiennent.

TROCHUS COGNATUS J. de C. Sow. ?

Pl. XXVI, fig. 18.

Trochus cognatus, J. de C. Sowerby, *Transact. geol. Soc. of London*, 2ᵉ sér., vol. V, pl. xxvi, fig. 6.
1840.

La description et la figure de cette espèce de la province de Cutch laissent bien quelque chose
à désirer, et d'un autre côté, les échantillons du Sinde, quoique assez nombreux, sont mal
caractérisés. Ils paraissent être un peu moins élancés, mais le sommet, trop obtus dans notre dessin, est semblable à celui qu'a donné M. Sowerby, qui indique 5 rangées de granulations au
lieu de 4 que nous trouvons constamment. Nos échantillons ont en outre une grande ressemblance avec le *T. monilifer*, Lam., Desh. (*loc. cit.*, pl. xxviii, fig. 1-3), qu'ils représenteraient dans l'Inde. Seulement, les cordelettes de la base sont simples au lieu d'être granuleuses. Le *T. Lucasanus*, Alex. Brong. (*Mém. sur le Vicentin*, pl. ii, fig. 6), est encore une
espèce qui vient se ranger près de celles-ci.

Localités. Calcaire jaune de la chaîne d'Hala. C. — Soomrow. C.

TROCHUS? SUBCOGNATUS, nov. sp.

Pl. XXVI, fig. 20.

La figure du *T. cognatus* donnée par M. J. de C. Sowerby montre très-bien, sur le dernier tour,
des sillons qui paraissent être les empreintes du relief intérieur des cordelettes plutôt que celles
d'un appareil distinct qui n'existe guère, garnissant le bord droit dans les coquilles de cette
forme. C'est le seul motif, bien léger, nous en convenons, qui nous a fait placer ici ce fossile
plutôt que dans le voisinage des Cérites ou des Turritelles. Ce moule ayant conservé çà et là une
portion du test à sa surface, laisse voir 4 sillons sur les deux derniers tours. Rien ne prouve d'ailleurs qu'ils soient aussi prononcés sur les premiers, si même ils existent.

Localité. Calcaire jaune à grains de quartz de la chaîne d'Hala. R.R.

TROCHUS? LORYI, nov. sp.

Pl. XXVI, fig. 17.

Les détails et les ornements de l'échantillon d'après lequel la figure que nous donnons a été
faite, sont trop vagues pour essayer de le décrire, et nous nous bornons à l'interprétation
intelligente que notre dessinateur a déduite des portions conservées du test.

Localité. Calcaire jaune de la chaîne d'Hala. R.

TROCHUS? DESMOULINSI, nov. sp.

Pl. XXVI, fig. 24, *a*.

Nous donnons ici les premiers tours d'une coquille trochoïde, élevée, ressemblant assez au *T. funiculosus*, Desh. (*loc. cit.*, pl. XXVII, fig. 4, 5), du calcaire grossier. Elle est bien caractérisée d'ailleurs, quel que soit le genre auquel elle appartienne, par ses 6 cordelettes simples, égales, unies, équidistantes, séparées par des sillons égaux et régulièrement striés dans leur hauteur.

Localité. Calcaire jaune, dur, de la chaîne d'Hala.

TROCHUS CUMULANS Alex. Brong.? var. *a*.

Pl. XXVI, fig. 16.

Trochus cumulans, Alex. Brongniart, *Mém. sur les terr. calc. trapp. du Vicentin*, p. 57, pl. IV, fig. 4, *a, b, c.* 1823.

N'ayant sous les yeux que des moules, il nous est difficile de prononcer sur l'identité du fossile de l'Inde avec celui de Castel-Gomberto. Nous avons fait représenter un grand individu pour montrer que la spire est plus élevée, que l'ouverture est plus haute et plus grande que dans la coquille du Vicentin et que les tours ont plus de relief. Ce fossile ne diffère guère non plus du *T. confusus*, Desh. (*loc. cit.*, pl. XXXI, fig. 3, 4) du calcaire grossier et des sables moyens, coquille plus petite, et dont les tours, un peu moins élevés, sont plus élargis que dans la nôtre. Mais des caractères aussi incomplets ne suffisent pas pour établir l'identité d'une espèce, et nous devons nous borner à signaler les analogies et les différences de ces trois coquilles provenant du terrain tertiaire inférieur, et de localités fort éloignées les unes des autres. Le *Trochus* du Sinde constitue provisoirement pour nous une simple variété.

Localité. Calcaire jaune à grains de quartz et calcaire marneux avec *Nummulites garansensis* de la chaîne d'Hala. C.

Genre PLEUROTOMARIA.

PLEUROTOMARIA? BIANCONII, nov. sp.

Pl. XXVI, fig. 19.

Ce fossile est encore un moule incomplet, revêtu par places d'une portion de test plus ou moins encroûté ou fruste, et dont il serait impossible de donner une description même partielle.

Localité. Calcaire grossier jaunâtre de la chaîne d'Hala. R.R.

Genre **TURBO**.

TURBO MARTINSI, d'Arch.

Pl. XXVI, fig. 23, *a*, *b*.

Monodonta martinsi, d'Archiac, *Hist. des progrès de la Géol.*, vol. III. p. 285. 1850.

Coquille régulièrement conique, composée de 5 tours convexes, le dernier moindre que la moitié de la hauteur totale, ornés de 5 cordelettes, dont la quatrième, plus élevée que les autres, détermine une sorte de carène. Ces cordelettes sont traversées obliquement par d'autres filiformes, égales, régulières, équidistantes, enveloppant ainsi toute la coquille d'un réseau élégant, à mailles un peu allongées, surtout vers le bas, et très-nettement accusé. Ce système d'ornementation se continue sur la base arrondie du dernier tour, occupée par 8 cordelettes concentriques, plus prononcées que celles qui sont au-dessus de la carène. Ouverture imparfaitement connue. Hauteur, 9 millim.; diamètre du dernier tour, 6.

Observations. Cette petite espèce, qu'une méprise nous avait fait prendre pour un Monodonte, vient, par sa forme, ses dimensions, et l'ornementation de sa surface, se placer très-naturellement entre les *T. Wegmanni* et *Buchi*, d'Arch. (*Mém. Soc. géol. de France*, 2e sér., vol. III, pl. xiii, fig. 15 et 20. 1850) de Biaritz. Il suffit cependant de comparer les figures pour s'assurer qu'elle n'est identique avec aucune d'elles.

Localité. Calcaire jaune de la chaîne d'Hala. R.R.

TURBO PENDJABENSIS, nov. sp.

Pl. XXVII, fig. 2, *a*.

Coquille en cône surbaissé, obtuse au sommet, composée de 6 tours convexes, lisses et séparés par une suture sub-canaliculée; le dernier très-grand, arrondi en dessous. Ouverture inconnue. Bord gauche concave vers le milieu de sa hauteur, garni d'une callosité qui recouvre en partie un ombilic étroit.

Observations. Cette coquille, dont les bords de l'ouverture manquent entièrement, ainsi que le sommet de la spire, nous est donc encore peu connue, mais sa forme particulière et des caractères assez rares dans le genre auquel nous la rapportons, ont dû nous la faire mentionner. Ainsi on ne remarque aucune trace de stries, de plis ni de granulations sur les portions spathifiées du test qui subsistent. La base offre une convexité parfaitement uniforme et régulière, et la suture est sensiblement déprimée. Sans le caractère du bord gauche et de l'ombilic, ce fossile rentrerait dans le sous-genre Roulette. La seule espèce qu'il rappelle un peu, est le *T. Labadyei*, d'Arch. (*Mém. Soc. géol. de France*, pl. xxix, fig. 2 *a*, *b*. 1843) du groupe oolithique inférieur.

Localité. Calcaire marneux, compacte, gris blanchâtre du Pendjab. R.

TURBO? OLDHEIMI, nov. sp.

Pl. XXVII, fig. 1, *a*.

Coquille conoïde, composée de 5 tours convexes, carénés supérieurement, séparés par une suture profonde, portant des plis longitudinaux, espacés, obsolètes, et qui, sur l'angle supérieur du dernier, se changent en tubercules mousses. Suture bordée par une rampe d'autant plus aplatie, qu'elle s'approche davantage de l'ouverture. Base du dernier tour concave. Columelle saillante et prolongée. Ouverture et bords inconnus.

Observations. Cette espèce, dont le genre même est douteux, n'en connaissant encore qu'un individu incomplet en partie à l'état de moule, est remarquable par la rampe plate et large qui accompagne la suture, et par la forme du dernier tour, d'abord très-convexe, puis aplati et concave en dessous.

Localité. Calcaire marneux gris noirâtre de Subathoo. R.R.

Genre PHASIANELLA.

PHASIANELLA OWENI, nov. sp.

Pl. XXVII, fig. 3, *a*, 4.

Phasianella, indét., d'Archiac, *Hist. des progrès de la Géol.*, vol. III, p. 285. 1850.

Coquille ovale, allongée, composée de 6 ou 7 tours convexes, croissant régulièrement, unis, séparés par une suture simple, assez prononcée. Ouverture ovalaire, versante à la base. Bord droit, régulièrement arrondi; bord gauche garni d'une large callosité qui remonte jusqu'à l'angle supérieur de l'ouverture et se confond probablement vers le bas avec le bord droit. Ombilic nul. Hauteur, 43 millim.; diamètre du dernier tour, 23.

Observations. La forme de cette espèce rappelle celle de certaines coquilles crétacées, placées, les unes parmi les Phasianelles (*P. neocomiensis* et *gaultina*, d'Orb.), les autres parmi les Natices (*N. prælonga*, Desh., etc.). Nous ne connaissons qu'un seul individu pourvu de son test, mais des moules assez nombreux (fig. 4), quoique généralement plus grands et provenant d'autres couches, ne paraissent pas en différer essentiellement.

Localités. Calcaire jaune. R. — Calcaire gris blanchâtre, avec *Nummulites garansensis*, et peut-être *Ramondi* de la chaîne d'Hala. C. — Calcaire marneux compacte, grisâtre, de la Montagne de Sel, Pendjab. R. — Moule rempli d'*Alveolina longa*, de l'Asie Mineure.

PHASIANELLA? SCALAROIDES, nov. sp.

Pl. XXVII, fig. 5.

Coquille (moule) turriculée, composée de 7 ou 8 tours, très-hauts, presque droits, séparés par une suture large et profonde qui les fait paraître comme imbriqués, ou semblables à des cornets placés les uns dans les autres. Le dernier très-grand, est rétréci à la base. Ouverture étroite, très-haute. Bords inconnus. La base de l'ouverture paraît avoir été un peu versante, et le bord gauche un peu tordu vers l'extrémité de la columelle.

Observations. La coquille d'où provient le fragment de moule que nous décrivons ne devait pas avoir moins de 11 centimètres de hauteur, et, en tenant compte de son état comprimé, le diamètre du dernier tour devait être de 54 à 56 millim. Sa forme générale rappelle la *P. supracretacea*, d'Orb. (*Paléont. française*, pl. CLXXXVII, fig. 4) du calcaire jaune crétacé de Royan, mais la nôtre était plus courte, et ses tours moins nombreux croissaient plus rapidement. Nous n'avons d'ailleurs aucune certitude qu'elle appartienne réellement au genre dans lequel nous la plaçons ici.

Localité. Calcaire jaune à grains de quartz de la chaîne d'Hala. R.R.

Genre TURRITELLA.

TURRITELLA ANGULATA, J. de C. Sow.

Pl. XXVII, fig. 6, 7, 8, 9.

TURRITELLA ANGULATA, J. de C. Sowerby, *Transact. geol. Soc. of London*, vol. V, pl. XXVI, fig. 7. 1840.
— ASSIMILIS, J. de C. Sowerby, ibid., fig. 8.

Lorsqu'on a sous les yeux beaucoup d'échantillons, on reconnaît que cette coquille très-variable a fourni, par ses modifications, le type de deux espèces qui, en réalité, n'en font qu'une. Les extrêmes de ces variations se trouvent reliées par des formes intermédiaires dont celle qui a été figurée sous le nom de *T. angulata* est une des mieux caractérisées. Les tours sont sensiblement imbriqués; la carène d'abord simple (fig. 9), par le grossissement de la cordelette inférieure, semble ensuite se diviser en deux (fig. 7 et 8). On compte quatre stries filiformes, assez fortes au-dessus, ou bien deux très-rapprochées bordant la suture au-dessous (fig. 6, 7), lorsque les filets de la carène sont divisés. Par l'exagération ou la prédominance de la carène principale (fig. 9), la suture s'enfonce, les tours sont plus profondément découpés, plus anguleux, et les stries supérieures diminuent. Il y a des individus où les tours sont plus profondément excavés encore que dans la figure 9, et où l'on observe à peine deux ou trois stries persistantes, la carène seule fort tranchante occupant alors le milieu des tours.—Par l'abaissement de cette même carène, au contraire (fig. 6), on a des tours arrondis, à peine imbriqués, et l'on compte au-dessus, jusqu'à la suture, 7 ou 8 stries d'inégale grosseur et inégalement espacées (*T. assimilis*).

Cette Turritelle représenterait fort bien, pour les dépôts nummulitiques du Sinde, la *T. fasciata*, Lam., Desh. (*loc. cit.*, pl. XXXIX) du calcaire grossier de Paris, laquelle n'est pas moins variable dans le nombre, la disposition et les relations de ses stries ou filets.

Localité. Tous les échantillons que nous connaissons proviennent d'une même couche de calcaire marneux gris noirâtre, où elles semblent se trouver à l'exclusion de la plupart des autres fossiles de la chaîne d'Hala, et où elles sont fréquemment enveloppées de *Membranipora Hookeri*. C.C.

TURRITELLA DESHAYESI, d'Arch.

Pl. XXVII, fig. 10, 11, 12.

TURRITELLA DESHAYESI, d'Archiac, *Hist. des progrès de la Géol.*, vol. III, p. 285. 1850.

Coquille turriculée, très-allongée, composée de 14 à 16 tours plats et séparés par une suture légèrement canaliculée. 6 cordelettes finement granuleuses, égales, équidistantes, en occupent la surface. L'avant-dernier tour en présente 7 et le dernier 9. La base unie de celui-ci est circonscrite par une dépression canaliculée et un bourrelet qui viennent aboutir à la base du bord droit. Ouverture allongée, rétrécie au sommet, et se terminant à l'extrémité opposée par un sinus ou troncature oblique sur le prolongement du bourrelet. Bord gauche excavé vers le milieu, et un peu prolongé ensuite pour accompagner le bout de la columelle. Bord droit très-mince. Hauteur environ 74 millim.; diamètre de la base, 17.

Observations. Cette coquille est voisine de la *T. cathedralis*, Alex. Brong. (*Mém. sur le Vicentin,* pl. IV, fig. 6) qui avait servi de type au genre *Proto*, Defr. Le bourrelet qui circonscrit la base du dernier tour et le sinus ou échancrure en arrière de la columelle, la feraient placer dans ce genre s'il avait été conservé. Elle se distingue de sa congénère par l'égalité de ses cordelettes plus étroites, par sa taille moindre, son cône spirale plus aigu, et par l'absence de renflement à la partie supérieure des tours. Dans quelques individus (fig. 11, 12) les cordelettes des derniers tours sont inégales, et ils sembleraient établir un passage à l'espèce suivante.

Localité. Calcaire grossier jaunâtre, avec *Nummulites garansensis* de la chaîne d'Hala. C.

TURRITELLA AFFINIS, nov. sp.

Pl. XXVII, fig. 16, 17, 18, 19.

TURRITELLA indét., d'Archiac, *Hist. des progrès de la Géol.*, vol. III, p. 286. 1850.

Nous ne connaissons que divers fragments qui se rapportent à une même espèce, sans doute voisine de la précédente. En effet, des 6 cordelettes égales de la *T. Deshayesi*, les deux de la base des tours se détachent d'abord des quatre autres plus rapprochées et plus délicates (fig 19); puis, devenant beaucoup plus fortes, elles constituent un double bourrelet décurrent; le milieu des tours concave est alors occupé par trois cordelettes filiformes, et une autre plus large et striée accompagne la suture (fig. 18). Dans une troisième modification, la seconde des grosses cordelettes s'atténue, les quatre autres sont presque égales, granuleuses, et les sillons qui les séparent très-finement striés (fig. 16). Enfin, dans une quatrième (fig. 17), il n'y a plus qu'une cordelette dominante, beaucoup moins prononcée que dans les autres, puis une moyenne au-dessous bordant la suture, trois très-fines au-dessus, et deux autres géminées formant une saillie ou bourrelet qui accompagne la suture. Les sillons qui séparent ces cinq dernières sont très-finement striés dans le même sens. Le bord droit, flexueux, formait un angle avancé correspondant à la portion carénée des tours. La base du dernier était sillonnée et presque plane.

Observations. Malgré les rapports établis par ces modifications des ornements, on peut reconnaître que la *T. affinis* manque précisément du caractère essentiel de la *T. Deshayesi*, celui du bourrelet et du canal de la base; aussi n'hésitons-nous pas à l'en séparer.

Localité. Calcaire grossier jaunâtre, avec *Nummulites garansensis* de la chaîne d'Hala. C.

TURRITELLA RENEVIERI, nov. sp.

Pl. XXVII, fig. 13.

Coquille très-allongée, si l'on en juge par la lenteur avec laquelle croissent ses tours peu convexes, séparés par une suture large et médiocrement profonde. 8 stries filiformes, sub-égales et équidistantes occupent la surface de ces tours.

Observations. Le seul fragment que nous ayons diffère trop des espèces précédentes pour pouvoir y être réuni quant à présent, et nous avons dû, tout incomplet qu'il est, le désigner sous un nom particulier. Il rappelle un peu la *T. hybrida*, Desh. des sables inférieurs du Soissonnais, et la *T. conoidea*, J. Sow., telle que M. Alex. Rouault la fait figurer (*Mém. Soc. géol. de France,* 2e sér., vol. III, pl. xv, fig. 15), et qui a la base des tours moins saillante que dans le dessin du *Miner. conchology.* Ce qui distingue particulièrement l'espèce du Sinde, c'est l'égalité et la constance de ses huit cordelettes (la figure n'en indique à tort que 7), leur égal espacement et l'aplatissement des tours. Ceux-ci sont convexes dans la *T. Dufrenoyi*, Leym. (*Mém. Soc. géol. de France,* 2e sér., vol. I, pl. xvi, fig. 5, 1846) des Corbières, dont les stries sont aussi plus nombreuses.

Localité. Avec les précédentes. R.R.

TURRITELLA HEBERTI, nov. sp.

Pl. XXVII, fig. 21, *a.*

Coquille turriculée, très-acuminée, composée de 14 ou 15 tours concaves, croissant lentement, séparés par une suture profonde, rendus anguleux à la partie supérieure par une carène tranchante, fort élevée, et portant en outre vers le bas une seconde carène moins saillante. Une strie filiforme sépare ces deux carènes, et une autre plus délicate encore accompagne la suture. Ouverture probablement carrée. Hauteur approximative , 25 millim.; diamètre du dernier tour connu, 5.

Observations. Cette espèce, dont nous ne connaissons qu'une portion encroûtée dans un *Cellepora mamilligera*, rappelle un peu la Turritelle de Barcelone rapportée à la *T. rotifera*, Lam., quoique d'ailleurs assez différente, puis la T. *Archimedis*, Alex. Brongn . et plusieurs autres.

Localité. Calcaire jaune de la chaîne d'Hala. R.R.

TURRITELLA? COLLOMBI, nov. sp.

Pl. XXVII, fig. 15, *a.*

Fragment d'une petite coquille, dont la spire est assez courte. Les tours, fort arrondis et séparés par une suture profonde, sont couverts de 7 ou 8 cordelettes granuleuses, décurrentes, traversées par des stries perpendiculaires, égales, équidistantes, qui forment un grillage assez élégant et régulier. Sur le dernier tour quelques stries filiformes s'insèrent entre les cordelettes principales.

Localité. Calcaire jaune de la chaîne d'Hala. R.R.

TURRITELLA? indét.

Pl. XXVII, fig. 14.

Fragment d'un petit moule qui a quelque ressemblance avec le *Proto Maraschini*, Defr. (*Dictionn. des sc. nat.*, vol. XLIII, p. 410, pl. xxxiv, fig. 1. — Id., Bronn, *Leth. geogn.*, pl. xli, fig. 3), mais beaucoup plus court et dont la partie supérieure des tours fait encore plus de saillie que dans le fossile précité.

Localité. Calcaire grossier jaune clair de la chaîne d'Hala. R.R.

TURRITELLA SUBATHOOENSIS, nov. sp.

Pl. XXVIII, fig. 1, *a*, 2.

Coquille (moule) turriculée, composée de 9 tours convexes, hauts, allongés, le dernier subcanaliculé à la base. Celle-ci présentait des stries concentriques accompagnant le bord gauche et croisées par les stries d'accroissement légèrement flexueuses. Ouverture probablement ovalaire.

Observations. Quoique ce fossile soit le plus répandu dans les marnes noires de Subathoo, il nous est impossible d'en donner une description un peu satisfaisante. Les moules de Turritelle comme ceux de Cérites, de Mélanies, etc., ne peuvent que bien rarement servir à caractériser une espèce, aussi nous bornerons-nous à mentionner celle-ci jusqu'à ce que quelque circonstance en fasse mieux connaître les caractères.

Localité. Marnes noires de Subathoo. C.C.

TURRITELLA SUBFASCIATA, nov. sp.

Pl. XXVIII, fig. 3.

Cette espèce dont nous ne connaissons que des fragments, à la vérité assez abondants, semblerait n'être encore qu'une var. *minor* des modifications nombreuses de la *T. fasciata*, Lam. Elle serait surtout voisine de la var. *d*, Desh. (*loc. cit.*, pl. xxviii, fig. 13, 14). La suture est profonde, et les tours très-convexes sont garnis de 4, 5 ou 6 cordelettes simples, dont les trois inférieures sont toujours les plus saillantes et dont la dernière laisse un espace concave assez grand entre elle et la suture placée dessous. Cette Turritelle est beaucoup moins conique que la *T. uniangularis*, Lam., var. Alex. Rouault (*Mém. Soc. géol. de France*, 2ᵉ sér., vol. III, pl. xv, fig. 19).

Localité. Marnes noires de Subathoo. C.

[Genre **VICARYA**, nov. gen.?

VICARYA VERNEUILI, d'Arch.

Pl. XXVIII, fig. 4, *a*, *b*.

Nerinæa? Verneuili, d'Archiac, *Hist. des progrès de la Géol.*, vol. III, p. 286. 1850.

Coquille turriculée ou conoïde, composée de 12 à 14 tours aplatis, séparés par une suture simple, linéaire, à peine visible. Les premiers sont ornés, à la partie supérieure, d'une rangée de granulations serrées, margaritiformes qui, dans les suivants, sont plus espacées, plus grosses et se changent en tubercules coniques ou pyramidaux de plus en plus saillants et au nombre de 8 seulement sur le dernier. Une seconde rangée de granulations plus petites règne sous la précédente sur les 6 ou 7 premiers tours,. et se continue jusqu'au dernier sans qu'elles augmentent de volume. Une troisième rangée, contiguë à celle-ci, mais un peu plus prononcée, borde en dessus une bandelette décurrente, concave, limitée en dessous par une cordelette unie, simple, étroite, qui accompagne la suture. Cette bandelette montre nettement des stries d'accroissement concaves d'arrière en avant qui se continuent en dessus dans l'espace occupé par les tubercules, et s'arrêtent en dessous à la cordelette suturale. Base du dernier tour un peu convexe, présentant au-dessous de la bandelette trois ou quatre cordelettes granuleuses, coupées par les stries d'accroissement obliques, arquées et inégales. Ouverture petite, arrondie, sub-canaliculée au sommet et à la base. Bord droit, mince, arqué en avant, muni vers sa partie moyenne d'un sinus profond, à bords parallèles, et au-dessus duquel il remonte pour joindre l'avant-dernier tour par une courbe semblable à la première. Bord gauche revêtu d'une épaisse et large callosité qui s'étend sur une grande partie de la base, réunissant l'extrémité de la columelle à deux gros tubercules mousses, dont l'un est situé avec celle-ci dans le plan de l'axe, et l'autre contre la bandelette de l'avant-dernier tour. Hauteur, 82 millim.; diamètre du dernier tour, 33.

Observations. Nous ne donnerons point encore ici la caractéristique de ce genre que nous proposons, parce qu'il faudrait pour cela connaître plusieurs espèces et distinguer les caractères qui leur sont communs de ceux qui sont particuliers à chacune d'elles. Mais si l'on se rappelle les caractères des coquilles pourvues d'un sinus profond, nettement accusé au bord droit (Pleurotome, Pleurotomaire ou Sissurelle, Schizostome, Nérinée, Murchisonie et même certains Cérites, Nérites ou Natices), on reconnaîtra que notre coquille ne peut rentrer dans aucun d'eux, par l'absence de canal, d'ombilic, de dents à la columelle ou au bord droit, comme par sa forme turriculée. On remarquera que la fente du bord droit se fermait, non comme dans les Pleurotomaires et les Murchisonies d'une manière indépendante de l'accroissement du reste de l'ouverture, mais bien comme dans les Pleurotomes, certains Cérites, etc., où les stries, continues au-dessus et au-dessous de cette fente, montrent que la fermeture avait lieu par la même lame calcaire que le reste du bord qui s'infléchissait fortement en arrière à cet endroit. Il est évident que si les caractères de l'ouverture ne se représentaient pas dans d'autres espèces, celle-ci pourrait être regardée comme un type particulier du grand genre Cérite et y rentrer. Aussi n'est-ce que comme pierre d'attente que nous proposons cette coupe.

Ne possédant d'abord qu'un individu fort incomplet de ce fossile, nous l'avions provisoirement placé près des Nérinées, mais ceux que nous avons observés depuis permettent d'assurer qu'aucune trace de plis ni de dents n'existent à la columelle, et à plus forte raison au bord droit dont le test est fort mince.

Localité. Calcaire grisâtre avec des grains de fer oxydé hydraté de la chaîne d'Hala.

Genre CERITHIUM.

CERITHIUM RUDE J. de C. Sow.?

Pl. XXVIII, fig. 9, 10, 11, 12.

CERITHIUM RUDE, J. de C. Sowerby, *Transact. geol. Soc. of London*, 2ᵉ sér., vol. V, pl. xxvi, fig. 10. 1840.

Le dessin que M. Sowerby a donné de cette espèce ferait croire que ses tubercules sont pointus, assez espacés et comme imbriqués de bas en haut, mais si nous ne nous trompons pas dans notre rapprochement, ils sont au contraire arrondis, margaritiformes, nombreux et réunis par quatre pour constituer des séries longitudinales, pliciformes, sur lesquelles passent des cordelettes transverses. Les tubercules de la rangée supérieure sont quelquefois plus gros que les autres et nettement séparés (fig. 12); quelques exemplaires ont l'angle spiral plus ouvert et curviligne (fig. 10); d'autres sont plus acuminés (fig. 11); enfin, il y en a dont les cordelettes transverses sont plus développées et les plis longitudinaux fort atténués (fig. 9).

Localité. Calcaire grossier jaune dur de la chaîne d'Hala. C.C.

CERITHIUM PSEUDOCORRUGATUM d'Orb.?

Pl. XXVIII, fig. 5, *a,* 6, 7, 8.

CERITHIUM CORRUGATUM......... J. de C. Sowerby, *Transact. geol. Soc. of London*, 2ᵉ sér., vol. V, pl. xxvi, fig. 11. 1840. — Non *C. id.,* Alex. Brong. *Mém. sur les terr. calc. trapp. du Vicentin,* pl. iii, fig. 25. 1823.
  —   Id.?............ d'Archiac, *Hist. des progrès de la Géol.,* vol. III, p. 287. 1850.
  —   PSEUDOCORRUGATUM?.. Alc. d'Orbigny, *Prodrome de paléontologie,* vol. III, p. 83. 1852.

Coquille turriculée, composée de 12 ou 13 tours convexes, séparés par une suture profonde, couverts de plis longitudinaux, un peu obliques, au nombre de 17 sur l'avant-dernier, et traversés par 5 ou 6 cordelettes décurrentes, inégales et inégalement espacées. En passant sur les plis, celles-ci déterminent des tubercules plus ou moins arrondis. De distance en distance une varice ou bourrelet interrompt la régularité de cette disposition. Trois cordelettes granuleuses assez fortes font suite aux autres sur la base du dernier tour. Ouverture oblique, ovalaire, arrondie au milieu. Bord droit dilaté en forme d'aile; bord gauche flexueux, faisant avec le précédent un angle fort aigu qui remonte jusqu'à l'avant-dernier tour et se prolonge à la base par un canal étroit, oblique, recourbé en arrière. Hauteur, 95 millim.; largeur du dernier tour, 23.

Observations. Nous avions déjà signalé la différence de ce Cérite avec celui du Vicentin, et nous avons dû adopter le nom que M. Alc. d'Orbigny lui a donné depuis, mais nous ajouterons que la description et la figure du *C. corrugatum* de M. Sowerby sont trop peu complètes pour que nous ayons la certitude de son identité avec le nôtre. Quoi qu'il en soit, le nom de *pseudocorrugatum* conviendrait toujours à l'espèce du Sinde, qui se rapproche davantage du *C. corrugatum* de Ronca que de toute autre. On peut remarquer néanmoins que la coquille est plus grande, que les plis sont plus étroits, plus espacés, les cordelettes transverses plus nombreuses, plus inégales et moins également espacées, différences qui en occasionnent de correspondantes dans le nombre et la grosseur des tubercules. Le bord droit est plus grand et plus dilaté, l'ouverture plus allongée et plus étroite à ses extrémités, la columelle plus prolongée et le canal tordu. Enfin, l'ensemble de la coquille affecte des contours plus irréguliers, plus heurtés et en même temps plus variés que dans le *C. corrugatum*, Alex. Brong. En effet, indépendamment du type (fig. 5, *a*) que nous avons décrit, on peut signaler, à titre de variétés, les modifications suivantes :

Var. *a* (fig. 6). Coquille étroite, plus allongée ; les plis, en se correspondant obliquement de haut en bas, donnent à l'ensemble une forme de pyramide torse irrégulière.

Var. *b* (fig. 8). Les plis sont plus espacés ; on n'en compte que 11 sur l'avant-dernier tour.

Var. *c* (fig. 7). Coquille plus raccourcie ; des 6 cordons transverses, les trois supérieurs sont fort petits et rapprochés, les trois inférieurs gros et espacés, et les tubercules correspondants diffèrent dans le même rapport.

Localités. Calcaire grossier jaune de la chaîne d'Hala. C.C. — Soomrow, Cutch. — C'est à tort que M. Alc. d'Orbigny, dans son *Prodrome de paléontologie*, a mis cette coquille, ainsi que toutes celles provenant de la même couche, dans la formation tertiaire moyenne, son 26ᵉ étage des faluns. Rien ne nous paraît encore motiver cette opinion, quoique la couche soit supérieure à celle que caractérisent les Nummulites.

CERITHIUM SUBSEMICOSTATUM, nov. sp.

Pl. XXIX, fig. 5.

Quoique nous ne possédions qu'un fragment déformé de contre-empreinte, il est tellement bien caractérisé, que nous n'hésitons pas à le faire connaître. La forme de la coquille était conoïde ; les tours étaient nombreux, étroits, aplatis, croissant lentement et séparés par une suture simple superficielle. Ils étaient couverts de plis larges, arqués, équidistants, peu élevés, parfois un peu tuberculeux ou renflés vers le milieu et allant d'une suture à l'autre. Ils étaient en outre traversés par un système de stries capillaires très-délicates occupant toute la surface.

Observations. Ce Cérite devait avoir tout à fait l'aspect général du *C. semicostatum*, Desh. (pl. LV, fig. 1, 2) des sables inférieurs du Beauvoisis, dont il différait, dans la portion que nous connaissons, par les plis qui s'étendent exactement d'une suture à l'autre, tandis que, dans l'espèce du bassin de la Seine, ils s'arrêtent à la moitié de la hauteur des tours, les stries se continuant sans interruption sur l'autre moitié. D'après notre dessin qui laisse un peu à désirer, on pourrait être tenté de rapprocher aussi ce Cérite du *C. cornucopiæ*, Sow. (*Miner. conchol.*, pl. CLXXXVIII, f. 1), mais la comparaison de l'échantillon lui-même ne montre aucune analogie réelle.

Localité. Calcaire jaune marneux, avec *Nummulites garansensis*, de la chaîne d'Hala. R.R.

CERITHIUM HELLI, d'Arch.

Pl. XXIX, fig. 4.

CERITHIUM HELLI, d'Archiac, *Hist. des progrès de la Géol.*, vol. III, p. 288. 1850.

Coquille turriculée, très-pointue au sommet, composée de 15 ou 16 tours plats, étroits, ornés de 5 cordelettes granuleuses, inégales, les granulations de celle de la base étant plus grosses et plus espacées que celles des autres. Dernier tour sub-anguleux ; base plate, unie. Ouverture étroite, basse, sub-quadrangulaire. Bord droit peu connu. Columelle tordue ; canal très-court et un peu recourbé en arrière. Hauteur, 55 millim. ; diamètre du dernier tour, 20.

Observations. Bien que nous ayons pu examiner un certain nombre d'échantillons, leur état fruste ne nous permet pas de donner un dessin bien détaillé et bien précis des ornements de la surface. Par sa forme générale, cette espèce se distingue de suite des autres du même pays. Elle a quelque rapport avec le *C. lemniscatum* Alex. Brong. (*loc. cit.*, pl. III, fig. 24) de Ronca, mais elle est beaucoup plus allongée. Elle rappelle plus exactement le *C. variabile*, Desh. (*loc. cit.*, pl. LXI, fig. 21-28) ou les *C. funiculatum* et *intermedium*, Sow.; elle en diffère néanmoins par ce caractère particulier que la rangée de granulations la plus forte se trouve à la base des tours au lieu d'être au sommet. Les *C. semicoronatum*, Lam. et *mutabile*, id. s'en séparent encore par ce motif, mais il est possible qu'une étude comparative de bons échantillons de ces diverses espèces permette d'en réunir quelques-unes, car leur affinité générale est assez frappante.

Localité. Calcaire grossier jaune de la chaîne d'Hala. C.

CERITHIUM SUBNUDUM, nov. sp.

Pl. XXVIII, fig. 17.

Coquille allongée, turriculée, composée de 10 à 12 tours aplatis, séparés par une suture simple, peu profonde, et couverts de stries capillaires, au nombre de 14 ou 15, inégalement espacées et un peu ondulées vers la partie supérieure. Une gouttière évasée est séparée de la suture qu'elle accompagne par une petite carène nettement accusée. Des plis longitudinaux, arqués, nombreux, égaux, également espacés mais peu prononcés, excepté vers le sommet, et s'atténuant vers la base, traversent les stries précédentes qui y déterminent des granulations obsolètes, plus apparentes aussi vers le sommet. La base du dernier tour est un peu anguleuse et très-finement striée dans toute son étendue. Ouverture assez grande, rétrécie à ses extrémités et terminée par un canal court et fort étroit. Bord droit simple, très-peu flexueux. Hauteur, 41 millim.; diamètre de la base, 12.

Observations. Cette espèce pourrait être regardée comme ayant représenté, dans les mers de cette partie du globe, le *C. nudum*, Lam., Desh. (*loc. cit.*, pl. XLVIII, fig. 17-20), si commun dans le calcaire grossier du bassin de la Seine. Elle s'en distingue néanmoins par ses arêtes droites au lieu d'être courbes, par la gouttière superficielle et la petite carène qui accompagnent la spire[1], et mieux encore par la forme anguleuse de sa base. Par suite l'ouverture est plus haute, quadrilatérale et non ovalaire fort allongée. Elle était probablement aussi simple au lieu de présenter cette callosité large et épaisse des individus adultes du *C. nudum*. A cet égard cependant, nous devons suspendre tout jugement définitif, car il se pourrait que le seul individu que nous avons ne fût pas encore assez vieux pour montrer ce caractère.

Localité. Avec la précédente. R.R.

CERITHIUM KAYEI, nov. sp.

Pl. XXVIII, fig. 15, a.

Coquille turriculée, composée de 10 tours convexes, séparés par une suture profonde, et couverts de plis longitudinaux, étroits, nombreux, plus espacés vers le sommet de la spire que vers

---

1. Les figures 17, 18, 20, pl. XLVIII, données par M. Deshayes semblent indiquer aussi une gouttière accompagnant la suture. Mais nous n'en observons pas dans les nombreux échantillons parfaitement conservés que nous avons sous les yeux. D'ailleurs la gouttière du *C. subnudum* est encore séparée de la suture par la petite carène décurrente dont nous avons parlé.

sa base, où ils sont très-rapprochés. 7 cordelettes filiformes, inéquidistantes, dont 3 plus grosses, traversent les plis et déterminent des granulations à leur passage. La cordelette inférieure, plus prononcée que les autres, simule une petite carène et rend les tours anguleux dans cette partie. Base et ouverture inconnues. Hauteur probable, 13 millim.; diamètre de la base, 5.

Observations. Quoique n'ayant qu'un fragment de ce Cérite, l'ornementation des tours bien conservée nous suffit pour le décrire provisoirement. Il n'est pas sans une certaine analogie avec le *C. semigranulosum*, Lam., Desh. (*loc. cit.*, pl. LIV, fig. 3-6), mais dans ce dernier, les quatre rangées de granulations sont parfaitement égales et également espacées. Dans les sillons qui les séparent règnent des stries filiformes égales aussi; de sorte que l'aspect général de la coquille, et ses détails sont sensiblement différents.

Localité. Avec les précédentes. R.R.

CERITHIUM SUBBACILLUM, nov. sp.

Pl. XXVIII, fig. 18, *a.*

Nous avons encore fait représenter ce fragment par le même motif que le précédent. La netteté des détails de quelques tours que nous connaissons permet de préjuger en partie le reste de la coquille. Celle-ci était sans doute fort allongée, sub-cylindroïde, et ses tours nombreux, plats, étroits, séparés par une suture peu profonde, croissaient lentement. On y remarque 6 cordelettes inégales dont les deux premières et la sixième portent des granulations allongées transversalement. Une strie filiforme accompagne la suture. Dans les Cérites qui affectent ces caractères, le dernier tour a son bord sub-anguleux, la base de la coquille est presque plane, l'ouverture sub-quadrangulaire, le bord droit simple, peu avancé et le canal très-court.

Observations. Ce Cérite rappelle un peu le *C. bacillum*, Lam. Desh. (*loc. cit.*, pl. LVI, fig. 3-6), du calcaire grossier, dont les stries filiformes sont plus nombreuses, qui porte des plis longitudinaux obsolètes et n'a qu'une rangée de granulations bien prononcées.

Localité. Avec les précédentes. R.R.

CERITHIUM SUBFILIFERUM, nov. sp.

Un fragment de moule, trop fruste pour être figuré, présente une certaine ressemblance avec le *C. filiferum*, Desh. (*loc. cit.*, pl. XLIX, fig. 15, 16). On peut juger que la coquille de l'Inde avait la spire plus allongée, la base plus étroite, les tours plus hauts, mais que les tubercules avaient la même forme et le même relief. Les stries en même nombre auraient aussi présenté une disposition analogue.

Localité. Grès micacé, calcarifère, grisâtre, de la chaîne d'Hala. R.R.

CERITHIUM SUBTROCHLEARE, nov. sp.

Pl. XXIX, fig. 2.

Coquille conoïde, à arêtes droites, composée d'environ 10 tours fort étroits, séparés par une suture très-profonde et canaliculée. Sur ces tours règnent, d'une manière continue, trois cordelettes dont deux sont simples, très-saillantes, séparées par un sillon profond, et la troisième moins élevée, granuleuse, suit la suture. Bord du dernier tour anguleux; base plane ou subconcave, garnie de 6 cordons concentriques simples. Ouverture imparfaitement connue, mais probablement quadrangulaire et surbaissée. Bord gauche recouvert d'une callosité étroite assez épaisse. Columelle tordue; canal court, étroit et recourbé en arrière. Hauteur, 38 millim.; diamètre de la base, 29.

Observations. Cette espèce bien caractérisée diffère du *C. trochleare*, Lam. Desh. (*loc. cit.*, pl. **LV**, fig. 10) par sa forme plus courte et conoïde et parce que les deux cordelettes simples ne sont séparées que par un sillon étroit. Dans la coquille du bassin de la Seine elles sont assez écartées; l'intervalle qui les sépare est plissé, et elles sont rendues granuleuses par le passage des plis. La cordelette granuleuse du *C. subtrochleare* borde au contraire la suture, et les granulations margaritiformes, toujours nettement détachées, ne se changent jamais en plis à aucun endroit de la spire.

Localité. Calcaire grossier jaune clair de la chaîne d'Hala. R.R.

CERITHIUM? indét.

Pl. XXVIII, fig. 16.

Nous avons fait représenter plusieurs fragments ou moules de fossiles, qui sont à la vérité trop incomplets pour pouvoir être caractérisés même génériquement, mais nous croyons ne devoir négliger aucune forme, quelque imparfaite qu'elle soit, appartenant à une faune géographiquement si éloignée de celles dont nous la croyons contemporaine.

La coquille que nous indiquons ici, quoique ayant l'aspect d'un Pleurotome, ne laisse apercevoir aucune trace d'un sinus dans la direction des stries d'accroissement, à leur passage sur la carène assez nettement accusée de la partie supérieure des tours. D'un autre côté la columelle très-épaisse n'offre aucun pli, et si l'ouverture, qui était probablement ronde, se terminait par un canal, celui-ci devait être fort court.

Localité. Calcaire marneux, tendre et ferrugineux, de la chaîne d'Hala. R.R.

CERITHIUM? indét.

Pl. XXVIII, fig. 14.

Ce moule est composé de tours étroits, très-rapprochés et coupés carrément, de même que l'ouverture de la coquille qui devait être plus large que haute. Peut-être proviendrait-il aussi bien d'une Turritelle conoïde, grosse et courte que d'un Cérite? Un autre échantillon non figuré conservait encore une partie de son test fort altéré. Bien qu'appartenant à une coquille à peu près de même taille, les tours sont un peu plus hauts, le test est plus épais, et l'ouverture quadrangulaire devait être moins grande. Les tours portaient 4 ou 5 cordelettes décurrentes.

Localité. Calcaire grossier jaunâtre, en partie spathique, de la chaîne d'Hala. R.

CERITHIUM? indét.

Pl. XXVIII, fig. 13.

Moule dont les tours sont plus détachés que dans les précédents, moins hauts, très-arrondis en dessous, presque concaves en dessus. On observe sur la base du dernier tour quatre ou cinq empreintes ou ponctuations allongées, indiquant l'existence de plis au bord droit.

Localité. Avec les précédents. R.R.

CERITHIUM? DELBOSI, nov. spec.

Pl. XXVII, fig. 20.

Plus complet que les précédents, ce moule, dont les arêtes sont curvilignes, affecte une forme pupoïde régulière, assez remarquable. Il est composé de 8 tours très-détachés, arrondis en dessus comme en dessous.

Localité. Calcaire jaune à Nummulites de la chaîne d'Hala. R.R.

CERITHIUM NUDUM? Lam.

Pl. XXIX, fig. 4.

CERITHIUM NUDUM, de Lamarck, *Ann. du Mus.* vol. III, p. 440. — *Id. Anim. sans vert.*, vol. VII, p. 88. 1822.

— Id... Deshayes, *Coq. foss. des env. de Paris*, vol. II, p. 382, pl. XLVIII, fig. 17-20. 1824.

Nous rapportons à cette espèce du bassin de la Seine un fragment qui paraît appartenir à un individu jeune. On sait qu'à cet état la base des tours est plus anguleuse qu'à l'état adulte, alors que l'ouverture a acquis tous ses caractères. — Voyez aussi: *posteà, Terebra contorta*, var. *a?*

Localité. Calcaire gris noirâtre, à grain fin, de la Montagne de Sel, Pendjab. R.R.

CERITHIUM JELUMENSE, nov. sp.

Pl. XXIX, fig. 3, *a*.

Coquille conoïde, ventrue à la base, pointue au sommet, composée de 6 tours convexes, séparés par une suture assez profonde et ornés de quelques plis obsolètes, longitudinaux, arrondis, peu sensibles sur le dernier dont la base est unie. Ouverture ovalaire. Bord droit un peu dilaté ; bord gauche simple. Columelle tordue. Canal court et peu recourbé. Hauteur, 11 millim. ; diamètre du dernier tour, 6.

Observations. Cette petite coquille, que nous ne connaissons qu'en partie et à l'état de contre-empreinte, est peu caractérisée et offre l'aspect d'une Mélanie.

Localité. Marnes noires de Subathoo. R.R.

CERITHIUM STRACHEYI, nov. sp.

Pl. XXIX, fig. 9, *a*.

Coquille très-allongée, aciculaire, composée d'au moins 22 à 24 tours fort étroits, croissant très-lentement, convexes, séparés par une suture profonde, subcanaliculée, et occupés par 3 stries filiformes ou carènes saillantes, égales, équidistantes. Base du dernier tour uni et concave. Ouverture sub-quadrangulaire. Canal court, épais, presque droit. Columelle un peu renversée, épaissie à la base. Hauteur, environ 36 millim. ; diamètre du dernier tour, 4.

Observations. Cette espèce est, toutes proportions gardées, la plus étroite du genre. Le

C. perforatum, Lam., Desh. (*loc. cit.*, pl. LVIII, fig. 22-23) et le *C. inversum*, *id.*, *id.* (*ib.*, pl. LVI, fig. 15-20) étant moins cylindroïdes que celui-ci. Les caractères extérieurs de ces derniers les en éloignent d'ailleurs complétement. La base et le canal du *C. clavus*, Lam., Desh. (pl. LVIII, fig. 4-7) ressemblent beaucoup aux parties correspondantes du *C. Stracheyi*, qui se fait distinguer par l'égal espacement de ses 3 carènes filiformes. Dans le *C. sulcifer* Mellev. (*Ann. des sc. géol.*, vol. II, p. 105, pl. VII, fig. 14, 15), qui n'est pas sans analogie avec le nôtre, ces carènes sont traversées par des stries arquées déterminant un grillage très-régulier à la surface de la coquille.

Localité. Marnes noires de Subathoo. C.

CERITHIUM HOOKERI, nov. sp.

Pl. XXIX, fig. 6, *a*, *b*, 7, *a*, 8.

Coquille turriculée, composée de 11 ou 12 tours convexes, peu élevés, séparés par une suture profonde, ornés au milieu de deux stries filiformes ou carènes saillantes, égales, et d'une troisième qui borde la suture. La base du dernier tour, sub-concave et unie, est limitée par une quatrième strie. Ouverture petite, allongée. Canal court. Bord gauche concave ; columelle tordue, un peu épaissie à son extrémité. Hauteur, 20 millim. ; diamètre du dernier tour, 6.

Observations. Cette espèce diffère de la précédente par sa forme beaucoup moins allongée, par ses tours de moitié moins nombreux et croissant plus rapidement, et par deux carènes médianes au lieu de trois. Les fig. 7, *a* représentent un individu jeune et grossi ; la fig. 8 est un moule complet. Les Cérites du terrain tertiaire de l'Europe occidentale, qui affectent des formes voisines de celui-ci, sont couverts de stries granuleuses, et lorsque ces dernières sont simples (*C. perforatum*, Lam., Desh.) elles sont infiniment plus délicates et ne constituent pas une double carène médiane. Le *C. canaliculatum* Mellev. (*Ann. des sc. géol.*, vol. II, pl. VII, fig. 12, 13), des *lits coquilliers* du Soissonnais, a la forme et les dimensions du nôtre, mais ses tours sont concaves au milieu, présentent deux carènes au-dessus et au-dessous de la dépression, et des stries intermédiaires plus délicates.

Localité. Marnes noires de Subathoo. C.

Genre PLEUROTOMA.

PLEUROTOMA VOYSEYI, nov. sp.

Pl. XXIX, fig. 10.

PLEUROTOMA indét., d'Archiac, *Hist. des progrès de la Géol.*, vol. III, p. 294. 1850.

Coquille turriculée, allongée, pointue au sommet et à arêtes droites, composée de 8 ou 9 tours concaves vers le haut, fortement carénés au milieu et séparés par une suture peu apparente. Celle-ci est accompagnée d'un bourrelet décurrent sub-plissé ou offrant des tubercules peu prononcés. L'angle de la carène est crénelé par des tubercules réguliers, arrondis sur les premiers tours, anguleux et tranchants sur les derniers, puis se prolongeant en dessous par un pli qui disparaît avant d'atteindre la suture. Sur le dernier tour ce pli se bifurque au-dessous de chaque tubercule. Des stries d'accroissement fines et serrées, partant de la suture, se portent d'abord en arrière puis en avant vers la carène, indiquant ainsi que l'échancrure du bord droit correspondait à la partie supérieure concave des tours. Des stries filiformes transverses, très-délicates, s'observent en outre sur toute la spire et rendent granuleux les plis longitudinaux. La base du dernier tour est couverte de cordelettes granuleuses, coupées par les stries d'accroissement et plus prononcées vers le milieu que dans le voisinage de la carène et le long du canal. Celui-ci est droit et assez prolongé. Ouverture imparfaitement connue. Hauteur, environ 33 millim.; diamètre du dernier tour, 13.

Observations. Ce Pleurotome a quelque analogie avec le *P. rotata* (*Murex id.* Brocc., pl. IX, fig. 11), avec le *P. monile* [*id.* (pl. VIII, fig. 15). — Grател. *Conchyl. foss.*, etc., pl. II, fig. 10 et 9] des collines sub-apennines et des environs de Dax, puis avec une espèce encore inédite de l'argile de Barton, mais c'est surtout au *P. Tallavignesii* Alex. Rouault (*Mém. soc. géol. de France*, 2e sér., vol. III, pl. XVI, fig. 18) que le nôtre ressemble le plus. Il en diffère néanmoins par sa forme plus courte, sa spire croissant moins vite, par les stries granuleuses de la base, les tubercules de la carène plus saillants et plus nombreux, le bourrelet plissé et strié placé dessous et accompagnant la suture; enfin par l'espace concave qui représente le sinus et qui n'offre que des stries croisées, simples, très-fines, sans rangées de granulations comme dans l'espèce des couches nummulitiques de Bos d'Arros. Peut-être plus tard l'une de ces coquilles sera-t-elle regardée comme une simple variété de l'autre.

Localité. Calcaire grossier jaunâtre, de la chaîne d'Hala. R.

Genre TURBINELLA.

TURBINELLA AFFINIS J. de C. Sow.

Turbinellus affinis, J. de C. Sowerby, *Transact. geol. Soc. of London*, 2e sér., vol. V, pl. XXVI, fig. 22. 1840.

Les échantillons de cette coquille que nous avons du Sinde sont dans un trop mauvais état pour pouvoir servir à compléter la description de M. Sowerby. La figure qu'en donne ce savant est d'ailleurs fort exacte. Les individus que nous possédons ont jusqu'à 14 centim. de long sur 8 ou 9 de diamètre.

Localités. Calcaire grossier, gris jaunâtre, de la chaîne d'Hala. R. — Soomrow, Cutch.

Genre FASCIOLARIA.

FASCIOLARIA HEXAGONA, nov. sp.

Pl. XXIX, fig. 11, 12.

Fusus hexagonus, J. de C. Sowerby, *Transact. geol. Soc. of London*, 2e sér., vol. V, pl. XXVI, fig. 15. 1840.

M. Sowerby a rapporté avec doute cette coquille au genre Fuseau, soupçonnant qu'elle pourrait appartenir aux *Murex*, mais les trois plis transverses que porte la columelle et qui décroissent de grandeur de haut en bas (c'est le contraire dans le dessin) doivent la faire placer parmi les Fasciolaires. L'ouverture est encore imparfaitement connue; une large callosité garnit le bord gauche dans toute son étendue, depuis l'angle supérieur de l'ouverture jusque vers l'extrémité du canal.

Localités. Calcaire grossier jaune, dur, de la chaîne d'Hala. R. — Soomrow, Cutch.

Genre **FUSUS.**

FUSUS NODULOSUS, J. de C. Sow.

Fusus nodulosus, J. de C. Sowerby, *Transact. geol. Soc. of London*, vol. V, pl. xxvi, fig. 44. 1840.

Le seul échantillon que nous ayons de cette espèce étant identique avec la figure qu'a donnée M. Sowerby, sans être plus complet, il serait inutile de le dessiner de nouveau.

Localités. Calcaire jaune de la chaîne d'Hala. R.R. — Soomrow, Cutch.

FUSUS SUBREGULARIS, nov. sp.

Pl. XXIX, fig. 44, *a.*

Fusus, indét., d'Archiac, *Hist. des progrès de la Géol.*, vol. III, p. 293. 1850.

Coquille ovale allongée ou sub-piriforme, atténuée à ses extrémités, composée de 5 tours très-convexes, séparés par une suture enfoncée, bordée d'une rampe scalariforme. Les premiers tours portent des plis longitudinaux, larges, arrondis, qui tendent à s'effacer sur les suivants. Le dernier, égal aux deux tiers de la hauteur totale, est excavé à la base. Toute la surface est, en outre, couverte de stries transverses, filiformes, parfois un peu granuleuses, inégales et inégale-ment espacées. Ouverture très-allongée, oblique. Bord droit tranchant, fort arrondi à la jonction du tour précédent, un peu dilaté et flexueux dans sa partie moyenne. Bord gauche revêtu dans toute sa hauteur d'une mince callosité, et se prolongeant en ligne droite comme la columelle avec laquelle il se confond, en cachant en partie une fente ombilicale située en arrière du canal. Celui-ci est droit et assez ouvert à son extrémité, qui est un peu versante. Hauteur 25 millim.; diamètre du dernier tour 14.

Observations. La coquille dont cette espèce se rapproche le plus est le *F. (Murex) regularis,* J. Sow. (*Miner. conchol.*, pl. clxxxvii, fig. 2). Mais il suffit de comparer les dessins que nous donnons avec ceux du fossile de l'argile de Barton pour la distinguer de suite, et sans qu'il soit nécessaire d'insister à cet égard.

Localité. Calcaire jaunâtre, dur, de la chaîne d'Hala. R.R.

FUSUS? MIXTUS, nov. sp.

Pl. XXIX, fig. 45.

Coquille fusiforme, composée de 6 ou 7 tours convexes, séparés par une suture profonde, et ornés de huit gros plis longitudinaux, tuberculeux, traversés par des cordelettes décurrentes qui, à leur passage, déterminent des granulations allongées. Le dernier tour, à peu près égal au reste de la spire, se prolonge par un canal probablement un peu tordu et flexueux. Les plis qui se con-tinuent sur la base sont aussi traversés par de nombreuses cordelettes saillantes. Ouverture allon-gée. Bords imparfaitement connus. Hauteur 42 millim.; diamètre du dernier tour 21.

Observations. Ce fossile très-encroûté, fruste, et dont les bords de l'ouverture manquent, nous avait d'abord paru, malgré son *facies*, devoir être placé parmi les Buccins, et par suite de l'état du

seul échantillon que nous avons nous le plaçons ici provisoirement, sauf à accepter les rectifications qu'apportera dans son classement la connaissance d'individus plus complets.
Localité. Calcaire grossier, jaune, dur, de la chaîne d'Hala. R.R.

FUSUS? BUCKLANDI, d'Arch.

Pl. XXIX, fig. 13, *a*.

FUSUS BUCKLANDI, d'Archiac, *Hist. des progrès de la Géol.*, vol. III, p. 292. 1850.

Nous avons désigné sous ce nom une coquille dont l'ouverture et le canal manquent,
et qui est en outre assez déformée. Elle est particulièrement caractérisée par 8 plis sur chaque
tour. Très-saillants vers le milieu, ces plis sont comme pincés en haut contre la suture, qui
est profonde. Ils sont de plus traversés par des cordelettes inégales, très-relevées, déterminant à leur passage un relief très-prononcé, et s'étendant ensuite sur toute la base du dernier
tour.
Localité. Calcaire jaune, dur, de la chaîne d'Hala. R.R.

FUSUS? indét.

Pl. XXIX, fig. 16.

FUSUS, indét., d'Archiac, *Hist. des progrès de la Géol.*, vol. III, p. 293. 1850.

Fragment d'une grosse espèce très-courte qui se rapprocherait du *F. subcarinatus*, Lam., Desh.
(*loc. cit.*, pl. LXXVII, fig. 11, 12). Nous n'avons d'ailleurs aucune certitude qu'il appartienne au
genre Fuseau.
Localité. Avec le précédent. R.

FUSUS, indét.

Fragment d'une assez grande espèce voisine du *F. heptagonus*, Lam., Desh. (*loc. cit.*, vol. II,
p. 534, pl. LXXI, fig. 9, 10), mais trop mauvais pour être décrit et figuré.
Localité. Avec les précédents. R.R.

FUSUS MALCOLMSONI, nov. sp.

Pl. XXIX, fig. 17, 18.

Cette portion de moule est caractérisée par des tours convexes, bien détachés, séparés par une
suture profonde, et portant, vers leur partie supérieure, une carène fort obtuse, chargée de tubercules spiniformes, très-espacés. Ceux-ci se prolongent en dessous par un pli obsolète qui ne
tarde pas à s'effacer tout à fait. L'ouverture était grande et ovalaire. Le bord droit, largement arqué
en avant, était un peu concave vers le haut, et le bord gauche, concave dans presque toute son
étendue, se continuait par un canal sans doute peu allongé.

Var. *a minor* (fig. 18), moule qui diffère du précédent par ses dimensions moindres, ses tours moins convexes, moins détachés, le dernier moins dilaté, et par ses plis un peu plus prononcés.

Observations. Par sa suture profonde, ses tours obliques et bien détachés, cette espèce se rapproche des *F.* (*Murex*) *regularis*, *coniferus* et *Carinella*, J. Sow. (*Miner. conchol.*, pl. CLXXXVII), de l'argile de Londres, puis du *F. Mariæ*, Mellev. (*Ann. des sc. géol.*, vol. II, p. 113, pl. IX, fig. 7, 8), des sables du Beauvoisis et enfin du *F. syracusanus*, des couches de Superga, mais elle s'en distingue bien par ses autres caractères. Les *F. turritellatus*, *Fleuriausus*, *Espaillaci*, d'Orb., etc., de la craie, sont des formes peut-être encore plus voisines.

Localité. Marnes noires de Subathoo. C.

FUSUS MACCLELLANDI, nov. sp.

Pl. XXIX, fig. 20.

Coquille (moule) fusiforme, un peu turriculée, composée de 5 ou 6 tours, hauts, très-détachés, ou formant, à la partie supérieure, une sorte de rampe plate qui accompagne la suture. Ils sont garnis de plis larges, obliques, sub-tuberculeux à l'endroit de la carène, obsolètes vers le bas, et ne dépassant pas la base du dernier tour. Ouverture probablement assez grande et arrondie. Canal assez prolongé. Bord gauche concave.

Observations. Cette espèce, encore mal caractérisée à cause du mauvais état des échantillons, a quelque analogie avec le *F. maxillosus*, Bors., des couches de Superga.

Localité. Marnes noires de Subathoo. R.

FUSUS? OBSCURUS, nov. sp.

Pl. XXIX, fig. 19.

Coquille (moule) ovoïde ou globuleuse, composée de 5 tours convexes, le dernier formant à lui seul les deux tiers de la hauteur totale. Ils sont couverts de plis longitudinaux, obliques, égaux, un peu arqués, réguliers, très-rapprochés vers le haut de la spire, plus espacés ensuite, et s'atténuant avant d'atteindre la base. Chaque pli porte un tubercule mousse, un peu au-dessous de la suture, et leur ensemble simule une couronne simple. Ouverture grande, semi-lunaire. Base concave. Canal court, imparfaitement connu.

Observations. Ce fossile, dont le genre est encore douteux, diffère du *F. Malcolmsoni*, var. *a*, par sa forme beaucoup plus courte, ses tours plus convexes, moins hauts, et par ses plis obliques plus nombreux.

Localité. Marnes noires de Subathoo. R.R.

Genre **RANELLA.**

RANELLA MORRISI, nov. sp.

Pl. XXX, fig. 1, *a*. XXXI, fig. 3.

Coquille fusiforme, allongée, très-pointue, composée de 7 tours convexes, carénés au milieu, le dernier égal à la hauteur du reste de la spire. La carène porte des tubercules transverses, pincés et souvent divisés par un sillon. Des cordelettes filiformes, granuleuses ou échinulées, s'observent au-dessus et au-dessous jusqu'à la suture. Le dernier tour grand, déprimé ou concave, en dessus, porte des tubercules plus pointus, plus forts, et, jusqu'à sa base des cordelettes granuleuses, inégales. A l'opposé du bord droit, il est traversé par une varice étroite, squameuse, qui, sous forme de lame mince, remonte en ligne droite vers le sommet de la spire. Ouverture grande, ovalaire, anguleuse à ses extrémités. Bord droit dilaté, garni d'un bourrelet qui se continue aussi vers le haut par une crête mince, dentelée, peu élevée. Les trois cordelettes principales de la base viennent s'arc-bouter contre l'expansion renflée du bord droit. Bord gauche revêtu d'une large callosité qui, de l'angle supérieur de l'ouverture, s'étend jusqu'à la base du canal, et est garnie en dedans de plis courts, transverses ou obliques et irréguliers. Columelle tordue. Canal très-court, un peu recourbé en arrière et coupé obliquement. Hauteur 30 millim.; diamètre du dernier tour 19.

Observations. Cette coquille fort élégante, dont nous ne connaissons qu'un échantillon complet et un autre fruste et brisé (pl. XXXI, fig. 3), est facile à distinguer de ses congénères, et en particulier de la *R. bufo*, J. de C. Sow., qui appartient aux couches correspondantes de la province de Cutch; mais on doit reconnaître que sans les lames latérales et l'absence de varices intermédiaires on pourrait l'assimiler au *Triton bicinctum*, Desh. (pl. LXXX, fig. 33-35).

Localité. Calcaire grossier jaune de la chaîne d'Hala. R.

RANELLA VIPERINA, nov. sp.

Pl. XXX, fig. 2.

Plusieurs échantillons un peu déformés, encroûtés, et dont l'ouverture manque complétement, nous avaient d'abord paru devoir se rapprocher du *Triton viperinum*, Lam., Desh. (*loc. cit.*, pl. LXXX, fig. 16, 18); mais l'absence de varices irrégulièrement disposées sur les tours, et la constance, au contraire, de deux arêtes longitudinales opposées sur la spire, nous ont engagé à les placer parmi les Ranelles, en leur assignant un nom qui rappelle leur analogie avec une espèce d'un genre très-voisin. C'est donc une observation semblable à celle que nous a suggérée la *Ranella Morrisi*, par rapport au *Triton bicinctum*.

Localité. Avec la précédente. R.

GENRE MUREX.

MUREX LYELLI, nov. sp.

Pl. XXIX, fig. 24, *a*.

Coquille fusiforme, très-atténuée à ses extrémités, composée de 7 tours convexes, séparés par une suture profonde, le dernier formant à peu près la moitié de la hauteur totale. Ils sont couverts de plis longitudinaux, étroits, traversés par des stries filiformes qui déterminent de petits bourrelets à leur passage. Ces plis se continuent sur la base du dernier tour, en formant des lamelles étroites et un peu froncées. Ouverture imparfaitement connue. Canal droit, étroit. Bord gauche revêtu, dans toute son étendue, d'une callosité qui se prolonge jusqu'à l'extrémité du canal. Hauteur 14 millim.; diamètre du dernier tour 6.

Observations. Quoique cette petite espèce ait la forme générale d'un Fuseau et que son ouverture manque, le caractère de ses plis froncés, descendant sur la base jusqu'à l'extrémité du canal, nous l'a fait placer de préférence parmi les *Murex*.

Localité. Calcaire jaune marneux de la chaîne d'Hala. R.R.

MUREX TCHIHATCHEFFI, nov. sp.

Pl. XXIX, fig. 23.

MUREX, indét., d'Archiac, *Hist. des progrès de la Géol.*, vol. III, p. 294. 1850.

Coquille conique, courte, composée de 6 tours très-convexes, séparés par une suture profonde, sub-carénés, et présentant chacun 9 plis longitudinaux, étroits, tranchants, se correspondant du haut en bas, et relevés par un tubercule épineux à l'endroit de la carène. Toute la surface est couverte de stries filiformes, transverses, inégales, très-rapprochées, qui lui donnent un aspect rugueux. Les plis longitudinaux du dernier tour se prolongent sur sa base en s'atténuant. Ouverture et canal inconnus. Hauteur jusqu'à la naissance du canal 32 millim.; diamètre du dernier tour 24.

Observations. Ce *Murex* devait avoir un canal droit, étroit et assez long.

Localités. Dans un grès quartzeux, grisâtre, à grain fin, peu solide, de la chaîne d'Hala. R.R. — Nous devons à M. P. Michelot la connaissance d'un moule extrêmement voisin de cette espèce, qu'il avait recueilli dans le calcaire grossier de Vaugirard, près Paris.

MUREX? ROEMERI, nov. sp.

Pl. XXIX, fig. 24.

Nous avons fait aussi représenter ce fossile, mais sans préjuger sa détermination ultérieure. La spire est plus courte que dans le précédent, et les tours sont plus convexes; le dernier est presque égal au reste de la spire. On compte sur chaque tour 9 plis ou côtes qui ne se correspondent que sur les deux derniers. Canal très-court et fort étroit. Ouverture arrondie. Des stries filiformes, transverses, couvrent également toute la surface jusqu'à la base.

Si nous avions pu trouver à cette espèce les caractères d'un *Triton*, nous l'eussions sans doute rapprochée du *T. spinosum*, Alex. Rouault (*Mém. Soc. géol. de France*, 2ᵉ sér., vol. III, pl. XVIII, fig. 1); mais son état fruste nous laisse beaucoup d'incertitude à cet égard. Le *Triton pyraster*, Lam., Desh. (*loc. cit.*, pl. LXXX, fig. 36-38), offre encore une forme assez voisine de celle-ci; mais son dernier tour seul porte des plis longitudinaux arrondis.

Localité. Calcaire gris jaunâtre de la chaîne d'Hala. R.R.

MUREX? HALLI, nov. sp.

Pl. XXIX, fig. 22.

Enfin une dernière forme, voisine des deux précédentes et qui devra peut-être leur être réunie, est caractérisée par des dentelures mousses plus larges, au nombre de 9 aussi, et paraissant se correspondre obliquement. Des stries filiformes couvrent de même toute la coquille.

Ouverture inconnue; on peut seulement conjecturer que, comme dans le *M. Rœmeri*, le canal était étroit et fort court.

Localité. Calcaire grossier jaunâtre de la chaîne d'Hala. R.R.

GENRE TRITON.

TRITON DAVIDSONI, nov. sp.

Pl. XXX, fig. 3, *a, b*.

Coquille ovale, allongée, pointue à ses extrémités, composée de 6 tours convexes, séparés par une suture assez profonde, et couverts de plis longitudinaux, élevés, épais, égaux, traversés par deux ou trois cordelettes filiformes qui y déterminent des tubercules plus ou moins prononcés. Sur le dernier tour, les plis arqués, plus délicats, se continuent jusqu'à la callosité du bord gauche, et les granulations sont régulières, égales et équidistantes. Une varice opposée au bord droit s'étend de la suture à la base du canal. Ouverture ronde, se prolongeant inférieurement par un canal court, étroit et recourbé en arrière. Bord droit, muni d'une varice dilatée, fortement crénelée par le passage des cordelettes. Bord gauche revêtu d'une callosité, avec trois plis à sa base et un au sommet. Base de la columelle tordue. Hauteur, 14 millim.; diamètre du dernier tour, 9.

Observations. Cette espèce diffère du *T. reticulosum*, Lam., Desh. (pl. LXXX, fig. 30-32), dont elle se rapproche d'ailleurs plus que de toute autre, par sa taille plus petite, sa spire plus pointue, ses plis longitudinaux mieux détachés, plus étroits et plus espacés, surtout dans les premiers tours. Les granulations et les cordelettes filiformes sont aussi plus distinctes, plus saillantes, et les plis du bord gauche, moins nombreux, sont plus prononcés. Il n'y a qu'une varice à la moitié du dernier tour, et qui est constamment opposée au bord droit. Dans les espèces voisines, cette varice se trouve placée vers le premier tiers de ce même tour, et l'on en observe une autre sur chacun des précédents. Le *T. nodularium*, Lam. et sa variété de Bos d'Arros (*Mém. Soc. géol. de France*, 2e sér., vol. III, pl. XVIII, fig. 2-3) sont également différents du nôtre.

Localité. Calcaires jaunes de la chaîne d'Hala. C.

GENRE ROSTELLARIA.

ROSTELLARIA PRESTWICHI, nov. sp.

Pl. XXX, fig. 7, 8.

Coquille fusiforme, composée d'environ 8 tours, légèrement convexes, séparés par une suture simple et couverts de côtes longitudinales nombreuses, étroites, très-rapprochées, lisses comme les sillons qui les séparent. Quelques bourrelets s'observent çà et là. Les côtes s'atténuent vers la base du dernier tour, où elles sont traversées par des stries fines, régulières et équidistantes, jusqu'à la callosité du bord gauche. Les caractères de l'ouverture sont encore inconnus; mais on voit que ses bords remontaient le long de la spire, sous forme de lames soudées l'une à l'autre, et se recourbaient probablement en arrière, avant d'atteindre le sommet. Hauteur des plus grands individus, 26 millim. environ; diamètre du dernier tour, 9.

Var. *a minor* (fig. 8). Coquille plus petite, déprimée et proportionnément plus allongée, surtout à sa base.

Observations. Nous avons en quelque sorte reconstruit cette espèce avec les nombreux fragments que nous possédions, et les caractères qu'elle nous a montrés suffisent pour la regarder comme nouvelle. Elle diffère, en effet, du *R. fissurella*, Lam., si commun dans le calcaire grossier du bassin de la Seine, par ses tours plus hauts, plus aplatis, sa forme générale plus turriculée, ses plis beaucoup plus nombreux, plus serrés, plus droits, et les sillons qui les séparent plus étroits, plus profonds et toujours lisses. Les mêmes différences, jointes au système de stries transverses qui orne le *R. crassilabrum*, Desh. (*loc. cit.*, pl. LXXXIV, fig. 2-4), le *R. rimosa*, J. Sow. (*Miner. conchol.*, pl. XCI, fig. 4-6), et le *R. decussata*, Gratel. (*Conchil. foss.*, pl. XXXIII, fig. 3), ne permettent pas non plus de le confondre avec eux. Notre espèce est aussi parfaitement distincte du Rostellaire de la province de Cutch que M. J. de C. Sowerby rapporte au *R. rimosa* (*Transact. geol. Soc. of London*, 2ᵉ sér., vol. V, pl. XXVI, fig. 17), et qui offre en effet des stries comme la coquille de l'argile de Barton. Nous partageons d'ailleurs l'opinion de M. J. de C. Sowerby, contrairement à celle de M. Deshayes (*Coq. foss.*, vol. II, p. 622), et de M. Nyst (*loc. cit.*, p. 557), ces deux derniers auteurs réunissant les *R. fissurella* et *rimosa*. Ce serait seulement, suivant nous, le *R. lucida*, Sow., qui pourrait être regardé comme l'analogue de l'espèce des environs de Paris.

Localité. Calcaire jaune de la chaîne d'Hala. C.C.

ROSTELLARIA FUSOIDES, d'Arch.

Pl. XXX, fig. 4, *a*, 5.

ROSTELLARIA FUSOIDES, d'Archiac, *Hist. des progrès de la Géol.*, vol. III, p. 294. 1850.

Coquille exactement fusoïde, à arêtes curvilignes, et composée d'environ 7 tours, peu convexes, séparés par une suture simple, superficielle, le dernier étant égal aux deux tiers de la hauteur totale. Les trois premiers paraissent être lisses, et les suivants sont couverts de plis longitudinaux, simples, réguliers, étroits, nombreux, fort rapprochés et à peine arqués. Sur le dernier, ils se prolongent jusqu'au canal, et sont traversés, à partir de la moitié inférieure de la base, par des stries très-régulières et d'autant plus serrées qu'elles se rapprochent davantage de l'extrémité inférieure. Ouverture allongée, probablement fort étroite. Bord droit inconnu. Bord gauche largement concave. Hauteur présumée 22 millim.; diamètre du dernier tour, 7. Il y a des individus qui paraissent atteindre 35 millim. sur 9 ou 10.

Observations. Le test de cette coquille était excessivement mince, et sa forme générale la distingue bien de toutes celles du même genre. Nous n'avons aucun indice de la disposition de son bord droit, mais on peut présumer que sa jonction avec le gauche ne remontait pas au delà de l'avant-dernier tour.

Localité. Calcaire marneux jaune et brun jaunâtre de la chaîne d'Hala. R.

ROSTELLARIA COLUMBARIA? Lam.

Pl. XXX, fig. 12, *a*, 13.

Rostellaria columbaria, de Lamarck, *Ann. du Mus.*, vol. II, p. 220. — *Id.*, *Anim. sans vert.*, vol. VII, p. 193.

—   Id..... Deshayes, *Coq. foss. des envir. de Paris*, vol. II, p. 624, pl. LXXXIII, fig. 5-6. 1824.

La portion de moule du Sinde représentée (fig. 12, *a*) est tellement voisine de celui du véritable *R. columbaria*, du calcaire grossier de Paris, donné (fig. 13) pour faciliter la comparaison, qu'il est permis d'admettre provisoirement leur identité.

Localités. Calcaire gris, dur, avec Operculines de la chaîne d'Hala. R.R. — Égypte.

ROSTELLARIA ANGISTOMA, nov. sp.

Pl. XXX, fig. 14, 15.

Coquille fusiforme, composée de 13 ou 14 tours, aplatis, croissant lentement, couverts de plis peu élevés, nombreux, faiblement arqués et infléchis en haut, où ils sont légèrement granuleux et séparés de la suture par une strie et un cordon aussi granuleux. Leur largeur égale celle des intervalles qui les séparent. Une varice obtuse s'observe sur chaque tour sans y affecter une position symétrique et constante. Les plis s'atténuent, puis disparaissent sur les derniers tours où l'on n'observe plus que des stries d'accroissement flexueuses. Dans la plupart des individus le dernier tour et souvent une partie du précédent se contractent graduellement jusqu'à la base. L'ouverture rétrécie devait être peu haute, et les bords, en se rejoignant à sa partie supérieure, formaient un angle très-aigu. Une étroite callosité suit le bord gauche jusqu'à la base de la columelle, qui paraît s'être prolongée en se relevant un peu en arrière. Hauteur de la portion connue, 75 millim.; diamètre de l'avant-dernier tour, 23.

Observations. Cette espèce, dont il serait difficile de donner la forme du bord droit et la terminaison inférieure, est remarquable par le rétrécissement plus ou moins brusque du dernier et quelquefois de l'avant-dernier tour, ce qui donne à l'ouverture une position et une forme très-particulières. En outre, nos échantillons sont presque tous comprimés, et la différence des ornements sur les premiers et les derniers tours ferait aisément rapporter à des espèces distinctes des fragments séparés de ces deux parties. Le rétrécissement de la base est plus ou moins brusque et plus ou moins régulier, suivant les individus. Ainsi, la fig. 15 représente un individu moins fusiforme et dont le dernier tour diffère moins de l'avant-dernier que dans la plupart des autres.

Localité. Calcaire grossier, marneux, jaune, rempli de *Rotalia Newboldi*, de la chaîne d'Hala. C.C.

ROSTELLARIA JAMESONI, nov. sp.

Pl. XXX, fig. 6, *a*.

Coquille fusiforme, très-acuminée au sommet et renflée vers la base, composée de 8 tours, croissant lentement, peu convexes, séparés par une suture simple, et parfaitement lisses, à l'exception du dernier. Celui-ci, presque égal en hauteur au reste de la spire, est plus ventru que les autres à sa partie moyenne et assez brusquement atténué vers sa base. Il est orné de plis longitudinaux, filiformes, presque droits, entre lesquels il s'en insère un ou deux autres, à mesure qu'ils descendent vers la base. Ces derniers, plus fins encore, s'arrêtent à la partie lisse et sub-calleuse du bord gauche et sont traversés par des stries extrêmement délicates. L'ouverture très-allongée se terminait à ses extrémités par un angle fort aigu. Bord gauche un peu concave, revêtu d'une mince callosité lisse qui se continuait le long de la spire par une lame contiguë à celle du bord droit. Ces deux lames paraissent avoir été fort dilatées. Base du canal et du bord droit inconnue. Hauteur environ, 30 millim.; diamètre du dernier tour, 11.

Observations. Cette espèce bien caractérisée vient naturellement se placer près du *R. fusoides*. Mais il suffit de jeter un coup d'œil sur les figures pour saisir de suite les différences qui les séparent et sur lesquelles nous n'insisterons pas.

Localité. Calcaire gris à grains de quartz, avec *Nerita Schmideliana* de la Montagne de Sel, Pendjab. R.R.

ROSTELLARIA NOORPOORENSIS, nov. sp.

Pl. XXX, fig. 16.

Ce moule fusiforme, du calcaire gris jaunâtre, compacte, de Noorpoor (Pendjab), ressemble en petit au *R. columbaria*. Il y a cependant, dans la proportion de la spire, quelques différences qui nous engagent à l'en séparer quant à présent.

ROSTELLARIA? indét.

Pl. XXX, fig. 11 *a.*

Nous avons encore fait représenter un fragment de moule fort incomplet provenant de la même localité que le précédent et de la même couche, mais sur lequel nous devons nous abstenir de toute opinion arrêtée.

ROSTELLARIA RIMOSA J. Sow. var.?

Pl. XXX, fig. 9, *a.*

Rostellaria rimosa, J. Sowerby, *Miner. conchol.*, pl. xci, fig. 4-6.

Nous regardons avec doute, comme appartenant à une variété de la coquille de l'argile de Barton, plusieurs fragments de moules de Rostellaires dont les côtes longitudinales se distinguent par leur plus grand écartement.

Localité. Marnes noires de Subathoo. C.

ROSTELLARIA, indét.

Pl. XXX, fig. 11.

Fragment appartenant à une espèce probablement différente du *R. rimosa* (*suprà*). Elle est d'une taille moindre et plus fusoïde.

Localité. Marnes noires de Subathoo. R.R.

ROSTELLARIA, indét.

Pl. XXX, fig. 10.

Fragment d'une espèce plus allongée, plus étroite que les précédentes, et dont la spire s'enroule plus obliquement.

Localité. Ibid.

Genre STROMBUS.

STROMBUS DEPERDITUS, J. de C. Sow.

Pl. XXX, fig. 19.

Strombus deperditus, J. de C. Sowerby, *Transact. geol. Soc. of London*, 2ᵉ sér., vol. V, pl. xxvi, fig. 19. 1840.
—   Id...... d'Archiac, *Hist. des progrès de la Géol.*, vol. III, p. 295. 1850.

Les échantillons que nous avons sous les yeux sont dans le même état que ceux rapportés par M. Grant de la province de Cutch, et nous ne pouvons rien ajouter à ce que leur description et les figures laissent encore à désirer.

Localités. Calcaire dur, jaunâtre, de la chaîne d'Hala. C. — Soomrow, Cutch.

STROMBUS NODOSUS, J. de C. Sow.

Pl. XXX, fig. 18, 20, 21.

Strombus nodosus, J. de C. Sowerby, *Transact. geol. Soc. of London*, 2ᵉ sér., vol. V, pl. xxvi, fig. 20. 1840.

Nous ferons pour cette espèce la même observation que pour la précédente, et nous distinguerons en outre, à titre de variété (fig. 18), une coquille un peu plus allongée dont les stries transverses sont moins prononcées.

Localités. Avec la précédente. C. — Soomrow, Cutch.

STROMBUS FORTISI, Alex. Brong.?

Pl. XXX, fig. 17, a.

Strombus Fortisii, Alex. Brongniart, *Mém. sur les terr. calcar. trapp. du Vicentin*, pl. iv, fig. 7. 1823.
—   Id.... d'Archiac. *Hist. des progrès de la Géol.*, vol. III, p. 295. 1850.

Nous rapportons à l'espèce de Ronca un Strombe qui paraît en être, ou un individu jeune ou une variété *minor*. Malgré une grande ressemblance, l'expansion du bord droit manquant complétement dans notre échantillon, il pourrait naître encore quelque doute sur cette identité. On remarquera d'ailleurs que le sinus de la base de ce même bord droit est beaucoup plus profond dans la coquille de l'Inde que dans celle d'Europe.

Localité. Calcaire grossier, jaune, de la chaîne d'Hala. R.R.

Genre CASSIDARIA.

CASSIDARIA CARINATA, Lam.?

Pl. XXXI, fig. 1.

Cassidaria carinata, de Lamarck, *Ann. du Mus.*, vol. II, p. 169. — *Id. Anim. sans vert.*, vol. VII, p. 217.
Cassis,　　　Id.... J. Sowerby, *Miner. conchol.*, pl. vi, fig. 1-2.
Cassidaria,　　Id.... Deshayes, *Coq. foss, des env. de Paris*, vol. II, p. 633, pl. lxxxv, fig. 1, 2, 8, 9 et pl. lxxxvi, fig. 7. 1824-1837.

Nous avons fait représenter un fragment déformé qui paraît appartenir à l'une des variétés du calcaire grossier et de l'argile de Londres.

Localité. Calcaire jaune, tendre, avec Operculines, etc., de la chaîne d'Hala. R.R.

CASSIDARIA DESORI, nov. sp.

Pl. XXXI, fig. 2, *a*.

Nous représentons également un fossile peu complet, voisin d'une espèce des marnes sub-apennines que nous trouvons étiquetée sous le nom de *C. echinophora*, sans indication d'auteur. Il a la même forme générale, les mêmes dimensions, le même système de stries transverses, mais les tubercules de la carène et des trois autres rangées du dernier tour sont obsolètes. A cet égard la coquille de l'Inde se rapprocherait peut-être davantage du *Cassis striata*, Sow. (*Miner. conchol.*, pl. vi, fig. de droite; *Morio ambiguus*, Alc. d'Orb. *Prodrome*, vol. II, p. 370), de l'argile de Londres. Quant au *C. striata*, Alex. Brong. (*Mém. sur le Vicentin*, pl. iii, fig. 9; *Morio sub-striatus*, Alc. d'Orb. *Prodrome*, vol. II, p. 320) de Ronca, il est beaucoup plus élancé qu. les coquilles précédentes. Il faudrait évidemment des échantillons plus nombreux et plus complets pour prononcer sur ces diverses analogies.

Localité. Calcaire jaune à grain fin, de la chaîne d'Hala. R.R.

Genre CASSIS.

CASSIS SUBHARPÆFORMIS, nov. sp.

Pl. XXXI, fig. 6.

Nous désignerons ainsi plusieurs moules fort incomplets et déformés, voisins du *C. harpæformis*, Lam. Desh. (*loc. cit.*, pl. lxxxv, fig. 3-6), mais plus courts. Les plis paraissent se bifurquer sur le dernier tour, à partir d'une seconde rangée de tubercules fort obscurs, pour se continuer jusqu'au bord du canal. Cette seconde rangée a été omise dans le dessin, dont la forme générale est en outre plus globuleuse que celle de nos échantillons.

Localité. Calcaire blanc grisâtre, en partie spathique et rempli de rhizopodes, de la chaîne d'Hala. C.

CASSIS SUBLÆVIGASTER, nov. sp.

Pl. XXXI, fig. 4.

Ce moule, très-incomplet aussi, a quelque analogie avec le *C. lævigaster*, Bon. des marnes sub-apennines. La spire était plus élancée, le dernier tour moins haut, les autres plus détachés, la suture plus profonde et le bord droit assez profondément dentelé à l'intérieur.

Localité. Calcaire jaune, un peu sableux, de la chaîne d'Hala. R.R.

CASSIS PHILLIPSI, nov. sp.

Pl. XXXI, fig. 5, *a*.

Cassis, indét., d'Archiac, *Hist. des progrès de la Géol.*, vol. III, p. 295. 1850.

Ce moule assez fruste, sub-globuleux, composé de 6 tours convexes, le dernier arrondi et sans carène distincte, présente des plis déliés, nombreux, rapprochés, égaux et réguliers, s'étendant jusqu'au canal. L'ouverture était fort étroite. Par son aspect général la coquille devait ressembler au *Cassis saburon* Bast., des dépôts tertiaires moyens de l'Europe occidentale, mais elle était plus courte, plus arrondie et son bord gauche beaucoup moins excavé.

Localité. Calcaire grossier jaunâtre, sableux, assez solide de la chaîne d'Hala. R.R.

CASSIS? indét.

Pl. XXXI, fig. 7, 8.

Un fragment de moule qui paraît encore appartenir au même genre provient d'une espèce courte qui serait intermédiaire entre les deux précédentes. Sur le dernier tour on observe des plis longitudinaux fort déliés et réguliers, et le bord gauche montre de nombreuses rides transverses. Les restes d'un canal assez prolongé le rapprocheraient peut-être des Cassidaires.

Localité. Calcaire blanc grisâtre, en partie spathique, avec le *C. subharpæformis*. R.R.

Genre BUCCINUM.

BUCCINUM VICARYI, nov. sp.

Pl. XXXI, fig. 14, *a*, *b*.

Cancellaria Vicaryi, d'Archiac, *Hist. des progrès de la Géol.*, vol. III, p. 291. 1850.

Coquille ovale allongée, turriculée, composée de 6 tours, ornés, dans leurs parties moyenne et inférieure, de plis longitudinaux tuberculeux, puis aplatis en dessus où des plis obsolètes

réunissent le sommet de ces tubercules à la base des plis du tour précédent. Une rampe scalariforme et crénelée borde ainsi la suture. Toute la coquille est couverte de stries filiformes, transverses, très-rapprochées, alternativement plus grosses et plus délicates, et qui, en passant sur les
plis, y déterminent des tubercules allongés transversalement, quelquefois pointus, ou bien
squameux. Sur la base du dernier tour les plis longitudinaux s'arrêtent à une ride transverse,
granuleuse, à laquelle succèdent deux plis qui entourent l'extrémité tordue de la columelle. Les
intervalles qui les séparent sont occupés par des cordelettes également granuleuses. Ouverture
ovalaire, rétrécie à ses extrémités. Bords imparfaitement connus. Canal un peu recourbé, tronqué
en arrière. Hauteur, 22 millim. ; diamètre du dernier tour, 13.

Observations. La minceur du bord droit, l'absence de callosité au bord gauche, de dents ou
plis à l'intérieur le long de la columelle, ont dû nous faire placer parmi les Buccins cette coquille
qu'un seul échantillon fort incomplet nous avait d'abord fait rapprocher des Cancellaires. Elle
a en effet l'aspect de la *C. uniangulata*, Desh. var. *taurinia*, Bell. (*Mém. Acad. de Turin*,
2ᵉ sér., vol. III, p. 17, pl. II, fig. 15, 16).

Localité. Calcaire gris et calcaire jaune de la chaîne d'Hala. R.

BUCCINUM FALCONERI, nov. sp.

Pl. XXXI, fig. 10, *a*, 11.

BUCCINUM SERRATUM, Brocchi, d'Archiac, *Hist. des progrès de la Géol.*, vol. III, p. 296. 1850.

Coquille turriculée, composée de 6 tours convexes, séparés par une suture sub-canaliculée,
couverts de plis longitudinaux, étroits, arqués, égaux, se terminant à la partie supérieure
par deux tubercules géminés qui accompagnent la suture. Les intervalles des plis sont doubles
de la largeur de ceux-ci, concaves et occupés par des stries transverses, filiformes, très-délicates, très-régulières, croisées elles-mêmes par des stries d'accroissement plus délicates encore
et non moins régulières (fig. 10 *a*). Sur la base du dernier tour, 7 stries concentriques, plus
prononcées, plus espacées et continues, traversent les plis sur lesquels elles déterminent de
petites granulations, et se rapprochent de plus en plus jusqu'à ce qu'elles atteignent l'extrémité
de la columelle. Ouverture inconnue. Hauteur présumée, 22 millim. ; diamètre du dernier
tour, 10.

Var. *a*. Nous en séparons, à titre de variété, une coquille qui en diffère par sa spire plus
courte, quoique plus acuminée, et par ses plis plus larges et plus espacés.

Var. *b* (fig. 11). Celle-ci se distingue du type par les caractères inverses ; sa spire est plus
allongée, ses tours sont moins convexes et ses plis un peu flexueux sont plus délicats. Du reste,
les caractères de la base du dernier tour sont constants dans ces trois formes.

Observations. Cette espèce ressemble beaucoup au *B. serratum* Brocc., auquel nous l'avions
rapportée d'abord. Elle s'en distingue néanmoins par ses plis plus étroits et surtout en ce que
leur surface est lisse, car les stries des intervalles qui les séparent ne les traversent que vers le
haut de la spire ; partout ailleurs elles s'arrêtent sur leurs côtés. Il y a sans doute encore d'autres
différences que révélerait une connaissance plus complète de l'ouverture.

Localité. Calcaire grossier gris jaunâtre de la chaîne d'Hala. C.

BUCCINUM CAUTLEYI, nov. sp.

Pl. XXXI, fig. 12, *a*, 13.

BUCCINUM RETICULATUM, Brocchi, d'Archiac, *Hist. des progrès de la Géol.*, vol. III, p. 296. 1850.

Coquille fusiforme, renflée au milieu, atténuée à ses extrémités, composée de 8 tours légèrement convexes, séparés par une suture simple, ornés de plis flexueux, peu élevés, nombreux, pincés à leur sommet, le long de la suture, et s'atténuant vers la base. Des stries filiformes, transverses, égales et équidistantes s'observent entre les plis. Sur le dernier tour dont la hauteur égale celle du reste de la spire, on ne voit plus que des stries d'accroissement. Sur la partie concave de sa base règnent 7 ou 8 stries transverses et inégales, puis vient une crête tranchante, s'étendant du bord gauche à l'extrémité du canal, et à celle-ci succèdent 4 ou 5 autres stries dirigées de même jusqu'à la columelle. Bord gauche revêtu d'une épaisse et large callosité, depuis sa jonction avec le bord droit jusqu'à l'extrémité recourbée du canal. Bord opposé inconnu. Hauteur, 27 millim. ; diamètre du dernier tour, 13.

Var. *a* (fig. 13). Nous distinguons provisoirement comme variété une coquille beaucoup plus courte, moins pointue au sommet, et dont les plis flexueux sont très-prononcés jusqu'aux stries transverses de la base.

Observations. Nous avions d'abord rapproché ce Buccin du *B. reticulatum*, Brocc.; mais une comparaison plus attentive nous l'en a fait séparer, de même que du *B. turritum*, Bors. Dans notre espèce, le système des plis s'atténue des premiers tours aux derniers, et dans chacun d'eux ces plis sont plus prononcés au sommet qu'à la base; disposition doublement inverse de celle qu'on observe dans le *B. reticulatum*. Celui-ci est beaucoup plus épais que le nôtre; son canal est plus court, plus large, plus renflé. C'est aussi par son dernier tour et par la forme du canal que le *B. turritum* diffère essentiellement de la coquille du Sinde. Quant au *B. canaliculatum*, Sow. (*Miner. conchol.*, pl. CDXV, fig. 2), il est encore extrêmement voisin du nôtre. Son canal est cependant moins allongé, plus recourbé, et peut-être, lorsque le bord droit du *B. Cautleyi* sera connu, devra-t-on les réunir sous le même nom.

Localité. Calcaire gris jaunâtre de la chaîne d'Hala. R.

BUCCINUM FITTONI, nov. sp.

Pl. XXXI, fig. 16.

Coquille fusoïde, ventrue, composée de 4 tours légèrement convexes, séparés par une suture simple, couverts de tubercules pliciformes, flexueux et traversés par des stries capillaires très-rapprochées. Sur le dernier tour, qui fait les deux tiers de la hauteur totale, les tubercules et les plis sont moins prononcés, moins réguliers, et se confondent avec des stries d'accroissement grossières et inégales, aboutissant à la première carène transversale de la base. Celle-ci, précédée d'une dépression, aboutit à l'un des bords de l'extrémité du canal recourbé, et une seconde plus épaisse, presque parallèle, limite le bord opposé. Le bord gauche de l'ouverture est garni d'une callosité qui, de la jonction du bord droit, suit en se contournant le canal de la base. Le reste de l'ouverture est imparfaitement connu. Hauteur, 19 millim.; diamètre du dernier tour, 10.

Observations. Un seul individu déformé de cette coquille ne nous permet pas d'en donner les caractères très-complets; mais, telle qu'elle est, on ne peut la confondre avec les espèces précédentes. Peut-être pourra-t-on la réunir plus tard au *B. desertum*, Sow. (*Miner. conchol.*, pl. CDXV, fig. 1), de l'argile de Barton, auquel elle ressemble beaucoup?

Localité. Chaîne d'Hala. R.R.

BUCCINUM JELALPOORENSE, nov. sp.

Pl. XXXI, fig. 15.

Coquille oviforme, courte, obtuse au sommet, composée de 5 tours, légèrement convexes, séparés par une suture simple, le dernier très-haut et arrondi à sa base. Ouverture petite, anguleuse au sommet. Bord droit mince, imparfaitement connu; bord gauche revêtu d'une callosité peu épaisse qui se prolonge en accompagnant la columelle. Celle-ci, légèrement tordue, forme une pointe assez avancée contre laquelle devait s'appuyer un canal court, un peu recourbé, tronqué obliquement en dessous. Hauteur, 32 millim.; diamètre du dernier tour, 23.

Observations. Ce Buccin, dont la surface paraît avoir été dépourvue d'ornement, rappelle un peu la variété globuleuse du *B. mutabile*, Brocc. (pl. IV, fig. 18); mais il est beaucoup plus ovoïde, ses contours sont plus arrondis, l'ouverture est plus étroite, les plis de la base paraissent être nuls, et le sommet de la spire est aussi fort différent.

Localité. Calcaire gris, spathique des environs de Jelalpoor, Pendjab. R.R.

BUCCINUM,? indét.

Pl. XXXI, fig. 9.

Fragment d'une espèce dont les tours étaient couverts de stries transverses et longitudinales déterminant à leur croisement de petites granulations égales et équidistantes. Le genre auquel ce corps doit être rapporté est d'ailleurs très-douteux.

Localité. Marnes noires de Subathoo. R.R.

Genre TEREBRA.

TEREBRA CONTORTA, nov. sp.

Pl. XXXI, fig. 18, et XXXIII, fig. 10.

Coquille turriculée, à arêtes légèrement curvilignes, composée de tours presque plats, assez élevés, unis, séparés par une suture simple et bordés en haut par une strie continue. Dernier tour plus ou moins rétréci, quelquefois étranglé à son origine et rejeté en dehors de l'axe de la spire (pl. XXXIII, fig. 10). Ouverture petite, ovale, allongée. Bord droit légèrement flexueux; bord gauche simple, renflé vers son extrémité en un bourrelet assez prononcé qui entoure l'échancrure peu profonde de la base. Hauteur présumée, 70 millim.; diamètre de l'avant-dernier tour, 7.

Var. *a?* Coquille (moule) plus courte, plus régulière, et dont le dernier tour est moins rétréci. Les autres portent des plis longitudinaux assez régulièrement disposés.

Observations. Cette espèce est caractérisée par sa surface unie, mais surtout par le rétrécis-

41

sement du dernier tour, souvent tordu et comme étranglé à son sommet, ce qui rétrécit également l'ouverture et la rend irrégulière. Il est douteux que les moules que nous désignons comme une variété de cette Vis lui appartiennent réellement. Leur genre est même assez incertain à cause de l'absence de l'ouverture, et leur forme générale rappelle aussi bien le *Cerithium nudum* que la *Melania lactea* ou *stygii* (*antè*).

Localités. Calcaire gris jaunâtre de la chaîne d'Hala. R. Var. *a*, *ib*. et calcaire jaunâtre, sableux avec *Nummulites miscella*. — Calcaire gris compacte, à grain fin, ou spathique du Pendjab. R.R.

TEREBRA FLEMINGI, nov. sp.

Pl. XXXI, fig. 17.

Coquille subulée, rétrécie à la base, à arêtes latérales sub-concaves, composée d'environ 16 tours plats dont les 7 ou 8 premiers, couverts de plis longitudinaux, égaux, réguliers et très-rapprochés, s'étendent sans interruption d'une suture à l'autre. Les suivants, lisses, ou présentant seulement vers leur sommet une strie simple qui accompagne la suture. Dernier tour rétréci jusqu'à sa naissance. Ouverture imparfaitement connue. Bord gauche muni vers le bas d'un petit bourrelet arrondi, aboutissant à la troncature de la base à laquelle succède le bord droit, mince et peu dilaté. Hauteur, 65 millim.; diamètre de l'avant-dernier tour, 19.

Observations. Cette coquille, voisine de la *T. plicaria* Bast. (pl. 3, fig. 4 ; Gratel., pl. **xxxv**, fig. 21, 22), des faluns de Bordeaux, etc., en diffère surtout par la continuité des plis d'une suture à l'autre, par la forme rétrécie du dernier tour, par le bourrelet simple et peu prononcé du bord gauche, par la petitesse de l'échancrure de la base et par l'absence de pli ou de carène autour de cette dernière.

Par certains caractères de leur spire et de leur dernier tour, les deux Vis que nous venons de décrire, ont, lorsqu'elles sont privées de l'ouverture, une certaine ressemblance avec des individus mutilés du *Rostellaria angistoma* (*antè*), mais on distinguera toujours ceux-ci par leur forme plus ou moins déprimée latéralement dans le sens de l'axe, par les bourrelets ou varices qui interrompent sur chaque tour la série régulière des plis longitudinaux et par la double strie qui accompagne la suture.

Localité. Calcaire gris, à grains fins, en partie spathique, de la Montagne de Sel (Pendjab). R.R.

Genre **VOLUTA.**

Les Volutes ont été réparties par de Lamarck (1) dans quatre sous-genres, ou, comme il les appelait, dans quatre *petites familles*, et dans la troisième (*c*) étaient réunies les coquilles ovales, sub-tuberculeuses (les musicales, *musicales*), comprenant les espèces qui, indépendamment d'une forme générale turbinée, offrent toujours un plus grand nombre de plis columellaires que les autres. Jusqu'à présent ces Volutes s'étaient peu montrées à l'état fossile, aussi est-il remarquable d'en trouver, parmi celles du groupe nummulitique de l'Inde, près de la moitié qui présentent ce caractère. Si l'on considère que ces plis, quel que soit leur nombre, s'étendent sur toute la hauteur de la columelle, qu'ils sont transverses, très-réguliers, presque également espacés, nettement séparés et semblables à des cordelettes appliquées sur le bord gauche, toujours droit et non concave vers son milieu, que la surface des tours, dans les espèces dont nous connaissons le test, est presque entièrement dépourvue de côtes longitudinales et qu'il en

1. *Anim. sans vertèbres*, vol. VII, p. 338. 1822.

était probablement de même dans celles dont nous ne possédons que les moules, on en conclura que la réunion en un sous-genre de ces espèces conoïdes et à plis nombreux est suffisamment justifiée. Peut-être le nom de *Volutæ multidentatæ* exprimerait-il mieux leur caractère essentiel que celui de *musicales*. Cinq ou six de nos espèces viennent s'y rattacher ; ce sont les *V. dentata, multidentata, Haimei, Sismondai, Humberti* et *salsensis.*

VOLUTA JUGOSA J. de C. Sow.? var.

Pl. XXXI, fig. 19; 20, 21 *a.*

Voluta jugosa, J. de C. Sowerby, *Transact. geol. Soc. of London,* 2º sér., vol. V, pl. xxvi, fig. 25. 1850.
— Id., d'Archiac, *Hist. des progrès de la Géol.,* vol. III, p. 298. 1850.

Var. *a* (fig. 19, 20). Nous hésitons à rapporter cette coquille à celle de la province de Cutch, décrite par M. Sowerby, d'abord parce que la nôtre offre, sur le bord gauche, 8 plis obliques très-réguliers, tandis que le texte et le dessin donnés par l'auteur anglais n'en indiquent que 3, ensuite parce que la figure précitée représente, d'une manière frappante, la *V. turgidula,* Desh. (*loc. cit.,* pl. xc, fig. 9, 10), du calcaire grossier de Paris, laquelle semble être elle-même la *V. costata* Sow. (*Miner. conchol.,* pl. cclxx) de l'argile de Barton. Les plis longitudinaux de notre variété seraient plus étroits, plus égaux et plus réguliers que ceux de la Volute de Cutch.

Var. *b* (fig. 21, *a*). Nous distinguons, comme constituant une seconde variété, une coquille plus étroite, et dont la spire est plus élancée que dans la précédente. Les plis de la columelle, autant qu'on en peut juger d'après les échantillons assez frustes, étaient moins nombreux et plus épais.— Cette forme de Volute est représentée de nos jours par la *V. mitræformis,* Lam., qui vit dans la mer des Indes.

Localités. Calcaire jaune, sableux, dur, avec *Operculina Hardiei* de la chaîne d'Hala. C. — Cutch.

VOLUTA EDWARDSI, d'Arch.

Pl. XXXI, fig. 22, 23, 24.

Voluta Edwardsi, d'Archiac, *Hist. des progrès de la Géol.,* vol. III, p. 298. 1850.

Coquille fusiforme composée de 7 tours convexes, séparés par une suture profondément canaliculée, ornés de plis longitudinaux épais (12 sur l'avant-dernier tour), obliques d'arrière en avant, arrondis, pointus au sommet, et formant, par leur réunion, une couronne dentelée qui accompagne la suture. Sur le dernier tour ils deviennent flexueux et se dirigent vers la base où ils sont traversés par des cordelettes granuleuses très-prononcées. Ouverture imparfaitement connue. Bord gauche revêtu d'une callosité et portant des rides ou plis transverses presque dans toute son étendue. Hauteur, 42 millim. ; diamètre du dernier tour, 18.

Var. *a* (fig. 23, 24). Coquille plus allongée que la précédente et portant des côtes plus épaisses. Le bord gauche offre des rides très-prononcées de haut en bas, et 2 ou 3 plis obtus se montrent vers l'extrémité de la columelle.

Observations. La *V. Edwardsi* est certainement très-voisine de la précédente, mais la grosseur et le nombre des plis (12 au lieu de 18), l'épaisseur de son test, sa forme plus obtuse et la disposition des plis columellaires peuvent aider à l'en distinguer. Les variétés étroites et allongées que nous avons établies dans ces deux [espèces sont différenciées de chaque type par les mêmes caractères.

Localité. Calcaire jaunâtre, dur, sableux, de la chaîne d'Hala. C.

VOLUTA DENTATA, J. de C. Sow., var.

Pl. XXXII, fig. 2, *a*, et XXXIII, fig. 11.

VOLUTA DENTATA, J. de C. Sowerby, *Transact. geol. Soc. of London*, 2e sér., vol. V, pl. XXVI, fig. 26. 1840.
—   Id... d'Archiac, *Hist. des progrès de la Géol.*, vol. III, p. 297. 1850.

Les échantillons que nous connaissons de cette espèce sont tous beaucoup plus petits que celui qu'a représenté M. Sowerby ; leur bord droit manque, et par suite l'identité nous semble douteuse. En outre, l'auteur anglais ne mentionne pas de plis à la columelle, sans doute parce qu'il n'a pu dégager cette partie de l'ouverture, tandis que dans nos échantillons, dont le bord droit a été brisé assez loin (pl. XXXIII, fig. 11), on remarque, sur le côté opposé, 5 plis, dont 3 supérieurs assez rapprochés et 2 au-dessous plus prononcés, séparés par des gouttières larges et profondes. Toute la surface du dernier tour est régulièrement sillonnée par des stries transverses, plus espacées au milieu qu'en haut et en bas. Les tubercules qui couronnent la carène sont aussi plus pointus. Ces diverses considérations nous font regarder, quant à présent, la coquille du Sinde comme une variété de celle de Cutch.

Localités. Calcaire jaune de la chaîne d'Hala. C. — Cutch.

VOLUTA SYKESI, nov. sp.

Pl. XXXII, fig. 3, *a*.

Coquille régulièrement fusiforme, composée de 6 tours convexes, séparés par une suture crénelée, couverts de plis longitudinaux droits, le dernier égal à deux fois et demi le reste de la spire. A la partie supérieure règne une rampe continue bordée en dessous par une rangée d'épines, prolongement de ces plis, et en dessus par des granulations correspondantes accompagnant la suture. Sur le dernier tour les plis ne sont pas plus prononcés que sur les autres, mais ils sont traversés par des cordelettes nombreuses et inégales jusqu'aux bords du canal où elles deviennent plus obliques. Ouverture et bords inconnus. Hauteur, environ 15 millim.; diamètre du dernier tour, 6 1/2.

Observations. On pourrait au premier abord prendre cette Volute pour l'état jeune de la *V. dentata;* mais si l'on considère que, malgré sa petite taille, elle présente déjà 6 tours et que son cône en spirale est beaucoup plus allongé que celui de sa congénère, à diamètre égal, on reconnaîtra qu'elle a tous les caractères d'une coquille adulte et par conséquent tout à fait différente de la précédente.

Localité. Calcaire jaune de la chaîne d'Hala. R.R.

VOLUTA CYTHARA, Lam.

Pl. XXXII, fig. 4, 5.

VOLUTA CYTHARA , de Lamarck, *Anim. sans vert.*, vol. VII, p. 346. 1822.
—   Id.... Deshayes, *Coq. foss. des env. de Paris*, vol. II, p. 681, pl. xc, fig. 11, 12. 1824-37.
—   Id.... d'Archiac, *Hist. des progrès de la Géol.*, vol. III, p. 297. 1850.

En donnant ici les figures de deux moules déformés et d'âges différents d'une coquille qui serait l'analogue de celle du calcaire grossier de Paris, nous ferons remarquer que dans la fig. 4, supposée avoir un tour de plus que la fig. 5, les plis des tours supérieurs n'ont pas été rendus de manière à représenter exactement ceux des tours correspondants de la fig. 5.

Localité. Calcaire jaune avec Operculines et Nummulites de la chaîne d'Hala. R.

VOLUTA HAIMEI, d'Arch.

Pl. XXXI, fig. 26, *a*, 27, *a*.

VOLUTA HAIMEI, d'Archiac, *Hist. des progrès de la Géol.*, vol. III, p. 298. 1850.

Coquille piriforme ou conoïde, épaisse, obtuse au sommet, composée de 5 tours, les premiers à peine distincts, le dernier très-grand et enveloppant presque tous les autres. Suture peu apparente. Sur l'avant-dernier tour se développe près de celle-ci une rangée de tubercules spiniformes qui ne tarde pas à s'en éloigner pour couronner l'angle supérieur du tour suivant. Ces tubercules, d'autant plus prononcés qu'ils s'approchent du bord, surmontent des plis droits, larges, qui s'atténuent puis disparaissent avant d'atteindre le milieu de la base. Toute la surface est comme gaufrée par des stries filiformes, flexueuses, très-délicates et très-serrées, croisées, sur le dernier tour, par des stries d'accroissement sensiblement droites. Ouverture inconnue, bord gauche garni de 8 plis très-réguliers, un peu imbriqués, exactement transverses en haut, plus obliques, plus épais et plus espacés à mesure qu'ils s'approchent de la base.

Observations. Cette espèce, qui rappelle un peu la *V. affinis*, Alex. Brong. (*Mém. sur le Vicentin*, pl. III, fig. 6), et mieux la *V. ficulina*, Lam., Gratel. (*Conchil. foss.*, pl. XXXVIII, fig. 4-6), est remarquable par la forme de son sommet obtus, par le petit nombre de ses tours, qui laissent à peine distinguer la suture, par ses tubercules épineux, rares sur le dernier tour, par la forme très-simple du labre qui devait être tout à fait droit, à en juger par les stries d'accroissement, par le nombre, la symétrie et la saillie des plis columellaires, par l'étroitesse de son ouverture, enfin par l'épaisseur tout exceptionnelle de son test relativement à sa petite taille. Les plis ne se montrent si développés dans la fig. 26 que parce que le bord droit a été enlevé sur plus des deux tiers du dernier tour. Les fig. 27, *a*, représentent l'état très-jeune de cette espèce. On y reconnaît tous les rudiments des caractères de l'état adulte, tels que les tubercules naissant à l'angle supérieur du tour, les 8 plis columellaires, les stries transverses, etc.

Localité. Calcaire jaune marneux de la chaîne d'Hala. R.R.

VOLUTA SISMONDAI, d'Arch.

Pl. XXXI, fig. 25, *a.*

Voluta Sismondai, d'Archiac, *Hist. des progrès de la Géol.*, vol. III, p. 298. 1850.

Coquille piriforme ou sub-fusiforme, très-obtuse et irrégulière au sommet, composée de 3 ou 4 tours. Le dernier, qui constitue à lui seul presque toute la coquille, est un peu excavé à sa partie supérieure. Sa carène, peu prononcée, porte des tubercules peu saillants, obliques, sans plis ni côtes. Toute la surface est couverte de stries transverses capillaires, très-serrées et ondulées, coupées par des stries d'accroissement qui, partant de la suture, se dirigent d'abord en arrière jusqu'à l'angle de la carène, s'infléchissent ensuite en avant, au-dessous de celle-ci, et se dirigent vers la base en décrivant une large courbe convexe. Bords et ouverture inconnus. Le dernier tour, brisé jusqu'au tiers environ, laisse voir sur le bord columellaire 6 ou 7 plis obliques dont les 4 du milieu sont égaux et plus saillants que les autres.

Observations. Par la singulière irrégularité du sommet de sa spire, qui n'est peut-être qu'un accident individuel, par sa taille, par son système de stries capillaires ondulées, on pourrait croire que cette Volute n'est qu'une modification de la précédente, mais les tubercules qui bordent la carène sont entièrement différents, et le bord droit ne devait pas l'être moins, puisque, n'offrant aucune sinuosité dans la *V. Haimei,* il était dans celle-ci fortement échancré au-dessus de la carène et se dilatait ensuite en forme d'aile arrondie. Le nombre et la disposition des plis du bord gauche différaient également, enfin le test était beaucoup moins épais, de sorte que n'ayant sous les yeux qu'un échantillon même incomplet, et indépendamment de l'irrégularité du sommet de la spire, l'ensemble de ses caractères permet de regarder la *V. Sismondai* comme constituant une espèce parfaitement distincte de toutes ses congénères.

Localité. Avec la précédente. R. R.

VOLUTA MULTIDENTATA, nov. sp.

Pl. XXXII, fig. 1, *a.*

Acteonella? multidentata, d'Archiac, *Hist. des progrès de la Géol.* vol. III, p. 283. 1850.

Les moules que nous désignons sous ce nom ont une forme conoïde ou ovalaire allongée. Ils montrent une spire très-courte, composée de 6 ou 7 tours enveloppants. Le dernier, constituant presque à lui seul toute la coquille, portait sur le bord gauche une série de 13 plis réguliers, très-prononcés, égaux, équidistants, d'autant plus obliques qu'ils se rapprochent davantage de la base, où ils affectent une disposition en éventail. Le bord droit devait s'avancer bien au delà du gauche, et le canal prolongé était droit et coupé obliquement. Ouverture fort étroite et très-haute.

Observations. La forme générale de la coquille devait être plutôt celle d'une Olive que d'une Volute, et malgré quelques caractères qui la font ressembler aussi à certaines Actéonelles dont nous l'avions rapprochée d'abord, et d'autres qui la placeraient près des Volvaires et des Marginelles, il est certain qu'elle n'appartenait à aucun de ces genres. Nous venons de voir en effet que déjà la *V. Haimei* présentait une série de plis columellaires comparable à celle de nos moules. Dans celui qui a été figuré la série se voit complétement, mais dans deux autres les plis sont moins prononcés.

Localité. Calcaire blanc jaunâtre, compacte ou sub-cristallin, avec Alvéolines et *Nummulites Ramondi*, de la chaîne d'Hala. C.

VOLUTA HUMBERTI, nov. sp.

Pl. XXXIV, fig. 9.

Ce moule conique, mamelonné au sommet, composé seulement de 4 tours, est surtout caractérisé par l'indication de plis columellaires nombreux (15 ou 16), sub-égaux, sub-équidistants, qui garnissaient le bord dans toute sa hauteur et qui se trouvent représentés par une sorte de feston presque régulier. On ne retrouve d'ailleurs aucune trace de l'ornementation extérieure du test, ce moule ne traduisant que la forme de la cavité interne de la coquille toujours fort unie.

Localité. Calcaire compacte, blanchâtre, avec *Nummulites Guettardi*, *Leymeriei* et Alvéolines, de la chaîne d'Hala. R.R.

VOLUTA, indét.

Pl. XXXII, fig. 6.

VOLUTA, indét., d'Archiac, *Hist. des progrès de la Géol.*, vol. III, p. 298. 1850.

Nous ne pouvons dire que peu de mots d'un fragment qui se rapproche beaucoup par sa forme de la *V. ambigua*, Sow. (*Miner. conchòl.*, pl. CCCXCIX, fig. 1 ; *non V. id.*, Lam., Desh. Voyez *Hist. des progrès de la Géol.*, vol. III, p. 297), mais qui est plus court dans toutes ses parties. Les plis longitudinaux se terminent par une rangée de granulations le long de la suture, et ils en forment une autre plus prononcée, épineuse, à l'angle supérieur des tours. Ils se continuent sur la base jusqu'au bord gauche, traversés par des stries très-régulières, sub-imbriquées, comme dans la *V. ambigua*, Desh., des sables du Soissonnais, tandis que dans la *V. ambigua* de l'argile de Barton, elles sont au contraire peu prononcées.

Localité. Calcaire jaune, dur, de la chaîne d'Hala. R.R.

VOLUTA SIHESURENSIS, nov. sp.

Pl. XXXII, fig. 7, et XXXIII, fig. 12.

Coquille ovale allongée, composée de 6 tours très-convexes, séparés par une suture bien marquée, couverts de plis très-saillants, arrondis, un peu arqués, et qui vers le sommet, surtout dans la seconde moitié du dernier tour, deviennent brusquement plus larges, plus renflés, plus espacés et tuberculeux. Ces plis s'atténuent en se prolongeant vers la base, où ils disparaissent complétement avant d'atteindre la callosité du bord gauche. Sur cette même partie du dernier tour, naissent, contre la suture, des plis secondaires, peu prononcés, placés entre les premiers, mais s'évanouissant bien avant eux. Ouverture très-allongée. Bord droit mince, imparfaitement connu. Bord gauche revêtu d'une callosité très-peu épaisse remontant jusqu'à l'angle supérieur, et chargée vers le bas de 5 ou 6 plis obliques, faibles et presque égaux. Hauteur, 33 millim.; diamètre du dernier tour, 21.

Observations. La seule espèce avec laquelle celle-ci nous semble avoir quelque rapport est la *V. muricina*, Lam., var. *a* Desh. (pl. xciii, fig. 3, 4), qui est d'ailleurs beaucoup plus élancée, plus pointue au sommet, dont les côtes sont plus tranchantes, plus prolongées sur le dernier tour, qui est plus anguleuse dans sa forme générale et dont la taille est plus grande.

Localité. Calcaire gris à grain fin de la Montagne de Sel, Pendjab. R.R.

VOLUTA TEELAENSIS, nov. sp.

Pl. XXXI, fig. 28.

Nous ne connaissons de cette espèce qu'une portion du dernier tour, qui montre des plis longitudinaux arrondis, égaux, équidistants, se prolongeant sur la base en s'aplatissant et s'élargissant pour disparaître ensuite tout à fait avant d'atteindre le bord gauche. Entre ces plis principaux, on en observe deux ou trois plus petits, partant également de la suture, mais pour se terminer à l'endroit où les précédents s'élargissent et tendent à se réunir. Une strie transverse profonde, passant sur ces divers plis au sommet du tour, en détache, le long de la suture, un tubercule de la grosseur du pli auquel il correspond. Sur le reste de la base d'autres stries transverses passent aussi sur les plis, mais trop faibles pour y déterminer des granulations.

Localité. Avec la précédente. R.R.

VOLUTA SALSENSIS, nov. sp.

Pl. XXXIV, fig. 10, 11.

Nous désignons sous ce nom le moule d'une Volute conoïde qui, par sa forme générale, devait être assez voisine de la *V. Humberti*. La spire était peu élevée, et le dernier tour très-prolongé. Cette espèce atteignait de grandes dimensions. La cavité occupée par l'animal était assez large et le test fort épais. La columelle portait des plis transverses, parallèles au bord supérieur, égaux, équidistants, presque linéaires et très-espacés. On peut présumer que sur un individu adulte leur nombre ne dépassait pas 10. — Ces moules résultent d'une double opération; la première qui a rempli l'espace vide laissé par la disparition de l'animal, la seconde qui a remplacé le test calcaire après sa dissolution. Les deux substances calcaires qui ont opéré ces moulages successifs sont de teintes différentes et parfaitement séparées.

Localité. Calcaire gris, compacte, à cassure finement esquilleuse, situé au-dessus des couches de charbon de la Montagne de Sel (Pendjab). C.

Genre **OVULA.**

De grandes espèces de ce genre caractérisent les couches nummulitiques dans le bassin de la Seine, sur quelques points des Alpes, en Crimée, dans l'Asie Mineure, comme dans la province de Cutch, le Béloutchistan et le Sinde. Nous avons déjà dit (*Hist. des progrès de la Géol.*, vol. III, p. 299) les différences que certaines d'entre elles, ou plutôt leurs moules, présentaient sur ces divers points, mais ces différences suffisent-elles pour constituer des espèces ? C'est ce qui ne nous semble pas encore prouvé. Nous avons dû néanmoins assigner des noms à des formes plus ou moins distinctes, qui ne s'éloignent pas beaucoup d'un certain type fondamental. Si l'on vient à en découvrir le test avec ses caractères extérieurs, seulement alors il sera permis de prononcer sur la valeur de nos distinctions. Nous avons réuni aux Ovules les moules dont la spire était toujours plus ou moins apparente ou non complétement enveloppée par le dernier tour, et dont le bord gauche n'était ni plissé ni denté. Dans aucun d'eux l'empreinte du bord droit ne nous a offert de dentelures.

OVULA DEPRESSA, d'Arch., var.

Pl. XXXIII, fig. 1, 2.

Cypræa depressa, J. de C. Sowerby, *Transact. geol. Soc. of London*, 2ᵉ sér., vol. V, pl. xxiv, fig. 12. 1840.
Ovula   Id.... d'Archiac, *Hist. des progrès de la Géol.*, vol. III, p. 299. 1850.

On ne voit pas pourquoi M. Sowerby, qui plaçait à tort, suivant nous, ce fossile parmi les Cyprées, lui a imposé le nom de *depressa*, puisque ce moule très-renflé est sub-cylindroïde. Nous avons fait représenter de grandeur naturelle un moule du Sinde qui, par sa forme plus courte ou plus globuleuse, nous semble constituer une simple variété. Nous avons fait dessiner aussi (fig. 2) un individu jeune qui montre combien la forme de cette coquille était constante à ses divers degrés de développement.

Localités. Calcaire blanc jaunâtre, marneux, avec Alvéolines, de la chaîne d'Hala. R. — Province de Cutch, Béloutchistan. — Zafranboli (Asie-Mineure).

OVULA MURCHISONI, d'Arch.

Pl. XXXIII, fig. 4, a.

Ovula Murchisoni, d'Archiac, *Hist. des progrès de la Géol.*, vol. III, p. 299. 1850.

Coquille (moule) ovoïde, composée de 7 tours, le dernier enveloppant tous les autres et ne laissant apercevoir que le haut de la spire déprimée ou fort obtuse. Ce tour, régulièrement arrond à sa partie supérieure, se rétrécit vers la base. Le bord droit, fortement relevé au-dessus de la suture, était garni d'un large bourrelet dans toute sa hauteur et se prolongeait à la base bien au delà du bord gauche, accompagnant le canal tronqué à son extrémité. Ouverture étroite, mais un peu dilatée vers le bas. Bord gauche portant à sa partie inférieure un pli bien prononcé, déterminé par une torsion de la columelle. Hauteur, 83 millim.; diamètre de la partie supérieure du dernier tour, 65.

Observations. Cette espèce diffère de l'*O. tuberculosa*, Ducl., Desh. (*loc. cit.*, pl. xcvi–xcvii), en ce qu'elle est beaucoup moins conique, le sommet du dernier tour étant moins renflé. Elle diffère du *Strombus giganteus*, Gold. (pl. clxix, fig. 3) du Kressenberg par le même caractère, et de l'*O. depressa* par sa forme moins cylindroïde. Dans l'un des échantillons que nous avons sous les yeux, le sillon qui correspond à la partie interne du bord droit est plus étroit et plus profond que dans celui qui a été figuré, mais peut-être cette différence résulte-t-elle d'une déformation.

Localité. Calcaire blanc jaunâtre, avec de petites Nummulites (*N. Guettardi ?*) et des Alvéolines, de la chaîne d'Hala. R.

42

OVULA ELLIPSOIDES, nov. sp.

Pl. XXXIII, fig. 6, *a*, 7, *a*, 8, *a*.

Ovula incompleta, d'Archiac, *Hist. des progrès de la Géol.*, vol. III, p. 299. 1850.

Coquille (moule) ellipsoïdale, composée de 4 tours apparents, le dernier régulièrement convexe au sommet et à la base où il se prolonge au delà du bord opposé. Ouverture dilatée inférieurement et tronquée obliquement en arrière. Bord gauche muni d'un pli simple à sa partie inférieure. Hauteur du dernier tour, 38 millim.; grand diamètre, 29; petit, 14.

Observations. Ce moule est remarquable en ce qu'il représente assez exactement les trois quarts d'un ellipsoïde. C'est sous ce rapport une des coquilles globuleuses les plus régulières géométriquement. Les formes suivantes, que nous distinguons à titre de variétés, s'en éloignent, l'une (var. *a*, fig. 7 *a*) parce qu'elle est plus ventrue; l'autre (var. *b*, fig. 8 *a*) parce qu'elle est plus déprimée et plus élargie vers le haut.

Localité. Calcaire à grains de quartz, grossier, jaunâtre, avec de petites Nummulites (*N. Guettardi?*), *Rhabdella Malcolmi*, etc., de la chaîne d'Hala. C.

OVULA CYLINDROIDES, nov. sp.

Pl. XXXIII, fig. 5, *a*.

Coquille (moule) cylindroïde, ou aussi large à la base qu'au sommet lorsqu'elle est vue de face ou en dessus, mais ovalaire lorsqu'on la place de côté. Spire peu saillante, atteignant à peine l'expansion supérieure du bord droit. Le dernier tour s'élargissait rapidement dans sa seconde moitié, de telle sorte que son bord divisait la coquille en deux parties égales dans le sens de la hauteur. L'ouverture devait être plus grande, toutes proportions gardées, que dans la plupart des autres espèces du genre. Hauteur du dernier tour, 40 millim.; grand diamètre, 32; petit, 26.

Localité. Calcaire grossier, jaunâtre, avec Milloles, *Rhabdella Malcomi*, etc., de la chaîne d'Hala. R.

OVULA EXPANSA, nov. sp.

Pl. XXXIII, fig. 3.

Coquille (moule) sub-équilatérale, déprimée, courte, à spire très-surbaissée, n'atteignant pas l'expansion supérieure du bord droit. Dernier tour très-dilaté dans sa partie inférieure, bord droit arrondi et arqué en dessus, peu rétréci à la base. Ouverture très-grande ainsi que l'échancrure inférieure. Hauteur du dernier tour, 35 millim.; grand diamètre, 33; petit, 25.

Localité. Calcaire grossier, gris blanchâtre, avec Nummulites, de la chaîne d'Hala. R.

OVULA ELONGATA, nov. sp

Pl. XXXIII, fig. 9, *a*.

Coquille (moule) amygdalaire, très-allongée comparativement aux précédentes, la spire n'atteignant probablement pas l'expansion supérieure du bord droit. Celui-ci est faiblement arqué dans toute sa hauteur. L'ouverture, fort étroite vers le haut et la partie moyenne, est un peu dilatée vers le bas. Hauteur du dernier tour, 35 millim.; grand diamètre, 23; petit, 19.

Observations. Nous nous sommes bornés à représenter et à indiquer brièvement les caractères les plus saillants des quatre dernières formes d'Ovules, mais sans prétendre que leurs différences doivent suffire pour établir autant d'espèces. Il faudrait pour cela avoir comparé un plus grand nombre d'échantillons que nous n'avons pu le faire, soit pour être bien assuré de la persistance des formes, soit au contraire pour constater des passages qui les relieraient les unes aux autres. C'est ce que l'examen de nouveaux matériaux pourra seul décider.

Localité. Calcaire grisâtre avec Milioles, de la chaîne d'Hala. R.

Genre CYPRÆA.

CYPRÆA HUMEROSA, J. de C. Sow., var.

Pl. XXXII, fig. 8, *a*, 9, 10.

Cypræa humerosa, J. de C. Sowerby, *Transact. geol. Soc. of London*, 2ᵉ sér., vol. V, pl. xxvi, fig. 27. 1840.
  —   Id.... d'Archiac, *Hist. des progrès de la Géol.*, vol. III, p. 299. 1850.

Coquille très-déprimée dont les contours représentent un quadrilatère, ou plus ordinairement un polygone hexagonal, irrégulier dont les côtés sont égaux deux à deux. Surface supérieure inégale, bosselée, concave au milieu, relevée en avant, où elle porte deux tubercules mousses au centre et deux autres sur les angles, puis en arrière par un pli transverse large et obtus. Face inférieure presque plane, divisée en deux parties sub-égales par une ouverture fort étroite, presque droite, également dentelée sur ses bords. Cette ouverture se recourbe fortement en avant et en dessous, se dilate un peu vers le bas et est tronquée obliquement en arrière. Sa hauteur, dans les plus grands individus, est de 52 millim., et la plus grande largeur de la base est de 40.

Observations. Nous avions d'abord confondu cette variété avec le type de la province de Cutch, qui est non moins bizarre et dont les contours généraux sont à peu près les mêmes; mais le texte et le dessin de M. Sowerby, parfaitement d'accord, indiquent deux tubercules en avant et trois en arrière. Dans notre coquille ces derniers ne s'observent jamais et sont remplacés par un pli transverse fort élevé, constant et de même forme, sur tous les individus que nous connaissons comme à tous les âges. Posée à plat, notre coquille paraît être aussi plus trigone et plus étroite en arrière. Si cette variété venait à être séparée du type, nous proposerions de la nommer *C. sella*, à cause de sa ressemblance avec une selle ancienne garnie de ses accessoires.

Localités. Calcaire grossier, jaune, dur, de la chaîne d'Hala. CC. — Soomrow, Cutch et Béloutchistan pour le type.

CYPREÆA PRUNUM, J. de C. Sow. var. *minor*.

Pl. XXXII, fig. 11 *a*, 12.

Cypræa prunum, J. de C. Sowerby, *Transact. geol. Soc. of London*, 2ᵉ série, vol. V, pl. xxvi, fig. 28. 1840.
— Id... d'Archiac, *Hist. des progrès de la Géol.*, vol. III, p. 299. 1850.

Nos échantillons se rapportent si parfaitement, sauf leur taille, à la description et à la figure de la *C. prunum*, de la province de Cutch, que nous devons les regarder comme constituant une variété *minor* de celle-ci. Le seul doute que nous pourrions conserver résulterait de l'absence d'une figure représentant l'ouverture ; mais, d'après l'auteur, cette dernière étant étroite, légèrement courbée, avec 20 plis environ de chaque côté, et la base de la coquille étant convexe, il ne peut guère rester d'incertitude sur la convenance de notre rapprochement. Cette forme est d'ailleurs assez voisine de la *C. amygdalum*, Brocc., des marnes sub-apennines. Quant à l'individu représenté fig. 12, sa forme plus allongée et moins renflée en dessus pourrait le faire regarder comme une seconde variété.

Localités. Calcaire jaunâtre, dur, avec divers rhizopodes, de la chaîne d'Hala. C. — Eyerau, Cutch, pour le type.

CYPRÆA DIGONA, J. de C. Sow.?

Pl. XXXII, fig. 13, *a*.

Cypræa digona, J. de C. Sowerby, *Transact. geol. Soc of London*, 2ᵉ sér., vol. V, pl. xxvi, fig. 29, 1840.
— Id... d'Archiac, *Hist. des progrès de la Géol.*, vol. III, p. 296. 1850.

Nos échantillons du Sinde sont un peu plus petits que celui qu'a représenté M. Sowerby ; la base est un peu plus convexe et les dents paraissent être plus petites, mais, en l'absence d'individus assez nombreux, nous ne les séparerons pas spécifiquement quant à présent.

Localité. Avec les précédentes. R. R.

CYPRÆA GRANTI, d'Arch.

Pl. XXXII, fig. 14, *a*.

Cypræa Granti, d'Archiac, *Hist. des progrès de la Géol.*, vol. III, p. 299. 1850.

Coquille ovoïde, renflée vers le milieu, légèrement atténuée à ses extrémités, convexe en dessous. Ouverture médiocrement étroite et sinueuse. Bord droit renflé, formant un bourrelet un peu aplati au milieu et saillant à sa partie supérieure avant de se terminer au bord gauche. Dents assez larges, égales, sub-triangulaires, également espacées, au nombre de 20. Bord gauche régulièrement convexe, arqué et relevé en pointe à sa base, garni de plis droits, allongés, au nombre de 26 à 28, très-fins et très-rapprochés vers le milieu, où ils affectent une disposition pectiniforme, un peu plus gros et p'us écartés aux extrémités. Hauteur, 24 millim. ; largeur, 15.

Observations. Cette espèce se distingue surtout des précédentes par l'épaississement du bord droit et par ses plis très-différents sur les deux bords. Ce dernier caractère l'éloigne des *C. expansa*, Gmel., et *pinguis* id. de Superga, et la forme de la partie supérieure ne permet pas de la confondre avec la *C. nasuta*, J. de C. Sow., de Cutch.

Localité. Avec les précédentes. R.R.

CYPRÆA JENKINSI, nov. sp.

Pl. XXXII, fig. 15, *a*.

Quoique nous n'ayons que la portion antérieure de cette coquille, elle diffère assez des précédentes pour être mentionnée spécialement. Cette partie, atténuée et plus allongée que la postérieure ou le sommet de l'ouverture dans la plupart des espèces, est ici très-courte, très-renflée et sub-globuleuse. La face inférieure est très-convexe des deux côtés de l'ouverture. Celle-ci est étroite, presque médiane, se dilate à peine vers sa base, et de chaque côté les dentelures sont égales, petites et très-rapprochées.

Localité. Avec les précédentes. R.R.

Genre TEREBELLUM.

TEREBELLUM OBTUSUM, J. de C. Sow.

Pl. XXXII, fig. 20, 21.

Terebellum obtusum, J. de C. Sowerby, *Transact. geol. Soc. of London*, 2ᵉ sér., vol. V, pl. xxvi, fig 34. 1840.
—   Id ... d'Archiac, *Hist. des progrès de la Géol.*, vol. III, p. 300. 1850.

Localités. Calcaire grossier, jaune (fig. 21) et calcaire blanchâtre avec *Nummulites Ramondi* (fig. 20), de la chaîne d'Hala. R. — Soomrow, Cutch. — Asie-Mineure.

TEREBELLUM SUBBELEMNITOIDEUM, nov. sp.

Pl. XXXII, fig. 16, *a*.

Coquille (moule) fusiforme, très-allongée, composée de 5 ou 6 tours peu convexes, très-obliquement enroulés, appliqués les uns sur les autres, de manière à laisser voir une suture assez profonde; le dernier formant plus des deux tiers de la hauteur totale. Ouverture très-étroite au sommet et s'élargissant graduellement vers la base. Bord droit arqué, s'infléchissant, puis se relevant pour s'unir au bord gauche en décrivant vers le bas un sinus très-ouvert. Bord gauche un peu convexe et faiblement courbé à son extrémité. Hauteur, environ 70 millim.; diamètre vers le haut du dernier tour, 21.

Observations. Quoique voisin du *T. belemnitoideum*, d'Arch. (*Bull. Soc. géol. de France*, 2ᵉ sér., vol. VII, p. 405. 1850. — Id. *Hist. des progrès de la Géol.*, vol. III, p. 300. 1850) des couches nummulitiques de l'Asie-Mineure, cette espèce s'en distingue par sa taille de moitié moindre, par sa spire moins conique et moins acuminée, par ses tours moins enveloppants et laissant entre eux une suture bien prononcée, tandis que les moules de Zafranboli montrent que, comme dans le *T. convolutum*, Lam., le dernier tour enveloppait tous les autres. Notre *Terebellum* diffère encore du *T. obtusum* par sa taille plus grande, ses tours plus détachés et par le rétrécissement de sa base qui lui donne une forme plus fusoïde. Le même caractère l'éloigne des grands individus du *T. fusiforme*, Lam., Desh. (*loc. cit.*, pl. XCIV, fig. 30, 31; id. Sow., *Miner. conchol.*, pl. CCLXXXVII), qui atteignent, dans les argiles de Barton, les dimensions de celui de l'Inde. Les contours de la base du bord droit paraissent d'ailleurs se ressembler beaucoup, dans les deux espèces.

Localité. Calcaire compacte, blanchâtre, de la chaîne d'Hala. R.

TEREBELLUM DISTORTUM, nov. sp.

Pl. XXXII, fig. 19, *a.*

Coquille (moule) conoïde, allongée, obtuse au sommet, composée d'environ 6 tours, à peine convexes, séparés par une suture simple, superficielle, très-oblique. Les tours croissent très-rapidement en hauteur et fort peu en diamètre, s'infléchissant irrégulièrement d'un côté ou de l'autre. Le dernier est plus grand que la moitié de la hauteur totale. Ouverture étroite, à peine un peu élargie à la base. Bord droit peu arqué, s'arrondissant en dessus, où il est coupé obliquement. Bord gauche presque droit. Hauteur, 44 millim.; diamètre du dernier tour, 13.

Observations. L'obliquité de la spire donne à cette espèce l'aspect du *T. Brauni* (*Terebellopsis*, id. Leym., *Mém. Soc. géol. de France*, 2e sér., vol. I, pl. XVI, fig. 8, 1846), mais les tours sont encore plus hauts et le dernier est proportionnément beaucoup plus grand dans le fossile de l'Inde que dans celui des Corbières. Ce caractère, joint à la faiblesse de la columelle, a sans doute contribué à donner à la spire cet aspect tordu ou disloqué qu'affectent tous les individus et que nous retrouvons même dans les échantillons de l'Asie-Mineure.

Localités. Calcaire marneux jaune, tendre, et calcaire ferrugineux rouge, de la chaîne d'Hala. C. — Calcaire compacte, blanchâtre, de la montagne de Sel, Pendjab. R. — Asie-Mineure.

TEREBELLUM PLICATUM, nov. sp.

Pl. XXXII, fig. 17, 18, 22.

Coquille (moule) fusiforme, à arêtes régulièrement convexes, fort obtuse au sommet, composée de 7 tours, les 4 premiers excessivement courts et les 3 autres très-hauts, séparés par une suture simple, superficielle, le dernier égal aux deux tiers de la hauteur totale. Ils sont ornés de plis longitudinaux nombreux, égaux, droits, très-réguliers, plus saillants et comme pincés contre la suture, puis s'élargissant et s'atténuant vers la base des tours. Ouverture grande, élargie à la base. Bord droit arqué; bord gauche presque droit. Hauteur des plus grands individus, 50 millim.; diamètre du dernier tour, 15.

Observations. Cette coquille est très-remarquable en ce qu'elle semble être la première du genre qui porte un système de plis complet et très-régulier, quoique son test fût certainement aussi mince que dans les autres espèces, comme on peut en juger par la manière dont les tours se joignent le long de la suture.

Localités. Calcaire brun jaunâtre, terreux (fig. 17), et calcaire jaune, dur (fig. 18), de la chaîne d'Hala. R. — Calcaire compacte blanchâtre de la montagne de Sel, Pendjab. R.R.

TEREBELLUM FUSIFORME Lam.?

Pl. XXXII, fig. 23.

TEREBELLUM FUSIFORME, de Lamarck, *Ann. du Mus.*, vol. XVI, p. 301, vol. VI, pl. XLIV, fig. 3. — *Id.*,
      Anim. sans vert., vol. VII, p. 411. 1822.
—   Id.... J. Sowerby, *Miner. conchol.*, pl. CCLXXXVII.
—   Id.... Deshayes, *Coq. foss. des env. de Paris*, vol. II, pl. XCV, fig. 30, 31.

Il est fort douteux encore que les moules dont nous donnons le dessin proviennent d'une coquille identique avec celle des couches tertiaires inférieures de l'ouest de l'Europe, mais ils sont d'un autre côté trop incomplets pour que nous osions les décrire comme constituant une espèce distincte.

Localité. Marnes noires de Subathoo. R.

Genre OLIVA.

OLIVA PUPA, J. de C. Sow.

Pl. XXXIV, fig. 1, *a*.

OLIVA PUPA, J. de C. Sowerby, *Transact. geol. Soc. of London*, 2e sér., vol. V, pl. XXVI, fig. 32. 1840.
—   Id.. d'Archiac, *Hist. des progrès de la Géol.*, vol. III, p. 301. 1850.

Les individus de cette espèce qui proviennent des calcaires jaunes durs de la chaîne d'Hala, ne diffèrent point de ceux de la province de Cutch, quoique un peu moins ventrus. Ils sont d'ailleurs très-voisins de l'*O. clavula*, Lam., Bast. (pl. II, fig. 7), Gratel. (pl. XLII, fig. 8).

Localités. Chaîne d'Hala. C. — Cutch.

OLIVA VIRGINIÆ, nov. sp.

Pl. XXXIV, fig. 2, *a*.

Nous ne connaissons que deux moules incomplets de cette Olive, certainement différente de la précédente, mais qui a quelque analogie avec l'*O. rosacea*, Bon., de Superga, et avec l'*O. Dufresnei*, Bast. (pl. II, fig. 10), Gratel. (pl. XLII, fig. 23, 24), des faluns Bordeaux. La nôtre est cependant plus grande, cylindroïde, à spire ouverte et un peu obtuse.

Localité. Calcaire blanc marneux de la chaîne d'Hala. R.

Genre CONUS.

Les Cônes paraissent être assez répandus dans les dépôts qui nous occupent, mais tous les échantillons que nous avons sont tellement mauvais ou peu déterminables, par suite de leur encroûtement, que nous devons nous borner à les mentionner très-sommairement.

CONUS MILITARIS J. de C. Sow.?

Pl. XXXIV, fig. 5.

Conus militaris, J. de C. Sowerby, *Transact. geol. Soc. of London*, 2ᵉ sér., vol. V, pl. xxvi, fig. 24.
1840.
— Id.... d'Archiac, *Hist. des progrès de la Géol.*, vol. III, p. 301. 1850.

Nous rapportons avec quelques doutes ce Cône à l'espèce de Soomrow; il est plus grand du double; le dessus de la spire est aplati de la même manière; les stries d'accroissement ont la même direction, et la forme générale ne s'en éloigne pas sensiblement. Cette forme est aussi celle du *C. diversiformis*, var. *a*, Desh. (*loc. cit.*, pl. xcviii, fig. 11), du *C. tarbellianus*, Gratel. (pl. xliii, fig. 2), du *C. virginalis*, Brocc., etc.

Localité. Calcaire jaune, dur, avec *Rotalia Newboldi* de la chaîne d'Hala.

CONUS BREVIS, J. de C. Sow. var.

Pl. XXXIV, fig. 6.

Conus brevis, J. de C. Sowerby, *Transact. geol. Soc. of London*, 2ᵉ sér., vol. V, pl. xxvi, fig. 33. 1840.

Ce Cône est moins évasé que la coquille de Soomrow et un peu plus grand; loin d'avoir pour le caractériser des restes de dessins coloriés, nous n'avons sous les yeux qu'une forme qui se rapporterait presque aussi bien au précédent qu'à celui-ci.

Localité. Avec les précédentes.

CONUS SUBBREVIS, nov. sp.

Pl. XXXIV, fig. 8.

Moule très-fruste, rappelant beaucoup une espèce fort courte assez commune, quoique non décrite, des faluns de la Touraine.

Localité. Calcaire grossier blanchâtre, avec grains de quartz, de la chaîne d'Hala. R.R.

CONUS, indét.

Pl. XXXIV, fig. 7.

Ce moule ressemble un peu au précédent, mais sa spire est un peu plus élevée.

Localité. Calcaire noir de Subathoo. R.

CONUS, indét.

Une seconde espèce de la même localité est plus fusoïde, mais les moules, assez déformés, ne laissent pas apercevoir de caractères suffisants pour une détermination spécifique.

CLASSE DES CÉPHALOPODES

Genre NAUTILUS.

NAUTILUS SUBFLEURIAUSIANUS, d'Arch.

Pl. XXXV, fig. 1, *a*.

Nautilus subfleuriausianus, d'Archiac, *Hist. des progrès de la Géol.*, vol. III, p. 304. 1850.

Coquille (moule) sub-déprimée ; dos arrondi ; ouverture ovalaire ; cloisons faiblement arquées et un peu flexueuses en se rapprochant du centre.

Observations. Comme son nom l'indique, ce Nautile devait être très-voisin du *Nautilus Fleuriausianus*, d'Orb. (*Paléont. franç.*, vol. I, pl. xv) du quatrième étage crétacé du sud-ouest de la France. Le dos un peu plus arrondi le rapprocherait également du *N. Sowerbyanus*, id. (*ib.*, pl. xvi), tandis que le caractère de ses cloisons l'éloignerait au contraire du *N. Rollandi*, Leym. (*Mém. Soc. géol. de France*, 2ᵉ sér., vol. I, pl. xvii, fig. 1). L'ombilic, s'il existait, devait être aussi fort petit ou presque entièrement caché par le dernier tour. Ce moule montre une grande partie de la dernière loge.

Localité. Calcaire jaune brunâtre, compacte ou sub-cristallin, très-solide, rempli d'Orbitoïdes, d'Operculines et de Nummulites (*N. Leymeriei* ou *Ramondi ?*), de la chaîne d'Hala. R. R.

NAUTILUS DELUCI, d'Arch.

Pl. XXXV, fig. 2, *a*.

Nautilus Deluci, d'Archiac, *Hist. des progrès de la Géol.*, vol. III, p. 304. 1850.

Coquille (moule) discoïdale, à dos tranchant. Ombilic étroit. Cloisons largement arquées dans les deux tiers de leur étendue et présentant une double inflexion en avant pour joindre le bord de l'ombilic. Ouverture lancéolée. Grand diamètre, 123 millim.; plus grande épaisseur du dernier tour, 31.

Observations. Ce moule, quoique incomplet, permet de juger de la forme générale de la coquille et de celle des cloisons. Il en représente presque toute la dernière loge, et son ouverture affecte exactement la forme d'une *ogive en lancette*. L'ombilic, étroit et peu profond, à cause du peu d'épaisseur de la coquille, devait laisser voir une grande partie des tours. L'espèce dont ce Nautile se rapproche le plus est le *N. triangularis*, Montf. (*Conch. syst.*, p. 7) de la craie chloritée; mais il est encore plus déprimé, le dos est plus étroit, plus tranchant, l'ouverture par conséquent plus lancéolée, l'ombilic est plus ouvert, et les cloisons sont plus flexueuses

43

dans son voisinage. Sauf ses dimensions beaucoup plus considérables, puisqu'il atteindrait 12 pouces sur 6 1/2, le *N. major* des couches nummulitiques du Sinde, cité par **M. H. J. Carter** (*Summary of the geol. of India*, p. 76, 1854), se rapporterait assez bien au *N. Deluci.* Nous ne savons pas pourquoi **M.** d'Orbigny (*Prodrome de paléontologie*, vol. II, p. 145) a réuni les *N. Fleuriausianus* et *triangularis*, mais il est remarquable de trouver ensemble, dans le terrain tertiaire, deux formes aussi voisines de formes secondaires qu'on n'y avait pas encore signalées.

Localité. Avec la précédente et dans la même roche. R.R.

NAUTILUS LABECHEI, nov. sp.

Pl. XXXIV, fig. 13, *a*, *b*.

Coquille (moule) sub-globuleuse, ombiliquée, à dos arrondi. Ouverture semi-lunaire; cloisons presque planes; siphon ventral fort petit. Diamètre du dernier tour, 63 millim.; largeur de l'ouverture, 48; hauteur, 25.

Observations. Cette espèce rappelle encore une forme secondaire, le *N. lævigatus*, d'Orb., de la craie. La suture des cloisons est aussi sensiblement droite ou à peine infléchie sur le dos et dans le voisinage de l'ombilic. Le dos est d'ailleurs moins arrondi, et le siphon, fort étroit, est ventral, placé contre le retour de la spire (fig. 13 *b*), au lieu d'être sub-médian. Serait-ce le *N. minor* que **M. H. J.** Carter signale dans le Sinde (*Summary of the geol. of India*, p. 76.; *Journ. of the Bombay Branch r. asiat. Soc.*, janvier 1854)? C'est ce qu'il serait difficile d'affirmer sur une simple description. Quant au *N. regalis*, Sow. (*Miner. conchol.*, pl. I), de l'argile de Londres, il est plus globuleux que le nôtre et le siphon est sub-central.

Localité. Calcaire jaunâtre, terreux, avec parties spathiques, de la chaîne d'Hala. R.R.

NAUTILUS FORBESI, nov. sp.

Pl. XXXIV, fig. 12, *a*.

Coquille (moule) sub-déprimée, assez épaisse, ombiliquée. Dos arrondi. Ouverture semi-lunaire; siphon sub-ventral très-grand. Cloisons très-sinueuses partant de l'ombilic, se dirigeant d'abord en avant, puis se reportant fortement en arrière vers le milieu du tour, pour s'avancer de nouveau vers l'ouverture et passer sur le dos en décrivant des courbes plus larges.

Observations. Ce moule, un peu déformé par une compression oblique, est plus incomplet encore que les précédents; néanmoins, les caractères qu'il laisse apercevoir suffisent pour le distinguer à titre d'espèce. Sa forme rappelle assez celle du *N. subfleuriausianus*, mais son ombilic et surtout les sutures des cloisons l'en séparent nettement. Sous ce dernier rapport il a une grande ressemblance avec le *N. sinuatus*, Sow. (*Miner. conchol.*, pl. CXCXIV), de l'oolithe inférieure, et bien peu d'espèces offrent ce caractère dont le *N. zigzag*, Sow. des couches nummulitiques de l'ouest de l'Europe, et qui vient d'être retrouvé non loin de Tarsus (Asie-Mineure), par **M.** Pierre de Tchihatcheff, présente le type le plus extrême.

Localité. Calcaire blanc jaunâtre, de la chaîne d'Hala. R.R.

CLASSE DES ANNÉLIDES

Genre SERPULA.

SERPULA? RECTA, J. de C. Sow.

Serpula? recta, J. de C. Sowerby, *Transact. geol. Soc. of London*, 2ᵉ sér., vol. V, pl. xxv, fig. 1. 1840.

Les fragments de tubes que nous avons sous les yeux prouvent que ce corps, quel qu'il soit, atteignait de grandes dimensions, car ils ont de 13 à 14 centim. de long sur 2 de diamètre. Ils sont presque cylindriques, et le test, de 4 millim. d'épaisseur, est formé de lames concentriques superposées, soudées et produisant un cylindre d'une grande solidité. L'échantillon figuré par M. Sowerby, quoique moins long que les nôtres, les représente très-exactement.

Localités. Calcaire grossier, friable, de la chaîne d'Hala. C. — Kotra, Cutch.

SERPULA SPIRULÆA, Lam.

Serpula spirulæa... de Lamarck, *Anim. sans vertèbres*, vol. V, p. 366. 1818.
—   Id ...... Goldfuss, *Petrefact. German.*, vol. I, p. 241, pl. lxxi, fig. 8, *a*, *b*. 1826.
—   nummularia, Bronn., *Let. geogn.*, p. 1150, pl. xxxvi, fig. 16, *a*, *b*, *c*. 1838.
—   spirulæa... d'Archiac, *Mém. Soc. géol. de France*, vol. II, p. 180. 1836. — *Ib.*, 2ᵉ sér., vol. II, p. 206. 1846. — Vol. III, p. 427. 1850. — *Hist. des progrès de la Géol.*, vol. III, p. 254. 1850.

Nous n'hésitons pas à rapporter à cette espèce un moule engagé dans un calcaire gris blanchâtre, dur, probablement avec des Nummulites, et provenant des environs d'Hyderabad. Nous avons insisté à plusieurs reprises sur la grande extension géographique de ce fossile, mais nous ne le connaissions pas encore dans l'Inde.

SERPULA KEERTARENSIS et GUNDAVAENSIS, nov. sp.

Pl. XXXVI, fig. 10, 11.

Nous avons fait représenter deux tubes de Serpules, sans doute très-différents l'un de l'autre, mais dont les caractères sont tellement vagues et communs à d'autres corps serpuliformes, que nous pouvons difficilement motiver les dénominations spécifiques que nous leur assignons. L'un, *S. keertarensis* (fig. 10), est simplement flexueux, se termine en pointe à l'une de ses extrémités, et donnerait une coupe triangulaire semblable à la *S. angulata*, Munst., Gold., (pl. lxxi, fig. 5) ; l'autre, *S. gundavaensis* (fig. 11), plus délié, cylindrique, filiforme, se replie plusieurs fois sur lui-même, comme la *Serpula gordialis*, Gold. (pl. lxix, fig. 8 et 71). Ces deux Serpules sont fréquentes à la surface des coquilles fossiles de la chaîne d'Hala.

CLASSE DES CRUSTACÉS

FAMILLE DES CANCÉRIDES.

GENRE ARGES.

ARGES MURCHISONI, Milne Edw.

Pl. XXXVI, fig. 12.

ARGES MURCHISONI, Milne Edwards *in* d'Archiac, *Hist. des progrès de la Géol.*, vol. III, p. 304 *l.* 1850.

La carapace est sub-quadrilatère, large, faiblement arquée en avant et médiocrement bombée. Le front est mince, quadrilobé, et l'orbite médiocre. Le bord latéro-antérieur qui se dirige presque directement en avant est armé de 4 dents ou tubercules mousses et peu saillants. Les divisions régionnaires sont peu ou point distinctes. Il existe une impression musculaire en forme de croissant à la partie postérieure de la région gastrique. Une ligne courbe ponctuée sépare les régions hépatique et branchiale. Cette dernière est bien développée et un peu renflée. La main est grosse et courte, mais représentée par des fragments trop imparfaits pour qu'on puisse la caractériser d'une manière suffisante.

Celle que nous donnons (fig. 14) paraît se rapporter à cette espèce ; elle ressemble beaucoup à celle des Carpilies ; elle est grosse, arrondie sur les bords et marquée sur ses deux faces de réticulations dendroïdes.

Localité. Calcaire grossier, rosâtre, avec *Nummulites Ramondi*, de la chaîne d'Hala.

ARGES EDWARDSI, nov. sp.

Pl. XXXVI, fig. 13, *a*, *b*, *c*.

Nous croyons devoir distinguer de l'espèce précédente un autre crustacé dont la carapace, à peu près de même forme générale, est plus arquée en avant et plus renflée dans la région branchiale. Le front est plus étroit et ses deux lobes antérieurs plus saillants sont moins séparés l'un de l'autre. Les tubercules du bord latéro-antérieur sont plus mousses. L'orbite est presque circulaire et présente en dessous trois petits tubercules très-rapprochés dont l'un occupe l'angle externe et les deux autres le bord intérieur. Les lignes courbes formées par la soudure des branchio-stégites [1] avec le reste de la carapace sont très-marquées et constituent, de chaque côté de la bouche, sur la région péristomienne, un sillon profond. L'abdomen est de grandeur médiocre et indique par sa forme que l'individu que nous figurons est une femelle.

Localité. Calcaire compacte, gris blanchâtre, avec *Nummulites Ramondi?* de la chaîne d'Hala.

Les deux crustacés que nous venons de décrire ressemblent beaucoup, par la forme générale de leur corps, à la *Pseudorhombila quadrata* récemment figurée par M. Milne Edwards [2]; mais le genre Arges, auquel ce célèbre naturaliste les a rapportés, appartient à la famille des Cancérides, quoiqu'il établisse le passage entre cette dernière et la famille des Ocypodides. On peut comparer les figures de nos espèces fossiles avec celle de l'espèce vivante que M. de Haan a désignée sous le nom d'*Arges parallelus* [3].

FAMILLE DES BALANIDES.

Genre BALANUS.

BALANUS SUBLÆVIS, J. de C. Sow.

Pl. XXIV, fig. 15, *a.*

BALANUS SUBLÆVIS, J. de C. Sowerby, *Transact. geol. Soc. of London*, 2ᵉ sér., vol. V, pl. xxv, fig. 3. 1840.

Nous avons dû faire représenter de nouveau cette espèce dont M. Sowerby n'avait donné que des figures incomplètes, faute sans doute de bons échantillons.

Localités. Calcaire jaune de la chaîne d'Hala. C. — Grès argileux de Soomrow, Cutch. C.

---

1. Voyez, pour l'explication de ce terme, le beau mémoire de M. Milne Edwards, intitulé : *Observations sur le squelette tégumentaire des Crustacés décapodes et sur la morphologie de ces animaux*, et inséré dans les *Annales des Sciences naturelles*, 3ᵉ série, t. XVI, p. 222, 1852.

2. *Archives du Muséum*, vol. VII, pl. XI, fig. 4. 1853.

3. *Fauna japonica*, pl. v, fig. 4. 1850.

APPENDICE

Nous réparerons ici quelques omissions relatives à des sujets traités dans la première livraison de cet ouvrage, et nous y ajouterons plusieurs faits qui se rattachent à la seconde, ainsi que l'indication de divers *errata*. La pagination placée en avant de chaque paragraphe est celle du sujet auquel il se rapporte.

HISTOIRE DES NUMMULITES.

Pages 12 et 115. — Presqu'en même temps que Scheuchzer représentait la *Nummulites perforata* des Alpes suisses, F. E Bruckmann donnait deux figures de celle des Carpathes. (*Specim. phys. de lapide numm. Transylvaniæ; Epist. itiner.* 25, fig. 1, 2. 1727).

Page 20. — C. C. Schmidel [1] a figuré, sous le nom d'*Hélicite*, une Nummulite qu'il indique comme venant de Courtagnon, mais dont les grossissements, quoique exagérés, ne permettent pas de reconnaître la *N. lævigata*. Les caractères de la spire suffisamment accusés (fig. 5), le dernier tour ouvert dans les individus jeunes ou de moyenne taille, de même que les linéoles flexueuses qui rayonnent d'un mamelon central (fig. 3, 4), ne laissent pas douter que ce ne soit la *N. planulata*.

Page 26. — De Rozières [2], qui a fait dessiner deux échantillons du calcaire employé à la construction des pyramides de Giseh et exclusivement composé de Nummulites, avait remarqué que les tours de spire de ces *Camérines* ou *Discolithes* ne sont pas toujours très-réguliers. La présence de plusieurs espèces dans la même roche a conduit le savant ingénieur de la commission d'Égypte à des conclusions inexactes sur les modifications de la spire avec l'âge. On peut reconnaître, dans l'échantillon représenté fig. 8, pl. v, les *N. gisehensis* et *Beaumonti*, ou peut-être *discorbina*, ces deux dernières étant de même forme et de même taille, et dans celui de la fig. 9 les *N. gisehensis* et *curvispira*.

Page 54. — M. H. J. Carter [3] a donné, au mois de juillet 1853, sur les foraminifères fossiles du Sinde, un mémoire qui ne nous est parvenu que six mois après la publication de notre *Monographie des Nummulites*. Nous croyons devoir examiner ici ce travail pour compléter ce qui se rattache à l'histoire des recherches dont ces corps ont été l'objet.

Après avoir reproduit, d'après M. Alc. d'Orbigny, la caractéristique de plusieurs genres d'hélicostègues et de cyclostègue, l'auteur, se fondant sur les caractères des Operculines qu'il avait étudiées, comme on l'a vu, d'une manière toute spéciale, objecte d'abord à l'ancienne distinction des Assilines et des Nummulites, qu'elle est plus apparente que réelle; mais si l'on remarque,

1. *Vorstellung einiger Merkwürdigen Versteinerungen*, etc., Représentation de quelques pétrifications remarquables, etc., p. 34, pl. xxii, fig. 3-5. Erlangen, 1793.

2. *Description de l'Égypte. Histoire naturelle*, vol. II, p. 700. Atlas, vol. II, pl. v, fig. 8 et 9. 1843.

3. *Descript. of some of the larger forms*, etc. Description de quelques-unes des plus grandes formes de foraminifères fossiles du Sinde, avec des observations sur leur structure intérieure. (*Journ. of the Bomlay Branch of the r. asiat. Soc.*, vol. V, n° 18, p. 124, pl. ii, juillet 1853).

continue-t-il, l'absence, dans les Assilines, de loges au-dessus et au-dessous du plan central, on aura non-seulement un caractère distinctif réel, mais encore bien plus évident que celui sur lequel se fonde M. d'Orbigny pour séparer ces corps des Nummulites.

En voulant distinguer ensuite les Nummulites dont les cloisons (*septa*) s'étendent de la circonférence au centre par des *lignes* sinueuses plus ou moins prolongées, de celles où les *lignes* sont tellement ramifiées et rapprochées qu'il en résulte une structure réticulée très-serrée, M. Carter propose l'établissement d'un sous-genre qui manque de précision dans ses caractères, et les fig. 11, 15 et 21 citées à l'appui sont peu propres à éclaircir la pensée de l'auteur. Celle-ci repose d'ailleurs, comme on va le voir, sur une erreur manifeste [1] et sur une fausse interprétation des faits observés par M. Carpenter.

En effet, dans le second sous-genre, dit-il, viendrait se placer la *Nummulites acuta*, J. de C. Sow., qui se trouve sur la limite des Orbitoïdes (*which borders close upon Orbitoides*), parce qu'elle offre, à la surface, une structure réticulée, puis un développement comparativement moindre de la spire et des loges (*chambers*), enfin une tendance à un renflement médian brusque et à un bord étendu aminci. Mais ce corps, que l'auteur suppose faire le passage d'un genre à l'autre, n'a certainement pas été étudié directement par lui, sans quoi il eût reconnu que c'était la *N. scabra*, Lam., c'est-à-dire l'une des espèces dont la spire est la plus régulière, et il n'y a pas plus de passage entre cette Nummulite et l'organisation des Orbitoïdes (*O. dispansus*) qu'entre tout autre corps de ces deux genres.

M. Carter, après avoir signalé la disposition spirale ou non des loges des Orbitoïdes, décrit successivement les Operculines, les Assilines, les Nummulines, les Alvéolines, les Orbitoïdes, les Orbitolites et la Cycloline qu'il a eu occasion d'observer. Nous ferons les remarques suivantes sur ceux de ces corps qui se rattachent à notre sujet actuel, les autres seront consignées plus loin.

L'*Assilina irregularis* de M. Carter (p. 131, pl. II, fig. 5, 6) est la *Nummulites spira* de Roissy. La description et les figures ne peuvent laisser aucun doute à cet égard. L'*Assilina* sans nom spécifique (p. 132, fig. 7, 8) est la *N. exponens*, J. de C. Sow. On doit s'étonner que cette espèce, si anciennement connue dans l'Inde et si souvent figurée, soit jusque-là restée ignorée de l'auteur. La Nummulite, également sans désignation spécifique, représentée fig. 9, 10, et qui atteint 2 pouces 1/3 de diamètre sur 2 lignes d'épaisseur au centre, ne se rapporte à aucune de celles que nous ayons vues de cette partie de l'Asie. La seule avec laquelle on pourrait la comparer en dehors de ce pays est la sous-variété δ de la *N. perforata*, dont les individus des environs d'Alicante acquièrent à peu près les mêmes dimensions. Mais une étude comparative plus complète du test et de la spire serait nécessaire pour appuyer ce rapprochement, et ce n'est que provisoirement que nous proposons de désigner cette Nummulite remarquable sous le nom du savant qui l'a fait connaître. En conséquence, elle est indiquée ci-après sous le nom de *N. Carteri*. La *N. millecaput?* (d'Égypte). p. 133, pl. II, fig. 11, 12, est le *N. gisehensis*, et la *N. obtusa*, J. de C. Sow., représentée fig. 13, 14, est bien celle qu'a décrite le paléontologiste anglais comme provenant de Cutch.

Revenant encore à l'établissement de son sous-genre (p. 135), M. Carter se fonde sur les caractères des corps représentés pl. II, fig. 21, 22, lesquels sont de véritables *Orbitoïdes*, sans autre analogie avec la *Nummulites acuta*, J. de C. Sow. (*N. scabra*, Lam.), qu'un renflement médian. Il nous paraît même probable que ce n'est qu'une variété de l'*O. dispansus* auquel il serait alors très-naturel que ce dernier corps passât insensiblement. Quant à la fig. 20, qui, suivant l'auteur, représenterait la *N. garansiana* (*garansensis*), c'est encore évidemment une coupe d'Orbitoïde.

Page 102. — Ligne 4, au lieu de *N. intermedia*, lisez *N. garansensis*.

[1]. Ainsi les fig. 11 et 13 montrent la surface du test dans un état assez fréquent, mais qui n'est pas du tout naturel. Il résulte uniquement de l'inégale altération des lames superposées qui, laissant voir à la fois les stries ou lignes flexueuses de plusieurs d'entre elles, produit l'aspect d'une étoffe *moirée*.

NUMMULITES PLACENTULA , Desh.

Nummulites granulosa, d'Arch., var. *a*, pl. x, fig. 19, *a, b, c, d*.

Page 151. — En étudiant de nouveau la *N. granulosa*, var. *a*, des marnes de Crimée, nous avons pu nous convaincre que sa spire offre des caractères constants, distincts de ceux du type, ce qui nous engage à lui restituer le nom sous lequel M. Deshayes l'avait d'abord fait connaître. Aux différences déjà signalées (p. 152) il faut ajouter que la lame spirale est plus mince, que les tours croissent plus lentement et plus régulièrement, et que les cloisons sont uniformément arquées, inclinées et espacées dans toute l'étendue de la spire qui est elle-même beaucoup plus régulière.

Au bas de la pl. x, on a omis d'indiquer la fig. 18 qui montre une spire irrégulière de la *N. granulosa*, grossie du double, et le chiffre 19 de la var. *a*, celle dont nous venons de parler, n'est pas distinct.

RHIZOPODES.

Page 179. — Outre les espèces de Nummulites et d'autres rhizopodes mentionnées comme se trouvant dans les couches tertiaires inférieures de l'Inde, nous signalerons encore les suivantes, que nous y avons reconnues depuis ou dont la description était restée incomplète.

NUMMULITES GARANSENSIS , Joly et Leym.

Antè, p. 101, pl. III, fig. 6, 7.

Cette espèce, l'une des plus répandues dans les calcaires jaunes de la chaîne d'Hala, semble appartenir à une couche différente de celle qui renferme les autres Nummulites, avec lesquelles nous ne la croyons pas associée.

NUMMULITES CARTERI , nov. sp.

Nummulina? H.-J. Carter, *Journ. Bombay Branch r. asiat. Soc.*, vol. V, p. 132, pl. ii, fig. 9, 10. 1853.

Nous mentionnons ici, comme espèce nouvelle, la Nummulite décrite et figurée par M. Carter et qui provient des couches nummulitiques du Sinde. Cependant nous ne nous prononçons ainsi que sous la réserve d'une étude ultérieure de ce corps dont plusieurs caractères rappellent ceux assignés aux formes et aux dimensions si variées qui viennent se grouper autour du type de la *N. perforata*.

NUMMULITES GUETTARDI, d'Arch. et J. Haime.

Anté, p. 130, pl. VII, fig. 18, 19.

Cette espèce est également très-répandue dans des calcaires grossiers jaunâtres et dans des calcaires blancs à grain fin ou sub-compactes de la chaîne d'Hala, comme dans les calcaires compactes ou spathiques gris des environs de Keurah (Pendjab), au-dessus des couches charbonneuses de la Montagne de Sel, où elle est associée à la *N. Leymeriei*.

NUMMULITES LEYMERIEI, d'Arch. et J. Haime.

Anté, p. 153, pl. XI, fig. 9, 10, 11, 12.

Cette espèce est fréquente dans les calcaires coquilliers du Sinde et du Pendjab.

Elle peut être distinguée de ses congénères par un caractère empirique mais constant que nous n'avons observé dans aucune autre et auquel il est surtout utile d'avoir recours lorsque cette Nummulite, très-empâtée dans la roche, ne laisse apercevoir nettement ni sa surface ni sa spire. Il consiste en ce que, par suite d'une altération beaucoup plus facile et plus rapide du bord extérieur ou du pourtour de la lame spirale que du reste de sa surface, la tranche de la Nummulite offre toujours un sillon très-apparent entre ses deux faces latérales, lesquelles se présentent alors comme deux petits lobes parallèles. Certains calcaires noirs du Mont-Perdu, dans les Pyrénées, exclusivement composés de ces petits corps, offrent ce caractère de la manière la plus prononcée sur les parties de la roche exposées depuis longtemps à l'action de l'atmosphère.

NUMMULITES MISCELLA, nov. sp.

Pl. XXXV, fig. 4, *a, b, c*.

Nous avons fait représenter sous ce nom une petite Nummulite, de forme lenticulaire, qui participe à la fois des caractères extérieurs de la *N. Lucasana* et de la *N. Ramondi*, portant des granulations au centre comme la première, et des plis rayonnants droits, larges ou inégaux, comme la seconde. Mais ce qui la distingue, c'est que ses plis sont eux-mêmes granuleux, comme dans les Nummulites du groupe des *explanatæ*, où ils traduisent au dehors les cloisons, sans pouvoir jamais être continus du centre à la circonférence, tandis qu'ici comme dans les *plicatæ*, ils semblent représenter les filets cloisonnaires. La spire montre une loge centrale excessivement petite; les suivantes sont assez grandes; les cloisons des premiers tours sont inclinées mais à peine arquées; celles des tours suivants (nous n'en connaissons que quatre) sont plus redressées. On trouve des individus dont les tubercules groupés au centre, semblables à de petites ampoules, ont plus de relief que dans celui qui est figuré, et ils forment un mamelon comme dans la *N. Ramondi*, var. *d*, avec laquelle ils ont alors beaucoup d'analogie. Dans d'autres individus, les plis rayonnants sont filiformes; les espaces intermédiaires plus larges sont ponctués très-délicatement, ainsi que les plis. Cette Nummulite, dont le diamètre ne dépasse pas 2 millim., se rencontre dans les calcaires grossiers terreux, jaune brunâtre, de la chaîne d'Hala.

44

OPERCULINA CANALIFERA, d'Arch.

Antè, p. 182, pl. XII, fig. 1, *a*, *b*, *c*, XXXV, fig. 5, *a*, et XXXVI, fig. 15, *a*, 16, *a*.

Nous compléterons ici la description de cette espèce, dont nous donnons aussi plusieurs figures pour indiquer quelques-unes des modifications qu'elle éprouve dans sa forme et ses dimensions. Les granulations, au nombre de 5 à 7, accumulées vers le point de départ de la spire (pl. xxxvi, fig. 15, *a*), ressemblent à de petites ampoules et se continuent, en diminuant toujours de grosseur, sur la saillie des cloisons, particulièrement dans le voisinage du bord. Leur nombre et leur volume varient d'un individu à l'autre. La fig. 5, *a*, pl. xxxv, montre une loge centrale d'où part la spire croissant assez rapidement, divisée par des cloisons équidistantes, un peu arquées dans les deux premiers tours et droites dans les deux suivants. Elles ne s'infléchissent qu'à leur extrémité supérieure pour joindre la lame spirale.

L'épaisseur relative et l'aspect rugueux des individus jeunes de cette Operculine empêchent de les confondre avec d'autres espèces. Les nombreux échantillons que nous avons trouvés dans les calcaires jaunes à Nummulites de Tournissan (Aude) sont identiques avec ceux de l'Inde et présentent le même polymorphisme. Quant à l'*O. Boissyi*, d'Arch. (*Mém. Soc. géol. de France*, 2ᵉ sér., vol. III, pl. ix, fig. 26, 1850), peut-être ne s'éloigne-t-elle pas beaucoup de celle-ci, mais nous ne la connaissons pas encore assez complétement pour nous prononcer sur ses rapports. Les doutes que nous avions exprimés (*antè*, p. 182) sur ceux de l'*O. granulosa*, Leym., ne peuvent plus subsister. Cette dernière, que nous avons aussi trouvée si répandue dans les marnes de Couisa (Aude), est constamment plus petite, plus mince, plus régulière ; ses tours sont plus nombreux, et ses granulations, très-délicates et constantes, sont très-symétriquement distribuées.

L'*O. canalifera* est très-abondante dans les calcaires jaunes de la chaîne d'Hala, et souvent associée avec les *Nummulites Ramondi* et *Leymeriei*.

OPERCULINA HARDIEI, nov. sp.

Pl. XXXV, fig. 6, *a*, *b*. *c*.

Coquille très-mince, composée de trois tours croissant rapidement et divisés par des cloisons nombreuses, équidistantes et toutes fortement arquées et inclinées. Loge centrale petite. Surface présentant, à l'origine de la spire, 5 ou 6 tubercules très-rapprochés et comme pelotonnés. A la première cloison correspond une granulation, puis deux à la seconde, et ainsi de suite, mais en devenant de moins en moins apparentes sur les suivantes. Diamètre, 2 millim.

Observations. Les caractères de la spire suffiraient pour distinguer cette espèce de la précédente, indépendamment de sa petitesse constante, de sa minceur et de sa régularité. La forme des cloisons l'éloigne également des *O. ammonea* et *granulosa*, Leym. (*Mém. Soc. géol. de France*, 2ᵉ sér., vol. I, pl. xiii, fig. 11, 12, 1846), mais il est plus difficile de la distinguer au premier abord de l'*O. complanata*, d'Orb. (*Tabl. méthod. de la classe des céphal.*, p. 115, pl. iv, fig. 7, 1826 ; — *Lenticulites*, id. Defr., Bast.), car la forme, les dimensions et la disposition des cloisons sont assez semblables dans l'une et l'autre. La dernière cependant, qui est si fréquente dans les dépôts tertiaires moyens des environs de Bordeaux et de Turin, a ses cloisons moins régulières, inégales et inégalement espacées ; la loge centrale est très-grande, et la surface tout à fait unie ou lisse, tandis que l'Operculine de l'Inde porte constamment des granulations plus ou

moins nombreuses, plus ou moins prononcées, qui traduisent sans doute des différences correspondantes dans la structure du test. On doit présumer que les deux espèces de l'Inde dont nous
venons de parler étaient pourvues de grands canaux fort larges, constituant de véritables cellules
ellipsoïdales ou presque sphériques et contiguës, vu l'extrême minceur de ces corps.

Localité. Calcaires rosâtres, jaunâtres et blanchâtres de la chaîne d'Hala, souvent associées
avec la *Nummulites garansensis* et d'autres espèces de ce genre, de sorte que ces deux Operculines appartiendraient, suivant toute probabilité, aux mêmes assises, celles que caractérisent aussi
les Nummulites.

OPERCULINA TATTAENSIS, nov. sp.

OPERCULINA ....? H. J. Carter, *Journ. Bombay Branch. r. asiat. Soc.*, vol. V, p. 131, pl. II,
fig. 3, 4. 1853.

M. Carter signale cette espèce, associée avec des Alvéolines, près de la ville de Tatta, dans le
Sinde méridional. Elle est très-remarquable par le grand nombre de ses tours (six) et leur
accroissement très-lent pour une coquille de ce genre. Elle porte des granulations comme les
précédentes.

ROTALIA NEWBOLDI, nov. sp.

Pl. XXXVI, fig. 17, *a, b, c, d.*

Coquille biconvexe ou lenticulaire, quelquefois conique d'un côté, se terminant par un mamelon obtus, et sub-plane de l'autre. Spire composée de trois tours et demi, occupée par des loges
égales, nombreuses, dont les cloisons sont très-arquées. Dans quelques individus ces dernières se
traduisent au dehors par des étranglements successifs qui donnent à la surface un aspect largement costellé. L'une des faces du disque offre aussi parfois des granulations et l'autre paraît être
unie ou à peine rugueuse. Les plus grands individus n'atteignent pas 1 millim. de diamètre.

Observations. Cette espèce, quoique très-répandue dans tous les calcaires jaunes de la chaîne
d'Hala, est difficile à observer bien complétement et dans un état parfait de conservation. Peut-
être des individus meilleurs permettront-ils d'y reconnaître deux espèces, dont l'une, plane d'un
côté et convexe de l'autre, aurait ses deux faces unies, et la seconde, biconvexe, serait granuleuse et costellée.

MILIOLA.

Les calcaires du Sinde renferment assez fréquemment des rhizopodes du genre Miliole, mais
que leur empâtement dans la roche ne permet pas de caractériser suffisamment.

ALVEOLINA.

Pour éclaircir et compléter la synonymie des espèces de ce genre que nous connaissons dans
les couches nummulitiques de l'Inde, nous reprendrons ici ce que nous avions déjà dit à leur
sujet (*antè*, p. 182).

ALVEOLINA MELO, d'Orb.

NAUTILUS MELO........ Fichtel et Moll., *Testacea microscopica*, p. 118, pl. XXIV, fig. *a, f.* 1802.
DISCOLITHES SPHÆRICUS.. Fortis. *Mém. pour servir à l'hist. nat. de l'Italie*, vol. II, p. 112, pl. III, fig. 6.
                          1802.
CLAUSULUS INDICATOR.... Denys de Montfort, *Conchyl. syst.*, genre 15, p. 118. 1808.
MELONITES SPHÆRICA.... de Lamarck, *Anim. sans vert.*, vol. VII, p. 615. 1822.
  —   Id.......... *Encycl. méth.*, pl. CDLXIX, fig. 1, *a, f.*
MELONIA   Id.......... de Blainville, *Malacologie*, p. 369. 1825.
ALVEOLINA MELO........ Alc. d'Orbigny, *Tableau méthod. des céphalop.* (*Ann. des sc. d'hist. nat.*,
                          vol. VII, p. 140. Janv. 1826.)
  —   Id.......... Id., *Foram. foss. du bassin terti. de Vienne*, p. 147, pl. VII, fig. 15, 16. 1846.
  —   Id.......... H. J. Carter, *Journ. Bombay Branch. r. asiat. Soc.*, vol. V, p. 134, pl. II,
                          fig. 15. 1853.

Nous ne mentionnons cette espèce que sur l'autorité de M. Carter, qui la signale dans le Sinde et surtout dans les roches de la côte sud-est de l'Arabie. Il ne serait pas impossible cependant que ce fût elle qui abonde dans les calcaires compactes, au-dessus de la houille de Keurah, dans la chaîne de la Montagne de Sel (Pendjab). Nous doutons qu'elle soit identique avec celle que cite M. Alc. d'Orbigny, à Steinfeld et Neussdorf (Autriche).

ALVEOLINA SPHÆROIDEA, Cart.

NAUTILUS .... Fichtel et Moll., *Testacea microscopica*, pl. XXIV, fig. *g, h.* 1802.
BORELIS MELANOIDES..... Denys de Montfort, *Conchyl. syst.*, genre 43, p. 170. 1808.
MELONITES SPHÆROIDEA.. de Lamarck, *Anim. sans vert.*, vol. VII, p. 615. 1822.
  —   Id......... *Encycl. méthod.*, pl. CDLXIX, fig. *g, h.*
ALVEOLINA MELO........ Alc. d'Orbigny, *loc. cit. suprà* (*pro parte*), l'auteur, réunissant les deux espèces
                          de Lamarck, admises par tous ses prédécesseurs comme par ceux qui l'ont
                          suivi.
  —   SUBPYRENAICA, Var. *globosa*, Leymerie, *Mém. Soc. géol. de France*, 2e sér., vol. I, p. 360,
                          pl. XIII, fig. 10. 1848.
  —   SPHÆROIDEA.. H. J. Carter, *Journ. Bombay Branch. r. asiat. Soc.*, vol. V, p. 134, pl. II,
                          fig. 16. 1853.

C'est à cette Alvéoline, citée dans le Sinde par M. Carter, qu'il faut rapporter tous les gisements mentionnés à l'*A. melo* (*antè*, p. 182), en y ajoutant les environs de Noorpoor (Pendjab). Il est probable que M. Alc. d'Orbigny n'avait pas étudié un grand nombre d'échantillons de cette espèce, sans quoi il eût reconnu qu'elle n'est jamais parfaitement sphérique et qu'elle ne passe pas à la précédente.

ALVEOLINA OVOIDEA, d'Orb.

.... Deluc, *Journ. de phys.*, vol. LIV, p. 173, pl. 1, fig. 11, 12. 1802.
DISCOLITHES SPHÆROIDEUS
       OBLONGUS... Fortis, *Mém. pour servir à l'hist. nat. de l'Italie*, vol. II, p. 113, pl. III,
               fig. 8. 1802.
ALVEOLINA OVOIDEA..... Alc. d'Orb., *Tableau méthod. des céphal.* (*Ann. des sc. d'hist. nat.*, p. 140.
               Janvier 1826).
FASCIOLITES ELLIPTICA... J. de C. Sowerby, *Transact. geol. Soc. of London*, 2ᵉ sér., vol. V, pl. XXIV,
               fig. 17, 17, *a*. 1840.
ALVEOLINA SUBPYRENAICA, Leymerie, *Mém. Soc. géol. de France*, 2ᵉ sér. vol. I, p. 360, pl. XIII, fig. 9. 1846.
    —   ELLIPTICA.... d'Archiac, *Hist. des progrès de la Géol.*, vol. III, p. 245. 1850.
    —   Id.......... H. J. Carter, *Journ. Bombay Branch. r. asiat. Soc.*, vol. V, p. 134, pl. II,
               fig. 17. 1853.

Nous avons comparé les figures de cette espèce données par les auteurs avec un assez grand nombre d'échantillons de divers pays, pour regarder comme exacte la synonymie que nous rapportons ici. Cette Alvéoline, si répandue aux deux extrémités de la zone nummulitique, en Asie et en Europe, ne nous paraît pas différer non plus essentiellement de l'*A. oblonga*, d'Orb., si caractéristique des sables inférieurs du Soissonnais, où elle est associée avec la *Nummulites planulata* et la *Nerita Schmideliana.*

Aux localités déjà citées (*antè*, p. 182), nous ajouterons qu'elle a été trouvée avec la *Nummulites Ramondi*, au passage de Singhe-La, dans des calcaires noirs de la chaîne de l'Himalaya, à 4875 mètres de hauteur absolue. En Europe elle est fréquente dans les calcaires à Nummulites des Corbières et dans ceux de Malaga. M. Carter fait remarquer que, dans l'Inde, les *A. sphæroidea* et *ovoidea* (*elliptica*) semblent appartenir à des localités particulières et qu'elles se trouvent rarement ensemble. Sur la côte sud-est de l'Arabie elles existent aussi avec des Orbitoïdes, mais moins fréquemment que l'*A. melo.*

ORBITOIDES DISPANSA, Cart.

LYCOPHRIS DISPANSUS.. J. de C. Sowerby, *Transact. geol. Soc. of London*, 2ᵉ sér., vol. V, pl. XXIV,
               fig. 16.
ORBITOLITES DISPANSA, d'Archiac, *Hist. des progrès de la Géol.*, vol. III, p. 230. 1850.
LYCOPHRIS DISPANSUS.. sous la dénomination générique d'*Orbitoïdes*, H. J. Carter, *Journ. Bombay Branch.
               r. asiat. Soc.*, vol. V, p. 136, pl. II, fig. 23-29. 1853.

M. Carter cite, dans le Sinde, la province de Cutch et en Arabie, ce fossile, qui existe aussi dans le Béloutchistan. Suivant le même auteur, l'*O. ephippium*, J. de C. Sow., n'est encore connu que dans le pays de Cutch.

ORBITOIDES FORTISI, d'Arch.

DISCOLITHES NUMMIFORMIS, Fortis, *Mém. pour servir à l'hist. nat. de l'Italie*, vol. II, pl. II, fig. A, B, C.
     1802.
ORBITOLITES DISCUS?..... Rütimeyer, *Bibl. univ. de Genève.* Nov. 1848.
   —   Id.......... et PARMULA, Id., *Ueber das Schweiz. Numm. terrain,* pl. v, fig. 70, 71, 72
     73. 1850.
ORBITOLITES PRATTI...... Michelin, *Iconogr. zoophyt.,* pl. LXIII, fig. 14 (individu jeune).
   —   FORTISI...... d'Archiac, *Mém. Soc. géol. de France,* vol. III, 2ᵉ sér., pl. VIII, fig. 10, 11.
     1850.
   —   Id.......... Alex. Rouault, *ibid.,* pl. XIV, fig. 6.
   —   Id.......... d'Archiac, *Hist. des progrès de la Géol.,* vol. III, p. 230. 1850.
ORBITOIDES PRATTI....... H. J. Carter, *Journ. Bombay Branch. r. asiat. Soc.,* vol. V, p. 137. 1853
     (individu jeune).
ORBITOLITES ....? Id., *ibid.,* p. 139, pl. II, fig. 40, 41.

Nous avons déjà dit que les *Orbitolites parmula* et *Pratti* ne nous paraissaient être que des individus jeunes de la grande Orbitoïde de Fortis. M. Carter cite l'*O. Pratti* dans le Sinde, le pays de Cutch et l'Arabie. Les grands échantillons que nous avons de la chaîne d'Hala ne nous semblent pas différer de ceux des Pyrénées occidentales. Serait-ce le corps que décrit et figure M. Carter, fig. 40, 41? et qu'il place dans les *Orbitolites* au lieu de le réunir aux Orbitoïdes? C'est ce qui nous a paru probable, sans que nous ayons aucune certitude à cet égard, l'étude comparative de la structure du test restant encore à faire.

ORBITOLITES MANTELLI, H. J. Cart.

NUMMULITES MANTELLI, Mort., ORBITOIDES MANTELLI, d'Orb.
ORBITOLITES MANTELLI, H. J. Carter, *Journ. Bombay Branch. r. asiat. Soc.,* vol. V, p. 138, pl. II, fig. 30-
     34. 1853.

M. Carter signale cette espèce tertiaire de l'Amérique du Nord dans les couches nummulitiques du Sinde. Nous n'avons sous les yeux aucune pièce qui nous permette de juger de la certitude de ce rapprochement ni de la convenance de placer ce corps plutôt avec les Orbitolites qu'avec les Orbitoïdes.

ORBITOLITES COMPLANATA, Lam.

Pl. XXXVI, fig. 19, *a, b.*

HELICITES .... Guettard, *Mém. sur les sc. et les arts,* t. III, pl. XIII, fig. 30-32. 1770.
ORBITOLITES COMPLANATA, de Lamarck. *Syst. des Anim. sans vert.,* p. 376. 1801.
DISCOLITHES .... Fortis, *Mém. pour servir à l'hist. nat. de l'Italie,* vol. II, p. 111, pl. III, fig. 4.
     1802.
ORBULITES COMPLANATA... de Lamarck, *Hist. des Anim. sans vert.,* vol. II, p. 196. 1816. — 2ᵉ édit.,
     p. 302.
   —   Id.......... Schweigger, *Beobacht. auf naturg.* etc., tab. VI, fig. 60. 1819.
   —   Id.......... Lamouroux, *Exp. méthod. des gen. de polypiers,* pl. LXXIII, fig. 13-16. 1821.
ORBITOLITES COMPLANATA, Bronn, *Syst. der Urwelt. Pflanz.* tab. VI, fig. 18. 1821.

Obbulites complanata... E. Deslongchamps, *Encycl. méth.* (*Zooph.*), p. 584. 1824.
Orbitolites   Id....... Defrance, *Dictionn. des sc. nat.*, vol. XXXVI, p. 294, atlas, pl. xlvii, fig. 2.
                               1825.
—   Id....... de Blainville, *Man. d'Actin.*, p. 444, pl. lxxii, fig. 2. 1830.
Orbitulites   Id....... Bronn, *Leth. geogn.*, pl. xxxv, fig. 22. 1836-1837.
Orbitolites   Id....... Michelin, *Icon. Zooph.*, p. 167, pl. xlvi, fig. 4. 1845.
—   Id....... W. Carpenter, *Quart. Journ. geol. Soc. of London*, p. 30, pl. vi, fig. 23, et
                               pl. vii, fig. 30. 1850.

Les échantillons du Sinde se rapportent à la petite variété, qui est amincie autour du mamelon, central et renflée vers le bord. Par suite de cette disposition ils semblent quelquefois perforés dans leur milieu, comme Fortis l'avait remarqué et figuré depuis longtemps.

Localités. Calcaire jaune de la chaîne d'Hala (Sinde). R. — Très-commune dans le calcaire grossier des environs de Paris, du Cotentin, etc.

CYCLOLINA PEDUNCULATA , H. J. Cart.

Cyclolina pedunculata, H. J. Carter, *Journ. Bombay Branch. r. asiat. Soc.*, vol. V, p. 140, pl. ii, fig. 42, 43.

Ce corps est cité dans le Sinde par M. Carter, sans désignation de localité plus précise.

Genre RHABDELLA.

RHABDELLA MALCOLMI, nov. sp.

Pl. XXXVI, fig. 18, *a, b.*

Nous établissons ce genre pour de petits cylindres simples, droits, très-lisses extérieurement, longs d'un millimètre et demi environ et larges d'un quart de millimètre.

Leurs parois sont fort épaisses, et une section verticale montre que leur intérieur est divisé par des cloisons très-rapprochées en une série de loges comparables à celles des Nodosaires; seulement ici la surface de la coquille ne présente pas une suite de renflements et d'étranglements qui traduisent à l'extérieur l'étendue et la forme des loges.

Localités. Ce corps se trouve très-fréquemment dans la pâte du calcaire grossier de la chaîne d'Hala qui a servi au moulage des coquilles telles que *Astarte hyderabadensis, Venus granosa, V. subaglauræ*, etc. Nous l'avons également observé dans les silex roulés remplis de Nummulites de l'Apennin du Bolonais.

POLYPES.

Le manque de données suffisamment détaillées sur la répartition, dans la série des couches observées par M. Vicary, des fossiles que nous venons de décrire, nous a fait tenir compte des caractères de la roche restée adhérente aux échantillons, ou composant les moules et les contre-empreintes. Nous avons pensé que ce genre de renseignement, quelque faible qu'il soit, pourrait n'être pas inutile aux personnes qui plus tard s'occuperont plus en détail de la stratigraphie de cette partie de l'Inde; mais ayant omis ces indications lorsque nous avons traité des polypiers et des échinoïdes, nous comblerons ici cette lacune pour les fossiles de ces deux classes.

Les polypes zoanthaires que nous avons décrits provenaient tous du Sinde, c'est-à-dire de la chaîne des collines d'Hala qui borde la rive droite de l'Indus, à l'ouest d'Hyderabad. Autant qu'on en peut juger par les restes de la roche qui y adhèrent encore, ces espèces, à l'exception de trois (*Trochosmilia corniculum*, *Stylocœnia Vicaryi*, *Cycloseris Murchisoni*), qui étaient dans des calcaires compactes blanchâtres, ont été rencontrées dans un calcaire jaune, brunâtre, ferrugineux, souvent terreux, et dans lequel on observe aussi les *Operculina canalifera* et *Hardiei*, la *Rotalia Newboldi*, la *Nummulites garansensis* et probablement d'autres espèces de ce dernier genre.

ÉCHINOIDES.

Page 207. ECHINANTHUS PROFUNDUS.

Malgré ce que nous avons dit déjà (p. 207) de la variabilité des individus de cette espèce dans leur forme générale et leurs proportions relatives, nous croyons utile d'indiquer plus complétement les différences qui distinguent les deux variétés portant les n°s 2 et 3 (p. 208).

La var. *a* (n° 2) est une *variété pentagonale*, dont les bords sont plus épais et moins arrondis que dans la forme représentée pl. XIII, fig. 14. Quoique en réalité elle soit relativement aussi élevée que celle-ci, elle n'offre pas de saillie centrale, sa surface supérieure étant graduellement inclinée du centre à la circonférence. Les pétales ambulacraires sont aussi un peu plus grands et leurs zones porifères plus étroites.

La var. *b* (n° 3), au contraire, est une *variété subovalaire*, dont les bords, plus épais que dans la forme type, sont encore moins anguleux. Sa surface supérieure n'offre pas de saillie centrale, mais ce qui surtout distingue bien cet exemplaire de tous ceux que nous avons observés, c'est la forme plus courte, plus large et plus arrondie de ses pétales ambulacraires. Quoique ce caractère soit assez prononcé, nous n'avons pas osé lui attribuer une valeur spécifique, parce que dans les Échinantes vivants nous avons remarqué des différences aussi grandes dans les proportions des pétales, sur des échantillons que des formes intermédiaires rattachaient incontestablement à la même espèce. Nos doutes à ce sujet ne pourront être tout à fait éclaircis que lorsqu'on pourra comparer de la même manière un grand nombre d'exemplaires fossiles de l'Inde.

Page 214. EURHODIA CALDERI, nov. sp.

Pl. XXXVI, fig. 19.

Cette espèce, très-voisine de l'*E. Morrisi*, s'en distingue cependant par sa forme moins renflée, moins allongée, par ses ambulacres relativement plus grands et dont les zones porifères sont moins inégales, plus rapprochées et plus droites. Le périprocte est aussi plus petit, plus enfoncé et plus rapproché du disque apical.

Localité. Calcaire blanc jaunâtre de la chaîne d'Hala (Sinde).

CARACTÈRES DES ROCHES.

Nous énumérerons les échinoïdes précédemment décrits en les rapportant aux roches dans lesquelles ils semblent avoir été engagés, et en commençant par celles de ces dernières qui nous ont présenté des Nummulites ou des Operculines. A une seule exception près, tous sont du Sinde.

Calcaire grossier jaunâtre, très-dur, avec *Nummulites granulosa* et *Ramondi*, ou peut-être *Guettardi* : — *Echinolampas sindensis*.

Calcaire grossier jaune, avec *Operculina Hardiei* : — *Eupatagus patellaris, Schizaster Newboldi, Brissopsis Sowerbyi*.

Calcaire grossier blanchâtre à grains de quartz, avec *Nummulites garansensis* et *Operculina Hardiei* : — *Echinolampas discoideus*.

Calcaire blanchâtre compacte ou à grain très-fin, avec *Nummulites Guettardi* : — *Schizaster beloutchistanensis, Brissopsis Sowerbyi*.

Calcaire rouge à *Operculina Hardiei, Orbitoïdes*, etc., ressemblant beaucoup à celui de l'*Arges Murchisoni*, qui est rempli de *Nummulites Ramondi* : — *Cœlopleurus coronalis, Echinus Stracheyi*.

Calcaire rose avec *Nummulites Lucasana* et *granulosa* : — *Echinometra Forbesi*.

Calcaire grossier gris jaunâtre, dur, avec *Nummulites Leymeriei* et *Operculina Hardiei* : — *Eurhodia Morrisi*.

Calcaire compacte et spathique, grisâtre, très-dur, avec *Nummulites Guettardi* et *Leymeriei, Alveolina melo* ou *sphæroidea*, situé au-dessus des schistes charbonneux de Keurah, dans la chaîne de la Montagne de Sel, le Pendjab : — *Conoclypeus Flemingi*.

Calcaire rougeâtre, dur, à grain fin : — *Echinolampas discoideus*.

Calcaire grossier, blanchâtre : — *Eupatagus avellana, E. rostratus, Brissopsis scutiformis*.

Calcaire blanc jaunâtre : — *Hemiaster digonus*[1], *Phymosoma nummuliticum, Eurhodia Calderi*.

Calcaire grossier, jaunâtre : — *Temnopleurus tuberculatus, Cœlopleurus Forbesi, Echinolampas Jacquemonti, E. subsimilis*.

Calcaire jaune, dur : — *Temnopleurus Valenciennesi, T. Rousseaui, T. Hookeri, T. costatus, Cœlopleurus Pratti*.

Calcaire grossier, jaunâtre, en partie spathique : — *Echinolampas sphæroidalis*.

Grès quartzeux, friable, à gros grains réunis par un ciment calcaire, et calcaire grossier, jaunâtre, très-sableux : — *Echinolampas Vicaryi, Breyni et carinata, Echinanthus profundus, E. halaensis*.

BRYOZOAIRES.

PRATTIA PENDJABENSIS, nov. sp., pl. XXXV, fig. 3, *a*.

Cette espèce ne nous est connue que par un fragment de cylindre creux, dont la surface montre un grand nombre de testules complétement soudées entre elles et distinctes seulement à leur sommet. Les péristomes sont assez régulièrement disposés en quinconces ; ils sont sub-circulaires et entourés d'un bourrelet saillant, plus élevé d'un côté que de l'autre. Les péristomes ont envi-

---

1. Un certain nombre d'individus de cette espèce ont leur contour pentagonal mieux accusé que dans celui qui a été figuré pl. xv, fig. 10, et les deux angles postérieurs sont aussi plus prononcés.

ron 1/5 de millimètre. Le diamètre du cylindre est un peu plus d'un centimètre, et l'épaisseur de sa paroi est presque de 3 millim. Celle-ci montre, dans une coupe transverse, mais oblique à la direction des testules, qu'elle est formée d'un réseau ou tissu à mailles arrondies, inégales et à parois très-minces. Une coupe parallèle à la direction des testules fait voir que les mailles précédentes représentent des cellules empilées les unes sur les autres, souvent sur un seul rang et occupant tout l'espace entre deux testules consécutives. La figure 3 *a* montre la différence d'aspect que présentent les testules, suivant qu'elles sont usées ou bien conservées.

Ce bryozoaire se distingue bien de la *Pruttia glandulosa* [1] par la forme de ses péristomes, qui d'ailleurs ne sont pas géminés.

Localité. Calcaire gris compacte du Pendjab.

ACÉPHALES.

Page 236. CORBULA, indét.

Plusieurs moules provenant des marnes noires de Subathoo paraissent encore se rapporter à une Corbule différente de la *C. subexarata*. Les deux valves sont égales ou presque égales; le côté antérieur est plus rostré, le postérieur proportionnément plus court, et les crochets sont plus avancés aussi. D'après les portions de test qui subsistent, on peut juger qu'il était fort épais et rugueux à l'extérieur.

Page 238. LUCINA OSIRIDIS, Bell.

Lucina Osiridis, L. Bellardi, *Catal. ragion*, etc. (*Mem. della r. Accad. di Torino*, 2ᵉ sér., vol. XV, pl. III, fig. 3. 1853.)

En comparant plus attentivement notre *Corbis subelliptica* avec le moule d'Égypte auquel M. Bellardi a donné le nom de *Lucina Osiridis*, nous sommes très-porté à croire que ces deux corps, dont le genre reste toujours douteux, appartiennent à la même espèce.

Page 238. LUCINA PHARAONIS, Bell.

Lucina Pharaonis, Bellardi, *loc. cit.*, pl. II, fig. 12. 1853.

Plusieurs moules calcaires de la chaîne d'Hala, que nous avions d'abord confondus avec ceux de la *Corbis elliptica*, nous paraissent se rapprocher du fossile des couches nummulitiques d'Égypte.

Page 239 et pl. XVII, fig. 2, 3, 4, au lieu de LUCINA PSEUDOARGUS, lisez VENUS PSEUDOARGUS.

Les portions de charnière que nous avons pu examiner doivent faire rentrer cette coquille et ses variétés dans le genre *Venus*. C'est probablement *V. exoleta*, citée d'après M. Vicary (*antè*, p. 168).

1. D'Archiac, *Mém de la Soc. géol. de France*, 2ᵉ sér., vol. III, p. 407, pl. VIII, fig. 20. 1850.

Page 240. LUCINA INCERTA.

M. L. Bellardi, dans son catalogue raisonné des fossiles nummulitiques d'Égypte [1], ayant désigné sous le nom de *Lucina inflata* une coquille complétement différente de la nôtre, nous avons dû changer le nom que nous avions imposé à cette dernière et lui rendre celui d'*incerta*, sous lequel nous l'avions d'abord indiquée en la plaçant dans le genre *Diplodonta*.

Page 275. OSTREA SUBDELTOIDEA, nov. sp.

Nous nous étions borné à mentionner un fragment d'Huître dont le gisement nous avait paru douteux. Son aspect roulé et sa ressemblance avec l'*O. deltoidea*, Lam., avaient augmenté notre incertitude ; mais ayant trouvé depuis un autre fragment de la même espèce, adhérant d'un côté à une roche évidemment nummulitique et servant de l'autre de support à un individu complet de *Balanus sublævis*, il devenait plus que probable que cette Huître était contemporaine de la faune dont nous nous occupons. Nous la désignerons sous le nom d'*O. subdeltoidea* ; sa forme et le système de stries capillaires qui recouvrent ses deux valves égales, planes et deltoïdes, suffiront toujours pour la caractériser.

GASTÉROPODES.

Page 230. — Quelques auteurs, pour décrire une coquille turriculée, supposent la spire déroulée, et ils ont ainsi un cône au lieu d'une spirale, d'où il suit que les stries, les bandelettes, etc., parallèles à la suture des tours, sont dites *longitudinales,* et que les plis ou côtes perpendiculaires à cette même suture sont *transverses*. Mais cette manière de considérer les coquilles des gastéropodes, en substituant arbitrairement une figure de géométrie à une autre, est une pure abstraction, parfaitement inutile et contraire même à toutes les lois de l'analogie. Comment décrire, en effet, les caractères spécifiques et naturels d'un corps, en lui supposant une forme qu'il n'a jamais eue et qu'on ne peut même lui donner par aucun moyen mécanique ? Aussi considérerons-nous la direction des ornements extérieurs des univalves par rapport à leur axe de figure, et nous les dirons *longitudinaux* ou *transverses,* suivant qu'ils seront plus ou moins dans le sens de cet axe, ou bien qu'ils lui seront plus ou moins perpendiculaires.

Page 263, ligne 18, au lieu de fig. 2, lisez fig. 3.

Ibid., ligne 21, au lieu de pl. xx, lisez pl. xxii.

Page 285, ligne 23, au lieu de fig. 9, lisez fig. 6.

Page 288, ligne 23, au lieu de *Solarium affinis*, lisez *Solarium affine*.

Page 291. TROCHUS AGGLUTINANS, Lam.

Trochus agglutinans, de Lamarck, *Ann. du Mus.*, vol. IV, p. 51 et vol. VII, pl. xv, fig. 8.
— Id.......... Deshayes, *Coq. foss. des env. de Paris*, vol. II, p. 241, pl. xxxi, fig. 8-10.
— Id.......... d'Archiac, *Hist. des progrés de la Géol.*, vol. III, p. 284. 1850.

Nous rétablissons ici cette espèce omise dans notre texte, ayant mêlé par inadvertance les échantillons avec les jeunes du *T. cumulans*. La roche qui les renferme est d'ailleurs différente

1. *Mem. della r. Accad. di Torino* 2ᵉ sér., vol. XV, p. 24, pl. ii, fig. 11. 1853.

aussi. C'est un calcaire blanc grisâtre, dur, à grain assez fin, rempli de *Nummulites garansensis*, fossile qui ne se rencontre pas dans le calcaire grossier à grain de quartz, qui constitue les moules rapportés au *T. cumulans*.

Page 335. ANCILLARIA OLIVULA, Lam.

ANCILLARIA OLIVULA, de Lamarck, *Ann. du Mus.*, vol. XVI, p. 206.
   —   Id......de Lamarck, *Anim. sans vertèbres*, vol. VII, p. 415.
   —   Id......Deshayes, *Coq. foss. des env. de Paris*, vol. II, p. 735, pl. xcxvi, fig. 6, 7.

Un moule assez fruste, provenant des marnes noires de Subathoo, semble appartenir à cette espèce. C'est d'ailleurs le seul échantillon de ce genre que nous connaissions jusqu'à présent dans l'Inde.

POISSONS.

M. A. Fleming signale des dents de Squales dans un calcaire blanc à Alvéolines, de la Montagne de Sel Pendjab [1].

REPTILES.

Les débris de Sauriens trouvés par M. Vicary dans les marnes et les calcaires noirs des environs de Subathoo, semblent y être associés aux fossiles nummulitiques que nous avons décrits [2].

ADDENDA et CORRIGENDA.

À l'*Appendice* à l'histoire des Nummulites (p. 344) nous ajouterons encore que M. C. Grewingk a rencontré, en traversant l'Elbourz, de Damgan à Radkan, un calcaire exclusivement composé de Nummulites qu'il décrit et représente comme étant la *N. rotularia* Desh. (*rotularius* id., *N. Ramondi*, Defr.), et qu'il assimile à tort à la *N. lævigata* Lam. Les fig. 1 et 2 (adulte) et les grossissements (fig. 3, 4) (jeune) sont des dessins fort imparfaits [3].

Page 352, ligne 33, au lieu de fig. 19, lisez fig. 19 *bis*.

1. *On the Salt Range of the Punjaub*, avec une *introduction* par sir R. Murchison. (*Quart. Journ. geol. Soc. of London*, vol. IX, p. 189. 1853 (lu le 7 avril 1852). — Voyez aussi : *Calcutta Journ. of the asiat. Soc. of Bengal*, vol. XVII et XVIII, 1848-49. — *On the geology of a part of the Solyman range* (*Quart. Journ. geol. Soc. of London*, vol. IX, p. 346. Juin 1853).

2. *On the geology of a portion of the Himalaya mountains near Subathoo*, ibid p. 70 1853. — Voyez aussi : *On the geology of a part of Sind* par G. B. E. Frère, ibid., p. 349. — Ces divers mémoires ne nous étaient point encore parvenus, lors de la publication de notre *Résumé géologique*, pour lequel nous avions utilisé les notes manuscrites de MM. Fleming et Vicary.

3. *Die geognostichen und orogr. Verh. d. Noerdl. Persiens*, p. 112, in-8°. Saint-Pétersbourg, 1853.

RÉSUMÉ GÉNÉRAL.

La *Récapitulation du tableau de la faune nummulitique de l'Inde*, que nous donnons ci-après (page 373), montre que nous y connaissons aujourd'hui 415 espèces fossiles, plus 50 variétés; en tout 465 formes distinctes, dont 352 sont représentées dans nos planches. Ces 415 espèces sont réparties dans 116 genres, depuis les rhizopodes jusqu'aux reptiles. 197 espèces sont signalées comme nouvelles, et si l'on y ajoute 54 espèces, déjà nommées dans le *Tableau général de la faune nummulitique*, publié par l'un de nous en 1850, mais qui n'avaient été ni décrites, ni figurées, on trouve 251 espèces représentées pour la première fois dans cet ouvrage.

Des 415 espèces précédentes, dont 38 sont restées indéterminées par suite du mauvais état des échantillons, 336 ont été rencontrées dans la première région, celle de l'ouest, qui comprend le Sinde, le Béloutchistan oriental et la province de Cutch; 44 dans la seconde ou le Pendjab, particulièrement dans le massif de la Montagne de Sel; 49 dans la province de Simla, aux environs de Subathoo; et 16, dont 9 indéterminées, dans le Bengale oriental (province de Silhet). Ce dernier chiffre n'est aussi faible que parce que nous n'avons pu nous procurer les fossiles que nous savons cependant être fort répandus dans les assises nummulitiques de ce pays.

18 espèces sont communes à la première et à la seconde région; 6 à la première et à la troisième; 6 à la première et à la quatrième (ce sont toutes des rhizopodes); 2 à la troisième et à la quatrième. Il n'y en a jusqu'à présent aucune qui soit commune à la seconde et à la troisième régions malgré leur contiguïté. 36 espèces ont leurs analogues soit sur la côte orientale de l'Arabie, soit dans l'Asie occidentale, soit dans le nord de l'Égypte. Enfin 69 ou 1/6 se retrouvent dans les couches tertiaires correspondantes de l'ouest et du sud de l'Europe, et il en reste 302 qui sont propres à l'Inde.

La comparaison des espèces communes à l'Europe nous présente, dans chaque classe, des résultats très-différents. Ainsi il y a 17 rhizopodes, ou plus de la moitié du total de la classe, dont l'identité ne nous laisse aucun doute. Ce sont 3 Alvéolines, 1 Operculine, 10 Nummulites (sur 17), 1 Orbitolite, 1 Orbitoïde, 1 *Rhabdella*. Il y a 11 polypes zoanthaires sur 17 ou les 5/8; puis 5 échinoïdes ou seulement 1/8. Si l'on néglige les bryozoaires à cause de leur petit nombre, on trouve encore, après avoir éliminé les espèces indéterminées, 11 espèces d'acéphales communes ou 1/10, et 23 gastéropodes donnant pour rapport 1/7. Les céphalopodes et les crustacés n'ont point offert d'espèces communes, mais les annélides en ont présenté une très-rare. On voit d'après cela que le nombre des espèces qui se trouvent à la fois dans les dépôts synchroniques du centre de l'Asie et de l'ouest de l'Europe décroît sensiblement à mesure qu'elles appartiennent à des animaux plus élevés, et des 116 genres représentés dans l'Inde, celui des Nummulites offre à lui seul 10 espèces identiques ou 1/7 du total des espèces communes (69). Cette fraction diffère peu, comme on vient de le voir, du rapport de ces dernières à la somme des fossiles que nous connaissons actuellement en Asie.

L'importance de ces chiffres est sans doute encore très-faible, surtout pour les régions du Pendjab, de Subathoo et de Silhet, et il serait prématuré d'en vouloir déduire des conclusions autres que les généralités déjà exposées ; cependant la région occidentale peut présenter un intérêt particulier, puisque nous y connaissons 336 espèces et une trentaine de variétés suffisamment caractérisées. Pour le Sinde, les fossiles que nous avons décrits proviennent évidemment de plusieurs assises qui ne renferment pas toutes des Nummulites, mais qui toutes nous semblent appartenir au terrain tertiaire inférieur, ou bien sont comprises dans la série que nous avons désignée sous le nom de *groupe nummulitique*.

On a vu que ce dernier, dans le nord de la France, s'étendait des *lits coquilliers* du Soissonnais aux sables moyens inclusivement, tandis que dans le bassin de l'Adour, dans le nord de l'Italie, et sans doute sur beaucoup d'autres points, certaines Nummulites (*N. intermedia* et *garansensis*) avaient encore pu se propager pendant les premiers dépôts tertiaires moyens. Si, de même qu'en Europe, les Nummulites de l'Inde ne se rencontrent pas dans toutes les couches fossilifères, les diverses espèces de ce genre y occupent probablement aussi des niveaux différents.

La comparaison des fossiles rapportés du Sinde par M. Vicary, avec ceux que M. Grant avait précédemment recueillis plus au S., à l'embouchure de l'Indus, dans la province de Cutch, prouve que de part et d'autre les collines tertiaires sont composées de couches tout à fait comparables. Mais ni l'un ni l'autre de ces voyageurs n'a prétendu y voir la formation tertiaire moyenne représentée par les couches à coquilles marines sans de Nummulites.

M. H. J. Carter [1] a cependant, sans discussion ni explication, rangé dans cette formation moyenne (myocène) tous les fossiles de Soomrow, etc. (Cutch), trouvés au-dessus des assises à Nummulites, mais nous n'avons point adopté cette manière de voir pour le Sinde, non plus que pour la presqu'île de Cutch. L'ensemble des formes ne prouve pas qu'ils appartiennent à cette période, et jusqu'à une démonstration complète, nous les regarderons comme faisant partie de la formation inférieure, où en Europe beaucoup de couches remplies de fossiles ne contiennent cependant ni Nummulites, ni Operculines, ni Alvéolines, ni Orbitoïdes. Nous sommes d'autant plus confirmé dans cette conclusion, que nous avons observé des Nummulites dans les échantillons d'espèces placées, par M. Grant comme par M. Carter, dans les couches de Cutch qui n'en renferment pas (*Ostrea vesicularis, Natica angulifera, Solarium affine, Voluta jugosa, Terebellum obtusum*, etc.). Nous continuons par conséquent à ne commencer ici la formation tertiaire moyenne qu'avec les couches inférieures à ossements de grands mammifères. C'est, dans le Sinde, l'assise n° 5 de M. Vicary, dont

---

1. *Summary of the geol. of India* (*Journ. of the Bombay Branch. r. asiat. Soc.*, janv. 1854, p. 114). — Peut-être l'auteur s'en sera-t-il rapporté à l'opinion de M. Alc. d'Orbigny, qui a inséré les espèces de cette liste parmi les fossiles des faluns de la Touraine, de Bordeaux, etc. (*Prodrome de paléontologie*, vol. III, 1852).

l'épaisseur varie de 15 à 150 mètres, et qui s'étend du S. au N. sur cinq degrés de latitude du cap Monze au passage de Bholun.

La répartition des espèces de Nummulites dans les couches de l'Inde pourrait aider à établir la succession des assises; mais à cet égard nous sommes réduits à des conjectures et à des analogies prises dans d'autres pays. Ainsi tout nous porte à croire que les *Nummulites Ramondi* et *Leymerici*, l'*Alveolina ovoidea* et l'*Operculina canalifera*, qui abondent avec les moules de *Nerita Schmideliana*, caractérisent, comme en Europe, l'assise inférieure. Les *Nummulites Lucasana*, *Guettardi*, *granulosa* et *exponens*, indiqueraient peut-être un horizon plus élevé, tandis que la *N. garansensis* marquerait, comme aux environs de Dax, le dernier terme de l'existence de ces animaux.

Nous avons, autant qu'il dépendait de nous, essayé de suppléer au manque de détails stratigraphiques et de faciliter les recherches ultérieures, en mentionnant toujours les caractères pétrographiques des roches adhérentes aux fossiles, ou bien constituant leurs moules et leurs contre-empreintes. Si de plus on prend en considération la présence de certaines Nummulites dans les échantillons que nous avons étudiés, les fossiles du Sinde viendront se ranger dans trois catégories. A la première ou la plus ancienne appartiendraient les espèces avec lesquelles nous avons observé les *Nummulites Ramondi*, *Guettardi*, *Leymerici*, *granulosa*, *exponens*, *Lucasana* ou *miscella*, puis l'*Operculina canalifera* et l'*Alveolina ovoidea* [1]; à la seconde, celles aux échantillons desquelles étaient associées la *N. garansensis* et l'*Operculina Hardiei* [2]; et dans la troisième se placeraient tous les corps organisés ne renfermant aucun des rhizopodes précédents. Il resterait à déterminer si cette catégorie se trouve stratigraphiquement placée entre les deux autres, ou bien si elle occupe un niveau plus élevé dans la série. On conçoit d'ailleurs que la position de beaucoup de ces dernières espèces ne serait point par cela même déterminée, car il y en a certainement qui doivent appartenir à l'une des deux premières catégories, l'absence de Nummulites dans les

---

1. Probablement tous les polypes zoanthaires suivants : *Trochocyathus Burnesi*, *T. cyclolitoides*, *T. Vandenheckei*, *Ceratotrochus? exaratus*, *Stylophora contorta*, *Trochosmilia multisinuosa*, *Stylocœnia emarciata*, *Phyllocœnia irradians*, *Montlivaultia Jacquemonti*, *M. Granti*, *M. Vignei*, *Siderastræa funesta*, *Cyclolites Vicaryi*, *Cycloseris Perezi*.

Echinolampas sindensis, *Schizaster beloutchistanensis*, *Brissopsis Sowerbyi*, *Cœlopleurus coronalis*, *Echinus Stracheyi*, *Echinometra Forbesi*, *Eurhodia Morrisi*.

Crassatella halaensis, *corbula harpa*, *Corbis subelliptica*, *Lucina gigantea*, *Venus filifera*, *Cardium Sharpei*, *C. limæforme*, *Arca hybrida* (Cutch), *Pectunclus pecten* (Cutch.), *Chama Brimonti*, *C. Geslini*, *Mytilus nummuliticus*, *Spondylus Rouaulti*, *Ostrea vesicularis*.

Nerita Schmideliana, *Natica cepacæa*, *N. patula*, *N. sigaretina*, *N. dolium*, *Terebra contorta*, *Voluta cythara*, *V. multidentata*, *V. Humberti*, *Ovula depressa*, *O. Murchisoni*, *O. ellipsoides*, *O. expansa*, *Terebellum obtusum*, *Nautilus subfleuriausianus*, *N. Deluci*, *Serpula spirulæa*, *Arges Murchisoni*, *A. Edwarsi*.

2. Quelques-uns des polypes anthozoaires précédents, puis *Eupatagus patellaris*, *Schizaster Newboldi*, *Brissopsis Sowerbyi*, *Echinolampas discoideus* :

Pecten Labadyei, *P. Hopkinsi*, *Natica decipiens*, *N. longispira*, *N. angulifera*, *Solarium affine*, *Trochus agglutinans*, *Phasianella Oweni*, *Turritella Deshayesi*, *T. affinis*, *T. Renevieri*, *Cerithium subsemicostatum*, *Cerithium Delbosi*, *Rostellaria columbaria*, *Cassidaria carinata*, *Voluta jugosa*.

échantillons de fossiles n'étant qu'un fait accidentel et négatif qui n'exclut nullement leur présence dans la couche même d'où proviennent ces échantillons.

Quoique tous les genres de mollusques dont nous avons traité soient également très-répandus dans les dépôts tertiaires d'autres pays, et que le nombre relatif des espèces de chacun d'eux soit à peu près le même, ainsi que le rapport des bivalves aux univalves (environ les 2/3), on remarquera que certaines formes, très-fréquentes en Europe, n'ont dans le Sinde que peu ou point de représentants. Les coquilles tubicolées, de même que les *Solen*, les Érycines, les Pernes, les Avicules, les Limes et les brachiopodes, y manquent tout à fait jusqu'à présent. Les ostracées y sont peu variées. Il n'y a aucune trace de Dentales, de calyptraciens [1], de coquilles terrestres, fluviatiles, lacustres ou d'embouchure proprement dites, ou bien les dernières sont fort rares. On ne rencontre pas non plus de plicacées ni d'Ancillaires; enfin nous ne connaissons qu'une Bulle et un Pleurotome. En général cette première région, de beaucoup la plus riche, n'a point offert de formes génériques bien particulières, et il en manque un grand nombre qui sont communes ailleurs dans les dépôts du même âge.

Les roches de la seconde région ou du Pendjab, sur les flancs de la Montagne de Sel, si différentes pétrographiquement des roches de la première, s'y rattachent néanmoins par des espèces communes, pour la plupart caractéristiques des assises inférieures (*Nummulites granulosa*, *Leymerici*, *Guettardi*, etc. *Alveolina sphæroidea*, *Neritina Schmideliana*, *Natica dolium*, *Phasianella Oweni*, *Terebra contorta*, *Terebellum distortum*, etc.). Nous n'y connaissons d'ailleurs ni polypes, ni céphalopodes, ni annélides, ni crustacés, et les échinodermes n'y sont représentés que par le *Conoclypeus Flemingi* et quelques autres espèces indéterminées. Les formes de mollusques acéphales et gastéropodes qui dominent dans les couches de la première région où manquent les Nummulites, ne paraissent pas se montrer dans la seconde.

Les marnes et les calcaires marneux noirs de Subathoo se distinguent également bien de ceux des régions précédentes, et les fossiles qu'ils renferment nous ont offert, avec une très-grande abondance d'individus, des types assez particuliers, surtout dans la famille des conchacées. La multiplicité de ces formes sur un seul point est très-remarquable ; malheureusement leur état ne nous a pas permis d'en assigner avec toute certitude la place zoologique, faute de caractères assez nettement prononcés. Quelques types de gastéropodes ne sont pas non plus sans intérêt ; mais les polypes zoanthaire, les échinodermes, les bryozoaires, les céphalopodes, les annélides et les crustacés, manquent jusqu'à présent dans ces marnes.

Quant à la région de Silhet, on a déjà dit que n'ayant pu observer encore les fossiles des autres classes, nous n'avions établi son parallélisme avec les dépôts de l'ouest que d'après l'identité des espèces de Nummulites et d'Alvéolines, et il en est de même pour une cinquième région dont nous avons signalé des traces au nord de l'axe principal de l'Himalaya.

---

1. Nous avons cité (*anté*, p. 168) des Hipponices, d'après M. Vicary, mais nous n'en avons trouvé aucun échantillon dans ses collections

Enfin pour compléter le *Résumé géologique* dont nous avons fait précéder la description des fossiles (*antè*, p. 165), nous dirons quelques mots de l'*Esquisse générale des caractères physiques et géologiques de l'Inde britannique*, que vient de publier M. G. B. Greenough [1].

Sous la désignation commune d'*Éocène*, *London clay*, *Nummulite*, une teinte *gris verdâtre* recouvre, dans cette carte, toute la moitié sud de la presqu'île de Cutch, en formant un croissant dont la convexité est tournée au midi et qui est limité au nord par les dépôts plus récents de la plaine du Sinde. A partir des bouches de la Sala, principale branche de l'Indus, la teinte, qui représente ainsi la formation tertiaire inférieure, constitue une large bande se dirigeant au N., bornée à l'E. par les chaînes de Keertar et d'Hala, à l'O. par une zone jurassique. L'une et l'autre traversent ainsi le Béloutchistan pour s'étendre dans l'Afghanistan jusqu'à Caboul, par 34° 50′, lat. N. Sous le 29° degré, la chaîne de Solyman, sur le prolongement septentrional de celle d'Hala, est composée de la même manière.

Ces dépôts tertiaires, qui s'appuient aussi contre la chaîne granitique des Montagnes Blanches (Sufeid-Kob), dirigées E.-O. par 34° lat., passent par Peshawer et Attock pour s'infléchir à l'E.-S.-E., le long des roches primaires ou syénitiques. Ils sont séparés des dépôts plus récents situés au S. par les chaînes flexueuses, triasiques et carbonifères, de la Montagne de Sel et du mont Tilla, dans le Pendjab, dirigées elles-mêmes N.-O., S.-E., et coupant presque perpendiculairement le cours de l'Indus [2]. La haute vallée de Cachemire, d'où descend le Jéloum, serait encore occupée par des dépôts tertiaires anciens, de même qu'un petit bassin situé plus au nord appelé plaine de Deorsoe.

A l'est du mont Tilla la bande tertiaire continue à longer le pied de l'Himalaya, dans la province de Simla, en passant par Subathoo et comprenant les collines Sewalik avec leurs dépôts à ossements de grands mammifères. Elle est indiquée ensuite sans interruption jusque sur la rive droite du Bramapooter. Une bande étroite des mêmes dépôts existerait encore au nord de l'axe principal de l'Himalaya. A partir des sources du Setledge, cette bande, comprise entre des couches jurassiques au S. et des roches trappéennes au N., se dirige au N.-O. comme la rivière, puis se bifurque au delà du mont Purguil qui en est composé, à 6900 mètres d'altitude, pour former deux branches étroites remontant parallèlement à la haute vallée de l'Indus située au N.-E. L'une de ces branches, comprise entre des roches siluriennes au S.-O. et des roches cristallines au N.-E., atteint le Zangskar; l'autre, dans le district de Ladak, est limitée de chaque côté par des schistes cristallins.

La même teinte borde au S. le pied du massif primaire qui, dirigé E.-O, longe la rive gauche de Bramapooter dans la dernière partie de son cours. Dans la falaise qui borde ce fleuve, le long des monts Caribari, on a observé des dents et des

---

1. *General Sketch of the phys. and geol. features of British India*. Cette carte en neuf feuilles ne porte ni échelle, ni date, ni lieu de publication.

2. On a vu (*anté*. p. 172), que M. A. Fleming avait signalé dans ces chaînes les formations jurassique et dévonienne qui ne se trouvent point représentées sur cette carte, tandis qu'on y remarque du trias que M. Fleming ne mentionne pas. (Voyez aussi les mémoires de ce dernier géologue, indiqués p. 356 *nota*.)

vertèbres de Squales, de Balistes, de *Diodon*, de Crocodiles, des restes de petits quadrupèdes, des Huîtres, des Cérites, des Turritelles, des Balanes, etc. Mais rien ne prouve que ces fossiles appartiennent à la période tertiaire inférieure. Un peu plus à l'E. sont mentionnées des coquilles analogues à celles de l'île de Sheppey, dans une zone couverte d'une teinte d'*encre de Chine*[1] qui paraît représenter ici les dépôts de combustible associés ou supérieurs aux couches nummulitiques de la plaine de Silhet, et qui se trouvent ainsi placés entre ces dernières et les schistes cristallins des montagnes de Laour et de Naga. Non loin du gisement coquillier précédent il existe dans la même zone des *septaria* et des bois fossiles. Enfin plus au S., dans la vallée et sur les bords de l'Irawadi, du 22ᵉ au 18ᵏ degré lat. S., on voit marqués plusieurs lambeaux attribués au *London clay*[2].

Ainsi la carte géologique de M. Greenough confirme pleinement les aperçus que nous avions donnés nous-mêmes à plusieurs reprises, et ne fait que relier en quelque sorte les diverses régions fossilifères provisoirement établies pour les besoins de notre travail paléontologique.

En l'absence d'un texte explicatif, de coupes générales ou particulières, et de l'indication des sources nombreuses où l'on a dû puiser, nous nous abstiendrons de tout jugement sur cette carte où l'auteur a, fort habilement d'ailleurs, coordonné les matériaux publiés ou mis à sa disposition. Nous ferons remarquer cependant que sous la même teinte ont été compris, non-seulement les dépôts nummulitiques et ceux qui, placés au-dessus, sont remplis de fossiles marins sans Nummulites, mais encore tous les dépôts à ossements de grands mammifères, avec les grès et les conglomérats qui les accompagnent, tant à l'O., sur la rive droite de l'Indus, dans les chaînes de Keertar, d'Hala et de Solyman, qu'au N. dans la Montagne de Sel, et à l'E. autour de Subathoo, dans les collines Sewalik, etc. Une explication succincte ou même théorique eût été aussi fort utile pour faire comprendre comment, aux dépôts nummulitiques de la plaine de Silhet, succèdent les couches charbonneuses avec des fossiles de l'île de Sheppey, et pour indiquer quels sont ces schistes cristallins des montagnes de Laour et de Khossya, sur la teinte rouge desquels on voit mentionnée la présence de coquilles du bassin de Paris.

Quant aux listes de fossiles tertiaires insérées sur les feuilles de *Bombay* et du *Sinde*, on doit regretter qu'elles aient été écrites avec si peu d'attention, que souvent les noms de genres et d'espèces n'y sont pas reconnaissables.

---

1. Cette teinte a été omise sur la légende des couleurs de la *feuille de Bombay*.

2. Sous la désignation de *Coquilles fossiles dans des cherts*, M. Greenough a marqué (feuilles de Calcutta et de Madras) tous les points, depuis Jubalpoor, au N. de la Nerbuddah, jusqu'à la vallée de la Kistnah, c'est-à-dire dans les provinces de Bérar, de Boeder et d'Hydrabad, où l'on a observé, à la surface des trapps, des granites ou des schistes cristallins, ces dépôts remplis de coquilles lacustres, peu épais mais constamment dérangés par les roches ignées, que nous avons supposés pouvoir représenter, dans cette partie de l'Inde, les couches tertiaires inférieures marines, situées au N., à l'E. et à l'O. (Voy. *anté*, p. 179 et *Hist. des progrès de la Géologie*, vol. II, p. 981. 1849.) Il est assez singulier qu'aucun d'eux n'ait encore été signalé reposant sur les calcaires ni sur les grès diamantifères de l'époque secondaire.

TABLEAU
DE LA
FAUNE NUMMULITIQUE DE L'INDE.

GENRES.	CLASSES, ORDRES ET ESPÈCES.	1re région. Sinde, Béloutchistan, Cutch.	2e région. Pendjab.	3e région. Subathoo.	4e région. Bengal oriental (Silhet).	Espèces communes à l'Europe occidentale et méridionale.	Pages.	Planches, Figures.	OBSERVATIONS.
	RHIZOPODES (FORAMINIFÈRES).								
MILIOLA.	indét.	*					347		
ROTALIA.	*Newboldi*, nov. sp.	*					347	XXXVI, 17.	
ALVEOLINA.	*melo*, d'Orb. (voy. la synonymie)	*	*?			*	182,348		Arabie.
—	*sphæroidea*, Cart (voy. la synonymie)	*	*			*	182,348		Arabie.
—	*ovoidea*, d'Orb. (voy. la synonymie)	*	*		*	*	182,349		Dans l'Hymalaya, à 4875 m. d'altitude.
CYCLOLINA.	*pedunculata*, H. J. Cart., pl. II, fig. 42, 43.	*					351		
OPERCULINA.	*canalifera*, d'Arch.	*				*	182,346	XII, 1. XXXV, 5. XXXVI, 15, 16.	
—	*tattaensis*, nov. sp. (voy. Cart., pl. II, fig. 3, 4).	*					347		
—	*Hardiei*, nov. sp.	*					346	XXXV, 6.	
NUMMULITES.	*Lyelli*, nov. sp., var. *b*.	*					96,180	II, 10.	C'est probablement une espèce particulière.
—	*sublævigata*, nov. sp.	*					106,180	IV, 8.	
—	*garansensis*, Jol. et Leym.	*				*	161,344	III, 6, 7.	Thrace.
—	*Carteri*, nov. sp. (voy. Cart., pl. II, fig. 9, 10).	*					343,344		
—	*scabra*, Lam.	*			*	*	107,180	IV, 9-12.	Asie Mineure.
—	*obtusa*, J. de C. Sow.	*			*		122,180	VI, 13.	Maskate.
—	*Lucasana*, Defr.	*			*	*	124,180	VII, 5.	Égypte, var. *b*, Asie Mineure.
—	Id., var. *c*.			*			124,180	VII, 10.	
—	*Ramondi*, Defr.	*				*	128,181	VII, 13.	Dans l'Himalaya, à 4875 m. d'altitude, Thrace, Crimée, Asie Mineure, Syrie, Perse, Égypte.
—	*Guettardi*, nov. sp.	*	*			*	130,345	VII, 18.	Égypte.
—	*biaritzensis*, d'Arch.		*?			*	131,181	VIII, 4.	Thrace, Asie Mineure, Égypte.
—	*Beaumonti*, nov. sp.			*	*		133,181	VIII, 1-3.	Égypte.
—	*Vicaryi*, nov. sp.	*					139,181	IX, 1.	
—	*exponens*, J. de C. Sow.	*			*	*	148,181	X, 1-10.	Cachemire et Asie Mineure.
—	*granulosa*, d'Arch.	*	*			*	151,181	X, 11-19.	Thrace, Crimée, Asie Mineure, Égypte!
—	*Leymeriei*, nov. sp.	*	*			*	150,345	XI, 9-12.	Crimée.
—	*spira*, Roissy.	*			*	*?	155,181	XI, 1-3.	
—	*miscella*, nov. sp.	*					345	XXXV, 4.	
ORBITOIDES.	*dispansa*, Cart., pl. II, fig. 23-29.	*	*				349		Arabie.
—	*ephippium*, Cart., J. de C. Sow., pl. XXIV, fig. 15.	*							
—	*Fortisi*, d'Arch. (Mém. Soc. géol., 2e sér., vol. III, pl. VIII, fig. 10, 11.)	*	*			*	350		Arabie, Asie Mineure, Crimée.
ORBITOLITES.	*complanata*, Lam.	*				*	350	XXXVI, 19.	Est-ce bien l'espèce des États-Unis!
—	*Mantelli*, Cart., pl. II, fig. 30, 34.	*					350		
RHABDELLA.	*Malcolmi*, nov. sp.	*				*	351	XXXVI, 18.	
	POLYPES.								
	ZOANTHAIRES.								
TROCHOCYATHUS.	*Burnesi*, J. Haime.	*					183	XII, 2.	
—	*cyclolitoides*, M. Edw. et J. Haime (voy. la synonymie).	*				*	184		
— ?	*Vandenheckei*, M. Edw. et J. Haime.	*				*	184	XII, 3.	
CERATOTROCHUS ?	*exaratus*, M. Edw. et J. Haime (voy. la synonymie).	*				*	185		
STYLOPHORA.	*contorta*, J. Haime (voy. la synonymie).	*				*	186		

GENRES.	CLASSES, ORDRES ET ESPÈCES.	1re région. Sinde, Béloutchistan, Cutch.	2e région. Pendjab.	3e région. Sabathoo.	4e région. Bengal oriental (Silhet).	Espèces communes à l'Europe occidentale et méridionale.	Pages.	Planches, Figures.	OBSERVATIONS.
TROCHOSMILIA...	*corniculum*, M. Edw. et J. Haime (voy. la synonymie).	*				*	187		
— ?	*multisinuosa*, M. Edw. et J. Haime (voy. la synonymie).	*				*	187		
STYLOCOENIA...	*emarciata*, M. Edw. et J. Haime (voy. la synonymie).	*				*	188		Égypte.
—	*Vicaryi*, J. Haime.	*				*	189	XII, 4.	
PHYLLOCOENIA...	*irradians*, M. Edw. et J. Haime (voy. la synonymie).	*				*	190		
MONTLIVAULTIA..	*Jacquemonti*, nov. sp.	*					190	XII, 6.	
—	*Granti*, nov. sp.	*					191	XII, 5.	
—	*Vignei*, nov. sp.	*					191	XII, 7.	
SIDERASTRÆA...	*funesta*, M. Edw. et J. Haime (voy. la synonymie).	*				*	192		
CYCLOLITES...	*Vicaryi*, J. Haime.	*					192	XII, 8.	
CYCLOSERIS...	*Perezi*, J. Haime (voy. la synonymie).	*				*	193		
PACHYSERIS...	*Murchisoni*, nov. sp.	*					194	XII, 9.	
	ÉCHINODERMES.								
	ÉCHINOÏDES.								
CIDARIS...	*Verneuili*, d'Arch.	*					195	XIII, 1.	
—	*halaensis*, nov. sp.	*					196	XIII, 2.	
—	*serrata*, d'Arch. (*Mém. Soc. géol.*, 2e sér., vol. III, pl. x, fig. 6 (baguette).)	*				*			Béloutchistan, Égypte !
—	indét (baguettes).	*					197	XIII, 3.	
PHYMOSOMA...	*nummuliticum*, nov. sp.	*					197	XIII, 4.	
COELOPLEURUS...	*coronalis*, T. Klein, pl. iv, fig. D, E.	*				*	198		
—	*Pratti*, nov. sp.	*					199	XIII, 5.	
—	*Forbesi*, nov. sp.	*					200	XIII, 6.	
ECHINUS...	*Stracheyi*, nov. sp.	*					201	XIII, 12.	
TEMNOPLEURUS.	*Valenciennesi*, d'Arch.	*					203	XIII, 7.	
—	*Hookeri*, nov. sp.	*					203	XIII, 8.	
—	*costatus*, nov. sp.	*					204	XIII, 9.	
—	*Rousseaui*, d'Arch.	*					205	XIII, 10.	
—	*tuberculosus*, nov. sp.	*					206	XIII, 11.	
ECHINOMETRA..	*Thomsoni*, nov. sp.	*					207	XIII, 13.	
—	*Sowerbyi*, nov. sp. (*Echinus, dubius*, J. de C. Sow., pl. xxiv, fig. 18, non *E.* id. Ag.).	*							
ECHINANTHUS...	*profundus*, nov. sp.	*					207	XIII, 14.	
—	Id., var. *a*.	*					352		
—	Id., var. *b*.	*					352		
—	*halaensis*, nov. sp.	*					208	XIV, 1.	
—	*depressus*, nov. sp. (*Clypeaster*, id., J. de C. Sow., pl. xxiv, fig. 26).	*							
—	*oblongus*, nov. sp. (*Clypeaster*, id., J. de C. Sow., pl. xxiv, fig. 25).	*							
ECHINOLAMPAS..	*discoideus*, d'Arch.	*					209	XIV, 3.	
—	*sindensis*, d'Arch.	*					210	XIV, 2.	
—	*sphæroidalis*, d'Arch.	*					210	XIV, 6.	
—	*Jacquemonti*, nov. sp.	*					211	XIV, 5.	
—	*subsimilis*, d'Arch. (*Mém. Soc. géol.*, 2e sér., vol II, pl. vi, fig. 4.)	*				*	212		Égypte.
—	*Vicaryi*, d'Arch.	*					213	XIV, 4.	
EURHODIA...	*Morrisi*, nov. sp.	*					214	XIV, 7.	
—	*Calderi*, nov. sp.	*					352, 356	XXXVI, 19 bis.	
CONOCLYPEUS.	*Flemingi*, nov. sp.		*				215	XV, 1.	
—	*pulvinatus*, d'Arch. (*Galerites*, id., J. de C. Sow., pl. xxiv, fig. 19).	*							

GENRES.	CLASSES, ORDRES ET ESPÈCES.	1re région. Sinde, Béloutchistan, Catch.	2e région. Pendjab.	3e région. Subathoo.	4e région. Bengal oriental (Silhet).	Espèces communes à l'Europe occidentale et méridionale.	Pages.	Planches, Figures.	OBSERVATIONS.
Conoclypeus.	varians, nov. sp. (Clypeaster, id. J. de C. Sow., pl. xxiv, fig. 21, Pygurus, id. d'Orb. Prod. ii, 331).	*							
Brevnia.	carinata, nov. sp.	*					216	xv, 4.	
Eupatagus.	patellaris, d'Arch.	*					217	xv, 6.	
—	rostratus, d'Arch.	*					218	xv, 3.	
—	avellana, nov. sp.	*					218	xv, 8.	
Brissus?	elongatus, d'Arch. (Spatangus, id. J. de C. Sow. pl. xxiv, fig. 24).	*							
Brissopsis?	sculiformis, d'Arch.	*					219	xv, 5.	
— ?	Sowerbyi, d'Arch.	*					220	xv, 7.	
Hemiaster.	digonus, d'Arch.	*					220	xv, 10.	
Schizaster.	beloutchistanensis, nov. sp.	*				*	221	xv, 9.	
—	Newboldi, nov. sp.	*				*	222	xv, 2.	
—	obliquatus, d'Orb. (Spatangus, id. J. de C. Sow. pl. xxiv, fig. 22).	*							
	MOLLUSQUES. BRYOZOAIRES.								
Eschara.	halaensis, nov. sp.	*					225	xxxvi, 1.	
—	Thomsoni, nov. sp.	*					226	xxxvi, 2.	
Discoflustrella.	Vandenheckei, d'Orb.	*	*			*	226	xxxvi, 3.	
Escharina.	Stracheyi, nov. sp.	*					226	xxxvi, 4.	
Membranipora.	Hookeri, nov. sp.	*					227	xxxvi, 5.	
Cellepora.	mamilligera, nov. sp.	*					229	xxxvi, 6.	
Prattia.	pendjabensis, nov. sp.		*				353	xxiv, 3.	
	ACÉPHALES.								
Teredo?	indét.		*				232		
Panopæa?	subelongata, nov. sp.			*			232	xvi, 2.	
Pholadomya.	Puschi, Gold., vol. ii, p. 273, pl. clviii, fig. 3.	*				*	232		
—	halaensis, d'Arch.	*					233	xvi, 1.	
Mactra.	dubia, d'Arch.	*					233	xvi, 12.	
Crassatella.	sindensis, nov. sp.	*					234	xvi, 3.	
—	halaensis, nov. sp.	*					234	xvi, 4.	
—	salsensis, nov. sp.		*				234	xvi, 5.	
Cobbula.	trigonalis, J. de C. Sow.	*					235	xvi, 6, 7.	
—	subexarata, d'Arch.	*		*			235	xvi, 10, 11.	
—	harpa, nov. sp.	*					236	xvi, 8, 9.	
—	subrugosa, d'Orb. (C. rugosa, J. de C. Sow. pl. xxv, fig. 5, non C. id. Lam.).	*							
—	indét.			*			354		
Tellina.	exarata, J. de C. Sow. pl. xxv, fig. 6.	*					236		
—	subdonacialis, nov. sp.	*					237	xvii, 1 bis.	
Corbis?	elliptica, nov. sp.	*					237	xvi, 13.	
— ?	subelliptica, nov. sp. an. Lucina Osiridis, Bell.? (Mém. acad. de Turin, 2e sér., vol. IV, pl. iii, fig. 3).	*					238,354	xvi, 13.	Égypte !
Lucina.	mutabilis, Lam., Desh., v. I, pl. xiv, fig. 6, 7.	*				*	238		Asie Mineure.
—	gigantea, Desh., vol. I, pl. xv, fig. 11, 12.	*				*	238		
—	Bellardii, d'Arch.	*					239	xvii, 1.	
—	pseudoargus, nov. sp. (voy. Venus id. posteà).	*					239,354	xvii, 2.	
—	Id., var. a.	*					239	xvii, 3.	
—	Id., var. b.	*					239	xvii, 4.	
—	incerta, nov. sp. (voy. Appendice).	*	*				240,355	xvi, 15, 16. xxxvi, 7, 8.	
—	Vicaryi, nov. sp.	*					240	xvii, 5.	
—	subvicaryi, nov. sp.	*					241	xvii, 6.	

GENRES.	CLASSES, ORDRES ET ESPÈCES.	1re région. Sinde, Béloutchistan, Catch.	2e région. Pendjab.	3e région. Subathoo.	4e région. Bengal oriental (Silhet).	Espèces communes à l'Europe occidentale et méridionale.	Pages.	Planches, Figures.	OBSERVATIONS.
LUCINA.	*Pharaonis*, Bell. (*Mém. acad. de Turin*, 2e sér., vol. XV, pl. ii, fig. 12.)	*					354		Égypte.
—	*pendjabensis*, nov. sp.		*				241	XVII, 9.	
—	*noorpoorensis*, nov. sp.		*				241		
—	indét.		*				242		
DONAX.	*crassa*, nov. sp.			*			242	XX, 9.	
ASTARTE.	*hyderabadensis*, nov. sp.	*					242	XVI, 17.	
CYPRINA ?	*subathooensis*, nov. sp., type.			*			243	XIX, 1, 2, 3.	
—	Id., var. *a*.			*			243	XIX, 4, 5.	
—	Id., var. *b*.			*			243	XIX, 6, 7.	
—	Id., var. *c*.			*			243	XIX, 10.	
—	Id., var. *d*.			*			243	XIX, 9.	
—	Id., var. *e*.			*			243	XIX, 8.	
—	formes voisines.			*			243	XIX, α, β, γ, δ.	
—	*transversa*, nov. sp.			*			244	XVIII, 9, 10.	
—	Id., var. *a*.			*			244	XVIII, 11.	
—	Id., var. *b*.			*			244	XVIII, 12.	
—	*semilunaris*, nov. sp.			*			245	XVIII, 13,14,15.	
VENUS.	*granosa*, J. de C. Sow., pl. xxv, fig. 7.	*					245		Asie Mineure.
—	*cancellata*, J. de C. Sow., pl. xxv, fig. 7*.	*					245		
—	*non scripta*, J. de C. Sow.	*					246	XVII, 7.	
—	*subvirgata*, d'Orb.	*					246	XVII, 10.	
—	*subaglauræ*, nov. sp.	*					246	XVIII, 5.	
—	*hyderabadensis*, nov. sp.	*					247	XVII, 8.	
—	*astarteoides*, nov. sp.	*					247	XVIII, 1.	
—	*filifera*, nov. sp.	*					247	XVIII, 2.	
—	*Pratti*, nov. sp.	*					248	XVIII, 4.	
—	*subovalis*, d'Arch.	*					248	XVIII, 3.	
—	*cyrenoides*, nov. sp.	*					248	XVII, 11.	
—	*pseudoargus*, nov. sp., *Lucina* id. ante.	*					354	XVII, 2, 3, 4.	
—	*gumberensis*, nov. sp.			*			249	XVIII, 6, 7.	
—	Id., var. *a*.			*			249	XVIII, 8.	
—	*subgumberensis*, nov. sp.			*			249	XX, 1.	
—	*pseudonitidula*, nov. sp.			*			249	XX, 2.	
—	*Everesti*, nov. sp.			*			250	XX, 3.	
—	*subeveresti*, nov. sp.			*			250	XX, 4.	
—	*subcyrenoides*, nov. sp.			*			250	XX, 5.	
—	Id., var. *a*.			*			250	XX, 6.	
—	*nucleus*, nov. sp.			*			251	XX, 7.	
—	*semicircularis*, nov. sp.			*			251	XX, 8.	
CARDITA.	*obliqua*, d'Arch.	*					251	XXI, 8.	
—	Id., var. *a*.	*					252	XXI, 9.	
—	*subcomplanata*, d'Arch.	*					252	XXI, 10.	
—	Id., var. *a*.			*			252	XXI, 11.	
—	*Dufrenoyi*, d'Arch.	*					252	XXI, 13.	
—	*Beaumonti*, d'Arch.	*					253	XXI, 14.	
—	*ovoides*, nov. sp.	*					253	XXI, 12.	
—	*Keyserlingi*, nov. sp.	*					254	XXI, 15, 16.	
— ?	*funiculosa*, nov. sp.	*					254	XXI, 17.	
—	*Sowerbyi*, d'Orb. (*C. intermedia*, J. de C. Sow., pl. xxv, fig. 10; non *C.* id. Lam., Brocc.).	*							
—	*Viquesneli*, nov. sp.		*				255	XXI, 7.	
—	indét.		*				255		
—	*depressa*, nov. sp.			*			255	XXI, 1.	
—	Id., var. *a*.			*			255	XXI, 2.	

GENRES.	CLASSES, ORDRES ET ESPÈCES.	1re région. Sinde, Béloutchistan, Cutch.	2e région. Pendjab.	3e région. Subathoo.	4e région. Bengal oriental (Silhet).	Espèces communes à l'Europe occidentale et méridionale.	Pages.	Planches, Figures.	OBSERVATIONS.
CARDITA	*mutabilis,* nov. sp.				*		256	XXI, 3-6.	
CARDIUM	*ambiguum?* J. de C. Sow., pl. xxiv, fig. 2.	*					256		
—	*Brongniarti,* d'Arch.	*					256	XXIII, 6.	
—	*halaense,* nov. sp.	*	*				257	XXI, 19.	
—	Id., var. *a.*	*					257	XXI, 20.	
—	*Austeni,* nov sp.	*	*				257	XXI, 18.	
—	*Greenoughi,* nov. sp.	*					258	XXI, 21.	
—	*Sharpei,* nov. sp.	*					258	XXIII, 1.	
—	*Picteti,* nov. sp.	*					259	XXIII, 2.	
—	Id., var.?	*					259	XXIII, 3 *b.*	
—	*Salteri,* nov. sp.	*					259	XXIII, 3.	
—	*anomale,* Math.	*				*	259	XXIII, 4.	
—	*limæforme,* nov. sp.	*					260	XXIII, 5.	Asie Mineure.
—	*Bunburyi,* nov. sp.	*					260	XXIII, 7.	
—	*Horneri,* nov. sp.	*					260	XX, 16.	
—	*intermedium,* J. de C. Sow., pl. xxiv, fig. 1.	*							
—	*triforme,* id., pl. xxv, fig. 11.	*							
—	*Jacquemonti,* nov. sp.				*		261	XX, 15.	
—	indét.					*	177		
CYPRICARDIA	*Carteri,* nov. sp.	*					261	XX, 14.	
—	*Vicaryi,* nov. sp.			*			261	XX, 11.	
—	Id., var. *a.*			*			261	XX, 12, 13.	
—	*faba,* nov. sp.			*			262	XX, 10.	
ARCA	*hybrida,* J. de C. Sow.	*					262	XXII, 1.	
—	*peethensis,* d'Arch.	*					263	XXII, 2, 3.	
—	*kurracheensis,* d'Arch.	*					263	XXII, 4.	Indiquée à tort pl. xx.
—	*subfiligrana,* nov. sp.	*					264	XXII, 12.	
—	*Burnesi,* d'Arch.	*					264	XXII, 5.	
—	*larkhanaensis,* d'Arch.	*					264	XXII, 6, 7, 8.	
—	Id., var. *a.*	*					265	XXII, 9, 10.	
—	Id., var. *b.*	*					265	XXII, 11.	
—	*radiata,* J. de C. Sow., pl. xxv, fig. 12.	*							
—	indét.				*		265		
PECTUNCULUS	*pectin,* J. de C. Sow.	*					265	XXII, 13.	
—	*lima,* nov. sp.	*					266	XXII, 14.	
NUCULA	*margaritacea,* Lam., var?	*				*	266	XXII, 15.	
—	*Studeri,* d'Arch.	*					266	XXII, 16, 17.	
—	*babaensis,* J. de C. Sow., pl. xxiv, fig. 5.	*							
CHAMA	*Brimonti,* nov. sp.	*					267	XXIII, 9.	
—	*Geslini,* nov. sp.	*					267	XXIII, 8.	
—	indét.	*							
MYTILUS	*lithophagus,* Linn.? (*Modiola,* id.; Desh.. vol. I, p. 267, pl. xxxviii, fig. 10-12.)	*				*	268		Égypte, Asie Mineure.
—	*subublusus,* d'Arch.	*					268	XXIII, 13.	
—	*nummuliticus,* nov. sp.	*					269	XXIII, 12.	
—	indét (*Modiola*).				*		177		
PECTEN	*corneus,* Sow.?	*				*?	269	XXIII, 10.	
—	Id., ? (jeune).	*					269	XXII, 11.	
—	*Bouei,* d'Arch.	*					269	XXIV, 1.	
—	Id., var. *a.*	*					270	XXIV, 1 *b.*	
—	*Favrei,* d'Arch.	*					270	XXIV, 5.	
—	*Labadei,* nov. sp.	*					271	XXIV, 2.	
—	*Hopkinsi,* nov. sp.	*					271	XXIV, 3, 4.	
—	*articulatus,* J. de C Sow., pl. xxv, fig. 15.	*							
—	*lævirostatus,* J. de C. Sow., pl. xxiv, fig. 6.	*							

GENRES.	CLASSES, ORDRES ET ESPÈCES.	1re région. Sinde, Béloutchistan, Cutch.	2e région. Pendjab.	3e région. Subathoo.	4e région. Bengal oriental (Silhet).	Espèces communes à l'Europe occidentale et méridionale.	Pages.	Planches, Figures.	OBSERVATIONS.
PECTEN	soomrowensis, J. de C. Sow., pl. xxv, fig. 14.	*							
—	indét.	*							
—	indét.	*							
—	indét.				*		177		
AVICULA	Rutimeyri, nov. sp.			*			271	XXXVI, 9.	Gisement très-incertain.
SPONDYLUS	Rouaulti, d'Arch.	*					272	XXIV, 6.	
—	Id., var. a.	*					273	XXIV, 7.	
—	Id., var. b.	*					272	XXIV, 8.	
—	Tatlavignesi, d'Arch.	*					272	XXIV, 9.	
—	Id., var. a.	*					272	XXIV, 10.	
—	geniculatus, nov. sp.	*					273	XXIV, 11, 12.	
—	indét.	*							
OSTREA	multicostata, Desh., var.	*				*	273	XXIV, 14.	Égypte.
—	vesicularis, Lam., Al. Brong., pl. iii, fig. 5.	*				*	274		Craie blanche, etc.
—	lingua, J. de C. Sow., pl. xxv, fig. 20.	*					274		
—	subdeltoidea, nov. sp.	*					275, 355		
—	angulata, J. de C. Sow., pl. xxv, fig. 17.	*							
—	callifera, Lam., J. de C. Sow., pl. xxiv, 7.	*				*			Peut-être O. gigantea, jeune?
—	orbicularis, J. de C. Sow., pl. xxiv, fig. 8. (O. Martinsi, d'Arch. Mém. soc. géol., vol. III, 2e sér., pl. xiii, fig. 25).	*				*			
—	tubifera, J. de C. Sow., pl. xxv, fig. 19.	*							
—	Flemingi, nov. sp.		*				275	XXIII, 14, 15.	
—	indét.				*		177		
HINNITES?	indét.	*					275		Gisement douteux.
VULSELLA	legumen, nov. sp.	*					276	XXIV, 13.	
TEREBRATULA	indét.				*		177		
	GASTÉROPODES.								
BULLA	Fortisii, Al. Brong., pl. ii, fig. 1 (B. lignaria, J. de C. Sow., pl. xxvi, fig. 1).	*				*			Égypte.
PHYSA?	nummulitica, nov. sp.			*			277	XXXIV, 3, 4.	
MELANIA	Stygii, Al. Brong.	*				*	277	XXV, 1.	
—	marginata, Lam.		*			*	278	XXV, 2.	
—	indét.				*		177		
NERITA	Schmideliana, Chemn.	*	*			*	278	XXV, 3, 4, 5. XXVII, 16.	Égypte, Bassin inférieur de l'Araxes.
—	affinis, nov. sp.	*					279	XXV, 6, 7.	
—	noorpoorensis, nov. sp.		*				279	XXV, 8.	
—	haliotis, nov. sp.		*				279	XXV, 9.	
PILEOLUS	indét. (sous le nom de P. plicatus).				*		177		
NATICA	glaucinoides, Desh.? var.	*		*		*	280	XXV, 10, 11.	
—	cepacœa, Lam.?	*				*	280	XXV, 14, 15.	
—	patula, Desh.?	*				*	281	XXV, 17, 18.	Égypte.
—	sigaretina, Desh.?	*				*	281	XXV, 19.	Égypte.
—	dolium, nov. sp.	*	*				281	XXV, 16.	
—	mutabilis, Desh.?	*		*		*	282	XXV, 20, 21.	
—	decipiens, nov. sp.	*					282	XXVI, 4.	
—	Rouaulti, nov. sp.	*		*		*	283	XXV, 22, 23.	
—	longispira, Leym.	*				*	283	XXV, 24.	
—	angulifera, d'Orb.	*					283	XXVI, 1, 2.	
—	obtusa, d'Orb. (Globulus, id., J. de C. Sow., pl. xxiv, fig. 10).	*							
— ?	subacutella, nov. sp.	*					284	XXV, 25.	
—	obscura, J. de C. Sow., pl. xxvi, fig. 2.	*							
—	callosa, J. de C. Sow., pl. xxvi, fig. 3.	*							

GENRES.	CLASSES, ORDRES ET ESPÈCES.	1re région. Sinde, Belouchistan, Cutch.	2e région. Pendjab.	3e région. Subathoo.	4e région. Bengal oriental (Silhet).	Espèces communes à l'Europe occidentale et méridionale.	Pages.	Planches, Figures.	OBSERVATIONS.
NATICA	Flemingi, nov. sp.		*				284	XXVI, 3.	
—	epiglottina, Lam.?			*		*	284	XXV, 12, 13.	
—	cypræformis, nov sp.			*			285	XXVI, 5.	
RINGICULA?	indét.	*					285	XXVI, 8.	
SILIQUARIA	Granti, J. de C. Sow.	*				*	285	XXVI, 6, 7.	
SCALARIA	subtenuilamella, nov. sp.	*					286	XXVI, 9.	
—	Sedgwicki, nov. sp.	*					286	XXVI, 10.	
DELPHINULA	Cordieri, d'Arch.	*					287	XXVI, 11, 12.	
—	Coulthardi, nov. sp.	*					288	XXVI, 22.	
SOLARIUM	affine, J. de C. Sow.	*					288	XXVI, 13.	
—	Id., var. a.	*					288	XXVI, 14.	
—	euomphaloides, nov. sp.	*					289	XXVI, 15.	
TROCHUS	cognatus, J. de C. Sow.?	*					290	XXVI, 18.	
— ?	subcognatus, nov. sp.	*					290	XXVI, 20.	
— ?	Lorei, nov. sp.	*					290	XXVI, 17.	
— ?	Desmoulinsi, nov sp.	*					291	XXVI, 21.	
—	agglutinans, Lam., Desh., pl. xxxi, fig. 8-10.	*				*	355		Arménie?
—	cumulans, Alex. Brong.? var. a.	*				*	291	XXVI, 16.	
—	indét.				*		177		
PLEUROTOMARIA?	Bianconii, nov. sp.	*					291	XXVI, 19.	
TURBO	Martinsi, d'Arch.	*					292	XXVI, 23.	
—	pendjabensis, nov. sp.		*				292	XXVII, 2.	
— ?	Oldhami, nov. sp.			*			293	XXVII, 1.	
PHASIANELLA	Oweni, nov. sp.	*	*				293	XXVII, 3, 4.	
— ?	scalaroides, nov. sp.	*					293	XXVII, 5.	
TURRITELLA	angulata, J. de C. Sow.	*					294	XXVII, 6-9.	Égypte.
—	Deshayesi, d'Arch.	*					295	XXVII, 10-12.	
—	affinis, nov. sp.	*					295	XXVII, 16-19.	
—	Benevieri, nov. sp.	*					296	XXVII, 13.	
—	Heberti, nov. sp.	*					296	XXVII, 21.	
—	Colombi, nov. sp.	*					296	XXVII, 15.	
—	indét.	*					297	XXVII, 14.	
—	subathooensis, nov sp.			*			297	XXVIII, 1, 2.	
—	subfasciata, nov. sp.			*			297	XXVIII, 3.	
VICARYA	Verneuili, d'Arch.	*					298	XXVIII, 4.	
CERITHIUM	rude, J. de C. Sow.	*					299	XXVIII, 9-12.	
—	pseudocorrugatum, d'Orb.?	*					299	XXVIII, 5.	
—	Id., var. a.	*					300	XXVIII, 6.	
—	Id., var. b.	*					300	XXVIII, 8.	
—	Id., var. c.	*					300	XXVIII, 7.	
—	subsemicostatum, nov. sp.	*					300	XXIX, 5.	
—	Helli, d'Arch.	*					300	XXIX, 1.	
—	subnudum, nov. sp.	*					301	XXVIII, 17.	
—	Kayei, nov. sp.	*					301	XXVIII, 15.	
—	subbacillum, nov. sp.	*					302	XXVIII, 18.	
—	subfiliferum, nov. sp.	*					302		
—	subtrochleare.	*					302	XXIX, 2.	
— ?	indét.	*					303	XXVIII, 16.	
— ?	indét	*					303	XXVIII, 14.	
— ?	indét.	*					303	XXVIII, 13.	
— ?	Delbosi, nov. sp.	*					304	XXVIII, 20.	
—	nudum, Lam.?		*			*	304	XXIX, 4.	
—	jelumense, nov. sp.			*			304	XXIX, 3.	
—	Stracheyi, nov. sp.				*		304	XXIX, 9.	
—	Hookeri, nov. sp.				*		305	XXIX, 6, 8.	

GENRES.	CLASSES, ORDRES ET ESPÈCES.	1re région. Sinde, Béloutchistan, Catch.	2e région. Pendjab.	3e région. Subathou.	4e région. Bengal oriental (Silhet).	Espèces communes à l'Europe occidentale et méridionale.	Pages.	Planches, Figures.	OBSERVATIONS.
Cerithium. . . .	indét. . . .				*		177		
Pleurotoma. . .	Voyseyi, nov. sp. . . .	*					305	XXIX, 10.	
Turbinella . .	affinis, J. de C. Sow., pl. xxvi, fig. 22. . .	*					306		
—	bulbiformis, J. de C. Sow., pl. xxiv, fig. 11	*							
Fasciolaria . .	hexagona, nov. sp.	*					306	XXIX, 11, 12.	
Fusus.	nodulosus, J. de C. Sow., pl. xxvi, fig. 14.	*					307		
—	subregularis, nov. sp.	*					307	XXIX, 14.	
— ?	mixtus, nov. sp. . . .	*					307	XXIX, 15.	
— ?	Bucklandi, d'Arch.	*					308	XXIX, 13.	
— ?	indét. . . .	*					308	XXIX, 16.	
—	indét. . . .	*					308		
—	granosus, J. de C. Sow., pl. xxvi, fig. 12.	*							
—	laeviusculus, J. de C. Sow., pl. xxvi, fig. 14.	*					308		
—	Malcolmsoni, nov. sp.			*			308	XXIX, 17.	
—	Id., var. a.. . .			*			309	XXIX, 18.	
—	Macclellandi, nov. sp.			*			309	XXIX, 20.	
— ?	obscurus, nov. sp.			*			309	XXIX, 19.	
Ranella. . . .	Morrisi, nov. sp.	*					309	XXX, 1. XXXI, 3.	
—	subbufo, d'Orb. (R. bufo, J. de C. Sow., pl. xxvi, fig 16). . . .	*							
—	viperina, nov. sp.	*					310	XXX, 2.	
Murex. . . .	Lyelli, nov. sp.	*					310	XXIX, 24.	
—	Tchihatcheffi, nov. sp. . . .	*					311	XXIX, 23.	
— ?	Raemeri, nov. sp. . . .	*					311	XXIX, 21.	
— ? . . .	Halli, nov. sp.	*					311	XXIX, 22.	
Triton. . . .	Davidsoni, nov. sp. . . .	*					312	XXX, 3.	
Rostellaria. . .	Prestwichi, nov. sp. . . .	*					312	XXX, 7.	
—	Id., var. a . . .	*					312	XXX, 8.	
—	fusoides, d'Arch.	*					313	XXX, 4, 5.	
—	columbaria, Lam.	*				*	314	XXX, 12, 13.	Égypte.
—	angistoma, nov. sp.	*					314	XXX, 14, 15.	
—	Sowerbyi, d'Orb. (R. rectirostris, J de C. Sow., pl. x vi, fig 18).	*							
—	subrimosa, d'Orb. (R. rimosa, J. de C. Sow., pl. xxvi. fig. 17).	*							
—	Jamesoni, nov. sp.		*				314	XXX, 6.	
—	noorpoorensis, nov. sp.		*				315	XXX, 16.	
— ? . . .	indét		*				315	XXX, 11 a.	
—	rimosa, J. de C. Sow.? var.			*			315	XXX, 9.	
—	indét. . . .			*			315	XXX, 11.	
—	indét. . . .			*			316	XXX, 10.	
Strombus. . . .	deperditus, J. de C. Sow.	*					316	XXX, 19.	
—	nodosus, J. de C. Sow. . . .	*					316	XXX, 20, 21.	
—	Id., var. . . .	*					316	XXX, 18.	
—	Fortisi, Alex. Brong.?	*				*	316	XXX, 17.	
Cassidaria.. . .	carinata, Lam ?	*				*	317	XXXI, 1.	
—	Desori, nov. sp.. . . .	*					317	XXXI, 2.	
Cassis.. . . .	subharpaeformis, nov. sp.	*					317	XXXI, 6.	
—	sublaevigaster, nov. sp.	*					318	XXXI, 4.	
—	Phillipsi, nov. sp.	*					318	XXXI, 5.	
— ?	indét	*					318	XXXI, 7, 8.	
—	sculpta, J. de C. Sow., pl. xxvi, fig. 21. .	*					318		
Buccinum. . . .	Vicaryi, nov. sp	*					318	XXXI, 14.	
—	Falconeri, nov. sp.	*					319	XXXI, 10.	

GENRES.	CLASSES, ORDRES ET ESPÈCES.	1re région. Sinde, Beloutchistan, Cutch.	2e région. Pendjab.	3e région. Sub-Himalaya.	4e région. Bengal oriental (Silhet).	Espèces communes à l'Europe occidentale et méridionale.	Pages.	Planches, Figures.	OBSERVATIONS.
Buccinum	*Falconeri*, var. *a*	*					319		
—	Id., var. *b*	*					319	XXXI, 11.	
—	*Cautleyi*, nov. sp.	*					320	XXXI, 12.	
—	Id., var. *a*	*					320	XXXI, 13.	
—	*Fittoni*, nov. sp.	*					320	XXXI, 16.	
—	*jelalpoorense*, nov. sp.		*				321	XXXI, 15.	
— ?	indét.				*		321		
Terebra	*contorta*, nov. sp.	*	*				321	XXXI, 18. / XXXIII, 10.	
— ?	Id., var.?	*					321		
—	*reticulata*, J. de C. Sow., pl. xxvi, fig. 9.	*							
—	*Flemingi*, nov. sp.		*				322	XXXI, 17.	
Voluta	*jugosa*, J. de C. Sow., pl. xxvi, fig. 25.	*				*?	323		
—	Id., var. *a*	*					323	XXXI, 19, 20.	
—	Id., var. *b*	*					323	XXXI, 21.	
—	*Edwardsi*, d'Arch.	*					323	XXXI, 22.	
—	Id., var. *a*	*					323	XXXI, 23, 24.	
—	*dentata*, J. de C. Sow., pl. xxvi, fig. 26.	*							
—	Id., var.	*					324	XXXII, 2. / XXXIII, 11.	
—	*Sykesi*, nov. sp.	*					324	XXXII, 3.	
—	*cythara*, Lam.	*				*	325	XXXII, 4, 5.	
—	*Haimei*, d'Arch.	*					325	XXXI, 26, 27.	
—	*Sismondai*, d'Arch.	*					326	XXXI, 25.	
—	*multidentata*, nov. sp.	*		*?			326	XXXII, 1.	
—	*Humberti*, nov. sp.	*					327	XXXIV, 9.	
—	indét.	*					327	XXXII, 6.	
—	*sihesurensis*, nov. sp.		*				327	XXXII, 7. / XXXIII, 12.	
—	*teelaensis*, nov. sp.		*				328	XXXI, 28.	
—	*salsensis*, nov. sp.		*				328	XXXIV, 10, 11.	
Mitra	*Sowerbyi*. d'Orb (*M. fusiformis*, J. de C. Sow., pl xxvi, fig. 34).	*							
—	*subscrobiculata*, d'Orb. (*M. scrobiculata*, J. de C. Sow., pl. xxvi, fig. 23).	*							
Ovula	*depressa*, d'Arch. (*Cypraea*, id., J. de C. Sow., pl. xxiv, fig. 12).	*							Asie Mineure.
—	Id., var.	*					329	XXXIII, 1, 2.	
—	*Murchisoni*, d'Arch.	*					329	XXXIII, 4.	
—	*ellipsoides*, d'Arch.	*					330	XXXIII, 6.	
—	Id., var. *a*	*					330	XXXIII, 7.	
—	Id., var. *b*	*					330	XXXIII, 8.	
—	*cylindroides*, nov. sp.	*					330	XXXIII, 5.	
—	*expansa*, nov. sp.	*					330	XXXIII, 8.	
—	*elongata*, nov. sp.	*					331	XXXIII, 9.	
Cypraea	*humerosa*, J. de C. Sow., pl. xxvi, fig. 27.	*							
—	Id., var.	*					331	XXXII, 8-10.	
—	*prunum*, J. de C. Sow., pl. xxvi, fig. 28.	*							
—	Id., var.	*					332	XXXII, 11, 12.	
—	*digona*, J. de C. Sow.?	*					332	XXXII, 13.	
—	*Grunti*, d'Arch.	*					332	XXXII, 14.	
—	*Jenkinsi*, nov. sp.	*					333	XXXII, 15.	
—	*nasuta*, J. de C. Sow., pl. xxvi, fig. 30.	*							
Terebellum	*obtusum*, J. de C. Sow.	*					333	XXXII, 20, 21.	
—	*subbelemniloideum*, nov. sp.	*					333	XXXII, 16.	
—	*distortum*. nov. sp.	*	*				334	XXXII, 19.	

GENRES.	CLASSES, ORDRES ET ESPÈCES.	1re région. Sinde, Béloutchistan. Cutch.	2e région. Pendjab.	3e région. Subathoo.	4e région. Bengal oriental (Silhet).	Espèces communes à l'Europe occidentale et méridionale.	Pages.	Planches, Figures.	OBSERVATIONS.
TEREBELLUM . . .	*plicatum*, nov. sp.	*	*				334	XXXII, 17,18,22.	
—	*fusiforme*, Lam.?			*		*	335	XXXII, 23.	
ANCILLARIA . . .	*olivula*, Lam.			*		*	356		
OLIVA.	*pupa*, J. de C. Sow.	*					335	XXXIV. 1.	
—	*Virginiæ*, nov. sp.	*					335	XXXIV, 2.	
CONUS	*militaris*, J. de C. Sow.	*					336	XXXIV, 5.	
—	*brevis*, J. de C. Sow., pl. XXVI, fig. 33.	*							
—	id. var.	*					336	XXXIV, 6.	
—	*subbrevis*, nov sp.	*					336	XXXIV, 8.	
—	*marginatus*, J. de C. Sow., pl. XXVI, fig. 36.	*							
—	*catenulatus*, id. pl. XXVI, fig. 35.	*							
—	indét.			*			336	XXXIV, 7.	
—	indét.			*			336		
	CÉPHALOPODES.								
NAUTILUS . . .	*subfleuriausianus*, d'Arch.	*					337	XXXV, 1.	
—	*Deluci*, d'Arch.	*					337	XXXV, 2.	
—	*Lebechei*, nov. sp.	*					338	XXXIV, 13.	
—	*Forbesi*, nov. sp.	*					338	XXXIV, 12.	
	ANNÉLIDES.								
SERPULA	*recta*, J. de C. Sow., pl XXV, fig. 1.	*					339		
—	*spirulæa*, Lam., Gold., vol. 1, pl. LXXI, fig. 8.	*				*	339	. . . .	Asie Mineure.
—	*keeatarensis*, nov. sp.	*					339	XXXVI, 10.	
—	*gundavaensis*, nov. sp.	*					339	XXXVI, 11.	
	CRUSTACÉS.								
ARGES..	*Murchisoni*, Miln. Edw.	*					340	XXXVI, 12, 14.	
—	*Edwardsi*, nov. sp.	*					340	XXXVI, 13.	
BALANUS.	*sublævis*, J. de C. Sow.	*					341	XXIV, 15.	
	POISSONS.								
SQUALE.	indét.		*				356		
	REPTILES.								
SAURIEN.	indét.			*			356		

RECAPITULATION

DU

TABLEAU DE LA FAUNE NUMMULITIQUE DE L'INDE.

CLASSES et ORDRES.	Nombre des genres.	Nombre des espèces.	Espèces nouvelles.	Espèces propres.	Variétés.	Espèces indéterminées.	1re région.	2e région.	3e région.	4e région.	Espèces communes aux régions 1 et 2.	Espèces communes aux régions 1 et 3.	Espèces communes aux régions 1 et 4.	Espèces communes aux régions 3 et 4.	Espèces communes à d'autres parties de l'Asie ou à l'Égypte.	Espèces communes à l'Europe occidentale et méridionale.
Rhizopodes (foraminifères).	9	32	12	12	1	1	30	9	3	7	8	1	6	2	17	17
Polypes, zoanthaires. . . .	11	17	4	6	»	»	17	»	»	»	»	»	»	»	1	11
Eschinodermes, échinoïdes..	17	42	23	37	2	1	41	1	»	»	»	»	»	»	2	5
Mollusques, bryozoaires. .	6	7	6	6	»	»	6	2	»	»	1	»	»	»	»	1
— acéphales. . .	28	132	64	102	26	15	97	11	23	5	3	1	»	»	7	11
— gastéropodes. .	39	172	81	129	21	19	134	20	22	4	6	4	»	»	8	23
— céphalopodes .	1	4	4	4	»	»	4	»	»	»	»	»	»	»	»	»
Annélides	1	4	2	3	»	»	4	»	»	»	»	»	»	»	1	1
Crustacés	2	3	1	3	»	»	3	»	»	»	»	»	»	»	»	»
Poissons.	1	1	»	»	»	1	»	1	»	»	»	»	»	»	»	»
Reptiles.	1	1	»	»	»	1	»	»	1	»	»	»	»	»	»	»
Totaux. . . .	116	415	197	~~329~~ 302	50[1]	38	336	44	49	16	18	6	6	2	36	69

1. Lorsqu'une variété se trouve seule dans une région, c'est-à-dire sans le type, elle y est comptée comme espèce.

FIN.

TABLE GÉNÉRALE DES MATIÈRES

PARIS. — IMPRIMERIE DE J. CLAYE, RUE SAINT-BENOÎT, 7.

LISTE DES SOUSCRIPTEURS

Avis au Relieur. Cette liste doit être placée entre l'*Avant-propos* et la *Table des matières* de la Monographie des Nummulites.

Exemplaires.

Scarabelli (J.), à Imola.. 1

Sedgwick (A.), professeur woodwardien à l'université de Cambridge, etc.............. 1

Sharpe (D.), membre de la Société géologique de Londres............................ 1

Sismonda (E.), membre de l'Académie royale des sciences de Turin.................... 1

Société impériale minéralogique de Saint-Pétersbourg............................... 1

Sternickel et Sintenis, libraires, à Vienne.. 5

Stiehler, à Vernigerode (Harz)... 1

Studer, professeur de géologie, à Berne.. 2

Tchihatcheff (Pierre de), gentilhomme de la chambre de S. M. l'Empereur de Russie, etc. 1

Treuttel et Wurtz, libraires, à Strasbourg... 2

Van-der-Hoek, libraire, à Leyde.. 1

Verneuil (Ed. de), membre de l'Institut, à Paris................................... 1

Viquesnel (A.), membre de plusieurs Sociétés savantes, à Paris..................... 1

Williams et Norgate, libraires, à Londres.. 4

Wisse, ingénieur des mines, à Strasbourg... 1

Yates, membre de la Société géologique de Londres.................................. 1

Zienkowicz (V. et ?), ingénieur civil, à Gannat.................................... 1

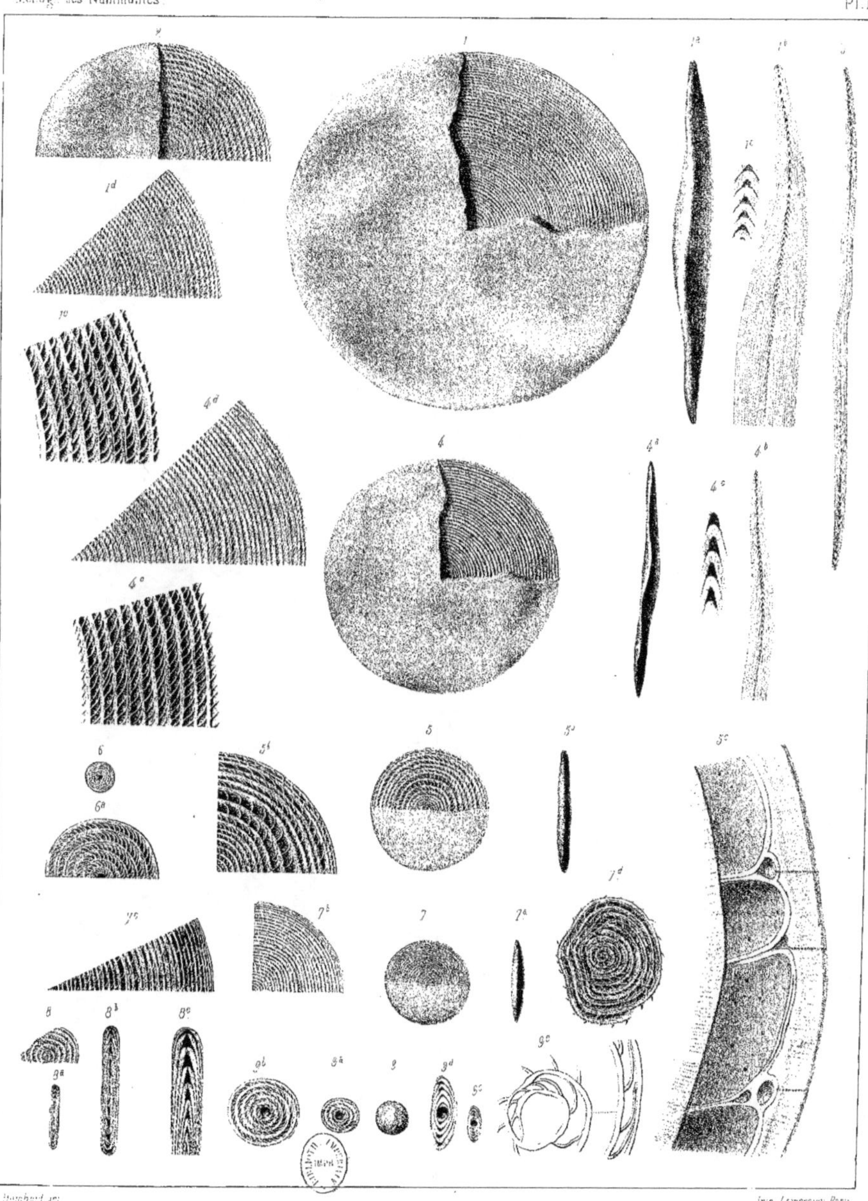

Buchard sc.

Imp. Lemercier Paris.

Fig. 1. Nummulites complanata. Lam.
2. ——— id. jeune
3. ——— id.? var.
4. ——— Dufrenoyi. n. sp.

Fig. 5. Nummulites Puschi. d'Arch.
6. ——— latispira. Menegh.
7. ——— Carpenteri. n. sp.
8. ——— Caillaudi. n. sp.

Fig. 9. Nummulites Tchihatcheffi. d'Arch.

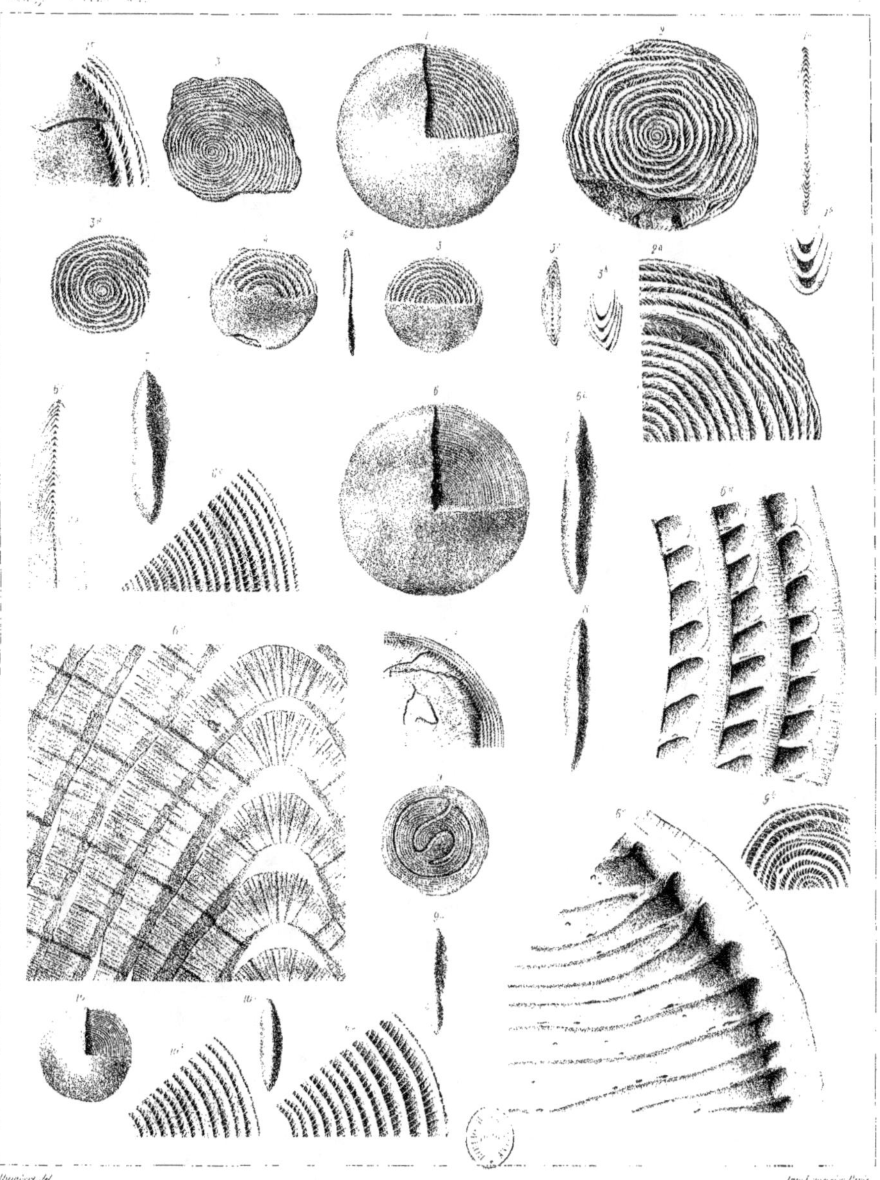

Brunner del.   Imp. Lemercier Paris.

Fig. 1. Nummulites distans Desh.
2. _______ id. tours larges.
3. _______ id. id. étroits
4. _______ id. var. a
5. _______ id. var. b

Fig. 6. Nummulites aizchensis Ehrent.
7. _______ id. rempli.
8. _______ id. déprimé
9. _______ lamelli n. sp var. a
10. _______ id. var. b

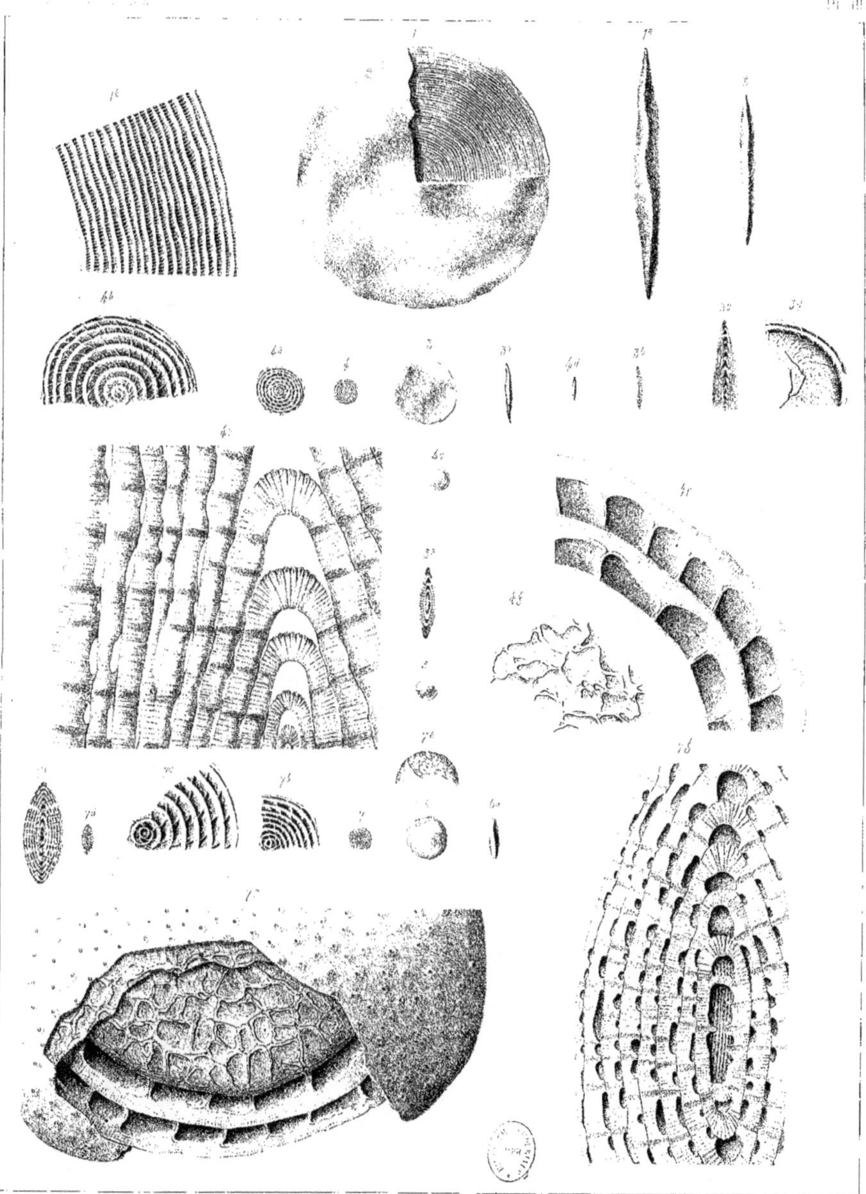

Fig. 1. Nummulites Lyelli n. sp.
2. ——— id (jeune)
3. ——— intermedia J. Sow.
Fig. 4. Nummulites intermedia (taille moyenne)
5. ——— Fichteli Michelot.
6. ——— garuensis Leym.

Nummulites garuensis (taille moyenne)

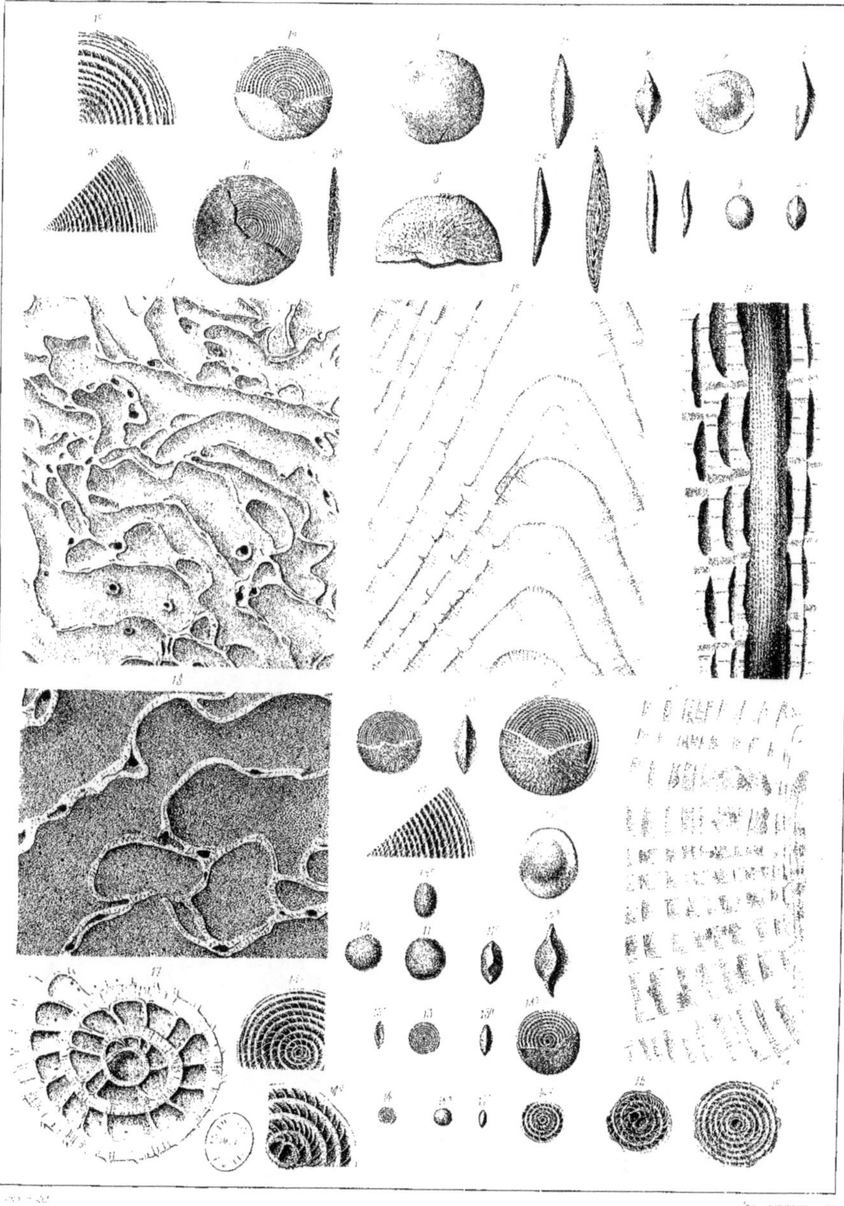

Fig. 1. *Nummulites lævigata, Lam.*
2. ———— id (renflée au centre).
3. ———— id (moins renflée).
4. ———— id (sub-globuleuse).
5. ———— id var. a
6. ———— id var. b.

Fig. 7. *Nummulites lævigata, var.*
8. ———— sublævigata, n. sp.
9. ———— scabra, Lam.
10. ———— id (renflée au centre)
11. ———— id (renflée).

Fig. 12. *Nummulites scabra (sub-globuleuse).*
13. ———— Mülle, d'Archiac.
14. ———— Lamarcki, n. sp.
15. ———— id.
16. ———— id
17. ———— granulosa, d'Arch.

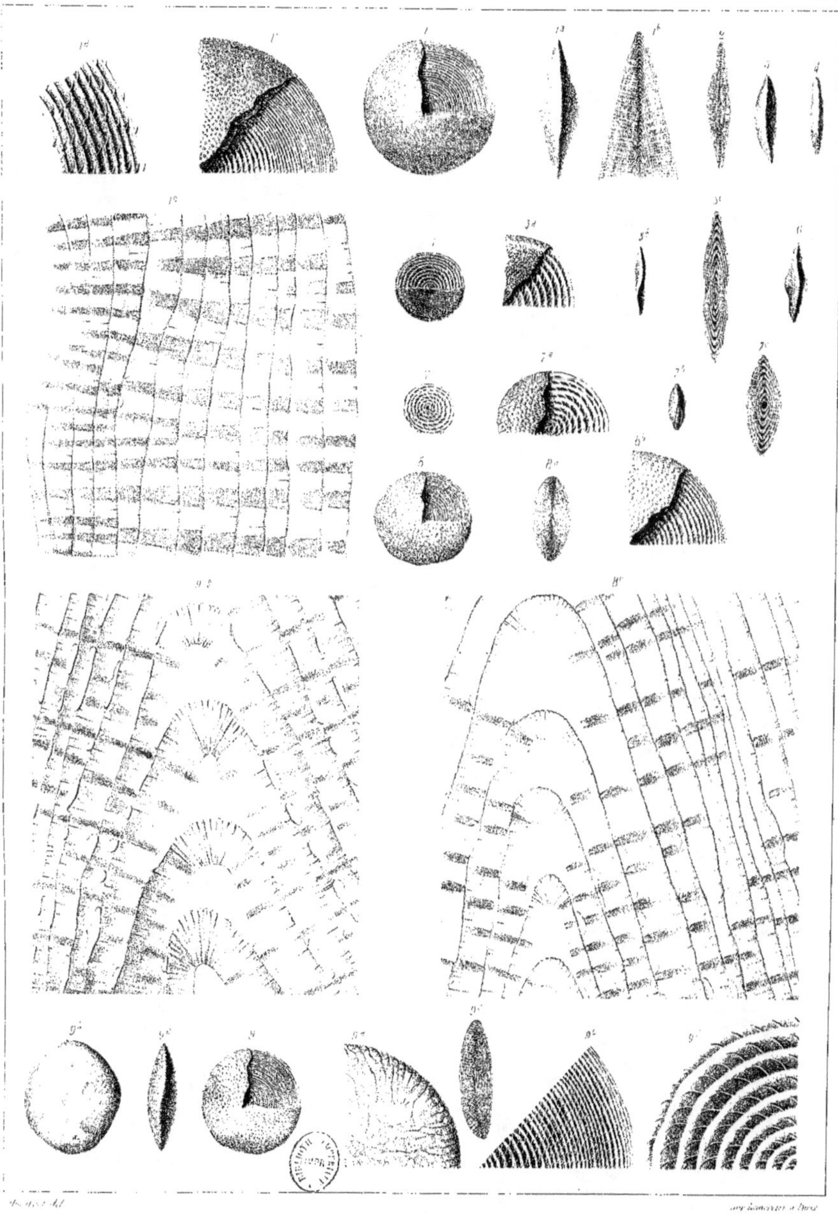

Fig. 1. *Nummulites Biaritzarti*, n. sp.
2. ——— id. (déprimée).
3. ——— id. (jeune).
4. ——— id. var. a.

Fig. 5. *Nummulites Deltianci*, n. sp.
6. ——— id. Crusilei.
7. ——— Meneghinii, n. sp.
8. ——— Deshayesi, n. sp.

Fig. 9. *Nummulites Bellardii*, d'Arch.

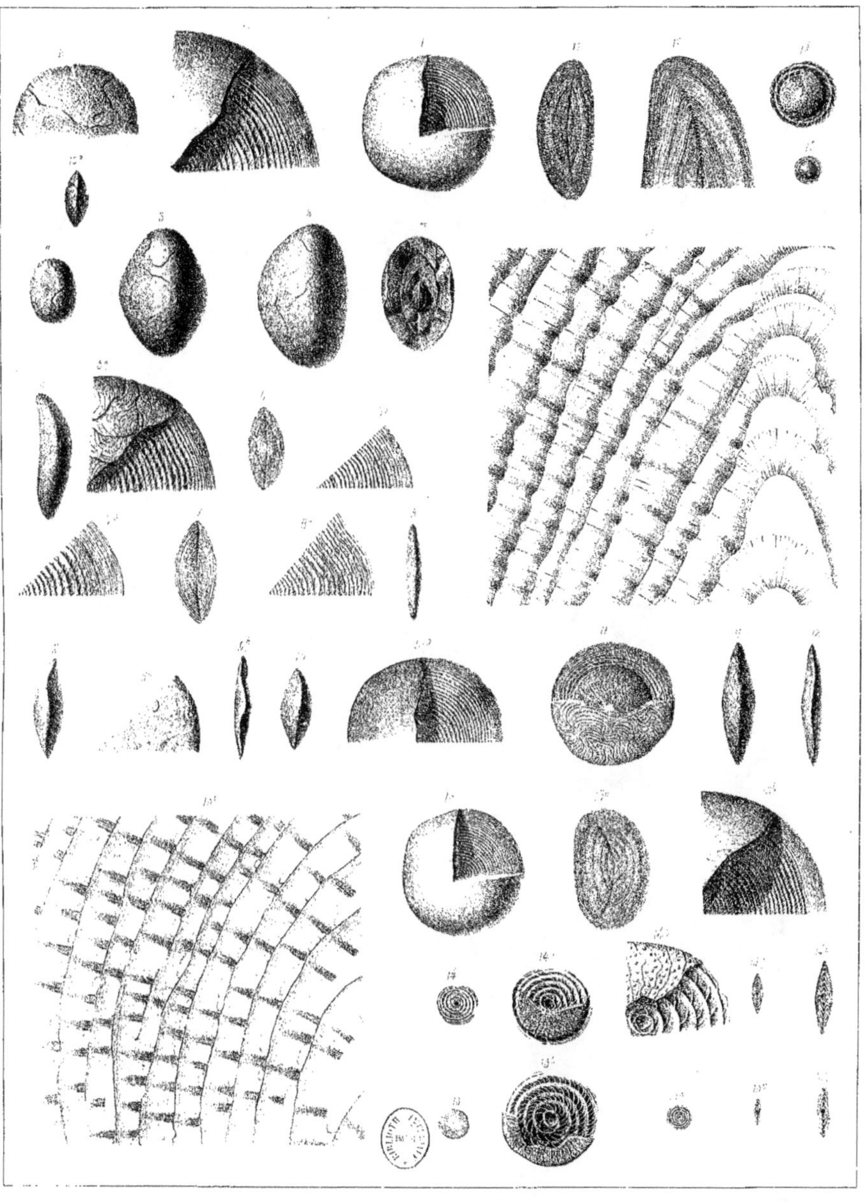

Fig. 1. _Nummulites perforata_ d'Orb.
1bis. — id. jeune.
2, 2bis. — id. forme diverse.
3. — id. var. A.
4. — id. sous var. α.

Fig. 5. _Nummulites perforata_ sous var. β.
5. — id. id. γ.
6. — id. var. B.
9^a. — id. sous var. δ.
10. — id. id. ε.
10^b, 10^c. — id. id. frontalis.

Fig. 11. _Nummulites perforata_ var. C.
12. — id. id. lyrima.
13. — id. _Acus_ de Chien.
14. — _Reaulti_ a. q.
15. — _curvispira_ Meneg.

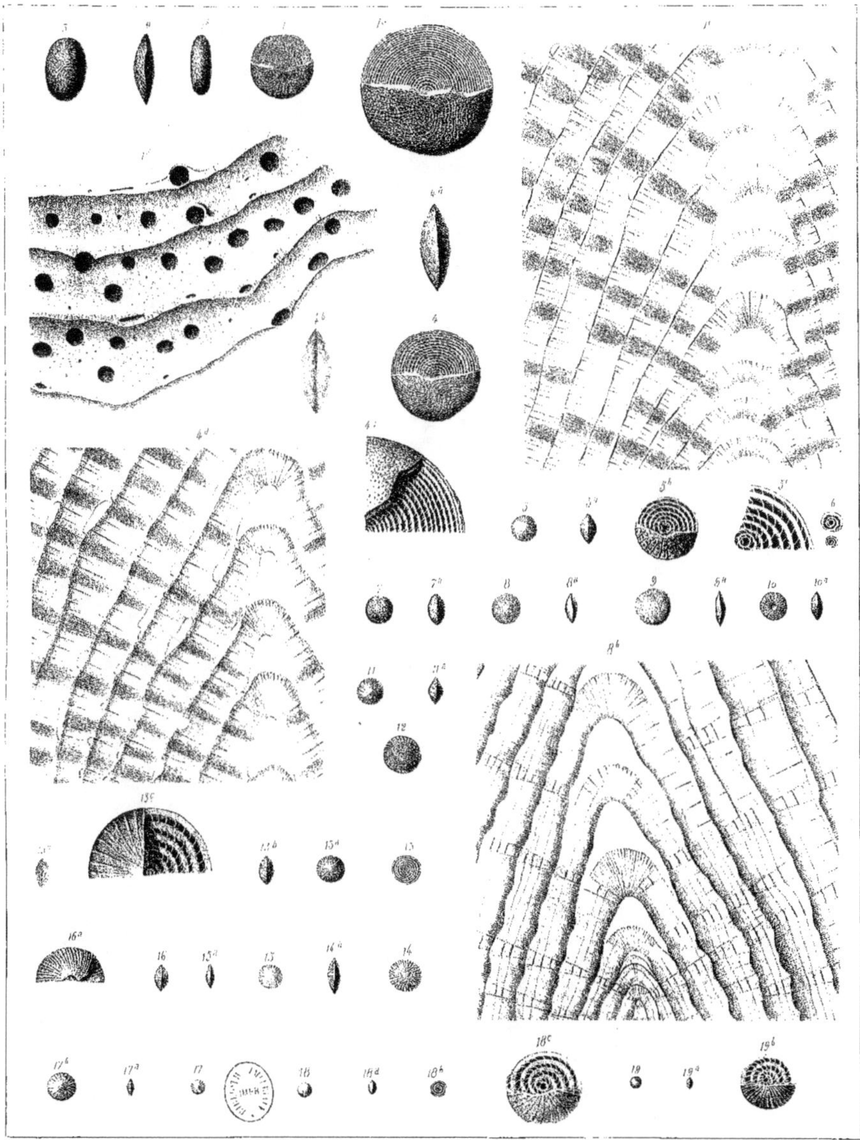

Humbert del.   Imp. Lemercier, Paris.

Fig. 1   Nummulites Verneuili n. sp.
2.3 ——— id (formes diverses)
4 ——— Sismondai n. sp.
5 ——— Lucasana Defr.
6 ——— id (très jeune)
7 ——— id var. a.

Fig. 8   Nummulites Lucasana var. b
9 ——— id (déprimée)
10 ——— id var. c
11 ——— id var. d
12 ——— id id (déprimée)
13 ——— Ramondi Defr.

Fig. 14   Nummulites Ramondi var. a
15 ——— id var. b
16 ——— id var. c
17 ——— id var. d
18 ——— Guettardi n. sp.
19 ——— id var. a.

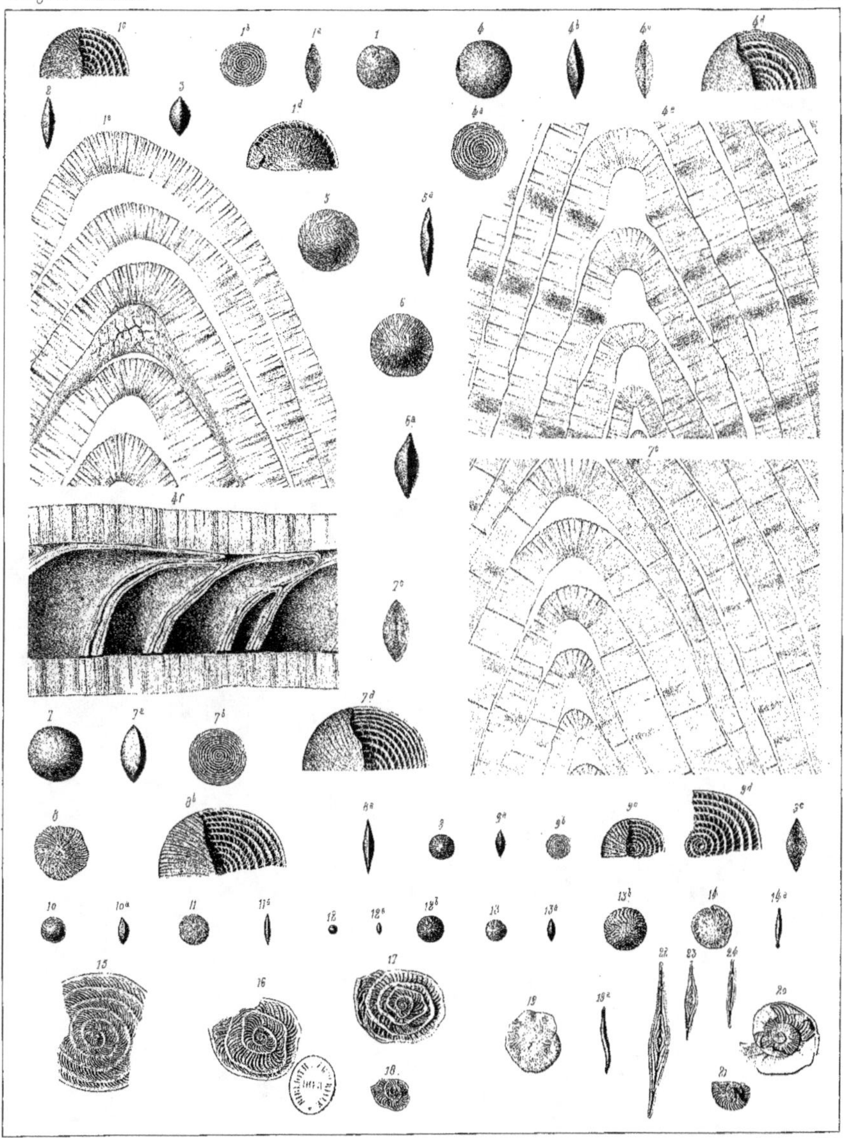

Humbert del.   Imp. Lemercier, Paris.

Fig. 1.   *Nummulites Beaumonti*, n. sp.
  2 3.   ———   id. (formes diverses).
  4.   ———   biaritzensis, d'Arch.
  5.   ———   id. (déprimée).
  6.   ———   id. var. a.

Fig. 7.   *Nummulites obesa*, Leym.
  8.   ———   contorta, Desh.
  9.   ———   striata, d'Orb.
  10.   ———   id. var. a.
  11.   ———   id. var b.
  12.   ———   id. var. c.

Fig. 13   *Nummulites striata*, var. d.
  14.   ———   id. var. e.
  15.   ———   Pratti, n. sp.
  16. 17. 18. 19. —— irregularis, Desh.
  20. 21. 22. 23. 24. —— Murchisoni, Brunn.

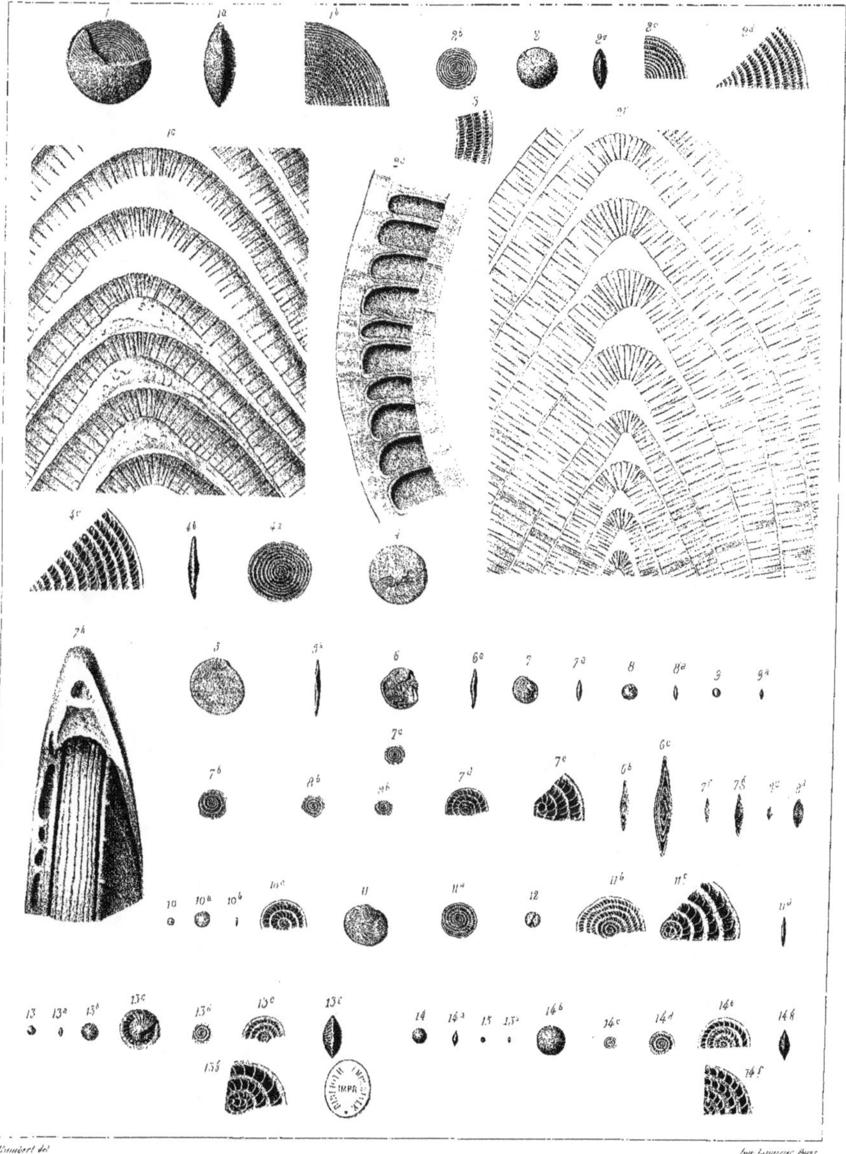

Lambert del.

Imp. Lemercier, Paris.

Fig 1. Nummulites Vicaryi, n. sp.
2.   discorbina, d'Arch.
3.   id. (à loges très étroites).
4.   Viquesneli, n. sp.
5.   planulata, d'Orb.
Fig. 6. Nummulites planulata d'Orb.
7.   id (taille moyenne).
7b.   id.   var b.
8.   id. (jeune).
9.   id (très jeune).
10.   id   var a
Fig. 11. Nummulites vasca, Joly et Leym.
12.   id (jeune).
13.   variolaria Sow.
14.   Heberti, n. sp.
15.   id (jeune).

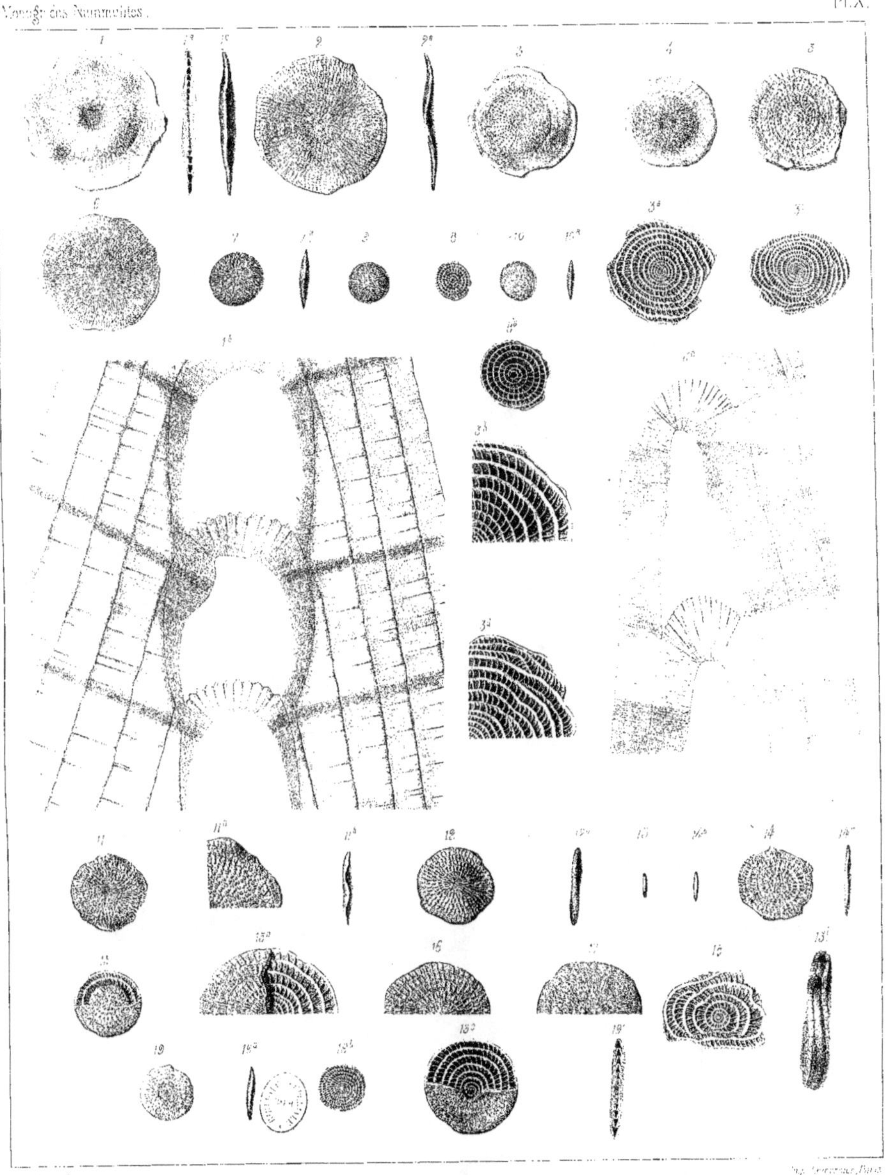

Fig. 1. Nummulites exponens J. de C. Sow
2. — id. var. a
3. 4. 5 — id. (formes diverses)
6. — id. var. b

Fig. 7. 8. 9. 10 Nummulites exponens (jeunes des préced.)
11 — granulosa d'Arch.
12. 13. 14. — id (formes diverses et jeunes).
15. 16. 16. 17. — id (formes diverses)

Fig. 1. Nummulites granulosa. var. a

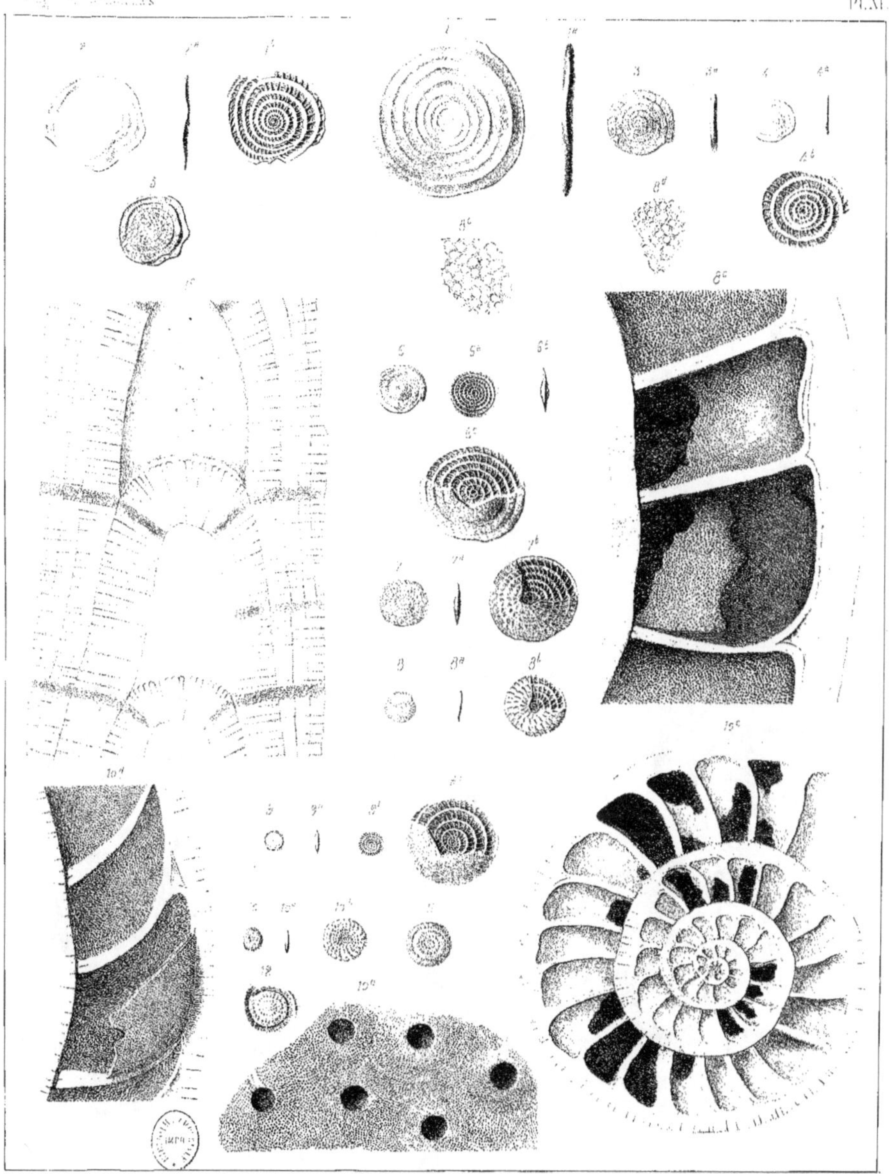

Fig. 1. Nummulites spira de Roissy.
2. —————— id. (déprimée).
3.4. —————— id. (jeunes).
5. —————— id. var.
6. —————— mamillata d'Arch.

Fig. 7. Nummulites mamillata d'Arch. var. b.
8. —————— id. var. a.
9. —————— Leymerici n. sp.
10. —————— id. var. a.
11.12. —————— id. id. (formes diverses)

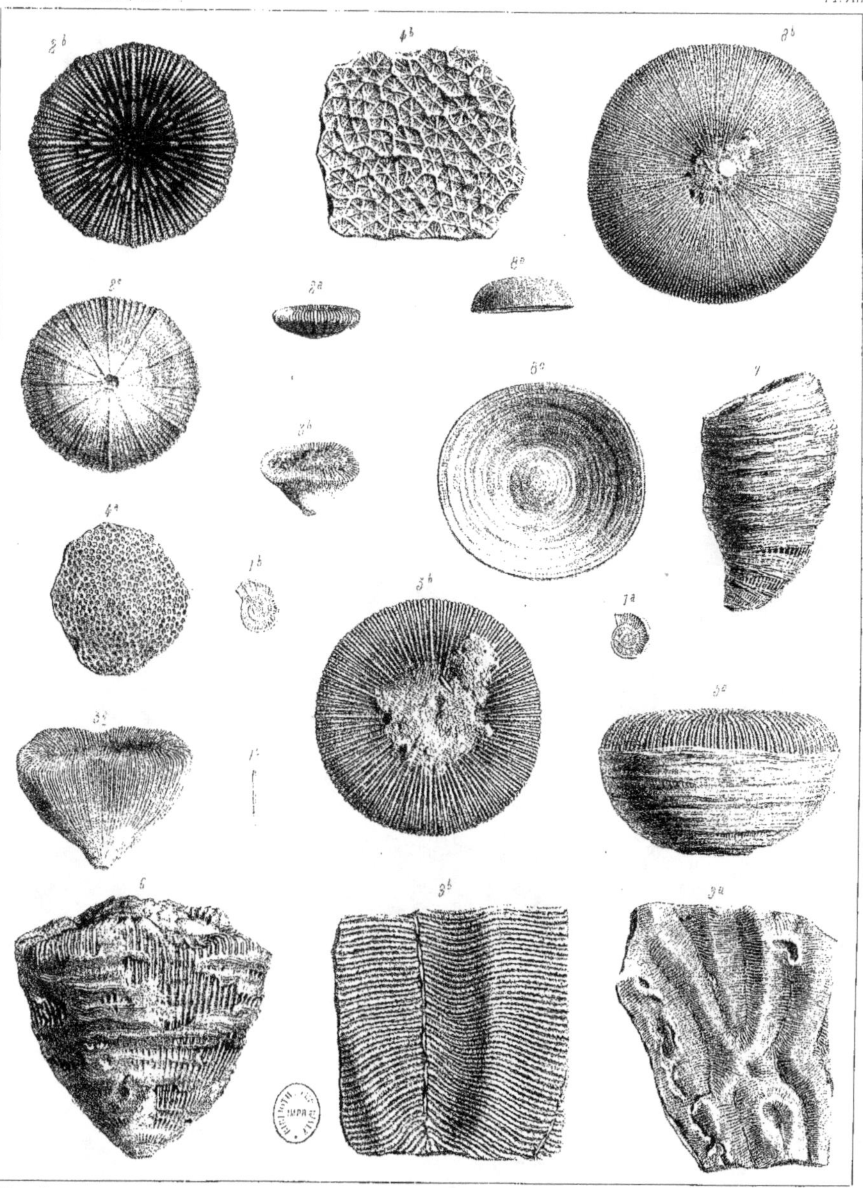

Fig. 1. *Operculina canalifera*, d'Archiac.
2. *Trochocyathus Burnesi*, Jules Haime.
3. ———— *van den Heckei*, Milne Edw. et J. Haime.
4. *Stylocoenia Vicaryi*, J. Haime.
Fig. 5. *Mortliaoselica brevis*, nov. sp.
6. ———— *Jacquemonti*, nov. sp.
7. ———— *Vignei*, nov. sp.
8. *Cyclolites Vicaryi*, J. Haime.

Fig. 9. *Pachyseris Murchisoni*, J. Haime.

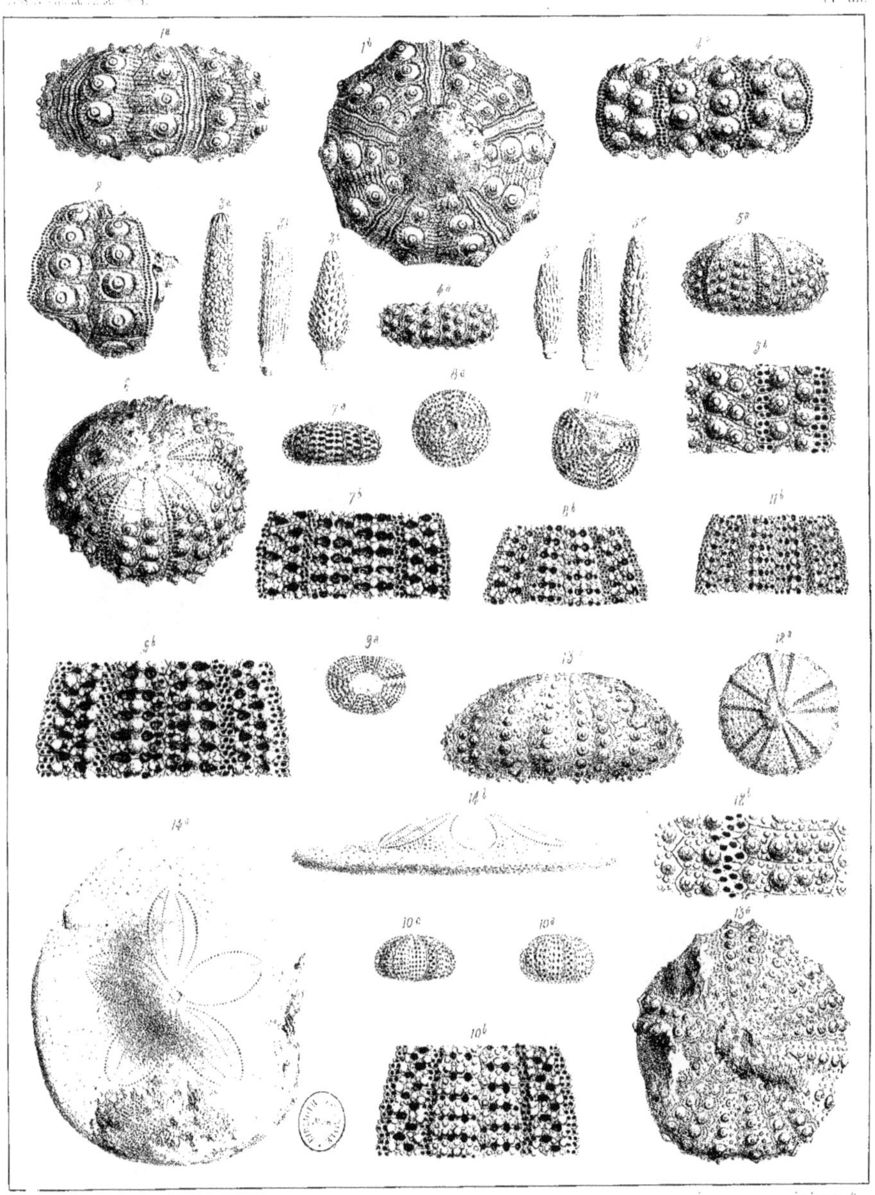

1 Cidaris Verneuili, d'Archiac
2 — halaensis, nov. sp.
3 — (baguettes)
4 Phymosoma numundriticum, nov. sp.
5 Cœlopleurus Pratti, nov. sp.
6 Cœlopleurus Forbesi, nov. sp.
7 Temnopleurus Valenciennesi, d'Arch.
8 Temnopleurus Hookeri, nov. sp.
9 — costatus, nov. sp.
10 — Rousseaui, d'Arch.
11 — tuberculosus, nov. sp.
12 Echinus Stracheyi, nov. sp.
13 Echinometra Thomsoni, nov. sp.
14 Echinanthus profundus, nov. sp.

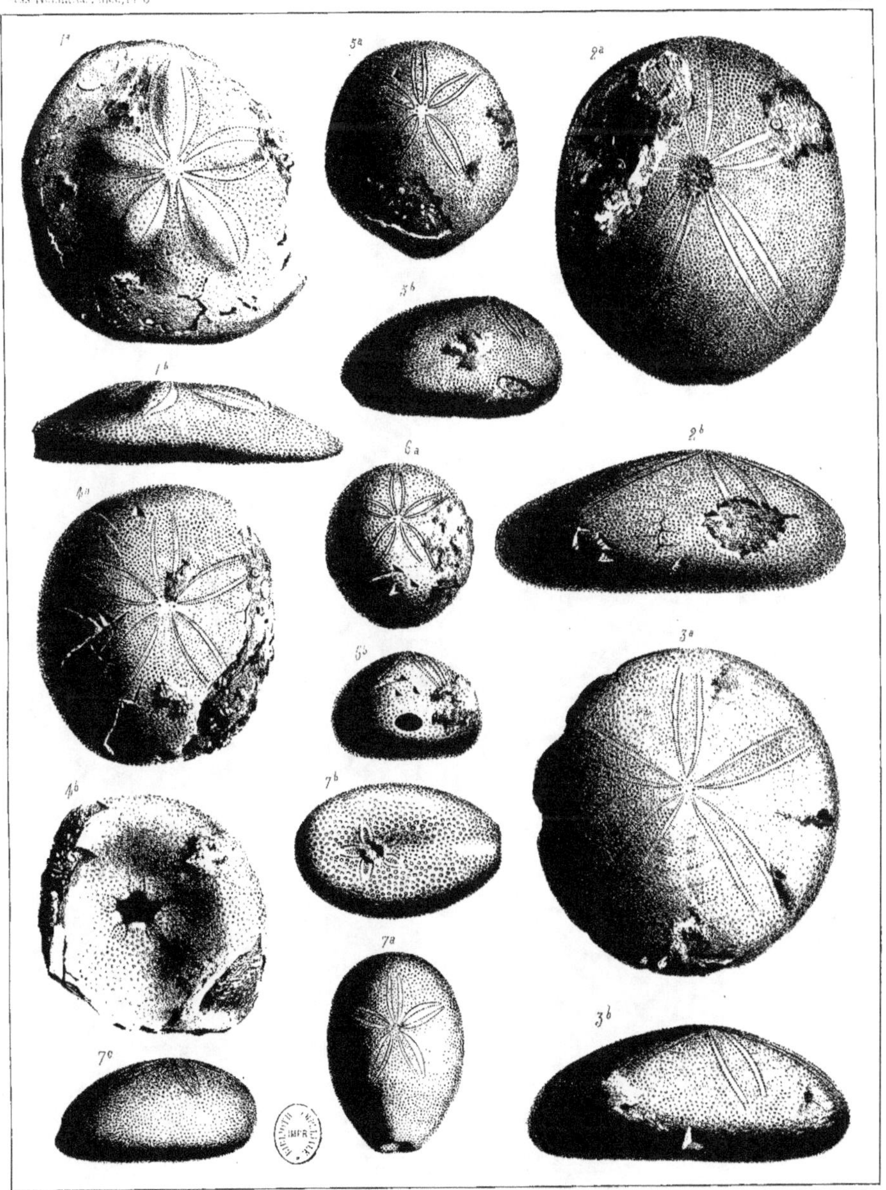

J. Delarue del.

Imp. Lemercier, Paris.

Fig. 1. *Echinanthus halaensis*, nov. sp.
2. *Echinolampas sindensis*, d'Archiac
3. ———— *discoideus*, d'Arch.
Fig. 4. *Echinolampas Vicaryi*, d'Arch.
5. ———— *Jacquemonti*, nov. sp.
6. ———— *spheroidalis*, d'Arch.
7. *Eurhodia Morrisi*, nov. sp.

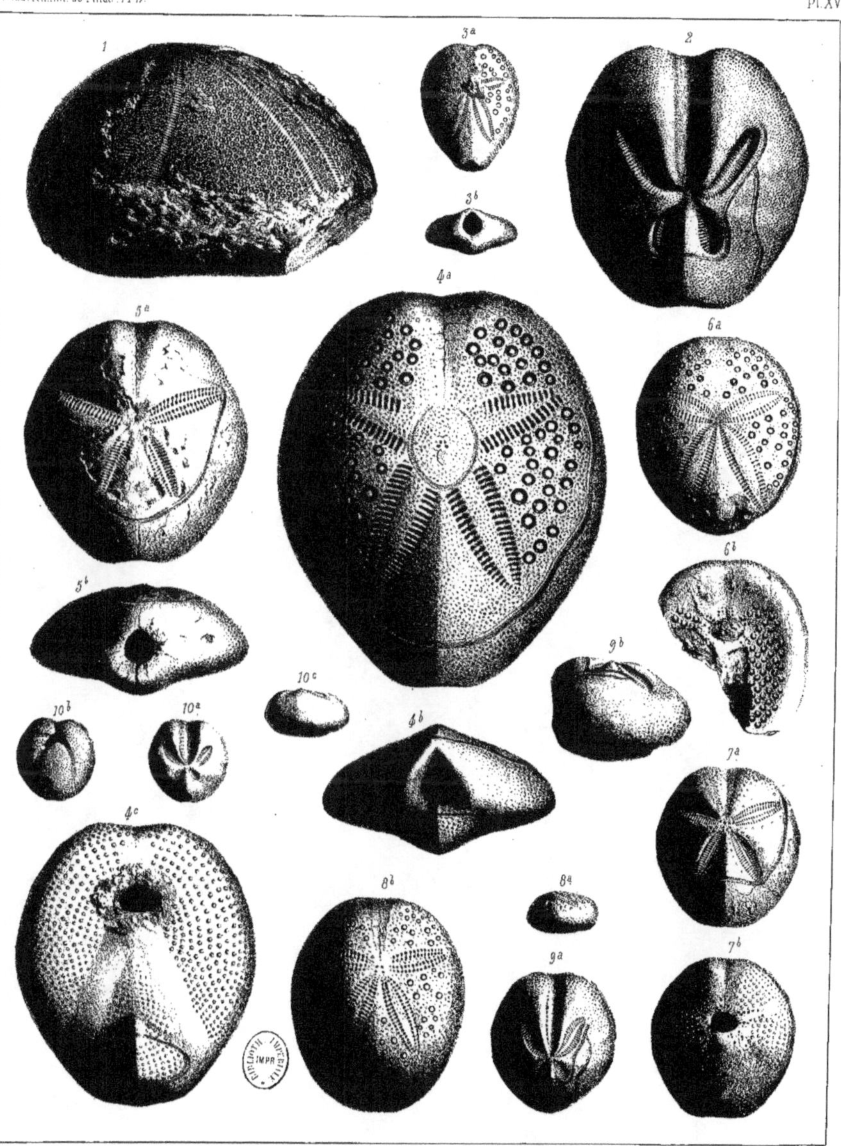

N. Levasseur del.

Imp. Lemercier, Paris.

Fig. 1. *Conoclypeus Flemingi*, nov. sp.
2. *Schizaster Newboldi*, nov. sp.
3. *Eupatagus rostratus*, d'Arch.
4. *Breynia carinata*, nov. sp.
5. *Brissopsis ? scutiformis*, d'Arch.

Fig. 6. *Eupatagus patellaris*, d'Arch.
7. *Brissopsis ? Sowerbyi*, d'Arch.
8. *Eupatagus avellana*, nov. sp.
9. *Schizaster beloutchistanensis*, nov. sp.
10. *Hemiaster digonus*, d'Arch.

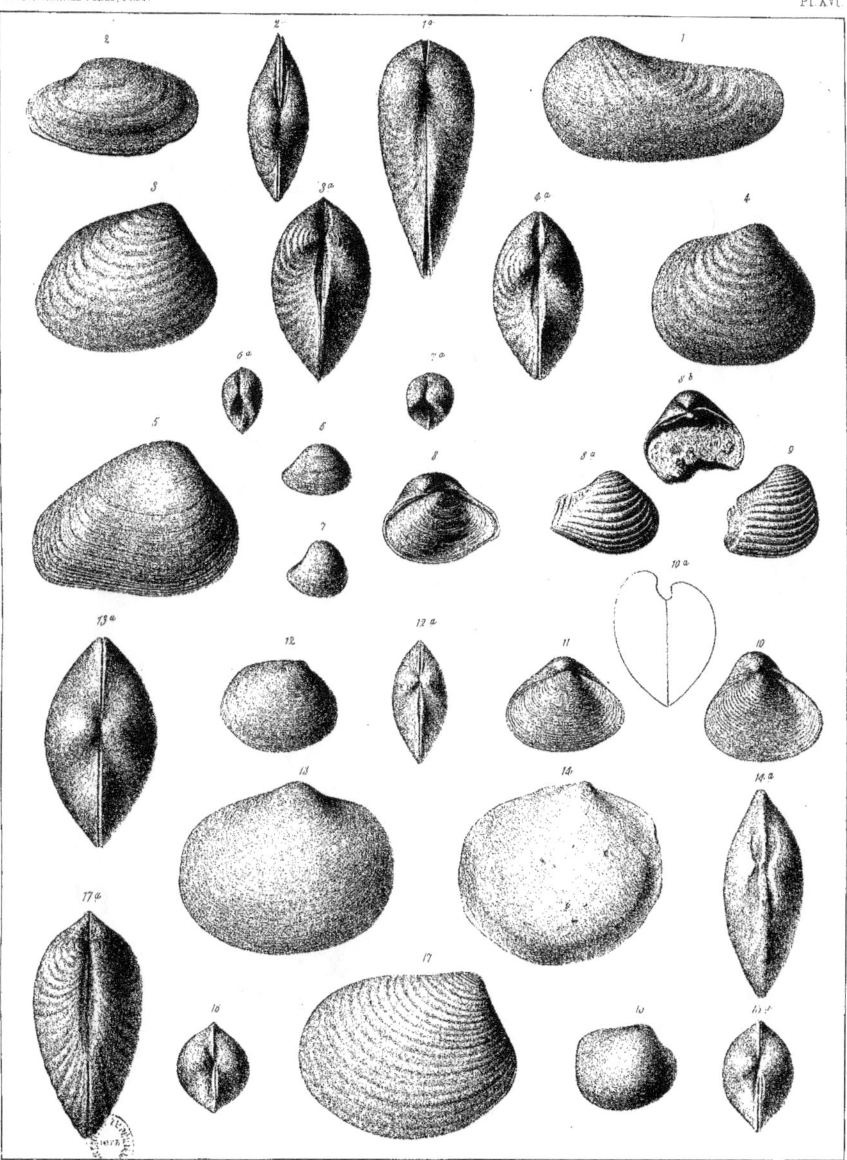

Humbert del.   Imp. Becquet, Paris.

Fig. 1 Pholadomya halaensis, d'Arch.
    2 Panopæa ? subelongata, nov. sp.
    3 Crassatella sindensis, nov. sp.
    4 ___ ___ halaensis, nov. sp.
    5 ___ ___ salsensis, nov. sp.
  6,7 Corbula trigonalis, J. de C. Sow.
  8,9 ___ ___ harpa, nov. sp.

Fig. 10,11 Corbula subexarata, d'Arch.
   10ᵃ ___ ___ id. var ?
    12 Mactra dubia, d'Arch.
    13 Corbis ? elliptica, nov. sp.
    14 ___ ___ subelliptica, nov. sp.
 15,16 Lucina incerta, nov. sp.
    17 Astarte hyderabadensis, nov. sp

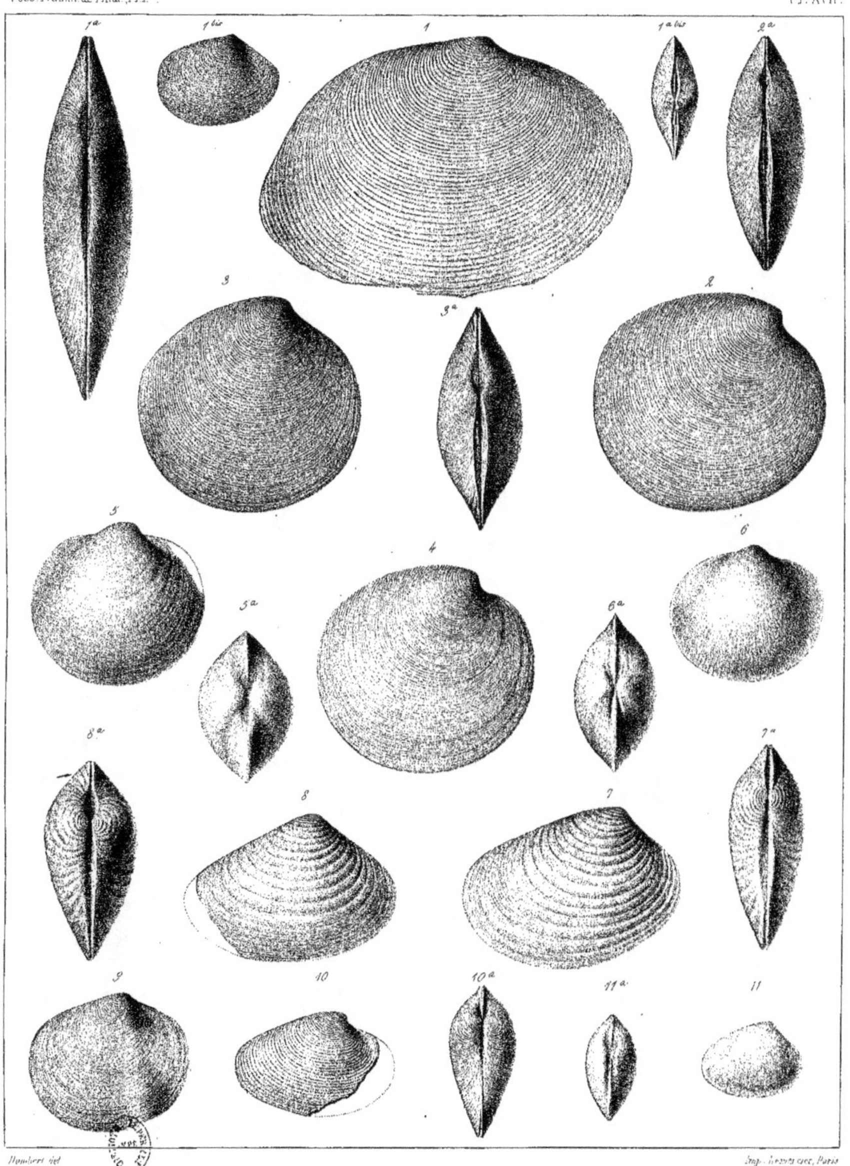

Fig. 1.   Lucina Bellardii d'Arch
1 bis   Tellina subdonacialis, nov. sp.
2.   Lucina pseudoargus, nov. sp.
3.   ______   id.   var. a.
4.   ______   id.   var. b
5.   ______   Vicaryi, nov. sp.

Fig. 6.   Lucina subvicaryi, nov. sp.
7.   Venus non scripta, J. de C. Sow.
8.   ______ hyderabadensis, nov. sp.
9.   Lucina pendjabensis, nov. sp.
10.   Venus subvirgata, d'Orb.
11.   ______ cyrenoides, nov. sp.

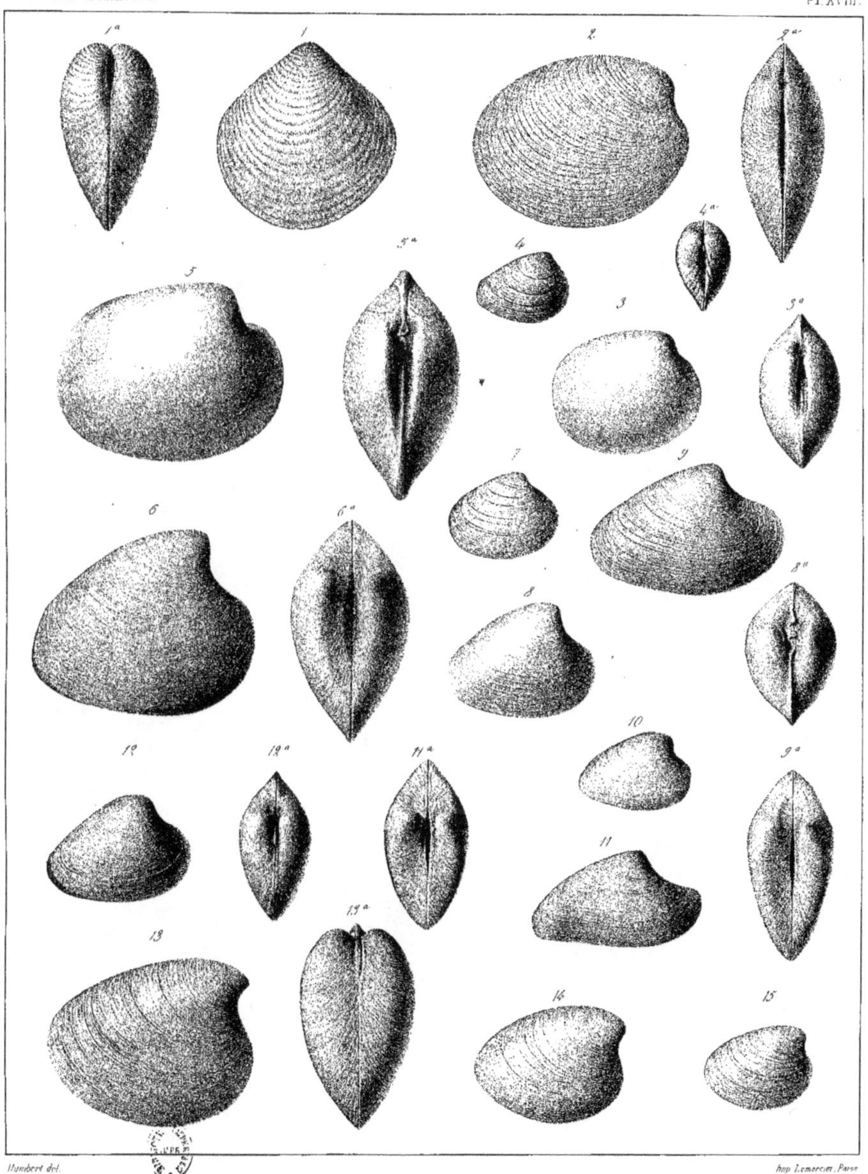

Fig. 1. *Venus astarteoides*, nov. sp.
  2. ――― *fibrosa*, nov. sp.
  3. ――― *subovalis*, d'Arch.
  4. ――― *Pratti*, nov. sp.
  5. ――― *subglaurae*, nov. sp.
  6. ――― *gumberensis*, nov. sp.
  7. ――― id. (jeune).

Fig. 8. *Venus gumberensis*, var. a.
  9. *Cyprina transversa*, nov. sp.
  10. ――― id. (jeune).
  11. ――― id. var. a.
  12. ――― id. var. b.
  13. ――― *semilunaris*, nov. sp.
  14. 15 ――― id. (jeunes).

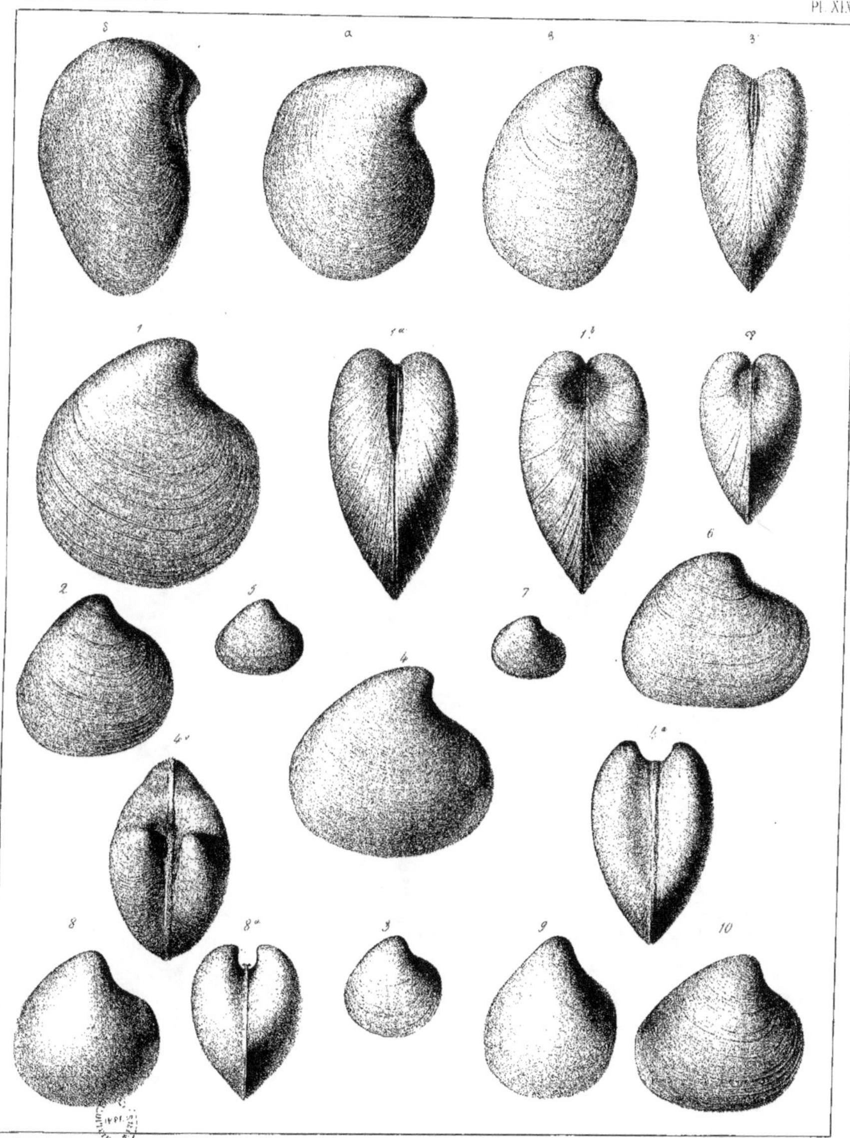

Fig. 1 Cyprina subathooensis, nov sp
    2.3 ______ id. jeunes.
    4 ______ id. var. a.
    5 ______ id. id. (jeune)
    6 ______ id. var. b.

Fig. 7 Cyprina subathooensis, var. b (jeune).
    8 ______ id. var. c.
    9 ______ id. var. d.
    10 ______ id. var. e.
    a. β. β'. et δ. (formes voisines).

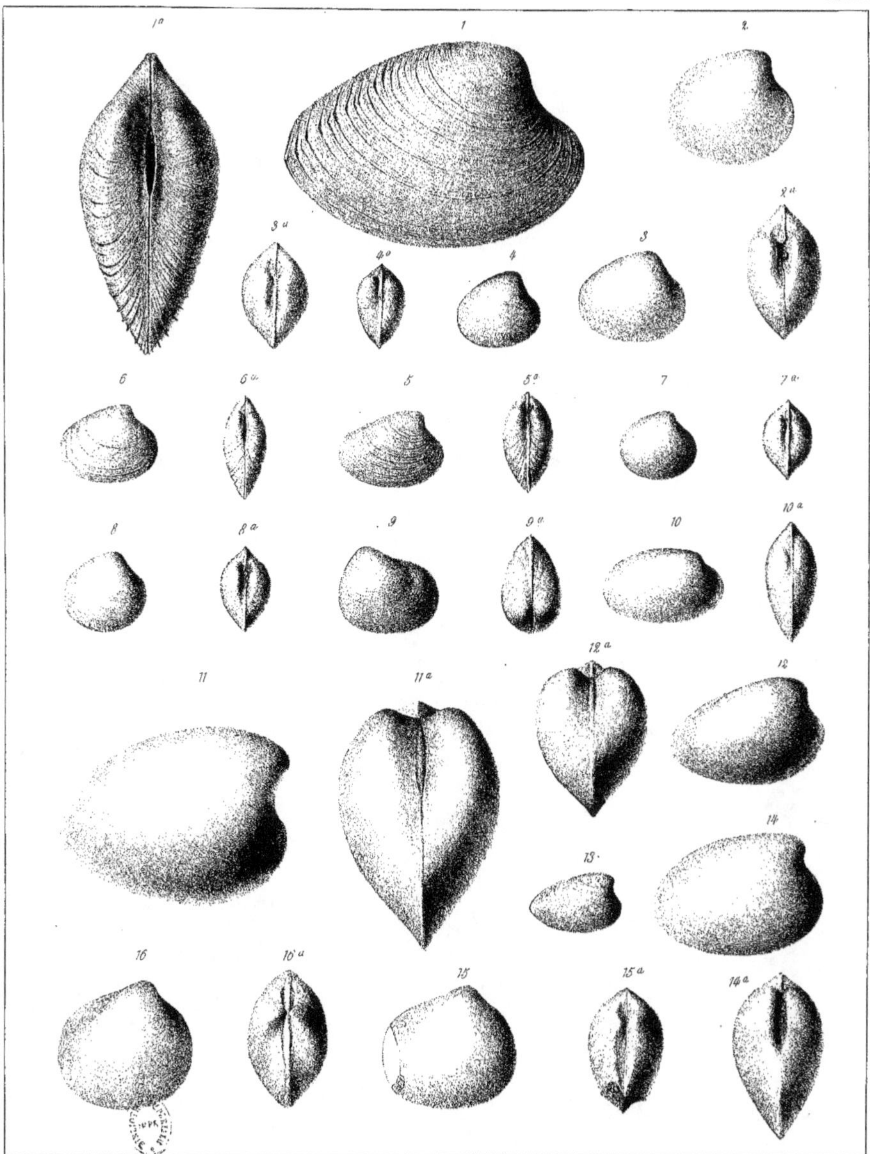

Fig. 1. Venus subqumberensis, nov. sp.
  2. — pseudonitidula, nov. sp.
  3. — Everesti, nov. sp.
  4. — subeversi, nov. sp.
  5. — subcyrenoides, nov. sp.

Fig. 6. Venus subcyrenoides, var. a.
  7. — nucleus, nov. sp.
  8. — semicircularis, nov. sp.
  9. Donax crassa, nov. sp.
  10. Cyprinaretia faba, nov. sp.
  11. — Vicaryi, nov. sp.

Fig. 12. Cyprinaretia Vicaryi, var. a.
  13. — id. (jeune)
  14. — Carteri, nov. sp.
  15. Cardium Jacquemonti, nov. sp.
  16. — Horneri, nov. sp.

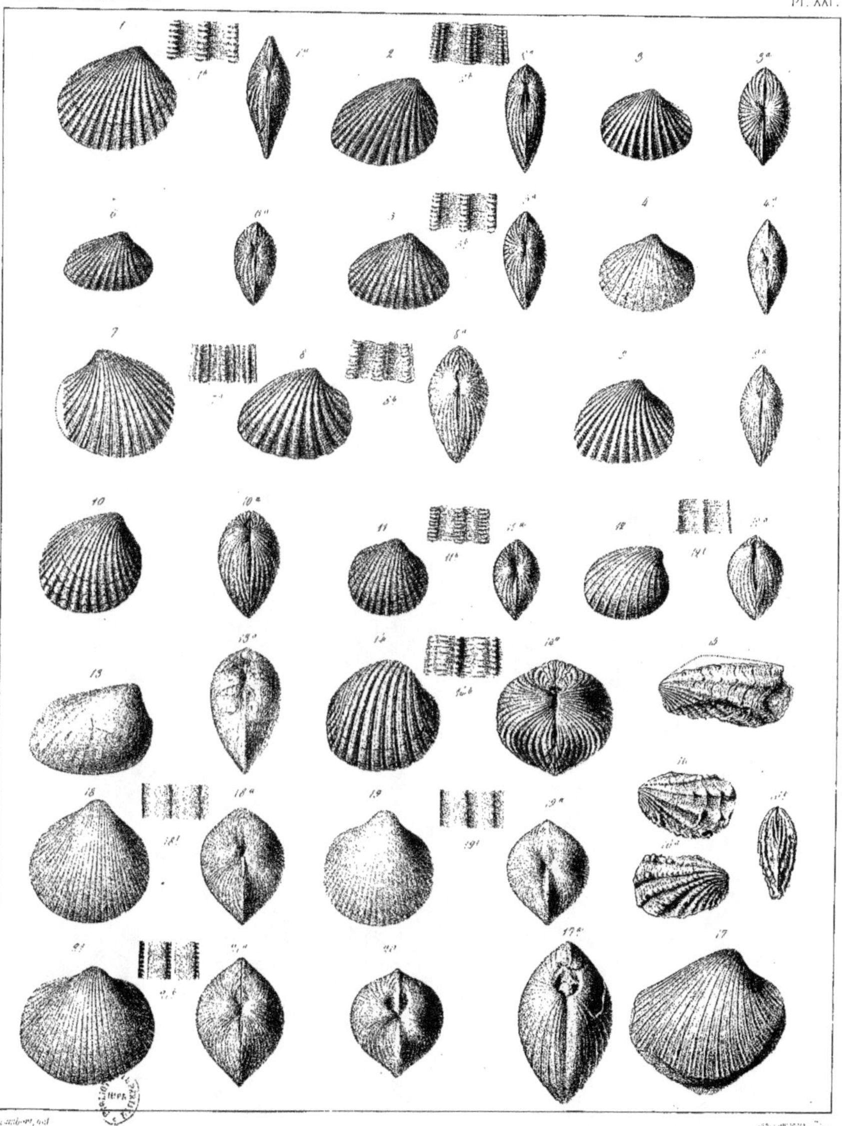

Fig. 1   Cardita depressa, nov. sp.
  2   ______ id.   var. a.
  3, 4, 5, 6. ______ mutabilis, nov. sp.
     ______ Liquesneli, nov. sp.
  8   ______ obliqua, d'Arch.
  9   ______ id., var. a.

Fig. 10 Cardita subcomplanata, d'Arch.
  11   ______ id.   var. a.
  12   ______ ovoides, nov. sp.
  13   ______ Dubrevayi, d'Arch.
  14   ______ Beaumonti, d'Arch.

Fig. 15, 16 Cardita Keyserlingi, nov. sp.
  17   ______ tuberculosa, nov. sp.
  18   Cardium Austeni, nov. sp.
  19   ______ halaense, nov. sp.
  20   ______ id.   var. a.
  21   ______ Greenoughi, nov. sp.

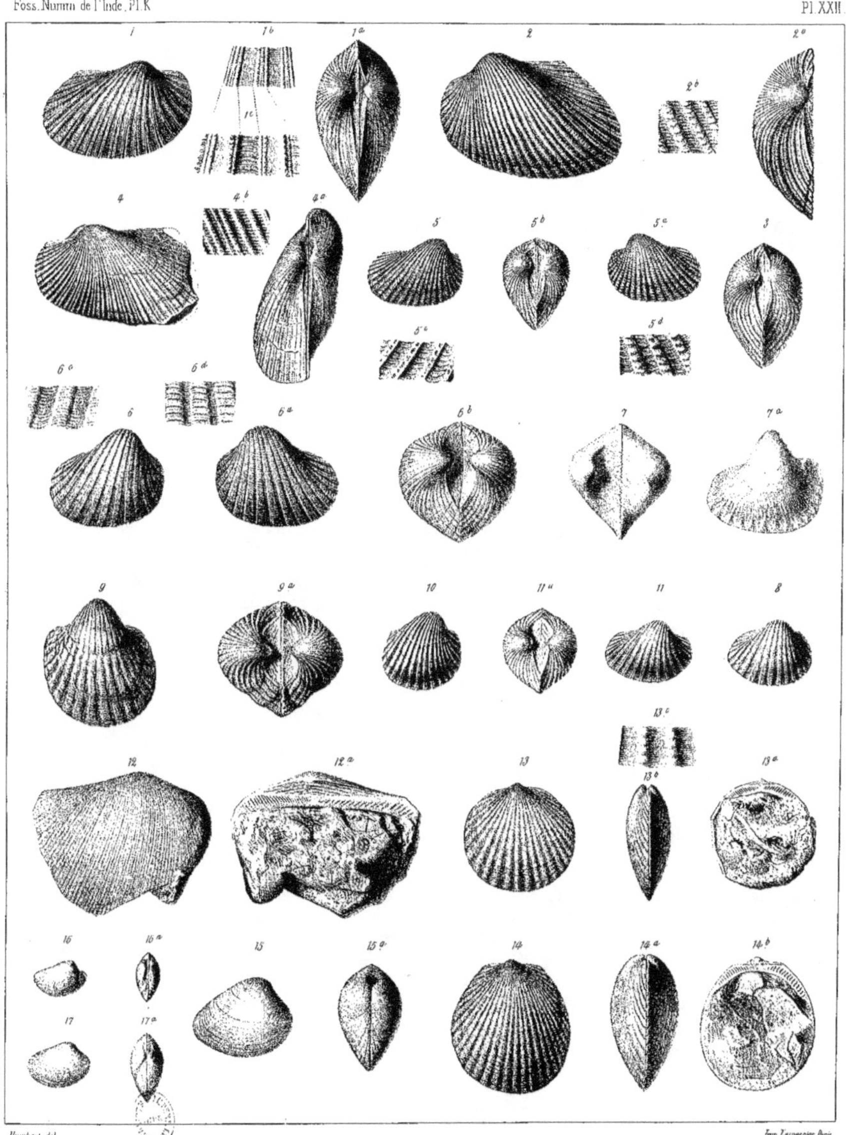

Humbert del.

Imp. Lemercier, Paris.

Fig. 1. Arca hybrida, J. de C. Sow.
 2. — — peethensis, d'Arch.
 3. — id. (jeune)
 4. — burrachensis, d'Arch.
 5. — Burnesi, d'Arch.
 6. — larkhanensis, d'Arch.

Fig. 7. Arca larkhanensis, (moule)
 8. — id. (jeune)
 9. — id. var. a.
 10. — id. id. (jeune)
 11. — id. var. b.

Fig. 12. Arca subfiligrana, nov. sp.
 13. Pectunculus pecten, J. de C. Sow.
 14. — lima, nov. sp.
 15. Nucula margaritacea, Lam. var ?
 16. — Studeri, d'Arch. (moule)
 17. — id. ?

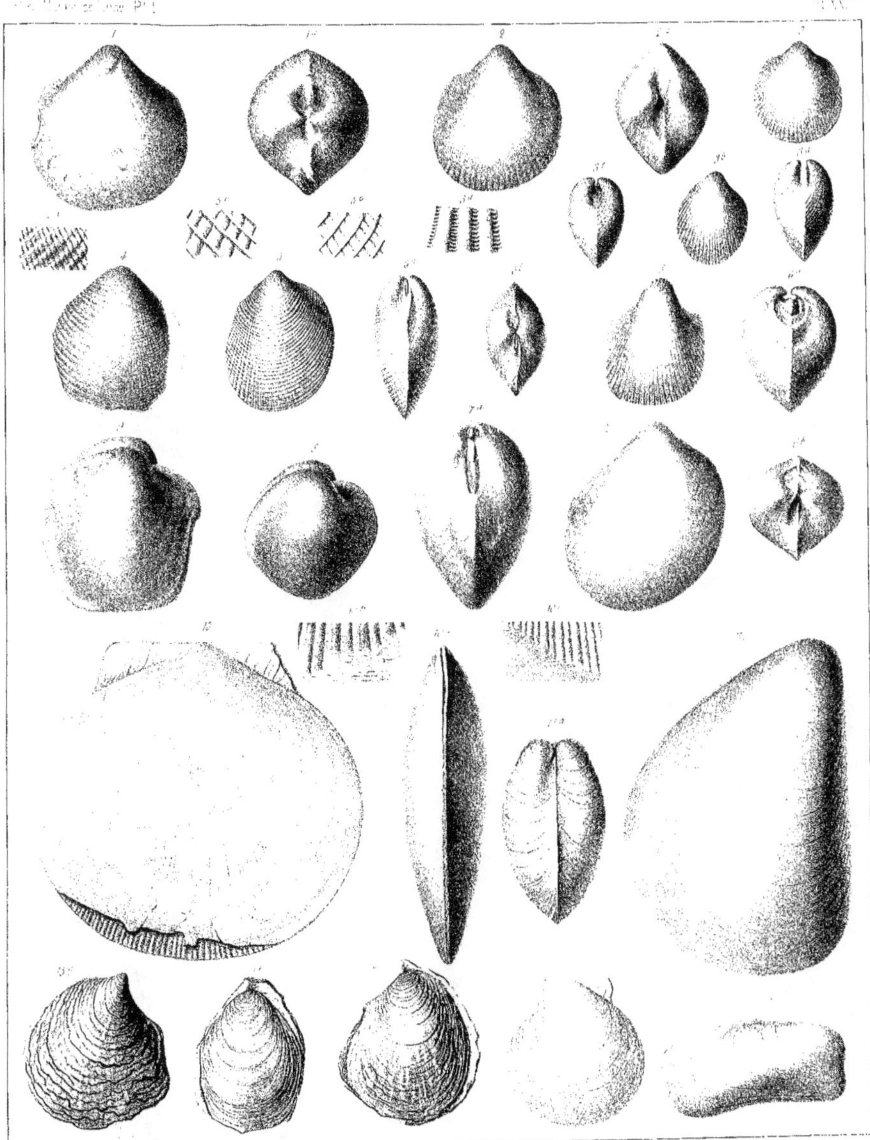

Fig. 1. Cardium Sharpei nov. sp.
2. — Putoti nov. sp.
3. — id. var.
3ᵇ. — Salteri nov. sp.
4. — anomale Muth.

Fig. 5. Cardium turesiforme nov. sp.
6. — Beaumonti d'Arch.
— Dumbarni nov. sp.
7. Chama fixtini nov. sp.
8. — Brissonis nov. sp.

Fig. 9. Perna oxana nov. sp.
9. — id. sp.com.
10. Mytilus mosouliticus nov. sp.
11. — saburosus d'Orb.
N.B. Ostrea Flaminqu nov. sp.

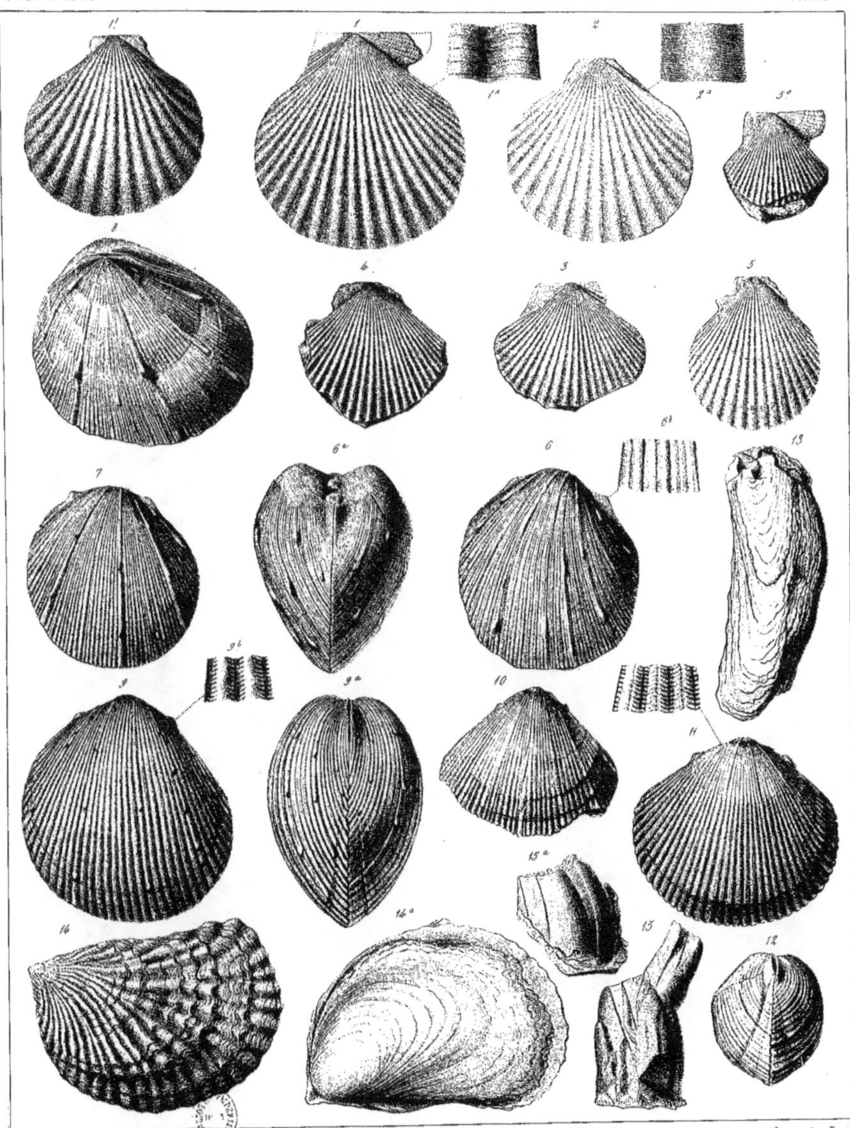

Humbert, del.

Imp. Lemercier, Paris.

Fig. 1   Pecten Bouei, d'Arch.
1ᵇ   ——   id. var. a.
2   ——   Labadyei, nov. sp.
3   ——   Hopkinsi, nov. sp.
4   ——   id. var.?

Fig. 5   Pecten Favrei, d'Arch.
6   Spondylus Rouaulti, d'Arch.
7   ——   id. var. a.
8   ——   id. var. b.
9   ——   Vallavignesi, d'Arch.
10   ——   id. var. a.

Fig. 11   Spondylus geniculatus, nov. sp.
12   ——   id. (jeune).
13   Vulsella tegumen, nov. sp.
14   Ostrea multicostata, Desh.
15   Balanus sublævis, J. de C. Sow.

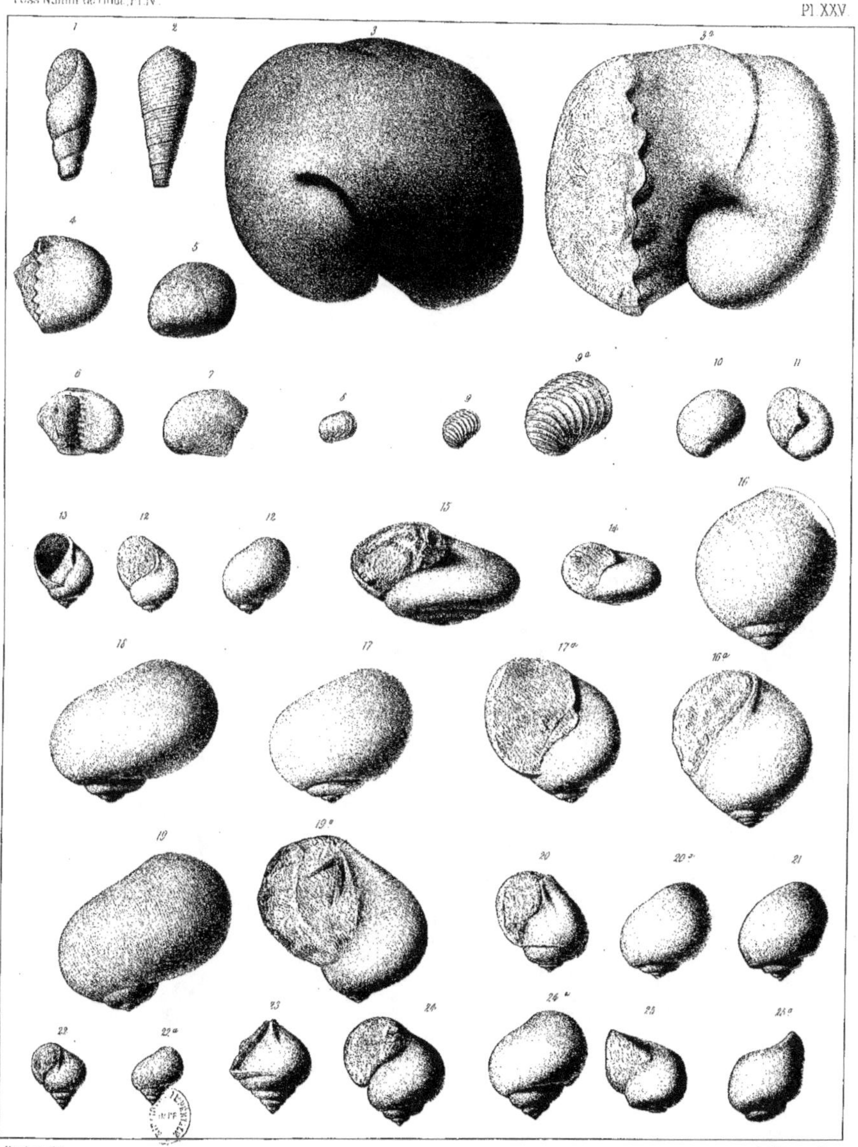

Humbert del.

Fig. 1 . Melania Stygii, Al. Brong.
2 . ——— marginata, Lam.
3 . Nerita Schmideliana, Chemn.
4, 5 ——— id. (jeune)
6, 7 ——— affinis nov. sp.
8 . ——— noorpoorensis, nov. sp.
9 . ——— haliotis, nov. sp.

Fig 10, 11. Natica glaucinoides, Desh ? var.
12 . ——— epiglottina, Lam ?
13 . ——— id. (type)
14 . ——— repincan, Lam ?
15 . ——— id. (type)
16 . ——— dolium, nov. sp.
17 . ——— patula, Desh ?

Fig 18 . Natica patula (type).
19 . ——— sigaretina, Desh ?
20 . ——— mutabilis, id. ?
21 . ——— id. (type).
22, 23 . ——— hawmlii, nov. sp.
24 . ——— longispira, Leym.
25 . ——— subacutella, nov. sp.

Humbert del.

Imp. Lemercier, Paris.

Fig. 1 . Natica angulifera, d'Orb.
2 . ———— id.? (jeune)
3 . ———— Flemingi, nov. sp.
4 . ———— decipiens, nov. sp.
5 . ———— cypræformis, nov. sp.
6.7 . Siliquaria Granti, J. de C. Sow.
8 . Ringicula ?

Fig. 9 . Scalaria subtenuilamella, nov. sp.
10 . ———— Sedgwicki, nov. sp.
11.12 . Delphinula Cordieri, d'Arch.
13 . Solarium affine, J. de C. Sow.
14 . ———— id. var. a.
15 . ———— euomphaloides, nov. sp.
16 . Trochus cumulans Ad. Brong. var.

17 . Trochus Loryi, nov. sp.
18 . ———— cognatus, J. de C. Sow.
19 . Pleurotomaria Bianconii, nov. sp.
20 . Trochus ? subcognatus, nov. sp.
21 . ———— Desmoulinsi, nov. sp.
22 . Delphinula Coulthardi, nov. sp.
23 . Turbo Martinsi, nov. sp.

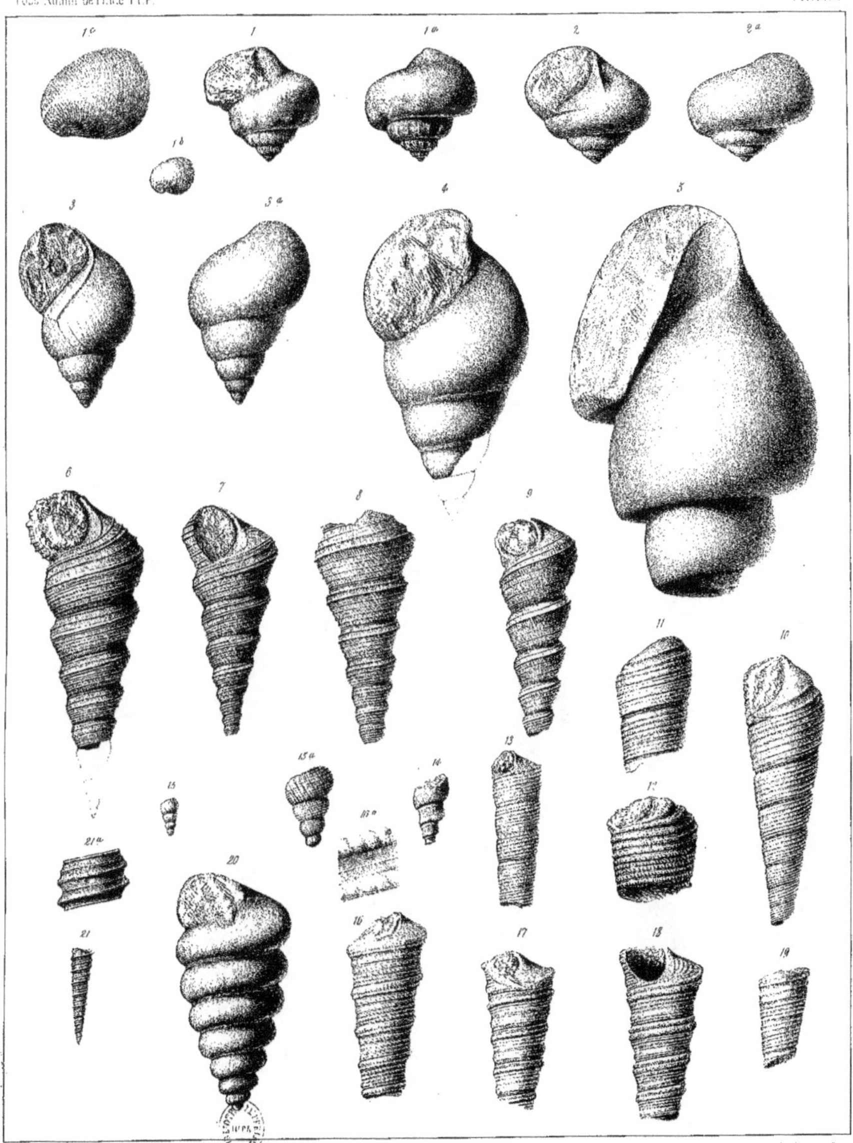

Fig. 1 b . Nerita Schmideliana, (jeune)
1 . Turbo ? Oldhami, nov. sp.
2 . — — pendjabensis, nov. sp.
3 . Phasianella Oweni, nov. sp.
4 . ——— . id. (monte)
5 . ———— scalaroides, nov. sp.
6. 9 . Turritella angulosa, J. de C. Sow.

Fig. 10 12 Turritella Deshayesi, d'Arch.
13 . . Renevieri, nov. sp.
14 . — — ? (indét.)
15 . — — Collombi, nov. sp.
16_19 — — affinis, nov. sp.
20 . Cerithium Delbosi, nov. sp.
21 . Turritella Heberti, nov. sp.

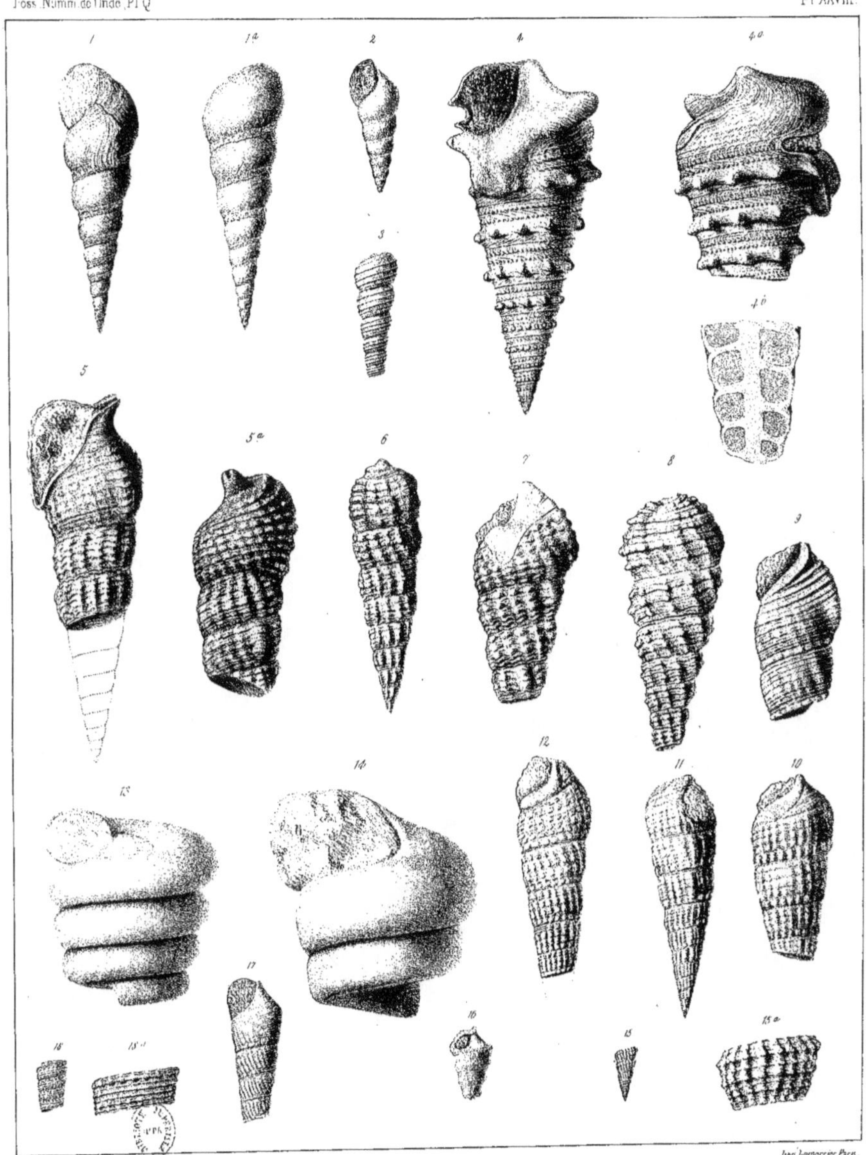

Imp. Lemercier, Paris.

Fig. 1. 2. *Turritella* subathooensis, nov. sp.
   3 .   subfasciata, nov. sp.
   4 . *Vicarya Verneuili* . d'Arch.
   5 . *Cerithium pseudocorrugatum*, d'Orb.
   6 . _____ id. var. a.
   7 . _____ id. var. c.
   8 . _____ id. var b

Fig. 9. 12. *Cerithium* rude J. de C. Sow.
  13 . _____ ? indét.
  14 . _____ ? indét.
  15 . _____ Koyeri nov. sp.
  16 . _____ ? indét.
  17 . _____ subnudum, nov. sp.
  18 . _____ subbacillum, nov. sp.

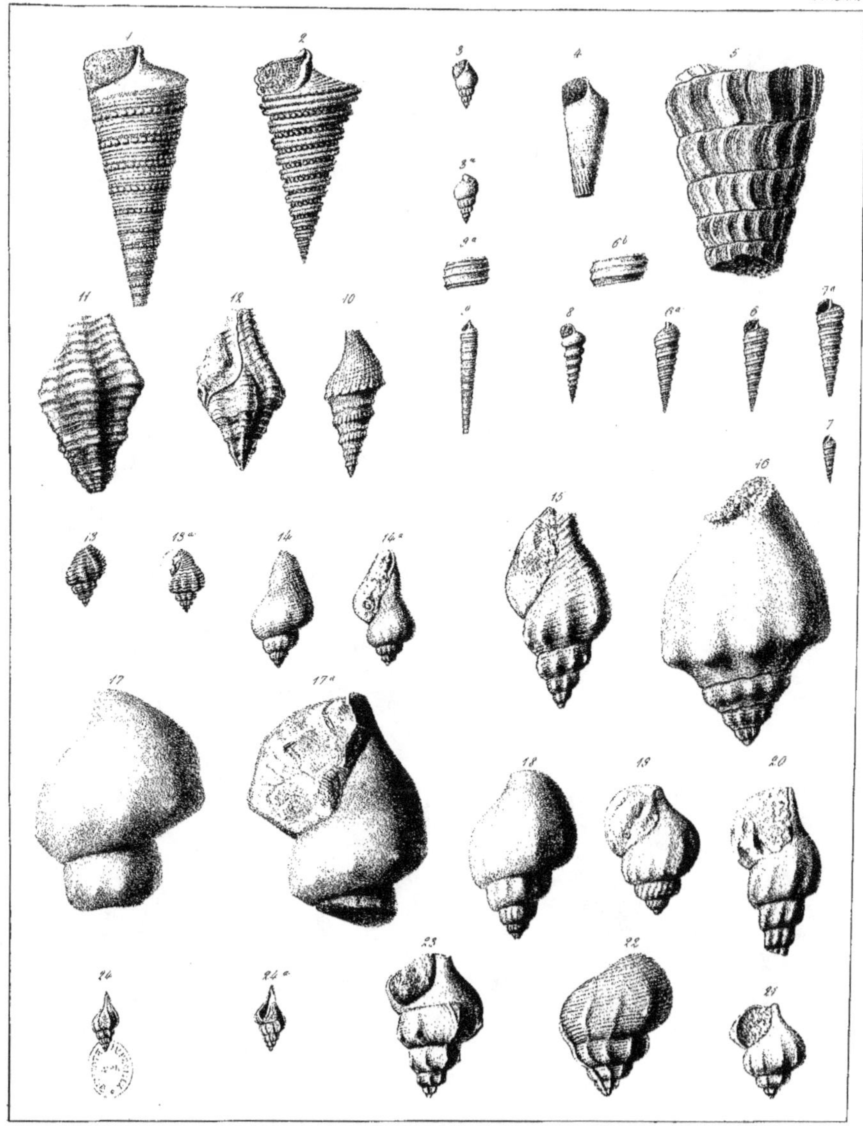

Humbert, del.

Imp. Lemercier, Paris.

Fig. 1. Cerithium Belli, d'Arch.
2. _____ subtrochleare, nov. sp.
3. _____ jelunense, nov. sp.
4. _____ nudum ? Lam.
5. _____ subsemicostatum, nov. sp.
6. 7. 8. _____ Hocheri, nov. sp.
9. _____ Stracheyi, nov. sp.

Fig. 10. Pleurotoma Vayseyi, nov. sp.
11. 12. Fasciolaria hexagona, nov. sp.
13. Fusus ? Bucklandi, d'Arch.
14. _____ subregularis, nov. sp.
15. _____ ? mixtus, nov. sp.
16. _____ ? indet.
17. _____ Malcolmsoni, nov. sp.

Fig. 18. Fusus Malcolmsoni, var. a.
19. _____ ? obscurus, nov. sp.
20. _____ Macclellandi, nov. sp.
21. Murex ? Raemeri, nov. sp.
22. _____ ? Halli, nov. sp.
23. _____ Tchihatcheffi, nov. sp.
24. _____ Lyelli, nov. sp.

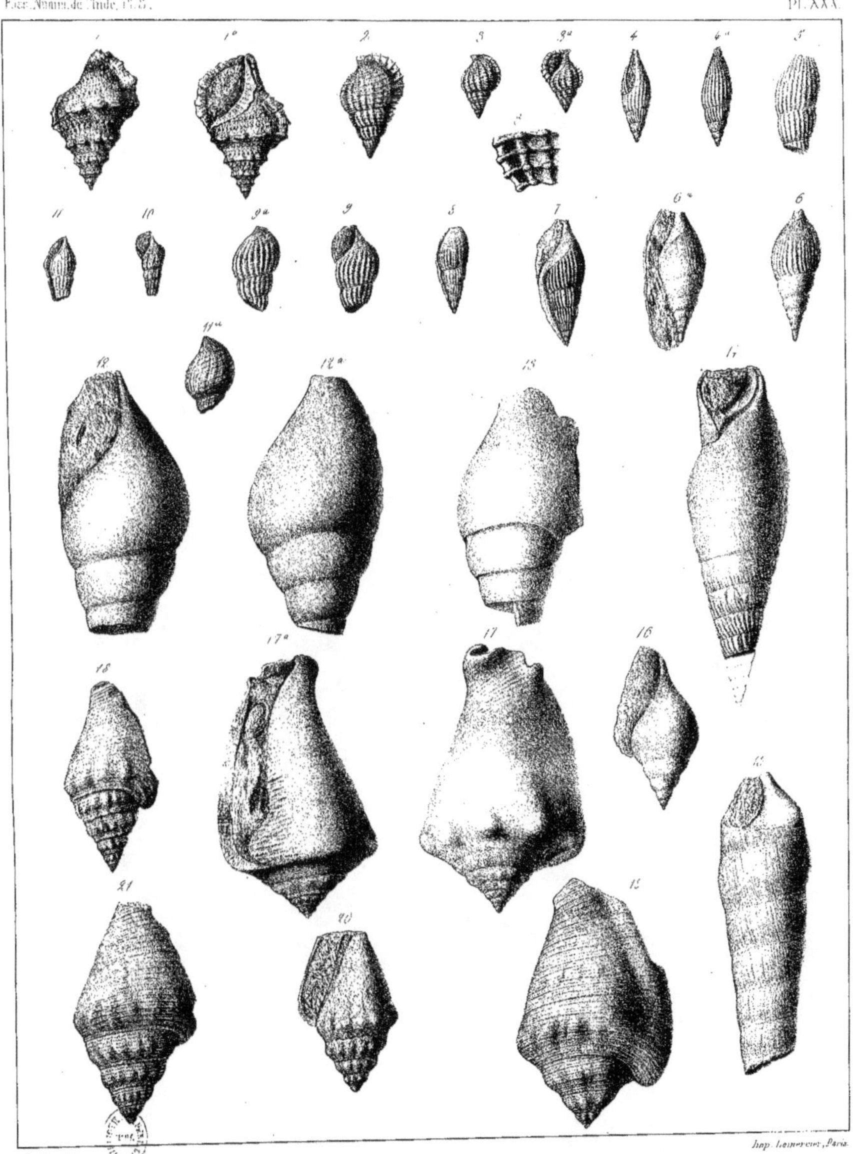

Fig. 1. Ranella Morrisi , nov. sp.
  2.   ______   viperina . nov. sp.
  3. Triton Davidsoni , nov. sp.
  4.5. Rostellaria fusoides , d'Arch.
  6.   ______   Jamesoni , nov. sp.
  7.   ______   Prestwichi , nov. sp.

Fig. 8. Rostellaria Prestwichi , var. a.
  9.   ______   rimosa , Sow.? var.
  10. ______   indt.
  11. ______   indt.
  11ᵃ. ______   indt.
  12. ______   columbaria , Lam.?
  13. ______   id. type .

Fig. 14. Rostellaria angistoma , nov. sp.
  15.   ______   id. var.
  16.   ______   noorpoorensis , nov. sp.
  17. Strombus Fortisi , Al. Brong.?
  18.20.21. ______   nodosus , J. de C. Sow.
  19.   ______   deperditus , J. de C. Sow.

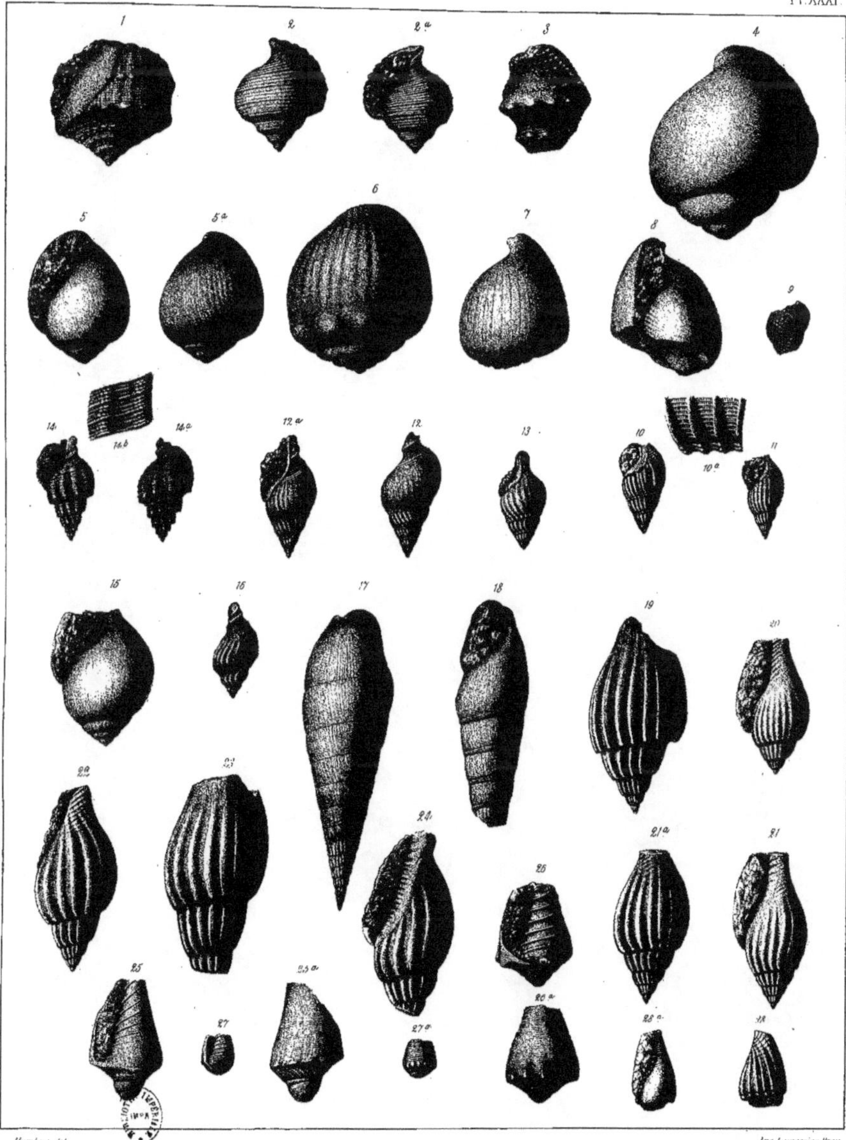

Humbert del.

Imp. Lemercier, Paris.

Fig. 1. Cassidaria carinata, Lam.
2. ———— Deseri, nov. sp.
3. Ranella Morrisi, nov. sp.
4. Cassis sublævigaster, nov. sp.
5. ———— Phillipsi, nov. sp.
6. ———— subharpæformis, nov. sp.
7.8. ———— indét.
9. Buccinum indét.

Fig. 10. Buccinum Falconeri, nov. sp.
11. ———— id. var. b.
12. ———— Cautleyi, nov. sp.
13. ———— id. var. a.
14. ———— Vicaryi, nov. sp.
15. ———— jelalpoorense, nov. sp.
16. ———— Fittoni, nov. sp.
17. Terebra Flemingi, nov. sp.

Fig. 18. Terebra contorta, nov. sp.
19. 20. Voluta jugosa J. de C. Sow. var. a.
21. ———— id. var. b.
22. ———— Edwardsi, d'Arch.
23. 24. ———— id. var. a.
25. ———— Sismondai, d'Arch.
26. 27. ———— Haimei, d'Arch.
28. ———— teelaensis, nov. sp.

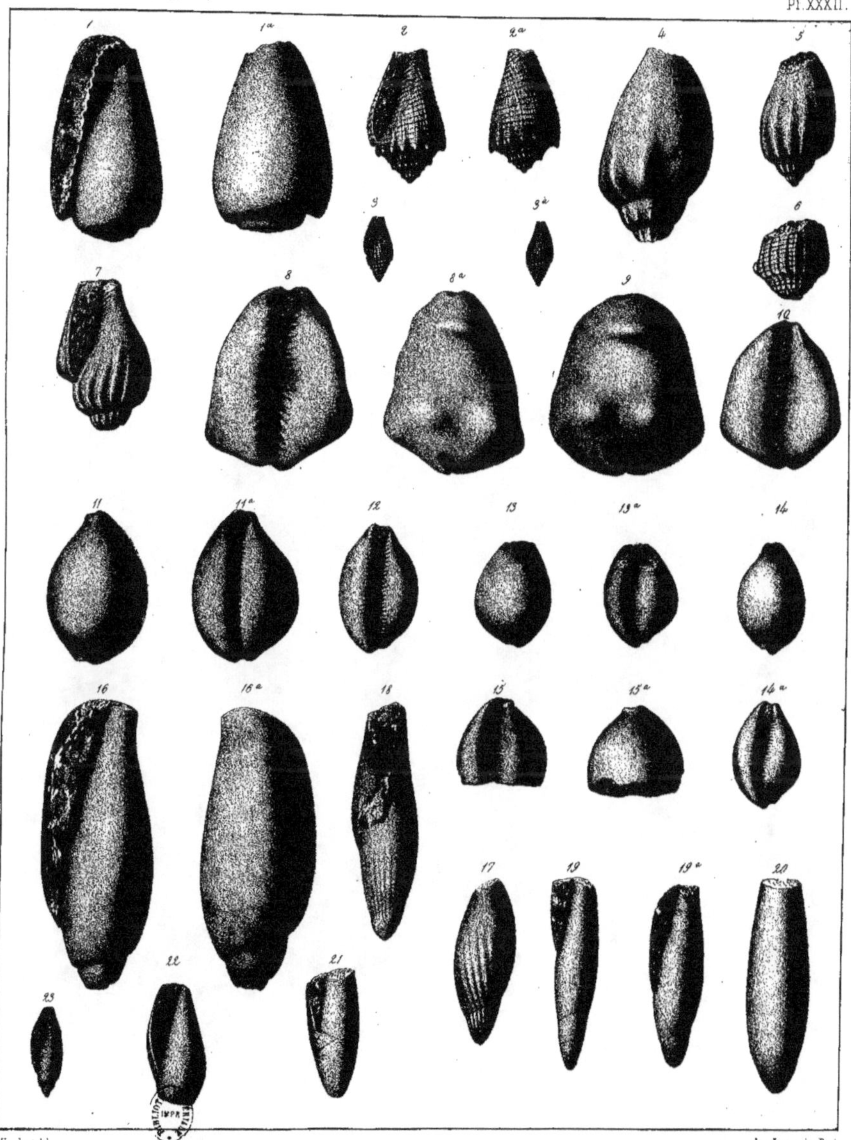

Humbert del.

Imp. Lemercier, Paris.

Fig. 1. *Voluta multidentata*, nov. sp.
  2. ___ *dentata*, J. de C. Sow. var.
  3. ___ *Sykesi*, nov. sp.
  4,5 ___ *cythara*, Lam.
  6. ___ indet.

Fig. 7. *Voluta sihesurensis*, nov. sp.
  8,9,10. *Cypræa humerosa*, J. de C. Sow. var.
  11,12. ___ *prunum*, id. id.
  13. ___ *digona*, id. ?
  14. ___ *Granti*, d'Arch.
  15. ___ *Jenkinsi*, nov. sp.

Fig. 16. *Terebellum subbelemnitoideum*, nov. sp.
  17,18,22. ___ *plicatum*, nov. sp.
  19. ___ *distortum*, nov. sp.
  20,21. ___ *obtusum*, J. de C. Sow.
  23. ___ *fusiforme*, Lam.?

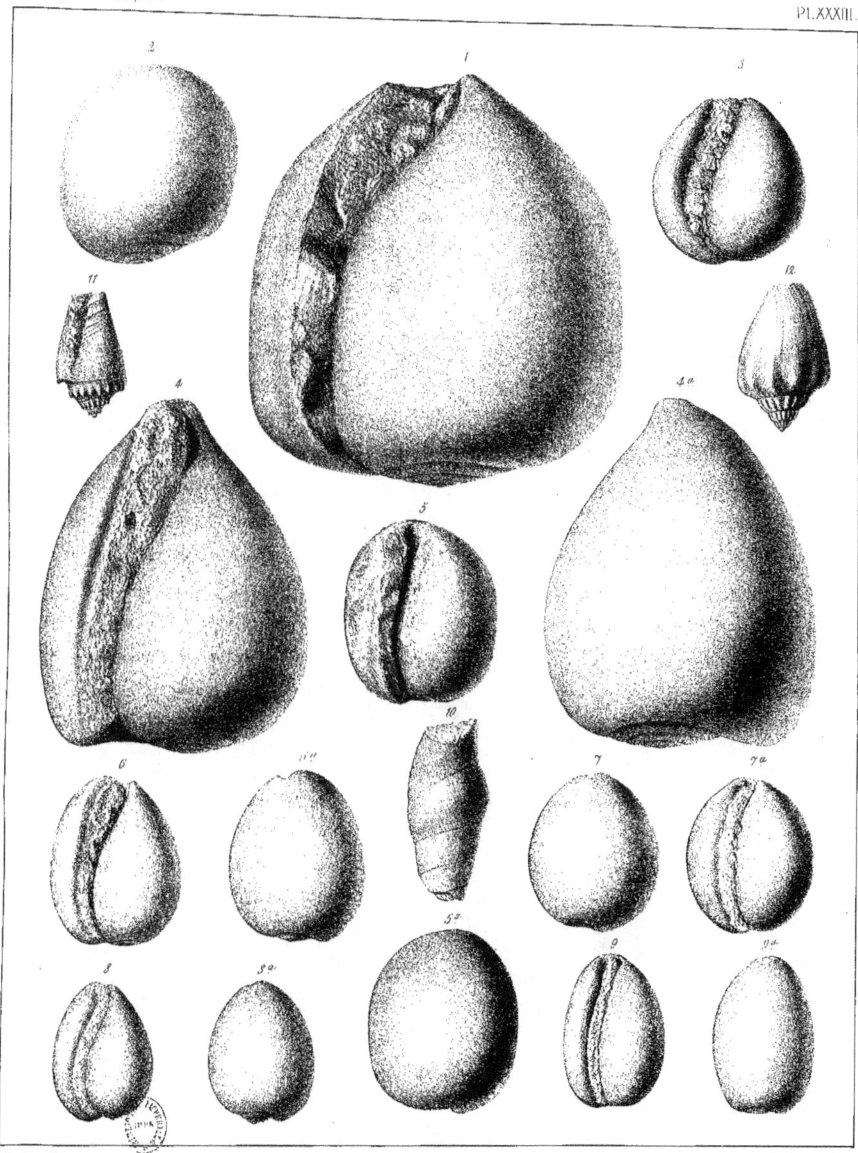

Imp. Lemercier, Paris.

Fig. 1, 2. Ovula depressa, J. de C. Sow. var.
3 . — expansa nov. sp.
4 . — Murchisoni, d'Arch.
5 . — cylindroides nov. sp.
6 . — ellipsoides nov. sp.

Fig. 7, 8. Ovula ellipsoides, var. a. et b.
9 . — compta nov. sp.
10 . Terebra conferta, nov. sp.
11 . Voluta dentata, J. de C. Sow.
12 . — silhouensis nov. sp.

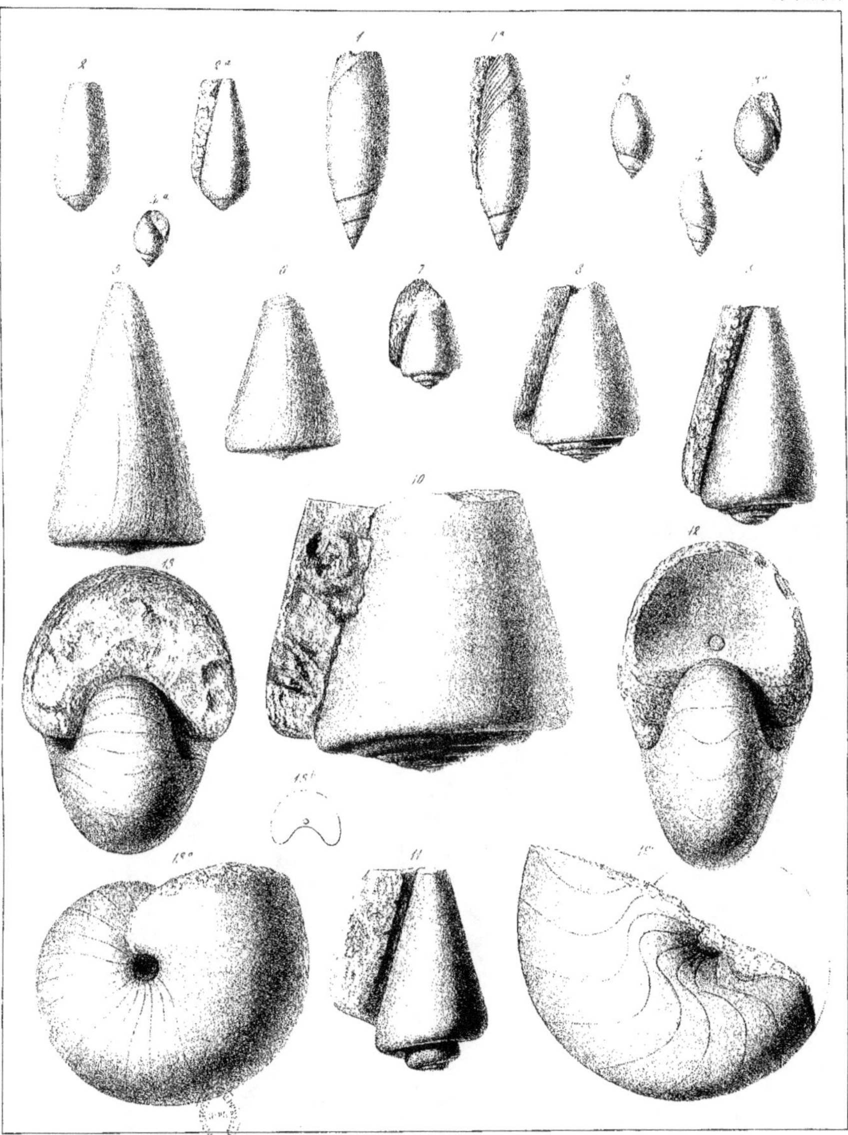

Fig. 1. Oliva papa J. de C. Sow.
2. ___ Virginiæ, nov. sp.
3. Physa ° nummulitica
4.ᵃ ___ id. var.
5. Conus militaris J. de C. Sow.?
6. ___ brevis id. var.

Fig. 7. Conus indet.
8. ___ subbrevis nov. sp.
9. Voluta Humberti, nov. sp.
10.11. ___ salsensis, nov. sp.
12. ___ Nautilus Forbesi, nov. sp.
13. ___ Labichei, nov. sp.

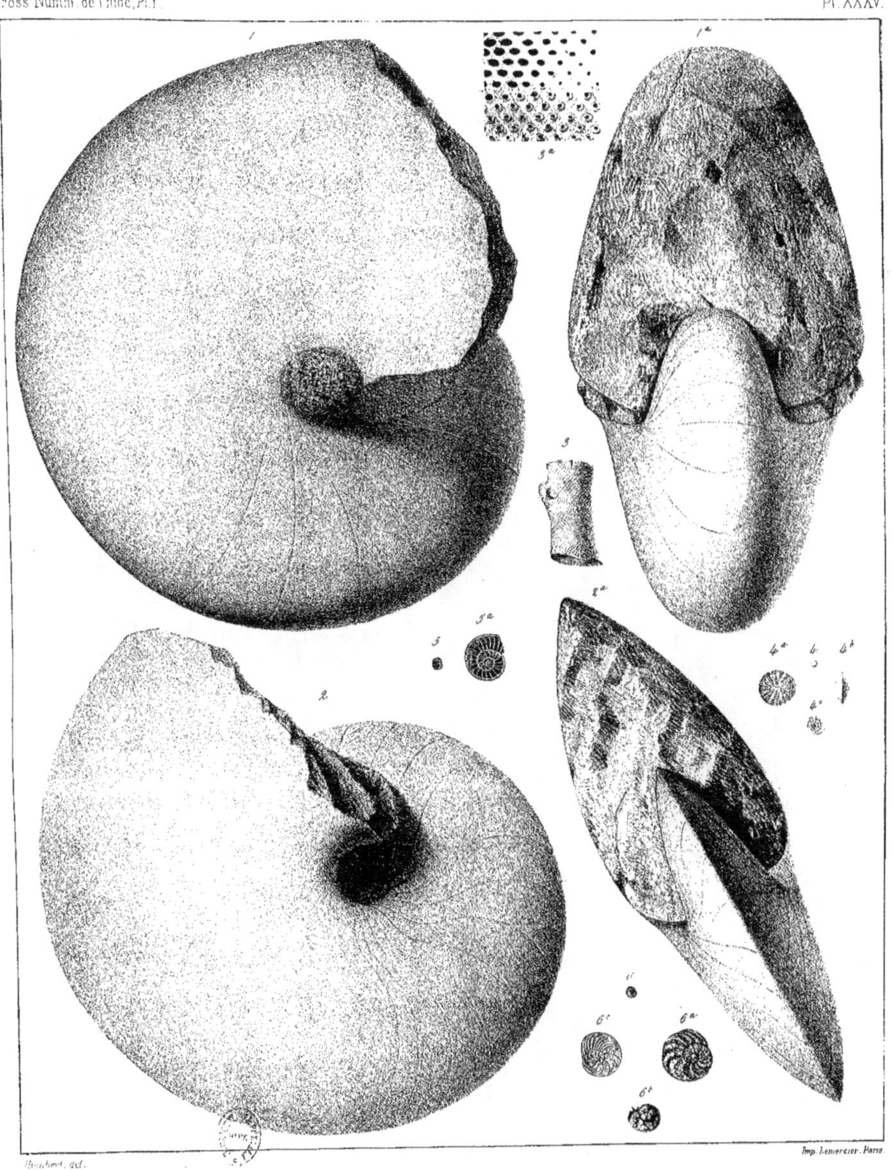

Boubert del.

Imp. Lemercier, Paris.

Fig 1. *Nautilus subflenriausianus* d'Arch.
2. ————— *Delrii* d'Arch.
3. *Prattia pendjabensis* nov. sp.
Fig. 4. *Nummulites miscella* nov. sp.
5. *Operculina calonilera* d'Arch.
6. ————— *Hardiei* nov. sp.

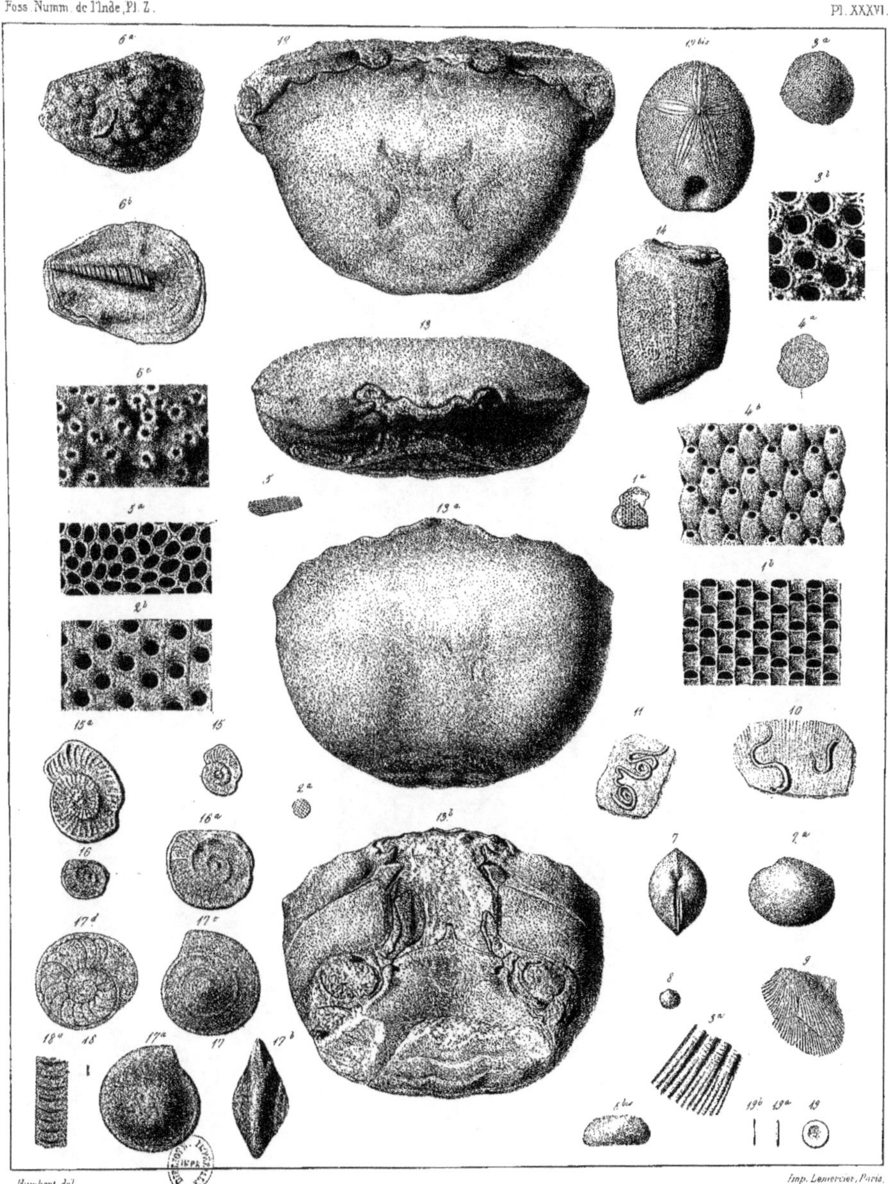

Fig. 1. Eschara halacensis, nov. sp.
2. ———— Thomsoni, nov. sp.
3. Discoflustrella Vandenhechei, d'Orb.
4. Escharina Stracheyi, nov. sp.
5. Membranipora Hookeri, nov. sp.
6. Cellepora mamilligera, nov. sp.

Fig. 7. Lucina incerta, nov. sp.
8. ———— id. (très jeune)
9. Avicula Rütimeyeri, nov. sp.
10. Serpula heertarensis, nov. sp.
11. ———— gnudanensis, nov. sp.

Fig. 12. 14. Arges Murchisoni, Miln. Edw.
13. ———— Edwardsi, nov. sp.
15. 16. Operculina canalifera, d'Arch.
17. Rotalia Newboldi, nov. sp.
18. Rhabdella Malcolmi, nov. sp.
19. Orbitolites complanata, Lam.

Fig. 12 bis. Euphodia Calderi, nov. sp.

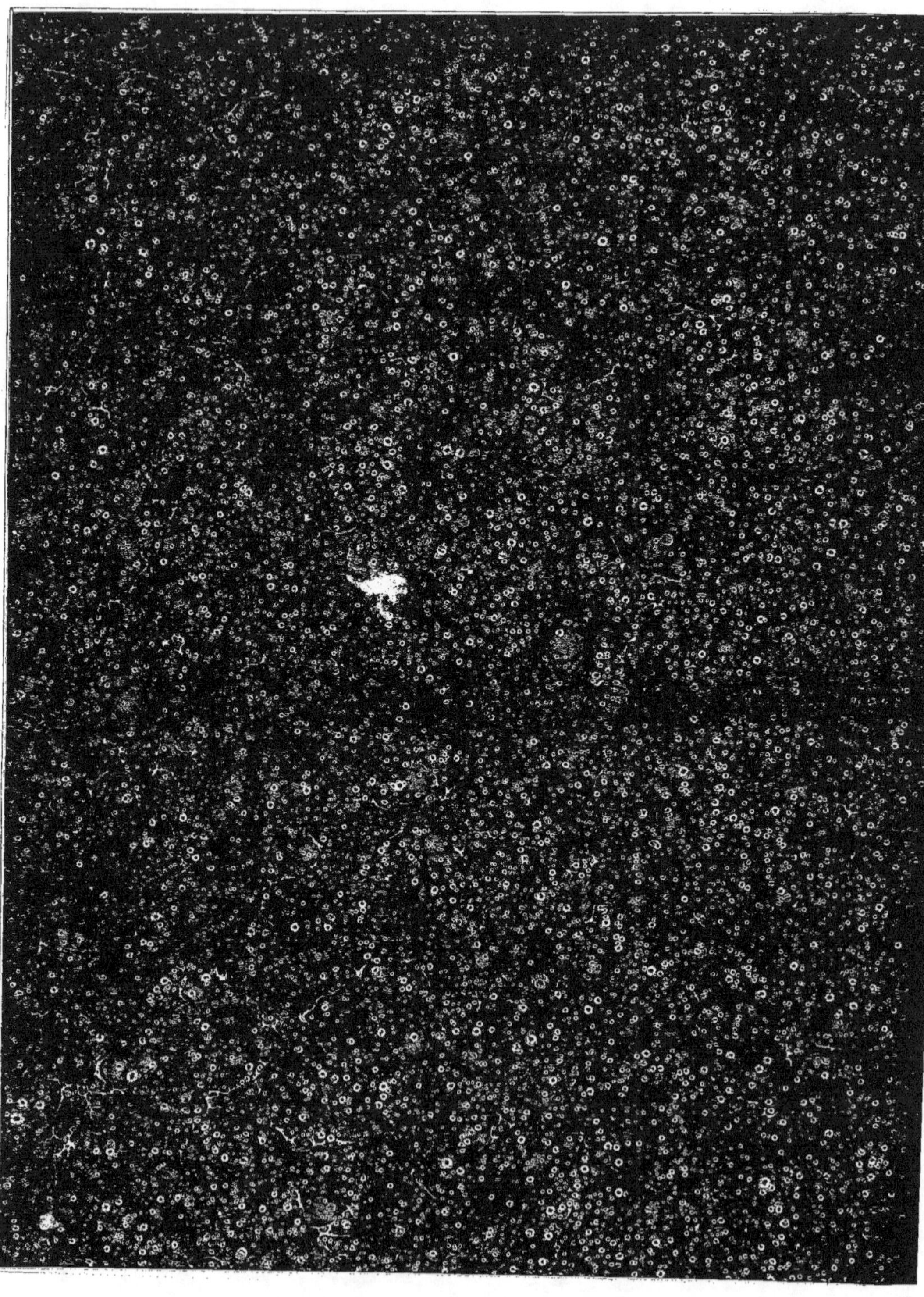

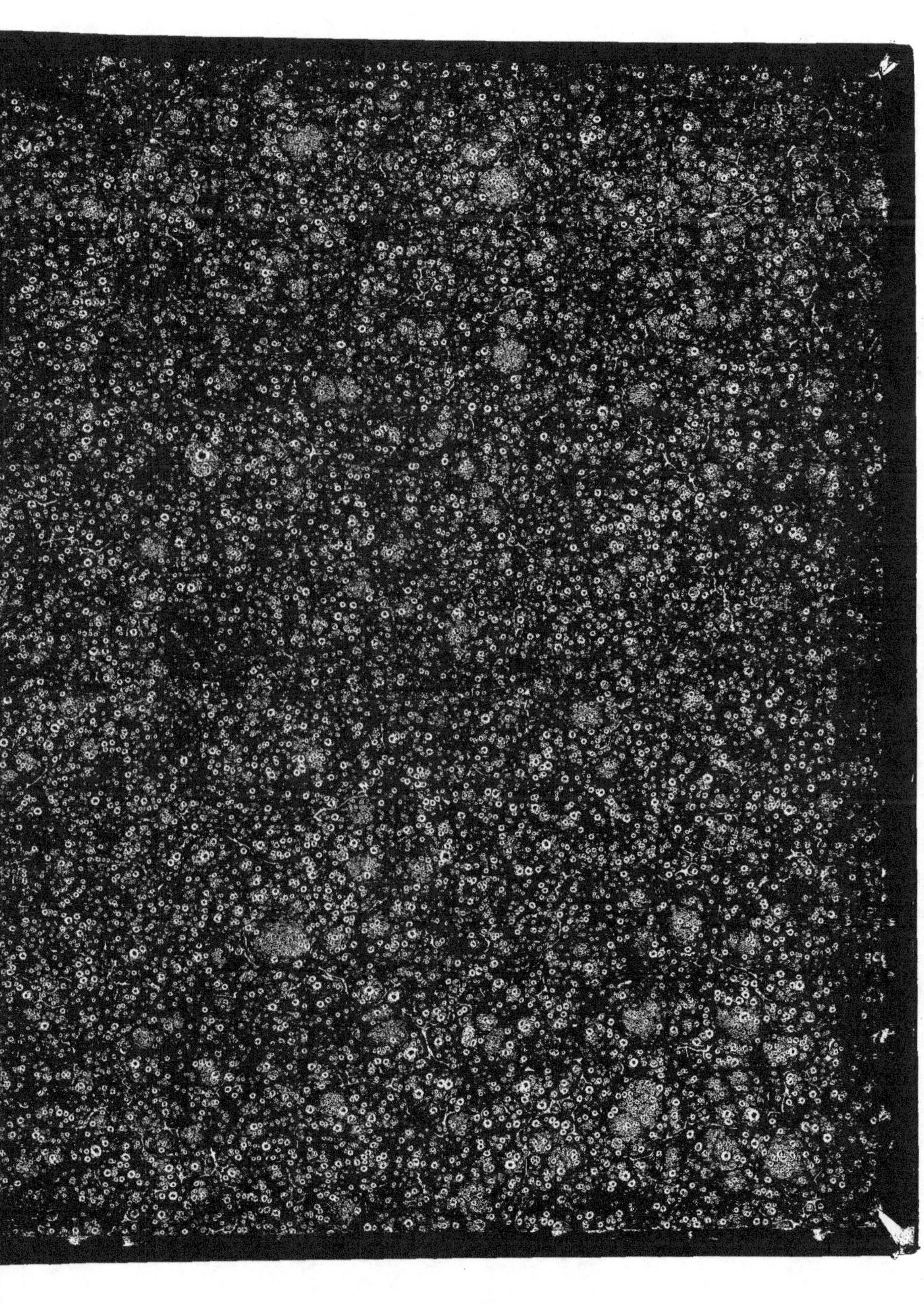

BIBLIOTHEQUE NATIONALE DE FRANCE
3 7531 041131948